"十四五"时期国家重点出版物出版专项规划项目

量子信息前沿丛书

量 子 光 学

郭光灿　周祥发　著

U0178493

科学出版社

北　京

内 容 简 介

本书着重介绍量子光学领域中的基本理论、概念和方法，并对相关的前沿课题进行了适当讨论。本书的主要内容包括：辐射场及其量子化，量子相干态、压缩态，光场的相干性及其干涉，光场与原子的相互作用，热库系统及主方程理论，朗之万方程，光与物质相互作用，非马尔可夫系统，光学谐振腔系统，光力耦合系统等。除此之外，我们还在适当的地方插入相关领域和课题的介绍，如光子波函数，纠缠光源的干涉，Rabi 模型的精确解，超辐射相变，非马尔可夫系统的度量及验证，简并光腔中的拓扑物态模拟等。

本书适合物理专业高年级本科生、研究生、大学教师和相关科技工作者阅读和参考。

图书在版编目(CIP)数据

量子光学/郭光灿, 周祥发著. —北京：科学出版社，2022.1
（量子信息前沿丛书）
ISBN 978-7-03-071122-9

Ⅰ.①量… Ⅱ.①郭… ②周… Ⅲ.①量子光学 Ⅳ.①O431.2

中国版本图书馆 CIP 数据核字(2021) 第 270553 号

责任编辑：钱　俊　崔慧娴／责任校对：彭珍珍
责任印制：赵　博／封面设计：无极书装

科 学 出 版 社 出版
北京东黄城根北街 16 号
邮政编码：100717
http://www.sciencep.com
北京建宏印刷有限公司印刷
科学出版社发行　各地新华书店经销
*
2022 年 1 月第 一 版　开本：720 × 1000　1/16
2025 年 1 月第三次印刷　印张：30 1/2
字数：600 000
定价：188.00 元
（如有印装质量问题，我社负责调换）

"量子信息前沿丛书"序言

量子力学与引力理论一起构成现代物理学的两大支柱。与引力理论不同，基于量子力学理论已经产生了一系列对人类社会产生深远影响的技术，而这些技术已经潜移默化地改变了我们的生活。

基于量子力学的技术可以分为两大类：一类是基于量子系统能谱的技术，而另一类是基于量子系统量子态的技术。在 20 世纪 80 年代以前，人们主要研究基于前者的量子技术，并已经产生了以激光和半导体为代表的一系列新技术，这些技术的影响已经深入到我们生活的方方面面。可以毫不夸张地说，量子技术已经改变了人类的思维和生活方式。从 20 世纪 80 年代起，科学家们开始研究基于量子态操控的量子信息技术，近年来量子信息技术已经成为最前沿的颠覆性技术，它对人类社会和技术的影响深度和广度将不亚于基于量子能谱的技术对人类的影响。探索基于量子态操控的技术极限是二次量子革命的重要课题，基于此已经产生了量子计算与模拟、量子密钥分配与量子通信、量子传感与量子精密测量等一系列颠覆性技术：利用量子态的叠加特性、量子演化的幺正性以及量子测量的离散特性，以实现普适、容错的量子计算为终极目标，量子计算在 Shor 算法等关键问题上相对经典计算有指数级加速；基于量子纠缠和不可克隆定理，量子密钥分配可实现信息传输原理上的绝对安全，是解决后量子时代信息安全的有力武器，是信息传输的安全盾；基于量子纠缠及量子态对环境的敏感性，利用量子态可以实现超越经典极限的精密测量。

国际量子信息技术研究兴起于 20 世纪 80 年代，特别是 1982 年费曼提出利用量子系统模拟量子多体系统以后。Ekert 码和 BB84 码是量子密钥分发系统以及量子通信发展的关键性事件；而 Shor 算法和 Grover 算法的发现是量子计算引起广泛关注的里程碑。随着量子密钥分配在百公里级的实用化，量子密钥分配已经逐渐走出实验室，进入产业化和商业化。在量子计算方面，Google 的悬铃木已在量子随机线路采样中实现了量子计算相对于经典计算的优越性，各种量子计算在不同领域的应用也在蓬勃发展，实现普适容错的量子计算是下一个关键目标。进入 21 世纪 20 年代，在量子力学建立即将 100 年之际，量子信息技术已经发展成为颠覆性技术的前沿和各国政府及商业公司必争的高地。

我国的量子信息研究起源于 20 世纪 80~90 年代，与国际量子信息研究并没有明显的代差。本人在 20 世纪 80 年代就开始量子光学的研究，在 90 年代率先进行量子信息方面的研究，并迅速通过量子避错码以及概率性量子克隆的发现成为国际量子信息研究的重要组成部分，成为中国量子信息研究的主要发源地。2001年中国科学院量子信息重点实验室（其前身为 1999 年成立的中国科学院量子通信与量子计算开放实验室）的成立是我国量子信息研究的重要转折点：它不仅是我国量子信息领域的第一个省部级重点实验室，更重要的是，以此实验室为依托，本人作为首席科学家承担了我国量子信息领域的首个 973 项目（量子通信与量子信息技术），这为我国量子信息科学的研究奠定了基础，并为此领域培养了重要的科研骨干。中国科学院量子信息重点实验室的研究领域涵盖量子信息科学的主要领域并取得了一系列重要成果，包括：对量子信息基础理论进行系统研究；2002年首次实现了国内 6.4 公里的光纤密钥分配，2005 年率先实现北京和天津之间、国际最长的实用光纤量子密钥分配，率先实现量子路由器，实现芜湖政务网等关键技术的突破；实验室在 2005 年开始布局量子计算方向的研究，已建立基于量子点的量子计算系统和基于离子阱的量子计算系统，并已实现量子计算方面的关键突破；实验室也开展了基于金刚石 NV 中心的量子精密测量研究。

在进行量子信息科学研究的同时，实验室研究人员在中国科学技术大学率先开展了量子信息科学的教学工作。从 1998 年开始组织 "量子信息导论" 的本硕贯通课程，并不断完善课程内容和组织方式，教学至今已超过 20 年。鉴于量子科学与技术已经成为我国重要的科技创新方向，而量子科学与技术也已经成为我国高等院校的本科专业，将有大量的科研人员及研究生进入这一领域。我们整理中国科学院量子信息重点实验室 20 多年的科研和教学经验，帮助有志于量子信息研究的研究生和科研人员迅速进入这一领域。量子信息科学是一门典型的交叉学科（即将成为新的一级交叉学科），我们整理出版这一套量子信息前沿丛书，从基础到前沿，从不同的角度、不同的方向来介绍这一领域的主要成果。希望为进入这一领域的研究者提供借鉴，聊尽微薄之力。

诚然，由于我们的学识所限，不妥之处在所难免，望大家批评指正。

郭光灿

2021 年 4 月于中国科学院量子信息重点实验室

前　　言

记得在大学的课程中，"量子力学"是最令人困惑的科目，也是不及格学生最多的课程。我虽然考了"五分"(五分制)，但依然感觉不知所云，留在脑海里的印象只有"太神秘"。1965 年毕业后，各种政治运动导致大脑被迫停止学术思维，直到"科学的春天"的到来。当我重启科研活动时，国家正"百废待兴，资金短缺"，难以开展实验研究。于是，本人便将目光聚焦到我所从事的激光物理领域的理论研究上。当时，纵观国内光学界，激光的经典理论和半经典理论十分成熟，唯独少有人研究光的量子化问题。此时我脑海中便浮现了大学学过的"太神秘"的量子力学，如果把量子力学应用到光的研究，会发现什么样的奇异特性？这个问题深深吸引着我。于是我选择并开始了量子光学的研究。这个选择遭到我的朋友和同事的质疑和反对。理由是国内量子光学之所以一片空白，是因为现有的光学理论已足以解决所有光与物质相互作用的问题，量子光学不可能再提供更多新颖的东西。大家为我的研究前景担忧。我执着于自己的兴趣，坚定走下去。从 20 世纪 80 年代初便走上量子科学研究的漫长征途，一干就是 40 多年，退休后仍未止步。

1981 年，我幸运地考取了教育部公派出国访问学者名额，到加拿大多伦多大学物理系做了两年访问学者。走出国门后我才发现，量子光学在国际上已经发展了 20 多年，其基本原理已十分成熟，从光与物质相干作用的全量子理论到耗散过程的量子理论均有深入研究，而且还涌现了诸如压缩态、亚泊松分布等新颖的量子现象，是一门重要的新兴学科。在惊喜之余，我要求自己在两年之内深入研究量子光学 20 多年的发展成果，掌握当下前沿发展的动向。1983 年 8 月，我回国前夕有机会到美国罗切斯特大学参加了第五届国际量子光学会议。参加那次会议的中国人只有 8 名，都是访问学者或者在读研究生，全是年轻人，血气方刚。当晚在邓质方博士家中小聚，畅聊国际量子光学的迅速发展状况，对国内仍然是一片空白甚为感触，一直聊到深夜两点多钟。年轻人强烈希望祖国在这个领域能迎头赶上，于是共同约定，谁先回国，谁就来组织国内的队伍，尽快推动国内量子光学学科的发展。我是第一位回国的，当然要践行这个承诺。

培养年轻人，普及量子光学基本知识是我回国的首要任务。于是我根据从国外带回来的大量资料，梳理出过去 20 年量子光学的主要研究成果，编写出研究生教材《量子光学》，从 1984 年我开设研究生课程起开始使用。最初《量子光学》是三大本油印教材，经多年教学实践不断修改，此书于 1990 年在高等教育出版社正式出版。当时国内外均未出版过相关教材，因此此书在国内量子光学领域发挥着启蒙性作用。台湾书市上有盗版出售。我在香港中文大学访问时，亲眼看见有研究生在复印这本书。本人还先后在山西大学和吉林大学开设量子光学课程。当前量子信息领域的许多年轻的学术带头人都受教于量子光学课程从而迈进量子科学的大门。例如澳大利亚两院院士、中国工程院外籍院士顾敏；华东师范大学杰出学术带头人曾和平 (国家杰出青年科学基金获得者)，当时是中国科学院上海光学精密机械研究所的研究生，到中国科学技术大学进修期间选修了量子光学课程，从此踏进量子科学的研究征途；山西大学许多学术带头人也是受教于量子光学课程而成长起来的。现在，量子光学已成为重要的专业基础课，大部分高校都开设了量子光学课程。

1983 年我回国后做的第二件事就是组织国内量子光学队伍，筹划组织召开"第一届全国量子光学学术会议"。时任中国科学技术大学教务长的尹鸿钧教授是知名的理论物理学家，他非常支持我的想法，资助了会议 2000 元。当我着手组织学术会议时却遇到预料不到的困难：当时有规定，非民政部门正式批准的学术团体不可以私自召开会议。我们向中国光学学会申请成立"量子光学专业委员会"，却遭到拒绝。看来要合法地召开量子光学会议，短时间内是办不到了。只好求救于时任激光专业委员会主任的邓锡铭教授 (1993 年当选为中国科学院院士)，他同意将我们的会议"寄生"在他们专业委员会的年度会议上，等他们的会议结束后，我们接着召开量子光学会议。就这样，"全国量子光学学术会议"于 1984 年 8 月在安徽滁州琅琊山采用这种"借巢下蛋"的方式诞生了！参加会议的有 50 多人，多数是出于好奇心留下来听会的。这次"琅琊会议"点燃了中国量子光学的火苗，之后每两年召开一次"全国量子光学会议"，从未中断，参会人数逐次增多，现已扩大到每届超过 600 人。量子光学这门学科已深深扎根在中国的大地上。2019 年 8 月 22 日下午，部分第一届会议的参会者在 35 年后重返琅琊山旧地，感慨万千。

量子光学的发展为我国之后量子信息的迅速发展奠定了扎实的基础。我在 20 世纪 90 年代初期就投入到国外悄然出现的量子信息这一新兴领域中。量子信息是量子力学与信息科学交叉的新学科，是量子光学发展的自然延伸。国际上最初量子信息的研究群体多数是来自量子光学的队伍。我在坐了 20 多年"冷板凳"之后，2001 年终于申请到国家重点基础研究发展计划 (973) 项目，并组织了一支来自十多个高校、研究所，50 多位骨干的研究队伍，其中多数是国内开展量子光学研究的单位。我们将量子光学成熟的理论应用于新兴的量子信息研究，很快就取得了进展并逐步赶上国际步伐。随着量子信息的深入发展，量子光学学科发挥着越来越重要的作用。

光子与原子、离子等微观量子客体一样，是量子信息的基本物理载体，在量子技术的研究中扮演着不可或缺的角色：光子是飞行量子比特，是传送量子信息的唯一工具，广泛应用于量子密码、量子通信领域；在量子网络的研究中，光子作为量子信道联系着不同的量子节点，从而构成功能强大的量子系统；光子系统作为量子模拟器已经在物理学各领域中发挥了意想不到的作用；在量子计算的各种方案中，光子可以实现可编程的"one way"(单向) 量子计算，有着独特性能。量子信息系统是宏观开放系统，不可避免的环境破坏所引起的"消相干"是各种量子器件实际应用的主要障碍，而处理这类开放的量子系统的最有效方法就是量子光学中成熟的耗散理论。

量子光学不仅是光学领域的基础学科，也是物理学的基础学科，它已广泛地应用于凝聚态物理、原子物理等领域中，在新兴的量子信息交叉学科中更是发挥着不可替代的重要作用。这就是我们重新出版《量子光学》的初衷。

近几十年来，国际量子光学领域的发展迅速，许多重要的物理概念被提出，也有许多新的物理现象在实验上被发现。鉴于当前学科发展的现状，这次出版的《量子光学》在 1990 年版本的基础上做了较大的修改，保留了原书的大部分结构，在内容上进行了合并和删减，同时为兼顾到相关领域的进展，也增添了许多新内容，并且补充了我们在量子光学和量子信息领域的部分研究成果，完善了量子信息研究中所需要的物理基础部分。我们相信这样的安排会使得新版的《量子光学》更加充实、更加完整，可供有兴趣的研究生和研究人员参考。

特别感谢中国科学院量子信息重点实验室的周祥发副研究员，他为本书的出版付出了辛勤劳动，做出了重要贡献。本书成书过程中得到了实验室许多老师和同学的热心帮助。感谢李传锋教授、周志远副教授等提供的参考资料，感谢张永生副教授、孙方稳教授以及实验室其他老师和同学的认真审阅并提出宝贵建议。此外，本书成书过程中还得到了中国科学技术大学研究生教材出版专项经费支持，在此一并表示衷心的感谢。

　　由于精力和能力有限，书中有些参考资料未能列全，同时内容上也难免有不妥之处，敬请各位同仁批评和斧正。

郭光灿

2021 年 2 月

目　　录

第一章 辐射场及其量子化

1.1 光学发展简史

从某种程度上说,人类文明的进展是不断追寻光明事物的过程。在物理学中,作为光明事物的载体,光学也一直受到科学研究的普遍关注。人类在对光的探索中所发现的新特性,以及由此发展的新应用也一直深深地影响着现代人们的生活。然而,物理学上回答"什么是光"却并不是一个简单的问题。尽管经过了千百年来不断的探索,自然界中的光和光学仍然向我们展现着它的神秘特性,有待人们进一步深入探索它的无穷魅力。

近代光学的出现和发展可以追溯到牛顿 (Isaac Newton,1643~1727) 甚至更早的时代。牛顿对光作了一系列的探索,发现了太阳光的七色光谱,发明了反射望远镜,等等。在他光学著作中,牛顿提出了光的"微粒说"理论,用以解释光的反射和折射现象,并推断光在稠密介质中传播速度要比在稀疏介质中的速度快。

与牛顿同时代的胡克 (Robert Hooke,1635~1703),实际上在更早的时候就提出了光的"波动说"。胡克认为光线在一个以太介质中以波的形式传播,并预测光在进入高密度介质时会减速。这一假说后来由荷兰科学家惠更斯 (Christiaan Huygens,1629~1695) 作了进一步发展和完善,并提出了著名的惠更斯原理,成功地解释了光的直线传播、反射和折射现象。特别是 1801 年,托马斯·杨 (Thomas Young,1773~1829) 进行了著名的杨氏双缝实验,发现了光的干涉性质,从而有力地证明了光的波动特性。至此,光的"微粒说"解释渐渐被人们抛弃,光的"波动说"普遍为人们所认可。

1873 年,麦克斯韦 (James Clerk Maxwell,1831~1879) 出版了他的科学名著《电磁理论》。在这里,麦克斯韦提出了著名的麦克斯韦方程组,统一了电、磁理论。麦克斯韦由此推导出电磁波的传播速度等于光速,并推断光是电磁波的一种形式,从而进一步揭示了光现象和电磁现象之间的联系。

20 世纪物理学的重大进展均离不开对光的奇妙特性的认识和理解。1900 年,普朗克 (Max Planck,1858~1947) 基于黑体辐射现象,提出了光场能量量子化假说。这一概念后来又被爱因斯坦 (Albert Einstein,1879~1955) 进一步发展,并提出了光子的概念,用以解释光电效应。至此光的"粒子"特性又被重新重视起来。由此人们认识到,光可以同时具有"粒子性"和"波动性"。受到光的波粒二象性的启发,德布罗意 (Louis de Broglie,1892~1987) 提出了著名的物质波假说,从而给出了微观世界中波粒二象性普遍存在的重要推断,并很快被实验所证实,大大促进了量子力学的建立和发展。另一方面,基于光的传播速度不依赖于参照系的特性,1905 年,爱因斯坦提出了著名的狭义相对论,并进一步发展了广义相对论,从而极大地促进了人类对时空本质的认识和理解。而相对论和量子力学的交叉又促进了量子电动力学的诞生,并进一步导致量子场论的建立。

尽管光的量子特性已很早被认知,然而对光场量子特性的研究,实际上是在20 世纪 60 年代激光技术出现以后才变得越来越普遍。激光由于其高度的相干特性使得光场的量子特性很容易展现出来,同时高功率的激光场与物质之间强烈的相互作用使得微观世界中的量子效应更方便地在实验上被观测和调控。激光技术的发展对人类科学技术的影响是深刻的,从物理、化学到生物、医学等等,几乎渗透到各个学科领域,并持续影响着当代自然科学的发展和人们的日常生活。

作为研究光场量子特性的重要学科分支,量子光学也是在激光技术诞生后才渐渐发展和成熟的。尽管量子电动力学中对单个光子和电子的量子特性及相互作用做了非常精确的描述,但是对于多光子间关联特性的探讨,在早期量子电动力学中很少涉及。1956 年,Robert Hanbury Brown(1916~2002) 和 Richard Q. Twiss (1920~2005) 首次观测到了光场的强度关联效应 (HBT 干涉效应)。这是早期促进量子光学发展的重要实验进展。激光的出现使得实验观测光场的量子特性变得方便,从而大大促进了对光场量子特性及光场的非经典关联效应的研究。1963 年,Roy Glauber(1925~2018) 系统地发展了光场的量子相干理论。这一理论框架不仅可以用来解释 HBT 实验,同时还为接下来量子光学数十年的发展奠定了基础。量子光学着重研究光子与原子及其他微观量子系统之间的关联和相互作用等各种量子效应。对这些简单微观量子客体的研究,可以让我们避开一些复杂系统中不可控制的干扰因素,从而有利于对纯粹的量子效应进行深入探讨,实现理论和实验结果的双方面验证。这些成果不仅加深了我们对量子理论本身的理解,同时也推动了人们操控微观量子系统技术的提升,从而使得人类对微观世界的操控变得越来越丰富和成熟。

在 20 世纪最后的 20 年里乃至进入到当今的 21 世纪,量子信息和量子计算的发展为人们展现了微观系统中量子操控所蕴含的潜在巨大应用前景。在几乎所有实现量子计算的平台中,利用光场进行操控和探测是不可或缺的重要手段。在量子模拟中,由激光场构建的人造光晶格系统为模拟各种等效物理模型提供了丰富的操控手段,并为不同学科的交叉融合研究提供了实验平台基础。在引力波探测中,量子光学工具的引入对提升引力波探测的精度、简化测量过程均有着重要的推动作用。

当前，量子光学所发展出来的物理概念和量子操控手段已经被广泛应用于不同的学科分支中。量子光学的发展为探索各种奇妙的量子效应提供了极佳的理论基础，同时也为提升人类量子操控的能力和开发各种新的量子技术提供了保障。为了解量子光学中所讨论的内容，在本书中，我们将着重介绍量子光学中的一些重要基本概念，包括光场的量子化、光场的相干性、光与介质的相互作用、热库系统和主方程、朗之万方程、光学谐振腔、光力耦合系统等。除此之外，由于篇幅和能力的限制，量子光学中仍有其他相关的重要分支和进展，这里未能涉及，感兴趣的读者可以参阅相关的文献和书籍做更深入的了解[1-5]。

1.2 量子力学回顾

20 世纪最重大的物理科学进展莫过于量子力学与相对论的发现。特别是量子力学的发展，汇集了同时代一大批杰出的科学家，在短短几十年的时间里，让整个物理学发生了翻天覆地的变化，并持续深刻地影响着当代的物理学进展。回顾量子力学的发展历史可以看到，量子力学中许多重要物理概念的提出和理解，如德布罗意波、物质波干涉、波粒二象性等，都可以从光场的诸多物理特性中找到类比。而另一方面，量子力学大厦的建立也为研究自然界中的光现象提供了强有力的理论工具。为了内容的完整性，在具体地讨论各种光场的量子效应前，我们就量子力学中的相关概念进行简单的回顾。更详细的介绍，读者可以参考相关的教材[6-8]。

1.2.1 公理假设

作为描述微观世界的利器，量子力学中有很多现象与我们日常生活的经验不一致。量子力学的理论框架基于一系列假设之上，但是这些假设均是基于一系列客观物理观测的实验事实之上。这其中一个最重要的前提假设就是量子态的"叠加原理"。也就是说，如果我们假定 $|\psi_1\rangle$、$|\psi_2\rangle$ 是一个量子客体所容许的状态，则它们的叠加

$$c_1|\psi_1\rangle + c_2|\psi_2\rangle$$

也是物理上容许的状态。这里 c_i 均为复数，$|\psi_i\rangle$ 代表了一个复空间中的向量，也称之为纯态，且一般要求满足归一化条件

$$\langle\psi_i|\psi_i\rangle = 1.$$

为方便讨论，我们采用了狄拉克记号 (Paul Adrien Maurice Dirac，1902~1984) 标记量子态，用 $\langle\psi_i|\psi_j\rangle$ 表示两个量子态的内积。"叠加原理"是量子力学中的基

本假设，它不能由其他的已知规律推导出来。直观上，"叠加原理"与光波在重叠区域的叠加行为很类似，所以量子力学有时也被称为波动力学。

　　除了体系状态的描述外，量子力学中还引入了薛定谔 (Erwin Schrödinger, 1887~1961) 方程来刻画系统状态的演化

$$i\hbar\frac{\mathrm{d}|\psi\rangle}{\mathrm{d}t} = \hat{H}|\psi\rangle, \tag{1.1}$$

其中 $\hat{H}$ 为系统的哈密顿量 (William Rowan Hamilton，1805~1865)，是一个厄米算子 $\hat{H}^\dagger = \hat{H}$。这里，我们用 "†" 表示算符的厄米共轭运算，用 "^" 表明对应的变量为算符变量，以区分普通的复数。物理上，$\hat{H}$ 对应体系的能量。当 $\hat{H}$ 不依赖于时间 t 时，方程的形式解可以简单写成

$$|\psi(t)\rangle = U(t)|\psi(0)\rangle = \mathrm{e}^{-i\hat{H}t/\hbar}|\psi(0)\rangle. \tag{1.2}$$

由 $\hat{H}$ 厄米特性可知，这里的 $U(t)$ 为酉变换。将上式代入薛定谔方程中，我们也可以得到 $U(t)$ 所满足的方程

$$i\hbar\frac{\mathrm{d}U(t)}{\mathrm{d}t} = \hat{H}U(t), \quad U(0) = I. \tag{1.3}$$

当 $\hat{H}(t)$ 依赖于时间 t 时，方程的形式解为

$$U(t) = \hat{T}\exp\left[\frac{1}{i\hbar}\int_0^t \mathrm{d}\tau \hat{H}(\tau)\right]$$

$$= 1 + \frac{1}{i\hbar}\int_0^t \mathrm{d}\tau \hat{H}(\tau) + \left(\frac{1}{i\hbar}\right)^2 \int_0^t \mathrm{d}\tau_1 \int_0^{\tau_1} \mathrm{d}\tau_2 \hat{H}(\tau_1)\hat{H}(\tau_2) + \cdots, \tag{1.4}$$

这里，$\hat{T}$ 表示编时算符，亦即对展开式中的算符组合按时间发生的次序从大到小排列 $t \geqslant \tau_1 \geqslant \tau_2 \geqslant \cdots$。特别地，当不同时刻的哈密顿量对易时

$$[\hat{H}(\tau_i), \hat{H}(\tau_j)] = 0,$$

我们有

$$\int_0^t \mathrm{d}\tau_1 \int_0^{\tau_1} \mathrm{d}\tau_2 \cdots \int_0^{\tau_{n-1}} \mathrm{d}\tau_n \hat{H}(\tau_1)\hat{H}(\tau_2)\cdots\hat{H}(\tau_n) = \frac{1}{n!}\left[\int_0^t \mathrm{d}\tau \hat{H}(\tau)\right]^n. \tag{1.5}$$

此时，$U(t)$ 可以化简为

$$U(t) = \hat{T}\exp\left[\frac{1}{i\hbar}\int_0^t \mathrm{d}\tau \hat{H}(\tau)\right] = \exp\left[\frac{1}{i\hbar}\int_0^t \mathrm{d}\tau \hat{H}(\tau)\right]. \tag{1.6}$$

对微观量子客体的信息提取是通过测量获得的。由于观测得到的信号总是用实数表示，所以在量子力学中，测量是用一个厄米算符 $\hat{A}$ 来描述。测量后，系统的原始状态 $|\psi\rangle$ 发生塌缩，并跃迁到测量算符 $\hat{A}$ 的某个本征态 $|a\rangle$ 上。塌缩到状态 $|a\rangle$ 上的概率 p_a 由初始状态 $|\psi\rangle$ 决定。依据态叠加原理，我们可以把 $|\psi\rangle$ 写成不同本征态 $|a\rangle$ 的叠加形式。如果 $|\psi\rangle$ 可以写成形式

$$|\psi\rangle = \sum_a c_a |a\rangle, \tag{1.7}$$

则塌缩的概率即为 $p_a = |c_a|^2$。另一方面，由于厄米算符 $\hat{A}$ 的所有本征态 $|a\rangle$ 组成正交完备基，所以有

$$p_a = |c_a|^2 = |\langle a|\psi\rangle|^2. \tag{1.8}$$

可以看到，测量塌缩后，如果立刻继续观测同样的物理量，所得到的结果和系统的状态均不会再发生改变。测量算符也可以进一步写成

$$\hat{A} = \sum_a \lambda_a |a\rangle\langle a| = \hat{A}^\dagger, \tag{1.9}$$

其中 λ_a 是相应的测量值。"测量塌缩假说"为从微观量子世界过渡到经典世界提供了一种方便的理解途径，但同时也似乎在经典世界和量子世界之间划了一条分界线，使得在我们的日常经验中很难体会"量子叠加"现象。然而，由于它能很好地解释各种实验观测现象，所以仍然作为一种重要的假设被吸收到量子力学的框架中。

由上面的讨论我们知道，测量塌缩发生后，重复测量不改变测量结果。那么，如果我们改变观测量，相应的测量算符为 $\hat{B}$，则测量结果会如何呢？很明显，如果本征态 $|a\rangle$ 也是算符 $\hat{B}$ 的本征状态，则依据"测量塌缩假说"，我们仍然能得出系统的状态也不会发生变化。如果 $|a\rangle$ 不再是算符 $\hat{B}$ 的本征状态，则同样可以用算符 $\hat{B}$ 的本征状态 $\{|b\rangle\}$ 展开

$$|a\rangle = \sum_b d_b |b\rangle = \sum_b \langle b|a\rangle |b\rangle, \tag{1.10}$$

然后再利用上面的"测量塌缩假说"来解释各种测量结果。可见只有当 $\hat{A}$ 和 $\hat{B}$ 是相互对易的情况下，测量后系统的状态才不会被后续测量改变，因为此时它们有共同的本征态。而当它们不对易时，系统的状态将会发生改变。

在量子力学中，很多算符都是不对易的。我们一般用对易子来刻画算符之间不可对易的程度

$$[\hat{A}, \hat{B}] \equiv \hat{A}\hat{B} - \hat{B}\hat{A} \equiv i\hat{C}. \tag{1.11}$$

这里 $\hat{C}$ 为厄米算符，满足 $\hat{C}^\dagger = \hat{C}$。例如，作为最常见的观测量，粒子位置 $\hat{x}$ 和动量 $\hat{p}$ 在量子力学中不再对易，满足量子化条件

$$[\hat{x}, \hat{p}] = i\hbar. \tag{1.12}$$

在量子力学中，非对易的观测量满足量子不确定关系。具体地，对任意可观测算符 $\hat{M}$，定义其涨落为

$$(\Delta M)^2 = \langle \Delta \hat{M}^2 \rangle = \langle \psi | [\hat{M} - \langle \hat{M} \rangle]^2 | \psi \rangle = \langle \psi | \hat{M}^2 | \psi \rangle - \langle \psi | \hat{M} | \psi \rangle^2. \tag{1.13}$$

为了考察不对易观测量 $\hat{A}$ 和 $\hat{B}$ 涨落之间的联系，我们引入两个新的状态

$$|\psi_1\rangle = [\hat{A} - \langle \hat{A} \rangle]|\psi\rangle, \quad |\psi_2\rangle = [\hat{B} - \langle \hat{B} \rangle]|\psi\rangle. \tag{1.14}$$

利用不等式 $\langle \psi_1 | \psi_1 \rangle \langle \psi_2 | \psi_2 \rangle \geqslant \langle \psi_1 | \psi_2 \rangle \langle \psi_2 | \psi_1 \rangle$，我们即可得到

$$(\Delta A)^2 (\Delta B)^2 \geqslant \frac{1}{4} \left[\langle \hat{C} \rangle^2 + \langle \hat{F} \rangle^2 \right]. \tag{1.15}$$

此即为非对易观测量所应满足的不确定关系 (Robertson-Schrödinger 不确定关系)，其中

$$\hat{F} = \hat{A}\hat{B} + \hat{B}\hat{A} - 2\langle \hat{A} \rangle \langle \hat{B} \rangle$$

刻画了 $\hat{A}$ 和 $\hat{B}$ 之间的关联，等号成立的条件为 $|\psi_1\rangle \propto |\psi_2\rangle$。

1.2.2 密度矩阵和表象变换

1.2.1 节中，我们考虑的系统状态均为纯态，它们都可以用希尔伯特空间 (Hilbert space) 中的向量来表示。然而实际情况中，有很多系统状态并不总是能表示成纯态的形式。例如，我们以一定的概率 p_n 在情况相同的子系统中制备不同的纯态 $|\psi_n\rangle$，然后把所有这些子系统集合起来看作一个总的系综，此时系综的状态就不能再用简单的纯态来刻画了。假定此时有观测量 $\hat{A}$，则测量的平均值即为每次测量结果的平均，记为

$$\langle \hat{A} \rangle = \sum_n p_n \langle \psi_n | \hat{A} | \psi_n \rangle = \sum_a \sum_n p_n \langle \psi_n | \hat{A} | a \rangle \langle a | \psi_n \rangle$$

$$= \sum_a \langle a | \left(\sum_n p_n |\psi_n\rangle\langle\psi_n| \right) \hat{A} | a \rangle = \mathrm{Tr}[\rho \hat{A}]. \tag{1.16}$$

这里我们引入了密度矩阵 (density matrix)

$$\boldsymbol{\rho} = \sum_n p_n |\psi_n\rangle\langle\psi_n|, \tag{1.17}$$

并通过求迹运算 "Tr" 来表示算符的平均值, 其中 $|a\rangle$ 表示系统的一组本征基, 满足

$$I = \sum_a |a\rangle\langle a|. \tag{1.18}$$

数学上, 对算符的求迹运算就是对算符所对应矩阵的所有对角元素求和, 它不依赖于本征基的选取

$$\mathrm{Tr}[\hat{M}] = \sum_a \langle a|\hat{M}|a\rangle = \sum_b \sum_a \langle a|b\rangle\langle b|\hat{M}|a\rangle = \sum_b \langle b|\hat{M}|b\rangle, \tag{1.19}$$

且满足轮换不变性

$$\mathrm{Tr}[\hat{A}\hat{B}\hat{C}] = \mathrm{Tr}[\hat{C}\hat{A}\hat{B}] = \mathrm{Tr}[\hat{B}\hat{C}\hat{A}] \tag{1.20}$$

可以看到, 引入密度矩阵 $\boldsymbol{\rho}$ 后, 可以描述更加复杂的物理对象。当 $\boldsymbol{\rho}$ 的秩为 1 时, 它即等价于纯态, 一般可以写成形式 $|\psi\rangle\langle\psi|$; 在大多情况下, $\boldsymbol{\rho}$ 的秩是大于 1 的, 此时称系统的状态为混合态。所有的关于量子态的操作均可以用密度矩阵的形式重新表达出来。例如, 如果我们对上述子系统进行测量, 并考察其投影到状态 $|a\rangle$ 上的概率

$$P_a = \sum_n p_n |\langle a|\psi_n\rangle|^2 = \langle a| \left(\sum_n p_n |\psi_n\rangle\langle\psi_n| \right) |a\rangle = \mathrm{Tr}[\hat{\Pi}_a \boldsymbol{\rho}], \tag{1.21}$$

其中 $\hat{\Pi}_a = |a\rangle\langle a|$ 为测量对应的投影子算符。

从上面的定义我们可以看到, 系统的密度矩阵都是厄米且正定的。这是因为对于任意给定的态矢量, 我们总可以得到

$$\langle\psi|\boldsymbol{\rho}|\psi\rangle = \sum_n p_n |\langle\psi|\psi_n\rangle|^2 > 0. \tag{1.22}$$

另外, 对于归一化的系统状态, 总有下列等式成立

$$\mathrm{Tr}[\boldsymbol{\rho}] = \sum_n p_n \mathrm{Tr}[|\psi_n\rangle\langle\psi_n|] = \sum_n p_n = 1. \tag{1.23}$$

为了区分纯态和混合态, 我们定义密度矩阵的混乱度参数为

$$P = 1 - \mathrm{Tr}[\boldsymbol{\rho}^2], \tag{1.24}$$

其中 $\mathrm{Tr}[\boldsymbol{\rho}^2]$ 也称为态 $\boldsymbol{\rho}$ 的纯度。可以证明, P 为非负数。对于纯态, $P = 0$ 成立; 而对于混合态, 总有

$$\mathrm{Tr}[\boldsymbol{\rho}^2] = \sum_n p_n^2 \mathrm{Tr}[|\psi_n\rangle\langle\psi_n|] \leqslant \sum_n p_n = 1, \tag{1.25}$$

所以 $0 < P < 1$。上式中，我们假定了 $|\psi_n\rangle$ 是相互正交的。这总是可以做到的，因为任何厄米矩阵都是可以对角化的。有时候，我们也用冯·诺依曼 (John von Neumann，1903~1957) 熵来刻画密度矩阵的混乱度

$$S = -\mathrm{Tr}[\rho \ln \rho]. \tag{1.26}$$

可以验证，对于任意 $p_n \in (0,1)$，不等式 $1 - p_n \leqslant -\ln p_n$ 是成立的。由此我们可以得到，密度矩阵的混乱参数与熵之间满足下面的约束关系

$$P \leqslant S. \tag{1.27}$$

特别地，对于二维的量子系统而言，其密度矩阵有简单的几何意义。这里我们以两能级原子为例来说明问题。为方便讨论，我们引入泡利 (Wolfgang Pauli，1900~1958) 矩阵来表示能级之间的关系。定义

$$|e\rangle = \begin{pmatrix} 1 \\ 0 \end{pmatrix}, \qquad |g\rangle = \begin{pmatrix} 0 \\ 1 \end{pmatrix}, \tag{1.28}$$

其中，$|e\rangle$ 表示激发态，$|g\rangle$ 表示基态，则泡利矩阵定义为

$$\hat{\sigma}_x = \begin{pmatrix} 0 & 1 \\ 1 & 0 \end{pmatrix} = |e\rangle\langle g| + |g\rangle\langle e|, \tag{1.29}$$

$$\hat{\sigma}_y = \begin{pmatrix} 0 & -\mathrm{i} \\ \mathrm{i} & 0 \end{pmatrix} = -\mathrm{i}|e\rangle\langle g| + \mathrm{i}|g\rangle\langle e|, \tag{1.30}$$

$$\hat{\sigma}_z = \begin{pmatrix} 1 & 0 \\ 0 & -1 \end{pmatrix} = |e\rangle\langle e| - |g\rangle\langle g|, \tag{1.31}$$

可以验证，泡利算符满足下列对易关系：

$$[\hat{\sigma}_x, \hat{\sigma}_y] = 2\mathrm{i}\hat{\sigma}_z, \quad [\hat{\sigma}_y, \hat{\sigma}_z] = 2\mathrm{i}\hat{\sigma}_x, \quad [\hat{\sigma}_z, \hat{\sigma}_x] = 2\mathrm{i}\hat{\sigma}_y, \tag{1.32}$$

$$\hat{\sigma}_i\hat{\sigma}_j = \mathrm{i}\epsilon_{ijk}\hat{\sigma}_k, \quad \{i, j, k\} = \{x, y, z\}, \tag{1.33}$$

$$\hat{\sigma}_i^2 = I. \tag{1.34}$$

此外，我们还可以定义上升和下降算符分别为

$$\hat{\sigma}_+ = |e\rangle\langle g| = \frac{1}{2}(\hat{\sigma}_x + \mathrm{i}\hat{\sigma}_y), \quad \hat{\sigma}_- = |g\rangle\langle e| = \frac{1}{2}(\hat{\sigma}_x - \mathrm{i}\hat{\sigma}_y), \tag{1.35}$$

相应的对易关系为

$$[\hat{\sigma}_+, \hat{\sigma}_-] = 2\hat{\sigma}_z, \quad [\hat{\sigma}_z, \hat{\sigma}_\pm] = \pm\hat{\sigma}_\pm. \tag{1.36}$$

我们还可以用更直观的方式刻画系统的状态。由于密度矩阵是厄米算子，利用泡利算符，我们可以把两能级系统的密度矩阵 $\boldsymbol{\rho}$ 写成

$$\boldsymbol{\rho} = \frac{1}{2}I + \rho_{eg}\hat{\sigma}_+ + \rho_{ge}\hat{\sigma}_- + \frac{1}{2}(\rho_{ee} - \rho_{gg})\hat{\sigma}_z$$
$$= \frac{1}{2}(I + R_1\hat{\sigma}_x + R_2\hat{\sigma}_y + R_3\hat{\sigma}_z), \tag{1.37}$$

其中，$\boldsymbol{\rho}$ 的矩阵元定义为 $\rho_{mn} = \langle m|\rho|n\rangle$。由厄米性可知，$R_i$ 均为实数，分别对应泡利算符在密度矩阵 $\boldsymbol{\rho}$ 下的平均值

$$R_1 = \langle\hat{\sigma}_x\rangle = \mathrm{Tr}(\hat{\sigma}_x\rho) = \rho_{eg} + \rho_{ge}, \tag{1.38}$$

$$R_2 = \langle\hat{\sigma}_y\rangle = \mathrm{Tr}(\hat{\sigma}_y\rho) = \mathrm{i}(\rho_{eg} - \rho_{ge}), \tag{1.39}$$

$$R_3 = \langle\hat{\sigma}_z\rangle = \mathrm{Tr}(\hat{\sigma}_z\rho) = \rho_{ee} - \rho_{gg}. \tag{1.40}$$

定义 Bloch 矢量

$$\boldsymbol{R} = R_1\boldsymbol{e}_1 + R_2\boldsymbol{e}_2 + R_3\boldsymbol{e}_3, \tag{1.41}$$

其中，$\boldsymbol{e}_1$、$\boldsymbol{e}_2$、$\boldsymbol{e}_3$ 代表相互垂直的单位矢量。可以看到，利用 Bloch 矢量，我们可以把任一二维量子态映射到向量 $\boldsymbol{R}$ 上。容易验证

$$|\boldsymbol{R}|^2 = R_1^2 + R_2^2 + R_3^2 = 1 - 4(\rho_{ee}\rho_{gg} - |\rho_{eg}|^2). \tag{1.42}$$

对于纯态，由于 $\rho_{ee}\rho_{gg} = |\rho_{eg}|^2$ 成立，所以 $|\boldsymbol{R}| = 1$。可见纯态对应的矢量末端在三维空间中构成的一个二维的球面，称为 Bloch 球，如图 1.1所示。对于给定的空间方向

$$\boldsymbol{n} = (\sin\theta\cos\phi, \sin\theta\sin\phi, \cos\theta), \tag{1.43}$$

其对应的纯态形式为 (相差一个整体相位)

$$|\psi\rangle = \cos\frac{\theta}{2}|e\rangle + \mathrm{e}^{\mathrm{i}\phi}\sin\frac{\theta}{2}|g\rangle. \tag{1.44}$$

对于混合态，利用密度矩阵的正定性条件 $\mathrm{Det}(\rho) = \rho_{ee}\rho_{gg} - |\rho_{eg}|^2 > 0$ 可知，矢量 $|\boldsymbol{R}|$ 的长度小于 1。所以混合态对应的矢量末端均在 Bloch 球的内部。

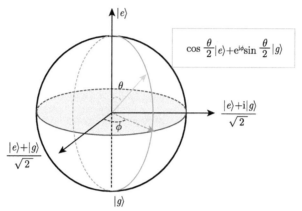

图 1.1　二维量子态及对应的 Bloch 矢量

1.2.3　表象变换

有了密度矩阵的引入后，我们就可以把薛定谔方程也写成密度矩阵形式：

$$i\hbar \frac{\mathrm{d}|\psi\rangle\langle\psi|}{\mathrm{d}t} = \hat{H}|\psi\rangle\langle\psi| - |\psi\rangle\langle\psi|\hat{H} = [\hat{H}, |\psi\rangle\langle\psi|], \tag{1.45}$$

利用方程的线性特征，可知对一般的密度矩阵 $\boldsymbol{\rho}$，上式也是成立的

$$i\hbar \frac{\mathrm{d}\boldsymbol{\rho}}{\mathrm{d}t} = [\hat{H}, \boldsymbol{\rho}]. \tag{1.46}$$

对于物理可观测量 A 来说，其期望值的形式为 $\langle\hat{A}\rangle = \langle\psi(t)|\hat{A}|\psi(t)\rangle$。利用 $|\psi(t)\rangle$ 的形式解，我们也可以把 $\langle\hat{A}\rangle$ 写成

$$\langle\hat{A}\rangle = \langle\psi(t)|\hat{A}|\psi(t)\rangle = \langle\psi(0)|U^\dagger(t)\hat{A}U(t)|\psi(0)\rangle. \tag{1.47}$$

令 $\hat{A}(t) = U^\dagger(t)\hat{A}U(t)$，则可以验证，它满足的运动方程为

$$i\hbar \frac{\mathrm{d}\hat{A}(t)}{\mathrm{d}t} = [\hat{A}(t), \hat{H}]. \tag{1.48}$$

此即为算符演化的海森伯 (Werner Heisenberg, 1901~1976) 运动方程。上式表明，对于任何系统算符 $\hat{A}$ 的期望值 $\langle\psi|\hat{A}|\psi\rangle$，我们可以通过系统的状态 $|\psi(t)\rangle$ 求得，亦或保持系统状态不变，求解算符 $\hat{A}(t)$ 的海森伯运动方程 (1.48) 得到。前者对应薛定谔表象，后者对应海森伯表象。可见，在薛定谔表象中，系统的状态波函数满足薛定谔方程，而算符不演化。相反地，在海森伯表象中，系统的状态波函数保持不变，而算符的演化满足海森伯方程 (1.48)。实际应用中，可以在两种描述中选择更方便的一种进行讨论。

另一方面，在很多问题中，系统的总哈密顿量可以写成两部分和的形式，即

$$\hat{H} = \hat{H}_0 + \hat{V}(t), \tag{1.49}$$

其中 $\hat{H}_0$ 一般对应于无相互作用时系统的自由哈密顿量，很多情况下是不含时间参数的。为了处理方便，此时我们可以在相互作用表象中讨论问题。具体地，假定系统随时间变化的波函数为 $|\psi(t)\rangle$，则可以定义新的波函数

$$|\psi_I(t)\rangle = U^\dagger(t)|\psi(t)\rangle = \exp(-\hat{H}_0 t/\mathrm{i}\hbar)|\psi(t)\rangle.$$

利用薛定谔方程，我们可以得出 $|\psi_I(t)\rangle$ 所满足的演化方程为

$$\mathrm{i}\hbar\frac{\mathrm{d}|\psi_I\rangle}{\mathrm{d}t} = \hat{H}_I(t)|\psi_I\rangle, \tag{1.50}$$

其中等效哈密顿量 $\hat{H}_I(t)$ 的形式为

$$\hat{H}_I(t) = U^\dagger(t)\hat{V}(t)U(t) = \exp(-\hat{H}_0 t/\mathrm{i}\hbar)\hat{V}(t)\exp(\hat{H}_0 t/\mathrm{i}\hbar). \tag{1.51}$$

相互作用表象去掉了原来哈密顿中的一些自由项的干扰，可以让相互作用效应凸显出来，大大方便问题的讨论。

对于更一般的情况，如果我们令 $|\phi(t)\rangle = \tilde{U}(t)|\psi(t)\rangle$，其中 $\tilde{U}(t)$ 是某个含时的酉变换，则新状态 $|\phi(t)\rangle$ 满足的薛定谔方程为

$$\mathrm{i}\hbar\partial_t|\phi(t)\rangle = \mathrm{i}\hbar\left[(\partial_t\tilde{U})|\psi(t)\rangle + \tilde{U}\partial_t|\psi(t)\rangle\right]$$

$$= \left[\tilde{U}\hat{H}(t)\tilde{U}^\dagger + \mathrm{i}\hbar(\partial_t\tilde{U})\tilde{U}^\dagger\right]|\phi(t)\rangle. \tag{1.52}$$

对比薛定谔方程可知，此时系统对应的有效哈密顿量为

$$\hat{H}_\mathrm{e} = \tilde{U}\hat{H}(t)\tilde{U}^\dagger + \mathrm{i}\hbar(\partial_t\tilde{U})\tilde{U}^\dagger \tag{1.53}$$

$$= \tilde{U}\hat{H}(t)\tilde{U}^\dagger - \mathrm{i}\hbar\tilde{U}(\partial_t\tilde{U}^\dagger). \tag{1.54}$$

上式最后一步中，我们利用了 $(\partial_t\tilde{U})\tilde{U}^\dagger = -\tilde{U}(\partial_t\tilde{U}^\dagger)$。可以看到，对于给定的系统哈密顿量 (1.49)，前文所提到的海森伯表象即对应于

$$\tilde{U}(t) = \hat{T}\exp\left[-\frac{1}{\mathrm{i}\hbar}\int_0^t \mathrm{d}\tau \hat{H}(\tau)\right], \tag{1.55}$$

而相互作用表象即对应于

$$\tilde{U}(t) = U^\dagger(t) = \exp(-\hat{H}_0 t/\mathrm{i}\hbar) \tag{1.56}$$

1.2.4 复合系统

在实际物理问题中，我们经常要讨论两个量子系统相互作用的问题，亦或考察一个大系统中某个子系统中的量子力学问题。对于这样的复合系统，前面章节中讨论的关于量子态的表示及演化等性质均需要做进一步的拓展。

以量子态为例，假定有 A、B 两个量子小系统，它们各自对应的希尔伯特空间记为 $\mathcal{H}_A$、$\mathcal{H}_B$，其中的一组完备本征态集合为

$$\{|a_m\rangle, 1 \leqslant m \leqslant M\} \quad 及 \quad \{|b_n\rangle, 1 \leqslant n \leqslant N\}.$$

对于由这两个子系统联合而成的复合系统 AB，其对应希尔伯特空间记为 $\mathcal{H}_{AB} = \mathcal{H}_A \otimes \mathcal{H}_B$，其中 $\otimes$ 表示空间的张量积。复合空间中的本征基矢可以表示为

$$\{|e_{mn}\rangle = |a_m\rangle \otimes |b_n\rangle, 1 \leqslant m \leqslant M, 1 \leqslant n \leqslant N\}$$

需要注意的是，复合空间中的状态有很多奇特的性质。例如，依据叠加原理，复合空间中的状态可以由不同本征态 $|a_1\rangle \otimes |b_1\rangle$ 和 $|a_2\rangle \otimes |b_2\rangle$ 叠加而成

$$|\psi\rangle_{12} \sim |a_1\rangle \otimes |b_1\rangle + |a_2\rangle \otimes |b_2\rangle. \tag{1.57}$$

可以验证，当 $\langle a_1|a_2\rangle = 0$ 且 $\langle b_1|b_2\rangle = 0$ 时，上述状态不可能写成 A、B 各自子系统中某个状态 $|\phi\rangle_A$ 和 $|\eta\rangle_B$ 直积的形式

$$|\psi\rangle_{12} \neq |\phi\rangle_A \otimes |\eta\rangle_B. \tag{1.58}$$

这样的状态又称为纠缠态，在量子计算和量子通信中有着重要的应用。

对于两体系统，其中的任意纯态均可以用基矢 $|a_m\rangle \otimes |b_n\rangle$ 展开为

$$|\psi\rangle = \sum_{mn} c_{mn}|a_m\rangle \otimes |b_n\rangle, \tag{1.59}$$

其中，c_{mn} 为系数矩阵 $\boldsymbol{C}$ 的矩阵元。依据矩阵的奇异值分解 (singular value decomposition, SVD) 定理，我们知道，对于任何维度为 $M \times N$ 的矩阵 $\boldsymbol{C}$，我们均可以找到一组酉矩阵 $(\boldsymbol{U}, \boldsymbol{V})$ 及准对角矩阵 $\boldsymbol{D}$，它们对应的维数为 $(M \times M, N \times N)$ 和 $M \times N$，使得矩阵 $\boldsymbol{C}$ 可以分解为

$$\boldsymbol{C} = \boldsymbol{U} \cdot \boldsymbol{D} \cdot \boldsymbol{V}. \tag{1.60}$$

由此我们可以把系数 c_{mn} 写成

$$c_{mn} = \sum_k U_{mk} D_{kk} V_{kn}, \tag{1.61}$$

从而有

$$|\psi\rangle = \sum_k D_{kk} \left(\sum_m U_{mk}|a_m\rangle \right) \otimes \left(\sum_n V_{kn}|b_n\rangle \right). \qquad (1.62)$$

若我们重新定义

$$|k\rangle_A = \sum_m U_{mk}|a_m\rangle \quad 及 \quad |k\rangle_B = \sum_n V_{kn}|b_n\rangle, \qquad (1.63)$$

则由酉矩阵的性质可知,$\{|k\rangle_A\}$ 和 $\{|k\rangle_B\}$ 分别构成希尔伯特空间 $\mathcal{H}_A$、$\mathcal{H}_B$ 中一组新的正交基矢。从而我们就可以把 $|\psi\rangle$ 写成下面的标准形式

$$|\psi\rangle = \sum_k d_k|k\rangle_A \otimes |k\rangle_B, \qquad (1.64)$$

其中,$d_k = D_{kk}$ 为矩阵 $\boldsymbol{D}$ 的对角元。这就是两体纯态的施密特分解 (Schmidt decomposition) 定理。

容易看到,对于简单的直积态 $|\phi\rangle_A \otimes |\eta\rangle_B$,它对应的 Schmidt 标准形式中的叠加系数 d_k 只有一项是非零的。对于一般的纯态 $|\psi\rangle$,非零 d_k 的个数可以大于 1,此时我们就无法将其写成直积形式。这样的状态即为纠缠态。一般说来,当 d_k 非零的个数越多,且绝对值大小分布越均匀时,表明状态的纠缠程度越高。对于两个二能级系统组成的复合系统,若它们各自的本征基矢记为 $\{|0\rangle_A, |1\rangle_A\}$ 和 $\{|0\rangle_B, |1\rangle_B\}$,则对应的四个最大纠缠态形式为

$$|\phi^+\rangle = \frac{1}{\sqrt{2}} \left(|0\rangle_A|0\rangle_B + |1\rangle_A|1\rangle_B \right), \qquad (1.65a)$$

$$|\phi^-\rangle = \frac{1}{\sqrt{2}} \left(|0\rangle_A|0\rangle_B - |1\rangle_A|1\rangle_B \right), \qquad (1.65b)$$

$$|\psi^+\rangle = \frac{1}{\sqrt{2}} \left(|0\rangle_A|1\rangle_B + |1\rangle_A|0\rangle_B \right), \qquad (1.65c)$$

$$|\psi^-\rangle = \frac{1}{\sqrt{2}} \left(|0\rangle_A|1\rangle_B - |1\rangle_A|0\rangle_B \right). \qquad (1.65d)$$

上述这些状态也称作贝尔态 (Bell states),在量子信息和量子计算中有着极为重要的作用[7]。

若复合子空间之间存在相互耦合 $\hat{M}_A \otimes \hat{M}_B$,其中 $\hat{M}_A$ 和 $\hat{M}_B$ 为每个子系统独立定义的算符,则算符作用到复合状态上的形式为

$$\left(\hat{M}_A \otimes \hat{M}_B \right) (|a_m\rangle \otimes |b_n\rangle) = \left(\hat{M}_A|a_m\rangle \right) \otimes \left(\hat{M}_B|b_n\rangle \right). \qquad (1.66)$$

对于复合系统，我们也可以引入密度矩阵描述其状态。假定两体系统对应的密度矩阵为 $\boldsymbol{\rho}_{AB}$。如果我们对其中的子系统 A 进行测量，对应的测量算符为 $\hat{M}_A$，则在复合系统中，相应的算符应写为 $\hat{M}_A \otimes I_B$，其中 I_B 为子系统 B 上的单位算符。测量算符的平均值为

$$\langle \hat{M}_A \rangle = \mathrm{Tr}[\hat{M}_A \otimes I_B \boldsymbol{\rho}_{AB}] = \sum_{i,j} {}_B\langle j|_A\langle i|\hat{M}_A \otimes I_B \boldsymbol{\rho}_{AB}|i\rangle_A|j\rangle_B$$

$$= \sum_i {}_A\langle i|\hat{M}_A \left(\sum_j {}_B\langle j|\boldsymbol{\rho}_{AB}|j\rangle_B \right) |i\rangle_A \equiv \mathrm{Tr}[\hat{M}_A\boldsymbol{\rho}_A], \qquad (1.67)$$

这里 $|i\rangle_A$ 和 $|j\rangle_B$ 分别对应子系统 A 和 B 中的一组正交基。

$$\boldsymbol{\rho}_A = \sum_j {}_B\langle j|\boldsymbol{\rho}_{AB}|j\rangle_B \qquad (1.68)$$

也称为状态 $\boldsymbol{\rho}_{AB}$ 在子系统 A 中的约化密度矩阵。对于两体纯态来说，子系统密度矩阵的纯度越小，表明子系统对应状态的不确定性越大，从而子系统间的纠缠也越大。两体纯态的纠缠度可以用子系统密度矩阵的冯·诺依曼熵来刻画。对于最大纠缠的贝尔态，子系统的约化密度矩阵对应单位矩阵，从而具有最大的冯·诺依曼熵。

复合系统中量子态的演化和测量比孤立系统的情况更为复杂，这里我们就不再讨论了，读者可以参考书籍 [7] 做进一步了解。

1.3 谐振子量子化

作为量子力学的一个简单例子，本节中介绍谐振子的量子化处理方法。经典谐振子问题对理解很多重要的物理问题均具有借鉴意义，原因在于很多经典势场在其平衡点附近的行为都可以近似成谐振子问题。在经典力学中，通过求解牛顿运动方程可以很容易地得到谐振子的所有相关物理量。而在量子力学中，对谐振子的处理形式也非常优美，所得结论非常简单自然，并不断地被大量的实验事实所证明。理解谐振子的量子力学行为也是开启量子力学奇妙大门的一把重要钥匙。

在量子力学中，一个标准的一维谐振子哈密顿量可以写成

$$\hat{H} = \frac{\hat{p}^2}{2m} + \frac{1}{2}m\omega^2\hat{x}^2 \qquad (1.69)$$

其中，m 为振子的质量，ω 为振子的频率。上式中的第一项代表振子的动能，第二项对应势能。不同于经典力学，在量子力学中，振子的坐标和动量是不对易的，

满足

$$[\hat{x}, \hat{p}] = i\hbar \tag{1.70}$$

其中，$\hbar$ 为普朗克常数。在坐标表象中，一般把动量表示成微分算子的形式

$$\hat{p} = -i\hbar\partial_x. \tag{1.71}$$

在量子力学中，粒子的状态一般用波函数 $|\psi(x,t)\rangle$ 来表示，其运动方程满足薛定谔方程

$$i\hbar\frac{\mathrm{d}}{\mathrm{d}t}|\psi(x,t)\rangle = \hat{H}|\psi(x,t)\rangle. \tag{1.72}$$

对于能量为 E_n 的定态，波函数可以写成

$$|\psi(x,t)\rangle = |\phi(x)\rangle \mathrm{e}^{-iE_n t/\hbar}, \tag{1.73}$$

其中状态 $|\phi(x)\rangle$ 满足

$$\left(-\frac{\hbar^2\partial^2}{2m\partial x^2} + \frac{1}{2}m\omega^2 x^2\right)|\phi(x)\rangle = E_n|\phi(x)\rangle. \tag{1.74}$$

求解这个二阶微分方程，即可得到系统的本征能量 $E_n = (n+1/2)\hbar\omega$ 及相应的本征波函数 $|\phi(x)\rangle$，从而可以获得粒子的所有相关信息。

狄拉克在 20 世纪 20 年代末给出了另一种求解谐振子的代数方法。这种解法由于其优美的代数结构而被称为 "二次量子化" 处理。量子谐振子在二次量子化处理下变得非常直观，而且形式简单，是理解很多其他量子现象的重要基础和理论工具。具体地，我们引入谐振子的特征长度 $l_{\mathrm{T}} = \sqrt{\hbar/m\omega}$，定义算子

$$\hat{a} = \frac{1}{\sqrt{2}}\left(\frac{1}{l_T}\hat{x} + i\frac{l_{\mathrm{T}}}{\hbar}\hat{p}\right) = \frac{1}{\sqrt{2\hbar m\omega}}\left(m\omega\hat{x} + i\hat{p}\right), \tag{1.75}$$

$$\hat{a}^\dagger = \frac{1}{\sqrt{2}}\left(\frac{1}{l_T}\hat{x} - i\frac{l_{\mathrm{T}}}{\hbar}\hat{p}\right) = \frac{1}{\sqrt{2\hbar m\omega}}\left(m\omega\hat{x} - i\hat{p}\right). \tag{1.76}$$

利用 $[\hat{x}, \hat{p}] = i\hbar$，我们可以得到对易关系

$$[\hat{a}, \hat{a}^\dagger] = 1, \tag{1.77}$$

此时系统的哈密顿量即可以写成下面的简化形式

$$\hat{H} = \frac{1}{2}\hbar\omega\left(\hat{a}^\dagger\hat{a} + \hat{a}\hat{a}^\dagger\right) = \hbar\omega\left(\hat{a}^\dagger\hat{a} + \frac{1}{2}\right). \tag{1.78}$$

利用算符 $\hat{a}(\hat{a}^\dagger)$ 与 $\hat{H}$ 的对易关系，我们可以在不求解具体的波函数的前提下，直接用代数的方法给出系统的本征能量和相应的本征态。由于谐振子的本征能量是分立，我们可以假定对应 E_n 的归一化本征态为 $|n\rangle$，即有 $\hat{H}|n\rangle = E_n|n\rangle$。利用关系

$$[\hat{a}, \hat{H}] = \hbar\omega\hat{a} \qquad \text{及} \qquad [\hat{a}^\dagger, \hat{H}] = -\hbar\omega\hat{a}^\dagger \tag{1.79}$$

可得

$$\hat{H}\hat{a}|n\rangle = (\hat{a}\hat{H} - \hbar\omega\hat{a})|n\rangle = (E_n - \hbar\omega)\hat{a}|n\rangle, \tag{1.80}$$

$$\hat{H}\hat{a}^\dagger|n\rangle = (\hat{a}^\dagger\hat{H} + \hbar\omega\hat{a})|n\rangle = (E_n + \hbar\omega)\hat{a}^\dagger|n\rangle. \tag{1.81}$$

从中我们看到，算符 $\hat{a}$ 作用到本征态 $|n\rangle$，将其变成能量为 $(E_n - \hbar\omega)$ 的新本征态，能量降低正好等于振子的频率，故一般称之为湮灭算符，或降算符；同理算符 $\hat{a}^\dagger$ 的作用是将系统的能量提升 $\hbar\omega$，对应地，一般也称之为产生算符，或升算符。我们把对应能量为 $(E_n \pm \hbar\omega)$ 本征态记为 $|n \pm 1\rangle$。为了求得 E_n 的具体取值，我们可以考虑不断地把 $\hat{a}$ 作用到 $|n\rangle$ 上，由于谐振子系统的能量不可能无限降低，故当其能量降低到基态 $|0\rangle$ 以后，再用 $\hat{a}$ 作用到基态应不再有新的状态出现，故一定有 $\hat{a}|0\rangle = 0$ 成立。这个基态也称为谐振子的真空态，相应的能量满足

$$\hat{H}|0\rangle = \hbar\omega\left(\hat{a}^\dagger\hat{a} + \frac{1}{2}\right)|0\rangle = \frac{1}{2}\hbar\omega|0\rangle. \tag{1.82}$$

可见在量子力学中，真空态并不是什么都没有。谐振子基态能量非零是系统中存在量子涨落的反应。将算符 $\hat{a}^\dagger$ 作用到 $|0\rangle$ 上，我们就可以得出本征态 $|n\rangle$ 对应的能量为 $E_n = (n + 1/2)\hbar\omega$。

进一步地，算符 $\hat{a}$ 和 $\hat{a}^\dagger$ 的具体形式也可以利用上面的关系给出。假定

$$\hat{a}|n\rangle = \alpha_n|n - 1\rangle \quad \text{及} \quad \hat{a}^\dagger|n\rangle = \beta_n|n + 1\rangle, \tag{1.83}$$

则依据关系

$$\hat{a}^\dagger a|n\rangle = \hat{a}^\dagger\alpha_n|n - 1\rangle = \beta_{n-1}\alpha_n|n\rangle, \tag{1.84}$$

可得

$$\beta_{n-1}\alpha_n = n. \tag{1.85}$$

此外，由于算符 $\hat{a}^\dagger$ 是 $\hat{a}$ 的厄米共轭算符，以及态 $|n\rangle$ 是正交归一的，可以得到

$$\langle n - 1|\hat{a}|n\rangle = \alpha_n = \langle n|\hat{a}^\dagger|n - 1\rangle^* = \beta_{n-1}^*. \tag{1.86}$$

不失一般性, 可以选取 α_n 和 β_n 为实数, 由上面的关系即可以得到

$$\alpha_n = \sqrt{n} \qquad \text{及} \qquad \beta_n = \sqrt{n+1}. \tag{1.87}$$

将 $\hat{a}$ 和 $\hat{a}^\dagger$ 对态 $|n\rangle$ 的作用汇总如下:

$$\hat{a}|0\rangle = 0, \qquad \hat{a}^\dagger \hat{a}|n\rangle = n|n\rangle,$$
$$\hat{a}|n\rangle = \sqrt{n}|n-1\rangle, \qquad n > 0,$$
$$\hat{a}^\dagger|n\rangle = \sqrt{n+1}|n+1\rangle.$$

由粒子数算符 $\hat{a}^\dagger \hat{a}$ 的本征态 $|n\rangle$ 构成的表象通常称为粒子数表象, 或福克 (Fock) 表象。在此表象中, 算符 $\hat{a}^\dagger \hat{a}$ 是对角的, 满足 $\langle m|\hat{a}^\dagger \hat{a}|n\rangle = n\delta_{m,n}$。算符 $\hat{a}$ 和 $\hat{a}^\dagger$ 的矩阵元分别为

$$a_{mn} = \langle m|\hat{a}|n\rangle = \sqrt{n}\delta_{m,n-1}, \qquad a_{mn}^\dagger = \sqrt{n+1}\delta_{m,n+1}; \tag{1.88}$$

或者写成矩阵形式为

$$\hat{a} \rightarrow \begin{pmatrix} 0 & \sqrt{1} & 0 & 0 & \cdots \\ 0 & 0 & \sqrt{2} & 0 & \cdots \\ 0 & 0 & 0 & \sqrt{3} & \cdots \\ \vdots & \vdots & \vdots & \vdots & \cdots \end{pmatrix}, \qquad \hat{a}^\dagger \rightarrow \begin{pmatrix} 0 & 0 & 0 & 0 & \cdots \\ \sqrt{1} & 0 & 0 & 0 & \cdots \\ 0 & \sqrt{2} & 0 & 0 & \cdots \\ 0 & 0 & \sqrt{3} & 0 & \cdots \\ \vdots & \vdots & \vdots & \vdots & \cdots \end{pmatrix}.$$

利用算符的作用关系, 我们也可以把任一本征态 $|n\rangle$ 看成是由基态经过 n 次激发后得到的, 从而可以得到下面常用的表达式

$$|n\rangle = \frac{(\hat{a}^\dagger)^n}{\sqrt{n!}}|0\rangle. \tag{1.89}$$

1.4 经典电磁场及其量子化

有了 1.3 节谐振子量子化的背景后, 本节将主要考察光场的量子化问题。在经典电动力学中, 光波作为电磁场满足麦克斯韦方程。为简单起见, 这里先仅限于考察真空中的电磁场[1-3,5]。对于有介质的问题, 在后续章节中讨论光与介质相互作用时会涉及专门的处理方法。

在无源条件下, 电磁场的运动方程由下列方程组给出

$$\nabla \cdot \boldsymbol{B} = 0, \tag{1.90}$$

$$\nabla \times \boldsymbol{E} = -\frac{\partial \boldsymbol{B}}{\partial t}, \tag{1.91}$$

$$\nabla \cdot \boldsymbol{D} = 0, \tag{1.92}$$

$$\nabla \times \boldsymbol{H} = \frac{\partial \boldsymbol{D}}{\partial t}. \tag{1.93}$$

其中

$$\boldsymbol{B} = \mu_0 \boldsymbol{H}, \qquad \boldsymbol{D} = \epsilon_0 \boldsymbol{E}.$$

系数 μ_0、ϵ_0 与光速 c 之间满足关系 $c^2 = 1/(\epsilon_0\mu_0)$。

　　由于磁场的无源特性和法拉第定律的存在，求解电磁场时通常引入电磁场的矢量势 $\boldsymbol{A}$ 和标量势 $\varPhi$。它们与真实的场强之间满足关系

$$\boldsymbol{B} = \nabla \times \boldsymbol{A}, \qquad \boldsymbol{E} = -\nabla\varPhi - \frac{\partial \boldsymbol{A}}{\partial t}. \tag{1.94}$$

由于变量 $(\boldsymbol{A}, \varPhi)$ 并不是物理的，所以它们的选取可以不唯一。事实上，对于任何一个给定的解析函数 f，我们总可以选取

$$\boldsymbol{A}' = \boldsymbol{A} + \vec{\nabla}f, \qquad \varPhi' = \varPhi - \frac{1}{c}\frac{\partial f}{\partial t}. \tag{1.95}$$

可以证明，$(\boldsymbol{A}', \varPhi')$ 和 $(\boldsymbol{A}, \varPhi)$ 都对应同样的物理场强 $(\boldsymbol{E}, \boldsymbol{B})$。实际中，为了建立 $(\boldsymbol{A}, \varPhi)$ 与 $(\boldsymbol{E}, \boldsymbol{B})$ 之间的一一对应，我们需要对 $(\boldsymbol{A}, \varPhi)$ 作适当的限制。在无源的场合，通常采用"库仑规范"，即要求 $\boldsymbol{A}$ 满足下列方程

$$\vec{\nabla} \cdot \boldsymbol{A} = 0. \tag{1.96}$$

"库仑规范"的优点在于能将场的方程分解成性质不同的两部分，即纵向场和横向场。前者仅与场的标量势 $\varPhi$ 相关。在无源的真空中，标势可以设为零，故我们只需要关注由矢势 $\boldsymbol{A}$ 决定的横场部分就可以了。将 $(\boldsymbol{A}, \varPhi)$ 满足的如下方程

$$\boldsymbol{B} = \vec{\nabla} \times \boldsymbol{A}, \qquad \boldsymbol{E} = -\frac{\partial \boldsymbol{A}}{\partial t}, \qquad \vec{\nabla} \cdot \boldsymbol{A} = 0, \qquad \varPhi = 0, \tag{1.97}$$

代入麦克斯韦方程中，即可得到矢势 $\boldsymbol{A}$ 满足的波动方程为

$$\nabla^2 \boldsymbol{A} - \frac{1}{c^2}\frac{\partial^2 \boldsymbol{A}}{\partial t^2} = 0. \tag{1.98}$$

上述方程等效于在"库仑规范"下真空中的麦克斯韦方程。可以看到，它与真空中场强 $\boldsymbol{E}$ 和 $\boldsymbol{B}$ 满足的方程是完全一样的。所以在研究电磁场问题时，可以直接求解 $\boldsymbol{E}$ 和 $\boldsymbol{B}$ 的方程，也可以先求解关于 $\boldsymbol{A}$ 的方程，然后依据关系 (1.97) 给出 $\boldsymbol{E}$ 和 $\boldsymbol{B}$。下面我们就以此为出发点讨论电磁场在谐振腔内和自由空间中的量子化问题。

1.4.1 谐振腔内电磁场的量子化

对于一个理想导体包围的体积为 V 的光腔, 电磁场的分布由于受到腔壁边界条件的限制, 与真空中的自由电磁场分布大不相同. 以电场为例, 它满足的传播方程为

$$\nabla^2 \boldsymbol{E} - \frac{1}{c^2}\frac{\partial^2 \boldsymbol{E}}{\partial t^2} = 0. \tag{1.99}$$

对于受限的系统, 可以证明, 电场 $\boldsymbol{E}$ 可以分解为许多本征模式的线性组合, 记为 $\boldsymbol{E}(\boldsymbol{r},t) \sim \sum_m p_m(t)\boldsymbol{u}_m(\boldsymbol{r})$, 其中本征模式 $\boldsymbol{u}_m(\boldsymbol{r})$ 及系数 $p_m(t)$ 满足的方程为

$$\nabla^2 \boldsymbol{u}_m(\boldsymbol{r}) + k_m^2 \boldsymbol{u}_m(\boldsymbol{r}) = 0, \tag{1.100}$$

$$\frac{\mathrm{d}^2 p_m}{\mathrm{d}t^2} + c^2 k_m^2 p_m = 0. \tag{1.101}$$

除此之外, 本征模式在边界上还要满足与 $\boldsymbol{E}$ 相同的约束条件 (即腔面上 $\boldsymbol{E}$ 的切分量为零, 且 $\boldsymbol{B}$ 的垂直分量为零)

$$\nabla \cdot \boldsymbol{u}_m(\boldsymbol{r}) = 0, \qquad \boldsymbol{n} \times \boldsymbol{u}_m(\boldsymbol{r}) = 0; \tag{1.102}$$

同时还要满足正交归一化条件

$$\int \boldsymbol{u}_m(\boldsymbol{r})\boldsymbol{u}_n(\boldsymbol{r})\mathrm{d}x^3 = \delta_{mn}. \tag{1.103}$$

由于无限多个分立的本征模式 $\boldsymbol{u}_m(\boldsymbol{r})$ 之间彼此独立, 构成一组完备的函数空间, 所以腔内的任何模式都可以在这个函数空间中展开. 利用这些本征模式, 场强 $\boldsymbol{E}$ 和 $\boldsymbol{H}$ 可以表达为下面的形式

$$\boldsymbol{E}(\boldsymbol{r},t) = \frac{1}{\sqrt{\epsilon_0}} \sum_m p_m(t)\boldsymbol{u}_m(\boldsymbol{r}), \tag{1.104}$$

$$\boldsymbol{H}(\boldsymbol{r},t) = \frac{1}{\sqrt{\mu_0}} \sum_m q_m(t)[\nabla \times \boldsymbol{u}_m(\boldsymbol{r})], \tag{1.105}$$

同时边界条件 $\boldsymbol{n} \times \boldsymbol{H} = 0$ 及无源条件 $\nabla \cdot \boldsymbol{H} = 0$ 也意味着

$$\nabla \cdot [\nabla \times \boldsymbol{u}_m(\boldsymbol{r})] = 0, \qquad \boldsymbol{n} \times [\nabla \times \boldsymbol{u}_m(\boldsymbol{r})] = 0.$$

其中, $p_m(t)$ 和 $q_m(t)$ 分别描述的是电磁场第 m 个模式的振幅大小, 它们反映了电磁场在该模式上的分量随时间的变化. 由于 $\boldsymbol{u}_m(\boldsymbol{r})$ 构成一组完备正交基, 所以这些展开系数也是唯一确定的.

利用麦克斯韦方程组，我们可以得到系数 $p_m(t)$ 和 $q_m(t)$ 之间的关系。由方程 $\nabla \times \boldsymbol{E} = -\partial \boldsymbol{B}/\partial t$ 及 $\nabla \times \boldsymbol{H} = \partial \boldsymbol{D}/\partial t$ 可知

$$\frac{1}{\sqrt{\epsilon_0}} \sum_m p_m(t)[\nabla \times \boldsymbol{u}_m(\boldsymbol{r})] = -\sqrt{\mu_0} \sum_m \partial_t q_m(t)[\nabla \times \boldsymbol{u}_m(\boldsymbol{r})],$$

$$\frac{1}{\sqrt{\mu_0}} \sum_m q_m(t)\nabla \times [\nabla \times \boldsymbol{u}_m(\boldsymbol{r})] = \sqrt{\epsilon_0} \sum_m \partial_t p_m(t)\boldsymbol{u}_m(\boldsymbol{r}), \tag{1.106}$$

对比系数可得到 $q_m(t)$ 满足的运动方程为

$$\partial_t q_m(t) = -cp_m, \qquad \frac{\mathrm{d}^2 q_m}{\mathrm{d}t^2} + c^2 k_m^2 q_m = 0. \tag{1.107}$$

利用上述关系，我们就可以求得腔内所含电磁场的总能量为

$$H_{EM} = \frac{1}{2} \int_V (\epsilon_0 \boldsymbol{E}^2 + \mu_0 \boldsymbol{H}^2)\mathrm{d}V$$

$$= \sum_m \frac{1}{2}(p_m^2 + \omega_m^2 q_m^2) = \sum_m H_m. \tag{1.108}$$

上述积分中，我们利用了等式

$$\int_V [\nabla \times \boldsymbol{u}_m(\boldsymbol{r})] \cdot [\nabla \times \boldsymbol{u}_n(\boldsymbol{r})]\mathrm{d}V = \int_V \{\nabla \times [\nabla \times \boldsymbol{u}_m(\boldsymbol{r})]\} \cdot \boldsymbol{u}_n(\boldsymbol{r})\mathrm{d}V$$

$$+ \int_\Gamma [\nabla \times \boldsymbol{u}_m(\boldsymbol{r})] \cdot [\boldsymbol{n} \times \boldsymbol{u}_n(\boldsymbol{r})]\mathrm{d}\gamma,$$

其中 Γ 代表腔的边界。考虑到边界条件后即得

$$\int_V [\nabla \times \boldsymbol{u}_m(\boldsymbol{r})] \cdot [\nabla \times \boldsymbol{u}_n(\boldsymbol{r})]\mathrm{d}V = k_m^2 \delta_{m,n}. \tag{1.109}$$

对比前面标准谐振子的哈密顿量，我们可以看到，电磁场可以看作是大量的、无耦合的、单位质量谐振子的集合。对于第 l 个谐振子 $H_l = \frac{1}{2}(p_l^2 + \omega_l^2 q_l^2)$，如果我们把 p_l 和 q_l 都看成算符，则利用 1.3 节的方法，就可以定义相应的产生、湮灭算符分别为

$$\hat{a}_l = \frac{1}{\sqrt{2\hbar\omega_l}}(\omega_l \hat{q}_l + \mathrm{i}\hat{p}_l), \qquad \hat{a}_l^\dagger = \frac{1}{\sqrt{2\hbar\omega_l}}(\omega_l \hat{q}_l - \mathrm{i}\hat{p}_l). \tag{1.110}$$

从而电磁场的总哈密顿量为

$$\hat{H}_{EM} = \frac{1}{2}\sum_l \hbar\omega_l(\hat{a}_l^\dagger \hat{a}_l + \hat{a}_l\hat{a}_l^\dagger) = \sum_l \hbar\omega_l\left(\hat{a}_l^\dagger \hat{a}_l + \frac{1}{2}\right). \tag{1.111}$$

相关的场强等物理量用算符可以重写成如下形式：

$$\hat{\boldsymbol{A}}(\boldsymbol{r},t) = \sum_l \sqrt{\frac{\hbar}{2\epsilon_0\omega_l}}[\hat{a}_l^\dagger(t) + \hat{a}_l(t)]\boldsymbol{u}_l(\boldsymbol{r})$$

$$\hat{\boldsymbol{E}}(\boldsymbol{r},t) = -\mathrm{i}\sum_l \sqrt{\frac{\hbar\omega_l}{2\epsilon_0}}[\hat{a}_l^\dagger(t) - \hat{a}_l(t)]\boldsymbol{u}_l(\boldsymbol{r})$$

$$\hat{\boldsymbol{H}}(\boldsymbol{r},t) = \sum_l \sqrt{\frac{\hbar\omega_l}{2\mu_0}}[\hat{a}_l^\dagger(t) + \hat{a}_l(t)][\nabla \times \boldsymbol{u}_l(\boldsymbol{r})].$$

对于一个光轴在 z 方向，长度为 L 的一维光腔，上述本征模式可以简化为

$$\boldsymbol{E}_l(z) \propto \sqrt{\frac{2}{L}}\sin(k_l z)\hat{\boldsymbol{x}}, \qquad \boldsymbol{H}_l(z) \propto \sqrt{\frac{2}{L}}\cos(k_l z)\hat{\boldsymbol{y}}, \tag{1.112}$$

其中 $\sqrt{\frac{2}{L}}$ 是由归一化条件 (1.103) 确定的。

1.4.2 自由空间电磁场的量子化

前面考虑了受限腔内光场的量子化。在光腔内部，由于本征态的存在，光波的模式是分立的。在自由空间中，电磁场的本征模式可以表示为平面行波场，模的空间分布是连续的，同时能量分布也是连续的。为了对行波场进行量子化，我们一般需要引入一个过渡的边界条件，先对连续的模式近似成分立的模式求和，这样就可以用 1.4.1 节的方法进行处理。得到结果后，再通过求和化积分的方法，从有限的模式过渡到连续情况，从而方便问题的讨论。

具体地，对于无源的自由空间，电磁场的行波解可以写成

$$\boldsymbol{E}(\boldsymbol{r},t) = \mathrm{i}\sum_{k,\sigma}\hat{\boldsymbol{e}}_\sigma\sqrt{\frac{\hbar\omega_k}{2\epsilon_0 V}}\left(\alpha_k \mathrm{e}^{-\mathrm{i}\omega_k t + \mathrm{i}\boldsymbol{k}\cdot\boldsymbol{r}} - \alpha_k^* \mathrm{e}^{\mathrm{i}\omega_k t - \mathrm{i}\boldsymbol{k}\cdot\boldsymbol{r}}\right), \tag{1.113a}$$

$$\boldsymbol{H}(\boldsymbol{r},t) = \mathrm{i}\sum_{k,\sigma}\frac{c\boldsymbol{k}\times\hat{\boldsymbol{e}}_\sigma}{\omega_k}\sqrt{\frac{\hbar\omega_k}{2\mu_0 V}}\left(\alpha_k \mathrm{e}^{-\mathrm{i}\omega_k t + \mathrm{i}\boldsymbol{k}\cdot\boldsymbol{r}} - \alpha_k^* \mathrm{e}^{\mathrm{i}\omega_k t - \mathrm{i}\boldsymbol{k}\cdot\boldsymbol{r}}\right), \tag{1.113b}$$

其中，$\hat{\boldsymbol{e}}_\sigma$ 表示光的偏振矢量；波矢 $\boldsymbol{k}$ 定义为 $\boldsymbol{k} \equiv (k_x, k_y, k_z)$；$\alpha_k$ 为无单位的复数，刻画场振幅的大小。

由方程 $\nabla \cdot \boldsymbol{D} = 0$ 可知，电场的偏振方向与传播方向是相互正交的，亦即

$$\hat{e}_\sigma \cdot \boldsymbol{k} = 0. \tag{1.114}$$

通常这也称作电磁场的横场条件。对于每一个 $\boldsymbol{k}$, 总有两个独立的偏振方向 $\sigma = 1$ 或 2, 它们在垂直于 $\boldsymbol{k}$ 的平面内, 并且彼此相互正交。对每个本征分量, 波矢和频率的关系均满足 $c^2 k^2 = \omega_k^2 = (2\pi\nu_k)^2$。对于经典平面波场, $\boldsymbol{E}$ 和 $\boldsymbol{H}$ 的振幅比值为 $\sqrt{\mu_0/\epsilon_0}$。

为了得到真空中的模式分布, 我们先考虑一个边长为 L 的立方体内电磁场的状态。这个立方体与同样的光腔不同, 它不存在任何真实的边界条件, 因此其中的电磁场不取驻波形式, 而仍然取行波形式。现在要求这些行波场满足如下周期性边界条件

$$\boldsymbol{E}(r,t) = \boldsymbol{E}(r + L\hat{\boldsymbol{x}}, t) = \boldsymbol{E}(r + L\hat{\boldsymbol{y}}, t) = \boldsymbol{E}(r + L\hat{\boldsymbol{z}}, t). \tag{1.115}$$

这些附加的限制实质上并不影响电磁场的状态, 因为这里并没有规定 L 的取值范围。当 L 趋于无穷大时, 这个周期性限制自然消失, 从而过渡到自由空间情况。在周期性边界限制下, 波矢 $\boldsymbol{k} = \{k_x, k_y, k_z\}$ 的取值只能是分立的

$$k_x = \frac{2\pi n_x}{L}, \qquad k_y = \frac{2\pi n_y}{L}, \qquad k_z = \frac{2\pi n_z}{L}, \tag{1.116}$$

$$n_i = 0, \pm 1, \pm 2, \pm 3 \cdots, \quad i = x, y, z. \tag{1.117}$$

自由真空中的电磁场一般是由很多本征模式叠加而成的, 所以我们需要对光场的模式进行求和。从有限的离散模式求和过渡到连续的模式分布, 一般的替换原则是

$$\sum_k \rightarrow 2 \left(\frac{L}{2\pi}\right)^3 \int \mathrm{d}^3 k, \tag{1.118}$$

这里的因子 2 来源于同样的光场波矢 $\boldsymbol{k}$ 可以对应不一样的偏振。在实际应用中, 多数情况下, 我们对处在频率 ω 和 $\omega + \mathrm{d}\omega$ 之间的模式数目感兴趣。此时我们需要把上面对 k 的积分换算成对频率间隔 $\mathrm{d}\omega$ 的积分。在球坐标下

$$\mathrm{d}^3 k = k^2 \mathrm{d}k \sin\theta \mathrm{d}\theta \mathrm{d}\phi = \frac{\omega^2}{c^3} \mathrm{d}\omega \sin\theta \mathrm{d}\theta \mathrm{d}\phi, \tag{1.119}$$

从而可以得到处在频率 ω 和 $\omega + \mathrm{d}\omega$ 之间的模式数目为

$$\mathrm{d}N = 2 \left(\frac{L}{2\pi}\right)^3 \int \mathrm{d}^3 k = 2 \left(\frac{L}{2\pi}\right)^3 \frac{\omega^2}{c^3} \mathrm{d}\omega \int_0^\pi \mathrm{d}\theta \sin\theta \int_0^{2\pi} \mathrm{d}\phi$$

$$= L^3 \frac{\omega^2}{\pi^2 c^3} \mathrm{d}\omega = L^3 \rho(\omega) \mathrm{d}\omega. \tag{1.120}$$

这里 $\rho(\omega) = \omega^2/\pi^2 c^3$ 表示单位体积内频域上的模式密度。同理，我们也可以求得坐标空间单位体积内单位动量间隔内的模式密度

$$\mathrm{d}N = 2\left(\frac{L}{2\pi}\right)^3 \int \mathrm{d}^3 k = 2\left(\frac{L}{2\pi}\right)^3 k^2 \mathrm{d}k \int_0^\pi \mathrm{d}\theta \sin\theta \int_0^{2\pi} \mathrm{d}\phi$$

$$= L^3 \frac{k^2}{\pi^2}\mathrm{d}k = L^3 \rho(k)\mathrm{d}k. \tag{1.121}$$

这里 $\rho(k) = k^2/\pi^2$ 即为在单位体积内动量空间中的模式密度。

1.4.1 节计算中我们看到，光场的量子化形式可以简单地看作是把场的振幅变量 α_k 替换成算符 $\hat{a}_k$。这一结论对自由电磁场也成立，从而我们可以立刻写出相关的光场算符，并汇总如下：

$$\hat{\boldsymbol{A}}(\boldsymbol{r}, t) = \sum_{\boldsymbol{k},\sigma} \hat{\boldsymbol{e}}_{\boldsymbol{\sigma}} \sqrt{\frac{\hbar}{2\epsilon_0 \omega_k V}} \left(\hat{a}_{\boldsymbol{k},\sigma} \mathrm{e}^{-\mathrm{i}\omega_k t + \mathrm{i}\boldsymbol{k}\cdot\boldsymbol{r}} + \hat{a}_{\boldsymbol{k},\sigma}^\dagger \mathrm{e}^{\mathrm{i}\omega_k t - \mathrm{i}\boldsymbol{k}\cdot\boldsymbol{r}} \right), \tag{1.122}$$

$$\hat{\boldsymbol{E}}(\boldsymbol{r}, t) = \mathrm{i} \sum_{\boldsymbol{k},\sigma} \hat{\boldsymbol{e}}_{\boldsymbol{\sigma}} \sqrt{\frac{\hbar\omega_k}{2\epsilon_0 V}} \left(\hat{a}_{\boldsymbol{k},\sigma} \mathrm{e}^{-\mathrm{i}\omega_k t + \mathrm{i}\boldsymbol{k}\cdot\boldsymbol{r}} - \hat{a}_{\boldsymbol{k},\sigma}^\dagger \mathrm{e}^{\mathrm{i}\omega_k t - \mathrm{i}\boldsymbol{k}\cdot\boldsymbol{r}} \right), \tag{1.123}$$

$$\hat{\boldsymbol{H}}(\boldsymbol{r}, t) = \mathrm{i} \sum_{\boldsymbol{k},\sigma} \frac{c\boldsymbol{k} \times \hat{\boldsymbol{e}}_{\boldsymbol{\sigma}}}{\omega_k} \sqrt{\frac{\hbar\omega_k}{2\mu_0 V}} \left(\hat{a}_{\boldsymbol{k},\sigma} \mathrm{e}^{-\mathrm{i}\omega_k t + \mathrm{i}\boldsymbol{k}\cdot\boldsymbol{r}} - \hat{a}_{\boldsymbol{k},\sigma}^\dagger \mathrm{e}^{\mathrm{i}\omega_k t - \mathrm{i}\boldsymbol{k}\cdot\boldsymbol{r}} \right), \tag{1.124}$$

其中体积 $V = L^3$。为了方便讨论，有时候我们也把电场算符写成正、负频的形式

$$\hat{\boldsymbol{E}}(\boldsymbol{r}, t) = \hat{\boldsymbol{E}}^{(+)}(\boldsymbol{r}, t) + \hat{\boldsymbol{E}}^{(-)}(\boldsymbol{r}, t), \tag{1.125}$$

其中

$$\hat{\boldsymbol{E}}^{(+)}(\boldsymbol{r}, t) = \mathrm{i} \sum_{\boldsymbol{k},\sigma} \hat{\boldsymbol{e}}_{\boldsymbol{\sigma}} \sqrt{\frac{\hbar\omega_k}{2\epsilon_0 V}} \left(\hat{a}_{\boldsymbol{k},\sigma} \mathrm{e}^{-\mathrm{i}\omega_k t + \mathrm{i}\boldsymbol{k}\cdot\boldsymbol{r}} \right), \tag{1.126}$$

$$\hat{\boldsymbol{E}}^{(-)}(\boldsymbol{r}, t) = [\hat{\boldsymbol{E}}^{(+)}(\boldsymbol{r}, t)]^\dagger. \tag{1.127}$$

场的动量算符 $\hat{\boldsymbol{P}}$ 可以表示成

$$\hat{\boldsymbol{P}} = \frac{1}{c^2} \int_V \hat{\boldsymbol{E}} \times \hat{\boldsymbol{H}} \mathrm{d}\tau = \frac{1}{2} \sum_{\boldsymbol{k},\sigma} \hbar\boldsymbol{k}(\hat{a}_{\boldsymbol{k},\sigma}\hat{a}_{\boldsymbol{k},\sigma}^\dagger + \hat{a}_{\boldsymbol{k},\sigma}^\dagger \hat{a}_{\boldsymbol{k},\sigma}). \tag{1.128}$$

1.5 热平衡光场

量子力学的诞生可以追溯到对黑体辐射的研究。前面我们曾提到,实际系统中,黑体一般可以通过一个腔系统模拟。腔内的辐射场在腔壁上不断反射,最终会和腔壁形成热平衡。在进一步深入介绍光的各种量子特性之前,我们先讨论一下单模的热平衡光场的基本特性[1, 2]。

假定整个系统的平衡温度为 T,如果我们把光场看作是正则系综,则依据统计力学的假设,光子在第 n 个能级上的占据概率为

$$P_n = \frac{\exp(-E_n/k_{\mathrm{B}}T)}{\displaystyle\sum_n \exp(-E_n/k_{\mathrm{B}}T)}, \tag{1.129}$$

这里,E_n 代表相应的能级能量;$k_{\mathrm{B}} = 1.38 \times 10^{-23}\mathrm{J/K}$,为玻尔兹曼常量。如果我们把单模光场的哈密顿量写为

$$\hat{H} = \hbar\omega\left(\hat{a}^\dagger\hat{a} + \frac{1}{2}\right), \tag{1.130}$$

则系统的密度算符 $\hat{\rho}_{\mathrm{T}}$ 可以写成

$$\hat{\rho}_{\mathrm{T}} = \frac{\exp(-\hat{H}/k_{\mathrm{B}}T)}{\mathrm{Tr}[\exp(-\hat{H}/k_{\mathrm{B}}T)]} = \frac{\exp(-\hat{H}/k_{\mathrm{B}}T)}{Z} = \sum_{n=0}^{\infty} P_n|n\rangle\langle n|, \tag{1.131}$$

其中,$|n\rangle$ 表示光场的福克态;配分函数 Z 为

$$Z = \mathrm{Tr}[\exp(-\hat{H}/k_{\mathrm{B}}T)] = \sum_{n=0}^{\infty}\langle n|\exp(-\hat{H}/k_{\mathrm{B}}T)|n\rangle$$

$$= \sum_n \exp(-E_n/k_{\mathrm{B}}T). \tag{1.132}$$

将 $E_n = \left(n + \dfrac{1}{2}\right)\hbar\omega$ 代入,可以求得

$$Z = \exp(-\hbar\omega/2k_{\mathrm{B}}T)\sum_n \exp(-n\hbar\omega/k_{\mathrm{B}}T)$$

$$= \frac{\exp(-\hbar\omega/2k_{\mathrm{B}}T)}{1 - \exp(-\hbar\omega/k_{\mathrm{B}}T)}. \tag{1.133}$$

有了系统的密度矩阵后，我们就可以求解光场的所有相关物理量。例如，光场的平均光子数为

$$\bar{n} = \mathrm{Tr}[\hat{n}\hat{\rho}_{\mathrm{T}}] = \sum_{n=0}^{\infty} \langle n|\hat{n}\hat{\rho}_{\mathrm{T}}|n\rangle$$

$$= \exp(-\hbar\omega/2k_{\mathrm{B}}T) \sum_{n} n \exp(-n\hbar\omega/k_{\mathrm{B}}T)/Z. \tag{1.134}$$

令 $y = \mathrm{e}^{\hbar\omega/k_{\mathrm{B}}T}$，再利用等式

$$\sum_{n=0}^{\infty} ny^{-n} = -y\frac{\mathrm{d}}{\mathrm{d}y}\sum_{n=0}^{\infty} y^{-n} = -y\frac{\mathrm{d}}{\mathrm{d}y}\left(\frac{1}{1-y}\right) = \frac{y}{(1-y)^2}, \tag{1.135}$$

即可得到

$$\bar{n} = \frac{\exp(-\hbar\omega/k_{\mathrm{B}}T)}{1-\exp(-\hbar\omega/k_{\mathrm{B}}T)} = \frac{1}{\exp(\hbar\omega/k_{\mathrm{B}}T)-1}. \tag{1.136}$$

利用上述关系，我们也可以用平均光子数把密度矩阵表示成

$$\hat{\rho}_{\mathrm{T}} = \frac{1}{1+\bar{n}}\sum_{n=0}^{\infty}\left(\frac{\bar{n}}{1+\bar{n}}\right)^n |n\rangle\langle n| \ , \qquad P_n = \frac{\bar{n}^n}{(1+\bar{n})^{n+1}}. \tag{1.137}$$

可以验证，P_n 随着 n 的增大而单调减小。在一般的室温条件下，光频范围内的平均光子数极少 (约 10^{-40})。即使在太阳表面温度为 6000K 的情况下，平均光子数也才达到 10^{-2} 的量级。另一方面，由于光子能量随着波长变长迅速降低，所以对于长波情况，平均光子数会显著变多。例如同样在室温下，当光波长在 $\lambda \in (10, 100)\mu$m 范围内时，平均光子数可以近似达到 1，即 $\bar{n} \sim 1$。

同样我们可以考察热光场的涨落。利用前面求解配分函数的方法，我们可以求得

$$\langle \hat{n}^2 \rangle = \mathrm{Tr}[\hat{n}^2 \rho_{\mathrm{T}}] = 2\bar{n}^2 + \bar{n}. \tag{1.138}$$

所以，热光场的涨落为

$$(\Delta n)^2 = \langle \Delta\hat{n}^2 \rangle = \langle \hat{n}^2 \rangle - \langle \hat{n} \rangle^2 = \bar{n}^2 + \bar{n}. \tag{1.139}$$

当 $\bar{n} \gg 1$ 时，我们有

$$\Delta n = \sqrt{\bar{n}^2 + \bar{n}} \simeq \bar{n} + \frac{1}{2}. \tag{1.140}$$

另一方面，当 $\bar{n} \ll 1$ 时，我们有

$$\Delta n = \sqrt{\bar{n}^2 + \bar{n}} \simeq \sqrt{\bar{n}}. \tag{1.141}$$

可见，热光场的涨落比平均光子数还要大：当 $\bar{n} \gg 1$ 时，$\Delta n/\bar{n} \sim 1$；而当 $\bar{n} \to 0$ 时，$\Delta n/\bar{n} \sim 1/\sqrt{\bar{n}} \to \infty$。

有了平均光子数后，我们就可以求得腔内光子的能量为 $\bar{n}\hbar\omega$。如果考虑腔内在能量 ω 附近的所有可能模式的能量，则只需要再乘以频率 ω 附近的态密度 $\rho(\omega)$ 即可。代入表达式 $\rho(\omega) = \omega^2/\pi^2 c^3$，即可得单位体积内频率 $\omega = 2\pi\nu$ 附近的能量为

$$
\begin{aligned}
U(\omega)\mathrm{d}\omega = \rho(\omega)\bar{n}\hbar\omega\mathrm{d}\omega &= \frac{\hbar\omega^3}{\pi^2 c^3} \frac{1}{\exp(\hbar\omega/k_\mathrm{B}T) - 1}\mathrm{d}\omega \\
&= \frac{8\pi h\nu^3}{c^3} \frac{1}{\exp(h\nu/k_\mathrm{B}T) - 1}\mathrm{d}\nu,
\end{aligned} \tag{1.142}
$$

其中 $h = 2\pi\hbar$。这就是黑体辐射的普朗克公式。在高温极限下，$k_\mathrm{B}T \gg \hbar\omega$，可以得到 $U(\omega)$ 的经典极限形式为

$$
U(\omega)\mathrm{d}\omega \simeq \frac{\omega^2 k_\mathrm{B}T}{\pi^2 c^3}\mathrm{d}\omega = \frac{8\pi\nu^2 k_\mathrm{B}T}{c^3}\mathrm{d}\nu. \tag{1.143}
$$

这就是辐射场的瑞利-金斯定律 (Rayleigh-Jeans Law)。相反，在低温极限下，$k_\mathrm{B}T \ll \hbar\omega$，我们有

$$
U(\omega)\mathrm{d}\omega \simeq \frac{\hbar\omega^3}{\pi^2 c^3} \exp\left(-\frac{\hbar\omega}{k_\mathrm{B}T}\right)\mathrm{d}\omega = \frac{8\pi h\nu^3}{c^3} \exp\left(-\frac{h\nu}{k_\mathrm{B}T}\right)\mathrm{d}\nu. \tag{1.144}
$$

这就是辐射场的维恩定律 (Wien's Law)。单位体积内光场的总能量可以通过对 $U(\omega)$ 积分得到

$$
\begin{aligned}
U_\mathrm{T} &= \int_0^\infty U(\omega)\mathrm{d}\omega \\
&= \frac{\hbar\omega^3}{\pi^2 c^3} \int_0^\infty \frac{1}{\exp(\hbar\omega/k_\mathrm{B}T) - 1}\mathrm{d}\omega \\
&= \frac{\pi^2 k_\mathrm{B}^4 T^4}{15\hbar^3 c^3},
\end{aligned} \tag{1.145}
$$

此即为黑体辐射总能量的斯特藩-玻尔兹曼定律。

各辐射场能量公式之间的相对大小及近似的好坏如图 1.2所示。

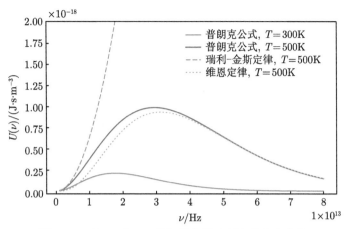

图 1.2 不同温度下黑体辐射能量随频率的分布曲线

1.6 量子相位算符

相位在量子力学中有非常重要的作用，是衡量量子相干性及实现量子操控所必不可少的物理量。然而理论上，如何定义量子力学中的相位算符却不是一个显然的问题。最早尝试解决这一问题的是保罗·狄拉克。然而相应定义的相位算符是非厄米的，且对易关系存在缺陷。狄拉克定义相位算符的思路可类比于矩阵的极分解定理[3,4,9]。如同任一复数可以用模和辐角表示一样，对于任何一个复矩阵 $\boldsymbol{A}$，可以将其分解成 $\boldsymbol{A} = h\boldsymbol{U}$，其中 $h = \sqrt{\boldsymbol{A}\boldsymbol{A}^\dagger}$，$\boldsymbol{U}$ 为幺正矩阵，满足 $\boldsymbol{U}\boldsymbol{U}^\dagger = \boldsymbol{U}^\dagger\boldsymbol{U} = I$。若把产生、湮灭算子 $\hat{a}^\dagger$，$\hat{a}$ 写成极分解形式

$$\hat{a}^\dagger = \mathrm{e}^{-\mathrm{i}\hat{\phi}}\sqrt{\hat{a}\hat{a}^\dagger}, \quad \text{及} \quad \hat{a} = \sqrt{\hat{a}\hat{a}^\dagger}\mathrm{e}^{\mathrm{i}\hat{\phi}}, \tag{1.146}$$

则直观上似乎可以认为这里的 $\hat{\phi}$ 即为相位算符。然而这样定义的 $\hat{\phi}$ 算符不是厄米的。实际上在量子力学中，由于粒子数本征态 $|n\rangle$ 不包括负整数的激发，所以算符 $\mathrm{e}^{\mathrm{i}\hat{\phi}}$ 不是幺正操作，$\hat{\phi}$ 自然也不是厄米算符。

为了具体说明问题，这里我们采用 Susskind 和 Glogower 的描述[9]，重新定义指数算符

$$\mathrm{e}^{\mathrm{i}\hat{\phi}} = \frac{1}{\sqrt{\hat{a}\hat{a}^\dagger}}\hat{a}, \quad \text{及} \quad \mathrm{e}^{-\mathrm{i}\hat{\phi}} = \hat{a}^\dagger\frac{1}{\sqrt{\hat{a}\hat{a}^\dagger}}. \tag{1.147}$$

注意这里定义的 $\mathrm{e}^{\pm\mathrm{i}\hat{\phi}}$ 和方程 (1.146) 中的稍有不同。不过为方便讨论，这里仍然采用了相同的符号处理。后面出现的 $\mathrm{e}^{\pm\mathrm{i}\hat{\phi}}$ 算符，均对应定义式 (1.147)。利用 $\hat{a}^\dagger$，

$\hat{a}$ 算符的具体性质，可以看到

$$\mathrm{e}^{\mathrm{i}\hat{\phi}}|n\rangle = \begin{cases} 0, & n = 0 \\ |n-1\rangle, & n \neq 0 \end{cases} \quad \text{及} \quad \mathrm{e}^{-\mathrm{i}\hat{\phi}}|n\rangle = |n+1\rangle. \tag{1.148}$$

在福克表象中，我们可以把算符重新写成

$$\mathrm{e}^{\mathrm{i}\hat{\phi}} = \sum_{n=0}^{\infty} |n\rangle\langle n+1|, \quad \text{及} \quad \mathrm{e}^{-\mathrm{i}\hat{\phi}} = \sum_{n=0}^{\infty} |n+1\rangle\langle n|, \tag{1.149}$$

相应的本征态为

$$|\phi\rangle = \frac{1}{\sqrt{2\pi}} \sum_{n=0}^{\infty} \mathrm{e}^{\mathrm{i}n\phi}|n\rangle, \quad \text{满足} \quad \mathrm{e}^{\mathrm{i}\hat{\phi}}|\phi\rangle = \mathrm{e}^{\mathrm{i}\phi}|\phi\rangle. \tag{1.150}$$

可以验证

$$\mathrm{e}^{\mathrm{i}\hat{\phi}}\mathrm{e}^{-\mathrm{i}\hat{\phi}} = I, \quad \mathrm{e}^{-\mathrm{i}\hat{\phi}}\mathrm{e}^{\mathrm{i}\hat{\phi}} = I - |0\rangle\langle 0|, \quad \text{及} \quad [\mathrm{e}^{\mathrm{i}\hat{\phi}}, \mathrm{e}^{-\mathrm{i}\hat{\phi}}] = |0\rangle\langle 0|. \tag{1.151}$$

所以，这里定义的算符 $\mathrm{e}^{\mathrm{i}\hat{\phi}}$ 并非一个幺正算符，这和福克空间的维度限制密切相关 (n 为大于等于零的正整数)。令 $\hat{n} = a^{\dagger}a$，同样可以验证下列关系成立

$$[\hat{n}, \mathrm{e}^{\mathrm{i}\hat{\phi}}] = -\mathrm{e}^{\mathrm{i}\hat{\phi}}, \tag{1.152}$$

$$[\hat{n}, \mathrm{e}^{-\mathrm{i}\hat{\phi}}] = \mathrm{e}^{-\mathrm{i}\hat{\phi}}, \tag{1.153}$$

$$f(\hat{n})\mathrm{e}^{\mathrm{i}\hat{\phi}} = \mathrm{e}^{\mathrm{i}\hat{\phi}}f(\hat{n}-1), \tag{1.154}$$

$$f(\hat{n})\mathrm{e}^{-\mathrm{i}\hat{\phi}} = \mathrm{e}^{-\mathrm{i}\hat{\phi}}f(\hat{n}+1). \tag{1.155}$$

由于算符 $\mathrm{e}^{\pm\mathrm{i}\hat{\phi}}$ 是非厄米的，它们并不对应一个可观测量。为了让相位算符和可观测物理量对应起来，我们可以引入另外一对厄米算子

$$\cos\hat{\phi} = \frac{\mathrm{e}^{\mathrm{i}\hat{\phi}} + \mathrm{e}^{-\mathrm{i}\hat{\phi}}}{2} \quad \text{及} \quad \sin\hat{\phi} = \frac{\mathrm{e}^{\mathrm{i}\hat{\phi}} - \mathrm{e}^{-\mathrm{i}\hat{\phi}}}{2\mathrm{i}}. \tag{1.156}$$

这些算符满足下列关系

$$[\cos\hat{\phi}, \sin\hat{\phi}] = \frac{\mathrm{i}}{2}|0\rangle\langle 0|, \tag{1.157}$$

$$\cos^2\hat{\phi} + \sin^2\hat{\phi} = I - \frac{1}{2}|0\rangle\langle 0|, \tag{1.158}$$

$$[\hat{n}, \cos\hat{\phi}] = -\mathrm{i}\sin\hat{\phi}, \tag{1.159}$$

$$[\hat{n}, \sin\hat{\phi}] = \mathrm{i}\cos\hat{\phi}. \tag{1.160}$$

在量子力学中，对于互不对易的算符 $\hat{A}$ 与 $\hat{B}$，满足 $[\hat{A}, \hat{B}] = i\hat{C}$，由不确定关系得知，对于任意给定的量子态，总有下式成立

$$(\Delta A)(\Delta B) \geqslant \frac{1}{2}|\langle\hat{C}\rangle|, \tag{1.161}$$

其中 $(\Delta A) = \sqrt{\langle\hat{A}^2\rangle - \langle\hat{A}\rangle^2}$。

由前面的讨论我们知道，粒子数算符 $\hat{n}$ 和相位算符 $\cos\hat{\phi}$, $\sin\hat{\phi}$ 也是不对易的，所以它们是不可以被同时精确测定的。以粒子数态 $|n\rangle$ 为例，易知 $\langle\Delta\hat{n}\rangle = 0$，依据不确定关系，此时相位应该是完全随机的。为了验证这一点，我们可以计算下列等式

$$\langle n|\cos\hat{\phi}|n\rangle = \langle n|\sin\hat{\phi}|n\rangle = 0,$$

$$\langle n|\cos^2\hat{\phi}|n\rangle = \langle n|\sin^2\hat{\phi}|n\rangle = \begin{cases} \dfrac{1}{2}, & n \neq 0 \\[2mm] \dfrac{1}{4}, & n = 0 \end{cases}$$

当 $n \neq 0$ 时，相位算符的涨落满足

$$\Delta\cos\phi = \Delta\sin\phi = \frac{1}{\sqrt{2}}. \tag{1.162}$$

这一结果与相位角 ϕ 在 0 到 2π 之间等概率分布所得的结果是一样的。故对于粒子数本征态，系统的相位是完全随机的。

注意上述讨论不能简单拓展到算符 $\hat{n}$ 和 $\hat{\phi}$ 之间。以对易关系 $[\hat{n}, e^{i\hat{\phi}}] = -e^{i\hat{\phi}}$ 为例，我们可以对两边同乘以算符 $e^{-i\hat{\phi}}$，整理以后即可以得到

$$\hat{n} + 1 = e^{i\hat{\phi}}\hat{n}e^{-i\hat{\phi}}$$
$$\overset{*}{=} \hat{n} + i[\hat{\phi}, \hat{n}] + \frac{i^2}{2!}[\hat{\phi}, [\hat{\phi}, \hat{n}]] + \cdots. \tag{1.163}$$

上述表达式中，我们强行利用了算符展开的 BCH 公式 (见 11.1 节)。对比等式的两边，我们就可以得到粒子数算符 $\hat{n}$ 与相位算符 $\hat{\phi}$ 的对易关系为

$$[\hat{n}, \hat{\phi}] \overset{*}{=} i. \tag{1.164}$$

利用不确定关系，我们即可得知，对于任意给定的量子态，总有下列关系成立

$$(\Delta n)(\Delta\phi) \overset{*}{\geqslant} 1/2.$$

然而这样的结论是有问题的。原因在于，一般我们均设定相位 ϕ 在 0 和 2π 之间变动，所以相位的涨落不可能无限大。当系统状态的粒子数涨落 $\langle\Delta\hat{n}\rangle$ 很小时，上

式是不能成立的。更具体地，如果我们将方程 (1.164) 两边分别左、右作用到粒子数本征态 $\langle m|$ 和 $|n\rangle$ 上，则有

$$(m-n)\langle m|\hat{\phi}|n\rangle \overset{*}{=} \mathrm{i}\delta_{mn}. \tag{1.165}$$

当 $m=n$ 时，上式简化为 $0=\mathrm{i}$，很明显是矛盾的。原因在于算符 $\mathrm{e}^{\mathrm{i}\hat{\phi}}$ 不是可逆算符，所以直接用算符展开的 BCH 定理所得到的结果是不成立的，即上述关系中出现 "$*$" 的地方都是不严格的推导。

1.6.1　正规化的量子相位算符

由 1.5 节我们得知，在无穷维福克空间中，相位算符 $\mathrm{e}^{\mathrm{i}\hat{\phi}}$ 不是厄米的，而修正后引入的算符 $\cos\hat{\phi}$ 和 $\sin\hat{\phi}$ 彼此又不是对易的。这些都与我们理想中的相位算符存在差距。寻找更适当的相位算符一直是人们希望克服的重要问题。既然在无穷维情形下相位算符的定义存在困难，那么在有限维情形下问题会不会简化呢？实际上，在有限维情况下，Pegg 和 Barnett 给出了一种相位算符的定义[4,10]，满足算符厄米性的要求，可以暂时避免无穷大维数带来的困扰。当增大系统的维数至无穷大时，这一相位算符可以很好地反映系统状态的相位分布情况。

具体的做法是，我们先定义一个 $(M+1)$ 维空间中的参考相位态

$$|\theta_0\rangle = \frac{1}{\sqrt{M+1}}\sum_{n=0}^{M}\mathrm{e}^{\mathrm{i}n\theta_0}|n\rangle. \tag{1.166}$$

由此我们就可以构造该空间中的一组正交基为

$$|\theta_k\rangle = \frac{1}{\sqrt{M+1}}\sum_{n=0}^{M}\mathrm{e}^{\mathrm{i}n\theta_k}|n\rangle, \tag{1.167}$$

其中 $k=0,1,\cdots,M$，且

$$\theta_k = \theta_0 + 2k\pi/(M+1). \tag{1.168}$$

由于 θ_k 在 0 到 2π 之间等间距分布，所以当把系统状态投影到 $|\theta_k\rangle$ 时，相当于用离散的 $(M+1)$ 个点来标记系统相位的近似取值，误差为 $2\pi/(M+1)$。当 $M\to\infty$ 时，原则上就可以得到系统相位的精确取值。

可以验证，上述定义的态矢量满足正交完备条件

$$\langle\theta_k|\theta_m\rangle = \delta_{km}, \quad \sum_{k=0}^{M}|\theta_k\rangle\langle\theta_k| = I_{M+1}. \tag{1.169}$$

由此我们就可以把粒子数本征态 $|n\rangle(n \leqslant M)$ 写成下面的形式

$$|n\rangle = \frac{1}{\sqrt{M+1}} \sum_{k=0}^{M} \mathrm{e}^{-\mathrm{i}n\theta_k}|\theta_k\rangle, \tag{1.170}$$

它是不同相位态的等权叠加。这与 1.5 节中得到的粒子数态相位涨落最大的特性是一致的。

类似地,在这个有限维的空间中,指数相位算符可以定义为

$$\mathrm{e}^{\mathrm{i}\hat{\phi}_\theta} = \sum_k \mathrm{e}^{\mathrm{i}\theta_k}|\theta_k\rangle\langle\theta_k|,$$

容易验证

$$\mathrm{e}^{\mathrm{i}\hat{\phi}_\theta}|\theta_k\rangle = \mathrm{e}^{\mathrm{i}\theta_k}|\theta_k\rangle, \quad \hat{\phi}_\theta = \sum_k \theta_k|\theta_k\rangle\langle\theta_k|, \tag{1.171}$$

故相位态 $|\theta_k\rangle$ 即为相位算符 $\hat{\phi}_\theta$ 的本征态。

同理可以验证

$$\mathrm{e}^{\mathrm{i}\hat{\phi}_\theta}|n\rangle = \begin{cases} |n-1\rangle, & n > 0 \\ \mathrm{e}^{\mathrm{i}(M+1)\theta_0}|M\rangle, & n = 0 \end{cases}$$

$$\mathrm{e}^{-\mathrm{i}\hat{\phi}_\theta}|n\rangle = \begin{cases} |n+1\rangle, & n < M \\ e^{-\mathrm{i}(M+1)\theta_0}|0\rangle, & n = M \end{cases}$$

可见,此时定义的算符 $\mathrm{e}^{\pm\mathrm{i}\hat{\phi}_\theta}$ 均为可逆幺正算符,满足条件

$$\mathrm{e}^{\mathrm{i}\hat{\phi}_\theta}\mathrm{e}^{-\mathrm{i}\hat{\phi}_\theta} = \mathrm{e}^{-\mathrm{i}\hat{\phi}_\theta}\mathrm{e}^{\mathrm{i}\hat{\phi}_\theta} = I, \tag{1.172}$$

其具体矩阵形式记为

$$\mathrm{e}^{\mathrm{i}\hat{\phi}_\theta} = \begin{bmatrix} 0 & 1 & 0 & \cdots & 0 \\ 0 & 0 & 1 & \cdots & 0 \\ 0 & 0 & 0 & \cdots & 0 \\ \vdots & \vdots & \vdots & & \vdots \\ A & 0 & 0 & \cdots & 0 \end{bmatrix}, \quad \mathrm{e}^{-\mathrm{i}\hat{\phi}_\theta} = \begin{bmatrix} 0 & 0 & 0 & \cdots & A^* \\ 1 & 0 & 0 & \cdots & 0 \\ 0 & 1 & 0 & \cdots & 0 \\ \vdots & \vdots & \vdots & & \vdots \\ 0 & 0 & 0 & \cdots & 0 \end{bmatrix}, \tag{1.173}$$

其中 $A = \mathrm{e}^{\mathrm{i}(M+1)\theta_0}$。

有了相位基矢量后,我们就定义任意态 $|\psi\rangle = \sum_{n=0}^{M} c_n|n\rangle$ 的相位分布函数为

$$W(\theta_k) = |\langle\theta_k|\psi\rangle|^2 = \frac{1}{M+1}\left|\sum_{n=0}^{M} c_n \mathrm{e}^{-\mathrm{i}n\theta_k}\right|^2 = \frac{1}{M+1}\left|\sum_{n=0}^{M} c_n \mathrm{e}^{-\mathrm{i}2kn\pi/(M+1)}\right|^2$$

$$= \frac{1}{2\pi} \left| \sum_{n=0}^{M} c_n \mathrm{e}^{-\mathrm{i}2kn\pi/(M+1)} \right|^2 \frac{2\pi}{M+1}. \tag{1.174}$$

易见 $W(\theta_k)$ 满足归一化条件 $\sum_{k=0}^{M} W(\theta_k) = I$。当 $M \to \infty$ 时，上述离散就可以用积分的形式表示。如果我们令

$$W(\theta)\mathrm{d}\theta = \frac{1}{2\pi} \left| \sum_{n=0}^{M} c_n \mathrm{e}^{-\mathrm{i}n\theta} \right|^2 \mathrm{d}\theta, \tag{1.175}$$

则有

$$\int_0^{2\pi} W(\theta)\mathrm{d}\theta = \frac{1}{2\pi} \int_0^{2\pi} \left| \sum_{n=0}^{M} c_n \mathrm{e}^{-\mathrm{i}n\theta} \right|^2 \mathrm{d}\theta = 1. \tag{1.176}$$

故对于任意一个依赖于 $\hat{\phi}_\theta$ 的算符，均可以通过 $W(\theta_k)$ 或者 $W(\theta)$ 来求其平均值

$$\langle\psi|f(\hat{\phi}_\theta)|\psi\rangle = \sum_k f(\theta_k)W(\theta_k) = \int_0^{2\pi} f(\theta)W(\theta)\mathrm{d}\theta. \tag{1.177}$$

以福克态 $|N\rangle$ 为例，可以看到

$$W(\theta) = \frac{1}{2\pi} |\langle\theta|N\rangle|^2 = \frac{1}{2\pi}. \tag{1.178}$$

这和 1.5 节中的提到的粒子数本征态相位随机均匀分布的假设是一致的。

1.7 光子波函数和薛定谔方程

在量子理论中，光子是电磁场量子化的产物，是携带电磁能量的最小单元。电磁场要么存在于其能量为最小单元整数倍的状态，或者存在于这些状态的某种线性组合中。另一方面，光子也是一个客观存在的物理实体。实验上，我们也可以探测到单个光子的存在。在粒子物理中，光子也被看作是静止质量为零的基本粒子。然而对于这样一个具有量子特性的基本粒子，一个自然的问题是它满足的薛定谔方程是什么？实际上，薛定谔方程大多描述的是有质量的、在空间定域上的粒子。而光子静止质量为零，且在真空中不会静止，其速度为光速，所以一般说来，光子很难找到一个完全符合传统要求的薛定谔方程，以及相关统计诠释的波函数形式。

本节所讨论的对象均局限于真空中的电磁场，对应于麦克斯韦方程组中无源的情况。对麦克斯韦方程不同的解读方法会得到不同的光子波函数的表述形

式[1,11]。这里采用文献 [11] 中的方法来说明这一问题。可以看到，在某种程度上，麦克斯韦方程可以解释为单个光子的量子方程，因为这里不考虑光子同其他粒子的相互作用。当然，原则上，我们也可以在麦克斯韦方程组中保留电荷和电流项，以此来定义一个描述光子与电荷耦合的相互作用哈密顿量。但是，这样的相互作用也仅限于光子数目守恒的散射过程。在实际过程中，光子总会经历产生和湮灭的过程，光子数会发生变化。这种不能处理光子数目改变的理论还是有很大的局限性。更一般的讨论需要借助于量子电动力学、量子场论中的方法。尽管如此，对光子波函数的研究，仍然有助于我们深入理解光子概念同麦克斯韦理论之间的内在关联[5,11]。

1.7.1 光子实空间波函数

为方便讨论，这里重写真空中的无源麦克斯韦方程组如下：

$$\nabla \times \boldsymbol{H} = \frac{\partial \boldsymbol{D}}{\partial t}, \tag{1.179a}$$

$$\nabla \times \boldsymbol{E} = -\frac{\partial \boldsymbol{B}}{\partial t}, \tag{1.179b}$$

$$\nabla \cdot \boldsymbol{B} = 0, \tag{1.179c}$$

$$\nabla \cdot \boldsymbol{D} = 0, \tag{1.179d}$$

其中

$$\boldsymbol{B} = \mu_0 \boldsymbol{H}, \qquad \boldsymbol{D} = \epsilon_0 \boldsymbol{E},$$

满足关系 $c^2 = 1/(\epsilon_0 \mu_0)$.

为了考察光子波函数在位置空间中的可能表示，我们引入复 Riemann-Silberstein 矢量 (Riemann-Silberstein vector)$\boldsymbol{F}$，其定义为

$$\boldsymbol{F} = \frac{1}{\sqrt{2}} (\sqrt{\epsilon_0} \boldsymbol{E} + \mathrm{i}\sqrt{\mu_0} \boldsymbol{H}). \tag{1.180}$$

利用这一复矢量，我们可以把方程重写成下面的简略形式

$$\mathrm{i}\partial_t \boldsymbol{F} = c\vec{\nabla} \times \boldsymbol{F}, \tag{1.181}$$

$$\vec{\nabla} \cdot \boldsymbol{F} = 0. \tag{1.182}$$

引入 $\boldsymbol{F}$ 的好处是，光场的各种重要物理量都可以表示成矢量 $\boldsymbol{F}$ 的函数。例如，光场的能量 E、动量 $\boldsymbol{P}$、角动量 $\boldsymbol{M}$ 可以简单地表示成

$$E = \int \mathrm{d}^3 r \boldsymbol{F}^* \cdot \boldsymbol{F}, \tag{1.183}$$

$$P = \frac{1}{2ic} \int d^3 r \boldsymbol{F}^* \times \boldsymbol{F}, \tag{1.184}$$

$$M = \boldsymbol{r} \times \boldsymbol{P} = \frac{1}{2ic} \int d^3 r \boldsymbol{r} \times (\boldsymbol{F}^* \times \boldsymbol{F}), \tag{1.185}$$

容易看出，这些表达式在 $\boldsymbol{F}$ 附加以整体相位因子 $e^{i\theta}$ 下保持不变。这反映了麦克斯韦方程中电场和磁场的对偶特征。

上述简化的表示 (1.181) 为我们提供了一种将麦克斯韦方程改造成薛定谔方程的可能。为了将右边改造成哈密顿量的形式，我们利用矢量乘法关系

$$\boldsymbol{a} \times \boldsymbol{b} = -i(\boldsymbol{a} \cdot \hat{\boldsymbol{s}})\boldsymbol{b}, \tag{1.186}$$

其中

$$s_x = \begin{bmatrix} 0 & 0 & 0 \\ 0 & 0 & -i \\ 0 & i & 0 \end{bmatrix}, s_y = \begin{bmatrix} 0 & 0 & i \\ 0 & 0 & 0 \\ -i & 0 & 0 \end{bmatrix}, s_z = \begin{bmatrix} 0 & -i & 0 \\ i & 0 & 0 \\ 0 & 0 & 0 \end{bmatrix}, \tag{1.187}$$

从而可以重写麦克斯韦方程为

$$i\hbar \partial_t \boldsymbol{F} = c(\hat{\boldsymbol{s}} \cdot \hat{\boldsymbol{p}})\boldsymbol{F}, \tag{1.188}$$

这里 $\boldsymbol{F} = (F_x, F_y, F_z)^{\mathrm{T}}$，$\hat{\boldsymbol{p}} = -i\hbar\vec{\nabla}$ 为动量算符。相应的散度关系亦可以写成矩阵形式

$$(\hat{\boldsymbol{s}} \cdot \vec{\nabla})s_j \boldsymbol{F} = \nabla_j \boldsymbol{F}. \tag{1.189}$$

可以看到上述方程与相对论量子力学中的 Weyl 中微子运动方程非常类似，只是中微子是自旋为 1/2 的粒子，而这里光子则对应自旋为 1 的体系。

如果我们把 $\hat{\boldsymbol{s}}$ 与光场的偏振自由度相联系，则对于给定的单色平面波，系统的定态方程为

$$\hbar\omega \boldsymbol{F} = c(\hat{\boldsymbol{s}} \cdot \hat{\boldsymbol{p}})\boldsymbol{F}. \tag{1.190}$$

这一表达式说明，对于给定的光频率，光场的偏振在动量方向上的投影也确定了。这明显和实验事实不符，因为实际系统中，对于给定的频率，光场可以处在不同偏振的叠加态上，如左旋和右旋光线性组合态。所以对于给定的能量，偏振自由度在动量传播方向的投影应该能连续取值。为了消除这样的矛盾，我们注意到，由麦克斯韦方程出发，实际上可以得到两个独立的方程

$$i\hbar \partial_t \boldsymbol{F}_\pm = \pm c(\hat{\boldsymbol{s}} \cdot \hat{\boldsymbol{p}})\boldsymbol{F}_\pm, \tag{1.191}$$

其中

$$\boldsymbol{F}_\pm = \frac{1}{\sqrt{2}}(\sqrt{\epsilon_0}\boldsymbol{E} \pm \mathrm{i}\sqrt{\mu_0}\boldsymbol{H}). \tag{1.192}$$

对于真空中的无源电磁场，这两个方程是独立的。对于一般的介质中，$\boldsymbol{F}_\pm$ 可能发生耦合，需要联合求解。

为了和实际的光场形式相符合，我们引入复合的矢量

$$\mathcal{F} = \frac{1}{\sqrt{2}}\left[\begin{array}{c} \boldsymbol{F}_+ \\ \boldsymbol{F}_- \end{array} \right]. \tag{1.193}$$

容易看出，$\mathcal{F}$ 满足与 $\boldsymbol{F}_\pm$ 相似的波动方程

$$\mathrm{i}\hbar\partial_t\mathcal{F} = c\hat{\sigma}_z \otimes (\hat{\boldsymbol{s}} \cdot \hat{\boldsymbol{p}})\mathcal{F}, \tag{1.194}$$

其中，$\hat{\sigma}_z$ 为通常的泡利矩阵。相关算符的操作定义为

$$s_i\mathcal{F} = \frac{1}{\sqrt{2}}\left[\begin{array}{c} s_i\boldsymbol{F}_+ \\ s_i\boldsymbol{F}_- \end{array} \right], \tag{1.195}$$

及

$$\hat{\sigma}_x\mathcal{F} = \frac{1}{\sqrt{2}}\left[\begin{array}{c} \boldsymbol{F}_- \\ \boldsymbol{F}_+ \end{array} \right], \quad \hat{\sigma}_y\mathcal{F} = \frac{1}{\sqrt{2}}\left[\begin{array}{c} -\mathrm{i}\boldsymbol{F}_- \\ \mathrm{i}\boldsymbol{F}_+ \end{array} \right], \quad \hat{\sigma}_z\mathcal{F} = \frac{1}{\sqrt{2}}\left[\begin{array}{c} \boldsymbol{F}_+ \\ -\boldsymbol{F}_- \end{array} \right]. \tag{1.196}$$

进一步分析可知，方程 (1.194) 同时包含正频和负频解：若 $\mathcal{F}$ 为对应本征能量 $\hbar\omega$ 的本征态，则 $\hat{\sigma}_x\mathcal{F}$ 即为本征能量 $-\hbar\omega$ 对应的本征态。对相对论波动方程来说，负频解一般对应反粒子。对光子来说，目前所知反粒子是其自身，负频解并不能给出更多的信息。这一关系给 $\mathcal{F}$ 做了额外的约束条件，亦即

$$\mathcal{F}(\boldsymbol{r}, t) = (\hat{\sigma}_x \otimes I_3)\mathcal{F}^*(\boldsymbol{r}, t). \tag{1.197}$$

容易看到，当取 $\mathcal{F}$ 的表达式为 (1.193) 时，由于 $\boldsymbol{F}_+$ 和 $\boldsymbol{F}_-$ 彼此共轭，上述约束关系自然成立。这样 $\mathcal{F}$ 的负频部分就完全可以从正频部分得到，满足

$$\mathcal{F}^{(-)}(\boldsymbol{r}, t) = (\hat{\sigma}_x \otimes I_3)\mathcal{F}^{(+)*}(\boldsymbol{r}, t). \tag{1.198}$$

由此可知，光子波函数 $\psi(\boldsymbol{r}, t)$ 就可以用 $\mathcal{F}$ 的正频部分表示 $\psi(\boldsymbol{r}, t) = \mathcal{F}^{(+)}(\boldsymbol{r}, t)$。容易看出，波函数 $\psi(\boldsymbol{r}, t)$ 包含了光场的所有信息。实际上，它可以直接由复 Riemann-Silberstein 矢量 $\boldsymbol{F}$ 构造出来

$$\psi(\boldsymbol{r},t) = \mathcal{F}^{(+)}(\boldsymbol{r},t) = \frac{1}{\sqrt{2}} \left[\begin{array}{c} \boldsymbol{F}^{(+)} \\ \boldsymbol{F}^{(-)*} \end{array} \right], \tag{1.199}$$

相应的哈密顿量为

$$\hat{H} = c\hat{\sigma}_z \otimes (\hat{\boldsymbol{s}} \cdot \hat{\boldsymbol{p}}), \tag{1.200}$$

本征态为满足定态方程

$$\hat{H}\psi(\boldsymbol{r},t) = E\psi(\boldsymbol{r},t). \tag{1.201}$$

可以发现，当我们把麦克斯韦方程写成形式 (1.194) 后，它与相对论电子满足的狄拉克方程 (Dirac's equation) 在形式上有高度的相似性。类比于 $\boldsymbol{F}_+$ 和 $\boldsymbol{F}_-$，在狄拉克方程中，四分量的波函数可以表示成两个旋量的波函数 $-\phi$ 和 χ 的组合，并且满足方程

$$\mathrm{i}\hbar\partial_t \left(\begin{array}{c} \phi \\ \chi \end{array} \right) = c\hat{\sigma}_z \otimes \left(\vec{\sigma} \cdot \frac{\hbar}{\mathrm{i}}\vec{\nabla} \right) \left(\begin{array}{c} \phi \\ \chi \end{array} \right) + mc^2\hat{\sigma}_x \otimes I \left(\begin{array}{c} \phi \\ \chi \end{array} \right), \tag{1.202}$$

这里 ϕ 和 χ 分别对应波函数的不同螺旋度分量。不同的是，在狄拉克方程中，质量项的存在使得 ϕ 和 χ 可以相互耦合起来；而对于光子，不同分量 $\boldsymbol{F}_+$ 和 $\boldsymbol{F}_-$ 之间的耦合只有通过外部介质来实现。

1.7.2 期望值和光子波函数的概率解释

特别需要注意的是，上面定义的波函数并不能满足一般的量子力学的概率解释。为了更清楚地说明这一问题，我们用 $\mathcal{F}$ 重新把光场的能量、动量、角动量等物理量表示出来：

$$E = \int \mathrm{d}^3r \mathcal{H}(\boldsymbol{r}) = \int \mathrm{d}^3r \left(\frac{\boldsymbol{D} \cdot \boldsymbol{D}}{2\epsilon_0} + \frac{\boldsymbol{B} \cdot \boldsymbol{B}}{2\mu_0} \right) = \int \mathrm{d}^3r \mathcal{F}^\dagger \cdot \mathcal{F}, \tag{1.203}$$

$$\boldsymbol{P} = \int \mathrm{d}^3r \mathcal{P}(\boldsymbol{r}) = \int \mathrm{d}^3r \boldsymbol{D} \times \boldsymbol{B} = \int \mathrm{d}^3r \mathcal{F}^\dagger (\hat{\sigma}_z \otimes \hat{\boldsymbol{s}}/c) \mathcal{F}, \tag{1.204}$$

$$\boldsymbol{M} = \int \mathrm{d}^3r \hat{\boldsymbol{r}} \times \mathcal{P}(\boldsymbol{r}) = \int \mathrm{d}^3r \mathcal{F}^\dagger \left[\hat{\sigma}_z \otimes (\hat{\boldsymbol{r}} \times \hat{\boldsymbol{s}}/c) \right] \mathcal{F}. \tag{1.205}$$

利用下列关系

$$\hat{H}\hat{\sigma}_z \otimes \hat{\boldsymbol{s}}/c\psi = p\psi, \tag{1.206}$$

以及

$$\hat{H} \left[\hat{\sigma}_z \otimes (\hat{\boldsymbol{r}} \times \hat{\boldsymbol{s}}/c) \right] \psi = (\hat{\boldsymbol{r}} \times \hat{\boldsymbol{p}} + \hbar\hat{\boldsymbol{s}})\psi, \tag{1.207}$$

我们可以把上述物理量写成量子力学期望值的形式

$$E = \langle E \rangle = \int d^3 r \psi^\dagger \frac{\hat{H}}{\hat{H}} \psi, \tag{1.208}$$

$$\boldsymbol{P} = \langle \hat{\boldsymbol{p}} \rangle = \int d^3 r \psi^\dagger \frac{\hat{\boldsymbol{p}}}{\hat{H}} \psi, \tag{1.209}$$

$$\boldsymbol{M} = \langle \hat{\boldsymbol{M}} \rangle = \int d^3 r \psi^\dagger \frac{\hat{\boldsymbol{r}} \times \hat{\boldsymbol{p}} + \hbar \hat{\boldsymbol{s}}}{\hat{H}} \psi. \tag{1.210}$$

可以看到,对于光场,我们也可以借助传统量子力学中的观点定义其动量算符 $\hat{\boldsymbol{p}}$,如下

$$\hat{\boldsymbol{p}} = -\mathrm{i}\hbar \vec{\nabla}, \qquad -\mathrm{i}\hbar \partial_i \psi(\boldsymbol{r}, t) = \hbar k_i \psi(\boldsymbol{r}, t), \tag{1.211}$$

其中,k_i 表示 $i-$ 方向上的波矢。相应地,光子总角动量算符 $\hat{\boldsymbol{J}}$ 可以定义为

$$\hat{\boldsymbol{J}} = \hat{\boldsymbol{r}} \times \hat{\boldsymbol{p}} + \hbar \hat{\boldsymbol{s}}, \tag{1.212}$$

它表示光子轨道部分和自旋部分的加和。可以证明,$\hat{\boldsymbol{J}}$ 和系统的哈密顿量是对易的,所以是一个运动守恒量。依照量子力学中角动量的处理,我们可以选择波函数为 $\{\hat{\boldsymbol{J}}^2, \hat{J}_z\}$ 的共同本征态

$$\hat{\boldsymbol{J}}^2 \psi = \hbar^2 J(J+1)\psi, \qquad \hat{J}_z \psi = \hbar M \psi. \tag{1.213}$$

满足上述方程的本征波函数即为常见的球谐函数。

在量子力学假设中,标积的模 $|\langle \psi_1 | \psi_2 \rangle|^2$ 理解为处在状态 $|\psi_2\rangle$ 中的光子投影在状态 $|\psi_1\rangle$ 上的概率。$\langle \psi_1 | \psi_2 \rangle$ 应该是一个无量纲的复数。由公式 (1.203) 我们看到,标积

$$\langle \psi_1 | \psi_2 \rangle = \int d^3 r \psi_1^\dagger \psi_2$$

实际上具有能量的量纲,故不可能对应传统量子力学中概率幅的概念。另一方面,上述表达式除了积分中包含了 $\hat{H}$ 的分母项外,还与传统的力学量平均值非常接近。为了使得量子力学的概念在这里仍然能够成立,我们可以修正标积的定义为

$$\langle \psi_1 | \psi_2 \rangle_H = \int d^3 r \psi_1^\dagger \frac{1}{\hat{H}} \psi_2.$$

当 ψ 为体系的正频解时，能确保

$$\langle\psi|\psi\rangle_H = \int \mathrm{d}^3r\psi^\dagger \frac{1}{\hat{H}}\psi \tag{1.214}$$

总是正的，满足概率解释。可见对于非归一化的波函数 ψ，$\langle\psi|\psi\rangle_H = N$ 对应系统的平均光子数。有了这个定义以后，我们就可以再度采取传统的量子力学观点用算符的平均值来定义相应的能量、动量、角动量

$$\langle E\rangle = \langle\psi|\hat{H}|\psi\rangle_\mathrm{H}, \tag{1.215}$$

$$\langle \boldsymbol{P}\rangle = \langle\psi|\hat{\boldsymbol{p}}|\psi\rangle_\mathrm{H}, \tag{1.216}$$

$$\langle \boldsymbol{M}\rangle = \langle\psi|\hat{\boldsymbol{J}}|\psi\rangle_\mathrm{H}. \tag{1.217}$$

为进一步理解内积定义中分母 $\hat{H}$ 所对应的物理内涵，我们以自由电磁场为例。利用傅里叶变换的方法，我们可以很方便地得出光子波函数在动量空间中的形式

$$\psi(\boldsymbol{r}) = \int \frac{\mathrm{d}^3k}{(2\pi)^3} \mathrm{e}^{\mathrm{i}\boldsymbol{k}\cdot\boldsymbol{r}}\tilde{\psi}(\boldsymbol{k}), \tag{1.218}$$

及

$$c\hat{\sigma}_z \otimes (\hat{\boldsymbol{s}}\cdot\boldsymbol{k})\tilde{\psi}(\boldsymbol{k}) = \omega\tilde{\psi}(\boldsymbol{k}), \tag{1.219}$$

其中，$\tilde{\psi}(\boldsymbol{k})$ 可以用二分量矢量的形式表示成 $\tilde{\psi}(\boldsymbol{k}) = (\boldsymbol{f}_+, \boldsymbol{f}_-)^\mathrm{T}$。容易看到，矢量 $\boldsymbol{f}_\pm$ 自然满足下面的约束条件

$$\mathrm{i}c\boldsymbol{k}\times\boldsymbol{f}_\pm = \pm\omega\boldsymbol{f}_\pm \quad 及 \quad \boldsymbol{k}\cdot\boldsymbol{f}_\pm = 0. \tag{1.220}$$

如果我们约定 $\omega > 0$ 取正频率部分，则对应 $\pm\omega$ 可以唯一地求得相应的矢量 $\boldsymbol{f}_\pm$。进一步地，我们可以将 $\boldsymbol{f}_\pm$ 的方向矢量 $\boldsymbol{e}_\pm$ 分离出来

$$\boldsymbol{e}_+^\dagger\cdot\boldsymbol{e}_+ = \boldsymbol{e}_-^\dagger\cdot\boldsymbol{e}_- = 1, \qquad \boldsymbol{e}_+^\dagger\cdot\boldsymbol{e}_- = 0, \tag{1.221}$$

从而可以把 $\tilde{\psi}(\boldsymbol{k})$ 重写成下面的形式

$$\tilde{\psi}(\boldsymbol{k}) = \begin{pmatrix} \boldsymbol{e}_+ f_+(\boldsymbol{k}) \\ \boldsymbol{e}_- f_-(\boldsymbol{k}) \end{pmatrix}, \tag{1.222}$$

其中，$f_\pm(\boldsymbol{k})$ 对应动量空间中的标量波函数。

在动量空间中，$H = \hbar\omega$ 对应光子的能量。利用光场的平均能量 $E = N\hbar\omega$，我们可以把平均光子数 N 表示为

$$N = \int \frac{\mathrm{d}^3 k}{(2\pi)^3} \frac{|f_+(\boldsymbol{k})|^2 + |f_-(\boldsymbol{k})|^2}{\hbar\omega}. \tag{1.223}$$

利用傅里叶变换把上述标积写到实空间中，即有

$$N = \langle\psi_1|\psi_2\rangle_{\mathrm{H}} = \frac{1}{2\pi^2} \iint \mathrm{d}^3 r_1 \mathrm{d}^3 r_2 \frac{\psi_1^*(\boldsymbol{r}_1) \cdot \psi_2(\boldsymbol{r}_2)}{|\boldsymbol{r}_1 - \boldsymbol{r}_2|^2}. \tag{1.224}$$

容易看到，这一内积定义中含有非定域的积分项。这也从另一方面说明了光子的非定域特征，利用空间位置坐标这样的定域概念来描述光场会存在一些反常的行为。

实际上，在场论中，已有结果证明，对于自旋大于等于 1 的粒子，不能对其定义很好的空间位置算符[12-14]。光子可以看成是自旋为 1 的玻色子，其波函数的非局域特性正是这一一般结论的反映。对于光子来说，给定的波函数 $\psi(\boldsymbol{r})$，$|\psi(\boldsymbol{r})|^2$ 描述的是在空间 $\boldsymbol{r}$ 处的能量。相应的能量分布可以表示为

$$\rho_E(\boldsymbol{r}) = \frac{|\psi(\boldsymbol{r})|^2}{\langle E \rangle}. \tag{1.225}$$

此时 $\rho_E(\boldsymbol{r})$ 是归一化的，从而可以赋予概率的概念，并且满足连续性方程

$$\partial_t \rho_E(\boldsymbol{r}) + \nabla \cdot j_E(\boldsymbol{r}, t) = 0, \tag{1.226}$$

其中概率流 $j_E(\boldsymbol{r}, t)$ 对应于归一化的能量通量

$$j_E(\boldsymbol{r}, t) = \frac{\psi^\dagger(\boldsymbol{r}, t)\hat{\sigma}_z \hat{\boldsymbol{s}}\psi(\boldsymbol{r}, t)}{\langle E \rangle}. \tag{1.227}$$

而在非相对论情况下，波函数的模平方直接对应于局域粒子密度。所以波函数在这两种情况下的物理解释是不一样的。

1.8 光场二次量子化中的光子波函数

由前面的讨论，我们知道了从麦克斯韦方程出发很难给出理想的光子波函数的形式。然而，在量子光学中，光子波函数的引入又会大大方便我们对实验结果的讨论和分析[5]。那么是否可以从另外的角度引入光子波函数的定义呢？

在前面光场量子化的讨论中我们已经看到，光场的量子化与谐振子二次量子化的处理方式是一致的。实际上，由谐振子的场算符，我们很容易构造相应的谐振子波函数。方法是先用产生算子作用到真空态，从而生成相应的激发态态矢量，

然后再将所得的态矢量投影到坐标空间即可。更一般地，在量子场论中，所有的粒子都可以看作是对应量子真空场中的激发。粒子在实空间中的波函数就对应这些激发态在坐标表象中的投影。具体地，若令粒子激发对应的态矢量为 $|\psi(t)\rangle$，则在坐标表象中的波函数形式为

$$\Psi(\boldsymbol{r}, t) = \langle \boldsymbol{r}|\psi(t)\rangle. \tag{1.228}$$

又因为 $|\boldsymbol{r}\rangle$ 可以表示成

$$|\boldsymbol{r}\rangle = \hat{\varphi}^{\dagger}(\boldsymbol{r})|0\rangle \tag{1.229}$$

其中，$|0\rangle$ 表示量子场的真空态。$\hat{\varphi}^{\dagger}(\boldsymbol{r})$ 为场算符，它作用在真空中用以在位置 $\boldsymbol{r}$ 处产生一个粒子，具体形式可以写成

$$\hat{\varphi}^{\dagger}(\boldsymbol{r}) = \sum_m \hat{c}_m^{\dagger} \mathrm{e}^{\mathrm{i}\omega_m t} \phi_m^*(\boldsymbol{r}), \tag{1.230}$$

这里，$\hat{c}_m^{\dagger}$、$\hat{c}_m$ 分别为状态 m 上的粒子产生算符、湮灭算符；$\phi_m(\boldsymbol{r})$ 为状态 m 对应的本征波函数，$\hbar\omega_m$ 为相应的能量。形式上，$\hat{\varphi}(\boldsymbol{r})$ 可以通过把粒子一次量子化对应的波函数

$$\varphi(\boldsymbol{r}) = \sum_m c_m \mathrm{e}^{-\mathrm{i}\omega_m t} \phi_m(\boldsymbol{r}) \tag{1.231}$$

算符化后而得到，具体方法就是把这里的概率幅 c_m 替换成对应状态 m 上的湮灭算符。依据粒子的类型，$\hat{c}_m^{\dagger}$、$\hat{c}_m$ 满足对易或反对易关系，分别对应 Bose-Einstein 统计或者 Fermi-Dirac 统计。利用场算子，我们就可以把粒子的波函数改写成

$$\Psi(\boldsymbol{r}, t) = \langle 0|\hat{\varphi}(\boldsymbol{r})|\psi(t)\rangle. \tag{1.232}$$

一个自然的想法是能否采用上面的思路构造光子波函数呢？不幸的是，严格说来答案仍然是否定的，原因在于光子无法定义相应的局域化算符。然而，在很多量子探测问题的讨论中，利用上述形式的光子波函数进行计算，所得的结果会自然地与实验上测得的概率对应起来。例如，在光场关联信号的探测中（见第三章），假定单光子在粒子数表象中的状态为 $|\psi\rangle$，则在时空点 $(\boldsymbol{r}, t)$ 处光场的强度可以表示成

$$P_\psi(\boldsymbol{r}, t) \propto \langle \psi|\hat{E}^{(-)}(\boldsymbol{r}, t)\hat{E}^{(+)}(\boldsymbol{r}, t)|\psi\rangle, \tag{1.233}$$

其中，$\hat{E}^{(-)}(\boldsymbol{r},t)$、$\hat{E}^{(+)}(\boldsymbol{r},t)$ 分别对应光场的产生算符和湮灭算符，具体形式见式 (1.125)。如果我们在上式中插入粒子数表象中的单位分解算子

$$I = \sum_{\{n\}} |\{n\}\rangle\langle\{n\}|, \tag{1.234}$$

则有

$$P_\psi(\boldsymbol{r},t) \propto \langle\psi|\hat{E}^{(-)}(\boldsymbol{r},t)\sum_{\{n\}}|\{n\}\rangle\langle\{n\}|\hat{E}^{(+)}(\boldsymbol{r},t)|\psi\rangle$$

$$= \langle\psi|\hat{E}^{(-)}(\boldsymbol{r},t)|0\rangle\langle0|\hat{E}^{(+)}(\boldsymbol{r},t)|\psi\rangle. \tag{1.235}$$

受式 (1.235) 所示形式的启发，我们可以定义单光子的电场分量为

$$\Psi_{\mathrm{E}}(\boldsymbol{r},t) = \langle0|\hat{E}^{(+)}(\boldsymbol{r},t)|\psi\rangle$$

$$= \langle0|\mathrm{i}\sum_{\boldsymbol{k},\sigma}\hat{e}_\sigma\sqrt{\frac{\hbar\omega_k}{2\epsilon_0 V}}\hat{a}_{\boldsymbol{k},\sigma}\mathrm{e}^{-\mathrm{i}\omega_k t+\mathrm{i}\boldsymbol{k}\cdot\boldsymbol{r}}|\psi\rangle. \tag{1.236}$$

若光场的频率分布主要集中在 $\omega_k = \omega$ 附近，可以近似把求和中对应电场强度的部分 $\sqrt{\hbar\omega_k/(2\epsilon_0 V)}$ 单独提出来，从而有

$$\Psi_{\mathrm{E}}(\boldsymbol{r},t) = \sqrt{\frac{\hbar\omega_k}{2\epsilon_0 V}}\langle0|\mathrm{i}\sum_{\boldsymbol{k},\sigma}\hat{e}_\sigma\hat{a}_{\boldsymbol{k},\sigma}\mathrm{e}^{-\mathrm{i}\omega_k t+\mathrm{i}\boldsymbol{k}\cdot\boldsymbol{r}}|\psi\rangle \equiv \sqrt{\frac{\hbar\omega_k}{2\epsilon_0}}\vec{\varphi}_{\mathrm{E}}(\boldsymbol{r},t), \tag{1.237}$$

其中

$$\vec{\varphi}_{\mathrm{E}}(\boldsymbol{r},t) = \langle0|\mathrm{i}\sum_{\boldsymbol{k},\sigma}\hat{e}_\sigma\hat{a}_{\boldsymbol{k},\sigma}\frac{\mathrm{e}^{-\mathrm{i}\omega_k t+\mathrm{i}\boldsymbol{k}\cdot\boldsymbol{r}}}{\sqrt{V}}|\psi\rangle \tag{1.238}$$

刻画了光电探测概率幅的空间分布。类似地，我们也可以把状态 $|\psi\rangle$ 中的磁场部分改写为

$$\Psi_{\mathrm{H}}(\boldsymbol{r},t) = \sqrt{\frac{\hbar\omega_k}{2\mu_0}}\langle0|\mathrm{i}\sum_{\boldsymbol{k},\sigma}\frac{\boldsymbol{k}\times\hat{e}_\sigma}{|\boldsymbol{k}|}\hat{a}_{\boldsymbol{k},\sigma}\frac{\mathrm{e}^{-\mathrm{i}\omega_k t+\mathrm{i}\boldsymbol{k}\cdot\boldsymbol{r}}}{\sqrt{V}}|\psi\rangle \equiv \sqrt{\frac{\hbar\omega}{2\mu_0}}\vec{\varphi}_{\mathrm{H}}(\boldsymbol{r},t), \tag{1.239}$$

其中

$$\vec{\varphi}_{\mathrm{H}}(\boldsymbol{r},t) = \langle0|\mathrm{i}\sum_{\boldsymbol{k},\sigma}\frac{\boldsymbol{k}\times\hat{e}_\sigma}{|\boldsymbol{k}|}\hat{a}_{\boldsymbol{k},\sigma}\frac{\mathrm{e}^{-\mathrm{i}\omega_k t+\mathrm{i}\boldsymbol{k}\cdot\boldsymbol{r}}}{\sqrt{V}}|\psi\rangle. \tag{1.240}$$

可以验证，通过上述方法定义的 $\vec{\varphi}_{\mathrm{E}}(r,t)$ 和 $\vec{\varphi}_{\mathrm{H}}(r,t)$ 满足麦克斯韦方程

$$\nabla\times\vec{\varphi}_{\mathrm{H}} = \frac{1}{c}\vec{\varphi}_{\mathrm{E}}, \tag{1.241a}$$

$$\nabla \times \vec{\varphi}_{\mathrm{E}} = -\frac{1}{c}\vec{\varphi}_{\mathrm{H}}, \tag{1.241b}$$

$$\nabla \cdot \vec{\varphi}_{\mathrm{E}} = 0, \tag{1.241c}$$

$$\nabla \cdot \vec{\varphi}_{\mathrm{H}} = 0. \tag{1.241d}$$

这样利用与 1.7 节中相同的方法，我们就可以定义对应的光子波函数。所不同的是，由于这里 $\vec{\varphi}_E$ 和 $\vec{\varphi}_H$ 已经剥裂了电场和磁场的单位，与 1.7 节中式 (1.225) 的效果是一样的，所以它们直接对应了测量的概率。

需要注意的是，这里定义的光子波函数仍然与传统的、有质量粒子的波函数在物理性质方面有区别。例如在非相对论极限下，有质量粒子的平面波解可以写成

$$\varphi_m(\boldsymbol{r}, t) = \frac{1}{\sqrt{V}}\mathrm{e}^{\mathrm{i}(k_z z - \omega_k t)}, \tag{1.242}$$

其中色散关系满足 $\omega_k = \hbar^2 k_z^2/2m$，$m$ 为粒子的质量。如果我们给粒子施加一个沿 x 方向有效的动量 $\hbar k_x$，则操控结束后系统的状态即变为

$$\varphi_m'(\boldsymbol{r}, t) = \frac{1}{\sqrt{V}}\mathrm{e}^{\mathrm{i}(k_z z + k_x x - \omega_k t)}. \tag{1.243}$$

而对于光子来说，由于光子具有偏振自由度，设初始时刻光子沿 x 方向偏振，则其波函数为

$$\vec{\varphi}_p(\boldsymbol{r}, t) = \hat{e}_x \frac{1}{\sqrt{V}}\mathrm{e}^{\mathrm{i}(k_z z - \omega_k t)}. \tag{1.244}$$

若同样给光子施加一个沿 x 方向有效的动量，类比前面的方法，我们可能会把光子的状态写成

$$\vec{\varphi}_p'(\boldsymbol{r}, t) = \hat{e}_x \frac{1}{\sqrt{V}}\mathrm{e}^{\mathrm{i}(k_z z + k_x x - \omega_k t)}. \tag{1.245}$$

然而，这并不是一个合理的光子波函数形式，原因在于它不再满足横场条件

$$\nabla \cdot \vec{\varphi}_p' = \frac{\partial}{\partial_x}\left[\frac{1}{\sqrt{V}}\mathrm{e}^{\mathrm{i}(k_z z + k_x x - \omega_k t)}\right] \neq 0. \tag{1.246}$$

可以很容易地将上述处理方法推广到多光子的情况。例如，对于下面形式的两光子关联函数

$$G^{(2)}(\boldsymbol{r}_1, t_1; \boldsymbol{r}_2, t_2) = \langle\psi|\hat{E}^{(-)}(\boldsymbol{r}_1, t_1)\hat{E}^{(-)}(\boldsymbol{r}_2, t_2)\hat{E}^{(+)}(\boldsymbol{r}_2, t_2)\hat{E}^{(+)}(\boldsymbol{r}_1, t_1)|\psi\rangle, \tag{1.247}$$

它描述了位于 $\boldsymbol{r}_1$ 和 $\boldsymbol{r}_2$ 处两探测器所测到的光子符合计数。插入单位分解算子后，即可得到

$$\langle\psi|\hat{E}_1^{(-)}\hat{E}_2^{(-)}\hat{E}_2^{(+)}\hat{E}_1^{(+)}|\psi\rangle = \langle\psi|\hat{E}_1^{(-)}\hat{E}_2^{(-)}\sum_{\{n\}}|\{n\}\rangle\langle\{n\}|\hat{E}_2^{(+)}\hat{E}_1^{(+)}|\psi\rangle$$

$$= \langle\psi|\hat{E}_1^{(-)}\hat{E}_2^{(-)}|0\rangle\langle0|\hat{E}_2^{(+)}\hat{E}_1^{(+)}|\psi\rangle. \tag{1.248}$$

如果已知 $|\psi\rangle$ 仅由两光子激发组成，由此可以定义两光子对应的探测振幅

$$\Psi_{\mathrm{E}}^{(2)}(\boldsymbol{r}_1,t_1;\boldsymbol{r}_2,t_2) \equiv \langle0|\hat{E}^{(+)}(\boldsymbol{r}_2,t_2)\hat{E}^{(+)}(\boldsymbol{r}_1,t_1)|\psi\rangle. \tag{1.249}$$

由于 $|\Psi_{\mathrm{E}}^{(2)}(\boldsymbol{r}_1,t_1;\boldsymbol{r}_2,t_2)|^2$ 给出了双光子联合探测对应的概率，在不考虑磁场分量的情况下，我们也可以近似认为 $\Psi_{\mathrm{E}}^{(2)}(\boldsymbol{r}_1,t_1;\boldsymbol{r}_2,t_2)$ 对应了双光子联合系统的波函数，用以解释光电探测的结果。

参 考 文 献

[1] 郭光灿. 量子光学. 北京: 高等教育出版社，1990.

[2] Gerry C C, Knight P L. Introductory Quantum Optics (Chapter 2.5, 2.7). Cambridge: Cambridge University Press, 2005.

[3] Eberly J H, Mandel L, Wolf E. Coherence and Quantum Optics VII. New York: Plenum, 1996.

[4] Klimov A B, Chumakov S M. A Group-theoretical Approach to Quantum Optics: Models of Atom-field Interactions. New York: John Wiley & Sons, 2009.

[5] Scully M O, Suhail Zubairy M. Quantum Optics (Chapter 1.1,1.5). Cambridge: Cambridge University Press, 2003.

[6] 曾谨言. 量子力学 (第三版). 北京: 科学出版社，2004.

[7] Nielsen M A, Chuang I L. Quantum Computation and Quantum Information. Cambridge: Cambridge University Press, 2003.

[8] Puri R R. Mathematical Methods of Quantum Optics (Chapter 1.1). Berlin: Springer Science & Business Media, 2001.

[9] Susskind L, Glogower J. Quantum mechanical phase and time operator. Physics, 1964, 1: 49.

[10] Pegg D T, Barnett S M. Unitary phase operator in quantum mechanics. Europhys. Lett., 1988, 6: 483; Phase properties of the quantized single-mode electromagnetic field. Phys. Rev. A, 1989, 39: 1655 .

[11] Bialynicki-Birula I. Photon wave function//Progress in Optics, Vol. 36, E. Wolf, Editor, Elsevier, Amsterdam, 1996.

[12] Newton T D, Wigner E P. Localized states for elementary systems. Rev. Mod. Phys., 1949, 21: 400.

[13] Wightman A S. On the localizability of quantum mechanical systems. Rev. Mod. Phys., 1962, 34: 845.

[14] Rosewarne D, Sarkar S. Rigorous theory of photon localizability. Quantum Opt., 1992, 4: 405.

第二章　量子相干态

量子相干态就其现代意义而言，是 Roy Glauber 在量子光学中引入的。它是建立在相干性量子理论的基础上。相干态就是完全相干的量子光场，也是最接近经典极限的量子光场。本章中，我们将从相干态的定义出发，从不同的侧面理解相干态的特性，包括它的定义、具体形式、超完备性、统计特性等。特别是相干态表象的存在及其超完备性，提供了一种将量子理论运算过渡到 c-数函数积分的有效方法，亦即所谓的相干态路路径积分，在几乎所有的物理学相关领域内均有着重要的应用[1-10]。

除了谐振子的相干态以外，对于自旋系统，亦可以定义相应的相干态，称之为自旋相干态[7,9,11]。自旋相干态在精密测量等领域有重要的应用。本章将对其进行介绍。

2.1　相干态的性质

2.1.1　相干态是湮灭算符的本征态

对于单模相干态来说，相干态定义为光场湮灭算符 $\hat{a}$ 的本征态

$$\hat{a}|\alpha\rangle = \alpha|\alpha\rangle. \tag{2.1}$$

依据这个定义，相干态湮灭一个光子以后，状态不发生改变。由于 $\hat{a}$ 本身不是厄米算符，它不是一个可直接观测的物理量，相应本征值应为复数。利用 $\hat{a}$ 算符的递推关系，我们可以求得相干态在粒子数表象中的具体表达式。将粒子数态 $\langle n|$ 作用到上式中，得到

$$\langle n|\hat{a}|\alpha\rangle = \sqrt{n+1}\langle n+1|\alpha\rangle = \alpha\langle n|\alpha\rangle. \tag{2.2}$$

利用 $\langle n| = \langle 0|\dfrac{\hat{a}^n}{\sqrt{n!}}$，我们有

$$\langle n|\alpha\rangle = \langle 0|\frac{\hat{a}^n}{\sqrt{n!}}|\alpha\rangle = \left(\frac{\alpha^n}{\sqrt{n!}}\right)\langle 0|\alpha\rangle. \tag{2.3}$$

再利用归一化关系 $\langle\alpha|\alpha\rangle = \sum_n\langle\alpha|n\rangle\langle n|\alpha\rangle = 1$，即可以求得

$$1 = |\langle 0|\alpha\rangle|^2 \sum_n \frac{|\alpha|^{2n}}{n!} = |\langle 0|\alpha\rangle|^2 e^{|\alpha|^2}. \tag{2.4}$$

由此，在不考虑整体相位影响下，可以取 $\langle 0|\alpha\rangle = e^{-|\alpha|^2/2}$，从而 $|\alpha\rangle$ 在粒子数表象下可以表示为

$$|\alpha\rangle = \exp\left(-\frac{1}{2}|\alpha|^2\right)\sum_n \frac{\alpha^n}{\sqrt{n!}}|n\rangle, \tag{2.5}$$

或者写为

$$|\alpha\rangle = \exp\left(-\frac{1}{2}|\alpha|^2\right)\sum_n \frac{(\alpha\hat{a}^\dagger)^n}{n!}|0\rangle = \exp\left(-\frac{1}{2}|\alpha|^2\right)e^{\alpha\hat{a}^\dagger}|0\rangle. \tag{2.6}$$

2.1.2   相干态可以通过平移算符作用真空态得到

相干态另一种完全等效的定义方式是引进如下的平移算符 $\hat{D}(\alpha)$

$$\hat{D}(\alpha) = \exp\left(\alpha\hat{a}^\dagger - \alpha^*\hat{a}\right), \tag{2.7}$$

此时相干态被定义为平移后的真空态

$$|\alpha\rangle = \hat{D}(\alpha)|0\rangle. \tag{2.8}$$

为证明这一点，我们利用 BCH 公式 (见 11.1 节)，将 $\hat{D}(\alpha)$ 展开得到

$$\hat{D}(\alpha) = \exp\left(\alpha\hat{a}^\dagger\right)\exp\left(-\alpha^*\hat{a}\right)\exp\left(-|\alpha|^2/2\right) \tag{2.9}$$

$$= \exp\left(-\alpha^*\hat{a}\right)\exp\left(\alpha\hat{a}^\dagger\right)\exp\left(|\alpha|^2/2\right). \tag{2.10}$$

利用上面公式的第一行，即有

$$\hat{D}(\alpha)|0\rangle = \exp\left(-|\alpha|^2/2\right)\exp\left(\alpha\hat{a}^\dagger\right)|0\rangle,$$

这与前面的定义完全一致。

平移算符 $\hat{D}(\alpha)$ 有很多有用的性质，我们在这里罗列如下：

$$\hat{D}^\dagger(\alpha) = \hat{D}(-\alpha) = [\hat{D}(\alpha)]^{-1}, \tag{2.11a}$$

$$\hat{D}^\dagger(\alpha)\hat{a}\hat{D}(\alpha) = \hat{a} + \alpha, \tag{2.11b}$$

$$\hat{D}^\dagger(\alpha)\hat{a}^\dagger\hat{D}(\alpha) = \hat{a}^\dagger + \alpha^*, \tag{2.11c}$$

$$\hat{D}^\dagger(\alpha)\hat{F}(\hat{a},\hat{a}^\dagger)\hat{D}(\alpha) = \hat{F}(\hat{a} + \alpha, \hat{a}^\dagger + \alpha^*), \tag{2.11d}$$

$$\hat{D}(\alpha)\hat{D}(\beta) = \hat{D}(\alpha + \beta)\exp\left[\frac{1}{2}(\alpha\beta^* - \alpha^*\beta)\right], \tag{2.11e}$$

$$\hat{D}(\alpha)|\beta\rangle = |\alpha + \beta\rangle\exp\left[\frac{1}{2}(\alpha\beta^* - \alpha^*\beta)\right], \tag{2.11f}$$

$$\langle\alpha|\hat{D}(\gamma)|\beta\rangle = \langle\alpha|\beta\rangle \exp\left(\gamma\alpha^* - \gamma^*\beta - \frac{1}{2}|\gamma|^2\right), \tag{2.11g}$$

$$\mathrm{Tr}\hat{D}(\alpha) = \pi\delta^{(2)}(\alpha)\exp\left(-\frac{1}{2}|\alpha|^2\right) = \pi\delta(\alpha_r)\delta(\alpha_i)\exp\left(-\frac{1}{2}|\alpha|^2\right), \tag{2.11h}$$

$$\mathrm{Tr}[\hat{D}(\alpha)\hat{D}^\dagger(\beta)] = \pi\delta^{(2)}(\alpha - \beta)\exp\left[-\frac{1}{2}(|\alpha|^2 + |\beta|^2) + \alpha^*\beta\right]. \tag{2.11i}$$

这里我们假定了 $\alpha = \alpha_r + \mathrm{i}\alpha_i$，其中 $\delta^{(2)}(\alpha)$ 函数取如下傅里叶积分的形式：

$$\delta^{(2)}(\alpha) = \frac{1}{\pi^2}\int \mathrm{d}^2\beta \exp\left(\alpha\beta^* - \alpha^*\beta\right). \tag{2.12}$$

从中可以看到，$\hat{D}(\alpha)$ 对 $\hat{a}$ 和 $\hat{a}^\dagger$ 的作用是使得它们分别平移一个复数量 α 和 α^*。不难求得

$$\hat{D}^\dagger(\alpha)|\alpha\rangle = \hat{D}(-\alpha)|\alpha\rangle = |0\rangle, \tag{2.13}$$

所以，$\hat{D}(\alpha)$ 和 $\hat{D}^\dagger(\alpha)$ 可以看成是相干态 $|\alpha\rangle$ 的产生算符和湮灭算符。

2.1.3 相干态光子数满足泊松分布

在统计和概率学中，泊松分布是一种常见的概率分布之一，适合于描述单位时间或空间内随机事件发生的次数。它是由法国数学家西莫恩·德尼·泊松 (Simeon-Denis Poisson，1781~1840) 在 1838 年提出的。若一个随机事件 X 以固定的平均瞬时速率 λ 随机独立出现，那么当我们估算这个事件在单位时间内出现 k 次数的概率时，该概率分布即为泊松分布

$$P[n(X) = k] = \mathrm{e}^{-\lambda}\frac{\lambda^k}{k!}, \tag{2.14}$$

其中，$n(X)$ 表示事件 X 出现的次数。泊松分布的期望值和方差均由 λ 确定

$$E[n(X)] = \sum_{k=0}^{\infty} k\mathrm{e}^{-\lambda}\frac{\lambda^k}{k!} = \lambda\mathrm{e}^{-\lambda}\sum_{k=1}^{\infty}\frac{\lambda^{k-1}}{k-1!} = \lambda, \tag{2.15}$$

$$D[n(X)] = E[n^2(X)] - E[n(X)]^2 = \sum_{k=0}^{\infty} k^2\mathrm{e}^{-\lambda}\frac{\lambda^k}{k!} - \lambda^2 = \lambda. \tag{2.16}$$

上述结论可以直接应用到光场中。在光场中，光子出现的时间是随机的，如图 2.1所示。在一个时间间隔 T 内，光子出现的次数也是随机的，其平均次数记为 $\bar{n}$。如果我们把这个时间间隔 T 再分成 N 份，则在每个更小的时间间隔内，光

子出现的概率近似为 $p = \bar{n}/N$，光子不出现的概率即为 $1 - p$。此时，如果我们考察在 T 时间间隔内光子出现 k 次的概率，则由二项式分布可求得

$$P(k) = \frac{N!}{k!(N-k)!}p^k(1-p)^{N-k}. \tag{2.17}$$

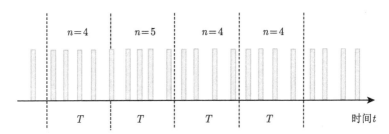

图 2.1　光子计数随时间分布的示意图。单位时间间隔 T 内平均计数为 $\bar{n} = 4$

当时间间隔 T 被等分的份数 $N \to \infty$ 时，由于

$$\lim_{N \to \infty} Np = \bar{n}, \tag{2.18}$$

我们即可由二项式分布过渡到泊松分布

$$P(k) = \frac{N!}{k!(N-k)!}p^k(1-p)^{N-k} \to \frac{\bar{n}^k \mathrm{e}^{-\bar{n}}}{k!}. \tag{2.19}$$

可见，对于相干光场 $|\alpha\rangle$，其平均光子数为 $\bar{n} = |\alpha|^2$，其中粒子数态 $|k\rangle$ 所占的比重即为泊松分布

$$P_k(\alpha) = \mathrm{e}^{-|\alpha|^2}\frac{|\alpha|^{2k}}{k!}, \qquad k = 0, 1, 2, 3, \cdots, \tag{2.20}$$

具体形式如图 2.2所示。

2.1.4　相干态满足最小不确定关系

利用算符 $\hat{a}$、$\hat{a}^\dagger$ 之间的对易关系，我们可以计算光场处在单模相干态时各力学量的期望值。考察位置算符和动量算符

$$\hat{x} = \frac{1}{\sqrt{2}}l_{\mathrm{T}}(\hat{a} + \hat{a}^\dagger), \qquad \hat{p} = \frac{1}{\mathrm{i}\sqrt{2}}\frac{\hbar}{l_{\mathrm{T}}}(\hat{a} - \hat{a}^\dagger). \tag{2.21}$$

易见，对于相干态 $|\alpha\rangle$ 有

$$\langle\hat{x}\rangle = \frac{1}{\sqrt{2}}l_{\mathrm{T}}(\alpha + \alpha^*), \tag{2.22a}$$

$$\langle \hat{p} \rangle = \frac{1}{\mathrm{i}\sqrt{2}} \frac{\hbar}{l_\mathrm{T}} (\alpha - \alpha^*), \tag{2.22b}$$

$$\langle \hat{x}^2 \rangle = \frac{l_\mathrm{T}^2}{2} (\alpha^{*2} + \alpha^2 + 2\alpha^* \alpha + 1), \tag{2.22c}$$

$$\langle \hat{p}^2 \rangle = -\frac{\hbar^2}{2l_\mathrm{T}^2} (\alpha^{*2} + \alpha^2 - 2\alpha^* \alpha - 1). \tag{2.22d}$$

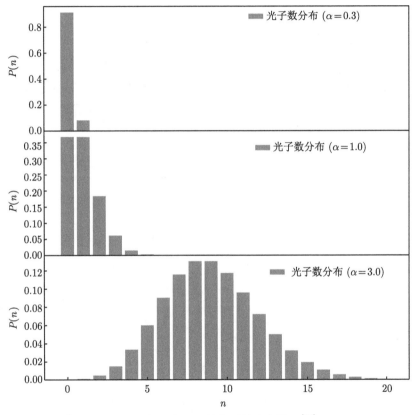

图 2.2　相干态 $|\alpha\rangle$ 的粒子数分布情况[12]

对于量子化条件 $[\hat{x}, \hat{p}] = \mathrm{i}\hbar$，其不确定关系满足 $\Delta\hat{x}\Delta\hat{p} \geqslant \hbar/2$。对于相干态而言，依据上述关系可得

$$(\Delta x)^2 = \langle \hat{x}^2 \rangle - \langle \hat{x} \rangle^2 = \frac{l_\mathrm{T}^2}{2}, \tag{2.23a}$$

$$(\Delta p)^2 = \langle \hat{p}^2 \rangle - \langle \hat{p} \rangle^2 = \frac{\hbar^2}{2l_\mathrm{T}^2}, \tag{2.23b}$$

$$\Delta x \Delta p = \sqrt{(\Delta \hat{x})^2}\sqrt{(\Delta \hat{p})^2} = \frac{\hbar}{2}. \tag{2.23c}$$

可见，相干态满足最小不确定条件。在某种意义上讲，相干态即为量子理论所容许的最逼近经典极限的量子态。利用不等式 $A^2 + B^2 \geqslant 2AB$，可以得到

$$\frac{1}{2}\left[\frac{(\Delta p)^2}{m} + m\omega^2(\Delta x)^2\right] \geqslant \omega \langle \Delta \hat{x}\rangle \langle \Delta \hat{p}\rangle \geqslant \frac{\hbar\omega}{2}. \tag{2.24}$$

对于相干态而言，上式均可取等号，从而有

$$\frac{1}{2}\left[\frac{\langle \hat{p}^2\rangle}{m} + m\omega^2\langle \hat{x}^2\rangle\right] - \frac{1}{2}\left[\frac{\langle \hat{p}\rangle^2}{m} + m\omega^2\langle \hat{x}\rangle^2\right] = \frac{\hbar\omega}{2}. \tag{2.25}$$

上式左边第一项代表振子的总能量，第二项代表相干场的能量，因此两项之差等于场中非相干部分的能量。非相干的能量来自真空中的零点起伏能量的贡献。

在 α 复平面内 (即相空间中)，相干态的起伏有时候可以用两个厄米算符 $\hat{X}_1$ 和 $\hat{X}_2$ 来刻画，它们分别对应算符 $\hat{a}$ 的实部和虚部

$$\hat{X}_1 = \frac{1}{2}(\hat{a} + \hat{a}^\dagger), \qquad \hat{X}_2 = \frac{1}{2i}(\hat{a} - \hat{a}^\dagger). \tag{2.26}$$

有时候亦称之为场的两个正交分量。利用 $[\hat{a}, \hat{a}^\dagger] = 1$ 可知对易关系

$$[\hat{X}_1, \hat{X}_2] = \frac{i}{2}. \tag{2.27}$$

因此，厄米算子 $\hat{X}_1$ 和 $\hat{X}_2$ 的不确定关系为

$$(\Delta X_1)^2 (\Delta X_2)^2 \geqslant \frac{1}{16}. \tag{2.28}$$

可以验证，对于相干态

$$\langle \hat{X}_1\rangle = \text{Re}(\alpha), \qquad \langle \hat{X}_2\rangle = \text{Im}(\alpha),$$

$$\langle \hat{X}_1^2\rangle = \frac{1}{4} + \langle \hat{X}_1\rangle^2, \qquad \langle \hat{X}_2^2\rangle = \frac{1}{4} + \langle \hat{X}_2\rangle^2,$$

从而有

$$(\Delta X_1)^2 = \langle \hat{X}_1^2\rangle - \langle \hat{X}_1\rangle^2 = \frac{1}{4},$$

$$(\Delta X_2)^2 = \langle \hat{X}_2^2\rangle - \langle \hat{X}_2\rangle^2 = \frac{1}{4}.$$

上述结果表明，相干态也是厄米算符 $\hat{X}_1$ 和 $\hat{X}_2$ 的最小不确定态，两者的起伏相同，而且与相干态本征值 α 无关，如图 2.3所示。换句话说，任何相干态的量子

起伏均相同。由于真空态是相干态的特例，因此相干态的量子起伏实际上就是真空的起伏。在通过平移算符将真空态演化成相干态的过程中，光场的量子起伏保持不变。

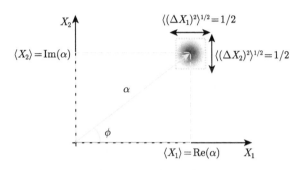

图 2.3　相干态正交分量 $\hat{X}_1$ 和 $\hat{X}_2$ 的涨落示意图

2.1.5　相干态波函数具体形式

利用谐振子湮灭算符 $\hat{a}$ 的具体形式，我们可以导出相干态在坐标表象中的函数表达式 $\langle x'|\alpha\rangle$。因为

$$\hat{a} = \frac{1}{\sqrt{2}}\left(\frac{1}{l_{\mathrm{T}}}\hat{x} + \mathrm{i}\frac{l_{\mathrm{T}}}{\hbar}\hat{p}\right) = \frac{1}{\sqrt{2\hbar m\omega}}\left(m\omega\hat{x} + \mathrm{i}\hat{p}\right),$$

可知

$$\hat{a}|\alpha\rangle = \alpha|\alpha\rangle = \frac{1}{\sqrt{2}}\left(\frac{1}{l_{\mathrm{T}}}\hat{x} + \mathrm{i}\frac{l_{\mathrm{T}}}{\hbar}\hat{p}\right)|\alpha\rangle, \tag{2.29}$$

将坐标的本征左矢 $\langle x'|$ 作用到上式两边，得到

$$\langle x'|\left[\frac{x'}{l_{\mathrm{T}}} + \frac{\partial}{\partial(x'/l_{\mathrm{T}})}\right]|\alpha\rangle = \sqrt{2}\alpha\langle x'|\alpha\rangle,$$

$$\Longrightarrow \frac{d\langle x'|\alpha\rangle}{\langle x'|\alpha\rangle} = \left(\sqrt{2}\alpha - \frac{x'}{l_{\mathrm{T}}}\right)d\left(\frac{x'}{l_{\mathrm{T}}}\right), \tag{2.30}$$

积分后即可得到

$$\langle x'|\alpha\rangle = N\exp\left(-\frac{x'^2}{2l_{\mathrm{T}}^2} + \frac{\sqrt{2}\alpha x'}{l_{\mathrm{T}}}\right), \tag{2.31}$$

式中，N 为积分常数，由归一化关系 $\int_{-\infty}^{\infty}|\langle x'|\alpha\rangle|^2 dx' = 1$ 给出，其结果为

$$N = \left(\frac{1}{\pi l_{\mathrm{T}}^2}\right)^{1/4}\exp\left[-\frac{1}{4}(\alpha + \alpha^*)^2 + \mathrm{i}\mu\right], \tag{2.32}$$

其中，μ 为任意实相位。于是相干态 $|\alpha\rangle$ 在坐标表象中的波函数即为

$$\psi_\alpha(x) = \langle x'|\alpha\rangle = \left(\frac{1}{\pi l_{\mathrm{T}}^2}\right)^{1/4} \mathrm{e}^{\mathrm{i}\mu} \exp\left[-\frac{x'^2}{2l_{\mathrm{T}}^2} + \frac{\sqrt{2}\alpha x'}{l_{\mathrm{T}}} - \frac{1}{4}(\alpha + \alpha^*)^2\right]$$

$$= \left(\frac{1}{\pi l_{\mathrm{T}}^2}\right)^{1/4} \mathrm{e}^{\mathrm{i}\mu} \exp\left[-\frac{(x' - \langle x\rangle)^2}{2l_{\mathrm{T}}^2} + \mathrm{i}\frac{\langle p\rangle x'}{\hbar}\right]. \tag{2.33}$$

2.1.6 相干态的非正交性和超完备性

不同于粒子数态，不同的相干态之间是不正交的。两个相干态的标积为

$$\langle\alpha|\beta\rangle = \exp\left(-\frac{1}{2}|\alpha|^2 - \frac{1}{2}|\beta|^2\right) \sum_{n,m} \frac{\alpha^{*n}\beta^m}{\sqrt{n!m!}} \langle n|m\rangle$$

$$= \exp\left(-\frac{1}{2}|\alpha|^2 - \frac{1}{2}|\beta|^2 + \alpha^*\beta\right), \tag{2.34}$$

从而有

$$|\langle\alpha|\beta\rangle|^2 = \exp\left(-|\alpha - \beta|^2\right). \tag{2.35}$$

由此可见，对应于复平面内不同的本征值 α、β，相干态 $|\alpha\rangle$ 和 $|\beta\rangle$ 的内积与距离 $|\alpha - \beta|$ 相关。随着距离变大，两相干态的重叠指数变小。

尽管相干态是非正交的，但仍然可以利用相干态来展开任一希尔伯特空间的态矢量。事实上，所有相干态 $|\alpha\rangle$ (对应整个复数平面) 的集合是超完备的。换句话说，这个集合的子集可以是完备的。为了说明这一点，我们考察所有相干态投影子的积分形式

$$J = \int \mathrm{d}^2\alpha |\alpha\rangle\langle\alpha| = \sum_{n,n'} \frac{|n\rangle\langle n'|}{\sqrt{n!n'!}} \int \mathrm{d}^2\alpha \alpha^{*n}\alpha^{n'} \exp(-|\alpha|^2). \tag{2.36}$$

取极坐标

$$\alpha = |\alpha|\mathrm{e}^{\mathrm{i}\phi}, \qquad \mathrm{d}^2\alpha = |\alpha|\mathrm{d}|\alpha|\mathrm{d}\phi, \tag{2.37}$$

可知

$$J = \sum_{n,n'} \frac{|n\rangle\langle n'|}{\sqrt{n!n'!}} \int_0^\infty \mathrm{d}|\alpha||\alpha|^{n'+n+1} \exp(-|\alpha|^2) \int_0^{2\pi} \mathrm{d}\phi \mathrm{e}^{\mathrm{i}(n'-n)\phi}$$

$$= 2\pi \sum_n \frac{|n\rangle\langle n|}{n!} \int_0^\infty |\alpha|^{2n+1} \exp(-|\alpha|^2)\mathrm{d}|\alpha|$$

$$= \pi \sum_n |n\rangle\langle n| = \pi I. \tag{2.38}$$

由此我们可以得到相干态的单位分解关系为

$$I = \frac{1}{\pi} J = \frac{1}{\pi} \int \mathrm{d}^2\alpha |\alpha\rangle\langle\alpha|. \tag{2.39}$$

此即为相干态的"完备性关系"。

2.1.7　算符在相干态表象中的展开

利用相干态的完备性关系，可以在相干态表象中对任意量子态或算符进行展开。特别地，对于相干态，我们甚至可以用其他的相干态来对其展开

$$|\alpha\rangle = \int \mathrm{d}^2\beta \frac{\langle\beta|\alpha\rangle}{\pi} |\beta\rangle. \tag{2.40}$$

对于任意的态矢量 $|f\rangle$，利用完备性关系，我们同样可以得到

$$|f\rangle = \frac{1}{\pi} \int \mathrm{d}^2\alpha\langle\alpha|f\rangle|\alpha\rangle = \frac{1}{\pi} \int \mathrm{d}^2\alpha|\alpha\rangle f(\alpha^*) \exp\left(-\frac{|\alpha|^2}{2}\right), \tag{2.41}$$

其中，$f(\alpha^*) = \exp(|\alpha|^2/2)\langle\alpha|f\rangle$ 是复平面内除 ∞ 处外、关于变量 α^* 的处处解析的函数，并且满足

$$|f(\alpha^*)| = \exp\left(\frac{|\alpha|^2}{2}\right)|\langle\alpha|f\rangle| \leqslant \exp\left(\frac{|\alpha|^2}{2}\right)|||f\rangle||, \tag{2.42}$$

这里，$|||f\rangle|| = \sqrt{\langle f|f\rangle}$ 定义为态矢量 $|f\rangle$ 的模。可以证明，这样定义后的函数 $f(\alpha^*)$ 能保证展开形式的唯一性。取上式与左矢量 $\langle\alpha'|$ 作标量积得

$$\langle\alpha'|f\rangle = \frac{1}{\pi} \exp\left(-\frac{|\alpha'|^2}{2}\right) \int \mathrm{d}^2\alpha \exp(\alpha'^*\alpha - |\alpha|^2) f(\alpha^*). \tag{2.43}$$

采用 α-复平面上的极坐标可以求得下列结果

$$\frac{1}{\pi} \int \mathrm{d}^2\alpha \exp(\alpha'^*\alpha - |\alpha|^2)(\alpha^*)^n = (\alpha'^*)^n, \tag{2.44}$$

所以，当 $f(\alpha^*)$ 可以用 α^* 的幂函数展开时，即有

$$\frac{1}{\pi} \int \mathrm{d}^2\alpha \exp(\alpha'^*\alpha - |\alpha|^2) f(\alpha^*) = f(\alpha'^*). \tag{2.45}$$

从而保证展开形式唯一。

需要注意的是, 若不做上述假定, 由于相干态的超完备性, 这种展开形式就不存在唯一对应的关系。例如对于幂函数 α^m, 由于

$$\int \mathrm{d}^2\alpha |\alpha\rangle \exp\left(-\frac{|\alpha|^2}{2}\right)\alpha^m = \sum_{n=0}^{\infty} \frac{|n\rangle}{\sqrt{n!}} \int \mathrm{d}^2\alpha \exp\left(-\frac{|\alpha|^2}{2}\right)\alpha^{m+n} = 0, \quad (2.46)$$

这意味着若做如下变换

$$f(\alpha^*) \to g(\alpha, \alpha^*) = f(\alpha^*) + \sum_{m \geqslant 0} C_m \alpha^m, \quad (2.47)$$

式 (2.41) 中的右边将不变。可见, 相干态表象的超完备性会导致同一个态矢量存在无数多个等效的展开。

利用上述展开, 我们可以将任意两个态矢量的标积写为

$$\langle g|f\rangle = \frac{1}{\pi} \iint \mathrm{d}^2\alpha \mathrm{d}^2\beta [g(\alpha^*)]^* f(\alpha^*) \mathrm{e}^{-|\alpha|^2}. \quad (2.48)$$

对于算符 $\hat{T}$, 我们同样可以用相干态展开

$$\hat{T} = I \cdot \hat{T} \cdot I = \frac{1}{\pi^2} \int \mathrm{d}^2\alpha \mathrm{d}^2\beta |\alpha\rangle \langle \alpha|\hat{T}|\beta\rangle \langle \beta|$$

$$= \frac{1}{\pi^2} \int \mathrm{d}^2\alpha \mathrm{d}^2\beta |\alpha\rangle \langle \beta| T(\alpha^*, \beta) \exp\left(-\frac{|\alpha|^2 + |\beta|^2}{2}\right), \quad (2.49)$$

其中

$$T(\alpha^*, \beta) = \exp\left(\frac{|\alpha|^2 + |\beta|^2}{2}\right) \langle \alpha|\hat{T}|\beta\rangle. \quad (2.50)$$

同理, 为保证唯一性, 我们要求 $T(\alpha^*, \beta)$ 为复平面内变量 α^* 和 β 的解析函数。

除上述形式外, 算符 $\hat{T}$ 亦可以通过其在相干态下的期望值来确定。这是因为, 若定义

$$\langle \alpha|\hat{T}|\alpha\rangle = \sum_{n,m} \langle n|\hat{T}|m\rangle \mathrm{e}^{-|\alpha|^2} (\alpha^*)^n \alpha^m / \sqrt{n!m!}, \quad (2.51)$$

则有

$$\langle n|\hat{T}|m\rangle = \frac{1}{\sqrt{n!m!}} \frac{\partial^n}{\partial \alpha^{*n}} \frac{\partial^m}{\partial \alpha^m} \left(\mathrm{e}^{\alpha\alpha^*} \langle \alpha|\hat{T}|\alpha\rangle\right)|_{\alpha=0}. \quad (2.52)$$

这里各算符的定义为

$$\alpha = x + \mathrm{i}y, \quad (2.53)$$

$$\frac{\partial}{\partial \alpha} = \frac{1}{2}\left(\frac{\partial}{\partial x} - \mathrm{i}\frac{\partial}{\partial y}\right), \tag{2.54}$$

$$\frac{\partial}{\partial \alpha^*} = \frac{1}{2}\left(\frac{\partial}{\partial x} + \mathrm{i}\frac{\partial}{\partial y}\right). \tag{2.55}$$

利用类似的方法, 我们还可以证明下列等式

$$\hat{a}^\dagger |\alpha\rangle\langle\alpha| = \left(\alpha^* + \frac{\partial}{\partial \alpha}\right)|\alpha\rangle\langle\alpha|, \tag{2.56}$$

$$|\alpha\rangle\langle\alpha|\hat{a} = \left(\alpha + \frac{\partial}{\partial \alpha^*}\right)|\alpha\rangle\langle\alpha|. \tag{2.57}$$

对于算符函数 $\hat{F}(a, a^\dagger)$, 同样可得

$$\hat{F}(a, a^\dagger)|\alpha\rangle\langle\alpha| = F\left(\alpha, \alpha^* + \frac{\partial}{\partial \alpha}\right)|\alpha\rangle\langle\alpha|, \tag{2.58}$$

$$|\alpha\rangle\langle\alpha|\hat{F}(a, a^\dagger) = F\left(\alpha + \frac{\partial}{\partial \alpha^*}, \alpha^*\right)|\alpha\rangle\langle\alpha|, \tag{2.59}$$

$$\langle\alpha|\hat{F}(a, a^\dagger)|\alpha\rangle = F\left(\alpha, \alpha^* + \frac{\partial}{\partial \alpha}\right) = F\left(\alpha + \frac{\partial}{\partial \alpha^*}, \alpha^*\right). \tag{2.60}$$

2.1.8 平移算符的迹及算符展开

利用相干态的 "完备性关系", 我们可以计算任意算子 $\hat{O}$ 的迹

$$\mathrm{Tr}(\hat{O}) = \frac{1}{\pi}\int \mathrm{d}^2\alpha\langle\alpha|\hat{O}|\alpha\rangle. \tag{2.61}$$

以平移算子 $\hat{D}(\lambda)$ 为例, 代入公式可知

$$\mathrm{Tr}[\hat{D}(\lambda)] = \frac{1}{\pi}\int \mathrm{d}^2\alpha\langle\alpha|\hat{D}(\lambda)|\alpha\rangle = \frac{1}{\pi}\int \mathrm{d}^2\alpha\langle 0|\hat{D}^\dagger(\alpha)\hat{D}(\lambda)\hat{D}(\alpha)|0\rangle. \tag{2.62}$$

再利用关系式

$$\hat{D}^\dagger(\alpha)\hat{D}(\lambda)\hat{D}(\alpha) = \exp\left[\hat{D}^\dagger(\alpha)(\lambda a^\dagger - \lambda^* a)\hat{D}(\alpha)\right] = \mathrm{e}^{\lambda\alpha^* - \lambda^*\alpha}\hat{D}(\lambda), \tag{2.63}$$

从而可以将 $\mathrm{Tr}[\hat{D}(\lambda)]$ 简化为

$$\mathrm{Tr}[\hat{D}(\lambda)] = \frac{1}{\pi}\langle 0|\hat{D}(\lambda)|0\rangle\int \mathrm{d}^2\alpha \mathrm{e}^{\lambda\alpha^* - \lambda^*\alpha}$$

$$= \pi\mathrm{e}^{-|\lambda|^2/2}\delta(\lambda_r)\delta(\lambda_i),$$

其中 $\lambda = \lambda_r + i\lambda_i$。对比可知，上式即为前面所列等式 (2.11h)。有时候我们可以忽略因子 $e^{-|\lambda|^2/2}$，从而直接有下面的关系成立

$$\mathrm{Tr}\left[\hat{D}(\lambda)\right] = \pi\delta^{(2)}(\lambda), \tag{2.64}$$

$$\mathrm{Tr}\left[\hat{D}(\alpha)\hat{D}^\dagger(\beta)\right] = \pi\delta^{(2)}(\alpha - \beta). \tag{2.65}$$

上述关系 (2.65) 表明我们可以把平移算符作为一组基矢，用来展开任意算符 $\hat{O}$，具体形式为

$$\hat{O} = \frac{1}{\pi}\int \mathrm{d}^2\alpha O(\alpha)\hat{D}^\dagger(\alpha), \tag{2.66}$$

其中

$$O(\alpha) = \mathrm{Tr}\left[\hat{O}\hat{D}(\alpha)\right].$$

可见，上述展开关系与态矢量在基矢上的展开形式是一致的。

2.1.9　Husimi-Q 分布函数

利用相干态的完备性，我们还可以定义任一量子态 ρ 在相干态空间的 Husimi-Q 分布函数，形式为

$$Q(\alpha, \alpha^*) = \frac{1}{\pi}\langle\alpha|\rho|\alpha\rangle, \tag{2.67}$$

这里 α、α^* 为复平面内的变量，一般认为它们是相互独立的。为了类比算符对应关系 $\hat{a} = (\hat{x} + i\hat{p})/\sqrt{2}$，通常也可以把 $Q(\alpha, \alpha^*)$ 表示在 x-p 复平面上，此时一般有关系

$$\alpha = (x + ip)/\sqrt{2}.$$

由 $Q(\alpha, \alpha^*)$ 的定义可知，$Q(\alpha, \alpha^*)$ 是非负的，并且满足归一化条件

$$\int \mathrm{d}^2\alpha Q(\alpha, \alpha^*) = 1, \tag{2.68}$$

所以 $Q(\alpha, \alpha^*)$ 可以类比于相空间 x-p 中的一个概率分布。相比于其他的相空间分布函数 (如 Wigner 分布函数)，Q 分布函数是形式上最简单的一个。图 2.4 和图 2.5 分别给出了相干态和粒子数态的 Q 分布函数。可以看到，相干态对应的 Q 函数对应一个高斯分布；而粒子数态对应一个圆环结构，并且圆环的半径依赖于粒子数 n 的大小。

相干态 $|\alpha = \dfrac{3+3i}{\sqrt{2}}\rangle$ 的 Q 函数分布

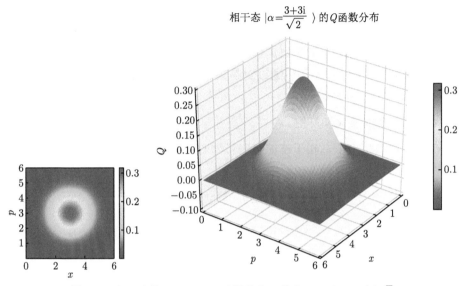

图 2.4　相干态的 Husimi-Q 函数分布，其中 $\alpha = (x + iy)/\sqrt{2}$

粒子数态 $|n=3\rangle$ 的 Q 函数分布

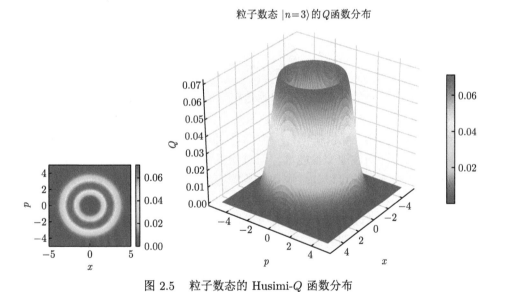

图 2.5　粒子数态的 Husimi-Q 函数分布

利用 Q 分布函数，可以很容易地计算**反正规排列**的平均值。所谓反正规排列是指所有的湮灭算符均排在所有产生算符的左侧，亦即形如 $\hat{a}^k(\hat{a}^\dagger)^l$ 的算符。这是因为

$$\langle \hat{a}^k(\hat{a}^\dagger)^l \rangle = \mathrm{Tr}[(\hat{a}^\dagger)^l \rho \hat{a}^k] = \int \mathrm{d}^2\alpha \langle \alpha|(\hat{a}^\dagger)^l \rho a^k|\alpha\rangle$$

$$= \int \mathrm{d}^2\alpha\, \alpha^k (\alpha^*)^l Q(\alpha,\alpha^*). \tag{2.69}$$

可见，知道了 $Q(\alpha,\alpha^*)$，就可以用经典概率积分的方式求解算符的平均值。对于非反正规排列的算符，我们可以通过对易关系，先将其变换到反正规排列顺序，然后再利用式 (2.69) 求解。

2.1.10　相干态的演化和产生

在自由运动状态下，相干态的态矢量随时间的演化满足薛定谔方程，此时的哈密顿量为

$$\hat{H}_0 = \hbar\omega \hat{a}^\dagger \hat{a}, \tag{2.70}$$

这里略去零点能 $\hbar\omega/2$。对于初始时刻的相干态矢 $|\alpha(t=0)\rangle = |\alpha_0\rangle$，其动力学演化满足

$$|\alpha(t)\rangle = \exp\left(\frac{\hat{H}_0 t}{\mathrm{i}\hbar}\right)|\alpha_0\rangle = \exp(-\mathrm{i}\omega\hat{a}^\dagger\hat{a}t)\exp(-|\alpha_0|^2/2)\sum_n \frac{\alpha_0^n}{\sqrt{n!}}|n\rangle$$

$$= \mathrm{e}^{-\frac{1}{2}|\alpha_0|^2}\sum_n \frac{(\alpha_0 \mathrm{e}^{-\mathrm{i}\omega t})^n}{\sqrt{n!}}|n\rangle$$

$$= |\alpha_0 \mathrm{e}^{-\mathrm{i}\omega t}\rangle. \tag{2.71}$$

可见，在自由哈密顿量的支配下，初始是相干态的光场，在任意时刻仍为相干态，其复振幅 $\alpha_0 \mathrm{e}^{-\mathrm{i}\omega t}$ 在相平面上的时间轨迹是个圆，即 $\alpha(t)$ 沿着经典自由谐振子的运动轨迹随时间演化。期待值 $\langle\hat{X}_1\rangle$ 和 $\langle\hat{X}_2\rangle$ 随时间做周期性变化。这反映了电磁场中电场和磁场周期性地交换能量，但总能量保持不变。

物理上，相干态的可以通过利用经典源驱动谐振子的方式得到。对应到系统哈密顿量中，即在原有的谐振子模型中加入正比于 $\hat{x}E(t)$ 的驱动项，其中 $E(t)$ 对应经典驱动，它可以来源于经典的电磁场或者引力等。这样经过量子化处理后，受迫振子的总哈密顿量即为

$$\hat{H} = \hat{H}_0 + \hat{H}_I = \hbar\omega\hat{a}^\dagger\hat{a} + \hbar g(t)(\hat{a}^\dagger + \hat{a}), \tag{2.72}$$

其中相互作用部分记为

$$\hat{H}_I(t) = \hbar g(t)(\hat{a}^\dagger + \hat{a}), \tag{2.73}$$

$g(t)$ 为含时驱动的强度。系统的薛定谔演化方程为

$$\mathrm{i}\hbar\frac{\partial|\psi(t)\rangle}{\partial t} = \hat{H}|\psi(t)\rangle, \tag{2.74}$$

若令

$$|\phi(t)\rangle = \exp\left(\frac{\mathrm{i}\hat{H}_0 t}{\hbar}\right)|\psi(t)\rangle, \tag{2.75}$$

则有

$$\mathrm{i}\hbar\frac{\partial|\phi(t)\rangle}{\partial t} = \exp\left(\frac{\mathrm{i}\hat{H}_0 t}{\hbar}\right)\hat{H}_I(t)\exp\left(\frac{-\mathrm{i}\hat{H}_0 t}{\hbar}\right)|\phi(t)\rangle, \tag{2.76}$$

利用等式

$$\exp\left(\frac{\mathrm{i}\hat{H}_0 t}{\hbar}\right)\hat{a}\exp\left(\frac{\mathrm{i}\hat{H}_0 t}{\hbar}\right) = \hat{a}\mathrm{e}^{-\mathrm{i}\omega t}, \tag{2.77}$$

$$\exp\left(\frac{\mathrm{i}\hat{H}_0 t}{\hbar}\right)\hat{a}^\dagger\exp\left(\frac{\mathrm{i}\hat{H}_0 t}{\hbar}\right) = \hat{a}^\dagger\mathrm{e}^{\mathrm{i}\omega t}, \tag{2.78}$$

即可得到

$$\frac{\partial|\phi(t)\rangle}{\partial t} = -\mathrm{i}g(t)(\hat{a}^\dagger\mathrm{e}^{\mathrm{i}\omega t} + \hat{a}\mathrm{e}^{-\mathrm{i}\omega t})|\phi(t)\rangle. \tag{2.79}$$

利用编时算符, 我们可以把方程的解写成

$$|\phi(t)\rangle = \hat{T}\exp\left\{-\mathrm{i}\int_0^t g(\tau)(\hat{a}^\dagger\mathrm{e}^{\mathrm{i}\omega\tau} + \hat{a}\mathrm{e}^{-\mathrm{i}\omega\tau})\mathrm{d}\tau\right\}. \tag{2.80}$$

利用含时算符的 BCH 公式, 即可以求得 $|\phi(t)\rangle$ 的具体形式为

$$|\phi(t)\rangle = \exp\{\hat{a}^\dagger\mathrm{e}^{-\mathrm{i}\omega t}\alpha(t) - \hat{a}\mathrm{e}^{\mathrm{i}\omega t}\alpha^*(t) + \mathrm{i}F(t)\}|\phi(0)\rangle, \tag{2.81}$$

其中

$$\alpha(t) = -\mathrm{i}\int_0^t \mathrm{d}\tau\mathrm{e}^{\mathrm{i}\omega(t-\tau)}g(\tau), \tag{2.82}$$

$$F(t) = \frac{\mathrm{i}}{2}\int_0^t \mathrm{d}\tau\int_0^t \mathrm{d}\tau'\mathrm{sgn}(\tau-\tau')g(\tau)g(\tau')\mathrm{e}^{\mathrm{i}\omega(\tau-\tau')}, \tag{2.83}$$

这里 $\mathrm{sgn}(x)$ 为符号函数, 满足

$$\mathrm{sgn}(x) = \begin{cases} +1, & x > 0; \\ -1, & x < 0. \end{cases} \tag{2.84}$$

代入 $|\phi(t)\rangle$ 的表达式, 即可求得系统波函数 $|\psi(t)\rangle$ 的具体形式为

$$|\psi(t)\rangle = \exp[\hat{a}^\dagger \alpha(t) - \hat{a}\alpha^*(t) + \mathrm{i}F(t)] \exp\left(\frac{-\mathrm{i}\hat{H}_0 t}{\hbar}\right)|\psi(0)\rangle. \qquad (2.85)$$

容易看到, 当系统初始状态为真空态时 $|\psi(0)\rangle = |0\rangle$, 系统波函数 $|\psi(t)\rangle$ 即对应相干态

$$|\psi(t)\rangle = \exp[\mathrm{i}F(t)]|\alpha(t)\rangle. \qquad (2.86)$$

$F(t)$ 是驱动导致的额外相因子。当系统初始状态为相干态时 $|\psi(0)\rangle = |\alpha_0\rangle$, 利用相干态的基本性质即可得知

$$|\psi(t)\rangle = \exp\left\{\mathrm{i}F(t) + \frac{1}{2}[\alpha(t)\alpha_0 \mathrm{e}^{\mathrm{i}\omega t} - \alpha^*(t)\alpha_0 \mathrm{e}^{-\mathrm{i}\omega t}]\right\}|\alpha(t) + \alpha_0 \mathrm{e}^{-\mathrm{i}\omega t}\rangle. \quad (2.87)$$

当 $g(t) = 0$ 时, 上式即简化为方程 (2.71)。

2.2　压缩相干态

前面的讨论中, 我们了解到对于相干态, 场的两个正交分量 $\hat{X}_1$、$\hat{X}_2$ 的涨落是相同。在相空间复平面上, 相干态的涨落呈圆形分布, 具有各向同性的特征。然而海森伯不确定关系只要求 $\Delta X_1 \Delta X_2 \geqslant 1/4$, 所以原则上可以存在某种变形的相干态, 它的涨落分布呈现椭圆特征, 满足 $\Delta X_1 \Delta X_2 = 1/4$ 且 $\Delta X_1 \neq \Delta X_2$。由于 ΔX_1 与 ΔX_2 之间必有一个是小于 $1/2$, 故称这样的相干态为压缩相干态。

2.2.1　压缩相干态的定义

最简单的单模压缩态为压缩真空态 $|0, \xi\rangle$, 它可以由下面的压缩算符直接作用到真空态 $|0\rangle$ 得到

$$\hat{S}(\xi) = \exp\left(\frac{\xi^*}{2}\hat{a}^2 - \frac{\xi}{2}\hat{a}^{\dagger 2}\right), \quad \xi = r\exp(\mathrm{i}\theta) \qquad (2.88)$$

其中, r 为压缩参数, θ 为压缩角, 且 $|0, \xi\rangle = \hat{S}(\xi)|0\rangle$。

物理上, 压缩算符对应如下的双光子哈密顿量:

$$\hat{H} = \frac{\mathrm{i}\hbar}{2}(g^*\hat{a}^2 - g\hat{a}^{\dagger 2}), \qquad (2.89)$$

其中, g 为耦合系数。对于初始真空态, 在薛定谔方程的演化下, 系统的状态即为压缩真空态

$$|\psi(t)\rangle = \exp\left(\hat{H}t/\mathrm{i}\hbar\right)|0\rangle = \exp\left(\frac{\xi^*}{2}\hat{a}^2 - \frac{\xi}{2}\hat{a}^{\dagger 2}\right)|0\rangle, \qquad (2.90)$$

其中压缩系数随时间变化，满足 $\xi = gt$. 在实际系统中，压缩态可以通过参量放大、四波混频等方式来产生[10]。特别是在光腔系统中，利用光学参量振荡的方法，原则上可以产生理想的光场压缩态 (详细讨论见 9.7 节)。

压缩算符 $\hat{S}(\xi)$ 有很多有趣的性质，现罗列如下：

$$\hat{S}^\dagger(\xi) = \hat{S}^{-1}(\xi) = \hat{S}(-\xi), \tag{2.91a}$$

$$\hat{S}(\xi) = \mathrm{e}^{\frac{1}{2}\theta\hat{a}^\dagger\hat{a}}\mathrm{e}^{\frac{r}{2}(\hat{a}^2-\hat{a}^{\dagger 2})}\mathrm{e}^{-\frac{1}{2}\theta\hat{a}^\dagger\hat{a}}, \tag{2.91b}$$

$$= \mathrm{e}^{-\frac{1}{2}\hat{a}^{\dagger 2}\exp(\mathrm{i}\theta)\tanh r}\mathrm{e}^{-\frac{1}{2}(\hat{a}^\dagger\hat{a}+\hat{a}\hat{a}^\dagger)\ln(\cosh r)}\mathrm{e}^{\frac{1}{2}\hat{a}^2\exp(-\mathrm{i}\theta)\tanh r} \tag{2.91c}$$

$$\hat{S}^\dagger(\xi)a\hat{S}(\xi) = \hat{a}\cosh r - \hat{a}^\dagger\mathrm{e}^{\mathrm{i}\theta}\sinh r, \tag{2.91d}$$

$$\hat{S}^\dagger(\xi)\hat{a}^\dagger\hat{S}(\xi) = \hat{a}^\dagger\cosh r - \hat{a}\mathrm{e}^{-\mathrm{i}\theta}\sinh r. \tag{2.91e}$$

由式 (2.91) 可知，若引进旋转算符 $\hat{R}(\theta)$

$$\hat{R}(\theta) = \exp(-\mathrm{i}\theta\hat{a}^\dagger\hat{a}), \tag{2.92}$$

我们可以把压缩算符 $\hat{S}(\xi)$ 分解成

$$\hat{S}(\xi) = \hat{R}\left(-\frac{\theta}{2}\right)\hat{S}(r)\hat{R}\left(\frac{\theta}{2}\right), \tag{2.93}$$

$$\hat{S}(r) = \exp\left[\frac{r}{2}(\hat{a}^2 - a^{\dagger 2})\right]. \tag{2.94}$$

所以，压缩算符 $\hat{S}(\xi)$ 的作用可以分解成先逆时针对状态作 $\theta/2$ 角度的旋转，然后再实行参数为 r 的压缩操作，最后再旋转回来。压缩真空态的 Q 函数分布如图 2.6 所示。

利用上述公式，我们可以把压缩真空态展开为

$$|0,\xi\rangle = \exp\left(\frac{\mathrm{i}}{2}\theta\hat{a}^\dagger\hat{a}\right)\exp\left[\frac{r}{2}(\hat{a}^2 - \hat{a}^{\dagger 2})\right]|0\rangle$$

$$= \sqrt{\mathrm{sech}\, r}\sum_{n=0}^{\infty}\frac{\sqrt{(2n)!}}{n!2^n}[-\exp(\mathrm{i}\theta)\tanh r]^n|2n\rangle. \tag{2.95}$$

可见，压缩真空态仅包含粒子数为偶数的光子态叠加，从而有

$$\langle\hat{a}\rangle = 0 = \langle\hat{a}\rangle^*, \tag{2.96}$$

$$\langle\hat{a}^2\rangle = -\cosh r\sinh r\mathrm{e}^{\mathrm{i}\theta} = \langle(\hat{a}^\dagger)^2\rangle^*, \tag{2.97}$$

$$\langle\hat{a}^\dagger\hat{a}\rangle = \sinh^2 r. \tag{2.98}$$

不同压缩真空态之间的内积为

$$\langle 0, \xi | 0, \xi' \rangle = \langle 0 | \hat{S}(-\xi)\hat{S}(\xi') | 0 \rangle = \left[\frac{\operatorname{sech} r \operatorname{sech} r'}{1 - e^{i(\theta - \theta')} \tanh r \tanh r'} \right]^{1/2} \quad (2.99)$$

$$= [\operatorname{sech}(r - r')]^{1/2}, \quad \theta = \theta'. \quad (2.100)$$

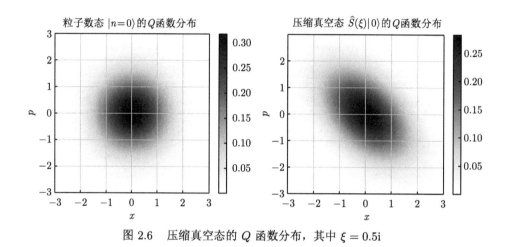

图 2.6　压缩真空态的 Q 函数分布，其中 $\xi = 0.5i$

对于一般的压缩相干态，可以通过平移算符作用到压缩真空态上得到

$$|\alpha, \xi\rangle = \hat{D}(\alpha)|0, \xi\rangle = \hat{D}(\alpha)\hat{S}(\xi)|0\rangle. \quad (2.101)$$

需要注意的是，由于 $\hat{D}(\alpha)$ 与 $\hat{S}(\xi)$ 不对易，所以 $\hat{S}(\xi)D(\alpha)|0\rangle \neq |\alpha, \xi\rangle$，具体可表示为

$$\hat{S}(\xi)\hat{D}(\alpha)|0\rangle = \hat{S}(\xi)\hat{D}(\alpha)\hat{S}(-\xi)\hat{S}(\xi)|0\rangle$$
$$= \hat{S}(\xi)\hat{D}(\alpha \cosh r - \alpha^* \exp(i\theta) \sinh r)|0\rangle$$
$$= |\alpha \cosh r - \alpha^* \exp(i\theta) \sinh r, \xi\rangle, \quad (2.102)$$

$$|\alpha, \xi\rangle = \hat{S}(\xi)\hat{D}(\alpha \cosh r + \alpha^* \exp(i\theta) \sinh r)|0\rangle. \quad (2.103)$$

有些文献中，也将 $\hat{S}(\xi)\hat{D}(\alpha)|0\rangle$ 定义为压缩相干态。注意这一定义与式 (2.101) 有稍许不同，只是相干振幅发生变化。图 2.7给出了两种不同压缩相干态对应的 Q 函数分布图。相比较而言，式 (2.101) 中压缩参数和平移参数能更直观地反映态的形式。由于在相空间中平移算符保持量子态的平移对称性和旋转对称性，故这样定义的压缩态并不改变态的涨落性质。

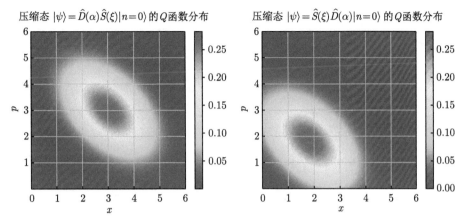

图 2.7 两种不同压缩相干态对应的 Q 函数分布，其中 $\alpha = (3+3\mathrm{i})/\sqrt{2}$, $\xi = 0.5\mathrm{i}$

2.2.2 压缩态是"准光子"算符空间中的相干态

压缩态可以看作是某种新"准光子"的相干态。为方便起见，令压缩角 $\theta = 0$，此时的压缩态记为

$$|\alpha, r\rangle = \hat{D}(\alpha)\hat{S}(r)|0\rangle = D(\alpha)|0\rangle_r, \tag{2.104}$$

其中，$|0\rangle_r = \hat{S}(r)|0\rangle$ 为相应的压缩真空态。如果考察如下的标度变换

$$\hat{b} = \hat{S}(r)\hat{a}\hat{S}^\dagger(r) = \mu\hat{a} + v\hat{a}^\dagger, \quad \mu = \cosh r, v = \sinh r, \tag{2.105}$$

则由于 $|\mu|^2 - |v|^2 = 1$，变换后的算符仍然满足玻色对易关系

$$[\hat{b}, \hat{b}^\dagger] = 1.$$

因此，变换后的算符 $\hat{b}^\dagger$ 和 $\hat{b}$ 仍然对应某个玻色激发的产生算符和湮灭算符，可以将其看成是"准光子"算符。在凝聚态物理中，上述变换也称为"博戈留波夫变换"(Bogoliubov transformation)，可以用来对二次型的哈密顿量进行对角化 (见 11.4 节)。准光子的粒子数算符可以写为

$$N_g = \hat{b}^\dagger\hat{b} = \hat{S}(r)\hat{a}^\dagger\hat{a}\hat{S}^\dagger(r), \tag{2.106}$$

于是，N_g 具有分立的正本征值 n_g，其基态为 $|0\rangle_r$，满足下列关系

$$N_g|m_g\rangle = m_g|m_g\rangle, \qquad N_g|0\rangle_r = 0,$$
$$|m_g\rangle = (\hat{b}^\dagger)^{m_g}/\sqrt{m_g!}|0\rangle_r,$$

$$|m_g\rangle = \hat{S}(r)|m\rangle, \qquad \hat{a}^\dagger \hat{a}|m\rangle = m|m\rangle.$$

另一方面，我们也可以把 $\hat{a}$、$\hat{a}^\dagger$ 写为

$$\hat{a} = \mu^* \hat{b} - v b^\dagger, \qquad \hat{a}^\dagger = \mu b^\dagger - v^* \hat{b}. \tag{2.107}$$

将上式代入方程 (2.104) 中，可以得出

$$|\alpha, r\rangle = \hat{D}(\alpha)|0\rangle_r = \exp(\beta \hat{b}^\dagger - \beta^* \hat{b})|0\rangle_r, \tag{2.108}$$

其中 $\beta = \mu\alpha + v\alpha^*$。因此，压缩态也可看成准光子激发空间中的相干态

$$|\alpha, r\rangle = \hat{D}_b(\beta)|0\rangle_r = |\beta\rangle_g, \tag{2.109}$$

其中 $\hat{D}_b(\beta) = \mathrm{e}^{\beta \hat{b}^\dagger - \beta^* \hat{b}}$，并且满足

$$\hat{b}|0\rangle_r = 0, \qquad \hat{b}|\beta\rangle_g = \beta|\beta\rangle_g.$$

对于 $\theta \neq 0$ 的一般场合，上述表达式仍然是成立的，此时只需要作替换 $\mu \to \cosh r$，$v \to \mathrm{e}^{\mathrm{i}\theta} \sinh r$ 即可。利用这些关系，我们很容易得出压缩态的平均值

$$\langle \hat{a} \rangle = {}_g\langle \beta|\hat{a}|\beta\rangle_g = \mu^*\beta - v\beta^* = \alpha, \tag{2.110}$$

$$\langle \hat{a}^\dagger \hat{a} \rangle = {}_g\langle \beta|(\mu\beta^* - v\hat{b})(\mu^*\beta - v\hat{b}^\dagger)|\beta\rangle_g = |\alpha|^2 + |v|^2, \tag{2.111}$$

$$\langle \hat{a}^2 \rangle = \alpha^2 - \mu v = \alpha^2 - \frac{1}{2}\mathrm{e}^{\mathrm{i}\theta}\sinh 2r = \langle \hat{a}^{\dagger 2} \rangle^*. \tag{2.112}$$

所有关于相干态的有关公式均可以套用到压缩态上，只要记住这些运算是在准光子空间中进行的即可。例如，压缩态的内积即可写为

$$\langle \alpha, r|\alpha', r\rangle = {}_g\langle \beta|\beta'\rangle_g = \exp\left[-(|\beta|^2 + |\beta'|^2)/2 + \beta^*\beta'\right]. \tag{2.113}$$

同样，压缩态也可以定义完备性关系

$$\int \frac{\mathrm{d}^2\alpha}{\pi}|\alpha, r\rangle\langle \alpha, r| = \int \frac{\mathrm{d}^2\beta}{\pi}|\beta\rangle_{gg}\langle \beta| = I. \tag{2.114}$$

另外，不同压缩参数的压缩态也可以构成完备集

$$\sqrt{\cosh(r - r')} \int \frac{\mathrm{d}^2\alpha}{\pi}|\alpha, r\rangle\langle \alpha, r'| = I. \tag{2.115}$$

2.2.3 压缩相干态的涨落

为形象理解压缩态的涨落性质，我们定义如下的正交相位振幅算符

$$\hat{X}_\phi = \frac{1}{2}(\hat{a}e^{-i\phi} + \hat{a}^\dagger e^{i\phi}) = \hat{X}_1 \cos\phi + \hat{X}_2 \sin\phi. \tag{2.116}$$

利用前面的公式可求得

$$\langle\alpha,\xi|\hat{X}_\phi|\alpha,\xi\rangle = \frac{1}{2}(\alpha e^{-i\phi} + \alpha^* e^{i\phi}), \quad \alpha = \langle\hat{X}_1\rangle + i\langle\hat{X}_2\rangle, \tag{2.117}$$

$$\langle\alpha,\xi|\hat{X}_\phi^2|\alpha,\xi\rangle = \frac{1}{4}[e^{2r}\sin^2(\phi-\theta/2) + e^{-2r}\cos^2(\phi-\theta/2)] + \langle X_\phi\rangle^2, \tag{2.118}$$

相应的涨落为

$$(\Delta X_\phi)^2 = \langle\hat{X}_\phi^2\rangle - \langle\hat{X}_\phi\rangle^2 = \frac{1}{4}[e^{2r}\sin^2(\phi-\theta/2) + e^{-2r}\cos^2(\phi-\theta/2)]$$

$$= \frac{1}{4}|\cosh r - e^{i(2\phi-\theta)}\sinh r|^2. \tag{2.119}$$

可见，对于给定的压缩参数 $\xi = re^{i\theta}$，正交相位算符的涨落 ΔX_ϕ 与相干振幅 α 无关，只随着角度 ϕ 的变化而发生改变。当 $\phi = \theta/2$ 时，涨落达到最小值 $e^{-r}/2$；而当 $\phi = \pi/2 + \theta/2$ 时，涨落达到最大值 $e^r/2$。对于一对夹角相差 $\pi/2$ 的正交相位振幅，即有

$$\Delta X_\phi \Delta X_{\phi+\pi/2} = \frac{1}{4}|1 + (1 - e^{i2(2\phi-\theta)})\sinh r| \geqslant \frac{1}{4}, \tag{2.120}$$

其中等号成立的条件为 $\phi = \theta/2$ 或 $\pi/2 + \theta/2$，相应的方向称为压缩态的主轴方向，记为 $\hat{Y}_1$ 和 $\hat{Y}_2$。可以验证，两组主轴方向可通过下式联系

$$\hat{Y}_1 + i\hat{Y}_2 = (\hat{X}_1 + i\hat{X}_2)e^{-i\theta/2} = \hat{a}e^{-i\theta/2}. \tag{2.121}$$

在相空间中，压缩相干态的涨落分布呈椭圆形，如图 2.8 所示。

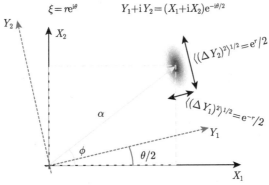

图 2.8 压缩相干态的压缩方向以及正交分量 $\hat{Y}_1$ 和 $\hat{Y}_2$ 的涨落示意图

由第一章内容可知，对于单模电场，其算符形式可以表示为

$$E = \mathrm{i}\sqrt{\frac{\hbar\omega}{2\epsilon_0 V}} \left(\hat{a} \mathrm{e}^{-\mathrm{i}\omega t + \mathrm{i}\boldsymbol{k}\cdot\boldsymbol{r}} - \hat{a}^\dagger \mathrm{e}^{\mathrm{i}\omega_k t - \mathrm{i}\boldsymbol{k}\cdot\boldsymbol{r}} \right) \tag{2.122}$$

$$= 2\sqrt{\frac{\hbar\omega}{2\epsilon_0 V}} \left[\hat{X}_1 \sin(\omega t - \boldsymbol{k}\cdot\boldsymbol{r}) - \hat{X}_2 \cos(\omega t - \boldsymbol{k}\cdot\boldsymbol{r}) \right]. \tag{2.123}$$

电场的平均值和涨落分别为

$$\langle \hat{E} \rangle = 2\sqrt{\frac{\hbar\omega}{2\epsilon_0 V}} \left[\langle \hat{X}_1 \rangle \sin(\omega t - \boldsymbol{k}\cdot\boldsymbol{r}) - \langle \hat{X}_2 \rangle \cos(\omega t - \boldsymbol{k}\cdot\boldsymbol{r}) \right], \tag{2.124}$$

$$(\Delta E)^2 = \frac{2\hbar\omega}{\epsilon_0 V} \Big\{ (\Delta X_1)^2 \sin^2(\omega t - \boldsymbol{k}\cdot\boldsymbol{r}) + (\Delta X_2)^2 \cos^2(\omega t - \boldsymbol{k}\cdot\boldsymbol{r})$$

$$- \sin[2(\omega t - \boldsymbol{k}\cdot\boldsymbol{r})] V(\hat{X}_1, \hat{X}_2) \Big\}, \tag{2.125}$$

其中

$$V(\hat{X}_1, \hat{X}_2) = \frac{\langle \hat{X}_1 \hat{X}_2 + \hat{X}_2 \hat{X}_1 \rangle}{2} - \langle \hat{X}_1 \rangle \langle \hat{X}_2 \rangle. \tag{2.126}$$

又因为对于最小不确定态 (相干态和压缩态均为最小不确定态，见 2.4 节方程 (2.196))，$V(\hat{X}_1, \hat{X}_2)$ 满足

$$V(\hat{X}_1, \hat{X}_2) = 0, \tag{2.127}$$

从而可得电场的涨落为

$$(\Delta E)^2 = \frac{2\hbar\omega}{\epsilon_0 V} \left[(\Delta \hat{X}_1)^2 \sin^2(\omega t - \boldsymbol{k}\cdot\boldsymbol{r}) + (\Delta \hat{X}_2)^2 \cos^2(\omega t - \boldsymbol{k}\cdot\boldsymbol{r}) \right]. \tag{2.128}$$

可以看到，对于相干态而言，在自由演化下，尽管相空间中的分布绕着零点做频率为 ω 的转动，然而由于 $\Delta X_1 = \Delta X_2$，所以电场的涨落是常数。而对于压缩态，ΔX_1 一般不等于 ΔX_2。在自由演化下，当相空间中的分布绕着零点做频率为 ω 的转动时，电场的涨落会以频率 2ω 周期性变化。涨落的大小与压缩参数的幅度和相位均有关系。以相干态 $|\alpha = 4\rangle$ 为例，当压缩角 $\theta = 0$ 时，光场的振幅涨落初始达到最小，当 $\omega t = \pi/2$ 时达到最大，而在 $\omega t = \pi$ 时又回到最小，如此周期性变化，如图 2.9(b) 所示。而当 $\theta = \pi$ 时，光场的振幅涨落初始达到最大，而相位涨落取值最小，如图 2.9(c) 所示。

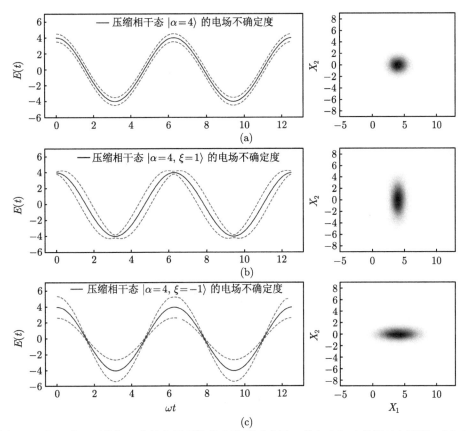

图 2.9 相干态、压缩相干态的电场平均值和涨落示意图，其中 (a) 对应相干态情况，(b) 对应初始振幅压缩的相干态，(c) 对应初始相位压缩的相干态

2.2.4 压缩相干态的粒子数分布

与相干态相比，压缩态的粒子数分布也不再是单纯的泊松分布。为求得压缩态在粒子数表象中的分布，我们先考察压缩真空态在相干态表象中的投影系数 $\langle\alpha|\hat{S}(\xi)|0\rangle$。利用 $\hat{S}(\xi)$ 的展开形式，我们有

$$\langle\alpha|\hat{S}(\xi)|0\rangle = \langle\alpha|\frac{1}{\sqrt{\cosh r}}\exp\left(-\frac{1}{2}\hat{a}^{\dagger 2}\mathrm{e}^{\mathrm{i}\theta}\tanh r\right)|0\rangle$$

$$= \frac{1}{\sqrt{\cosh r}}\exp\left(-\frac{1}{2}\alpha^{*2}\mathrm{e}^{\mathrm{i}\theta}\tanh r\right)\langle\alpha|0\rangle$$

$$= \frac{1}{\sqrt{\cosh r}}\exp\left(-\frac{1}{2}\alpha^{*2}\mathrm{e}^{\mathrm{i}\theta}\tanh r - \frac{1}{2}|\alpha|^2\right). \qquad (2.129)$$

利用上式，我们就可以求得，对于一般的压缩态有

$$\langle\alpha|\beta,\xi\rangle = \langle\alpha|\hat{D}(\beta)\hat{S}(\xi)|0\rangle = \langle\alpha-\beta|\exp\left[-\frac{1}{2}(\alpha\beta^* - \alpha^*\beta)\right]\hat{S}(\xi)|0\rangle$$

$$= \frac{1}{\sqrt{\cosh r}}\exp\left\{-\frac{1}{2}\left[(\alpha^* - \beta^*)^2 e^{i\theta}\tanh r + |\alpha-\beta|^2\right.\right.$$

$$\left.\left. + (\alpha\beta^* - \alpha^*\beta)\right]\right\}. \tag{2.130}$$

又因为

$$\langle\alpha|\beta,\xi\rangle = \sum_{n=0}^{\infty}\frac{\alpha^{*n}}{\sqrt{n!}}e^{-\frac{1}{2}|\alpha|^2}\langle n|\beta,\xi\rangle, \tag{2.131}$$

我们就可以得出，压缩态在粒子数表象中的展开系数 $\langle n|\beta,\xi\rangle$ 应满足下面的等式

$$e^{\frac{1}{2}|\alpha|^2}\langle\alpha|\beta,\xi\rangle = \sum_{n=0}^{\infty}\frac{\alpha^{*n}}{\sqrt{n!}}\langle n|\beta,\xi\rangle. \tag{2.132}$$

上式表明，如果我们把方程的左边按照 α^* 的幂次展开，则对比方程两边的系数，即可以求得 $\langle n|\beta,\xi\rangle$ 的具体形式。利用前面的结果，我们可以将方程左边具体写为

$$e^{\frac{1}{2}|\alpha|^2}\langle\alpha|\beta,\xi\rangle = \frac{1}{\sqrt{\cosh r}}\exp\left[-\frac{1}{2}\alpha^{*2}e^{i\theta}\tanh r + \alpha^*(\beta + \beta^* e^{i\theta}\tanh r)\right]$$

$$\times\exp\left[-\frac{1}{2}(\beta^{*2}e^{i\theta}\tanh r + |\beta|^2)\right]. \tag{2.133}$$

再令

$$t = \sqrt{\frac{1}{2}e^{i\theta}\tanh r}\,\alpha^*, \tag{2.134}$$

$$z = \frac{\beta + \beta^* e^{i\theta}\tanh r}{e^{i\theta/2}\sqrt{2\sinh r/\cosh r}} = \frac{\beta e^{-i\theta/2}\cosh r + \beta^* e^{i\theta/2}\sinh r}{\sqrt{2\sinh r\cosh r}}, \tag{2.135}$$

并利用展开式

$$\exp(-t^2 + 2zt) = \sum_{n=0}^{\infty}\frac{t^n}{n!}H_n(z), \tag{2.136}$$

其中，$H_n(z)$ 为 n-阶厄米多项式，我们就可以求得

$$\langle n|\beta,\xi\rangle = \frac{(e^{i\theta/2}\tanh r)^{n/2}}{2^{n/2}\sqrt{n!\cosh r}}\exp\left[-\frac{1}{2}(\beta^{*2}e^{i\theta}\tanh r + |\beta|^2)\right]$$

$$\times H_n\left(\frac{\beta e^{-i\theta/2}\cosh r + \beta^* e^{i\theta/2}\sinh r}{\sqrt{2\sinh r\cosh r}}\right). \tag{2.137}$$

为考察压缩态相干态的分布，我们计算其粒子数涨落。利用

$$\hat{S}^{\dagger}(\xi)\hat{D}^{\dagger}(\beta)\hat{a}\hat{D}(\beta)\hat{S}(\xi) = \hat{a}\cosh r - \hat{a}^{\dagger}\mathrm{e}^{\mathrm{i}\theta}\sinh r + \beta, \tag{2.138}$$

我们可以求得

$$\langle\hat{N}\rangle = \langle\beta,\xi|\hat{a}^{\dagger}\hat{a}|\beta,\xi\rangle = |\beta|^2 + \sinh^2 r, \tag{2.139}$$

$$\langle\hat{N}^2\rangle = (|\beta|^2 + \sinh^2 r)^2 + 2\sinh^2 r\cosh^2 r + |\beta\cosh r - \beta\mathrm{e}^{\mathrm{i}\theta}\sinh r|^2, \tag{2.140}$$

从而有

$$\begin{aligned}
\langle\Delta\hat{N}^2\rangle &= \langle\hat{N}^2\rangle - \langle\hat{N}\rangle^2 \\
&= |\beta|^2\left[\mathrm{e}^{-2r}\cos^2\left(\frac{\theta}{2}-\phi\right) + \mathrm{e}^{2r}\sin^2\left(\frac{\theta}{2}-\phi\right)\right] + 2\sinh^2 r\cosh^2 r \\
&= |\beta|^2\left[\cosh 2r - \cos(\theta-2\phi)\sinh 2r\right] + 2\sinh^2 r\cosh^2 r. \tag{2.141}
\end{aligned}$$

为考察量子态粒子数分布的涨落特性，我们引入 Mandel 参数 $\mathcal{M}$[13]，其定义为

$$\mathcal{M} = \frac{\langle\Delta\hat{N}^2\rangle - \langle\hat{N}\rangle}{\langle\hat{N}\rangle}. \tag{2.142}$$

对于相干态，易见 $\mathcal{M} = 0$ 时，对应的粒子数分布为泊松分布；当 $\mathcal{M} > 0$ 时，表示量子态的粒子数涨落超过了平均粒子数，我们称这样的粒子数分布为超泊松分布；同理，对于满足 $\mathcal{M} < 0$ 的状态，我们称其对应的粒子数分布为亚泊松分布。

对于真空态 $\beta = 0$，由上式可知

$$\langle\Delta\hat{N}^2\rangle = 2\sinh^2 r\cosh^2 r \geqslant \langle\hat{N}\rangle = \sinh^2 r, \tag{2.143}$$

所以压缩真空态的粒子数对应超泊松分布。

对于一般的压缩态 $\beta \neq 0$，当压缩方向满足 $\theta = \phi/2$，即压缩方向与相干振幅的方向一致时，有

$$\langle\Delta\hat{N}^2\rangle = |\beta|^2\mathrm{e}^{-2r} + 2\sinh^2 r\cosh^2 r. \tag{2.144}$$

若相干振幅远大于压缩比率，即 $|\beta|^2 \gg \mathrm{e}^{2r}$ 时，$\mathcal{M}$ 参数近似为

$$\mathcal{M} \sim \mathrm{e}^{-2r} - 1 < 0. \tag{2.145}$$

此时，状态满足亚泊松分布。而对于压缩方向满足 $\theta = 2\phi + \pi$ 的状态，$\mathcal{M}$ 参数近似为

$$\mathcal{M} \sim \mathrm{e}^{2r} - 1 > 0. \tag{2.146}$$

此时，光场的粒子数满足超泊松分布。实际上，我们可以从压缩态在复平面上的 Husimi-Q 函数的分布来形象理解其粒子数分布特性。在复平面上，Husimi-Q 函数沿着径向振幅方向的展宽就对应了粒子数的涨落。当压缩方向与径向重合，且压缩度不是很大时，压缩态沿振幅方向的展宽最小 (小于对应相干态的展宽)，所以粒子数分布为亚泊松分布；而当压缩方向垂直于振幅方向时，压缩态沿振幅方向的展宽最大，从而粒子数分布总是表现为超泊松分布。

对于更大压缩度的情况，$|\beta|^2 \gg \mathrm{e}^{2r}$ 的条件已经不能成立。对于 $\theta = \phi/2$ 的情况，此时有

$$\langle \Delta \hat{N}^2 \rangle - \langle \hat{N} \rangle = |\beta|^2(\mathrm{e}^{-2r} - 1) + \sinh^2 r(2\cosh^2 r - 1). \tag{2.147}$$

当 r 足够大时，上式总是会大于零。所以 r 增大后，最终光场的状态都会呈现超泊松分布。此时在复平面上，Husimi-Q 函数的分布变得狭长，粒子数的分布会出现振荡特性，如图 2.10所示。

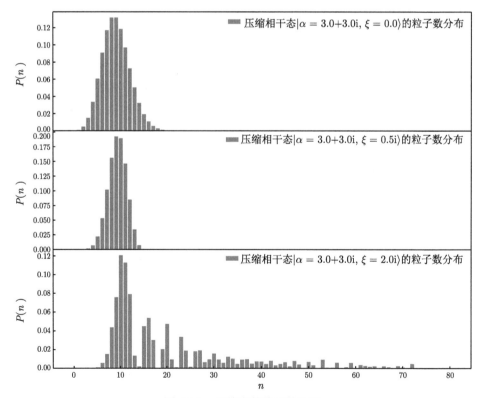

图 2.10 压缩态的粒子数分布

2.2.5 双模压缩态

双模压缩态包含两个独立的模式，对应的场算符为 $\hat{a}_1$ 和 $\hat{a}_2$，其中不为零的对易关系为

$$[\hat{a}_1, \hat{a}_1^\dagger] = [\hat{a}_2, \hat{a}_2^\dagger] = 1. \tag{2.148}$$

双模压缩真空态是通过下列算符

$$\hat{S}_{12}(\xi) = \exp\left(\xi^* \hat{a}_1 \hat{a}_2 - \xi \hat{a}_1^\dagger \hat{a}_2^\dagger\right) \tag{2.149}$$

作用到双模真空态得到的

$$|\xi\rangle = \hat{S}_{12}(\xi)|0, 0\rangle. \tag{2.150}$$

这里 $\xi = re^{i\theta}$。可以看到，算符 $\hat{S}_{12}(\xi)$ 在结构上类似于 $\hat{S}(\xi)$，只是压缩系数少了一个因子 $1/2$。

算符 $\hat{S}_{12}(\xi)$ 也有与 $\hat{S}(\xi)$ 类似的性质，现罗列如下：

$$\hat{S}_{12}^\dagger(\xi) = \hat{S}_{12}(-\xi) = \hat{S}_{12}^{-1}(\xi),$$

$$\hat{S}_{12}(\xi) = e^{-\hat{a}_1^\dagger \hat{a}_2^\dagger \exp(i\theta)\tanh r} e^{-(\hat{a}_1^\dagger \hat{a}_1 + \hat{a}_2 \hat{a}_2^\dagger)\ln(\cosh r)} e^{\hat{a}_1 \hat{a}_2 \exp(-i\theta)\tanh r},$$

$$\hat{S}_{12}^\dagger(\xi)\hat{a}_i \hat{S}_{12}(\xi) = \hat{a}_i \cosh r - \hat{a}_{\bar{i}}^\dagger e^{i\theta}\sinh r, \qquad 其中 (i, \bar{i}) \in \{(1,2),(2,1)\},$$

$$\hat{S}_{12}^\dagger(\xi)\hat{a}_i^\dagger \hat{S}_{12}(\xi) = \hat{a}_i^\dagger \cosh r - \hat{a}_{\bar{i}} e^{-i\theta}\sinh r, \qquad 其中 (i, \bar{i}) \in \{(1,2),(2,1)\}.$$

上述公式中，$\bar{i}$ 表示与 i 互补的下标。利用上述公式，我们可以求得双模压缩真空态的形式为

$$|\xi\rangle = \frac{1}{\cosh r} \sum_{n=0}^\infty \left(-e^{i\theta}\tanh r\right)^n |n, n\rangle, \tag{2.151}$$

相关的算符平均值为

$$\langle \hat{a}_1^\dagger \hat{a}_1 \rangle = \langle \hat{a}_2^\dagger \hat{a}_2 \rangle = \sinh^2 r, \quad \langle \hat{a}_1 \hat{a}_2 \rangle = -\sinh r \cosh r e^{i\theta}, \tag{2.152}$$

$$\langle \hat{a}_1^\dagger \hat{a}_2 \rangle = \langle \hat{a}_i^2 \rangle = \langle \hat{a}_i \rangle = 0, \quad i = 1, 2. \tag{2.153}$$

双模压缩真空态一个重要的特点是它可以表示成两个独立的单模压缩真空态的直积形式。实际上，如果我们重新定义另一组算符 c 和 d 为

$$\hat{c} = \frac{1}{\sqrt{2}}(\hat{a}_1 + e^{i\delta}\hat{a}_2), \tag{2.154}$$

$$\hat{d} = \frac{1}{\sqrt{2}}(\hat{a}_1 - e^{-i\delta}\hat{a}_2), \tag{2.155}$$

其中，δ 为实数相位因子。容易验证，算符 c 和 d 分别对应一组独立的玻色模式，满足对易关系

$$[\hat{c}, \hat{c}^\dagger] = [\hat{d}, \hat{d}^\dagger] = 1, \tag{2.156}$$

$$[\hat{c}, \hat{d}] = [\hat{c}^\dagger, \hat{d}^\dagger] = [\hat{c}, \hat{d}^\dagger] = [\hat{c}^\dagger, \hat{d}] = 0. \tag{2.157}$$

相应的逆变换为

$$\hat{a}_1 = \frac{1}{\sqrt{2}}(\hat{c} - \mathrm{e}^{\mathrm{i}\delta}\hat{d}), \tag{2.158}$$

$$\hat{a}_2 = \frac{1}{\sqrt{2}}(\hat{d} + \mathrm{e}^{-\mathrm{i}\delta}\hat{c}). \tag{2.159}$$

压缩算符可以重写为

$$\hat{S}_{12}(\xi) = \exp\left[-\frac{1}{2}\xi(\hat{c}^{\dagger 2}\mathrm{e}^{\mathrm{i}\delta} - \hat{d}^2\mathrm{e}^{-\mathrm{i}\delta}) + \frac{1}{2}\xi^*(\hat{c}^{\dagger 2}\mathrm{e}^{-\mathrm{i}\delta} - \hat{d}^2\mathrm{e}^{\mathrm{i}\delta})\right]$$

$$= \hat{S}_c(\xi\mathrm{e}^{\mathrm{i}\delta})\hat{S}_d(-\xi\mathrm{e}^{-\mathrm{i}\delta}), \tag{2.160}$$

故双模压缩真空态可以写成独立模式 $\hat{c}$ 和 $\hat{d}$ 上压缩真空态的直积。

利用同样的思路，最一般的双模压缩相干态可以定义为

$$|\alpha, \beta, \xi\rangle = \hat{D}(\alpha_1)\hat{D}(\alpha_2)\hat{S}_{12}(\xi)|0, 0\rangle, \tag{2.161}$$

这里，$\hat{D}(\alpha_1)$、$\hat{D}(\alpha_2)$ 分别对应模式 $\hat{a}_1$、$\hat{a}_2$ 上的平移算符。利用算符代数，我们也可以讨论双模压缩相干态的许多特性，这里就不再具体介绍了。

2.3 奇、偶相干态

前面的讨论中我们得知，相干态在相干振幅很大时，可以近似等价成经典光场。由于量子态的叠加特性，不同相干态的线性组合也是量子力学中容许的状态。然而，在日常经验中，我们还尚未观测到经典世界中物体的叠加现象。在量子力学中，这种经典世界和量子世界之间的区别和界限一直是一个尚未解决的重要问题。为了更简单地体现这种差别，薛定谔在 1935 年左右提出了一个假想的实验环境。假如在一个密闭的房间中有一只猫，同时房间里有一瓶毒气，由一个量子开关控制。当开关关闭时猫是安全的，而当开关打开时，毒气被释放，可怜的猫就会被毒死。如果假定现在开关处在 |开⟩ 和 |关⟩ 的叠加态上，则开关和猫的联合状态在量子力学中就可以表示成

$$|\Psi\rangle \sim |关\rangle|活猫\rangle + |开\rangle|死猫\rangle. \tag{2.162}$$

可以看到，系统的联合状态中，猫处在某种死猫和活猫的叠加状态。然而日常经验中，我们看到的猫只有死和活两种状态，实在无法想象某种死猫和活猫的叠加状态。这就是著名的"薛定谔猫佯谬"。

在量子力学的原理中，并不排斥宏观叠加态存在的可能。以相干态为例，假设有如下形式的叠加相干态

$$|\psi\rangle \sim |\alpha\rangle + \mathrm{e}^{\mathrm{i}\phi}|-\alpha\rangle, \tag{2.163}$$

这里 ϕ 表示叠加态的相位差。当 $|\alpha| \gg 1$ 时，$|\alpha\rangle$ 和 $|-\alpha\rangle$ 近乎正交，所以上述状态即为光场的"薛定谔猫"态。然而即使在量子力学的框架下，在考虑到系统的实际情况后，一般情况下"薛定谔猫"态仍然是很难观测到的。上述叠加态是非常不稳定的，这也导致宏观世界中光场的"薛定谔猫态"很难被观测到。简单考虑下，我们可以认为，当 $|\alpha| \gg 1$ 时，描述系统的自由度随着 $|\alpha|$ 也快速增加。这些大量自由度很容易受到外界环境的干扰，从而使得 $|\alpha\rangle$ 和 $|-\alpha\rangle$ 之间的相位差可以在极短的时间内变得完全随机。所以实验中我们仅能观察到光场处在一种统计意义下的混合态，形式为

$$\rho \sim |\alpha\rangle\langle\alpha| + |-\alpha\rangle\langle-\alpha|. \tag{2.164}$$

尽管一般的"宏观"尺度下的相干态很难实现，但是，当 α 不是很大时，由上面的讨论我们可以得知，此时系统受外界环境的影响可以很小，从而完全有可能制备出相应的叠加态。形如方程 (2.163) 的光场"薛定谔猫"态具有很多特别的性质，这里就其中的奇、偶相干态 ($\phi = 0, \pi$) 作具体的讨论[1,14-18]。

2.3.1 奇、偶相干态的基本性质

奇、偶相干态是把相干振幅分别为 $|\alpha\rangle$ 和 $|-\alpha\rangle$ 的光场进行线性组合而成的，其具体形式可写为

$$|\alpha\rangle_{\mathrm{o}} = N_{\mathrm{o}}\left(|\alpha\rangle - |-\alpha\rangle\right) = \left(\sinh|\alpha|^2\right)^{-\frac{1}{2}} \sum_{n=0}^{\infty} \frac{\alpha^{2n+1}}{\sqrt{(2n+1)!}}|2n+1\rangle, \tag{2.165a}$$

$$|\alpha\rangle_{\mathrm{e}} = N_{\mathrm{e}}\left(|\alpha\rangle + |-\alpha\rangle\right) = \left(\cosh|\alpha|^2\right)^{-\frac{1}{2}} \sum_{n=0}^{\infty} \frac{\alpha^{2n}}{\sqrt{(2n)!}}|2n\rangle, \tag{2.165b}$$

其中，$N_{\mathrm{o(e)}}$ 为相应的归一化因子，分别取为

$$N_{\mathrm{o}} = \frac{1}{2}\mathrm{e}^{|\alpha|^2/2}\left(\sinh|\alpha|^2\right)^{-\frac{1}{2}}, \tag{2.166a}$$

$$N_{\mathrm{e}} = \frac{1}{2}\mathrm{e}^{|\alpha|^2/2}\left(\cosh|\alpha|^2\right)^{-\frac{1}{2}}. \tag{2.166b}$$

可见，奇、偶相干态分别对应于相干态的奇数激发部分和偶数激发部分，故它们彼此是相互正交的。相干态亦可写成是 $|\alpha\rangle_e$ 和 $|\alpha\rangle_o$ 的组合

$$|\alpha\rangle = \mathrm{e}^{-\frac{1}{2}|\alpha|^2} \left[\left(\sinh|\alpha|^2\right)^{\frac{1}{2}} |\alpha\rangle_o + \left(\cosh|\alpha|^2\right)^{\frac{1}{2}} |\alpha\rangle_e \right]. \tag{2.167}$$

利用相干态的性质很容易证明，它们也都是湮灭算符平方 $\hat{a}^2$ 的本征态，满足

$$\hat{a}^2|\alpha\rangle_{o(e)} = \hat{a}^2 N_{o(e)} \left(|\alpha\rangle \mp |-\alpha\rangle\right) = \alpha^2|\alpha\rangle_{o(e)}, \tag{2.168}$$

同理，我们也可以看到，$|\alpha\rangle_e$ 和 $|\alpha\rangle_o$ 之间可以通过光子数的产生算子和湮灭算子相互转化

$$\hat{a}|\alpha\rangle_o = \alpha \coth^{\frac{1}{2}}|\alpha|^2|\alpha\rangle_e, \tag{2.169a}$$

$$\hat{a}|\alpha\rangle_e = \alpha \tanh^{\frac{1}{2}}|\alpha|^2|\alpha\rangle_o. \tag{2.169b}$$

奇、偶相干态的 Q 函数分布如图 2.12 和图 2.11 所示。与相干态类似，奇、偶相干态彼此之间也不是相互正交，利用 $|\alpha\rangle_o$ 和 $|\alpha\rangle_e$ 的具体表达式，可以求得其内积满足关系

$$_o\langle\alpha|\alpha'\rangle_o = \left(\sinh|\alpha|^2 \sinh|\alpha'|^2\right)^{-\frac{1}{2}} \sinh(\alpha^*\alpha'), \tag{2.170a}$$

$$_e\langle\alpha|\alpha'\rangle_e = \left(\cosh|\alpha|^2 \cosh|\alpha'|^2\right)^{-\frac{1}{2}} \cosh(\alpha^*\alpha'). \tag{2.170b}$$

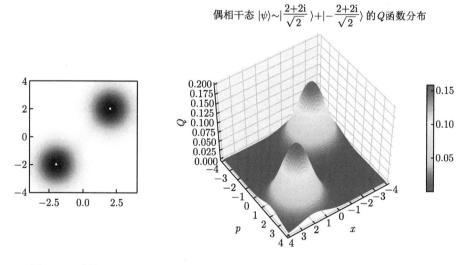

偶相干态 $|\psi\rangle \sim |\frac{2+2i}{\sqrt{2}}\rangle + |-\frac{2+2i}{\sqrt{2}}\rangle$ 的 Q 函数分布

图 2.11   偶相干态 $|\psi\rangle \sim |\alpha\rangle + |-\alpha\rangle$ 对应的 Q 函数分布，其中 $\alpha = \sqrt{2}(1+\mathrm{i})$

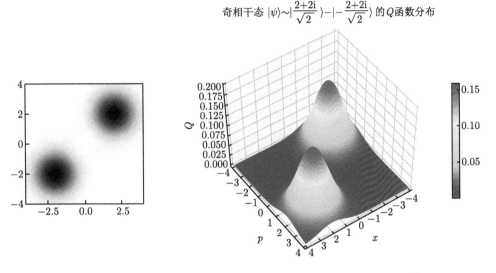

图 2.12 奇相干态 $|\psi\rangle \sim |\alpha\rangle - |-\alpha\rangle$ 对应的 Q 函数分布，其中 $\alpha = \sqrt{2}(1+\mathrm{i})$

利用相干态的完备性关系，我们也可以得到奇、偶相干态类似的完备性关系。利用方程 (2.39) 可知

$$I = \frac{1}{\pi}\int \mathrm{d}\alpha^2 |\alpha\rangle\langle\alpha| = \frac{1}{\pi}\int \mathrm{d}\alpha^2 \mathrm{e}^{-|\alpha|^2}\left[\sinh|\alpha|^2|\alpha\rangle_{\mathrm{oo}}\langle\alpha| + \cosh|\alpha|^2|\alpha\rangle_{\mathrm{ee}}\langle\alpha|\right.$$
$$\left. + \sqrt{\sinh|\alpha|^2\cosh|\alpha|^2}(|\alpha\rangle_{\mathrm{oe}}\langle\alpha| + |\alpha\rangle_{\mathrm{eo}}\langle\alpha|)\right]. \qquad (2.171)$$

容易验证，由于 $|\alpha\rangle_{\mathrm{o}}$ 和 $|\alpha\rangle_{\mathrm{e}}$ 的系数中仅含有 α 的奇数次幂和偶数次幂，故上式中的第二行在积分后为零，从而得到

$$I = \frac{1}{\pi}\int \mathrm{d}\alpha^2 \mathrm{e}^{-|\alpha|^2}\left[\sinh|\alpha|^2|\alpha\rangle_{\mathrm{oo}}\langle\alpha| + \cosh|\alpha|^2|\alpha\rangle_{\mathrm{ee}}\langle\alpha|\right] = \Pi_{\mathrm{o}} + \Pi_{\mathrm{e}}, \quad (2.172)$$

其中，Π_{o} 和 Π_{e} 分别对应奇数激发和偶数激发的子空间

$$\Pi_{\mathrm{o}} = \sum_{n=0}^{\infty}|2n+1\rangle\langle 2n+1|, \qquad \Pi_{\mathrm{e}} = \sum_{n=0}^{\infty}|2n\rangle\langle 2n|. \qquad (2.173)$$

奇、偶相干态的 Q-函数分布在压缩算符

$$\hat{S}(t) = \exp\left[-\mathrm{i}\frac{t}{2}(\hat{a}^2 + \hat{a}^{\dagger 2})\right] \qquad (2.174)$$

作用下的演化情况如图 2.13所示。物理上，这对应于系统的有效哈密顿量为

$$\hat{H} = \frac{1}{2}\hbar(\hat{a}^2 + \hat{a}^{\dagger 2}). \qquad (2.175)$$

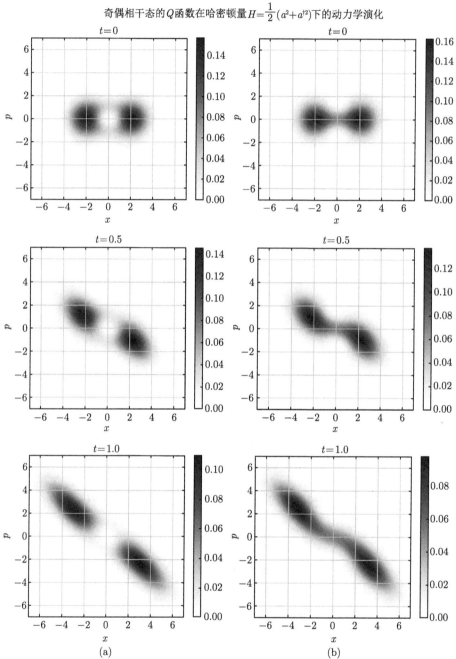

图 2.13　(a) 和 (b) 分别为奇、偶相干态 $|\psi_{\mp}\rangle \sim |\alpha\rangle \mp |-\alpha\rangle$ 对应的 Q 分布函数在压缩算子作用下的演化情况。这里设定了 $\hbar = 1$，$\alpha = \sqrt{2}$

2.3.2 奇、偶相干态的涨落特性

由于奇、偶相干态是算符 $\hat{a}^2$ 的本征态，其统计性质也可以通过考察 $\hat{a}^2$ 的实部和虚部来确定。定义

$$\hat{Y}_1 = \frac{\hat{a}^2 + (\hat{a}^\dagger)^2}{2}, \quad \hat{Y}_2 = \frac{\hat{a}^2 - (\hat{a}^\dagger)^2}{2i}. \tag{2.176}$$

它们满足对易关系

$$[\hat{Y}_1, \hat{Y}_2] = i(2\hat{N} + 1),$$

其中，$\hat{N} = \hat{a}^\dagger \hat{a}$ 代表激发数算符。由不确定关系可知，$\hat{Y}_1$ 和 $\hat{Y}_2$ 的涨落应满足

$$\Delta Y_1 \Delta Y_2 \geqslant \langle \hat{N} + \frac{1}{2} \rangle. \tag{2.177}$$

利用 $|\alpha\rangle_\text{o}$ 和 $|\alpha\rangle_\text{e}$ 的具体表达式，不难计算得

$$_\text{o}\langle\alpha|\hat{a}^\dagger\hat{a}|\alpha\rangle_\text{o} = |\alpha|^2 \coth|\alpha|^2 = N_\text{o}, \tag{2.178}$$

$$_\text{e}\langle\alpha|\hat{a}^\dagger\hat{a}|\alpha\rangle_\text{e} = |\alpha|^2 \tanh|\alpha|^2 = N_\text{e}, \tag{2.179}$$

$$_\text{o}\langle\alpha|\hat{Y}_1|\alpha\rangle_\text{o} = {_\text{e}\langle\alpha|\hat{Y}_1|\alpha\rangle_\text{e}} = (\alpha^2 + \alpha^{*2})/2, \tag{2.180}$$

$$_\text{o}\langle\alpha|\hat{Y}_2|\alpha\rangle_\text{o} = {_\text{e}\langle\alpha|\hat{Y}_2|\alpha\rangle_\text{e}} = (\alpha^2 - \alpha^{*2})/2i, \tag{2.181}$$

$$(\Delta Y_1)_\text{o}^2 = (\Delta Y_2)_\text{o}^2 = {_\text{o}\langle\alpha|\hat{N} + \frac{1}{2}|\alpha\rangle_\text{o}} = N_\text{o} + \frac{1}{2}, \tag{2.182}$$

$$(\Delta Y_1)_\text{e}^2 = (\Delta Y_2)_\text{e}^2 = {_\text{e}\langle\alpha|\hat{N} + \frac{1}{2}|\alpha\rangle_\text{e}} = N_\text{e} + \frac{1}{2}. \tag{2.183}$$

可见，奇、偶相干态是满足算子 $\hat{Y}_1$ 和 $\hat{Y}_2$ 的最小不确定关系 (2.177) 的量子态。同样我们也可以求得正交相位振幅算符 $\hat{X}_\phi$ 的起伏为

$$(\Delta X_\phi)_\text{o}^2 = {_\text{o}\langle\alpha|(\Delta\hat{X}_\phi)^2|\alpha\rangle_\text{o}} = \frac{1}{4} + \frac{1}{2}|\alpha|^2[\cos(2\phi - 2\beta) + \coth|\alpha|^2], \tag{2.184}$$

$$(\Delta X_\phi)^2) = {_\text{e}\langle\alpha|(\Delta\hat{X}_\phi)^2|\alpha\rangle_\text{e}} = \frac{1}{4} + \frac{1}{2}|\alpha|^2[\cos(2\phi - 2\beta) + \tanh|\alpha|^2], \tag{2.185}$$

这里假定了 $\alpha = |\alpha|e^{i\beta}$。可以看到，由于 $\coth|\alpha|^2 \geqslant 1$，对于奇相干态，上式中的 $(\Delta X_\phi)_\text{o}^2$ 对任意角度 $(\phi - \beta)$ 总是大于等于 $1/4$。因此，**奇相干态不存在压缩**

效应。另一方面，由于 $\tanh|\alpha|^2 \leqslant 1$，故当 $2(\phi - \beta) \in (\pi/2, 3\pi/2)$ 时，对偶相干态总可以使得右边取值小于 $1/4$，所以**偶相干态必定呈现压缩效应**。

由前面的讨论我们知道，作为平移算符的本征态，相干态 (包括压缩相干态) 在平移后不会改变其涨落特性。对于奇、偶相干态，这样的性质也是成立的。为此，我们定义平移算符

$$\hat{D}(z) = \exp(z\hat{a}^\dagger - z^*\hat{a}), \tag{2.186}$$

则平移后的奇、偶相干态即可写为

$$|\alpha, z\rangle_{\mathrm{d,o}} = \hat{D}(z)|\alpha\rangle_{\mathrm{o}}, \tag{2.187a}$$

$$|\alpha, z\rangle_{\mathrm{d,e}} = \hat{D}(z)|\alpha\rangle_{\mathrm{e}}. \tag{2.187b}$$

对于任意算符函数 $f(\hat{a}, \hat{a}^\dagger)$，它在平移奇偶相干态下的平均值为

$$_{\mathrm{d,e;d,o}}\langle\alpha, z|f(\hat{a}, \hat{a}^\dagger)|\alpha, z\rangle_{\mathrm{d,e;d,o}} = {}_{\mathrm{e;o}}\langle\alpha|f(\hat{a} + z, \hat{a}^\dagger + z^*)|\alpha\rangle_{\mathrm{e;o}}. \tag{2.188}$$

利用上述关系，可以验证

$$(\Delta X_\phi)^2_{\mathrm{d,o}} = (\Delta X_\phi)^2_{\mathrm{o}}, \tag{2.189a}$$

$$(\Delta X_\phi)^2_{\mathrm{d,e}} = (\Delta X_\phi)^2_{\mathrm{e}}, \tag{2.189b}$$

从而再次表明，**平移运算不改变奇、偶相干态正交相位分量的涨落特性**。然而对于算符 $\hat{Y}_1$ 和 $\hat{Y}_2$，计算可知

$$(\Delta Y_1)^2_{\mathrm{d,o}} = N_{\mathrm{o}} + \frac{1}{2} + 2|\alpha|^2|z|^2[\cos(2\beta + 2\theta) + \coth|\alpha|^2], \tag{2.190a}$$

$$(\Delta Y_1)^2_{\mathrm{d,e}} = N_{\mathrm{e}} + \frac{1}{2} + 2|\alpha|^2|z|^2[\cos(2\beta + 2\theta) + \tanh|\alpha|^2]. \tag{2.190b}$$

可见，当 $\cos(2\beta + 2\theta) < -\tanh|\alpha|^2$ 成立时，对于偶相干态，表达右边的最后一项可以小于零，从而有

$$(\Delta Y_1)^2_{\mathrm{d,e}} < N_{\mathrm{e}} + \frac{1}{2}. \tag{2.191}$$

从而表明，系统状态存在压缩效应，也称之为**振幅平方压缩**。所以**偶相干态平移后可以出现振幅平方压缩特性，而奇相干态没有类似的特性**。

2.4　最小不确定态

前面的章节中，我们讨论了相干态的各种变形及它们的涨落特性。可以看到，这些态实际上可看作是为了满足海森伯不确定关系的下界而定义出来的量子态。在具体的问题中，不对易算符的物理意义和形式会有很大的不同。为了使得对算符测量的精度达到相应海森伯不确定关系的下界，我们也可以构造出满足这些条件的一系列"准相干态"，这里我们统一称之为最小不确定态[19, 20]。

假定两个力学量算符 $\hat{A}$ 和 $\hat{B}$，满足的对易关系为

$$[\hat{A}, \hat{B}] = \mathrm{i}\hat{C}. \tag{2.192}$$

利用施瓦茨不等式 (Schwarz inequality)

$$\langle (\Delta \hat{A})^2 \rangle \langle (\Delta \hat{B})^2 \rangle \geqslant |\langle \Delta \hat{A} \Delta \hat{B} \rangle|^2, \tag{2.193}$$

可以得到相应的海森伯不确定关系为

$$\langle (\Delta \hat{A})^2 \rangle \langle (\Delta \hat{B})^2 \rangle = |\langle \frac{1}{2}[\Delta \hat{A}, \Delta \hat{B}] \rangle|^2 + |\langle \frac{1}{2}\{\Delta \hat{A}, \Delta \hat{B}\} \rangle|^2$$

$$\geqslant \frac{1}{4}|\langle \hat{C} \rangle|^2. \tag{2.194}$$

可以看到，当状态 $|\psi\rangle$ 满足下列条件时

$$\Delta \hat{A}|\psi\rangle = -\mathrm{i}\lambda \Delta \hat{B}|\psi\rangle, \quad \lambda \text{ 为复数}, \tag{2.195}$$

不确定关系中的等号条件成立。这里的 $|\psi\rangle$ 即称为最小不确定态。利用上述关系式，我们可以得到最小不确定态的涨落性质满足

$$\langle (\Delta \hat{A})^2 \rangle = |\lambda|^2 \langle (\Delta \hat{B})^2 \rangle, \tag{2.196a}$$

$$\langle \{\Delta \hat{A}, \Delta \hat{B}\} \rangle = \frac{\mathrm{Im}\lambda}{\mathrm{Re}\lambda} \langle C \rangle. \tag{2.196b}$$

可见，当 $|\lambda| = 1$ 时，观测量 $\hat{A}$ 和 $\hat{B}$ 具有相同的涨落；当 $\mathrm{Im}\lambda = 0$ 时，A 和 B 两观测量之间没有关联。

可以验证，前面提到的相干态均可以表述成满足上述条件的最小不确定态。例如，对玻色产生、湮灭算符 $\hat{a}$ 和 $\hat{a}^\dagger$，定义算符 A、B 为

$$\hat{A} = \frac{1}{2}(\hat{a} + \hat{a}^\dagger), \quad \hat{B} = \frac{1}{2\mathrm{i}}(\hat{a} - \hat{a}^\dagger), \tag{2.197}$$

其对应的最小不确定态即为

$$\left(\hat{A} + \mathrm{i}\lambda\hat{B}\right)|\psi\rangle = \left(\langle\hat{A}\rangle + \mathrm{i}\lambda\langle\hat{B}\rangle\right)|\psi\rangle \quad \Leftrightarrow \quad \left(\mu\hat{a} + \nu\hat{a}^{\dagger}\right)|\psi\rangle = \alpha|\psi\rangle, \quad (2.198)$$

其中，α 为某一待定的复数，其他参数可以表示为

$$\mu = \frac{1}{2}\left(\frac{1}{\sqrt{\lambda}} + \sqrt{\lambda}\right), \quad \nu = \frac{1}{2}\left(\frac{1}{\sqrt{\lambda}} - \sqrt{\lambda}\right), \quad \mu^2 - \nu^2 = 1. \quad (2.199)$$

可见，当 $\lambda = 1$ 时，上述定义的状态 $|\psi\rangle$ 即为算符 $\hat{a}$ 的本征态，对应前面讨论的标准相干态；而当 $\lambda \neq 1$ 时，有 $\nu \neq 0$，状态 $|\psi\rangle$ 即对应压缩相干态。

对于奇、偶相干态，我们可以考察下面的算符对易关系

$$[\hat{K}_+, \hat{K}_-] = -2\hat{K}_0, \qquad [\hat{K}_0, \hat{K}_\pm] = \pm\hat{K}_\pm. \quad (2.200)$$

这里的算符可以有多种取法。如果我们取

$$\hat{K}_+ = \frac{1}{2}\left(\hat{a}^{\dagger}\right)^2, \quad \hat{K}_- = \frac{1}{2}\hat{a}^2, \quad K_0 = \hat{a}^{\dagger}\hat{a} + \frac{1}{2}, \quad (2.201)$$

并定义算符

$$\hat{A} = \hat{K}_x = \frac{1}{2}(\hat{K}_+ + \hat{K}_-) = \frac{\hat{a}^2 + \left(\hat{a}^{\dagger}\right)^2}{4}, \quad (2.202)$$

$$\hat{B} = \hat{K}_y = \frac{1}{2\mathrm{i}}(\hat{K}_+ - \hat{K}_-) = \frac{-\hat{a}^2 + \left(\hat{a}^{\dagger}\right)^2}{4\mathrm{i}}, \quad (2.203)$$

则当参数 $\lambda = -1$ 时，$(\hat{A} + \mathrm{i}\lambda\hat{B})$ 对应的最小不确定态即为奇偶相干态 $|\alpha\rangle_{\mathrm{e,o}}$。此时

$$\hat{A} + \mathrm{i}\lambda\hat{B} = \hat{K}_x - \mathrm{i}\hat{K}_y = \hat{K}_- = \frac{1}{2}\hat{a}^2 \quad (2.204)$$

为 $|\alpha\rangle_{\mathrm{e,o}}$ 的本征算符。

需要强调的是，上述算符 $\hat{K}_i$ 的形式并不是唯一的。实际上，我们也可以利用两个模式 $\hat{a}$ 和 $\hat{b}$ 重新定义 K_i 为

$$\hat{K}_+ = \hat{a}^{\dagger}\hat{b}^{\dagger}, \quad \hat{K}_- = \hat{a}\hat{b}, \quad \hat{K}_0 = \frac{1}{2}(\hat{a}^{\dagger}\hat{a} + \hat{b}\hat{b}^{\dagger}), \quad (2.205)$$

从而可以定义模式 $\hat{a}$ 和 $\hat{b}$ 配对相干态 $|\Phi(\xi, q)\rangle$[19–21] 为

$$|\Phi(\xi, q)\rangle = N(\xi, q)\sum_{n=0}^{\infty}\frac{\xi^n}{\sqrt{n!(n+q)!}}|n+q, n\rangle, \quad (2.206)$$

其中，q 为整数，表示两模式中的光子数差；归一化系数 $N(\xi, q)$ 定义为

$$N(\xi, q) = \left(\sum_{n=0}^{\infty} \frac{|\xi|^{2n}}{n!(n+q)!} \right)^{-1/2}. \qquad (2.207)$$

可以验证，$|\varPhi(\xi, q)\rangle$ 满足下列等式

$$\hat{a}\hat{b}|\varPhi(\xi, q)\rangle = \xi|\varPhi(\xi, q)\rangle, \qquad (2.208)$$

$$(\hat{a}^\dagger \hat{a} - \hat{b}^\dagger \hat{b})|\varPhi(\xi, q)\rangle = q|\varPhi(\xi, q)\rangle, \qquad (2.209)$$

对比两模式相干态的形式

$$|\alpha, \beta\rangle = \mathrm{e}^{-(|\alpha|^2 + |\beta|^2)/2} \sum_{m,n=0}^{\infty} \frac{\alpha^m \beta^n}{\sqrt{m!n!}} |m, n\rangle. \qquad (2.210)$$

可以看到,配对相干态可以看成是把双模相干态 $|\alpha, \beta\rangle$ 投影到固定粒子数差 $(\hat{a}^\dagger \hat{a} - \hat{b}^\dagger \hat{b})$ 子空间中的状态。尽管 $|\alpha, \beta\rangle$ 中模式 $\hat{a}$ 和 $\hat{b}$ 是没有关联，但是在配对相干态 $|\varPhi(\xi, q)\rangle$ 中，模式 $\hat{a}$ 和 $\hat{b}$ 是纠缠在一起的，有很强的量子关联特性。

2.5　光场的 Wigner 特征函数和准概率分布

在经典物理中，系统状态在相空间的概率分布是一个非常有用的物理量，通过它可以很容易地得到系统所有相关物理量的平均值。在量子力学中，系统的密度矩阵在形式上扮演着类似的角色。一个很自然的问题就是，系统的密度矩阵和相空间的概率分布有什么关系呢？简单看来，由于量子力学中粒子的位置和动量是不对易的，不能同时精确确定其具体数值，所以经典意义下的相空间分布函数应该是不存在的，不能完全照搬过来。尽管如此，寻找到一个类似的相空间分布函数仍然是一个非常有意义的问题。这是因为，一方面它可以提供另外的方法求解系统的各种物理量；同时也可以从物理角度为我们提供一种理解经典物理在向量子物理过渡时所发生的奇特效应。

2.5.1　Wigner 函数的定义

在所有的相空间表示中，Wigner 分布函数是物理上理解起来最自然的表示理论，为联系量子力学中的密度矩阵和经典概率分布提供了简单优美的数学形式表达。Wigner 分布函数是由 Eugene P. Wigner(1902~1995) 在 1932 年提出来的[6,22]。对于给定的密度矩阵 $\boldsymbol{\rho}$，Wigner 函数定义为

$$W(x, p) = \frac{1}{2\pi\hbar} \int_{-\infty}^{\infty} \mathrm{d}\xi \exp\left(-\frac{\mathrm{i}}{\hbar} p\xi\right) \langle x + \tfrac{1}{2}\xi|\boldsymbol{\rho}|x - \tfrac{1}{2}\xi\rangle. \qquad (2.211)$$

形式上，它可以看成是先求得质心在 x 处、相距为 ξ 两点 $x_1 = x - \xi/2$ 与 $x_2 = x + \xi/2$ 之间的跃迁矩阵元，然后再对其作傅里叶变换。Wigner 函数定义中所含的深刻物理意义，目前还有待进一步研究。然而这样定义的分布函数确实有很多优美且适用的性质，故一直被学术界广泛关注。

Wigner 函数可以用相干态产生、湮灭算符的形式给出。利用关系式

$$\langle x|p \rangle = \frac{1}{\sqrt{2\pi\hbar}} e^{ipx/\hbar}, \tag{2.212a}$$

$$e^{-i\hat{p}a/\hbar}|x\rangle = |x + a\rangle, \tag{2.212b}$$

$$e^{-iu\hat{x}-iv\hat{p}} = e^{-iu\hat{x}}e^{-iv\hat{p}}e^{i\hbar uv/2} \tag{2.212c}$$

$$= e^{-iv\hat{p}}e^{-iu\hat{x}}e^{-i\hbar uv/2}, \tag{2.212d}$$

我们可以将 $W(x,p)$ 改写成算符的形式：

$$\begin{aligned}
W(x,p) &= \frac{1}{2\pi} \int_{-\infty}^{\infty} dv \langle x - \frac{1}{2}\hbar v|\rho|x + \frac{1}{2}\hbar v\rangle e^{ipv} \\
&= \frac{1}{(2\pi)^2} \iint dvdx' \langle x'|\rho|x' + \hbar v\rangle (2\pi)\delta(x - x' - \hbar v/2)e^{ipv} \\
&= \frac{1}{(2\pi)^2} \iiint dvdudx' \langle x'|\rho e^{-iu\hat{x}}|x' + \hbar v\rangle e^{iu(x+\hbar v/2)}e^{ipv} \\
&= \frac{1}{(2\pi)^2} \iiint dvdudx' \langle x'|\rho e^{-iu\hat{x}}e^{-iv\hat{p}}e^{i\hbar uv/2}|x'\rangle e^{i(ux+vp)} \\
&= \frac{1}{(2\pi)^2} \iint dvdu \mathrm{Tr}\left[\rho e^{-iu\hat{x}-iv\hat{p}}\right] e^{i(ux+vp)}. \tag{2.213}
\end{aligned}$$

可见，Wigner 函数 $W(x,p)$ 可以看成是特征函数

$$\chi(u,v) = \mathrm{Tr}\left[\rho e^{-iu\hat{x}-iv\hat{p}}\right] \tag{2.214}$$

的傅里叶变换。由于 $\chi(u,v)$ 含有位置和动量算符，可以用谐振子算符展开

$$\hat{x} = \frac{l_{\mathrm{T}}}{\sqrt{2}}(\hat{a} + \hat{a}^{\dagger}), \qquad \hat{p} = \frac{\hbar}{i\sqrt{2}l_{\mathrm{T}}}(\hat{a} - \hat{a}^{\dagger}), \tag{2.215}$$

所以我们可以把特征函数改写为

$$\chi(u,v) = \mathrm{Tr}\left[\rho e^{-iu\hat{x}-iv\hat{p}}\right] = \mathrm{Tr}\left[\rho e^{-i(\eta\hat{a}^{\dagger}+\eta^*\hat{a})}\right] = \chi(\eta, \eta^*), \tag{2.216}$$

其中，l_T 是谐振子的特征长度，且

$$\eta = \frac{1}{\sqrt{2}} \left(l_T u + i \frac{\hbar v}{l_T} \right). \tag{2.217}$$

相应的 Wigner 函数为

$$W(x,p) = \frac{1}{2\hbar} \bar{W}(\alpha, \alpha^*) = \frac{1}{2(\pi)^2\hbar} \int d^2\eta \chi(\eta, \eta^*) e^{i(\eta\alpha^* + \eta^*\alpha)}, \tag{2.218}$$

这里为了方便问题讨论，我们引入了 $\bar{W}(\alpha, \alpha^*)$，并利用了关系式

$$d^2\eta = d\eta_r d\eta_i = \frac{\hbar}{2} dv du. \tag{2.219}$$

同理，特征函数 $\chi(\eta, \eta^*)$ 也可以看成是 $\bar{W}(\alpha, \alpha^*)$ 的逆变换

$$\chi(\eta, \eta^*) = \int d^2\alpha \bar{W}(\alpha, \alpha^*) e^{-i(\eta\alpha^* + \eta^*\alpha)}, \tag{2.220}$$

这里我们利用了复平面积分等式

$$\int d^2\alpha e^{-i(\eta\alpha^* + \eta^*\alpha)} = \pi^2 \delta(\eta)\delta(\eta^*). \tag{2.221}$$

有些文献中通常也把 $\chi(u,v)$ 写成如下形式

$$\chi(u,v) = \text{Tr}\left[\rho e^{-iu\hat{x} - iv\hat{p}}\right] = \text{Tr}\left[\rho e^{\lambda\hat{a}^\dagger - \lambda^*\hat{a}}\right] = \text{Tr}\left[\rho\hat{D}(\lambda)\right] = \chi(\lambda, \lambda^*), \tag{2.222}$$

此时 $\lambda = -i\eta$，相应的 $\bar{W}(\alpha, \alpha^*)$ 记为

$$\bar{W}(\alpha, \alpha^*) = \frac{1}{\pi^2} \int d^2\lambda \chi(\lambda, \lambda^*) e^{-\lambda\alpha^* + \lambda^*\alpha}. \tag{2.223}$$

2.5.2 Wigner 函数的性质

Wigner 函数有许多非常优美的数学性质，这里简单罗列如下。

(1) 当 $k > -1$ 时，利用关系式

$$T(k) = \frac{1}{\pi^2} \int d^2\eta e^{-k|\eta|^2/2 - i\eta\hat{a}^\dagger - i\eta^*\hat{a}} = \frac{1}{\pi^2} \int d^2\eta e^{-i\eta\hat{a}^\dagger} e^{-i\eta^*\hat{a}} e^{-(1+k)|\eta|^2/2}$$

$$= \frac{1}{\pi} \sum_{n=0}^{\infty} \frac{(-1)^n}{n!} \hat{a}^{\dagger n} \hat{a}^n \left(\frac{2}{1+k}\right)^{n+1}$$

$$= \frac{2}{\pi(1+k)} : \exp\left(-\frac{2}{1+k}\hat{a}^\dagger\hat{a}\right) :, \tag{2.224}$$

可以将 Wigner 函数改写为

$$W(x,p) = \frac{1}{\pi\hbar}\langle : \exp[-2(\hat{a}^\dagger - \alpha^*)(\hat{a} - \alpha)] : \rangle$$

$$= \frac{1}{\pi\hbar}\langle \hat{D}(\alpha) : \exp[-2\hat{a}^\dagger\hat{a}] : \hat{D}^\dagger(\alpha)\rangle, \tag{2.225}$$

其中，$\hat{D}(\alpha) = \exp(\alpha\hat{a}^\dagger - \alpha^*\hat{a})$ 就是前面定义的平移算符。再利用等式

$$(1-t)^{\hat{a}^\dagger\hat{a}} =: \mathrm{e}^{-t\hat{a}^\dagger\hat{a}} :, \tag{2.226}$$

我们就可以得到

$$W(x,p) = \frac{1}{\pi\hbar}\langle \hat{D}(\alpha, \alpha^*)(-1)^{\hat{a}^\dagger\hat{a}}\hat{D}^\dagger(\alpha, \alpha^*)\rangle. \tag{2.227}$$

所以，Wigner 函数也可以看作是对宇称算符 $(-1)^{\hat{a}^\dagger\hat{a}}$ 进行平移操作后所得算符的平均值。

(2) Wigner 函数可以近似地看作系统密度矩阵在相空间 (x,p) 中的准概率分布。可以证明，对 Wigner 函数的坐标和动量分别积分后，相应的边缘分布满足关系式

$$\int \mathrm{d}p W(x,p) = \langle x|\rho|x\rangle, \qquad \int \mathrm{d}x W(x,p) = \langle p|\rho|p\rangle. \tag{2.228}$$

(3) 对于给定一个纯态 ψ，Wigner 函数可以看成是两个波函数的内积

$$W(x,p) = \frac{1}{2\pi\hbar}\int_{-\infty}^{\infty} \mathrm{d}\xi \exp\left(-\frac{\mathrm{i}}{\hbar}p\xi\right)\psi^*(x - \frac{1}{2}\xi)\psi\left(x + \frac{1}{2}\xi\right)$$

$$= \frac{1}{\pi\hbar}\int_{-\infty}^{\infty} \mathrm{d}\xi \psi_1^*(\xi)\psi_2(\xi) = \frac{1}{\pi\hbar}\langle\psi_1|\psi_2\rangle, \tag{2.229}$$

其中归一化波函数为

$$\psi_1(\xi) = \frac{1}{\sqrt{2}}\exp\left(\frac{\mathrm{i}}{\hbar}p\xi\right)\psi\left(x - \frac{1}{2}\xi\right), \qquad \psi_2(\xi) = \frac{1}{\sqrt{2}}\psi(x + \frac{1}{2}\xi). \tag{2.230}$$

由柯西-施瓦茨不等式 (Cauchy-Schwarz inequality) 不等式可知

$$|W(x,p)| = \frac{1}{\pi\hbar}|\langle\psi_1|\psi_2\rangle| \leqslant \frac{1}{\pi\hbar}\sqrt{\langle\psi_1|\psi_1\rangle\langle\psi_2|\psi_2\rangle} = \frac{1}{\pi\hbar}. \tag{2.231}$$

所以对于归一化的纯态，Wigner 函数最大值不超过 $1/(\pi\hbar)$。另一方面，当纯态 $|\psi_1\rangle$ 与 $|\psi_2\rangle$ 相互垂直时，有

$$\iint \mathrm{d}x\mathrm{d}p W_{\psi_1}(x,p)W_{\psi_2}(x,p) = 0.$$

由此可以推断，给定一个量子态，Wigner 函数并不总是正定的。这和经典概率分布总是大于等于零的情况是很不一样，故一般不能简单地把 Wigner 函数等价成真正的概率分布。

(4) Wigner 函数使得可观测量的平均值计算更具有物理直观性。实际上，对于任何一个算符 $\hat{A}$，依据 Wigner 函数的形式，我们也可以定义相应的 Weyl 变换

$$\tilde{A}(x,p) = \int_{-\infty}^{\infty} \mathrm{d}\xi \exp(-\frac{\mathrm{i}}{\hbar}p\xi)\langle x+\frac{1}{2}\xi|\hat{A}|x-\frac{1}{2}\xi\rangle, \quad 坐标空间积分,$$

$$= \int_{-\infty}^{\infty} \mathrm{d}u \exp(\frac{\mathrm{i}}{\hbar}xu)\langle p+\frac{1}{2}u|\hat{A}|p-\frac{1}{2}u\rangle, \quad 动量空间积分.$$

可以证明，上面分别在坐标空间和动量空间定义的两种算符是等价的。所以，Wigner 函数也可以看成是密度矩阵的 Weyl 变换 $W(x,p) = \tilde{\rho}/(2\pi\hbar)$。此时算符 A 的平均值可以表示成相空间中 Weyl 算符的重叠积分

$$\langle \hat{A}\rangle = \mathrm{Tr}(\rho\hat{A}) = \int_{-\infty}^{\infty} \mathrm{d}x \int_{-\infty}^{\infty} \mathrm{d}p W_\rho(x,p)\tilde{A}(x,p). \tag{2.232}$$

对于单位算符 $\hat{I}$，可以证明其 Weyl 变换后即为常数 1，由此也说明 Wigner 函数是归一化的

$$\langle \hat{I}\rangle = \mathrm{Tr}(\rho\hat{I}) = \int_{-\infty}^{\infty} \mathrm{d}x \int_{-\infty}^{\infty} \mathrm{d}p W_\rho(x,p) = 1. \tag{2.233}$$

此外，对于两个不同的密度矩阵 ρ_1 和 ρ_2，假定它们对应的 Wigner 函数分别为 $W_{\rho_1}(x,p)$ 和 $W_{\rho_2}(x,p)$，则两密度矩阵乘积的迹可以通过 Wigner 函数积分求得，具体形式为

$$\mathrm{Tr}(\rho_1\rho_2) = 2\pi\hbar \int_{-\infty}^{\infty} \mathrm{d}x \int_{-\infty}^{\infty} \mathrm{d}p W_{\rho_1}(x,p)W_{\rho_2}(x,p). \tag{2.234}$$

特别地，当 $\rho_1 = \rho_2 = \rho$ 时，有

$$\mathrm{Tr}(\rho^2) = 2\pi\hbar \int_{-\infty}^{\infty} \mathrm{d}x \int_{-\infty}^{\infty} \mathrm{d}p [W_\rho(x,p)]^2. \tag{2.235}$$

对于混合态，由于 $\mathrm{Tr}(\rho^2) < 1$，所以亦有

$$\int\int \mathrm{d}x\mathrm{d}p [W_\rho(x,p)]^2 < 2\pi\hbar. \tag{2.236}$$

(5) 当力学量算符 $\hat{A}$ 可以表示成产生算符和湮灭算符的乘积 $\hat{a}^r(\hat{a}^\dagger)^s$ 的组合时，利用函数 $W(\alpha,\alpha^*)$ 可以很容易地得到其对称化后算符 $\hat{A}_{\mathrm{sys}}$ 的平均值。算符

的对称化是指对算符中的 $\hat{a}$ 和 $\hat{a}^\dagger$ 所有可能出现的次序进行加和平均。以 $\hat{a}^2\hat{a}^\dagger$ 为例，

$$\{\hat{a}^2\hat{a}^\dagger\}_{\text{sys}} = \frac{1}{3}\{\hat{a}^2\hat{a}^\dagger + \hat{a}\hat{a}^\dagger\hat{a} + \hat{a}^\dagger\hat{a}^2\}. \tag{2.237}$$

又因为

$$\mathrm{e}^{-\mathrm{i}(\eta\hat{a}^\dagger + \eta^*\hat{a})} = \sum_{r,s} \frac{(-\mathrm{i}\eta^*)^r(-\mathrm{i}\eta)^s}{r!s!}\{\hat{a}^r(\hat{a}^\dagger)^s\}_{\text{sys}}, \tag{2.238}$$

利用等式 (2.270)，即可以得到

$$\mathrm{Tr}\left[\rho\{\hat{a}^r(\hat{a}^\dagger)^s\}_{\text{sys}}\right] = \left[\left(\frac{\partial}{\partial(-\mathrm{i}\eta)}\right)^s\left(\frac{\partial}{\partial(-\mathrm{i}\eta^*)}\right)^r\chi(\eta,\eta^*)\right]_{\eta=\eta^*=0}$$

$$= \int \mathrm{d}^2\alpha\, \alpha^r(\alpha^*)^s\bar{W}(\alpha,\alpha^*). \tag{2.239}$$

(6) Wigner 函数的积分形式有许多等价的表达方式。在实际求解过程中，可以依照具体的问题来选择合适的形式，以方便处理。

例如，由方程 (2.227) 可知，

$$\bar{W}(\alpha,\alpha^*) = \frac{2}{\pi}\mathrm{Tr}\left[\rho\hat{D}(\alpha)(-1)^{\hat{a}^\dagger\hat{a}}\hat{D}^\dagger(\alpha)\right]$$

$$= \frac{2}{\pi}\sum_{n=0}^{\infty}(-1)^n\langle n|\hat{D}^\dagger(\alpha)\rho\hat{D}(\alpha)|n\rangle$$

$$= \frac{2}{\pi}\left[\sum_{n=0}^{\infty}\langle 2n|\hat{D}^\dagger(\alpha)\rho\hat{D}(\alpha)|2n\rangle\right.$$

$$\left. - \sum_{n=0}^{\infty}\langle 2n+1|\hat{D}^\dagger(\alpha)\rho\hat{D}(\alpha)|2n+1\rangle\right]. \tag{2.240}$$

我们也可以直接利用相干态的完备性关系得到

$$\bar{W}(\alpha,\alpha^*) = \frac{2}{\pi^2}\int_{-\infty}^{\infty}\mathrm{d}^2\lambda\langle\lambda|\hat{D}^\dagger(\alpha)\rho\hat{D}(\alpha)(-1)^{\hat{a}^\dagger\hat{a}}|\lambda\rangle$$

$$= \frac{2}{\pi^2}\int_{-\infty}^{\infty}\mathrm{d}^2\lambda\langle\lambda|\hat{D}^\dagger(\alpha)\rho\hat{D}(\alpha)|-\lambda\rangle. \tag{2.241}$$

再利用等式

$$\hat{D}(\alpha)|\alpha'\rangle = \exp\left[\frac{1}{2}(\alpha\alpha'^* - \alpha^*\alpha')\right]|\alpha+\alpha'\rangle,$$

就可以将上式重写为

$$\bar{W}(\alpha, \alpha^*) = \frac{2}{\pi^2} \int_{-\infty}^{\infty} \mathrm{d}^2\lambda \langle \alpha + \lambda | \rho | \alpha - \lambda \rangle \exp\left(\alpha^* \lambda - \alpha \lambda^*\right). \qquad (2.242)$$

另一方面，由方程 (2.223) 可知，$\bar{W}(\alpha, \alpha^*)$ 可以看成是 $\chi(\lambda, \lambda^*)/\pi^2$ 的傅里叶变换。又因为 $\exp(-2|\alpha|^2)$ 也可以看成是 $\exp\left(-\frac{1}{2}|\lambda|^2\right)$ 的傅里叶变换

$$\exp(-2|\alpha|^2) = \frac{1}{2\pi} \int \exp\left(-\frac{1}{2}|\lambda|^2\right) \exp(\lambda \alpha^* - \lambda^* \alpha), \qquad (2.243)$$

利用傅里叶变换的卷积形式可得

$$\bar{W}(\alpha, \alpha^*) \exp(-2|\alpha|^2) = \int \mathrm{d}^2\lambda C(\lambda, \lambda^*) \exp(\lambda \alpha^* - \lambda^* \alpha), \qquad (2.244)$$

其中 $C(\lambda, \lambda^*)$ 的形式为

$$C(\lambda, \lambda^*) = \frac{1}{2\pi^3} \int \mathrm{d}^2\lambda_1 \chi(\lambda - \lambda_1, \lambda^* - \lambda_1^*) \exp(-\frac{1}{2}|\lambda_1|^2). \qquad (2.245)$$

在上述表达式中插入相干态完备性关系，并对变量积分，可以得到 $C(\lambda, \lambda^*)$ 的简化形式为

$$\begin{aligned}
C(\lambda, \lambda^*) &= \frac{1}{2\pi^5} \int\int\int \mathrm{d}^2\lambda_1 \mathrm{d}^2\beta \mathrm{d}^2\gamma \mathrm{Tr}\Big\{ \rho | \beta \rangle \langle \beta | \exp[-(\lambda - \lambda_1)a^\dagger] \\
&\quad \times \exp[(\lambda^* - \lambda_1^*)a] | \gamma \rangle \langle \gamma | \Big\} \exp[-\frac{1}{2}|\lambda - \lambda_1|^2 - \frac{1}{2}|\lambda_1|^2] \\
&= \frac{1}{2\pi^5} \int\int\int \mathrm{d}^2\lambda_1 \mathrm{d}^2\beta \mathrm{d}^2\gamma \langle \gamma | \rho | \beta \rangle \langle \beta | \gamma \rangle \\
&\quad \times \exp[-(\lambda - \lambda_1)\beta^* + (\lambda^* - \lambda_1^*)\gamma - \frac{1}{2}|\lambda - \lambda_1|^2 - \frac{1}{2}|\lambda_1|^2] \\
&= \frac{1}{2\pi^4} \int\int \mathrm{d}^2\beta \mathrm{d}^2\gamma \langle \gamma | \rho | \beta \rangle \langle \frac{\lambda}{2} | \gamma \rangle \langle \beta | - \frac{\lambda}{2} \rangle \\
&= \frac{1}{2\pi^2} \left\langle \frac{\lambda}{2} \middle| \rho \middle| - \frac{\lambda}{2} \right\rangle. \qquad (2.246)
\end{aligned}$$

将 $C(\lambda, \lambda^*)$ 形式代入方程 (2.244)，并做替换 $\lambda \to -2\lambda$、$\lambda^* \to -2\lambda^*$，从而可以得到 Wigner 函数的等价积分形式为

$$\bar{W}(\alpha, \alpha^*) = \frac{2}{\pi^2} \exp(2|\alpha|^2) \int \mathrm{d}^2\lambda \langle -\lambda | \rho | \lambda \rangle \exp\left[-2(\lambda \alpha^* - \lambda^* \alpha)\right]. \qquad (2.247)$$

这也是求解系统 Wigner 函数非常有用的公式。

2.5.3　一些例子

本节中，我们将给出一些常见光场态的 Wigner 函数形式。Wigner 函数的具体求法可以用 2.5.2 节中介绍的方法求得，这里不再一一详述，只是以压缩态和奇、偶相干态为例来说明具体求解方法。读者从中可以看到 Wigner 分布与经典概率分布之间的差异。

Fock 态： $\rho = |m\rangle\langle m|$。

对应的 Wigner 函数为

$$W_m(\alpha) = \frac{2(-1)^n}{\pi} e^{-2|\alpha|^2} L_m(4|\alpha|^2), \tag{2.248}$$

其中，$L_m(x)$ 表示 m-阶拉盖尔多项式。作为 x 的函数，由于 $L_m(x)$ 有 m 个零点，所以相应的 Wigner 函数表现为随径向振荡的特性，如图 2.14所示。

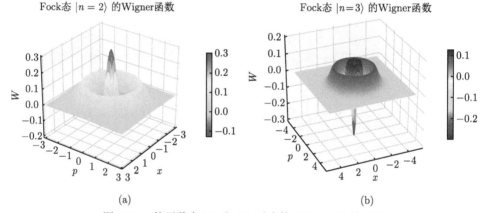

图 2.14　粒子数态 $|2\rangle$ 和 $|3\rangle$ 对应的 Wigner 函数分布

相干态： $\rho = |\alpha_0\rangle\langle\alpha_0|$。

对应的 Wigner 函数为

$$W_c(\alpha) = \frac{2}{\pi} e^{-2|\alpha - \alpha_0|^2}. \tag{2.249}$$

具体形式参考图 2.15。

热光场态：

$$\rho = e^{-\beta\hbar\omega\hat{a}^\dagger\hat{a}} / \mathrm{Tr}(e^{-\beta\hbar\omega\hat{a}^\dagger\hat{a}}). \tag{2.250}$$

对应的 Wigner 函数为

$$W_T(\alpha) = \frac{1}{\pi(\bar{n} + 1/2)} \exp\left(-\frac{|\alpha|^2}{\bar{n} + 1/2}\right), \tag{2.251}$$

其中，$\bar{n}$ 为平均光子数。热光场态 Wigner 分布的具体形式如图 2.16所示。

相干态 $\left|\alpha = \dfrac{3+3\mathrm{i}}{\sqrt{2}}\right\rangle$ 的Wigner函数

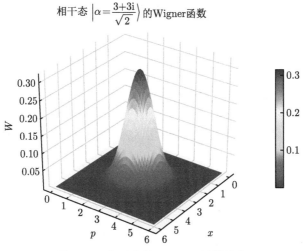

图 2.15　相干态的 Wigner 函数分布

热平衡态(平均光子数$\bar{n}=5$)的Wigner函数

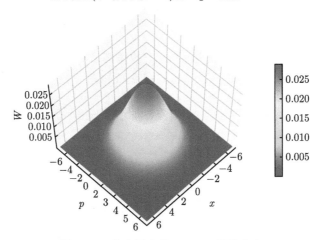

图 2.16　热光场态的 Wigner 函数分布

奇、偶相干态：

$$\rho_{\mathrm{o;e}} = N_{\mathrm{o;e}} \left[|\alpha_0\rangle\langle\alpha_0| + |-\alpha_0\rangle\langle-\alpha_0| \mp (|\alpha_0\rangle\langle-\alpha_0| + |-\alpha_0\rangle\langle\alpha_0|) \right], \quad (2.252)$$

其中，$N_{\mathrm{o;e}}$ 为对应的归一化系数。

由于 Wigner 分布是 ρ 的线性函数，而上面已经给出了相干态对应的 Wigner 函数，所以这里只需要求解矩阵元 $|-\alpha_0\rangle\langle\alpha_0|$ 对应的 Wigner 函数就可以了。

利用 Wigner 函数的定义可知

$$\frac{1}{\pi^2} \int \mathrm{d}^2\lambda \mathrm{Tr}[|-\alpha_0\rangle\langle\alpha_0|\hat{D}(\lambda)]\mathrm{e}^{-\lambda\alpha^*+\lambda^*\alpha}$$

$$= \frac{1}{\pi^2} \int \mathrm{d}^2\lambda \langle\alpha_0|\hat{D}(\lambda)|-\alpha_0\rangle\mathrm{e}^{-\lambda\alpha^*+\lambda^*\alpha}$$

$$= \frac{1}{\pi^2} \langle\alpha_0|-\alpha_0\rangle \int \mathrm{d}^2\lambda \mathrm{e}^{\lambda\alpha_0^*+\lambda^*\alpha_0-\frac{1}{2}|\lambda|^2}\mathrm{e}^{-\lambda\alpha^*+\lambda^*\alpha}$$

$$= \frac{1}{\pi^2} \int \mathrm{d}^2\lambda \mathrm{e}^{-\frac{1}{2}|\lambda-2\alpha_0|^2-(\lambda-2\alpha_0)\alpha^*+(\lambda^*-2\alpha_0^*)\alpha}\mathrm{e}^{-2\alpha_0\alpha^*+2\alpha_0^*\alpha}$$

$$= \frac{2}{\pi} \mathrm{e}^{-2|\alpha|}\mathrm{e}^{-2\alpha_0\alpha^*+2\alpha_0^*\alpha}, \tag{2.253}$$

上式中，我们利用了积分关系

$$\frac{1}{\pi} \int \mathrm{d}^2\lambda \mathrm{e}^{-\gamma|\lambda|^2}\mathrm{e}^{-\lambda A^*+\lambda^* A} = \frac{1}{\gamma}\mathrm{e}^{-|\alpha|^2/\gamma}. \tag{2.254}$$

综合上述结果及相干态的 Wigner 函数形式，即可得出奇、偶相干态对应的 Wigner 函数为

$$W_{\mathrm{o;e}}(\alpha) = \frac{2}{\pi N_{\mathrm{o;e}}} \left\{ \mathrm{e}^{-2|\alpha-\alpha_0|^2} + \mathrm{e}^{-2|\alpha+\alpha_0|^2} \mp 2\mathrm{e}^{-2|\alpha|^2}\cos[4\mathrm{Im}(\alpha\alpha_0^*)] \right\}, \tag{2.255}$$

这里 $\mathrm{Im}(\alpha\alpha_0^*) = (\alpha\alpha_0^* - \alpha\alpha_0^*)/2\mathrm{i}$ 表示 $\alpha\alpha_0^*$ 的虚部。

奇、偶相干态的 Wigner 函数分布如图 2.17 和图 2.18 所示。

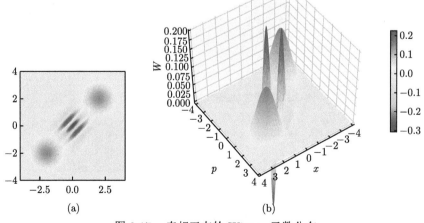

图 2.17　奇相干态的 Wigner 函数分布

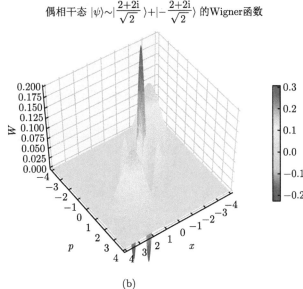

图 2.18 偶相干态的 Wigner 函数分布

压缩相干态:

$$\rho = |\alpha_0, \xi\rangle\langle\alpha_0, \xi|, \qquad \xi = re^{i\theta}. \tag{2.256}$$

利用 Wigner 函数的定义可知

$$W_{sc}(\alpha) = \frac{1}{\pi^2}\int d^2\lambda \mathrm{Tr}[\rho\hat{D}(\lambda)]e^{-\lambda\alpha^*+\lambda^*\alpha}$$

$$= \frac{1}{\pi^2}\int d^2\lambda\langle 0|\hat{S}^\dagger(\xi)\hat{D}^\dagger(\alpha_0)\hat{D}(\lambda)\hat{D}(\alpha_0)\hat{S}(\xi)|0\rangle e^{-\lambda\alpha^*+\lambda^*\alpha}.$$

利用等式

$$\hat{D}^\dagger(\alpha_0)\hat{D}(\lambda)\hat{D}(\alpha_0) = \hat{D}(\lambda)e^{\lambda\alpha_0^*-\lambda^*\alpha_0}, \tag{2.257}$$

$$\hat{S}^\dagger(\xi)\hat{D}(\lambda)\hat{S}(\xi) = \hat{D}(\lambda\cosh r + \lambda^*e^{i\theta}\sinh r), \tag{2.258}$$

即可得到

$$W_{sc}(\alpha) = \frac{1}{\pi^2}\int d^2\lambda\langle 0|\hat{D}(\lambda\cosh r + \lambda^*e^{i\theta}\sinh r)|0\rangle e^{-\lambda(\alpha^*-\alpha_0^*)+\lambda^*(\alpha-\alpha_0)}, \tag{2.259}$$

作变量代换 $\chi = \lambda\cosh r + \lambda^*e^{i\theta}\sinh r$ 后,上述积分即可简化为

$$W_{sc}(\alpha) = \frac{1}{\pi^2}\int d^2\chi\langle 0|\hat{D}(\chi)|0\rangle e^{-\chi A^*+\chi^* A} = \frac{1}{\pi^2}\int d^2\chi e^{-\frac{1}{2}|\chi|^2}e^{-\chi A^*+\chi^* A}, \tag{2.260}$$

其中

$$A = (\alpha^* - \alpha_0^*)\mathrm{e}^{\mathrm{i}\theta}\sinh r + (\alpha - \alpha_0)\cosh r. \tag{2.261}$$

所以最终的 Wigner 函数形式为

$$W_{\mathrm{sc}}(\alpha) = \frac{2}{\pi}\mathrm{e}^{-2|(\alpha^* - \alpha_0^*)\mathrm{e}^{\mathrm{i}\theta}\sinh r + (\alpha - \alpha_0)\cosh r|^2}. \tag{2.262}$$

压缩粒子数态的 Wigner 函数分布的例子如图 2.19所示。压缩相干态的 Wigner 函数分布如图 2.20所示。

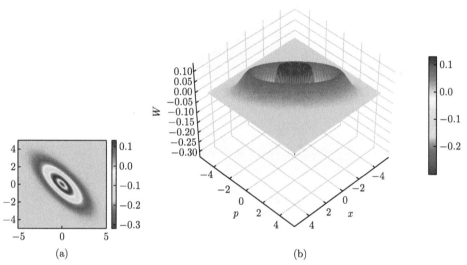

图 2.19　压缩粒子数态的 Wigner 函数分布，其中 $\xi = 0.5\mathrm{i}$

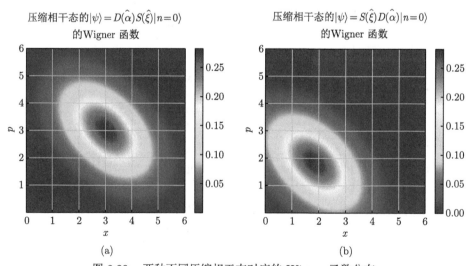

图 2.20　两种不同压缩相干态对应的 Wigner 函数分布

2.6 光场相空间中的表示及相互关系

前面的章节中我们已经介绍了两种光场的表示方式，及光场的 Husimi-Q 函数表示和 Wigner 函数表示。除此之外，还有一种常见的光场表示形式为

$$\rho = \int \mathrm{d}^2\alpha P(\alpha)|\alpha\rangle\langle\alpha|, \tag{2.263}$$

即用相干态表象中的矩阵对角元来表示密度矩阵，亦称之为 P-表示。一般说来，依照相干态的完备性关系，我们知道任何密度矩阵应该写成下面二重积分的形式

$$\rho = \frac{1}{\pi^2} \int \mathrm{d}^2\alpha \mathrm{d}^2\beta \langle\beta|\rho|\alpha\rangle|\beta\rangle\langle\alpha|. \tag{2.264}$$

然而由于相干态的超完备性，Glauber 和 Sudarshan 均提出对于很大一类密度矩阵，其对应的 P-表示是存在的[9,23]。进一步，如果我们容许 $P(\alpha)$ 是包含奇异性的广义函数，则可以论证这样的 $P(\alpha)$ 函数几乎对任意密度矩阵均存在。

利用密度矩阵的归一性 $\mathrm{Tr}[\rho] = 1$，我们得知 $P(\alpha)$ 应满足条件

$$\int \mathrm{d}^2\alpha P(\alpha) = 1. \tag{2.265}$$

所以，一定程度上 $P(\alpha)$ 可以看作是相空间中的概率分布。然而，正如 Wigner 函数一样，这里定义的 $P(\alpha)$ 也并非对应真实的概率，它可以取小于零的值。对于相干态 $|\alpha_0\rangle$ 而言，其对应的 $P(\alpha)$ 函数即为广义的狄拉克-δ 函数 $\delta(\alpha - \alpha_0)$。由此可以看出，对于一些比相干态性质更复杂的密度矩阵 ρ，$P(\alpha)$ 函数的奇异性也是不难理解的。

密度矩阵 ρ 三种不同的相空间表示 (P-表示、Q-表示，W- 表示) 是密切相关的，它们均可以表示成以下三种不同特征函数的傅里叶变换：

$$P\text{-表示：} \quad \chi_N(\lambda) = \mathrm{Tr}[\rho e^{\lambda\hat{a}^\dagger} e^{-\lambda^*\hat{a}}], \quad \text{正规算符排序,} \tag{2.266a}$$

$$Q\text{-表示：} \quad \chi_A(\lambda) = \mathrm{Tr}[\rho e^{-\lambda^*\hat{a}} e^{\lambda\hat{a}^\dagger}], \quad \text{反正规算符排序,} \tag{2.266b}$$

$$W\text{-表示：} \quad \chi_W(\lambda) = \mathrm{Tr}[\rho e^{\lambda\hat{a}^\dagger - \lambda^*\hat{a}}], \quad \text{对称算符排序.} \tag{2.266c}$$

利用平移算符的展开形式

$$\hat{D}(\alpha) = \exp\left(\alpha\hat{a}^\dagger\right) \exp\left(-\alpha^*\hat{a}\right) \exp\left(-|\alpha|^2/2\right) \tag{2.267a}$$

$$= \exp\left(-\alpha^*\hat{a}\right) \exp\left(\alpha\hat{a}^\dagger\right) \exp\left(|\alpha|^2/2\right). \tag{2.267b}$$

我们也可以把 χ_N、χ_A、和 χ_W 统一写成

$$\chi_s(\lambda) = \mathrm{Tr}[\rho e^{\lambda\hat{a}^\dagger - \lambda^*\hat{a}} e^{\frac{s}{2}|\lambda|^2}] \tag{2.268}$$

$$= \begin{cases} \chi_N, & s = 1, \\ \chi_A, & s = -1, \\ \chi_W, & s = 0. \end{cases} \tag{2.269}$$

P-表示、Q-表示和 W-表示与 χ_N、χ_A、和 χ_W 关系为

$$P(\alpha) = \frac{1}{\pi^2} \int \mathrm{d}^2\lambda \chi_N(\chi) \mathrm{e}^{\lambda^*\alpha - \lambda\alpha^*}$$

$$\Longleftrightarrow \chi_N(\chi) = \int \mathrm{d}^2\alpha P(\alpha) \mathrm{e}^{-\lambda^*\alpha + \lambda\alpha^*}, \tag{2.270a}$$

$$Q(\alpha) = \frac{1}{\pi^2} \int \mathrm{d}^2\lambda \chi_A(\chi) \mathrm{e}^{\lambda^*\alpha - \lambda\alpha^*}$$

$$\Longleftrightarrow \chi_A(\chi) = \int \mathrm{d}^2\alpha Q(\alpha) \mathrm{e}^{-\lambda^*\alpha + \lambda\alpha^*}, \tag{2.270b}$$

$$W(\alpha) = \frac{1}{\pi^2} \int \mathrm{d}^2\lambda \chi_W(\chi) \mathrm{e}^{\lambda^*\alpha - \lambda\alpha^*}$$

$$\Longleftrightarrow \chi_W(\chi) = \int \mathrm{d}^2\alpha W(\alpha) \mathrm{e}^{-\lambda^*\alpha + \lambda\alpha^*}. \tag{2.270c}$$

可以验证，利用 χ_N、χ_A、和 χ_W，我们可以很方便地将正规排列、反正规排列和对称排列的算符平均值表示为

$$\langle (\hat{a}^\dagger)^m \hat{a}^n \rangle = \mathrm{Tr}[\rho(\hat{a}^\dagger)^m \hat{a}^n] = \frac{\partial^{m+n}}{\partial\lambda^m \partial(-\lambda^*)^n} \chi_N(\chi) \Big|_{\lambda=0}, \tag{2.271a}$$

$$\langle \hat{a}^n (\hat{a}^\dagger)^m \rangle = \mathrm{Tr}[\rho\hat{a}^n (\hat{a}^\dagger)^m] = \frac{\partial^{m+n}}{\partial\lambda^m \partial(-\lambda^*)^n} \chi_A(\chi) \Big|_{\lambda=0}, \tag{2.271b}$$

$$\langle \{(\hat{a}^\dagger)^m \hat{a}^n\}_{\mathrm{sys}} \rangle = \mathrm{Tr}[\rho\{(\hat{a}^\dagger)^m \hat{a}^n\}_{\mathrm{sys}}] = \frac{\partial^{m+n}}{\partial\lambda^m \partial(-\lambda^*)^n} \chi_W(\chi) \Big|_{\lambda=0}. \tag{2.271c}$$

进一步利用公式 (2.263)，我们也可以得到表示函数 P 和 Q 之间的关系为

$$Q(\alpha) = \frac{1}{\pi} \langle \alpha|\rho|\alpha \rangle = \frac{1}{\pi} \int \mathrm{d}^2\beta P(\beta) \mathrm{e}^{-|\alpha-\beta|^2}, \tag{2.272}$$

相应的逆变换可以由 Widder 变换[24] 得到

$$P(\alpha) = \exp\left(-\frac{\partial^2}{\partial\alpha^*\partial\alpha} \right) Q(\alpha, \alpha^*). \tag{2.273}$$

由上式可以看出，由于微分算子的存在，$P(\alpha)$ 函数一般要比 $Q(\alpha)$ 更加奇异，甚至不存在。同理，我们可以将 Wigner 函数写成

$$W(\alpha) = \frac{2}{\pi} \int \mathrm{d}^2\beta P(\beta) \mathrm{e}^{-2|\alpha-\beta|^2}, \tag{2.274}$$

相应的逆变换为

$$P(\alpha) = \exp\left(-\frac{1}{2}\frac{\partial^2}{\partial\alpha^*\partial\alpha}\right) W(\alpha, \alpha^*). \tag{2.275}$$

2.7 自旋相干态/原子相干态

2.7.1 自旋相干态的定义

光场与原子相互作用时，当原子之间距离很近且远小于光波长时，所有原子所感受的激光场几乎是一样的。在这种特殊情况下，使用原子的集体算符处理问题是方便的。假定所考察的原子的内部结构是二能级系统，则对每个原子，我们可以用三个标准的泡利算符 $\hat{\sigma}_x$、$\hat{\sigma}_y$ 及 $\hat{\sigma}_z$ 来描述它。当原子共同作用于光场时，我们就可以定义 N 个原子的集体算符为

$$\hat{J}_{x,y,z} = \frac{1}{2}\sum_{l=1}^{N} \hat{\sigma}_{x,y,z}^{(l)}. \tag{2.276}$$

容易看到，这里定义的原子集体算符仍然满足角动量对易关系

$$[\hat{J}_x, \hat{J}_y] = \mathrm{i}\hat{J}_z, \quad [\hat{J}_y, \hat{J}_z] = \mathrm{i}\hat{J}_x, \quad [\hat{J}_z, \hat{J}_x] = \mathrm{i}\hat{J}_y, \tag{2.277}$$

故我们可以用角动量耦合的性质来考察这 N 个自旋为 $1/2$ 原子复合后系统总希尔伯特空间的性质。

对于 N 个两能级原子，角动量耦合后的总自旋 j 有多个取值，这里我们感兴趣的是 j 能取到的最大值 $N/2$。在这一 N 原子耦合的子空间中，所有原子的自旋排布都是同向的，这个总自旋最大的状态一般称为 Dicke 态。Dicke 态由于其在原子辐射及相变中所表现的特殊性质而受到广泛关注。在第四章中我们将对其进行详细介绍。这里我们只关注自旋相干态 $j = N/2$ 的情况。

定义总角动量算符 $\hat{J}^2 = \hat{J}_x^2 + \hat{J}_y^2 + \hat{J}_z^2$，则原子集体算符 $\{\hat{J}^2, \hat{J}_z\}$ 的共同本征态为

$$\hat{J}^2|j,m\rangle = j(j+1)|j,m\rangle, \tag{2.278}$$

$$\hat{J}_z|j,m\rangle = m|j,m\rangle, \tag{2.279}$$

$$|j,m\rangle = \begin{pmatrix} 2j \\ j+m \end{pmatrix}^{-1/2} \frac{(\hat{J}_+)^{j+m}}{(j+m)!}|j,-j\rangle. \tag{2.280}$$

其中

$$\begin{pmatrix} 2j \\ j+m \end{pmatrix} = \frac{(2j)!}{(j+m)!(j-m)!}, \tag{2.281}$$

并且有 $m = -j, \cdots, j$。

定义集体升降算符

$$\hat{J}_\pm = \hat{J}_x \pm i\hat{J}_y, \tag{2.282}$$

则有

$$\hat{J}_\pm|j,m\rangle = \sqrt{j(j+1) - m(m\pm 1)}|j,m\pm 1\rangle. \tag{2.283}$$

自旋相干态定义为 N 个相同单粒子态的直积态[1,11]，其形式可以用状态 $|j,m\rangle$ ($j = N/2$) 展开为

$$\begin{aligned}
|\theta,\phi\rangle &= \bigotimes_{l=1}^{N} \left[\cos\frac{\theta}{2}|0\rangle_l + e^{i\phi}\sin\frac{\theta}{2}|1\rangle_l\right] \\
&= \sum_{m=-j}^{j} \begin{pmatrix} 2j \\ j+m \end{pmatrix}^{1/2} (\cos\frac{\theta}{2})^{j+m}(e^{i\phi}\sin\frac{\theta}{2})^{j-m}|j,m\rangle. \tag{2.284}
\end{aligned}$$

可见，类比于光场来说，自旋相干态类似于光场的相干态 $|\alpha\rangle$，而原子系统的本征态 $|j,m\rangle$ 类似于光场的福克态 $|n\rangle$。

如果定义 $|0\rangle = |\uparrow\rangle$，$|1\rangle = |\downarrow\rangle$，则当所有原子自旋向上时，即有

$$|\theta = 0, \phi\rangle = |0\rangle_1|0\rangle_2\cdots|0\rangle_N = |j,j\rangle; \tag{2.285}$$

而当所有原子自旋向下时，我们有

$$|\theta = \pi, \phi\rangle = e^{iN\phi}|1\rangle_1|1\rangle_2\cdots|1\rangle_N = e^{iN\phi}|j,-j\rangle. \tag{2.286}$$

若令 $\eta = e^{i\phi}\tan\frac{\theta}{2}$，则 $|\theta,\phi\rangle$ 亦可以写成

$$|\theta,\phi\rangle = (\cos\frac{\theta}{2})^{2j}\sum_{m=-j}^{j} \begin{pmatrix} 2j \\ j+m \end{pmatrix}^{1/2} (e^{i\phi}\tan\frac{\theta}{2})^{j-m}|j,m\rangle$$

$$= \left(\frac{1}{1+|\eta|^2} \right)^j \sum_{m=-j}^{j} \left(\begin{array}{c} 2j \\ j+m \end{array} \right)^{1/2} \eta^{j-m} |j,m\rangle. \tag{2.287}$$

这里参数 η 有很明确的几何表示，它对应于赤道平面上某一点对应的复数。这个点和球南极点的连线与球面的交点坐标即对应于 (θ,ϕ) 所刻画的方向矢量。在几何学中，通常也称之为球面的球极投影。各参数的几何关系如图 2.21所示。

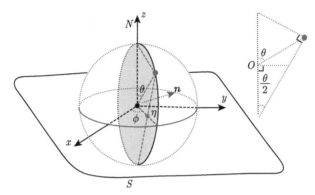

图 2.21 自旋相干态各参数在单位球面上的对应

利用二能级原子在 Bloch 球上的表示，我们可以把自旋相干态写成更紧凑的形式。可以看到，方位角 (θ,ϕ) 对应的单粒子态可以表示成初态 $|0\rangle$ 绕着方向矢量 $\boldsymbol{n} = (-\sin\phi, \cos\phi, 0)$ 做角度为 $\theta/2$ 的转动而得到，亦即

$$\cos\frac{\theta}{2}|0\rangle + \mathrm{e}^{\mathrm{i}\phi}\sin\frac{\theta}{2}|1\rangle = \mathrm{e}^{-\mathrm{i}\theta\boldsymbol{\sigma}\cdot\boldsymbol{n}/2}|0\rangle. \tag{2.288}$$

利用上述关系，我们可以得到

$$|\theta,\phi\rangle = \bigotimes_{l=1}^{N} \mathrm{e}^{-\mathrm{i}\theta\boldsymbol{\sigma}^{(l)}\cdot\boldsymbol{n}/2}|0\rangle_l = \bigotimes_{l=1}^{N} \mathrm{e}^{\xi\hat{\sigma}_+^{(l)} - \xi^*\hat{\sigma}_-^{(l)}}|0\rangle_l$$

$$= \exp[\xi\hat{J}_+ - \xi^*\hat{J}_-]|j,j\rangle, \tag{2.289}$$

其中 $\xi = -\frac{\theta}{2}\mathrm{e}^{-\mathrm{i}\phi}$。我们可以定义

$$\hat{R}(\theta,\phi) = \exp[\xi\hat{J}_+ - \xi^*\hat{J}_-] = \exp[\mathrm{i}\theta(\hat{J}_x\sin\phi - \hat{J}_y\cos\phi)], \tag{2.290}$$

从而有

$$|\theta,\phi\rangle = \hat{R}(\theta,\phi)|j,j\rangle. \tag{2.291}$$

可以证明，上述定义式 (2.287) 和 (2.291) 是相互等价的。利用角动量拆解定理

$$\exp[\xi\hat{J}_+ - \xi^*\hat{J}_-] = \exp[-\eta^*\hat{J}_+]\exp[\ln(1+|\eta|^2)\hat{J}_z]\exp[\eta\hat{J}_-] \quad (2.292a)$$

$$= \exp[\eta\hat{J}_-]\exp[-\ln(1+|\eta|^2)\hat{J}_z]\exp[-\eta^*\hat{J}_+] \quad (2.292b)$$

可得

$$\hat{R}(\theta,\phi)|j,j\rangle = |\theta,\phi\rangle = \exp[\eta\hat{J}_-]\exp[-\ln(1+|\eta|^2)\hat{J}_z]\exp[\eta^*\hat{J}_+]|j,j\rangle$$

$$= (1+|\eta|^2)^{-j}\exp[\eta^*\hat{J}_-]|j,j\rangle$$

$$= (1+|\eta|^2)^{-j}\sum_{k=0}^{2j}\frac{\eta^k\hat{J}_-^k}{k!}|j,j\rangle$$

$$= (1+|\eta|^2)^{-j}\sum_{m=-j}^{j}\frac{\eta^{j+m}\hat{J}_-^{j+m}}{(j+m)!}|j,j\rangle, \quad (2.293)$$

再利用关系式

$$|j,m\rangle = \frac{1}{(j-m)!}\begin{pmatrix} 2j \\ j-m \end{pmatrix}^{-1/2}\hat{J}_-^{j-m}|j,j\rangle. \quad (2.294)$$

即可得出方程 (2.287) 和 (2.291) 的确是等价的。

2.7.2　自旋相干态的性质

自旋相干态的主要性质可以罗列为以下几点。

(1) 非正交性。与光场的相干态一样，原子系统的自旋相干态彼此也是不正交的。不同的自旋相干态之间的内积为

$$\langle\theta',\phi'|\theta,\phi\rangle = \left(\cos\frac{\theta-\theta'}{2}\cos\frac{\phi-\phi'}{2} - \mathrm{i}\cos\frac{\theta+\theta'}{2}\sin\frac{\phi-\phi'}{2}\right)^{2j}\mathrm{e}^{ij(\phi'-\phi)}. \quad (2.295)$$

上述结果与球面矢量之间的关系可以通过下式表示

$$|\langle\theta',\phi'|\theta,\phi\rangle|^2 = \left[\frac{1+\boldsymbol{n}(\theta,\phi)\cdot\boldsymbol{n}(\theta',\phi')}{2}\right]^{2j} = (\cos\frac{\Theta}{2})^{4j}, \quad (2.296)$$

其中 Θ 为矢量 $\boldsymbol{n}(\theta,\phi)$ 与 $\boldsymbol{n}(\theta',\phi')$ 之间的方向夹角，满足关系

$$\cos\Theta = \cos\theta\cos\theta' + \sin\theta\sin\theta'\cos(\phi-\phi'). \quad (2.297)$$

(2) 超完备性。对于给定的量子数 j，所有的自旋相干态组成的子空间满足下列关系

$$\frac{2j+1}{4\pi} \int\int \mathrm{d}\phi\mathrm{d}\theta \sin\theta |\theta,\phi\rangle\langle\theta,\phi|$$

$$= \frac{2j+1}{2} \int_0^\pi d\theta \sum_m \binom{2j}{j+m} \left(\cos\frac{\theta}{2}\right)^{2j-2m} \left(\sin\frac{\theta}{2}\right)^{2j+2m} |j,m\rangle\langle j,m|$$

$$= \sum_m |j,m\rangle\langle j,m| = I. \tag{2.298}$$

利用自旋相干态的完备性，我们可以把任何给定量子数 j 的量子态展开为

$$|c\rangle = \sum_m c_m |j,m\rangle = \frac{2j+1}{4\pi} \int\int \mathrm{d}\phi\mathrm{d}\theta \sin\theta \sum_m c_m |\theta,\phi\rangle\langle\theta,\phi|j,m\rangle$$

$$= \frac{2j+1}{4\pi} \int\int \mathrm{d}\phi\mathrm{d}\theta \sin\theta \frac{f(\tau^*)}{(1+|\tau|^2)^j} |\theta,\phi\rangle, \tag{2.299}$$

其中

$$f(\tau^*) = \sum_m c_m \sqrt{\binom{2j}{j+m}} (\tau^*)^{j+m} = (1+|\tau|^2)^j \langle\theta,\phi|c\rangle. \tag{2.300}$$

$f(\tau^*)$ 可以看成是状态 $|c\rangle$ 在相干态空间中的表示。相应的两个不同状态的内积也可以写成

$$\langle c'|c\rangle = \frac{2j+1}{4\pi} \int\int \mathrm{d}\phi\mathrm{d}\theta \sin\theta \frac{f'(\tau^*)^* f(\tau^*)}{(1+|\tau|^2)^{2j}}. \tag{2.301}$$

对于给定的多粒子自旋态，利用自旋相干态的完备性，我们同样也可以定义自旋态的 Huisimi-Q 函数

$$Q(\theta_0,\phi_0) = |\langle\theta_0,\phi_0|\psi(t)\rangle|^2, \tag{2.302}$$

它反映了状态 $|\psi(t)\rangle$ 在 Bloch 球面上的分布，其中 (θ_0,ϕ_0) 为相应的方向角。例如，图 2.22就是自旋相干态 $|\theta=\pi/2,\phi=0\rangle$ 在球面上的 Q 函数分布图。可以看到，自旋相干态的涨落是各向同性的。

位于赤道面自旋相干态 $|\theta=\pi/2,\ \phi=0\rangle,\ N=20$ 的 Q 函数分布

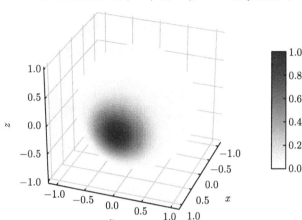

图 2.22　自旋相干态的球面 Q 函数分布，这里的总粒子数为 $N=20$

(3) 自旋算符的平均值。对于自旋相干态 $|\theta,\phi\rangle$，其自旋的平均值为

$$\langle\theta,\phi|\boldsymbol{J}|\theta,\phi\rangle = \frac{1}{2}N\boldsymbol{n} = \frac{1}{2}N(\sin\theta\cos\phi,\sin\theta\sin\phi,\cos\theta), \tag{2.303}$$

其中，$\boldsymbol{n}$ 为对应单粒子态在 Bloch 球上的矢量方向。上式表明，N 个原子的自旋指向是相同的，这和自旋相干态的定义是吻合的。利用 $|\theta,\phi\rangle$ 的具体表达式，我们还可以求得各分量的涨落

$$\langle\Delta\hat{J}_x^2\rangle = \langle\hat{J}_x^2\rangle - \langle\hat{J}_x\rangle^2 = \frac{N}{4}(1-\sin^2\theta\cos^2\phi), \tag{2.304a}$$

$$\langle\Delta\hat{J}_y^2\rangle = \frac{N}{4}(1-\sin^2\theta\sin^2\phi), \tag{2.304b}$$

$$\langle\Delta\hat{J}_z^2\rangle = \frac{N}{4}(1-\cos^2\theta), \tag{2.304c}$$

从而有

$$\langle\Delta\hat{J}_x^2\rangle + \langle\Delta\hat{J}_y^2\rangle + \langle\Delta\hat{J}_z^2\rangle = \langle\hat{J}^2\rangle - \langle\boldsymbol{J}\rangle^2 = \frac{N}{2}. \tag{2.305}$$

对于平均自旋方向为 $\boldsymbol{n}$ 的自旋相干态，总自旋 $\boldsymbol{J}$ 在方向 $\boldsymbol{n}$ 上的投影有最大本征值，满足

$$\boldsymbol{J}\cdot\boldsymbol{n}|\theta,\phi\rangle = \frac{N}{2}|\theta,\phi\rangle. \tag{2.306}$$

如果我们转动坐标系，取方向 $\boldsymbol{n}$ 为新的 z-轴，同时选择另外两个正交方向 $\boldsymbol{n}_1$ 和 $\boldsymbol{n}_2$，并令 $\hat{S}_\perp^{(1)} = \boldsymbol{J}\cdot\boldsymbol{n}_1$ 及 $\hat{S}_\perp^{(2)} = \boldsymbol{J}\cdot\boldsymbol{n}_2$，则容易知道

$$\boldsymbol{J} = (\boldsymbol{J}\cdot\boldsymbol{n})\boldsymbol{n} + \hat{S}_\perp^{(1)}\boldsymbol{n}_1 + \hat{S}_\perp^{(2)}\boldsymbol{n}_2, \tag{2.307}$$

并满足关系

$$\langle\theta,\phi|\hat{S}_\perp^{(i)}|\theta,\phi\rangle = 0,$$

$$\langle(\Delta\hat{S}_\perp^{(1)})^2\rangle + \langle(\Delta\hat{S}_\perp^{(2)})^2\rangle = \langle\hat{J}^2\rangle - \langle(\boldsymbol{J}\cdot\boldsymbol{n})^2\rangle = \frac{N}{2}. \tag{2.308}$$

考虑到 $|\theta,\phi\rangle$ 在沿 $\boldsymbol{n}$ 方向转动下仅相差一相位因子, 所以有

$$\langle(\Delta\hat{S}_\perp^{(1)})^2\rangle = \langle(\Delta S_\perp^{(2)})^2\rangle = \frac{N}{4}. \tag{2.309}$$

上式表明, 在垂直于 $\boldsymbol{n}$ 的平面上, 自旋相干态沿各方向上的涨落是相同的, 这也正好对应于光场相干态涨落在相空间分布上各向均匀的特性。

2.7.3 自旋压缩

类比光场的压缩态, 我们也可以通过自旋的涨落定义自旋压缩态。对于给定的 N 原子自旋态, 如果在垂直于平均自旋方向 $\boldsymbol{n}$ 的平面内各方向上的涨落不再相同, 那么这个状态就不再是相干态。如果在某个平面方向 $\boldsymbol{n}_\perp$ 上, 其相应的涨落满足

$$\langle(\Delta\hat{J}_\perp)^2\rangle < \frac{N}{4}, \tag{2.310}$$

我们就认为这样的集体自旋态存在压缩效应。压缩度的定义为

$$\xi_s = \frac{\min\langle(\Delta\hat{J}_\perp)^2\rangle}{N/4} = \frac{4\min\langle(\Delta\hat{J}_\perp)^2\rangle}{N}, \tag{2.311}$$

其中, $\min$ 表示在垂直于 $\boldsymbol{n}$ 的平面内取涨落最小的方向。

图 2.23给出了一个典型的自旋压缩态的 Q 函数分布情况 (具体生成方法可参考第四章 4.8 节)。为了求得最佳压缩度的大小, 我们假定集体量子态的平均方向为 $\boldsymbol{n} = (\sin\theta\cos\phi, \sin\theta\sin\phi, \cos\theta)$, 则在垂直于 $\boldsymbol{n}$ 的平面内, 我们可取两正交方向为

$$\boldsymbol{n}_1 = (-\sin\phi, \cos\phi, 0),$$
$$\boldsymbol{n}_2 = (\cos\theta\cos\phi, \cos\theta\sin\phi, -\sin\theta).$$

这样我们可以把垂直于 $\boldsymbol{n}$ 的任意向量写成角度 α 的函数

$$\boldsymbol{n}_\perp = \cos\alpha\,\boldsymbol{n}_1 + \sin\alpha\,\boldsymbol{n}_2. \tag{2.312}$$

自旋相干态 $|\theta=\pi/2,\ \phi=0\rangle$, $N=20$ 在单轴压缩作用下的 Q 函数分布

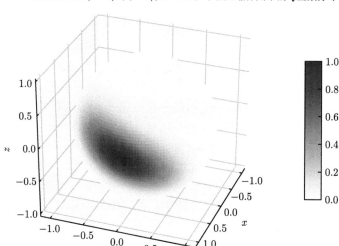

图 2.23 单轴自旋压缩相干态的球面 Q 函数分布，这里单轴压缩变换为 $\exp[\mathrm{i}\hat{J}_2^2/50]$

由于 $\langle \boldsymbol{J}\cdot\boldsymbol{n}_\perp\rangle=0$，我们可以求得 $\boldsymbol{n}_\perp$ 方向上的涨落为

$$\langle(\Delta\hat{J}_{\boldsymbol{n}_\perp})^2\rangle=\langle(\hat{J}_{\boldsymbol{n}_\perp})^2\rangle=\boldsymbol{n}_\perp\Lambda\boldsymbol{n}_\perp^{\mathrm{T}}$$

$$=\boldsymbol{n}_\perp\begin{bmatrix} \langle(\hat{J}_{\boldsymbol{n}_1})^2\rangle & \mathrm{Cov}(\hat{J}_{\boldsymbol{n}_1},\hat{J}_{\boldsymbol{n}_2}) \\ \mathrm{Cov}(\hat{J}_{\boldsymbol{n}_1},\hat{J}_{\boldsymbol{n}_2}) & \langle(\hat{J}_{\boldsymbol{n}_2})^2\rangle \end{bmatrix}\boldsymbol{n}_\perp^{\mathrm{T}}, \tag{2.313}$$

其中

$$\mathrm{Cov}(\hat{J}_{\boldsymbol{n}_1},\hat{J}_{\boldsymbol{n}_2})=\langle\hat{J}_{\boldsymbol{n}_1}\hat{J}_{\boldsymbol{n}_2}+\hat{J}_{\boldsymbol{n}_2}\hat{J}_{\boldsymbol{n}_1}\rangle/2. \tag{2.314}$$

由于 $\boldsymbol{\Lambda}$ 为实对称矩阵，可以正交对角化，故 $\langle(\Delta\hat{J}_{\boldsymbol{n}_\perp})^2\rangle$ 取最小值时，方向矢量 $\boldsymbol{n}_\perp$ 正好对应矩阵 $\boldsymbol{\Lambda}$ 最小本征值所对应的本征态。容易求得，$\boldsymbol{\Lambda}$ 的本征值为

$$\lambda_\pm=\frac{1}{2}\left[\langle\hat{J}_{\boldsymbol{n}_1}^2+\hat{J}_{\boldsymbol{n}_2}^2\rangle\pm\sqrt{A^2+4B^2}\right], \tag{2.315}$$

其中

$$A=\langle\hat{J}_{\boldsymbol{n}_1}^2-\hat{J}_{\boldsymbol{n}_2}^2\rangle, \quad B=\mathrm{Cov}(\hat{J}_{\boldsymbol{n}_1},\hat{J}_{\boldsymbol{n}_2}). \tag{2.316}$$

所以最佳压缩度为

$$\xi_s^2=\frac{4}{N}\lambda_-=\frac{2}{N}\left[\langle\hat{J}_{\boldsymbol{n}_1}^2+\hat{J}_{\boldsymbol{n}_2}^2\rangle\pm\sqrt{A^2+4B^2}\right], \tag{2.317}$$

相应的最佳压缩的角度为

$$
\alpha = \begin{cases} \dfrac{1}{2}\arccos\left(\dfrac{-A}{\sqrt{A^2+4B^2}}\right), & B \leqslant 0 \\[3mm] \pi - \dfrac{1}{2}\arccos\left(\dfrac{-A}{\sqrt{A^2+4B^2}}\right), & B > 0 \end{cases} \tag{2.318}
$$

对于自旋相干态，易知 $\xi_s^2 = 1$。自旋压缩与多粒子系统的量子纠缠有紧密的联系，在量子精密测量中亦有着广泛的应用。

参 考 文 献

[1] 郭光灿. 量子光学. 北京: 高等教育出版社，1990.

[2] Scully M O, Suhail Zubairy M. Quantum Optics (Chapter 2, 3.3, and 3.4). Cambridge: Cambridge University Press, 2003.

[3] Walls D F, Milburn G J. Quantum Optics (Chapter 2). Berlin: Springer Science & Business Media, 2008.

[4] Agarwal G S. Quantum Optics (Chapter 1.4, 1.6, 1.7, 2.3, and 2.4). Cambridge: Cambridge University Press, 2012.

[5] Gardiner C, Zoller P. Quantum noise: A handbook of Markovian and non-Markovian Quantum Stochastic Methods with Applications to Quantum Optics (Chapter 4). Berlin: Springer Science & Business Media, 2004.

[6] Schleich W P. Quantum Optics in Phase Space (Chapter 4). Berlin:Wiley-VCH, 2001.

[7] Klimov A B, Chumakov S M. A Group-Theoretical Approach to Quantum Optics: Models of Atom-Field Interactions. New Jersey: John Wiley & Sons, 2009.

[8] Puri R R. Mathematical Methods of Quantum Optics (Chapter 4). Berlin: Springer Science & Business Media, 2001.

[9] Zhang W M, Feng D H, Gilmore R. Coherent states: Theory and some applications. Reviews of Modern Physics, 1990, 62: 867.

[10] Andersen U L, Gehring T, Marquardt C, et al. 30 years of squeezed light generation. Phys. Scr., 2016, 91: 053001.

[11] Ma J, Wang X G, Sun C P, et al. Quantum spin squeezing. Physics Reports, 2011, 509: 89-165.

[12] 本书中的计算图片数据多数由基于 julia 语言的 QuantumOptics.jl 软件包获得，具体介绍可参考 Krämer S, Plankensteiner D, Ostermann L, et al. Quantum Optics.jl: A Julia framework for simulating open quantum systems. Computer Physics Communications, 2018, 227: 109.

[13] Mandel L. Sub-Poissonian photon statistics in resonance flourescence. Opt. Lett., 1979, 4: 205.

[14] Xia Y, Guo G. Nonclassical properties of even and odd coherent states. Phys. Lett. A, 1989, 136: 281.

[15] Hillery M. Amplitude-squared squeezing of the electromagnetic field. Phys. Rev. A, 1987, 36: 3796.

[16] Dodonov V V, Korennoy Y A, Man'ko V I, et al. J. Opt. B: Quantum Semiclass. Opt., 1996, 8: 413.

[17] Dodonov V V, Malkin I A, Man'ko V I. Even and odd coherent states and excitations of a singular oscillator. Physica, 1974, 72: 597-615.

[18] Buzek V, Vidiella-Barranco A, Knight P L. Phys. Rev. A, 1992, 45: 6750.

[19] Agarwal G S. Heisenberg's uncertainty relations and quantum optics. Fortschr. Phys., 2002, 50: 575-582.

[20] Agarwal G S. Generation of pair coherent states and squeezing via the competition of four-wave mixing and amplified spontaneous emission. Phys. Rev. Lett., 1986, 57: 827.

[21] Dong Y L, Zou X B, Guo G C. Generation of pair coherent state using weak cross-Kerr media. Physics Letters A, 2008, 372: 5677-5680.

[22] Wigner E. On the quantum correction for thermodynamic equilibrium. Phys. Rev., 1932, 40: 749.

[23] Glauber R J. Coherent and incoherent states of the radiation field. Phys. Rev., 1963, 131: 2766; Sudarshan E C G. Equivalence of semiclassical and quantum mechanical descriptions of statistical light beams. Phys. Rev. Lett., 1963, 10: 277.

[24] Hirschman I I, Widder D V. The Convolution Transform. Princeton NJ: Princeton University Press, 1955.

第三章　光场相干性及其干涉

相干性一直是光学中最重要的概念，但在经典和传统的光学中，相干性的物理含义实际上是很狭窄的。光场传统的双缝干涉现象只涉及光场的一阶相干性。1956 年，Hanbury Brown 和 Twiss 观测到了光场的强度干涉。这也是第一个关于光场高阶相干性的实验。自此以后，人们才比较系统地给出了光场相干性的确切定义。量子光学的建立和发展，使得我们对光场的高阶相干性有了更本质的理解，即高阶相干性来源于多光子间的干涉效应。本章中，我们介绍在量子光学的框架中，如何理解光场的一阶、二阶乃至高阶相干性，并给出相干性的具体定义 [1-6]。我们将以简单的光学干涉仪为例，具体分析并讨论其中相干光场的测量，以及相关的测量精度等问题 [1,2,4,5,7-15]。最后我们将简单介绍单光子干涉和多光子干涉之间的异同，以加深对相关概念的理解 [7,16-19]。

3.1　量子相关函数

对于量子化的光场，其相干特性均是通过探测其量子相关函数而得到的。在讨论相干性的量子理论之前，我们需要对光电探测的过程进行简单分析。在光电探测的基本过程中，探测器中的原子大多处在基态，原子吸收一个光子的同时会相应地发射一个光电子。发射的电学信号经放大后即被我们读取，从而获得被测量系统的信息。

量子光学中，我们可以用量子化的行波电磁场来讨论光电的探测过程。依照第一章中的公式 (1.125)，我们可以将电场算符写成正频部分 $\hat{E}^{(+)}$ 和负频部分 $\hat{E}^{(-)}$ 的组合形式

$$\hat{E}(\boldsymbol{r},t) = \hat{E}^{(+)}(\boldsymbol{r},t) + \hat{E}^{(-)}(\boldsymbol{r},t), \tag{3.1}$$

其中，$\hat{E}^{(+)}$ 和 $\hat{E}^{(-)}$ 的具体形式为

$$\hat{E}^{(+)}(\boldsymbol{r},t) = i\sum_{\boldsymbol{k},\sigma} \hat{e}_{\sigma}\sqrt{\frac{\hbar\omega_k}{2\epsilon_0 V}}[\hat{a}_{\boldsymbol{k},\sigma}\mathrm{e}^{-i\omega_k t + i\boldsymbol{k}\cdot\boldsymbol{r}}], \qquad \hat{E}^{(-)}(\boldsymbol{r},t) = [\hat{E}^{(+)}(\boldsymbol{r},t)]^{\dagger}.$$

为方便讨论，这里假定电场均是线偏振的。在光的吸收过程中，光子发生湮灭，故只有场的正频部分起作用。因而探测的过程在 $\hat{E}^{(+)}$ 和 $\hat{E}^{(-)}$ 之间引进了不对称性，实际上探测的场对应于 $\hat{E}^{(+)}$，而并非整个场算符 $\hat{E}(\boldsymbol{r},t)$。需要强调的是，在经典

光场测量中，正频和负频均有计入，这和量子化的测量理论很不一样。对光场量子统计特性的研究都是以上述实验事实为出发点的。当然，在经典极限下，量子理论也能过渡到经典情况。例如在电磁波谱的低频端，场的量子效应不显著，且 $\hbar\omega \to 0$。一个位于电磁场中的探测器不仅会吸收电磁量子，同时也会发射电磁量子，此时 $\hat{E}^{(+)}$ 和 $\hat{E}^{(-)}$ 所起的作用相当。因此探测的信息可对应于整个电场 $E(\boldsymbol{r}, t)$。

假定电磁场在时空点 $(\boldsymbol{r}, t)$ 处被吸收一个光子后，场的状态由状态 $|i\rangle$ 跃迁到 $|f\rangle$。相应的跃迁振幅正比于矩阵元 $\langle f|\hat{E}^{(+)}(\boldsymbol{r}, t)|i\rangle$。一般说来，我们无法确定系统的终态。为了得到系统的总跃迁概率，我们需要对所有可能的终态 $|f\rangle$ 进行求和

$$w_1(\boldsymbol{r}, t) = \sum_f |\langle f|\hat{E}^{(+)}(\boldsymbol{r}, t)|i\rangle|^2 = \sum_f \langle i|\hat{E}^{(-)}(\boldsymbol{r}, t)|f\rangle\langle f|\hat{E}^{(+)}(\boldsymbol{r}, t)|i\rangle$$
$$= \langle i|E^{(-)}(\boldsymbol{r}, t)\hat{E}^{(+)}(\boldsymbol{r}, t)|i\rangle. \tag{3.2}$$

当场的初态并非纯态而是用密度矩阵 ρ 表示时，我们可以把上式改写为

$$w_1(\boldsymbol{r}, t) = \mathrm{Tr}[\rho\hat{E}^{(-)}(\boldsymbol{r}, t)\hat{E}^{(+)}(\boldsymbol{r}, t)]. \tag{3.3}$$

对于理想的探测器来说，$w_1(\boldsymbol{r}, t)$ 对应其在时空点 $(\boldsymbol{r}, t)$ 处的计数率。

依照上述表达式，我们可以定义光场在不同时空点上的一阶相关函数为

$$G^{(1)}(\boldsymbol{r}_1, \boldsymbol{r}_2; t_1, t_2) = \mathrm{Tr}[\rho\hat{E}^{(-)}(\boldsymbol{r}_1, t_1)\hat{E}^{(+)}(\boldsymbol{r}_2, t_2)]$$
$$= \langle \hat{E}^{(-)}(\boldsymbol{r}_1, t_1)\hat{E}^{(+)}(\boldsymbol{r}_2, t_2)\rangle. \tag{3.4}$$

对于大多实验系统而言，量子相关函数对时间变量平移具有不变性。也就是说 $G^{(1)}(\boldsymbol{r}_1, \boldsymbol{r}_2; t_1, t_2)$ 只依赖于时间差 $\tau = t_2 - t_1$，从而有

$$G^{(1)}(\boldsymbol{r}_1, \boldsymbol{r}_2; t_1, t_2) = G^{(1)}(\boldsymbol{r}_1, \boldsymbol{r}_2; \tau). \tag{3.5}$$

相应的光子计数率可以重写为 $w_1 = G^{(1)}(\boldsymbol{r}, \boldsymbol{r}; 0)$。

在光学探测中，我们有时候需要探测多个光子之间的关联特性，因此我们还需要考虑光场的高阶关联函数。以两探测器为例，对于给定的初态 $|i\rangle$ 和末态 $|f\rangle$，两探测器在时空点 $(\boldsymbol{r}_1, t_1)$ 和 $(\boldsymbol{r}_2, t_2)$ 处探测到光子的联合概率应为

$$w_2(\boldsymbol{r}_1, \boldsymbol{r}_2; t_1, t_2) = |\langle f|\hat{E}^{(+)}(\boldsymbol{r}_2, t_2)\hat{E}^{(+)}(\boldsymbol{r}_1, t_1)|i\rangle|^2. \tag{3.6}$$

对所有的初态和末态 $|f\rangle$ 求平均后，光子的联合计数率即可以写为

$$w_2(\boldsymbol{r}_1, \boldsymbol{r}_2; t_1, t_2) = \mathrm{Tr}[\rho\hat{E}^{(-)}(\boldsymbol{r}_1, t_1)E^{(-)}(\boldsymbol{r}_2, t_2)\hat{E}^{(+)}(\boldsymbol{r}_2, t_2)E^{(+)}(\boldsymbol{r}_1, t_1)]. \tag{3.7}$$

依照上述联合计数率的形式，我们可以定义光场的二阶相关函数为

$$\begin{aligned}G^{(2)}(X_1, X_2, X_3, X_4) &= \mathrm{Tr}[\rho \hat{E}^{(-)}(X_1)\hat{E}^{(-)}(X_2)\hat{E}^{(+)}(X_3)\hat{E}^{(+)}(X_4)] \\ &= \langle \hat{E}^{(-)}(X_1)\hat{E}^{(-)}(X_2)\hat{E}^{(+)}(X_3)\hat{E}^{(+)}(X_4)\rangle.\end{aligned} \tag{3.8}$$

这里定义了 $X_i = \{\boldsymbol{r}_i, t_i\}$。同理，对于多光子计数过程，我们也可以定义光场的 n-阶相关函数

$$\begin{aligned}&G^{(n)}(X_1, \cdots, X_n, X_{n+1}, \cdots, X_{2n}) \\ &= \langle \hat{E}^{(-)}(X_1)\cdots \hat{E}^{(-)}(X_n)\hat{E}^{(+)}(X_{n+1})\cdots \hat{E}^{(+)}(X_{2n})\rangle.\end{aligned} \tag{3.9}$$

可以看到，由于实际的探测过程中光子总是被探测器的探头吸收，故上述表达式中场算符的排序总是正规排列的，亦即产生算子总是排在湮灭算子的左边。

利用上述关联函数，我们可以定义归一化的光场一阶相干度、二阶相干度为

$$g^{(1)}(X_1, X_2) = \frac{\langle \hat{E}^{(-)}(X_1)\hat{E}^{(+)}(X_2)\rangle}{\sqrt{\langle \hat{E}^{(-)}(X_1)\hat{E}^{(+)}(X_1)\rangle \langle \hat{E}^{(-)}(X_2)\hat{E}^{(+)}(X_2)\rangle}}, \tag{3.10}$$

$$g^{(2)}(X_1, X_2, X_2, X_1) = \frac{\langle \hat{E}^{(-)}(X_1)\hat{E}^{(-)}(X_2)\hat{E}^{(+)}(X_2)\hat{E}^{(+)}(X_1)\rangle}{\langle \hat{E}^{(-)}(X_1)\hat{E}^{(+)}(X_1)\rangle \langle \hat{E}^{(-)}(X_2)\hat{E}^{(+)}(X_2)\rangle}. \tag{3.11}$$

对于单模情形，可以对上式进行简化。代入光场单模平面波算符的具体形式

$$\hat{E}^{(+)}(\boldsymbol{r}, t) = \mathrm{i}\sqrt{\frac{\hbar\omega}{2\epsilon_0 L^3}}\mathrm{e}^{\mathrm{i}(\boldsymbol{k}\cdot\boldsymbol{r} - \omega t)}\hat{a}(0), \tag{3.12}$$

可知在空间固定的位置 $\boldsymbol{r}_i = \boldsymbol{r}$ 处，相干度可以简化为

$$g^{(1)}(\tau) = \frac{\langle \hat{a}^{\dagger}(t+\tau)\hat{a}(t)\rangle}{\langle \hat{a}^{\dagger}\hat{a}\rangle}, \tag{3.13}$$

$$g^{(2)}(\tau) = \frac{\langle \hat{a}^{\dagger}(t)\hat{a}^{\dagger}(t+\tau)\hat{a}(t+\tau)\hat{a}(t)\rangle}{\langle \hat{a}^{\dagger}\hat{a}\rangle^2}. \tag{3.14}$$

3.2 相 干 光 场

对于一阶相干度，若 $|g^{(1)}(X_1, X_2)| = 1$，则称光场在时空点 X_1 和 X_2 处具有一阶相干性。对于整个光场来说，一般认为只有当场中所有的时空点对 (X_1, X_2) 都满足 $|g^{(1)}(X_1, X_2)| = 1$ 时，我们才能称该场具有一阶相干性。这当然是一个理想化的近似，实际光场的相干性都是有限的。

相干性是光场噪声强弱的反映。相干性越好，场的噪声越小。一阶相干性的条件显然限制了相位起伏而产生的场噪声，但是这个条件对场噪声的限制是很微

弱的。换句话说，满足一阶相干条件的光场仍具有相当大的噪声。只有对一阶相干场再进一步加上某种限制，才可以去除更多的噪声。例如，二阶相干光场的定义即要求一阶相干度和二阶相干度同时为 1，即

$$|g^{(1)}(X_1, X_2)| = 1, \quad |g^{(2)}(X_1, X_2, X_3, X_4)| = 1. \tag{3.15}$$

由于对场的噪声附加了新的限制条件，二阶相干光场的噪声比一阶相干的光场要小。

利用同样的思路，我们也可以定义高阶相干光场。令

$$\begin{aligned}
&g^{(n)}(X_1, \cdots, X_n, X_{n+1}, \cdots, X_{2n}) \\
&= \frac{G^{(n)}(X_1, \cdots, X_n, X_{n+1}, \cdots, X_{2n})}{\sqrt{G^{(1)}(X_1, X_1)} \cdots \sqrt{G^{(1)}(X_{2n}, X_{2n})}}.
\end{aligned} \tag{3.16}$$

若对任何时空点集合 $(X_1, \cdots, X_m, X_{m+1}, \cdots, X_{2m})$，均有

$$|g^{(m)}(X_1, \cdots, X_m, X_{m+1}, \cdots, X_{2m})| = 1, \quad 1 \leqslant m \leqslant n, \tag{3.17}$$

成立，则按 Glauber 的定义，此光场即为 n 阶相干光场。

容易验证，对相干态，总有 $|g^{(n)}(X_1, \cdots, X_{2n})| = 1$ 成立，所以相干光场的相关函数可以因式分解成单个时空点函数的乘积形式

$$|G^{(n)}(X_1, \cdots, X_n; X_n, \cdots, X_1)| = G^{(1)}(X_1, X_1) \cdots G^{(1)}(X_n, X_n). \tag{3.18}$$

这意味着，如果我们将 n 个理想的光子探测器置于 $X_1, \cdots, X_n$ 处，并记录所测到的 n 重符合计数速率，则所得到的计数率应该等于每个探测器在其他探测器不存在时计数速率的乘积，亦即不同探测器的计数速率之间没有任何统计关联。若存在统计关联，则意味着光场中存在某种随机起伏。从这个意义上讲，完全相干性应对应于"无噪声"。不过，这里的"噪声"并不包括量子噪声。例如，对于量子相干态，它仍然有量子噪声，来源于真空的涨落。

3.3   热光场的相关函数

作为量子相关函数的具体例子，本节中我们将讨论热激发光场相干度的具体形式。计算辐射场相关函数的关键是确定场的密度算符。对于多模式的热光场，由于每个模彼此独立，依据 1.5 节的结果，其密度算符可以写为

$$\rho = \sum_{n_{\boldsymbol{k}}=0}^{\infty} |\{n_{\boldsymbol{k}}\}\rangle\langle\{n_{\boldsymbol{k}}\}| \prod_{\boldsymbol{k}} \frac{(\bar{n}_{\boldsymbol{k}})^{n_{\boldsymbol{k}}}}{(1 + \bar{n}_{\boldsymbol{k}})^{(1+n_{\boldsymbol{k}})}}, \tag{3.19}$$

式中，$\bar{n}_{\boldsymbol{k}}$ 为模式 $\boldsymbol{k}$ 中的平均光子数，它与该模式频率 $\omega_{\boldsymbol{k}}$ 的关系为

$$\bar{n}_{\boldsymbol{k}} = [\exp(\hbar\omega_{\boldsymbol{k}}/k_{\mathrm{B}}T) - 1]^{-1}. \tag{3.20}$$

对于多模式热光场，按照相干度的具体定义及密度算符 (3.19)，我们可以求出

$$g^{(1)}(\tau) = \frac{\sum\limits_{k} \bar{n}_k \omega_k \exp(-\mathrm{i}\omega_k \tau)}{\sum\limits_{k} \bar{n}_k \omega_k}, \tag{3.21}$$

其中，$\tau = t_2 - t_1 - (z_2 - z_1)/c$。这里为简单计算，假定光场是从光腔中产生的，波矢量 $\boldsymbol{k}$ 与坐标 z 轴 (光腔的轴向) 平行，探测器的位置坐标分别为 z_1 和 z_2。容易看到，对于单模热光场有 $|g^{(1)}(\tau)| = 1$。可见，单模的热光场是一阶相干的，这一点是经典和量子力学两种定义的共同结果。

式 (3.21) 中，$\bar{n}_k \omega_k$ 正比于频率 ω_k 处的光束光强。若进一步计算出 $g^{(1)}(\tau)$，我们需要知道光场的频谱分布。对于均匀加宽的热光场，光束光强满足洛伦兹线型分布，此时有

$$\bar{n}_k \omega_k \sim \frac{\gamma/\pi}{(\omega_k - \omega_0)^2 + \gamma^2}, \tag{3.22}$$

式中，ω_0 为谱线的中心频率，γ 为线宽参数。对于连续谱的光场，我们可以将式 (3.21) 中的求和变换成一维积分

$$\sum_k \rightarrow \int_0^\infty \frac{L}{\pi} \mathrm{d}k = \int_0^\infty \frac{L}{\pi c} \mathrm{d}\omega_k, \tag{3.23}$$

式中，L 为光腔的长度。由此可以求得洛伦兹谱分布热光场的一阶相干度为

$$g^{(1)}(\tau) = \int_0^\infty \frac{(\gamma/\pi) \exp(-\mathrm{i}\omega_k \tau)}{(\omega_k - \omega_0)^2 + \gamma^2} \mathrm{d}\omega_k. \tag{3.24}$$

若光束的线宽很窄，上式中的积分下限可变为 $-\infty$。利用复变量的围道积分即可得到

$$g^{(1)}(\tau) = \exp(-\mathrm{i}\omega_0 \tau - \gamma|\tau|). \tag{3.25}$$

对于非均匀加宽的热光源，若光束的谱分布是高斯线型函数

$$\bar{n}_k \omega_k \sim \frac{1}{\sqrt{2\pi\delta^2}} \exp[-(\omega_k - \omega_0)^2/2\delta^2], \tag{3.26}$$

其中，δ 为高斯线型参数，采用同样的方法可求得

$$g^{(1)}(\tau) = \exp\left(-\mathrm{i}\omega_0\tau - \frac{1}{2}\delta^2\tau^2\right). \tag{3.27}$$

图 3.1 给出了典型的洛伦兹线型热光场、高斯线型热光场及相干光的一阶相干度曲线。需要注意的是，上述热光场一阶相干度的公式在经典理论和量子力学两种场合下是一样。但是，这个结果并不是光场的普遍特性。

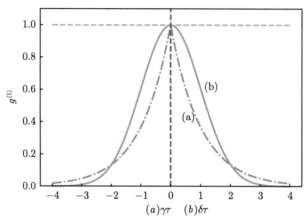

图 3.1　经典热光场的一阶相干度，其中 (a) 对应洛伦兹线型热光场，(b) 对应高斯线型热光场

依照定义式 (3.11)，我们同样也可以求得热光场的二阶相干度。对于简单的单模热光场，可以求得

$$g^{(2)}(\tau) = \frac{\langle \hat{a}^\dagger(t)\hat{a}^\dagger(t+\tau)\hat{a}(t+\tau)\hat{a}(t)\rangle}{\langle \hat{a}^\dagger\hat{a}\rangle^2} = \frac{\langle(\hat{a}^\dagger)^2\hat{a}^2\rangle}{\langle\hat{a}^\dagger\hat{a}\rangle^2}. \tag{3.28}$$

可见，在单模场的情况下，二阶相干度与时间没有任何关系。利用产生、湮灭算符的性质，很容易将上式表示成平均和均方光子数的形式，即

$$g^{(2)}(\tau) = \frac{\langle \hat{n}(\hat{n}-1)\rangle}{\langle \hat{n}\rangle^2} = \frac{\langle \hat{n}^2\rangle - \bar{n}}{\bar{n}^2} = 2, \tag{3.29}$$

其中 $\hat{n} = a^\dagger a$。上式表明，测量作用可以干扰被测量系统，这是量子力学基本原理的体现。对 n 个光子数的测量将使得光子数减少一个，因此，第二次测量只能发现 $n-1$ 个光子。这个效应正是经典理论和量子理论在二阶相干度上不同体现的根源。

对于多模式热光场，将系统的密度算符代入相干度的具体定义中可得

$$g^{(2)}(\tau) = 1 + \frac{\left| \sum\limits_k \bar{n}_k \omega_k \exp(-\mathrm{i}\omega_k \tau) \right|^2}{\left(\sum\limits_k \bar{n}_k \omega_k \right)^2}$$
$$= 1 + |g^{(1)}(\tau)|^2. \tag{3.30}$$

可见，多模热光场的二阶相干度可由一阶相干度给出。通过测量光子的二阶相干度可以反推出一阶相干度的结果。对于洛伦兹型的光场谱分布，可以求得其二阶相干度为

$$g^{(2)}(\tau) = 1 + \exp(-2\gamma|\tau|). \tag{3.31}$$

相应地，高斯线型谱分布光场的二阶相干度为

$$g^{(2)}(\tau) = 1 + \exp(-\delta^2\tau^2). \tag{3.32}$$

图 3.2 给出了上述二阶相干度随参数 τ 的变化曲线。对比图 3.1 和图 3.2 可以看到，无论是洛伦兹线型还是高斯线型，热光场在 τ 很小时均可以近似认为是一阶相干光场。但是这类光场无论如何也不可能是二阶相干的。不管 τ 取何值，均不可能使得 $|g^{(1)}(\tau)| = 1$ 和 $|g^{(2)}(\tau)| = 1$ 同时成立。这是完全相干光源与热光源的本质区别。

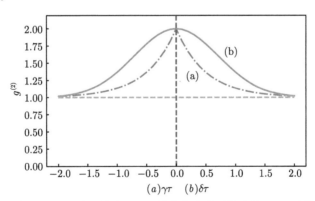

图 3.2　经典热光场的二阶相干度，其中 (a) 对应洛伦兹线型热光场，(b) 对应高斯线型热光场

3.4　一阶相干度和杨氏双缝干涉

在经典光学中，杨氏双缝干涉是展示光场一阶相干性的重要方法。这里我们可以用量子光学的方法对其进行分析，从而建立相干度与干涉条纹可见度之间的联系。

　　如图 3.3 所示，假定光场穿过屏幕 P_1 上位于 $\boldsymbol{r}_1$ 和 $\boldsymbol{r}_2$ 处的两针孔后，照射到屏幕 P_2 上。对于 P_2 上的任一点 $\boldsymbol{r}$，其光场分布可以看成是早先时刻 t_1、t_2 由 $\boldsymbol{r}_1$、$\boldsymbol{r}_2$ 处的光场传播到 $\boldsymbol{r}$ 处后叠加形成的，形式上可以写为

$$\hat{E}^+(\boldsymbol{r}, t) = u_1 \hat{E}^+(\boldsymbol{r}_1, t_1) + u_2 \hat{E}^+(\boldsymbol{r}_2, t_2), \tag{3.33}$$

这里 $t - t_i$ 表示光场由位置 $\boldsymbol{r}_i$ 处传播到 $\boldsymbol{r}$ 处所花费的时间，具体形式为

$$t_i = t - s_i/c, \quad \text{及} \quad s_i = |\boldsymbol{r} - \boldsymbol{r}_i|. \tag{3.34}$$

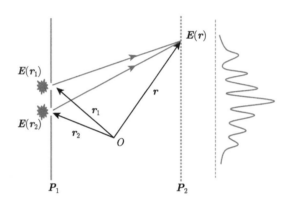

图 3.3　杨氏双缝干涉中光场一阶相干度的测量示意图

u_i 为传播系数，对于球面波来说，可以近似有 $u_i \propto 1/|\boldsymbol{r} - \boldsymbol{r}_i|$。如果我们在位置 $\boldsymbol{r}$ 处放置一个探测器，则探测器测得的平均光强为

$$\begin{aligned}
\langle I(\boldsymbol{r}, t) \rangle &= \langle \hat{E}^-(\boldsymbol{r}, t) \hat{E}^+(\boldsymbol{r}, t) \rangle \\
&= |u_1|^2 \langle \hat{E}^-(\boldsymbol{r}_1, t_1) \hat{E}^+(\boldsymbol{r}_1, t_1) \rangle + |u_2|^2 \langle \hat{E}^-(\boldsymbol{r}_2, t_2) \hat{E}^+(\boldsymbol{r}_2, t_2) \rangle \\
&\quad + 2\mathrm{Re}\left\{ u_1^* u_2 \langle \hat{E}^-(\boldsymbol{r}_1, t_1) \hat{E}^+(\boldsymbol{r}_2, t_2) \rangle \right\}.
\end{aligned} \tag{3.35}$$

上式中包含了光场的一阶相关函数 $G^{(1)}(\boldsymbol{r}_1, t_1; \boldsymbol{r}_2, t_2)$，故可以表达成光场相干度 $g^{(1)}(\boldsymbol{r}_1, t_1; \boldsymbol{r}_2, t_2)$ 的函数。为此我们定义针孔位置 $\boldsymbol{r}_i$ 处对应的光强为

$$\langle I_i(\boldsymbol{r}, t) \rangle = |u_i|^2 \langle \hat{E}^-(\boldsymbol{r}_i, t_i) \hat{E}^+(\boldsymbol{r}_i, t_i) \rangle, \tag{3.36}$$

则 $\langle I(\boldsymbol{r}, t) \rangle$ 可以重写为

$$\begin{aligned}
\langle I(\boldsymbol{r}, t) \rangle &= \langle I_1(\boldsymbol{r}, t) \rangle + \langle I_2(\boldsymbol{r}, t) \rangle + 2\sqrt{\langle I_1(\boldsymbol{r}, t) \rangle \langle I_2(\boldsymbol{r}, t) \rangle} \\
&\quad * g^{(1)}(\boldsymbol{r}_1, t_1; \boldsymbol{r}_2, t_2) \cos[k(s_1 - s_2) + \phi],
\end{aligned} \tag{3.37}$$

其中，ϕ 表示初始时刻从 r_1、r_2 处出射光场之间的相位差。可见，随着探测点 r 在屏幕 P_2 上的移动，我们就能观测到光场的干涉条纹。条纹的可见度可以通过光场强度的最大值 $\langle I(r,t)\rangle_{\max}$ 和最小值 $\langle I(r,t)\rangle_{\min}$ 来刻画

$$
\begin{aligned}
\mathcal{V} &= \frac{\langle I(r,t)\rangle_{\max} - \langle I(r,t)\rangle_{\min}}{\langle I(r,t)\rangle_{\max} + \langle I(r,t)\rangle_{\min}} \\
&= \frac{2\sqrt{\langle I_1(r,t)\rangle\langle I_2(r,t)\rangle}}{\langle I_1(r,t)\rangle + \langle I_2(r,t)\rangle} g^{(1)}(r_1,t_1;r_2,t_2).
\end{aligned}
\tag{3.38}
$$

可见光场的一阶相干度直接对应干涉条纹的可见度，可以很方便地通过实验手段进行观测。

3.5 二阶相干度和 Hanbury Brown-Twiss (HBT) 实验

在光学发展的很长一段时间，传统光学所研究的实质上都是光场的一阶相干性。1956 年，Hanbury Brown 和 Twiss 开创了一类新型的光学干涉实验，首次观测到了光场的二阶相干性。这个实验也被公认为近代量子光学的奠基性实验，开辟了实验研究光场高阶相干性的序幕。

3.5.1 HBT 实验的经典理论

HBT 实验的原理如图 3.4 所示，来自光源的光束 $\hat{E}$ 经过半反半透的分束器 M 以后分成两束，分别被两个探测器 D_1 和 D_2 探测。探测器探测到光信号后，将其转化成电信号，其中一路经过一个 τ 时间的延时器后，与另一路信号会聚于相关器进行联合计数。通过前面的内容我们知道，这样得到的联合计数率 W_j 对应于光场的二阶相关函数

$$
\begin{aligned}
W_j &\propto G^{(2)}(r_1,r_2;\tau) \\
&= \langle E^{(-)}(r_1,t)E^{(-)}(r_2,t+\tau)E^{(+)}(r_2,t+\tau)E^{(+)}(r_1,t)\rangle,
\end{aligned}
\tag{3.39}
$$

这里 r_1 和 r_2 分别对应探测器 D_1 和 D_2 的位置。

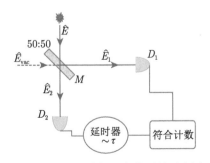

图 3.4 光场二阶相干度的测量示意图

在 HBT 实验的经典处理中，假定探测器 D_1 和 D_2 到分束器的距离相同，并且入射光强度为 $I(t)$。由于 D_1 和 D_2 接收到的瞬时光强度相等，均为入射光强度的一半，即有

$$I_1(t) = I_2(t) = \frac{1}{2}I(t). \tag{3.40}$$

它们在长时间平均后仍有

$$\langle I_1(t) \rangle = \langle I_2(t) \rangle = \frac{1}{2}\langle I(t) \rangle.$$

相关器的作用是给出强度关联 $I_1(t)I_2(t+\tau)$ 的平均值。依据二阶相干度的定义，可以得到在经典处理下

$$g_c^{(2)}(\tau) = \frac{\langle I_1(t)I_2(t+\tau) \rangle}{\langle I_1(t) \rangle \langle I_2(t) \rangle}. \tag{3.41}$$

另一方面，不同时刻光强度的平均值满足下列关系

$$\langle I_1(t)I_2(t) \rangle \geqslant \langle I_1(t) \rangle \langle I_2(t) \rangle, \tag{3.42}$$
$$\langle I_1(t)I_2(t) \rangle \geqslant \langle I_1(t)I_2(t+\tau) \rangle.$$

这是因为，如果我们用时间点 t_1，t_2，$\cdots$，t_N 处的取值来近似光强度的平均值，则有

$$\langle I(t) \rangle = \frac{I(t_1) + I(t_2) + \cdots + I(t_N)}{N}, \tag{3.43}$$

$$\langle I^2(t) \rangle = \frac{I^2(t_1) + I^2(t_2) + \cdots + I^2(t_N)}{N}. \tag{3.44}$$

利用柯西不等式，我们就可以得到

$$\langle I_1(t)I_2(t) \rangle \geqslant \langle I_1(t) \rangle \langle I_2(t) \rangle. \tag{3.45}$$

同样，利用不等式

$$\left[I(t_1)I(t_1+\tau) + \cdots + I(t_N)I(t_N+\tau) \right]^2 \leqslant \left[I^2(t_1) + \cdots + I^2(t_N) \right]$$
$$\times \left[I^2(t_1+\tau) + \cdots + I^2(t_N+\tau) \right], \tag{3.46}$$

我们即可以得到不等式关系

$$\langle I_1(t)I_2(t) \rangle \geqslant \langle I_1(t)I_2(t+\tau) \rangle. \tag{3.47}$$

将上述关系代入二阶相干度的定义中，即有下列关系成立

$$g_c^{(2)}(0) \geqslant 1, \qquad g_c^{(2)}(0) \geqslant g_c^{(2)}(\tau). \tag{3.48}$$

可见，对于常见的经典光场，实验探测到的 $g^{(2)}(\tau)$ 均是大于等于 1 的。一个典型的经典相干度的形式如图 3.2 所示，亦即类似于热光场的二阶相干度曲线。令光源的相干时间为 $\tau_c = 1/\gamma$，则当 $\tau < \tau_c$ 时，$g^{(2)}(\tau)$ 总是大于 1 的；而当 $\tau \gg \tau_c$ 后，$g^{(2)}(\tau)$ 渐渐逼近 1。

3.5.2 HBT 实验的量子理论和光场的非经典效应

上述经典物理图像的分析告诉我们，二阶相干度总是大于等于 1 的。然而从量子理论的角度来考察 HBT 实验，我们会得出一些截然不同的结论，从而可以清楚地理解经典理论和量子理论不同之处的本质所在。

假定入射光场的算符形式为 $\hat{E}$。利用分束器的算符变换规则 (见 3.6 节)，我们知道探测器 D_1 和 D_2 上对应的光场形式为

$$\hat{E}_1 = \frac{\hat{E} + \mathrm{i}\hat{E}_{\mathrm{vac}}}{\sqrt{2}}, \qquad \hat{E}_2 = \mathrm{i}\frac{\hat{E} - \mathrm{i}\hat{E}_{\mathrm{vac}}}{\sqrt{2}}, \tag{3.49}$$

其中，$\hat{E}_{\mathrm{vac}}$ 表示分束器另一输入端的真空场算符。由于真空场算符对平均期望值无贡献，所以我们可以把相关器上的二阶关联函数统一写成输入场的形式：

$$G^{(2)}(\tau) \propto \langle \hat{E}^{(-)}(t)\hat{E}^{(-)}(t+\tau)\hat{E}^{(+)}(t+\tau)\hat{E}^{(+)}(t) \rangle, \tag{3.50}$$

相应的二阶相干度为

$$g^{(2)}(\tau) = \frac{\langle \hat{a}^\dagger(t)\hat{a}^\dagger(t+\tau)\hat{a}(t+\tau)\hat{a}(t) \rangle}{\langle \hat{a}^\dagger(t)\hat{a}(t) \rangle \langle \hat{a}^\dagger(t+\tau)\hat{a}(t+\tau) \rangle}. \tag{3.51}$$

具体地，对于相干光场，简单计算可得 $g^{(2)}(\tau) = 1$。对于热光场，由前面的计算知 $g^{(2)}(\tau) = 1 + g^{(1)}(\tau) \geqslant 1$。而对于单模热光场，我们有

$$(\Delta\hat{n})^2 = \langle\hat{n}\rangle^2 + \langle\hat{n}\rangle. \tag{3.52}$$

对应的二阶关联为 $g^{(2)}(\tau) = 2$ 且与 τ 无关。

当光场的入射态为福克粒子数态时，代入二阶相干度公式计算得

$$g^{(2)}(\tau) = g^{(2)}(0) = \begin{cases} 1 - \dfrac{1}{n}, & n \geqslant 2, \\ 0, & n = 0, 1. \end{cases} \tag{3.53}$$

可见此时 $g^{(2)}(0)$ 总是小于 1。这个量子理论的结果在经典情况下是不允许的，因为它违背了前面的不等式 (3.48)，所以也称之为光场的非经典效应。它是光场量子性的体现。

实际上，对于单模光场，二阶相干度总可以写成

$$g^{(2)}(\tau) = g^{(2)}(0) = 1 + \frac{\langle \Delta \hat{n}^2 \rangle - \langle \hat{n} \rangle}{\langle \hat{n} \rangle^2}, \tag{3.54}$$

由此可以得到 Mandel 参数 $\mathcal{M}$ 与 $g^{(2)}(0)$ 的关系为

$$\mathcal{M} = \langle \hat{n} \rangle [g^{(2)}(0) - 1]. \tag{3.55}$$

可见，光场的非经典效应与光子数的亚泊松分布相关联。

对于单模压缩光场，由第二章的讨论可知，压缩光场可以表现为亚泊松分布、超泊松分布，取决于压缩参数的具体情况。所以压缩光场可以展现非经典效应。

对于奇、偶相干态[20]

$$|\alpha\rangle_{\mathrm{o}} = N_{\mathrm{o}} \left(|\alpha\rangle - |-\alpha\rangle \right), \tag{3.56a}$$

$$|\alpha\rangle_{\mathrm{e}} = N_{\mathrm{e}} \left(|\alpha\rangle + |-\alpha\rangle \right), \tag{3.56b}$$

其中各参数定义与第二章 2.3 节相同。利用等式

$$_{\mathrm{e;o}}\langle \alpha | \hat{a}^{\dagger 2} \hat{a}^2 | \alpha \rangle_{\mathrm{e;o}} = |\alpha|^4, \tag{3.57}$$

我们也可以计算出 $|\alpha\rangle_{\mathrm{e;o}}$ 对应的量子关联为

$$g_{\mathrm{o}}^{(2)}(0) = \frac{_{\mathrm{o}}\langle \alpha | \hat{a}^{\dagger 2} \hat{a}^2 | \alpha \rangle_{\mathrm{o}}}{(_{\mathrm{o}}\langle \alpha | \hat{a}^\dagger \hat{a} | \alpha \rangle_{\mathrm{o}})^2} = \frac{1}{\coth |\alpha|^2} < 1, \tag{3.58a}$$

$$g_{\mathrm{e}}^{(2)}(0) = \frac{_{\mathrm{e}}\langle \alpha | \hat{a}^{\dagger 2} \hat{a}^2 | \alpha \rangle_{\mathrm{e}}}{(_{\mathrm{e}}\langle \alpha | \hat{a}^\dagger \hat{a} | \alpha \rangle_{\mathrm{e}})^2} = \frac{1}{\tanh |\alpha|^2} > 1, \tag{3.58b}$$

可见，由于 $g_{\mathrm{o}}^{(2)}(0) < 1$，所以**奇相干态中光子数呈现非经典效应**；与之相反，由于 $g_{\mathrm{e}}^{(2)}(0) > 1$，所以**偶相干态中光子数呈现超泊松分布**。

若定义平移算符

$$\hat{D}(z) = \exp(z\hat{a}^\dagger - z^*\hat{a}), \tag{3.59}$$

对于平移后的奇、偶相干态

$$|\alpha, z\rangle_{\mathrm{d,o}} = \hat{D}(z)|\alpha\rangle_{\mathrm{o}}, \tag{3.60a}$$

$$|\alpha, z\rangle_{\mathrm{d,e}} = \hat{D}(z)|\alpha\rangle_{\mathrm{e}}, \tag{3.60b}$$

我们也可以计算其对应的关联函数 $g_{\mathrm{d,o}}^{(2)}$ 和 $g_{\mathrm{d,e}}^{(2)}$

$$g_{\mathrm{d,o}}^{(2)}(0) = \frac{|\alpha|^4 + |z|^4 + 2|\alpha|^2|z|^2\cos(2\beta - 2\theta) + 4|\alpha|^2|z|^2\coth|\alpha|^2}{(|\alpha|^2\coth|\alpha|^2 + |z|^2)^2}, \quad (3.61a)$$

$$g_{\mathrm{d,e}}^{(2)}(0) = \frac{|\alpha|^4 + |z|^4 + 2|\alpha|^2|z|^2\cos(2\beta - 2\theta) + 4|\alpha|^2|z|^2\tanh|\alpha|^2}{(|\alpha|^2\tanh|\alpha|^2 + |z|^2)^2}, \quad (3.61b)$$

这里假定了 $z = re^{\mathrm{i}\theta}$。

当 $|\alpha|^2 \ll 1$ 时，上述表达式简化为

$$g_{\mathrm{d,o}}^{(2)}(0) \xrightarrow{|\alpha|^2 \ll 1} \frac{r^4 + 2r^2|\alpha|^2[\cos(2\beta - 2\theta) + 2]}{r^4}, \quad (3.62a)$$

$$g_{\mathrm{d,e}}^{(2)}(0) \xrightarrow{|\alpha|^2 \ll 1} \frac{r^4 + 2r^2|\alpha|^2\cos(2\beta - 2\theta)}{r^4}. \quad (3.62b)$$

可见，由于 $\cos(2\beta - 2\theta) + 2 \geqslant 1$，$g_{\mathrm{d,o}}^{(2)}(0) > 1$，所以**平移后奇相干态可呈现出光子数超泊松分布**；而当 $\cos(2\beta - 2\theta) < 0$ 时，可得 $g_{\mathrm{d,e}}^{(2)}(0) < 1$，对应于**偶相干态在平移后可呈现出光子数亚泊松分布**。

3.5.3 光子的反群聚效应

由前面的讨论我们已知，对于经典光场而言，当二阶相干度的间隔时间 τ 趋向于 ∞ 时，我们认为 t 和 $t+\tau$ 时刻的光子数探测没有关联，从而总有 $g^{(2)}(\tau) \to 1$。若有经典光场满足 $g^{(2)}(0) \geqslant 1$，并且有 $g^{(2)}(\tau) < g^{(2)}(0)$，则物理上这一结果表明，当探测器探测到一个光子以后，在相隔很短的时间内再次探测到光子的概率非常高；同时，联合探测概率随着时间延时 τ 的增加而减低。由此可以推断，光子在时间分布上倾向于聚集在一起出现，这也称为经典光场的群聚效应。

与之相反，对于某些量子光场，$g^{(2)}(0)$ 可以满足 $0 \leqslant g^{(2)}(0) < 1$，而且有 $g^{(2)}(\tau) > g^{(2)}(0)$，即联合探测概率随着时间延时 τ 会反常增加。这一结果表明，当探测器探测到一个光子以后，在相隔极短的时间内再次探测到光子的概率会变小，而过一时间延时 τ 后，再次探测到光子的概率增加。所以光子在时间分布上尽量分立地、一个一个地出现，而不是聚集在一起。这种效应也称为光场的反群聚效应。

对于单模光场，我们有

$$g^{(2)}(\tau) = g^{(2)}(0) = 1 + \frac{\langle \Delta\hat{n}^2 \rangle - \langle \hat{n} \rangle}{\langle \hat{n} \rangle^2}, \quad (3.63)$$

其中，$\hat{n} = a^\dagger a$ 为光子数算符，$\langle \hat{n} \rangle$ 和 $\langle \Delta\hat{n}^2 \rangle$ 分别表示光子数的平均值和方差。由于二阶相干度不随时间变化，所以严格说来，对于单模光场而言，群聚和反群聚效应并不是一个恰当的刻画其非经典效应的方法 [3, 21, 22]。

对于多模式光场，二阶相干函数可以进一步改写成 [3, 21, 22]。

$$g^{(2)}(0) = 1 + \frac{\int P(|\alpha_j|) \left[\sum_j |\alpha_j|^2 - \left\langle \hat{a}_j^\dagger \hat{a}_j \right\rangle \right]^2 \mathrm{d}^2\{\alpha_j\}}{\left(\sum_j \left\langle \hat{a}_j^\dagger \hat{a}_j \right\rangle \right)^2}, \tag{3.64}$$

其中，$\mathrm{d}^2\{\alpha_j\} = \mathrm{d}^2\alpha_1\mathrm{d}^2\alpha_2\cdots$，$j$ 标记不同的光场模式。这里 $P(|\alpha_j|)$ 为光场的 P-表示函数，可以很方便地计算正规排列算符的平均值，满足

$$\left\langle \hat{a}_j^\dagger \hat{a}_j \right\rangle = \int P(|\alpha_j|)|\alpha_j|^2\mathrm{d}^2\{\alpha_j\}. \tag{3.65}$$

对于经典光场，由于 $P(|\alpha_j|) \geqslant 0$ 总是成立，依据前面的讨论及不等式关系，我们知道 $g^{(2)}(0) \geqslant 1$ 和 $g^{(2)}(\tau) < g^{(2)}(0)$ 也是成立的。所以经典光场显现光子的群聚效应。对于量子光场，由于 P-表示函数 $P(|\alpha_j|)$ 并不保证正定，所以 $g^{(2)}(0) < 1$ 的情况出现。又由于对于多模式光场，在 $\tau \to \infty$ 时，有 $g^{(2)}(\tau) \to 1$ 成立，由此我们可得出，当光场满足亚泊松统计 ($g^{(2)}(0) < 1$) 时，对应的光场即表现出反群聚效应，反之则不一定成立。这是因为 $g^{(2)}(\tau) > g^{(2)}(0)$ 并不能说明光场一定满足亚泊松分布。所以一般说来，反群聚和亚泊松分布是光场的两种不同的非经典特性，并不等同。

实际上，我们可以构造特殊的双模光场态 [21, 22]，它一方面能够满足光子数的亚泊松统计，但同时又显现光子数群聚效应。这是因为对于稳态光场，假定光子计数的时间段为 T，则依据文献 [21, 22]，探测器光子计数的涨落与光场二阶相干度的关系为

$$\frac{\langle \Delta\hat{n}^2 \rangle - \langle \hat{n} \rangle}{\langle \hat{n} \rangle^2} = \frac{1}{T} \int_{-T}^{T} \mathrm{d}\tau (T - |\tau|)(g^{(2)}(\tau) - 1). \tag{3.66}$$

若对所有 τ，均有 $g^{(2)}(\tau) < 1$，则光场呈现亚泊松统计。然而，当 $g^{(2)}(\tau) > g^{(2)}(0)$ 时，上式右边 $g^{(2)}(\tau) - 1$ 取值可以大于零，也可以小于零。我们不能依据初始的 $g^{(2)}(0)$ 取值来判断光场的统计。即使 $g^{(2)}(\tau)$ 初始时刻满足 $g^{(2)}(0) < 1$，当 $g^{(2)}(\tau) > g^{(2)}(0)$ 时，对于某些时间长度 T，上式右边积分结果仍然可能大于零，所以可以探测到光场呈现超泊松分布。

例如，我们考察偏振和传播方向相同的双模光场，对应的频率分别为 ω_1 和 ω_2。相干叠加后总的光场算符可以写为

$$\hat{a}(t) = \hat{a}_1\mathrm{e}^{-\mathrm{i}\omega_1 t} + \hat{a}_2\mathrm{e}^{-\mathrm{i}\omega_2 t}. \tag{3.67}$$

假定初始时光场的每个模式中均有 $n/2$ 个光子, 则代入 $g^{(2)}(\tau)$ 的表达式可以求得

$$g^{(2)}(\tau) = 1 - \frac{1}{n} + \frac{1}{2}\cos(\omega_1 - \omega_2)\tau. \tag{3.68}$$

探测器光子计数的涨落为

$$\frac{\langle\Delta\hat{n}^2\rangle - \langle\hat{n}\rangle}{\langle\hat{n}\rangle^2} = \frac{1}{2}\left[\frac{\sin(\omega_1-\omega_2)T/2}{(\omega_1-\omega_2)T/2}\right]^2 - \frac{1}{n}. \tag{3.69}$$

可以看到, 短时间内 $\tau \ll 1$, 由于 $g^{(2)}(\tau)$ 是单调递减的, 所以光场表现为群聚效应。而当 $T = 2\pi/(\omega_1 - \omega_2)$ 时, 光子数的涨落是小于零的, 此时光子计数呈现亚泊松统计。所以, 亚泊松统计可以和光子群聚一同出现。这也再次说明光子数统计和群聚效应刻画的是光场两种不同特性。

可以从反群聚效应产生的方法来理解其实质。如果光束不呈现反群聚效应, 则经过单光子线性吸收后, 光场仍然不呈现反群聚效应, 即使光强度衰减到很小也是如此。产生反群聚效应的方法主要可分为两大类。

第一类是从强光场中通过非线性光学过程除去成群的光子。例如, 对于 N 光子的吸收过程, 经过长时间的吸收后光场会趋于稳态。此时在粒子数表象下, 光子的密度矩阵元满足 $\rho_n = 0(n \geqslant N)$ 和 $\rho_n \neq 0(n < N)$。这一结论反映在时间上就是模体积内最多只能同时出现 N 个光子。模体积内同时到达的光子数减少, 也就意味着光子群聚效应被削弱。特别是 $N = 2$ 的情况, 经过光子吸收达到稳定的光束, 不可能使得处于不同位置的两个探测器实现非延时的符合计数, 从而体现强烈的反群聚效应。

第二类是控制原子发光的时间间隔。例如单光子共振荧光中 (见 7.1 节), 在相干驱动下, 单个原子发射一个光子后, 不能立即发射第二个光子。因此, 不能有两个光子 "同时" 到达探测器的情况, 从而光场呈现反群聚效应。

3.6 分束器的量子力学描述

作为一种常见的光学元件, 分束器被广泛应用在各种光学实验中, 用于研究和探测光子的相干现象 [1,7]。物理上, 分束器相当于一变换操作, 把不同的光子模式进行组合。图 3.5 表示一个常见的分束器示意图, (a, b) 对应输入端, (c, d) 对应输出端, 相应的模式变换可以写成

$$\begin{pmatrix} \hat{a} \\ \hat{b} \end{pmatrix}_{\text{in}} \rightarrow \begin{pmatrix} \hat{c} \\ \hat{d} \end{pmatrix}_{\text{out}} = \begin{pmatrix} t & r \\ r & t \end{pmatrix}\begin{pmatrix} \hat{a} \\ \hat{b} \end{pmatrix}_{\text{in}}. \tag{3.70}$$

这里 $(\hat{a}, \hat{b}, \hat{c}, \hat{d})$ 均表示光场的湮灭算符，同时还假定了分束器是对称的。我们也可以定义产生算子 $(\hat{a}^\dagger, \hat{b}^\dagger, \hat{c}^\dagger, \hat{d}^\dagger)$ 之间的变换。不过由于分束器不具备将产生算子和湮灭算子组合成新算子的能力，故我们只需要考察湮灭算符就可以了。

由于变换后的算符仍然需要满足算符的对易条件

$$[\hat{c}, \hat{c}^\dagger] = [\hat{d}, \hat{d}^\dagger] = 1, \quad [\hat{c}, \hat{d}] = [\hat{c}, \hat{d}^\dagger] = 0, \tag{3.71}$$

我们可以得到变换矩阵各系数应满足下列条件

$$|t|^2 + |r|^2 = 1, \quad tr^* + rt^* = 0. \tag{3.72}$$

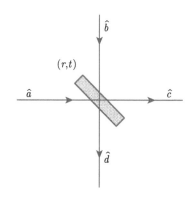

图 3.5　光学分束器及各模式的具体定义

为方便处理，一般取 t 为实数，而取 r 为纯虚数，故变换矩阵可写成

$$\hat{B}(\theta) = \begin{pmatrix} t & r \\ r & t \end{pmatrix} = \begin{pmatrix} \cos\theta & \mathrm{i}\sin\theta \\ \mathrm{i}\sin\theta & \cos\theta \end{pmatrix} = \mathrm{e}^{\mathrm{i}\theta\sigma_x}. \tag{3.73}$$

可见，$\hat{B}(\theta)$ 为幺正变换。对于半反半透分束器，θ 取为 $\pi/4$，相应的变换矩阵为

$$\hat{B}\left(\frac{\pi}{4}\right) = \mathrm{e}^{\mathrm{i}\frac{\pi}{4}\sigma_x} = \frac{1}{\sqrt{2}} \begin{pmatrix} 1 & \mathrm{i} \\ \mathrm{i} & 1 \end{pmatrix}. \tag{3.74}$$

3.6.1　模式变换和态变换之间的关系

物理上，当光线通过分束器时，分束器的作用可以看成是一个幺正演化过程。如果用算符来表示输入态的信息，则此时我们可以用一个等效的哈密顿量来刻画分束器，它对算符的作用就是产生上述所列的变换 $\hat{B}(\theta)$。这种方法实际上对应于分束器变换的海森伯表象。实际应用中，有时我们对入射光和出射光的量子态更感兴趣，这时用薛定谔表象理解是比较方便的。对于光学元件来说，入射和出射

模式在远离元件的条件下是看不出差别的，如这里模式 $\hat{a}$ 和 $\hat{c}$，以及模式 $\hat{b}$ 和 $\hat{d}$。这样我们就可以把 $\hat{c}$ 和 $\hat{d}$ 看作是 $\hat{a}$ 和 $\hat{b}$ 经过演化后得到的算符。利用薛定谔表象和海森伯表象之间的关联，我们可以从算符变换矩阵 $\hat{B}(\theta)$ 出发，推导出相应的作用在量子态上的变换矩阵。

具体地，我们引入算符 $\hat{S}(\theta)$，使得下面的关系成立

$$\begin{pmatrix} \hat{c} \\ \hat{d} \end{pmatrix}_{\text{out}} = \hat{B}(\theta) \begin{pmatrix} \hat{a} \\ \hat{b} \end{pmatrix}_{\text{in}} = \hat{S}^\dagger(\theta) \begin{pmatrix} \hat{a} \\ \hat{b} \end{pmatrix}_{\text{in}} \hat{S}(\theta) = \begin{pmatrix} \hat{a}(\theta) \\ \hat{b}(\theta) \end{pmatrix}_{\text{in}}, \qquad (3.75)$$

其中

$$\hat{a}(\theta) = \hat{a}\cos\theta + \mathrm{i}\hat{b}\sin\theta, \qquad (3.76)$$

$$\hat{b}(\theta) = \hat{b}\cos\theta + \mathrm{i}\hat{a}\sin\theta. \qquad (3.77)$$

容易验证，满足上述条件的算子 $\hat{S}(\theta)$ 可以写成

$$\hat{S}(\theta) = \exp\left[\mathrm{i}\theta(\hat{a}^\dagger\hat{b} + \hat{b}^\dagger\hat{a})\right]. \qquad (3.78)$$

假定元件的输入端口和输出端口的状态分别为 ρ_{in} 和 ρ_{out}。如果我们把光束通过分束器理解成一种演化过程，则 ρ_{in} 对应初始时刻的系统状态，ρ_{out} 对应演化结束时刻的系统状态；相应的系统算符初始为 $\hat{a}$ 和 $\hat{b}$，演化结束后为 $\hat{c}$ 和 $\hat{d}$。利用物理量的期望值在薛定谔表象和海森伯表象中取值不变的原则，我们有

$$\mathrm{Tr}[\rho_{\text{in}}\hat{f}(\hat{c},\hat{d})] = \mathrm{Tr}[\rho_{\text{out}}\hat{f}(\hat{a},\hat{b})], \qquad (3.79)$$

其中，$\hat{f}(\hat{a},\hat{b})$ 和 $\hat{f}(\hat{c},\hat{d})$ 表示物理量对应的厄米算符在输入和输出模式表示中的具体形式。代入分束器对算符的具体作用形式后我们得知

$$\rho_{\text{out}} = \hat{S}(\theta)\rho_{\text{in}}\hat{S}^\dagger(\theta). \qquad (3.80)$$

一些例子：

(1) 如图 3.6 所示，当单光子从单端口 a 入射，我们可以把输入态用模式 $\hat{a}$ 和 $\hat{b}$ 上的光子数基矢表示为 $|1,0\rangle = \hat{a}^\dagger|0,0\rangle$，则输出态可以表示为

$$\begin{aligned} |1,0\rangle_{\text{out}} &= \hat{S}(\theta)|1,0\rangle = \hat{S}(\theta)\hat{a}^\dagger\hat{S}^\dagger(\theta)\hat{S}(\theta)|0,0\rangle \\ &= \hat{S}(\theta)a^\dagger\hat{S}^\dagger(\theta)|0,0\rangle \\ &= (\cos\theta\hat{a}^\dagger + \mathrm{i}\sin\theta\hat{b}^\dagger)|0,0\rangle \\ &= \cos\theta|1,0\rangle + \mathrm{i}\sin\theta|0,1\rangle. \end{aligned} \qquad (3.81)$$

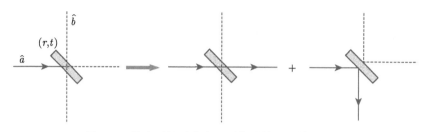

图 3.6　单光子经过分束器后的反射和透射示意图

(2) 如图 3.7 所示，当分束器的两个端口分别有一个光子输入时，系统的输入态为 $|1,1\rangle = \hat{a}^\dagger\hat{b}^\dagger|0,0\rangle$，相应的输出态为

$$\begin{aligned}
|1,1\rangle_{\text{out}} &= \hat{S}(\theta)|1,1\rangle = \hat{S}(\theta)\hat{a}^\dagger\hat{S}^\dagger(\theta)\hat{S}(\theta)\hat{b}^\dagger\hat{S}^\dagger(\theta)|0,0\rangle \\
&= (\cos\theta\hat{a}^\dagger + \mathrm{i}\sin\theta\hat{b}^\dagger) \otimes (\cos\theta\hat{b}^\dagger + \mathrm{i}\sin\theta\hat{a}^\dagger)|0,0\rangle \\
&= \frac{1}{\sqrt{2}}\cos\theta(|2,0\rangle - |0,2\rangle) + \cos 2\theta|1,1\rangle.
\end{aligned} \tag{3.82}$$

可见，对于半透射半反射的分束器来说，$\theta = \pi/4$，最后一项是没有贡献的，此时光子只能成对地从某一个出射端口输出。如果我们在输出端口 c 和 d 做复合计数，则当 $\theta = \pi/4$ 时，我们看不到信号，系统显示一个计数零点或极小，这就是双光子干涉实验中有名的 Hong-Ou-Mandel dip [23]。

图 3.7 给出了双模双光子态在通过半透半反的分束器时的各种可能情况。物理上，端口 $\hat{c}$ 和 $\hat{d}$ 符合计算计数的消失，源自下面两种可能的光子反射模式在相位上相差一个负号，从而正好干涉相消。

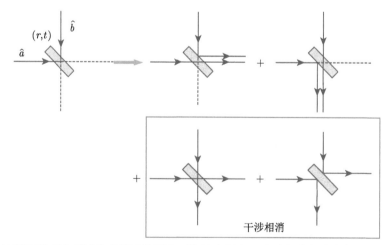

图 3.7　双模双光子态经过分束器后的所有可能输出组合。对于半透半反分束器，下面两种情形正好干涉相消

(3) 当分束器的两个端口有大量光子输入时, 系统的输入态为 $|N, N\rangle = (\hat{a}^\dagger)^N (\hat{b}^\dagger)^N|0,0\rangle$。这样的光子态在量子精密测量中经常用到。假定分束器是半反半透的, 此时相应的输出态为

$$
\begin{aligned}
|N, N\rangle_{\text{out}} &= \hat{S}(\theta)|N, N\rangle = \frac{(\hat{a}^\dagger + i\hat{b}^\dagger)^N(i\hat{a}^\dagger + \hat{b}^\dagger)^N}{2^N N!}|0,0\rangle \\
&= \frac{i^N}{N!2^N}(\hat{a}^{\dagger 2} + \hat{b}^{\dagger 2})^N|0,0\rangle \\
&= \frac{i^N}{N!2^N}\sum_{m=0}^N \binom{N}{m}\sqrt{(2m)!(2N-2m)!}|2m, 2N-2m\rangle. \quad (3.83)
\end{aligned}
$$

可以看到, 在输出端口光子态的各种组合中, 光子数均是由偶数组成。这也可以从不同光路径的干涉中理解。假定输出状态中有 $|1, 2N-1\rangle$ 的光子数态, 我们可以画出相关的光子经分束器后的可能组合, 如图 3.8 所示。可以看到, 对于第一种路径, 被反射的光子数为 $N-1$; 而对于第二种路径, 反射的光子数为 $N+1$。这两种路径给出的结果相同, 从而发生干涉。由于它们的相位差为 $i^{N-1}/i^{N+1} = -1$, 而幅度又相等, 故输出光子数态中不会含有 $|1, 2N-1\rangle$ 的组合项。

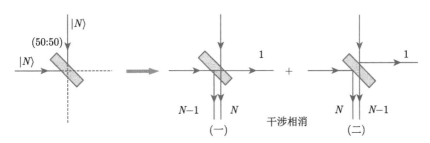

图 3.8 双模孪生多光子态经过半透半反分束器后, 奇数光子数态的组合干涉相消

(4) 当分束器的 a 端口输入相干态时, 系统的输入态为 $|\alpha, 0\rangle = \hat{D}(\alpha)|0,0\rangle$。相应的输出态可以表示为

$$
\begin{aligned}
|\alpha, 0\rangle_{out} &= \hat{S}(\theta)|\alpha, 0\rangle = \hat{S}(\theta)\hat{D}(\alpha)\hat{S}^\dagger(\theta)|0,0\rangle \\
&= \exp[\alpha(\hat{a}^\dagger\cos\theta + i\sin\theta\hat{b}^\dagger) - h.c.]|0,0\rangle \\
&= |\alpha\cos\theta, i\alpha\sin\theta\rangle. \quad (3.84)
\end{aligned}
$$

可见, 输出结果和分束器的经典图像吻合。更进一步, 如果我们在端口 b 处再输入一个单光子态, 此时总的输入态为 $|\alpha, 1\rangle = \hat{D}(\alpha)\hat{b}^\dagger|0,0\rangle$。同样的计算可以得到

$$
|\alpha, 1\rangle_{\text{out}} = (\cos\theta\hat{b}^\dagger + i\sin\theta\hat{a}^\dagger)|\alpha\cos\theta, i\alpha\sin\theta\rangle. \quad (3.85)
$$

如果我们再对端口 d 作单光子探测，则在端口 c 处的输出态即可以表达成

$$|\Psi\rangle \sim (\cos\theta - \alpha\sin^2\theta)|\alpha\cos\theta\rangle. \tag{3.86}$$

当相干光场很弱 $\alpha\cos\theta \sim 0$ 且探测器的反射很强 $\sin\theta \sim 1$ 时，我们就可以近似得到真空态和单光子态的叠加态[24]

$$|\Psi\rangle \sim \cos\theta|0\rangle - \alpha|1\rangle. \tag{3.87}$$

(5) 当分束器的端口输入双模式的压缩相干态时，系统的输出态可以表示为

$$\begin{aligned}|\text{out}\rangle &= \hat{S}(\theta)\exp[\xi\hat{a}^\dagger\hat{b}^\dagger - \xi^*\hat{a}\hat{b}]|0,0\rangle \\ &= \exp[\xi(\hat{a}^\dagger(-\theta)\hat{b}^\dagger(-\theta) - \xi^*\hat{a}(-\theta)\hat{b}(-\theta)]|0,0\rangle.\end{aligned}$$

代入 $\hat{a}(-\theta)$ 和 $\hat{b}(-\theta)$ 具体形式可知

$$\begin{aligned}\hat{a}(-\theta)\hat{b}(-\theta) &= (\hat{a}\cos\theta - \mathrm{i}\sin\theta\hat{b})(\hat{b}\cos\theta - \mathrm{i}\sin\theta\hat{a}) \\ &= \cos(2\theta)\hat{a}\hat{b} - \mathrm{i}\frac{1}{2}\sin(2\theta)(\hat{a}^2 + \hat{b}^2).\end{aligned} \tag{3.88}$$

当分束器时半透半反时，$\theta = \pi/4$，代入可知，输出可以表达成

$$|\text{out}\rangle = \exp\left[\mathrm{i}\frac{1}{2}(\xi\hat{a}^{\dagger 2} + \xi^*\hat{a}^2)\right]|0\rangle\exp\left[\mathrm{i}\frac{1}{2}(\xi\hat{b}^{\dagger 2} + \xi^*\hat{b}^2)\right]|0\rangle. \tag{3.89}$$

可见，双模式的压缩相干态再经过半透半反分束器后变成了简单的单模压缩态的直积形式，这与第二章 2.2.5 节中的结论是一致的。

3.7　压缩光场的平衡零拍探测

压缩光场的量子统计特性与相干态和热光场均不一样。为了在实验上探测其光场的量子特性，必须要采用适当的探测方法。本节介绍一种常见的基于分束器的平衡零拍探测的方法。

平衡零拍探测的原理如图 3.9 所示。$\hat{a}$ 代表输入的信号光场，$\hat{b}$ 通常表示为一强度很强的本地相干光场。这里说的"零拍"是指信号光场和本地相干光场的频率是相同，从而信号可保持同步。这里所说的"平衡"指分束器是半透半反的，透射系数和反射系数满足

$$|t| = |r| = \frac{1}{\sqrt{2}}, \text{且}\arg(s) - \arg(t) = \mathrm{i}. \tag{3.90}$$

通常我们即取 $t = 1/\sqrt{2}$ 和 $s = \mathrm{i}/\sqrt{2}$。平衡探测的优点是使得本地相干光场不会在输出中形成一个单独的背景信号，从而消除了本地相干光场对输出信号的噪声贡献。

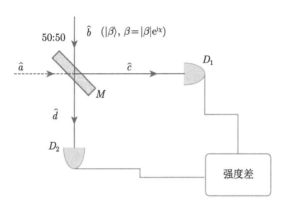

图 3.9 单个分束器压缩光场的平衡零拍探测

依据分束器的变换矩阵，我们可以写出输出光场 $\hat{c}$ 和 $\hat{d}$ 与输入模式 a 和 b 的关系为

$$\hat{c} = \frac{1}{\sqrt{2}}(\hat{a} + \mathrm{i}\hat{b}), \tag{3.91}$$

$$\hat{d} = \frac{1}{\sqrt{2}}(\hat{b} + \mathrm{i}\hat{a}). \tag{3.92}$$

在平衡零拍探测中，测量的信号是输出光场 $\hat{c}$ 和 $\hat{d}$ 端口的强度差。简单计算可以知道

$$\hat{n}_{cd} = \hat{c}^{\dagger}\hat{c} - \hat{d}^{\dagger}\hat{d} = \mathrm{i}(\hat{a}^{\dagger}\hat{b} - \hat{b}^{\dagger}\hat{a}). \tag{3.93}$$

当本地模式 $\hat{b}$ 上的输入为相干态 $|\beta\rangle$ 时，我们即可以把输出信号改写为

$$\langle \hat{n}_{cd} \rangle = |\beta| \langle [\hat{a}^{\dagger}\mathrm{e}^{\mathrm{i}(\chi+\pi/2)} + \hat{a}\mathrm{e}^{-\mathrm{i}(\chi+\pi/2)}] \rangle = 2|\beta|\langle X(\theta)\rangle \tag{3.94}$$

其中，$\beta = |\beta|\mathrm{e}^{\mathrm{i}\chi}$，$\hat{X}(\theta)$ 为场在方向角 $\theta = (\chi+\pi/2)$ 上的正交相位分量

$$\hat{X}(\theta) = \frac{1}{2}(\hat{a}^{\dagger}\mathrm{e}^{\mathrm{i}\theta} + \hat{a}\mathrm{e}^{-\mathrm{i}\theta}). \tag{3.95}$$

通过改变本地相干光场的相位 χ，我们就可以改变 θ，从而可以测量光场在任意方向的正交分量。相应输出光子数差的方差也可以很容易求得

$$(\Delta n_{cd})^2 = 4|\beta|^2(\Delta X(\theta))^2. \tag{3.96}$$

对于压缩光场，当方位角 θ 满足 $(\Delta X(\theta))^2 < 1/4$ 时，对应方向上的噪声即出现压缩效应。

我们还可以对图 3.9 中的探测装置稍作扩充，使得其可以同时测量两个正交相位分量。如图 3.10 所示，这里所有的分束器均是半透半反的。在这个具有八个端口的零拍探测器中，我们可以同时测量光探测器 1、2 和 3、4 的计数差。不难证明，平均光子计数差为

$$\langle \hat{n}_{12} \rangle = 2|\beta|\langle \hat{X}(\chi + \pi/2) \rangle, \tag{3.97}$$

$$\langle \hat{n}_{34} \rangle = 2|\beta|\langle \hat{X}(\chi) \rangle. \tag{3.98}$$

需要注意的是，由于这里的八个端口中有两个端口输入了真空起伏 (图中虚线所示)，这将对光子计数起伏引入附加的噪声。原则上可以用上述八端口的装置来显示压缩相干态的测不准椭圆。

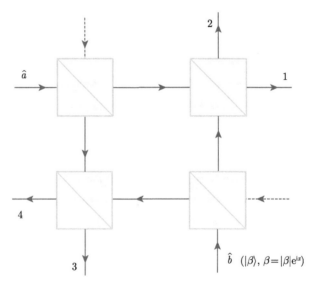

图 3.10　多分束器下压缩光场的正交相位分量探测

3.8　光学干涉仪及其标准量子极限

在光学实验中，干涉仪是探测光场相干性的重要物理装置。通过改变光路设计，我们可以设计不同的干涉仪，从而对光场的各种物理参数进行精确测量。在光学精密测量领域中，光学干涉仪有巨大的应用潜力，起着不可或缺的作用。光学干涉仪大多都可由平面反射镜和分束器构建。本节中，我们以常见的 Mach-Zehnder (M-Z) 干涉仪为例，利用前面的理论框架对其物理特性进行分析 [1,4,7]。

一个常见的 M-Z 干涉仪如图 3.11 所示。入射光场模式 $\hat{a}$ 和 $\hat{b}$ 入射到分束器 BS1 后分成两条不同的路径 A 和 B，在平面镜 M1 和 M2 上反射后，再会聚到分束器 BS2 上重新组合，形成输出光场 $\hat{c}$ 和 $\hat{d}$。为说明问题，在路径 2 上我们引入一个相位延迟 φ。假定所有的分束器都是半透半反的，则利用分束器的变换规则，可以把输入光场和输出光场通过一系列幺正变换联系起来

$$\begin{pmatrix} \hat{c} \\ \hat{d} \end{pmatrix} = \frac{1}{\sqrt{2}} \begin{pmatrix} 1 & i \\ i & 1 \end{pmatrix} \begin{pmatrix} 1 & 0 \\ 0 & e^{i\varphi} \end{pmatrix} \frac{1}{\sqrt{2}} \begin{pmatrix} 1 & i \\ i & 1 \end{pmatrix} \begin{pmatrix} \hat{a} \\ \hat{b} \end{pmatrix}.$$

简单计算可求得

$$\begin{pmatrix} \hat{c} \\ \hat{d} \end{pmatrix} = \frac{1}{2} \begin{bmatrix} (1-e^{i\varphi})\hat{a} + i(1+e^{i\varphi})\hat{b} \\ i(1+e^{i\varphi})\hat{a} - (1-e^{i\varphi})\hat{b} \end{bmatrix} = ie^{i\frac{\varphi}{2}} \begin{bmatrix} -\sin\frac{\varphi}{2}\hat{a} + \cos\frac{\varphi}{2}\hat{b} \\ \cos\frac{\varphi}{2}\hat{a} + \sin\frac{\varphi}{2}\hat{b} \end{bmatrix}. \quad (3.99)$$

可以看到，对于平衡情况 $\varphi = 0$，我们有 $\hat{c} = i\hat{b}$，$\hat{d} = i\hat{a}$。由图示可知，此时干涉仪的效果是水平入射的光场仍然沿横向离开干涉仪，竖直方向的入射模式同样以竖直方向离开。当相位 φ 取为 π 时，水平和竖直方向入射的光束在经过干涉仪后方向发生置换。

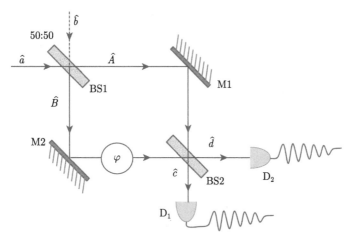

图 3.11 M-Z 干涉仪及相位测量示意图。其中各器件的具体所指为：BS1 和 BS2 为分束器；M1 和 M2 为平面镜；D1 和 D2 为单光子探测器

输出端口的光场强度依赖于相位 φ，具体形式为

$$\hat{c}^\dagger\hat{c} = \sin^2\frac{\varphi}{2}\hat{a}^\dagger\hat{a} + \cos^2\frac{\varphi}{2}\hat{b}^\dagger\hat{b} - \cos\frac{\varphi}{2}\sin\frac{\varphi}{2}(\hat{a}^\dagger\hat{b} + \hat{a}\hat{b}^\dagger), \quad (3.100a)$$

$$\hat{d}^\dagger\hat{d} = \cos^2\frac{\varphi}{2}\hat{a}^\dagger\hat{a} + \sin^2\frac{\varphi}{2}\hat{b}^\dagger\hat{b} + \cos\frac{\varphi}{2}\sin\frac{\varphi}{2}(\hat{a}^\dagger\hat{b} + \hat{a}\hat{b}^\dagger). \quad (3.100b)$$

可见探测端 D1 和 D2 上的光子数均随着相位 φ 而振荡并且互补，满足光子数守恒条件

$$\hat{c}^\dagger\hat{c} + \hat{d}^\dagger\hat{d} = \hat{a}^\dagger\hat{a} + \hat{b}^\dagger\hat{b}.$$

输出端口的光子数差提供了探测入射光场正交相位分量的有力手段。具体我们可以考察算子

$$\hat{n}_{cd} = \hat{c}^\dagger\hat{c} - \hat{d}^\dagger\hat{d} = (\hat{b}^\dagger\hat{b} - \hat{a}^\dagger\hat{a})\cos\varphi - (\hat{a}^\dagger\hat{b} + \hat{a}\hat{b}^\dagger)\sin\varphi. \tag{3.101}$$

可见，当 $\varphi = \pi/2$ 时，上式简化为

$$\hat{n}_{cd}|_{\varphi=\pi/2} = -(\hat{a}^\dagger\hat{b} + \hat{a}\hat{b}^\dagger). \tag{3.102}$$

如果我们在 $\hat{b}$ 模式上输入相干光场使得 $\langle\hat{b}\rangle = \beta = |\beta|\mathrm{e}^{\mathrm{i}\phi}$，则

$$\langle n_{cd}\rangle|_{\varphi=\pi/2} = -|\beta|\langle(\hat{a}^\dagger\mathrm{e}^{\mathrm{i}\phi} + \hat{a}\mathrm{e}^{-\mathrm{i}\phi})\rangle = -2|\beta|\langle\hat{X}_\phi\rangle, \tag{3.103}$$

此即对应前面的平衡零拍探测。直接测量 $\langle\hat{n}_{cd}\rangle$ 即可得到输入光场 a 的正交相位分量 $\langle\hat{X}_\phi\rangle$。

在特殊情况下，假定输入端 a 模式为真空态，上式简化为

$$\langle\hat{c}^\dagger\hat{c}\rangle = n_l\cos^2\frac{\varphi}{2},$$
$$\langle\hat{d}^\dagger\hat{d}\rangle = n_l\sin^2\frac{\varphi}{2},$$
$$\langle\hat{n}_{cd}\rangle = n_l\cos\varphi.$$

其中，$n_l = |\beta|^2$ 为相干场的平均光子数。可见，当改变相位 φ 时，$\langle\hat{n}_{cd}\rangle$ 会发生振荡。在实际系统中，对于给定的相位移动，可以通过观察条纹的位置来确定 φ 的大小。这样就可以用 M-Z 干涉仪来测量任意光路中的相位移动 φ。

另一方面，考虑到 $\hat{n}_{cd}$ 本身具有很强的量子涨落特性，其方差为

$$(\Delta n_{cd})^2|_{\varphi=\pi/2} = \langle(\hat{a}^\dagger\hat{b} + \hat{a}\hat{b}^\dagger)(\hat{a}^\dagger\hat{b} + \hat{a}\hat{b}^\dagger)\rangle = |\beta|^2 = n_l. \tag{3.104}$$

所以利用 $\langle\hat{n}_{cd}\rangle$ 的振荡特性来确定相位移动 φ 的大小时会存在一定的误差。由于

$$\left|\frac{\partial\langle\hat{n}_{cd}\rangle}{\partial\varphi}\right| = n_l\sin\varphi \leqslant n_l. \tag{3.105}$$

上式表明，干涉条纹在 $\varphi = \pi/2$ 时变化最剧烈，从而对参数 φ 的敏感度最高，对应的测量精度达到最优。可以估算出此时相位不确定度的大小为

$$\Delta\varphi = \frac{\Delta n_{cd}}{|\partial\langle\hat{n}_{cd}\rangle/\partial\varphi|} = \frac{\sqrt{n_l}}{n_l} = \frac{1}{\sqrt{n_l}}. \tag{3.106}$$

上式表明,利用干涉仪测量相位时,测量误差与光场强度成反比,光场越强,测量误差越小。误差极限 $1/\sqrt{n_l}$ 亦称为干涉仪的标准量子极限。

需要强调的是,这里干涉仪的标准量子极限来源于真空场的涨落。为了更清楚地说明这一点,我们可以把光子数算符 $\hat{c}^\dagger\hat{c}$ 和 $\hat{d}^\dagger\hat{d}$ 在 $\varphi = \pi/2$ 附近展开。令

$$\varphi = \pi/2 + \Delta\varphi, \quad \hat{a} = \delta\hat{a}_1 + \mathrm{i}\delta\hat{a}_2, \quad \hat{b} = \beta + \delta\hat{b}_1 + \mathrm{i}\delta\hat{b}_2.$$

为方便讨论,这里假定 β 为实数,同时所有带 δ 前缀的算符均为厄米算符 (具体见第二章 2.1.4 节),它们对应了光场模式的涨落,其平均值为零。微扰展开到一阶后可得

$$
\begin{aligned}
\hat{c}^\dagger\hat{c} &= \frac{1 + \sin\Delta\varphi}{2}\hat{a}^\dagger\hat{a} + \frac{1 - \sin\Delta\varphi}{2}\hat{b}^\dagger\hat{b} - \frac{1}{2}\cos\Delta\varphi(\hat{a}^\dagger\hat{b} + \hat{a}\hat{b}^\dagger) \\
&\simeq \frac{1 - \Delta\varphi}{2}\beta^2 + \beta(\delta\hat{b}_1 - \delta\hat{a}_1),
\end{aligned}
\tag{3.107}
$$

$$
\begin{aligned}
\hat{d}^\dagger\hat{d} &= \frac{1 - \sin\Delta\varphi}{2}\hat{a}^\dagger\hat{a} + \frac{1 + \sin\Delta\varphi}{2}\hat{b}^\dagger\hat{b} + \frac{1}{2}\cos\Delta\varphi(\hat{a}^\dagger\hat{b} + \hat{a}\hat{b}^\dagger) \\
&\simeq \frac{1 + \Delta\varphi}{2}\beta^2 + \beta(\delta\hat{b}_1 + \delta\hat{a}_1).
\end{aligned}
\tag{3.108}
$$

由此得测量信号为

$$\hat{n}_{cd} \simeq -\beta^2\Delta\varphi - 2\beta\delta\hat{a}_1. \tag{3.109}$$

上式中,第一项 $-\beta^2\Delta\varphi$ 提供了有用的相位信息,而第二项 $-2\beta\delta\hat{a}_1$ 代表噪声信息。要得到有用的信息,必须要求信号的功率大于噪声的功率,即有

$$(\beta^2\Delta\varphi)^2 \geqslant 4\beta^2\langle\delta\hat{a}_1^2\rangle, \tag{3.110}$$

所以能探测到的最小相位移动满足

$$\Delta\varphi_{\min} \simeq \left(\frac{4\langle\delta\hat{a}_1^2\rangle}{\beta^2}\right)^{1/2} = \frac{1}{\sqrt{n_l}}. \tag{3.111}$$

上式直接表明,标准量子极限来源于输入端模式 $\hat{a}$ 的真空涨落,而与 b 输入端相干态的信号噪声没有关系。

为了提升测量精度,我们可以通过降低 a 输入端上真空涨落噪声来实现。由第 2 章的讨论我们知道,压缩真空可以使得特定方向上的涨落降低到原来的 e^{-r},其中 r 为对应的压缩参数 (见方程 (2.119))。利用这一特性,我们可以在 a 端口输入适当的压缩真空态 $|0, r\rangle$,使得涨落 $\langle\delta\hat{a}_1^2\rangle = \mathrm{e}^{-2r}/4$,相应的平均光子数为 $n_a = \sinh^2 r$,此时的测量信号为

$$\hat{n}_{cd} \simeq (n_a - \beta^2)\Delta\varphi - 2\beta\delta\hat{a}_1. \tag{3.112}$$

这样在压缩参数 r 不是很大时 $\beta \gg n_a$，探测的最小相位移动变为

$$\Delta\varphi_{\min} \simeq \left(\frac{4\beta^2\langle\delta\hat{a}_1^2\rangle}{(n_a-\beta^2)^2}\right)^{1/2} \simeq \frac{\mathrm{e}^{-r}}{\sqrt{n_l}}, \tag{3.113}$$

从而提升测量精度。

3.9　振幅压缩及非线性 Mach-Zehnder 干涉仪

由前面的讨论我们已经知道，压缩相干态某个方向上的正交相位分量具有低于真空起伏的噪声。若用来携带信息，则压缩态可以达到比相干态更大的信噪比，这便是这种光场潜在应用的物理基础。另一方面，类比于光场的产生和湮灭算符，光场的振幅和相位算子也可以组合成一对共轭物理量，从而可以构造相应的振幅压缩态。对于振幅压缩态而言，其噪声的减小表现为光子数的起伏小于相干态的相应起伏，即 $\langle(\Delta\hat{N})^2\rangle < \langle\hat{N}\rangle$。这类压缩态也称为光子数压缩态或者亚泊松统计光场。满足光子数和相位最小测不准关系的振幅压缩态称为粒子数-相位测不准态。这类压缩态在探测上比压缩相干态方便得多，只需采用光子计数的方法。所以，与压缩相干态一样，振幅压缩态在光通信、信息处理，以及精密探测和原子光谱学等方面均有着重要的潜在应用。本节中，我们将简单讨论其涨落特性及在非线性 Mach-Zehnder 干涉仪中的实现方法 [1,8,10]。

如第一章 1.6 节中所示，电磁场的粒子数-相位最小测不准态对应的算符定义为

$$\hat{N} \equiv \hat{a}^\dagger\hat{a}, \tag{3.114}$$

$$\hat{S} \equiv \frac{1}{2\mathrm{i}}[(\hat{N}+1)^{-1/2}\hat{a} - \hat{a}^\dagger(\hat{N}+1)^{-1/2}], \tag{3.115}$$

$$\hat{C} \equiv \frac{1}{2}[(\hat{N}+1)^{-1/2}\hat{a} + \hat{a}^\dagger(\hat{N}+1)^{-1/2}], \tag{3.116}$$

它们满足对易关系

$$[\hat{N}, \hat{C}] = -\mathrm{i}\hat{S}, \tag{3.117}$$

$$[\hat{N}, \hat{S}] = \mathrm{i}\hat{C}. \tag{3.118}$$

由海森伯不确定关系给出的算符涨落满足

$$\langle\Delta\hat{N}^2\rangle\langle\Delta\hat{S}^2\rangle \geqslant \frac{1}{4}\langle\hat{C}\rangle^2, \tag{3.119}$$

$$\langle\Delta\hat{N}^2\rangle\langle\Delta\hat{C}^2\rangle \geqslant \frac{1}{4}\langle\hat{S}\rangle^2. \tag{3.120}$$

当电磁场的模式具有很大的激发数，且相应的正交相位分量满足下列条件时

$$\langle \hat{X}_1 \rangle \gg 1, \ \text{及} \langle \hat{X}_2 \rangle = 0, \tag{3.121}$$

我们近似有 $\langle \hat{C} \rangle \sim 1$。此时 $\langle \Delta \hat{S}^2 \rangle$ 可以近似看作是电磁场的相位涨落噪声，记为 $\langle \Delta \hat{\phi}^2 \rangle$。

依据第二章 2.4 节中的一般性讨论可知，粒子数-相位最小不确定态定义为下列算符的本征态

$$(\mathrm{e}^{-r} \hat{N} + \mathrm{i} \mathrm{e}^r \hat{S}) |\psi\rangle = (\mathrm{e}^{-r} \langle \hat{N} \rangle + \mathrm{i} \mathrm{e}^r \langle \hat{S} \rangle) |\psi\rangle, \tag{3.122}$$

其中的压缩参数 r 给出电磁场的粒子数噪声和相位噪声。一般说来，上述方程的本征解只有在一些特殊的情况下才存在。粒子数-相位最小测不准态又称为 Jackiw 态，并且最小测不准态的压缩参数依赖于光子数的平均值 $\langle \hat{N} \rangle$。由于其具体形式较为复杂，这里不再列出，感兴趣的读者可以参考文献 [9]。

最小不确定态对应的算符涨落满足

$$\langle \Delta \hat{N}^2 \rangle = \frac{1}{2} \mathrm{e}^{-2r}, \tag{3.123}$$

$$\langle \Delta \hat{S}^2 \rangle \simeq \langle \Delta \hat{\phi}^2 \rangle = \frac{1}{2} \mathrm{e}^{+2r}, \tag{3.124}$$

$$\langle \Delta \hat{N}^2 \rangle \langle \Delta \hat{S}^2 \rangle \simeq \langle \Delta \hat{N}^2 \rangle \langle \Delta \hat{\phi}^2 \rangle = \frac{1}{4}. \tag{3.125}$$

当压缩参数满足

$$r = -\frac{1}{2} \ln(2 \langle \hat{N} \rangle), \tag{3.126}$$

并且平均光子数 $\langle \hat{N} \rangle$ 远大于 1 时，光子数的噪声和正弦相位算符满足

$$\langle \Delta \hat{N}^2 \rangle = \langle \hat{N} \rangle, \tag{3.127}$$

$$\langle \Delta \hat{S}^2 \rangle \simeq \langle \Delta \hat{\phi}^2 \rangle = \frac{\langle \hat{C} \rangle^2}{4 \langle \hat{N} \rangle} \approx \frac{1}{4 \langle \hat{N} \rangle}. \tag{3.128}$$

可以看到，此时电磁场的粒子数涨落与相干态一致，但是它不是相干态。一般说来，相干态并不是粒子数和相位的最小不确定态。

当压缩参数满足

$$r > -\frac{1}{2} \ln(2 \langle \hat{N} \rangle) \tag{3.129}$$

时，粒子数-相位最小测不准态表现为较小的光子数噪声和较大的正弦相位噪声，而最小测不准关系仍然成立

$$\langle \Delta \hat{N}^2 \rangle \langle \Delta \hat{C}^2 \rangle = \frac{1}{4} \langle \hat{S} \rangle^2. \tag{3.130}$$

光子数的噪声可以减少到零 (即光子数福克态)，而无需无穷多的光子数，因此增加相位噪声可以不需要任何光子数的改变。

3.9.1　相干态的粒子数-相位最小不确定关系

具体地，对于相干态 $\alpha = |\alpha|e^{i\phi}$，其粒子数涨落满足 $\langle \Delta \hat{N}^2 \rangle = \langle \hat{N} \rangle = |\alpha|^2$，其相位算符的期望值满足

$$\langle \alpha|\hat{C}|\alpha \rangle = \frac{1}{2}\exp(-|\alpha|^2)\sum_{n=0}^{\infty}\frac{(\alpha^*)^{n+1}\alpha^n + (\alpha^*)^n\alpha^{n+1}}{\sqrt{(n+1)!n!}}$$

$$= |\alpha|\cos\phi\exp(-|\alpha|^2)\sum_{n=0}^{\infty}\frac{|\alpha|^{2n}}{n!\sqrt{n+1}}. \tag{3.131}$$

可见算符 $\hat{C}$ 的期望值正比于 $\cos\phi$，ϕ 正对应了相干本征值 α 的辐角。同理可求得

$$\langle \alpha|\hat{C}^2|\alpha \rangle = \frac{1}{2} - \frac{1}{4}\exp(-|\alpha|^2)$$

$$+ |\alpha|^2\left(\cos^2\phi - \frac{1}{2}\right)\exp(-|\alpha|^2)\sum_{n=0}^{\infty}\frac{|\alpha|^{2n}}{n!\sqrt{(n+1)(n+2)}}. \tag{3.132}$$

在一般情况下，我们无法采用解析的表达式化简上述方程中的求和项。不过当 $|\alpha|^2 \gg 1$ 时，则可以采用如下的渐近形式

$$\sum_{n=0}^{\infty}\frac{|\alpha|^{2n}}{n!\sqrt{n+1}} = \frac{\exp(|\alpha|^2)}{|\alpha|}\left(1 - \frac{1}{8|\alpha|^2} + \cdots\right), \tag{3.133}$$

$$\sum_{n=0}^{\infty}\frac{|\alpha|^{2n}}{n!\sqrt{(n+1)(n+2)}} = \frac{\exp(|\alpha|^2)}{|\alpha|}\left(1 - \frac{1}{2|\alpha|^2} + \cdots\right), \tag{3.134}$$

从而得到

$$\langle \alpha|\hat{C}|\alpha \rangle = \cos\phi\left(1 - \frac{1}{8|\alpha|^2} + \cdots\right), \tag{3.135}$$

$$\langle \alpha|\hat{C}^2|\alpha \rangle = \cos^2\phi - \frac{\cos^2\phi - 1/2}{2|\alpha|^2} + \cdots. \tag{3.136}$$

由此得出相位的不确定关系

$$\langle \Delta\hat{C}^2 \rangle = \langle \hat{C}^2 \rangle - \langle \hat{C} \rangle^2 \simeq \frac{\sin^2\phi}{4|\alpha|^2}, \quad |\alpha|^2 \gg 1. \tag{3.137}$$

类似地，我们可以得到另一个相位算符 $\hat{S}$ 的涨落为

$$\langle \alpha|\hat{S}|\alpha \rangle = \sin\phi\left(1 - \frac{1}{8|\alpha|^2} + \cdots\right), \tag{3.138}$$

$$\simeq \sin\phi, \quad |\alpha|^2 \gg 1, \tag{3.139}$$

由此可以得出，在平均光子数很大的相干态场合，算符涨落满足

$$\langle \Delta \hat{N}^2 \rangle \langle \Delta \hat{C}^2 \rangle = \frac{1}{4} \langle \hat{S} \rangle^2, \qquad |\alpha|^2 \gg 1. \tag{3.140}$$

此时,相干态也近似可以看作是粒子数-相位算符的最小不确定态。由表达式 $\langle \Delta \hat{C}^2 \rangle$ 和 $\langle \Delta \hat{N}^2 \rangle / \langle \hat{N} \rangle$ 的形式可知，随着 $|\alpha|^2$ 的增大，相干态振幅和相位的期望值均趋于更加精确。相干态对应的噪声通常也称为标准量子极限。

3.9.2 非线性 Mach-Zehnder 干涉仪生成粒子数-相位压缩态

由于粒子数-相位压缩态并不能由相干态通过幺正变换得到，所以一般很难构造哈密顿量来生成精确的这类压缩态。然而通过在 Mach-Zehnder 干涉仪中加入非线性的克尔介质，再合理地操控初始输入的相干态，我们就可以得到所需的粒子数-相位压缩态。

为理解非线性 Mach-Zehnder 干涉仪的原理，我们考察非线性克尔介质中的自相位调制过程。单模光场通过非线性介质时对应的非线性相互作用哈密顿量为

$$\hat{H}_I = \hbar \chi \hat{a}^{\dagger 2} \hat{a}^2 = \hbar \chi \hat{N}(\hat{N} - 1). \tag{3.141}$$

当光通过克尔介质距离为 z 时，态演化对应的时间为 $T = Ln_0/c$,其中 L 为介质长度，n_0 为介质折射率，c 为光速。系统演化对应的幺正算符即可以写为

$$U_K(L) = \exp\left[\mathrm{i} \frac{\gamma}{2} \hat{N}(\hat{N} - 1) \right], \tag{3.142}$$

其中 $\gamma = 2\chi t = 2\chi L n_0/c$。

在海森伯表象中，场算符的演化为

$$\hat{b} = U_K^{\dagger}(L) \hat{a} U_K(L) = \mathrm{e}^{\mathrm{i}\gamma \hat{N}} \hat{a}, \tag{3.143}$$

$$\hat{b}^{\dagger} = \hat{a}^{\dagger} \mathrm{e}^{-\mathrm{i}\gamma \hat{N}}. \tag{3.144}$$

不难验证，算符 b 满足关系

$$[\hat{b}, \hat{b}^{\dagger}] = 1, \qquad \hat{N} = \hat{b}^{\dagger}\hat{b} = \hat{a}^{\dagger}\hat{a}. \tag{3.145}$$

对于初始处于相干态 $|\alpha_1\rangle$ 的光场，由于光场经历着正比于其光子数的相位移动，所以光场的相位涨落会随着参数 γ 的增大而增大。克尔介质输出场的相干激发满足

$$\langle \hat{b} \rangle = \langle \alpha_1 | \hat{b} | \alpha_1 \rangle = \langle \alpha_1 | \alpha_1 \mathrm{e}^{\mathrm{i}\gamma} \rangle = \alpha_1 \mathrm{e}^{-\beta/2} \mathrm{e}^{\mathrm{i}\phi}, \tag{3.146}$$

其中

$$\beta = 4|\alpha_1|^2 \sin^2 \frac{\gamma}{2}, \tag{3.147}$$

$$\phi = |\alpha_1|^2 \sin\gamma. \tag{3.148}$$

图 3.12(a) 给出了初始相干态在经历非线性演化后对应复平面上的 Husime-Q 函数的分布情况。可以看到，随着 γ 的增加，Q 函数在角向的分布变宽，涨落也越大。对于给定的方位角，Q 函数的极大点会随着方位角的增加而渐渐远离原点，但是 Q 函数的径向展宽几乎不变。为了得到振幅压缩光场，一个自然的想法就是找到一种简单的线性操作，使得输出态的 Q 函数分布在径向尽可能变窄一些，从而粒子数的涨落变小，实现压缩。一个可行的方法是，我们在复平面上对场的平均振幅 $\langle \hat{b} \rangle$ 作一平移 ξ，如图 3.12(b)、(c) 所示，并且平移 ξ 的方向与场的平均振幅方向相差 $-\pi/2$ 的相位。可以看到，在这种设置下，光场中激发数小于 $|\langle \hat{b} \rangle|^2$ 的组分与 ξ 夹角小于 $\pi/2$，从而叠加后干涉相长，合成后的振幅强度增加；相反，对于光场中对应激发数大于 $|\langle \hat{b} \rangle|^2$ 的组分，它们与 ξ 夹角大于 $\pi/2$，叠加后干涉相消，从而导致合成后的振幅强度减低。我们可以适当选取 $|\xi|$ 的大小，使得叠加后最终的效果是光场在方位角变化时相干振幅的极大值近似相同。这样就可以有效降低叠加后光场的振幅涨落，实现压缩。

基于上述原因，我们就可以通过设计非线性的 Mach-Zehnder 干涉仪来生成粒子数-相位压缩态。如图 3.13 所示，假定输入端初始时处在相干态 $|\varphi_1\rangle_{\text{in}}$ 上，$|\varphi_2\rangle_{\text{in}}$ 为真空态，即

$$|\varphi_1\rangle_{\text{in}} = |\alpha_{\text{in}}\rangle, \quad |\varphi_2\rangle_{\text{in}} = |0\rangle, \tag{3.149}$$

则在经过 M_1 后，两不同光路 a 和 d 中的量子态不再具有量子力学的关联，可以分别表示为

$$|\psi_1\rangle = |\alpha_1\rangle, \quad \alpha_1 = \sqrt{1-R_1}\alpha_{\text{in}}, \tag{3.150}$$

$$|\psi_2\rangle = |\alpha_2\rangle, \quad \alpha_2 = i\sqrt{R_1}\alpha_{\text{in}}, \tag{3.151}$$

其中 R_1 为 M_1 的反射率。

为了分析 $|\psi_1\rangle$ 和 $|\psi_2\rangle$ 对应的状态在干涉仪中的演化，我们假定 $|\psi_1\rangle$ 和 $|\psi_2\rangle$ 对应的场算符分别为 $\hat{a}$ 和 $\hat{d}$，如图 3.13(a) 所示。由前面的分析可知，算符 $\hat{a}$ 在经过非线性介质后所对应的场算符 $\hat{b}$ 满足方程 (3.143) 和 (3.144)。模式 $\hat{b}$ 和 $\hat{d}$ 再经过第二个分束器 M_2 后，输出场 $\hat{c}$ 模式可写为

$$\hat{c} = i\sqrt{R_2}\hat{b} + \sqrt{1-R_2}\hat{d} \tag{3.152}$$

如果我们设定分束器 M_2 具有很高的反射率 $(R_2 \to 1)$，则模式 $\hat{d}$ 中的噪声对输出场 $\hat{c}$ 的影响可以忽略不计。又因为 $\hat{d}$ 处在相干态 $|\alpha_2\rangle$，当 $\hat{d}$ 模被高度激发时，即 $|\alpha_2| \gg 1$，那么可以使得 $R_2 \to 1$ 时，满足

$$\sqrt{1 - R_2}\langle\hat{d}\rangle = \mathrm{i}\xi, \tag{3.153}$$

这里 ξ 是 c-数。此时，输出场的模式 $\hat{c}$ 就可以近似写成

$$\hat{c} = \mathrm{i}(\hat{b} + \xi). \tag{3.154}$$

依据前面的讨论可知，通过调整参数 ξ 的幅度和相位，我们就可以对输出光场的粒子数涨落进行操控。应用模式 $\hat{b}$ 的幺正平移算符

$$\hat{D}_b(\xi) = \exp(\xi\hat{b}^\dagger - \xi^*\hat{b}), \tag{3.155}$$

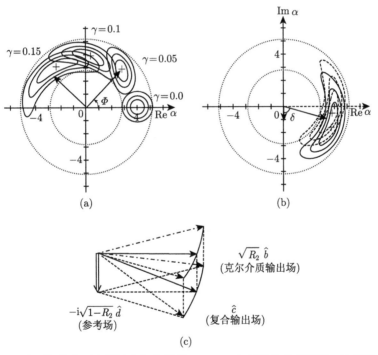

图 3.12　(a) 表示初始相干态经过克尔介质后 Husime-Q 函数的改变情况。这里的参数取为 $\alpha_1 = 4.0$，$\gamma = 0.0$，0.05，0.10，0.15。(b) 表示经过克尔介质变形后的状态在叠加上一个辅助的振幅 ξ 后，Husime-Q 函数的改变情况。叠加后的结果 (对应 (c) 中的输出态) 具有更强的振幅压缩。(c) 表示经过克尔介质变形后的相干态在叠加辅助振幅后提升粒子数压缩的原理图。振幅 ξ 与模式 b 有 $-\pi/2$ 的位相差。对于模式 b 中超过其粒子数平均值的组分，与 ξ 叠加后倾向于干涉相消 (点画线部分)；而模式 b 中低于其粒子数平均值的组分，与 ξ 叠加后倾向于干涉相长 (虚线部分) (摘自 Phys. Rev. A 34, 3974 (1986).)

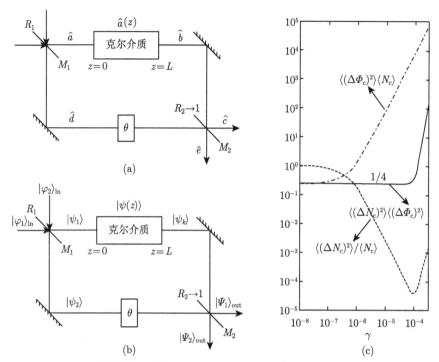

(a)

(b)

(c)

图 3.13　(a) 和 (b) 分别对应非线性 Mach-Zehnder 干涉仪中的输入态在海森伯表象及薛定谔表象中的演化过程。(c) 表示最优化后，输出模式 c 上的粒子数和相位涨落随参数 γ 的变化情况，其中 $|\alpha_1|^2 = 10^6$ (摘自 Phys. Rev. A 34, 3974 (1986).)

我们就可以将模式 $\hat{c}$ 写成

$$\hat{c} = \mathrm{i}\hat{D}_b^\dagger(\xi)\hat{b}\hat{D}_b(\xi) = \mathrm{i}\hat{D}_b^\dagger(\xi)U_K^\dagger(L)\hat{a}U_K(L)\hat{D}_b(\xi). \tag{3.156}$$

为了更方便讨论问题，我们把上述表达式均写成算符 $\hat{a}$ 的函数，从而将模式 $\hat{c}$ 改写为

$$\hat{c} = \mathrm{i}(\hat{b} + \xi) = \mathrm{i}(\mathrm{e}^{\mathrm{i}\gamma N}\hat{a} + \xi) = \mathrm{i}U_K^\dagger(L)\hat{D}^\dagger(\xi)\hat{a}\hat{D}(\xi)U_K(L), \tag{3.157}$$

其中，$\hat{D}(\xi)$ 为算符 $\hat{a}$ 上的平移算子，形式为

$$\hat{D}(\xi) = \exp(\xi\hat{a}^\dagger - \xi^*\hat{a}). \tag{3.158}$$

此时输出端口 c 对应的量子态就可以用算符 $\hat{a}$ 的表示空间写成 (相差一个整体相位因子)

$$|\Psi\rangle_{\mathrm{out}} = \hat{D}(\xi)U_K(L)|\alpha_1\rangle. \tag{3.159}$$

由此我们就可以求解输出态的粒子数 $\hat{N}_c = \hat{c}^\dagger \hat{c}$ 和相位涨落 $\hat{\Phi}_c$，满足

$$\hat{c} = \sqrt{\hat{N}_c + 1}\mathrm{e}^{\mathrm{i}\hat{\Phi}_c}. \tag{3.160}$$

为寻找输出场 $\hat{c}$ 的最小不确定度，我们需要对辅助振幅 ξ 进行最优化。依照前面的分析，ξ 的具体形式可以写为

$$\xi = \eta \alpha_1 \mathrm{e}^{\mathrm{i}(\phi - \pi/2)} = -\mathrm{i}\eta \alpha_1 \mathrm{e}^{\mathrm{i}\phi}. \tag{3.161}$$

对于给定的相干态振幅 $|\alpha_1\rangle$，最优化输出模式 $\hat{c}$ 上的粒子数涨落

$$\langle (\Delta \hat{N}_c)^2 \rangle =_{\mathrm{out}} \langle \Psi | \hat{N}_c^2 | \Psi \rangle_{\mathrm{out}} - \left({}_{\mathrm{out}} \langle \Psi | \hat{N}_c | \Psi \rangle_{\mathrm{out}} \right)^2 \tag{3.162}$$

即相当于找到最佳的比例系数 η，使得 $\langle (\Delta \hat{N}_c)^2 \rangle$ 最小。通过一系列具体的计算分析 [8]，最终我们可以得到，对于最佳的比例系数 η，当

$$\gamma \leqslant \gamma_1 = \frac{1}{2}\langle \hat{N}_c \rangle^{-2/3} \tag{3.163}$$

时，输出光场的粒子数和相位涨落满足

$$\langle (\Delta \hat{N}_c)^2 \rangle \simeq \langle \hat{N}_c \rangle (\sqrt{\phi^2 + 1} - \phi)^2, \tag{3.164}$$

$$\langle (\Delta \hat{\Phi}_c)^2 \rangle \simeq \frac{1}{4\langle \hat{N}_c \rangle (\sqrt{\phi^2 + 1} - \phi)^2}, \tag{3.165}$$

从而满足

$$\langle (\Delta \hat{N}_c)^2 \rangle \langle (\Delta \hat{\Phi}_c)^2 \rangle \quad \simeq \quad \frac{1}{4}. \tag{3.166}$$

可见，非线性 Mach-Zehnder 干涉仪输出模式即为粒子数-相位最小测不准态，如图 3.13(c) 所示。在临界点 $\gamma = \gamma_1$ 处，$\langle (\Delta \hat{N}_c)^2 \rangle$ 达到最小取值

$$\langle (\Delta \hat{N}_c)^2 \rangle = \langle \hat{N}_c \rangle^{1/3}. \tag{3.167}$$

而对于一般的压缩相干态，$\langle (\Delta \hat{N}_c)^2 \rangle$ 的最小取值只能取到 $\langle \hat{N}_c \rangle^{2/3}$。所以当光场的激发数很大时，非线性干涉仪能得到高压缩度的振幅压缩光场。

3.10　多光子干涉仪

在光学中，干涉仪是探测光场相干性的核心器件。在前面的讨论中，我们分析了单个光子通过 M-Z 干涉仪的信号响应情况。实际上我们还可以考虑干涉仪中多光子的干涉情况。这些在量子计算和量子信息中起着不可或缺的作用。

同样是如图 3.14 所示的光路, 若我们假设初始输入端口 $\hat{a}$ 和 $\hat{b}$ 各有一个光子, 即初始态为 $|1_a, 1_b\rangle$, 则在出射端口 $\hat{c}$、$\hat{d}$ 端做符合计数的结果为

$$\langle 1_a, 1_b|\hat{c}^\dagger \hat{d}^\dagger \hat{d}\hat{c}|1_a, 1_b\rangle = \frac{1}{2}(1 + \cos 2\varphi). \tag{3.168}$$

这里我们利用了输出端口和输入端口算符的对应关系

$$\begin{pmatrix} \hat{c} \\ \hat{d} \end{pmatrix} = \mathrm{i}\mathrm{e}^{\mathrm{i}\frac{\varphi}{2}} \begin{bmatrix} -\sin\dfrac{\varphi}{2}\hat{a} + \cos\dfrac{\varphi}{2}\hat{b} \\ \cos\dfrac{\varphi}{2}\hat{a} + \sin\dfrac{\varphi}{2}\hat{b} \end{bmatrix}. \tag{3.169}$$

我们也可以从态的角度来分析上述结果的由来。当入射态经过第一个分束器 BS1 后, 利用前面的结果我们得知, 在端口 A、B 处输入态的信息为

$$|\psi_{AB}\rangle = \frac{1}{\sqrt{2}}(|2_a, 0_b\rangle + |0_a, 2_b\rangle). \tag{3.170}$$

双光子态经过相位片后, 到达第二分束器前的状态即可以写为

$$|\psi'_{AB}\rangle = \frac{1}{\sqrt{2}}(|2_a, 0_b\rangle + \mathrm{e}^{\mathrm{i}2\varphi}|0_a, 2_b\rangle). \tag{3.171}$$

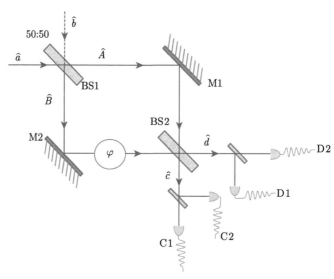

图 3.14　Mach-Zehnder 干涉仪及相位测量示意图。其中各器件的具体所指为: BS1 和 BS2 为分束器; M1 和 M2 为平面镜; D1 和 D2 为单光子探测器

上述状态再经过 BS2 以后即化为

$$S\left(\theta = \frac{\pi}{4}\right)|\psi'_{AB}\rangle = \frac{1}{2}S\left(\frac{\pi}{4}\right)[(\hat{a}^\dagger)^2 + \mathrm{e}^{\mathrm{i}2\varphi}(\hat{b}^\dagger)^2]|0_a, 0_b\rangle$$

$$= \frac{1}{2}\left[\left(\frac{\hat{a}^\dagger + i\hat{b}^\dagger}{\sqrt{2}}\right)^2 + e^{i2\varphi}\left(\frac{i\hat{a}^\dagger + \hat{b}^\dagger}{\sqrt{2}}\right)^2\right]|0_a, 0_b\rangle$$

$$= \frac{i}{2}(1 + e^{i2\varphi})\hat{a}^\dagger\hat{b}^\dagger|0_a, 0_b\rangle + \frac{1 - e^{i2\varphi}}{4}\left[(\hat{a}^\dagger)^2 - (\hat{b}^\dagger)^2\right]|0_a, 0_b\rangle$$

实际测量中，对符合计数有用的项为等号右边的第一项，所以系统状态对测量有用的部分为

$$\frac{i}{2}(1 + e^{i2\varphi})|1_a, 1_b\rangle, \tag{3.172}$$

对应的符合计数率即为

$$P_{cd} = \frac{1}{4}|1 + e^{i2\varphi}|^2 = \frac{1}{2}(1 + \cos 2\varphi). \tag{3.173}$$

从中我们可以看到，当 $\varphi = \pi/2$ 时，符合计数结果达到最小值 $P_{cd} = 0$。此时系统的输出态为

$$|\psi_{cd}\rangle = \frac{1}{\sqrt{2}}(|2_a, 0_b\rangle - |0_a, 2_b\rangle). \tag{3.174}$$

这是一个反对称态，与入射 BS2 之前系统的状态是一样的，所以反对称的双光子态经过半透半反分束器后形式保持不变。

同样的分析还可以扩展到更多光子数的情况。例如，我们以 4 光子入射态 $|2_a, 2_b\rangle$ 为例，并假定分束器 BS1 的透射系数和反射系数分别为 $\sqrt{T}$ 和 $i\sqrt{R}$，其中 T 和 R 分别对应透射率和反射率，则 BS1 分束器对算符的变换关系为

$$\hat{A} = \sqrt{T}\hat{a} + i\sqrt{R}\hat{b}, \quad \hat{B} = \sqrt{T}\hat{b} + i\sqrt{R}\hat{a}. \tag{3.175}$$

若假定 BS2 仍为半透半反的分束器，则在经过一个相位差 φ 后，输出端的算符变换关系为

$$\hat{c} = \frac{1}{\sqrt{2}}(\hat{A} + e^{i\varphi}i\hat{B}), \quad \hat{d} = \frac{1}{\sqrt{2}}(i\hat{A} + e^{i\varphi}\hat{B}) \tag{3.176}$$

如果我们在输出端口做 4 光子符合计数，并要求每个端口正好输出两个光子，则计数的概率为

$$P_{cd} = \langle 2_a, 2_b|(\hat{c}^\dagger)^2(\hat{d}^\dagger)^2\hat{d}^2\hat{c}^2|2_a, 2_b\rangle$$

$$\propto |e^{i2\varphi}(T^2 + R^2 - 4TR) - 3TR(1 + e^{i4\varphi})|^2 \tag{3.177}$$

易见，当分束器 BS1 的系数满足

$$T^2 + R^2 - 4TR = 0,$$

即 $T = (3 \pm \sqrt{3})/6$, $R = (3 \mp \sqrt{3})/6$ 时, 我们有

$$P_{cd} \propto 1 + \cos(4\varphi). \tag{3.178}$$

可见当 φ 变化一个 2π 周期时, 干涉条纹变化了 4 个周期, 正比于总光子数。

我们也可以从态演化的角度考察上述过程。初始态 $|2_a, 2_b\rangle$ 经过 BS1 后, 状态改变为

$$\frac{1}{2}(\hat{a}^\dagger)^2 (\hat{b}^\dagger)^2 |0_a, 0_b\rangle \to S(T,R) \frac{1}{2}(\hat{a}^\dagger)^2 (\hat{b}^\dagger)^2 |0_a, 0_b\rangle$$
$$= -\Big[\sqrt{6} TR(|4_A, 0_B\rangle + |0_A, 4_B\rangle) - (T^2 + R^2 - 4TR)|2_A, 2_B\rangle$$
$$+ \mathrm{i}\sqrt{6} TR(T-R)(|3_A, 1_B\rangle + |1_A, 3_B\rangle) \Big]. \tag{3.179}$$

可见, 对于半透半反分束器 $T = R$, 输出状态中奇光子数态 ($|3_A, 1_B\rangle + |1_A, 3_B\rangle$) 不出现。而当 $T = (3 \pm \sqrt{3})/6$, $R = (3 \mp \sqrt{3})/6$ 时, 输出态中不含 $|2_A, 2_B\rangle$ 项。用同样的处理方法, 我们可以证明, 偶光子态 $|2_A, 2_B\rangle$ 及奇光子数态 $|3_A, 1_B\rangle$、$|1_A, 3_B\rangle$ 在经过半透半反分束器 BS2 以后, 输出态中不会出现两端口光子数均为 2 的情况, 所以这些状态对最终的测量概率没有贡献。上式中我们只需要考虑状态 ($|4_A, 0_B\rangle + |0_A, 4_B\rangle$) 的贡献就可以了。由于

$$\Big[(\hat{A}^\dagger)^2 + (\hat{B}^\dagger)^2 \Big] |0_A, 0_B\rangle \xrightarrow{\varphi} \Big[(\hat{A}^\dagger)^2 + \mathrm{e}^{\mathrm{i}4\varphi}(\hat{B}^\dagger)^2 \Big] |0_A, 0_B\rangle$$
$$\xrightarrow{\mathrm{BS2}} S\left(\frac{\pi}{4}\right) \Big[(\hat{A}^\dagger)^4 + \mathrm{e}^{\mathrm{i}4\varphi}(\hat{B}^\dagger)^4 \Big] S^\dagger\left(\frac{\pi}{4}\right) |0_A, 0_B\rangle$$
$$= \frac{1}{4} \Big[(\mathrm{i}\hat{A}^\dagger + \hat{B}^\dagger)^4 + \mathrm{e}^{\mathrm{i}4\varphi}(\hat{A}^\dagger + \mathrm{i}\hat{B}^\dagger)^4 \Big] |0_A, 0_B\rangle$$
$$= -\frac{3}{2}(1 + \mathrm{e}^{\mathrm{i}4\varphi})(\hat{A}^\dagger)^2 (\hat{B}^\dagger)^2 + \cdots, \tag{3.180}$$

从而我们同样可以确定, 在输出端口的符合计数满足式 (3.178)。

3.11　NOON 态及海森伯极限

从第二章中的讨论我们得知, 在量子力学中, 粒子数和相位可以作为一对共轭物理量, 近似满足对易关系 $[\hat{n}, \hat{\phi}] = \mathrm{i}$。尽管这一关系并非严格成立, 但是当相位涨落很小时, 我们仍然可以用它来分析系统中测量精度的依赖关系。依据海森伯不确定关系可得, 对于任一量子态, 算符的涨落满足 (假定相位涨落很小)

$$\Delta n \Delta \phi \geqslant 1/2. \tag{3.181}$$

对于给定的量子态来说，粒子数的涨落不会超过系统的总粒子数 $\Delta\hat{n}\leqslant N$。由此我们可知，系统的相位涨落应满足

$$\Delta\phi\geqslant\frac{1}{2\Delta n}\sim\frac{1}{N} \tag{3.182}$$

这种由于不确定关系而得到的相位测量精度，称为海森伯极限。相比于 3.10 节中的标准量子极限 $1/\sqrt{N}$，海森伯极限反比于粒子数目 N。如果一个测量过程可以达到海森伯极限，则可以大大提升测量的精度。在实际的物理系统中，海森伯精度极限并不容易达到。然而，利用一些特殊的多光子态，并辅助适当的光路，海森伯精度极限是可以达到的。例如 3.10 节讨论的多光子干涉中，条纹的分辨率与光子数成正比。这实际上就对应了一种达到海森伯极限的相位探测方法。这一结论可以推广到一般的多光子 NOON 态情况 [11-14, 16]。

NOON 态是一种由光子数态组成的薛定谔猫态，其具体形式为

$$|\mathrm{NOON}\rangle=\frac{1}{\sqrt{2}}\left(|N,0\rangle_{a,b}+|0,N\rangle_{a,b}\right) \tag{3.183}$$

其中，a、b 代表不同的模式，且 $|N,0\rangle_{a,b}$ 表示在 a、b 模式上分别有 N 个、0 个光子。假定待测量的相位信息 φ 编码在一个相位片中，对应的算符形式为

$$U_p(\varphi)=\mathrm{e}^{\mathrm{i}\varphi\hat{n}}. \tag{3.184}$$

可以验证，这样定义的相位片算符在输入光场上附加了一个相位

$$\hat{a}\longrightarrow U_p^\dagger(\varphi)\hat{a}U_p(\varphi)=\hat{a}\mathrm{e}^{\mathrm{i}\varphi}, \tag{3.185}$$

且对任意输入态的作用为

$$|\varPhi\rangle\longrightarrow U_p(\varphi)|\varPhi\rangle, \tag{3.186}$$

与实验的观测相吻合。需要注意的是，相位片算子作用到相干态和粒子数态上的效果是非常不一样的。可以验证，对于任意相干态 $|\alpha\rangle$ 及粒子数态 $|n\rangle$，我们有

$$\begin{aligned} U_p(\varphi)|\alpha\rangle&=U_p(\varphi)\mathrm{e}^{a^\dagger\alpha-a\alpha^*}U_p^\dagger(\varphi)U_p(\varphi)|0\rangle\\ &=\mathrm{e}^{a^\dagger\alpha\mathrm{e}^{\mathrm{i}\varphi}-a\alpha^*\mathrm{e}^{-\mathrm{i}\varphi}}|0\rangle=|\alpha\mathrm{e}^{\mathrm{i}\varphi}\rangle, \end{aligned} \tag{3.187}$$

$$U_p(\varphi)|n\rangle=\mathrm{e}^{\mathrm{i}n\varphi}|n\rangle. \tag{3.188}$$

可见，对于相干态，相位片算子的作用即在相干振幅上附加上一个相位；而对于粒子数态，相位移动正比于光子数 n。物理上，正是由于光子数态在经过相位片后的大幅度相位移动，为高精度的信号测量提供了理论上的基础。

给定一个 NOON 态，如果让其中 b 模式通过相位片，则变换后的状态即为

$$|\text{NOON}\rangle \longrightarrow |\text{NOON}\rangle_\varphi = \frac{1}{\sqrt{2}}\left(|N,0\rangle_{a,b} + e^{iN\varphi}|0,N\rangle_{a,b}\right). \tag{3.189}$$

为提取相关的相位信息，我们假定测量操作的算符形式为

$$\hat{A}_N = |N,0\rangle\langle 0,N| + |0,N\rangle\langle N,0|, \tag{3.190}$$

则相应的测量平均值为

$$\langle \hat{A}_N \rangle = \cos(N\varphi). \tag{3.191}$$

可见，当 φ 由 0 变化到 2π 时，信号 $\langle A_N \rangle$ 振荡了 N 次。相比于 3.10 节中的单光子 M-Z 干涉仪，这里的信号灵敏度提高了 N 倍，相应的测量精度达到海森伯极限

$$\Delta\varphi = \frac{\Delta A_N}{|\partial\langle\hat{A}_N\rangle/\partial\varphi|_{\max}} = \frac{1}{N} \tag{3.192}$$

在实际系统中，$\hat{A}_N$ 算符可以通过分束器实现。模式 a 和 b 在通过分束器后变成 $\hat{c} = (\hat{a} + i\hat{b})/\sqrt{2}$ 及 $\hat{d} = (i\hat{a} + \hat{b})/\sqrt{2}$。如果我们对模式 c 和 d 中的光子进行计数，则所得光子计数为 $\hat{n}_c = \hat{N} - \hat{n}_d$ 和 $\hat{n}_d$ 的概率为

$$\begin{aligned} P(n_d|\varphi) &= |\langle N-n_d, n_d|\text{NOON}\rangle_\varphi|^2 \\ &= \frac{1 + (-1)^{n_d}\cos[N(\varphi - \pi/2)]}{2^N} \begin{pmatrix} N \\ n_c \end{pmatrix}. \end{aligned} \tag{3.193}$$

可见，上式中分子部分取决于 n_d 的奇偶变化，具体取值为

$$P(n_d \in 偶数|\varphi) = \frac{1 + \cos[N(\varphi - \pi/2)]}{2}, \tag{3.194}$$

$$P(n_d \in 奇数|\varphi) = \frac{1 - \cos[N(\varphi - \pi/2)]}{2}. \tag{3.195}$$

通过分别计算 n_d 为偶数和奇数的概率，我们就可以推导出 $\cos[N(\varphi - \pi/2)]$ 的大小，它与 $\langle A_N \rangle$ 只相差了一个相位。这样我们就可以在光学系统中实现达到海森伯精度极限的测量。

3.12　双光子纠缠光源及相应的单光子和双光子干涉

从本章前面小节的讨论我们知道，光场的非经典效应在少光子数、少模式的情况下一般表现显著。双光子纠缠态就是这类光子态中理论上较为简单、实验上

容易制备的典型代表。就像人类的双胞胎在相距很远仍然有某种神秘的关联一样，纠缠的双光子之间也有着神秘的量子关联行为。在很多量子力学的原理检验和量子光学的实验验证中，关联的光子态，特别是双光子纠缠态起到了特别重要的作用。关于单光子和双光子更详细的讨论，可参阅文献 [6] 或本丛书的其他相关部分。本节中，我们将简单介绍量子光学如何在实验中制备双光子纠缠态，然后再通过一个具体的实验来理解其相应的单光子和双关子干涉效应。

3.12.1 双光子纠缠源

在量子光学的实验验证中，产生纠缠的双光子态最常见的方法是利用自发参量下转换 (spontaneous parametric down conversion，SPDC) 的方案。SPDC 思想的提出可追溯到 20 世纪 70 年代，在实验上的渐渐发展和成熟始于 20 世纪 80 年代。SPDC 的思想是利用一束强的经典泵浦光场照射非线性双折射晶体。当晶体中存在二阶非线性效应时，入射光子可以劈裂成两个关联的光子后输出。两个输出光子一般分别称为信号光子 (signal photon) 和闲置光子 (idler photon)。由于能量守恒和动量守恒 (相位匹配条件) 的要求，输出的双光子频率之和等于入射光的频率和，而且出射方向也满足矢量的求和法则，亦即

$$\omega_{\mathrm{p}} = \omega_{\mathrm{s}} + \omega_{\mathrm{i}}, \qquad \boldsymbol{k}_{\mathrm{p}} = \boldsymbol{k}_{\mathrm{s}} + \boldsymbol{k}_{\mathrm{i}}, \tag{3.196}$$

其中，ω_{p}、ω_{s} 及 ω_{i} 分别对应泵浦光、信号光及闲置光的频率；$\boldsymbol{k}_{\mathrm{p}}$、$\boldsymbol{k}_{\mathrm{s}}$ 及 $\boldsymbol{k}_{\mathrm{i}}$ 对应泵浦光、信号光及闲置光的波矢。

实验上，常见的有两种 SPDC 过程，分别称为 I-型 SPDC 和 II-型 SPDC。在 I-型 SPDC 中，输出的双光子态具有相同的偏振，并且与入射光场的偏振垂直，如图 3.15 所示。输出光子的频率可以相同，也可以不同。由于晶体的色散效应，出射光子的方向一般不与入射光场的方向重合，而是与之有一定的夹角。这样在出射端口，输出光子主要分布在以入射方向为轴线的圆锥面上 (这是因为沿着入射方向旋转任意角度不破坏动量守恒条件，亦即相位匹配条件)。由于信号光子和闲置光子偏振相同，所以它们圆锥面对应的轴线是重合的。I-型 SPDC 对应的光子对生成可以用下面的哈密顿量描述

$$\hat{H}_I = \hbar\eta(\hat{a}_{\mathrm{s}}^{\dagger}\hat{a}_{\mathrm{i}}^{\dagger} + h.c.), \tag{3.197}$$

其中，$\hat{a}_{\mathrm{s}}^{\dagger}$ 和 $\hat{a}_{\mathrm{i}}^{\dagger}$ 分别为信号光和闲置光对应的产生算子。单块的 I-型 SPDC 非线性晶体不能生成偏振纠缠的光子对。实验上一般可以通过复合另外一块同类型的晶体来达到目的。

在 II-型 SPDC 中，信号光子和闲置光子的偏振相互垂直，其中一个称为 o 光，另一个称为 e 光。晶体的双折射效应使得信号光子和闲置光子的出射方向分

布在两个轴线不同的圆锥面上，如图 3.16 所示。在这两个光锥的交叠区，光子可以是 e 偏振，也可以是 o 偏振。如果我们在这交叠区域探测光子，则无法确定所探测光子来自于 o 光还是 e 光，同时也无法确定偏振状态 (原则上，我们也可以通过记录光子到达的时间来区分 e 光和 o 光，因为两者在晶体里的传播速度不一样。但是这一差别可以通过引入另一块晶片补偿掉)。这一不可区分性为实验生成偏振纠缠的光子对提供了一种方案。对于这样"后选择"的 SPDC 过程，我们可以引入如下有效哈密顿量来描述纠缠光子对的生成：

$$\hat{H}_{II} = \frac{1}{\sqrt{2}}\hbar\eta(\hat{a}^{\dagger}_{Hs}\hat{a}^{\dagger}_{Vi} + \hat{a}^{\dagger}_{Vs}\hat{a}^{\dagger}_{Hi}) + h.c., \tag{3.198}$$

其中，$\hat{a}^{\dagger}_{Hs}$、$\hat{a}^{\dagger}_{Vs}$ 对应水平和竖直偏振信号光子的产生算子；$\hat{a}^{\dagger}_{Hi}$、$\hat{a}^{\dagger}_{Vi}$ 对应水平和竖直偏振闲置光子的产生算子；η 为对应的非线性耦合系数。

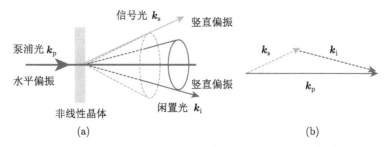

图 3.15   I-型 SPDC 对应的光路示意图 (a) 及相位匹配条件 (b)

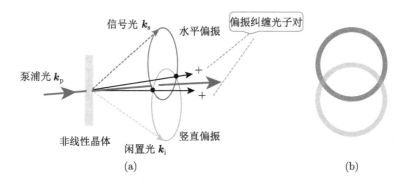

图 3.16   II-型 SPDC 对应的光路示意图 (a) 及出射光对应光锥的截面图 (b)

对于初始状态

$$|\psi(0)\rangle = |0_H, 0_V\rangle_s|0_H, 0_V\rangle_i,$$

若仅考虑一级近似，就可以得到输出状态为

$$|\psi(t)\rangle \sim (1 - it\hat{H}_{II}t)|\psi(0)\rangle$$

$$= |\psi(0)\rangle - i\eta t \frac{1}{\sqrt{2}} (|1_H, 0_V\rangle_s |0_H, 1_V\rangle_i + |0_H, 1_V\rangle_s |1_H, 0_V\rangle_i). \quad (3.199)$$

对于单光子激发, 可以重新定义符号

$$|H\rangle_{s(i)} = |1_H, 0_V\rangle_{s(i)}, \quad |V\rangle_{s(i)} = |0_H, 1_V\rangle_{s(i)}, \quad (3.200)$$

从而可以将方程 (3.199) 中第二项对应的状态记为

$$|\psi^+\rangle = \frac{1}{\sqrt{2}} (|H\rangle_s |V\rangle_i + |V\rangle_s |H\rangle_i). \quad (3.201)$$

对比第一章中的式 (1.65) 可知, 此即为标准的贝尔态.

　　SPDC 的方法可以生成在时间、偏振、频率等自由度上纠缠的双光子态, 实验上技术发展也很成熟, 所以在量子光学的实验中被大量采用。需要注意的是, 利用 SPDC 方法生成的纠缠光子态具有非常宽的频谱分布, 一般能达到 THz 量级。这样生成的光场很难与原子的内能级耦合, 因为一般原子的自然谱线宽度大约在 MHz 量级。为了获得能与原子体系耦合的纠缠光源, 一般需要在实验上引入其他的调控手段。

　　SPDC 中, 为了获得高的非线性转化效率, 泵浦光和出射光一定要满足相位匹配条件。对于传统的单轴和双轴非线性晶体, 由于双折射效应和色散效应, 相位匹配会受到光的波矢方向和偏振方向等因素的影响。对于特定的晶体, 有时候我们只能实现固定波长的相位匹配。除此之外, 还有许多其他因素限制了非线性转化的效率。

　　为提升非线性耦合的效率, 20 世纪 90 年代, 实验物理学家发展了一套准相位匹配 (quasi-phase matching, QPM) 的方法, 从而使得非线性耦合中的相位匹配变得容易实现和控制 [17, 18]。实现准相位匹配的核心是在非线性材料中引入周期调制的非线性极化率, 这种人造的周期结构相当于在晶体中引入另外一个光栅矢量 k_Q。k_Q 的引入使得晶体中非线性相互作用的相位匹配条件修正为

$$k_p = k_s + k_i + k_Q. \quad (3.202)$$

k_Q 的大小由极化周期决定, 可根据使用需要适当选择和调节, 从而实现相位匹配。在准相位匹配中, 光场波矢方向和偏振方向的限制已经不再重要。如此我们就可以让三束光波沿同一晶轴方向传播, 从而达到光场走离角为零的效果。由于不存在走离效应, 降低了实验难度, 我们可以使用较长的晶体来获得较大的非线性转换效率。除此之外, 准相位匹配方法中还能够充分利用非线性晶体的最大非线性系数, 亦可以显著提高非线性效率。基于上述优点, 利用周期性极化晶体制备纠缠双光子源目前也已被广泛应用于实验系统中。

3.12.2　双光子纠缠光源中的单光子和双光子干涉

在前面章节的介绍中我们了解到，多光子干涉仪除了在信号灵敏度上优于单光子干涉以外，在抗环境干扰上也具有特别的优势。HBT 实验就是一个很好的例子。这里我们再简单考察一下利用纠缠光源实现单光子干涉与双光子干涉的例子，从而进一步认识它们之间的差别和联系 [19]。

我们假定向如图 3.14 所示的 Mach-Zehnder 干涉仪中输入一双光子纠缠态。该纠缠光子对由频率为 ω_0 的泵浦激光通过参量下转换的方式生成，具体形式为

$$|\Phi\rangle = \int \mathrm{d}\omega_\mathrm{s}\mathrm{d}\omega_\mathrm{i}\delta(\omega_0 - \omega_\mathrm{s} - \omega_\mathrm{i})f(\omega_\mathrm{s}, \omega_\mathrm{i})\mathrm{e}^{\mathrm{i}(\omega_\mathrm{s}+\omega_\mathrm{i})t}\hat{a}_\mathrm{s}^\dagger(\omega_\mathrm{s})\hat{a}_\mathrm{i}^\dagger(\omega_\mathrm{i})|0_\mathrm{s}, 0_\mathrm{i}\rangle. \quad (3.203)$$

这里，ω_s 为信号光子的频率；ω_i 为闲置光子的频率；$\delta(\omega_0 - \omega_1 - \omega_2)$ 保证了泵浦激光在转化为信号光子和闲置光子时满足能量守恒；$f(\omega_\mathrm{s}, \omega_\mathrm{i})$ 为对应的态叠加系数。信号光子和闲置光子在空间上是可以分开的。

为制备理想的单光子输入态，实验中我们可以对闲置光子进行测量。一旦我们测得一个闲置光子计数后 $\hat{a}_\mathrm{i}^\dagger(\omega_\mathrm{i})\hat{a}_\mathrm{i}(\omega_\mathrm{i})$，则先前和闲置光子纠缠的信号光子会塌缩到单光子态 $\hat{a}_\mathrm{s}^\dagger(\omega_\mathrm{s} = \omega_0 - \omega_\mathrm{i})|0_\mathrm{s}\rangle$ 上，塌缩的概率为

$$|f_\mathrm{s}(\omega_\mathrm{s})|^2 \equiv |f(\omega_\mathrm{s}, \omega_\mathrm{i})|^2 = |f(\omega_\mathrm{s}, \omega_0 - \omega_\mathrm{i})|^2. \quad (3.204)$$

我们称这样的信号光子为预报单光子态 (heralded single photon)。把信号光子送入干涉仪后，依据方程 (3.100)，在端口 d 所测得的干涉图样满足

$$R_\mathrm{d} = \langle \hat{d}^\dagger \hat{d} \rangle = \int \mathrm{d}\omega_\mathrm{s}\frac{1}{2}(1 + \cos\varphi_{\omega_\mathrm{s}})|f_\mathrm{s}(\omega_\mathrm{s})|^2 \quad (3.205)$$

这里我们假定相位差 $\varphi_{\omega_\mathrm{s}}$ 是干涉仪两臂对应的光程不相等所导致的。$\varphi_{\omega_\mathrm{s}}$ 与光子频率的依赖关系为

$$\varphi_{\omega_\mathrm{s}} = \frac{\omega_\mathrm{s}}{c}\Delta L = \omega_\mathrm{s}\Delta t \quad (3.206)$$

其中，ΔL 对应两臂上的光程差；$\Delta t = \Delta L/c$ 为光程差所导致的光子信号延迟。假定信号光子的中心频率为 $\omega_\mathrm{s}^{(0)}$，且 $|f_\mathrm{s}(\omega_\mathrm{s})|^2$ 的具体形式为

$$|f_\mathrm{s}(\omega_\mathrm{s})|^2 = \frac{1}{\sqrt{\pi}\sigma}\exp[-(\omega_\mathrm{s} - \omega_\mathrm{s}^{(0)})^2/\sigma^2], \quad (3.207)$$

其中信号光的频谱宽度为 $\Delta\omega = 2\sqrt{\ln 2}\sigma$。将 $|f_\mathrm{s}(\omega_\mathrm{s})|^2$ 的形式代入 R_d 的表达式中，即可得干涉条纹的形式为

$$R_{\mathrm{d}} = \int \mathrm{d}\omega_{\mathrm{s}} \frac{1}{2}[1 + \cos(\omega_{\mathrm{s}}\Delta t)]|f_{\mathrm{s}}(\omega_{\mathrm{s}})|^2 \sim \frac{1}{2}[1 + M\cos(\omega_{\mathrm{s}}^{(0)}\Delta t)]. \qquad (3.208)$$

这里的 $M < 1$ 刻画了条纹的可见度，它依赖于信号光的频谱宽度。一般说来，信号光频谱宽度越宽，条纹的可见度越低。

若将两光子纠缠态直接输入干涉仪中，并在输出端口做符合计数，则计数的概率为

$$R_{\mathrm{cd}} = \langle\varPhi|\hat{c}^\dagger\hat{d}^\dagger\hat{d}\hat{c}|\varPhi\rangle = \iint \mathrm{d}\omega_1\mathrm{d}\omega_2\langle\varPhi|\hat{c}^\dagger(\omega_1)\hat{d}^\dagger(\omega_2)\hat{d}(\omega_2)\hat{c}(\omega_1)|\varPhi\rangle. \qquad (3.209)$$

代入 $|\varPhi\rangle$ 的具体形式及

$$\begin{pmatrix} \hat{c} \\ \hat{d} \end{pmatrix} = \mathrm{i}\mathrm{e}^{\mathrm{i}\frac{\varphi}{2}} \begin{pmatrix} -\sin\dfrac{\varphi}{2}\hat{a}_{\mathrm{s}} + \cos\dfrac{\varphi}{2}\hat{a}_{\mathrm{i}} \\ \cos\dfrac{\varphi}{2}\hat{a}_{\mathrm{s}} + \sin\dfrac{\varphi}{2}\hat{a}_{\mathrm{i}} \end{pmatrix}, \qquad (3.210)$$

并假定 $f(\omega_{\mathrm{s}}, \omega_{\mathrm{i}}) = f(\omega_{\mathrm{i}}, \omega_{\mathrm{s}})$，可求得

$$R_{\mathrm{cd}} = \iint \mathrm{d}\omega_1\mathrm{d}\omega_2\delta(\omega_0 - \omega_1 - \omega_2)|f(\omega_1, \omega_2)|^2 \left|\cos\left(\frac{\varphi_{\omega_1} + \varphi_{\omega_2}}{2}\right)\right|^2. \qquad (3.211)$$

这里相位差 φ_{ω_i} 依赖于频率 ω_i。若相位差是不同路径的光程差所导致的，则有

$$\varphi_{\omega_1} + \varphi_{\omega_2} = \frac{\omega_1}{c}\Delta L + \frac{\omega_2}{c}\Delta L = \frac{\omega_0}{c}\Delta L = \omega_0\Delta t. \qquad (3.212)$$

可见，在理想条件下，干涉条纹的可见度只依赖于泵浦激光的频率 ω_0，而与信号光场和闲置光场各自的频谱展宽无关。

图 3.17 给出了实验上用 Mach-Zehnder 干涉仪器同时测量单光子和双光子干涉的光路图。图中纠缠光子对是通过利用泵浦激光照射周期极化的非线性 PP-KTP 晶体来产生的。生成的光子在通过光纤准直后输入 Mach-Zehnder 干涉光路中，用以实现不同条件下的光子干涉。图中，(P_0, P_2, P_4) 标记为一路光子，(P_1, P_3, P_5) 为另一路光子。此外在这两个光路径中，还分别放置了 KTP 晶体。KTP 晶体可以通过改变温度来调整光子的光程，也可以通过转动来调整入射光的偏振分量，从而研究不同偏振光场经过干涉仪后对干涉特性的影响。

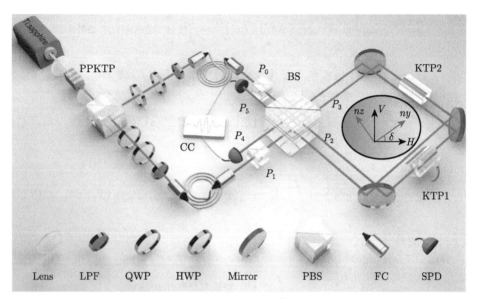

图 3.17　利用纠缠光子实现单光子和双光子干涉的示意图。各光学器件的具体代号含义如下：PPKTP-周期极化磷酸氧钛钾晶体 (periodically poled potassium titanylphosphate crystal)，SMF-单模光纤 (single-mode fibers)，FC-光纤准直器 (fiber collimators)，HWP-半波片 (half-wave plate)，QWP-1/4 玻片 (quarter-wave plate)，LPF-长通滤波片 (long pass filters)，PBS-偏正分束器 (polarizing beamsplitter)，SPD-单光子探测器 (single photon detector) (摘自 Phys. Rev. Lett. 120, 263601 (2018).)

　　图 3.18 就是实验观测到的典型的双光子干涉和单光子干涉的曲线图样。图中的纵坐标为符合计数率，横坐标为光路中 KTP1 晶体的温度。KTP2 晶体的作用是设定不同的初始光程差。图中 (a1) 和 (b1) 对应的初始光程差为 0mm，(a2) 和 (b2) 对应的初始光程差为 0.66mm，(a3) 和 (b3) 对应的初始光程差为 5.87mm。可以看到，对于给定的初始光程差，当我们再进一步通过温度微调 M-Z 干涉仪两臂的光程差时，双光子干涉和单光子干涉给出不同的干涉图样——双光子干涉条纹振荡的次数是单光子干涉的两倍。另一方面，对于不同的初始光程差，双光子干涉条纹的可见度几乎不受影响 (从上至下，可见度分别为 $(97.98 \pm 0.19)\%$、$(98.18 \pm 0.14)\%$、$(93.09 \pm 0.23)\%$)，而单光子干涉条纹的可见度却很明显随着初始光程差的增加而降低，直至完全消失。实际上，由参量下转换得到的单光子信号光由于频宽变大，相干长度只在几 mm 附近，所以当初始光程差为 5.87mm 时，已经超出了信号单光子的相干长度，此时已经不能观测到干涉条纹。而对于双光子干涉，光场的相干长度直接由泵浦光场确定。对于理想的泵浦激光，其相干长度可达至数千千米，所以图中左侧的可见度在所给的实验条件下几乎不受影响。这与理论所期望的完全一致。

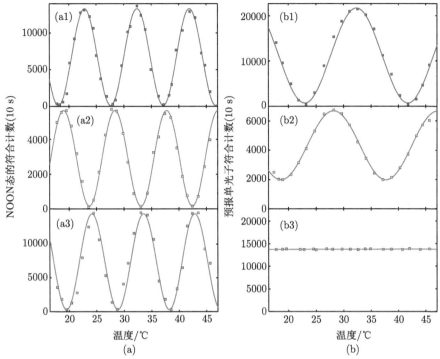

图 3.18　双光子干涉 (a) 和单光子干涉 (b) 对相位差的不同依赖关系。这里横坐标对应 Mach-Zehnder 干涉仪两臂的相位差，它是通过调节 KTP1 晶体的温度实现的。从上到下分别对应干涉仪两臂不同的初始相位差，对应的光程差分别为 0mm、0.66mm、5.87mm。它是通过调节 KTP2 晶体实现的 (摘自 Phys. Rev. Lett. 120, 263601 (2018).)

参 考 文 献

[1]　郭光灿. 量子光学. 北京: 高等教育出版社，1990.

[2]　Scully M O, Suhail Zubairy M. Quantum Optics (Chapter 4). Cambridge: Cambridge University Press, 2003.

[3]　Gerry C C, Knight P L. Introductory Quantum Optics (Chapter 5, 7, and 9). Cambridge: Cambridge University Press, 2005.

[4]　Yamamoto Y, Imamoglu A. Mesoscopic Quantum Optics (Chapter 4). Wiley-Interscience, 2008.

[5]　Mandel L, Wolf E. Optical Coherence and Quantum Optics. Cambridge: Cambridge University Press, 1995.

[6]　史砚华. 量子光学导论: 单光子和双光子物理. 徐平译. 北京: 高等教育出版社, 2016.

[7]　Agarwal G S. Quantum Optics (Chapter 5). Cambridge: Cambridge University Press, 2012.

[8]　Kitagawa M, Yamamoto Y. Number-phase minimum-uncertainty state with reduced number uncertainty in a Kerr nonlinear interferometer. Phys. Rev. A, 1986, 34: 3974.

[9] Jackiw R. Minimum uncertainty product, number-phase uncertainty product, and coherent states. J. Math. Phys., 1968, 9: 339.

[10] Drummond P, Friberg S, Shelby R, et al. Quantum solitons in optical fibres. Nature, 1993, 365: 307.

[11] Mitchell M W, Lundeen J S, Steinberg A M. Super-resolving phase measurements with a multiphoton entangled state. Nature, 2004, 429: 161-164.

[12] Walther P, Pan J W, Aspelmeyer M, et al. De Broglie wavelength of a non-local four-photon state. Nature, 2004, 429: 158-161.

[13] Dowling J P. Quantum optical metrology - The Lowdown on high-N00N states. arxiv:0904.0163.

[14] Sun F W, Liu B H, Gong Y X, et al. Experimental demonstration of phase measurement precision beating standard quantum limit by projection measurement. Europhys. Lett., 2008, 82: 24001.

[15] Campos R A, Gerry C C, Benmoussa A. Optical interferometry at the Heisenberg limit with twin Fock states and parity measurements. Phys. Rev. A., 2003, 68: 023810.

[16] Liu B H, Sun F W, Gong Y X, et al. Four-photon interference with asymmetric beam splitters. Opt. Lett., 2007, 32: 1320.

[17] 周志远. 轨道角动量光的频率变换及在量子信息中的应用. 中国科学技术大学博士学位论文, 2015.

[18] 翟畅. 基于周期性非线性晶体的光子对制备. 中国科学技术大学博士学位论文, 2010.

[19] Zhou Z Y, Liu S K, Liu S L, et al. Revealing photons behaviors in a birefringent interferometer. Phys. Rev. Lett., 2018, 120: 263601.

[20] Xia Y, Guo G. Nonclassical properties of even and odd coherent states. Phys. Lett. A, 1989, 136: 281.

[21] Zuo X T, Mandel L. Photon-antibunching and sub-Poissonian photon statistics. Phys. Rev. A, 1990, 41: 475.

[22] Davidovich L. Sub-Poissonian processes in quantum optics. Rev. Mod. Phys., 1996, 68: 127.

[23] Hong C K, Ou Z Y J, Mandel L. Measurement of subpicosecond time intervals between two photons by interfference. Phys. Rev. Lett., 1987, 59: 2044.

[24] Lvovsky A I, Mlynek J. Quantum-optical catalysis: Generating nonclassical states of light by means of linear optics. Phys. Rev. Lett., 2002, 88: 250401.

第四章　光场与原子相互作用

光场与原子相互作用是量子光学研究的重要问题。处理光场与物质的相互作用可以在不同的理论框架下进行。常见的处理方式有:

(1) 全经典理论,即光场由麦克斯韦方程来描述,而物质遵从牛顿方程。在经典的电动力学、磁流体动力学以及等离子体物理中采用的就是这种处理方法。

(2) 半经典或半量子方法,即光场还是采用经典麦克斯韦方程处理,而原子或电子遵从量子力学薛定谔方程。在很多利用光场操控的原子或电子系统中,当光场的量子涨落效应不是很显著时,可以近似用经典方法处理光场,从而可以大大简化问题。

(3) 全量子理论,即光场和原子均进行量子化处理。在量子调控、量子计算的诸多实现和应用中,量子关联起着重要的作用。全量子理论是处理这一类问题不可或缺的手段。

本章中,我们将从光场与原子相互作用的具体形式出发,介绍经典和量子化的电磁场与原子耦合的哈密顿量[1-5]。我们将用半经典方法[1,2,6,7]讨论原子的 Rabi 振荡、光学 Bloch 方程,以及 Landau-Zenner 效应等[8-12]。利用全量子的理论,我们将介绍量子 Janeys-Cummings 模型,崩塌-复原效应,Rabi 模型的精确解[13-15]等。最后,作为应用,我们将讨论自发辐射的经典和量子处理方法,并进一步介绍 Dicke 超辐射[16]、超辐射相变[16-27]以及自旋压缩[28-32]等相关物理问题。

4.1　原子光场耦合及电偶极近似

本节中,我们将讨论光场和原子相互作用哈密顿量的一般形式及其主要性质[1,2,6,7]。在量子理论中,原子与光场的作用主要是通过原子外层电子对电磁场的吸收和辐射来体现的。原子核和原子内层电子由于相对质量较大以及激发能量较高等特性,一般可认为受光场影响很弱,从而忽略不计。在这种近似下,我们就可以近似用原子外层电子感受的哈密顿量来刻画原子特性,其形式记为

$$\hat{H}_0 = \frac{\boldsymbol{P}^2}{2m} + V(\boldsymbol{r}), \tag{4.1}$$

其中,$\boldsymbol{P} = -\mathrm{i}\hbar\nabla$ 为电子的动量;$V(\boldsymbol{r})$ 一般表示为电子感受到的原子核和内层电子的库仑相互作用。在 $V(\boldsymbol{r})$ 的作用下,原子内会形成一系列离散的量子化能级

结构，相应的系统波函数记为 $\psi(r)$。当有光场照射原子时，外层电子会感受到光场中的电磁场，从而与光场发生作用。若用 $\boldsymbol{A}(\boldsymbol{r},t)$ 和 $\Phi(\boldsymbol{r},t)$ 分别表示光场的矢量势和标量势，相应的场强为

$$\boldsymbol{E}(\boldsymbol{r},t) = -\nabla\Phi(\boldsymbol{r},t) - \frac{\partial\boldsymbol{A}(\boldsymbol{r},t)}{\partial t}, \tag{4.2}$$

$$\boldsymbol{B}(\boldsymbol{r},t) = \nabla \times \boldsymbol{A}(\boldsymbol{r},t). \tag{4.3}$$

在经典电动力学中，我们得知，光场的矢量势 $\boldsymbol{A}(\boldsymbol{r},t)$ 和标量势 $\Phi(\boldsymbol{r},t)$ 具有规范不变性。实际上，对于任何一个连续的函数 $\xi(\boldsymbol{r},t)$，我们可以定义另外一组矢量势和标量势为

$$\boldsymbol{A}'(\boldsymbol{r},t) = \boldsymbol{A}(\boldsymbol{r},t) + \nabla\xi(\boldsymbol{r},t),$$

$$\Phi'(\boldsymbol{r},t) = \Phi(\boldsymbol{r},t) - \frac{\partial\xi(\boldsymbol{r},t)}{\partial t}.$$

它们给出同样的电磁场分布 $\boldsymbol{E}(\boldsymbol{r},t)$ 和 $\boldsymbol{B}(\boldsymbol{r},t)$。

　　若我们把电磁场看作经典，则带电粒子与电磁场的耦合一般可以通过最小耦合的方式引入。此时系统的薛定谔方程为

$$i\hbar\frac{\partial}{\partial t}\Psi(\boldsymbol{r},t) = \hat{H}\Psi(\boldsymbol{r},t), \tag{4.4}$$

对应的哈密顿量写为

$$\hat{H} = \frac{1}{2m}[\boldsymbol{P} - q\boldsymbol{A}(\boldsymbol{r},t)]^2 + q\Phi(\boldsymbol{r},t) + V(\boldsymbol{r}). \tag{4.5}$$

这里 q 为带电粒子电荷。对于电子，我们设定 e 为正值，则电子电荷为 $q = -e$。$\boldsymbol{P} = -i\hbar\nabla$ 为正则动量。若我们采用矢量势和标量势 $\{\boldsymbol{A}'(\boldsymbol{r},t), \Phi'(\boldsymbol{r},t)\}$ 来描述电磁场，则系统演化满足

$$i\hbar\frac{\partial}{\partial t}\Psi'(\boldsymbol{r},t) = \hat{H}'\Psi'(\boldsymbol{r},t). \tag{4.6}$$

相应的系统哈密顿量及波函数为

$$\hat{H}'(\boldsymbol{r},t) = \frac{1}{2m}[\boldsymbol{P} - q\boldsymbol{A}'(\boldsymbol{r},t)]^2 + q\Phi'(\boldsymbol{r},t) + V(\boldsymbol{r}), \tag{4.7}$$

$$\Psi'(\boldsymbol{r},t) = R\Psi(\boldsymbol{r},t), \quad \text{其中 } R = \exp[iq\xi(\boldsymbol{r},t)/\hbar]. \tag{4.8}$$

可见，引入规范 $\xi(\boldsymbol{r},t)$ 后，只需要在波函数上乘上一个依赖于局部位置和时间的相位因子，就可以在两种不同的表述之间转换。而波函数绝对相位不具有可观测的物理效应，所以两者对波函数在时间、空间上的分布描述是相同的。

4.1.1 规范不变性及可观测量

前面的形式中，我们看到了在原子和电磁场耦合的系统中存在规范不变性。然而薛定谔方程 (4.4) 中给出的哈密顿量却并不对应系统的能量。原因在于 $\hat{H}$ 中含有依赖于规范的标量势 $\varPhi(\boldsymbol{r}, t)$。为说明这一点，我们考察系统的力学动量 $\boldsymbol{\varPi}$

$$\hat{\boldsymbol{\varPi}} = m\dot{\boldsymbol{r}} = m\frac{\partial \hat{H}}{\partial \boldsymbol{P}} = \boldsymbol{P} - q\boldsymbol{A}(\boldsymbol{r}, t), \tag{4.9}$$

它对应电子在电磁场中的速度，其具体测量值与规范变换的选择无关。由此，哈密顿量 (4.5) 即可以改写为

$$\hat{H} = \frac{\boldsymbol{\varPi}^2}{2m} + q\varPhi(\boldsymbol{r}, t) + V(\boldsymbol{r}). \tag{4.10}$$

可见，上式中 $\boldsymbol{\varPi}^2/2m + V(\boldsymbol{r})$ 对应可观测量，而 $\varPhi(\boldsymbol{r}, t)$ 依赖于规范的选择。在非相对论情况下，如果我们取库仑规范

$$\varPhi(\boldsymbol{r}, t) = 0, \qquad \nabla \cdot \boldsymbol{A} = 0, \tag{4.11}$$

则 $\hat{H}$ 对应耦合系统的能量。而在一般情况下，$\hat{H}$ 就不能解释成系统的能量算符。

在量子力学中，可观测量应满足规范不变性，测量值不依赖于规范的选取[3-5]。在量子力学的测量假设中，当我们用测量算符的本征态把系统的量子态展开时，展开系数对应了测量塌缩的概率。对于量子系统来说，能量是最常见的可观测量，系统的量子态用能量本征态展开不仅方便讨论问题，也可以直接与实验测量结果比对。由于 $\hat{H}$ 不对应可观测量，我们需要对薛定谔方程的形式进行改写，具体为

$$\hat{E}^g(\boldsymbol{r}, t)\varPsi^g(\boldsymbol{r}, t) = \hat{\varepsilon}^g(\boldsymbol{r}, t)\varPsi^g(\boldsymbol{r}, t), \tag{4.12}$$

其中

$$\hat{E}^g(\boldsymbol{r}, t) = \mathrm{i}\hbar\frac{\partial}{\partial t} - q\varPhi(\boldsymbol{r}, t), \tag{4.13}$$

$$\hat{\varepsilon}^g(\boldsymbol{r}, t) = \frac{\boldsymbol{\varPi}^2}{2m} + V(\boldsymbol{r}). \tag{4.14}$$

这里 $\hat{\varepsilon}^g(\boldsymbol{r}, t)$ 对应了系统的能量算符。当我们用 $\hat{\varepsilon}^g(\boldsymbol{r}, t)$ 的本征态把 $\varPsi^g(\boldsymbol{r}, t)$ 展开时，展开系数对应了系统在相应能级上的布居数。容易验证，在规范变换下，$\hat{E}^g(\boldsymbol{r}, t)$ 和 $\hat{\varepsilon}^g(\boldsymbol{r}, t)$ 均具有协变性

$$\hat{E}^{g'}(\boldsymbol{r}, t) = R^{g'g}(\boldsymbol{r}, t)\hat{E}^g(\boldsymbol{r}, t)[R^{g'g}(\boldsymbol{r}, t)]^\dagger, \tag{4.15}$$

$$\hat{\varepsilon}^{g'}(\boldsymbol{r}, t) = R^{g'g}(\boldsymbol{r}, t)\hat{\varepsilon}^g(\boldsymbol{r}, t)[R^{g'g}(\boldsymbol{r}, t)]^\dagger, \tag{4.16}$$

并满足方程

$$\hat{E}^{g'}(\boldsymbol{r},t)\Psi^{g'}(\boldsymbol{r},t) = \hat{\varepsilon}^{g'}(\boldsymbol{r},t)\Psi^{g'}(\boldsymbol{r},t), \tag{4.17}$$

$$\Psi^{g'}(\boldsymbol{r},t) = R^{g'g}(\boldsymbol{r},t)\Psi^{g}(\boldsymbol{r},t), \tag{4.18}$$

其中，$R^{g'g}(\boldsymbol{r},t) = \exp[\mathrm{i}q\xi^{g'g}(\boldsymbol{r},t)/\hbar]$。

在形式上，薛定谔方程 (4.12) 也可以认为是将系统的能量-动量算符替换成相对论协变的形式得到的

$$p^u = (E,\boldsymbol{\Pi}) \to \mathrm{i}\hbar D^u = \mathrm{i}\hbar\left(\partial^u + \mathrm{i}\frac{q}{\hbar}A^u\right), \tag{4.19}$$

其中四维电磁势为

$$A^u = (\Phi(\boldsymbol{r},t), A_x, A_y, A_z), \tag{4.20}$$

所以它们满足相对论洛伦兹协变性。

4.1.2　两种规范及适用对象

在前面的讨论中，我们论证了方程 (4.12) 的规范不变性。尽管在不同的规范下，计算可观测量得到的结果原则上应该是一样，但是在实际的应用中，选择不同的规范对计算的难易程度以及计算结果的物理解释均会产生影响。

在非相对论情况下，如果我们取库仑规范

$$\Phi^c(\boldsymbol{r},t) = 0, \quad \nabla\cdot\boldsymbol{A}^c(\boldsymbol{r},t) = 0, \tag{4.21}$$

则相应的能量算符为

$$\hat{E}^c(\boldsymbol{r},t) = \mathrm{i}\hbar\frac{\partial}{\partial t}, \tag{4.22}$$

$$\hat{\varepsilon}^c(\boldsymbol{r},t) = \frac{1}{2m}[\boldsymbol{P} - q\boldsymbol{A}^c(\boldsymbol{r},t)]^2 + V(\boldsymbol{r}) \equiv \hat{H}^c. \tag{4.23}$$

薛定谔方程为

$$\mathrm{i}\hbar\frac{\partial}{\partial t}\Psi^c(\boldsymbol{r},t) = \hat{H}^c\Psi^c(\boldsymbol{r},t). \tag{4.24}$$

通常情况下，我们需要在 $\hat{H}^c$ 的本征态表象下将 $\Psi^c(\boldsymbol{r},t)$ 展开，亦即

$$\hat{\varepsilon}^c(\boldsymbol{r},t)\psi_i^c(\boldsymbol{r},t) = E_i^c(t)\psi_i^c(\boldsymbol{r},t), \tag{4.25}$$

并且

$$\Psi^c(\boldsymbol{r},t) = \sum_i \alpha_i^c\psi_i^c(\boldsymbol{r},t), \tag{4.26}$$

所得到的展开系数 α_i^c 对应测量的概率解释。然而 $\hat{H}^c$ 的本征值和本征态

$$\{E_i^c(t), \psi_i^c(\boldsymbol{r}, t)\}$$

一般都是随时间变化的，不容易求得。在很多具体的实验情形中，光场与原子相互作用的时间长度是有限的。在 $t < t_i$ 时刻，光场还未施加到原子上；而对系统演化结果的测量则发生在相互作用结束以后 $t > t_f$，此时光场关闭。可见，在实验的首尾时间段中满足 $\boldsymbol{E} = 0$。若我们能选择矢量势，使得其在演化的初始和末尾也满足 $\boldsymbol{A}^c = 0$，则此时原子系统的能量算符即为自由哈密顿量 $\hat{H}_0$，对应的本征态为

$$\hat{H}_0 \phi_i(\boldsymbol{r}, t) = E_i \phi_i(\boldsymbol{r}, t). \tag{4.27}$$

可见，如果我们利用自由原子哈密顿量的本征态展开 $\Psi^c(\boldsymbol{r}, t)$

$$\Psi^c(\boldsymbol{r}, t) = \sum_i \alpha_i \phi_i(\boldsymbol{r}, t), \tag{4.28}$$

则展开系数即对应演化结束后测量塌缩到系统能量本征态上的概率幅。将上式代入薛定谔方程，即可得到

$$\mathrm{i}\hbar \frac{\mathrm{d}}{\mathrm{d}t} \alpha_i = E_i \alpha_i + \sum_j \alpha_j \langle \phi_i(t) | \hat{\varepsilon}_{\mathrm{int}}^c(\boldsymbol{r}, t) | \phi_j(t) \rangle, \tag{4.29}$$

这里 $\hat{\varepsilon}_{\mathrm{int}}^c(\boldsymbol{r}, t)$ 为相互作用能量，具体形式为

$$\hat{\varepsilon}_{\mathrm{int}}^c(\boldsymbol{r}, t) = -\frac{q}{m} \boldsymbol{A}^c(\boldsymbol{r}, t) \cdot \boldsymbol{P} + \frac{q^2}{2m} [\boldsymbol{A}^c(\boldsymbol{r}, t)]^2. \tag{4.30}$$

跃迁矩阵元记为

$$T_{ij}^c = \langle \phi_i(t) | \hat{\varepsilon}_{\mathrm{int}}^c(\boldsymbol{r}, t) | \phi_j(t) \rangle. \tag{4.31}$$

对于平面波来说，$\boldsymbol{A}^c$ 的形式解可以写成

$$\boldsymbol{A}^c(\boldsymbol{r}, t) = \boldsymbol{A}_0^c \mathrm{e}^{\mathrm{i}(k \cdot r - \omega t)} + c.c., \tag{4.32}$$

其中，$k = 2\pi/\lambda$ 是辐射光场的波矢，λ 是光场的波长。在光场与原子相互作用时，原子的尺度 (约 10^{-1}nm) 几乎是光场波长 (400~700nm) 的千分之一。这样可以近似认为在原子位置 $\boldsymbol{r}_0$ 附近，矢量势是均匀的 $\boldsymbol{A}^c(\boldsymbol{r}, t) \simeq \boldsymbol{A}^c(\boldsymbol{r}_0, t)$，这就是所谓的电偶极近似。在电偶极近似下，$[\boldsymbol{A}^c]^2$ 对应的项不能导致原子能级的跃迁，故有

$$T_{ij}^c = \langle \phi_i | -\frac{q}{m} \boldsymbol{A}^c(\boldsymbol{r}_0, t) \cdot \boldsymbol{P} | \phi_j \rangle. \tag{4.33}$$

　　实际情况中，对体系的测量有很多是在光场尚未撤离原子系统的时候进行的。为了使得测量塌缩的概率与态叠加系数对应，我们需要用展开式 (4.26) 对应的能量本征态讨论问题。在一般情况下，由于系统的能量和本征态均随时间变化，所以这样的处理非常不方便。但是，在电偶极近似下，我们可以选择规范变换

$$\chi^{ec}(\boldsymbol{r}, t) = -\boldsymbol{A}^c(\boldsymbol{r}_0, t) \cdot \boldsymbol{r}. \tag{4.34}$$

在这种规范下，原来库仑规范下耦合系统中的矢量势和标量势将改写为

$$\boldsymbol{A}^e(\boldsymbol{r}, t) = \boldsymbol{A}^c(\boldsymbol{r}_0, t) + \nabla \chi^{ec} = 0, \tag{4.35}$$

$$\Phi^e(\boldsymbol{r}, t) = -\frac{\partial}{\partial t}\chi^{ec}(\boldsymbol{r}, t) = \boldsymbol{r} \cdot \frac{\partial}{\partial t}\boldsymbol{A}^c(\boldsymbol{r}_0, t) = -\boldsymbol{r} \cdot \boldsymbol{E}(\boldsymbol{r}_0, t). \tag{4.36}$$

由此我们就可以把系统对应的能量算符写为

$$\hat{E}^e(\boldsymbol{r}, t) = \mathrm{i}\hbar\frac{\partial}{\partial t} - q\Phi^e(\boldsymbol{r}, t) = \mathrm{i}\hbar\frac{\partial}{\partial t} + q\boldsymbol{r} \cdot \boldsymbol{E}(\boldsymbol{r}_0, t), \tag{4.37}$$

$$\hat{\varepsilon}^e(\boldsymbol{r}) = \frac{\boldsymbol{P}^2}{2m} + V(\boldsymbol{r}) = \hat{H}_0. \tag{4.38}$$

可见，系统总的能量算符和原子自由哈密顿形式相同，所以对应的本征值和本征态也是相同的，即有

$$\hat{\varepsilon}^e(\boldsymbol{r})\phi_i(\boldsymbol{r}) = E_i\phi_i(\boldsymbol{r}). \tag{4.39}$$

我们称这样的规范为电场规范。此时系统对应的薛定谔方程形式为

$$\mathrm{i}\hbar\frac{\partial}{\partial t}\Psi^e(\boldsymbol{r}, t) = \left[\frac{\boldsymbol{P}^2}{2m} + V(\boldsymbol{r}) - q\boldsymbol{r} \cdot \boldsymbol{E}(\boldsymbol{r}_0, t)\right]\Psi^e(\boldsymbol{r}, t) = \hat{H}^e\Psi^e(\boldsymbol{r}, t). \tag{4.40}$$

上式表明，在电场规范下，原子与光场的耦合相当于在自由原子哈密顿量 $\hat{H}_0$ 中引入了相互作用项

$$\hat{H}_I = -\boldsymbol{d} \cdot \boldsymbol{E}(\boldsymbol{r}_0, t), \tag{4.41}$$

其中原子的偶极矩定义为

$$\boldsymbol{d} = q\boldsymbol{r} = -e\boldsymbol{r}. \tag{4.42}$$

电场规范下对应的跃迁矩阵元为

$$T_{ij}^e = \langle\phi_i| - q\boldsymbol{r} \cdot \boldsymbol{E}(\boldsymbol{r}_0, t)|\phi_j\rangle. \tag{4.43}$$

新系统所对应的波函数 $\Psi^e(\boldsymbol{r},t)$ 与库仑规范下量子态 $\Psi^c(\boldsymbol{r},t)$ 的关系为

$$
\begin{aligned}
\Psi^e(\boldsymbol{r},t) &= R^{ec}\Psi^c(\boldsymbol{r},t) = \exp[\mathrm{i}q\chi^{ec}(\boldsymbol{r},t)/\hbar]\Psi^c(\boldsymbol{r},t) \\
&= \exp[-\mathrm{i}q\boldsymbol{A}^c(r_0,t)\cdot r/\hbar]\Psi^c(\boldsymbol{r},t).
\end{aligned} \tag{4.44}
$$

对比上述电场规范和前面的库仑规范，虽然两者均可以用自由裸原子的本征态讨论问题，但是适用的对象是不一样的，对计算结果的具体解释也有差别。实际系统可以按照需要选择不同的规范处理问题。

对于库仑规范而言，系统哈密顿量的形式具有一般性。特别是当电偶极近似不成立时，扩展比较容易，只要将 $\boldsymbol{A}^c(\boldsymbol{r},t)$ 改写成依赖于空间位置 $\boldsymbol{r}$ 的函数就可以了。需要注意的是，最终求得的结果需要投影到系统总的能量本征态上，所得到的投影系数才与实验测量的坍缩概率相对应。

对于电场规范，由于系统总的能量本征态与自由裸原子的本征态相同，所以直接在裸原子的能量本征态表象处理问题即可。此时系统的等效哈密顿量记为

$$
\hat{H}^e = \hat{H}_0 + \hat{H}_I = \frac{\boldsymbol{P}^2}{2m} + V(\boldsymbol{r}) - q\boldsymbol{r}\cdot\boldsymbol{E}(r_0,t). \tag{4.45}
$$

由于系统总能量的本征态不随时间变化，所以计算处理方便，并且所得到的计算结果可以直接与实验测量结果相对应。需要强调的是，上述简化的处理均是在电偶极近似成立的情况下才可行的。当电偶极近似不成立时，我们需要在 $\hat{H}_I$ 中引入高阶原子极矩与电场的相互作用项，才能比较精确地刻画实验结果。相比于库仑规范，这里扩展的形式要稍复杂一些。

库仑规范和电场规范下的跃迁矩阵元是有关联的。假定电场和库仑规范对应的矢量势分别为

$$
\boldsymbol{E}(\boldsymbol{r}_0,t) = \boldsymbol{E}_0\sin(\omega t) = E(\boldsymbol{r}_0,\omega)\mathrm{e}^{-\mathrm{i}\omega t} + E^*(\boldsymbol{r}_0,\omega)\mathrm{e}^{\mathrm{i}\omega t}, \tag{4.46}
$$

$$
\boldsymbol{A}^c(\boldsymbol{r}_0,t) = \frac{\boldsymbol{E}_0}{\omega}\cos(\omega t) = \boldsymbol{A}^c(\boldsymbol{r}_0,\omega)\mathrm{e}^{-\mathrm{i}\omega t} + (\boldsymbol{A}^c)^*(\boldsymbol{r}_0,\omega)\mathrm{e}^{\mathrm{i}\omega t}, \tag{4.47}
$$

其中 $\boldsymbol{A}^c(\boldsymbol{r}_0,\omega) = -\mathrm{i}\boldsymbol{E}(\boldsymbol{r}_0,\omega)/\omega$。利用对易关系

$$
\boldsymbol{P} = \frac{m}{\mathrm{i}\hbar}[\boldsymbol{r},\hat{H}_0], \tag{4.48}
$$

我们可以得到

$$
\langle\phi_i|-\frac{q}{m}\boldsymbol{P}\cdot\boldsymbol{A}^c(\boldsymbol{r}_0,\omega)|\phi_j\rangle = \frac{E_i-E_j}{\hbar\omega}\langle\phi_i|-q\boldsymbol{r}\cdot\boldsymbol{E}(\boldsymbol{r}_0,\omega)|\phi_j\rangle \tag{4.49}
$$

令 $\omega_{ij} = (E_i-E_j)/\hbar$ 为两能级之间的频率差。可以看到，两种不同规范给出的跃迁矩阵元相差一个比例因子 ω_{ij}/ω，从而会对演化结果给出不同的理论预言。

在讨论原子光场耦合时，我们有时候更多关注的是哈密顿量所刻画的系统耦合方式。如果我们忽略库仑规范下相互作用中的 $[A^c]^2$ 项，则两种规范描述所对应的等效哈密顿量在量子化后形式是一致的。在后面的讨论中，我们将主要以方程 (4.45) 的形式讨论光场与原子的相互作用。

4.2　经典光场与原子的相互作用

4.1 节中给出了原子在光场中的相互作用形式，利用它就可以研究原子在不同光场条件下的物理。对于自由的原子系统，我们假定它的一系列本征能级和本征态为

$$\hat{H}_0|i\rangle = E_i|i\rangle. \tag{4.50}$$

通常，原子本征态 $|i\rangle$ 的具体形式可以事先通过其他方法求得。

为方便讨论，这里以两能级原子为例，来考察原子和光场的相互作用效应。如图 4.1 所示，假定原子相应的本征态分别记为 $|g\rangle$ 和 $|e\rangle$，其中 $|g\rangle$ 对应基态，$|e\rangle$ 对应激发态，相应的能量为 $E_g = \hbar\omega_g$ 和 $E_e = \hbar\omega_e$。利用狄拉克记号，我们可以把原子的自由哈密顿量记为

$$\hat{H}_0 = (|e\rangle\langle e| + |g\rangle\langle g|)\hat{H}_0(|e\rangle\langle e| + |g\rangle\langle g|) = \hbar\omega_e|e\rangle\langle e| + \hbar\omega_g|g\rangle\langle g|. \tag{4.51}$$

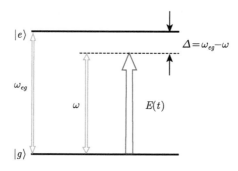

图 4.1　二能级系统与光场的耦合示意图及相关的参数定义

对于两能级系统，为方便讨论，这里引入泡利矩阵来表示能级之间的关系。定义

$$|e\rangle = \begin{pmatrix} 1 \\ 0 \end{pmatrix}, \qquad |g\rangle = \begin{pmatrix} 0 \\ 1 \end{pmatrix}, \tag{4.52}$$

则泡利矩阵定义为

$$\hat{\sigma}_x = \begin{pmatrix} 0 & 1 \\ 1 & 0 \end{pmatrix} = |e\rangle\langle g| + |g\rangle\langle e|, \tag{4.53}$$

$$\hat{\sigma}_y = \begin{pmatrix} 0 & -\mathrm{i} \\ \mathrm{i} & 0 \end{pmatrix} = -\mathrm{i}|e\rangle\langle g| + \mathrm{i}|g\rangle\langle e|, \tag{4.54}$$

$$\hat{\sigma}_z = \begin{pmatrix} 1 & 0 \\ 0 & -1 \end{pmatrix} = |e\rangle\langle e| - |g\rangle\langle g|, \tag{4.55}$$

当激光照射原子发生电偶极耦合时，激光和原子的相互作用哈密顿量也可以写成下面的算符形式：

$$\begin{aligned}
\hat{H}_I &= -\boldsymbol{d} \cdot \boldsymbol{E}(t) = -(|e\rangle\langle e| + |g\rangle\langle g|)\boldsymbol{d}(|e\rangle\langle e| + |g\rangle\langle g|) \cdot \boldsymbol{E}(t) \\
&= -(\boldsymbol{d}_{eg}|e\rangle\langle g| + \boldsymbol{d}_{ge}|g\rangle\langle e|) \cdot \boldsymbol{E}(t),
\end{aligned} \tag{4.56}$$

这里利用了原子处于稳态时电偶极矩阵元为零的特性，即 $\boldsymbol{d}_{ee} = \boldsymbol{d}_{gg} = 0$。若假定电场的形式为

$$\boldsymbol{E}(t) = \hat{\boldsymbol{e}} E \cos(\omega t), \tag{4.57}$$

其中，$\hat{\boldsymbol{e}}$ 为电场的偏振方向，ω 为光场的频率，则相互作用 $\hat{H}_I$ 可以进一步写为

$$\hat{H}_I = -\frac{\hbar}{2}\left(\Omega_{eg}|e\rangle\langle g|\mathrm{e}^{-\mathrm{i}\omega t} + \Omega_{ge}|g\rangle\langle e|\mathrm{e}^{\mathrm{i}\omega t} + \underline{\Omega_{eg}|e\rangle\langle g|\mathrm{e}^{\mathrm{i}\omega t} + \Omega_{ge}|g\rangle\langle e|\mathrm{e}^{-\mathrm{i}\omega t}}\right), \tag{4.58}$$

其中

$$\Omega_{eg} = \frac{\boldsymbol{d}_{eg} \cdot \hat{\boldsymbol{e}} E}{\hbar}, \qquad \Omega_{ge} = \Omega_{eg}^*. \tag{4.59}$$

在原子系统中，上述 $\hat{H}_I$ 中下划线部分对应系统中的高频振荡项。为更清楚地说明这一点，我们可以将哈密顿量转换到相互作用表象中。取

$$\hat{H}_0' = \hbar(\omega_g + \omega)|e\rangle\langle e| + \hbar\omega_g|g\rangle\langle g| - \frac{\hbar(\omega_{eg} - \omega)}{2}(|e\rangle\langle e| + |g\rangle\langle g|), \tag{4.60}$$

其中 $\omega_{eg} = \omega_e - \omega_g$，则相互作用表象中 $\hat{H}_I$ 对应的形式为

$$\begin{aligned}
\tilde{H}_I &= \mathrm{e}^{\mathrm{i}\hat{H}_0't/\hbar}\hat{H}_I\mathrm{e}^{-\mathrm{i}\hat{H}_0't/\hbar} \\
&= -\frac{\hbar}{2}\left(\Omega_{eg}|e\rangle\langle g| + \Omega_{ge}|g\rangle\langle e| + \underline{\Omega_{eg}|e\rangle\langle g|\mathrm{e}^{\mathrm{i}2\omega t} + \Omega_{ge}|g\rangle\langle e|\mathrm{e}^{-\mathrm{i}2\omega t}}\right).
\end{aligned}$$

可以看到，上述划线部分以两倍光频率的形式快速振荡。对于这样的高频振荡项，探测器只能对其平均效应做出响应，故在计算中可以忽略不计。这种近似处理称为 "旋转波近似" (rotating-wave approximation, RWA)。这样我们就可以得到相互作用表象中系统总的哈密顿量为

$$\tilde{H} = \frac{\hbar\Delta}{2}\hat{\sigma}_z - \frac{\hbar}{2}\left(\Omega_{eg}|e\rangle\langle g| + \Omega_{ge}|g\rangle\langle e|\right)$$

$$= \frac{\hbar}{2}[\Delta\hat{\sigma}_z - \Omega_{\mathrm{R}}(\mathrm{e}^{\mathrm{i}\phi}\hat{\sigma}_+ + \mathrm{e}^{-\mathrm{i}\phi}\hat{\sigma}_-)], \tag{4.61}$$

这里，$\Delta = \omega_{eg} - \omega$，$|\Omega_{eg}| = |\Omega_{ge}| = \Omega_{\mathrm{R}}$ 一般也称为 Rabi 频率，ϕ 对应耦合系数的相位。相互作用表象中原子的波函数可以写为

$$|\tilde{\psi}\rangle = C_e(t)|e\rangle + C_g(t)|g\rangle, \tag{4.62}$$

则依据薛定谔方程可得系数 $C_e(t)$、$C_g(t)$ 的演化方程为

$$\left[\begin{array}{c} \dot{C}_e(t) \\ \dot{C}_g(t) \end{array}\right] = \frac{-\mathrm{i}}{2}\left[\begin{array}{cc} \Delta & -\Omega_{\mathrm{R}}\mathrm{e}^{\mathrm{i}\phi} \\ -\Omega_{\mathrm{R}}\mathrm{e}^{-\mathrm{i}\phi} & -\Delta \end{array}\right]\left[\begin{array}{c} C_e(t) \\ C_g(t) \end{array}\right] \tag{4.63}$$

由此得形式解为

$$\left[\begin{array}{c} C_e(t) \\ C_g(t) \end{array}\right] = \left[\begin{array}{cc} \cos\left(\dfrac{\Omega t}{2}\right) - \mathrm{i}\dfrac{\Delta}{\Omega}\sin\left(\dfrac{\Omega_n t}{2}\right) & +\mathrm{i}\dfrac{\Omega_{\mathrm{R}}\mathrm{e}^{\mathrm{i}\phi}}{\Omega}\sin\left(\dfrac{\Omega t}{2}\right) \\ +\mathrm{i}\dfrac{\Omega_{\mathrm{R}}\mathrm{e}^{-\mathrm{i}\phi}}{\Omega}\sin\left(\dfrac{\Omega t}{2}\right) & \cos\left(\dfrac{\Omega t}{2}\right) + \mathrm{i}\dfrac{\Delta}{\Omega}\sin\left(\dfrac{\Omega t}{2}\right) \end{array}\right]$$
$$\cdot \left[\begin{array}{c} C_e(0) \\ C_g(0) \end{array}\right], \tag{4.64}$$

其中 $\Omega = \sqrt{\Omega_{\mathrm{R}}^2 + \Delta^2}$。可以验证，上述解满足等式

$$|C_e(t)|^2 + |C_g(t)|^2 = |C_e(0)|^2 + |C_g(0)|^2 = 1, \tag{4.65}$$

从而符合幺正演化的要求。

如果我们假定原子初始处在上能级 $|e\rangle$ 上 $(C_e(0) = 1)$，则原子能级布居反转随时间的演化为

$$\begin{aligned} W(t) &= \langle\hat{\sigma}_z\rangle = |C_e(t)|^2 - |C_g(t)|^2 \\ &= \frac{\Delta^2 - \Omega_{\mathrm{R}}^2}{\Omega^2}\sin^2\left(\frac{\Omega t}{2}\right) + \cos^2\left(\frac{\Omega t}{2}\right). \end{aligned} \tag{4.66}$$

特别地，当原子与光场共振时 $\Delta = 0$，我们有 $\Omega = \Omega_{\mathrm{R}}$，上式简化为

$$W(t) = \cos(\Omega_{\mathrm{R}}t). \tag{4.67}$$

此时原子布居在上、下两能级之间做周期振荡，振荡的频率即为 Rabi 频率。

4.2.1 光学 Bloch 方程

对于一般的混合态系统，我们也可以用密度矩阵 $\boldsymbol{\rho}$ 来讨论其动力学演化。利用刘维尔方程

$$i\hbar\frac{\mathrm{d}}{\mathrm{d}t}\boldsymbol{\rho}(t) = [\tilde{H}, \boldsymbol{\rho}(t)], \tag{4.68}$$

我们可以写出二能级系统的演化方程为

$$\frac{\mathrm{d}}{\mathrm{d}t}\rho_{ee}(t) = \frac{1}{i\hbar}(\tilde{H}_{eg}\rho_{ge} - \rho_{eg}\tilde{H}_{ge})$$

$$= \frac{i}{2}(\Omega_{\mathrm{R}}e^{i\phi}\rho_{ge} - \Omega_{\mathrm{R}}e^{-i\phi}\rho_{eg}), \tag{4.69a}$$

$$\rho_{gg}(t) = 1 - \rho_{ee}(t), \tag{4.69b}$$

$$\frac{\mathrm{d}}{\mathrm{d}t}\rho_{eg}(t) = \frac{1}{i\hbar}[(\tilde{H}_{ee} - \tilde{H}_{gg})\rho_{eg} - \tilde{H}_{eg}(\rho_{ee} - \rho_{gg})]$$

$$= -i\Delta\rho_{eg} - i\frac{\Omega_{\mathrm{R}}e^{i\phi}}{2}(\rho_{ee} - \rho_{gg}). \tag{4.69c}$$

对于两能级系统，我们还可以用更直观的 Bloch 矢量来刻画系统状态的演化。利用泡利算符 (见第一章 1.2.2 节)，我们可以把 $\boldsymbol{\rho}$ 写成形式

$$\boldsymbol{\rho} = \frac{1}{2}I + \rho_{eg}\hat{\sigma}_+ + \rho_{ge}\hat{\sigma}_- + \frac{1}{2}(\rho_{ee} - \rho_{gg})\hat{\sigma}_z$$

$$= \frac{1}{2}(I + R_1\hat{\sigma}_x + R_2\hat{\sigma}_y + R_3\hat{\sigma}_z), \tag{4.70}$$

其中，$\hat{\sigma}_{x,y,z}$ 为泡利矩阵。Bloch 矢量为

$$\boldsymbol{R} = R_1\boldsymbol{e}_1 + R_2\boldsymbol{e}_2 + R_3\boldsymbol{e}_3, \tag{4.71}$$

其中，$\boldsymbol{e}_1$、$\boldsymbol{e}_2$、$\boldsymbol{e}_3$ 代表相互垂直的单位矢量。R_i 的取值为

$$R_1 = \langle\hat{\sigma}_x\rangle = \mathrm{Tr}(\hat{\sigma}_x\boldsymbol{\rho}) = \rho_{eg} + \rho_{ge}, \tag{4.72a}$$

$$R_2 = \langle\hat{\sigma}_y\rangle = \mathrm{Tr}(\hat{\sigma}_y\boldsymbol{\rho}) = (\rho_{eg} - \rho_{ge}), \tag{4.72b}$$

$$R_3 = \langle\hat{\sigma}_z\rangle = \mathrm{Tr}(\hat{\sigma}_z\boldsymbol{\rho}) = \rho_{ee} - \rho_{gg}. \tag{4.72c}$$

利用 $\boldsymbol{R}$，我们可以把系统的演化方程写成

$$\dot{\boldsymbol{R}} = \boldsymbol{Q} \times \boldsymbol{R}, \tag{4.73}$$

其中

$$Q = \frac{2}{\hbar} \begin{pmatrix} \mathrm{Re}\langle g|\tilde{H}|e\rangle \\ \mathrm{Im}\langle g|\tilde{H}|e\rangle \\ \hbar\Delta/2 \end{pmatrix} = \begin{pmatrix} -\Omega\cos\phi \\ \Omega\sin\phi \\ \Delta \end{pmatrix}. \tag{4.74}$$

矢量 R 的演化在经典力学中有很直观的图像，它描述了 R 随时间以角速度 Q 做逆时针转动，也称之为**光学 Bloch 方程**。

例如，如果初始时刻原子处在基态，则相应的 Bloch 矢量为 $R(0) = (0, 0, -1)$，如图 4.2 所示。对于共振情形 $\Delta = 0$ 及 $\phi = 0$，Bloch 矢量演化的角速度为 $Q = -\Omega e_1$，由此可得

$$R(t) = (0, -\sin(\Omega t), \cos(\Omega t)). \tag{4.75}$$

可见，对于一个 $\Omega t = \pi$ 的脉冲，我们可以把原子从基态 $|g\rangle$ 翻转到激发态 $|e\rangle$ 上；而对于一个 $\Omega t = \pi/2$ 的脉冲，Bloch 矢量 $R(t)$ 最终落在 x-y 平面上，对应系统的状态为基态和激发态的等权叠加 $(|e\rangle + |g\rangle)/\sqrt{2}$。此时，如果系统存在失谐量 $\Delta \neq 0$，则矢量 $R(t)$ 将会在 x-y 平面上以角速度 Δ 绕 e_3 做逆时针转动。

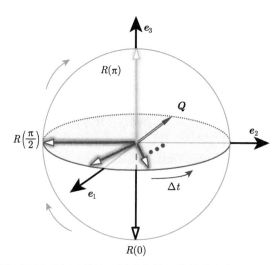

图 4.2　Bloch 矢量在球面上的运动轨迹。图中各符号的具体定义见正文。当 $\Delta \neq 0$ 时，赤道上的量子态将以角速度 Δ 绕 e_3 做逆时针转动

4.2.2　耗散的两能级系统

实际的系统中，原子能级总是存在耗散。对于两能级系统，常见的耗散可以唯象地分成两种：

(1) 原子上能级 $|e\rangle$ 上的布居由于环境的影响而产生非相干的改变, 对应系统密度矩阵对角元的耗散, 用 Γ 表示;

(2) 原子不同能级之间的相干性由于环境的影响而产生衰减, 对应系统密度矩阵非对角元的退相干, 用 $\gamma_\perp$ 表示。

一般说来, 原子能级布居 ρ_{ee} 的耗散会导致非对角矩阵元 ρ_{eg} 的退相干, 相应的退相干速率为 $\Gamma/2$。另一方面, 原子之间的碰撞有时候并不导致内部能级之间的跃迁, 但是可能让系统的相位信息发生混乱, 从而也可以导致密度矩阵非对角元的退相干, 相应的退相干速率为 γ_c。所以, 一般说来, 非对角元的相位退相干速率可以写成

$$\gamma_\perp = \Gamma/2 + \gamma_c. \tag{4.76}$$

如果令 $\Gamma = 1/T_1$ 及 $\gamma_c = 1/T_c$, 则有

$$\gamma_\perp = \frac{1}{T_2} = \frac{1}{2T_1} + \frac{1}{T_c}. \tag{4.77}$$

由于 $\gamma_c > 0$, 所以一般情况下, 我们有 $T_2 \leqslant 2T_1$。

考虑上述唯象的耗散因素后, 我们可把系统密度矩阵的演化改写为

$$\frac{\mathrm{d}}{\mathrm{d}t}\rho_{ee}(t) = -\Gamma\rho_{ee} + \frac{\mathrm{i}}{2}(\Omega_{\mathrm{R}}\mathrm{e}^{\mathrm{i}\phi}\rho_{ge} - \Omega_{\mathrm{R}}\mathrm{e}^{-\mathrm{i}\phi}\rho_{eg}), \tag{4.78a}$$

$$\frac{\mathrm{d}}{\mathrm{d}t}\rho_{gg}(t) = +\Gamma\rho_{ee} - \frac{\mathrm{i}}{2}(\Omega_{\mathrm{R}}\mathrm{e}^{\mathrm{i}\phi}\rho_{ge} - \Omega_{\mathrm{R}}\mathrm{e}^{-\mathrm{i}\phi}\rho_{eg}), \tag{4.78b}$$

$$\frac{\mathrm{d}}{\mathrm{d}t}\rho_{eg}(t) = -(\gamma_\perp + \mathrm{i}\Delta)\rho_{eg} - \mathrm{i}\frac{\Omega_{\mathrm{R}}\mathrm{e}^{\mathrm{i}\phi}}{2}(\rho_{ee} - \rho_{gg}). \tag{4.78c}$$

对应的光学 Bloch 方程为

$$\dot{\boldsymbol{R}} = -\begin{pmatrix} R_1/T_2 \\ R_2/T_2 \\ (R_3+1)/T_1 \end{pmatrix} + \boldsymbol{Q} \times \boldsymbol{R}. \tag{4.79}$$

在稳态下, 上述微分方程的左边设为零, 我们可以求得密度矩阵元的取值为

$$\rho_{ee} = \frac{\gamma_\perp|\Omega_{\mathrm{R}}|^2}{2[\Gamma(\gamma_\perp^2 + \Delta^2) + \gamma_\perp|\Omega_{\mathrm{R}}|^2]}, \tag{4.80}$$

$$\rho_{eg} = -\mathrm{i}\frac{\Omega_{\mathrm{R}}\mathrm{e}^{\mathrm{i}\phi}(\gamma_\perp - \mathrm{i}\Delta)}{2[\Gamma(\gamma_\perp^2 + \Delta^2) + \gamma_\perp|\Omega_{\mathrm{R}}|^2]}. \tag{4.81}$$

为简化上述形式, 我们可以引入饱和参数

$$S = \frac{|\Omega_{\mathrm{R}}|^2/(\Gamma\gamma_\perp)}{1 + \Delta^2/\gamma_\perp^2} \sim \frac{1}{\Delta^2 + \gamma_\perp^2}. \tag{4.82}$$

可以看到，饱和参数 S 是失谐量 Δ 的洛伦兹线型函数，对应的宽度为 $\gamma_\perp$。利用 S，我们可以把上述稳态结果简化为

$$\rho_{ee} = \frac{1}{2}\frac{S}{1+S}, \quad \rho_{gg} - \rho_{ee} = \frac{1}{1+S}, \quad |\rho_{eg}|^2 = \frac{\Gamma}{4\gamma_\perp}\frac{S}{(1+S)^2}. \tag{4.83}$$

可见在稳态下，$\rho_{ee} \leqslant 1/2$，所以基态上的布居数总是大于激发态的布居。参数 S 刻画了原子系统对入射光场的吸收效应。当 S 很小时，$\rho_{ee} \sim S$，此时 ρ_{ee} 对失谐量 Δ 的响应也是呈洛伦兹型分布，宽度为 $\gamma_\perp$；随着 S 的增大，ρ_{ee} 也呈线性增长；而当 S 很大时，$\rho_{ee} \to 1/2$ 趋向饱和值 $1/2$。此时在共振点附近，ρ_{ee} 不再是一个共振吸收峰，而是一段相对平滑的区域，如图 4.3 所示。在共振处 $\Delta = 0$，S 可以改写为

$$S_0 = \frac{|\Omega_{\mathrm{R}}|^2}{\Gamma\gamma_\perp} = \frac{|\boldsymbol{d}|^2\mathcal{E}^2}{\hbar^2\Gamma\gamma_\perp} = \frac{I}{I_{\mathrm{s}}} \tag{4.84}$$

其中，$I = \epsilon_0 c\mathcal{E}^2/2$ 对应输入光场单位面积上的功率强度；$I_{\mathrm{s}} = \epsilon_0 c\hbar^2\Gamma\gamma_\perp/(2|\boldsymbol{d}|^2)$ 为饱和吸收光强。

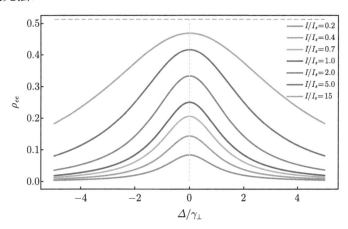

图 4.3　不同入射光强下原子上能级布居数随失谐量的变化关系

对于一般的入射光场强度，光场吸收曲线的半高宽度可以从 ρ_{ee} 的表达式中得出。令 $\rho_{ee}(\Delta) = \rho_{ee}(\Delta = 0)/2$，即可求得

$$\Delta_{1/2}(S_0) = \gamma_\perp\sqrt{1+S_0}. \tag{4.85}$$

如图 4.4 所示，当光强足够大时，饱和吸收峰的宽度与入射光强度的平方根成正比。当 $\gamma_\perp = \Gamma/2$ 时，利用 $\Gamma = \omega^3|\boldsymbol{d}|^2/3\pi\epsilon_0\hbar c^3$（见 4.6 节），我们可以把 I_{s} 进一步改写为

$$I_{\mathrm{s}} = \frac{\epsilon_0 c\hbar^2}{|\boldsymbol{d}|^2}\frac{\Gamma^2}{4} = \frac{\pi}{3}\Gamma\hbar\omega\frac{1}{\lambda^2}. \tag{4.86}$$

对于常见的二能级原子系统，假定激发态的寿命为 30ns，对应的能级宽度约为 $3.0 \times 10^7 \mathrm{s}^{-1}$。相应的光子波长假定为 1μm，单光子的能量约为 1.5eV。在这种情况下，可以求得饱和光强约为 $I_{\mathrm{s}} = 6\mathrm{W}/\mathrm{m}^2 = 0.6\mathrm{mW}/\mathrm{cm}^2$。在当前的激光器中这是很容易达到的激光强度，所以光场的吸收饱和效应在实验中很容易被观测到。

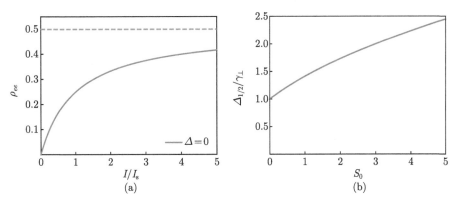

图 4.4　(a) 共振条件下原子上能级的布居随入射光强的变化关系；(b) 光场吸收曲线的半高宽与参数 S_0 的依赖关系

4.2.3　Landau-Zenner 模型

在前面讨论的二能级系统中，系统的哈密顿量均不随时间变化。对于 $\hat{H}$ 含时的系统，其动力学行为又会呈现新的特性。本节中，我们就以 Landau-Zenner(L-Z) 模型为例 [8-12] 来讨论含时系统动力学演化的问题。

如图 4.5 所示，假定二能级系统的含时哈密顿量为 (令 $\hbar = 1$)

$$\hat{H}_{\mathrm{LZ}} = \frac{1}{2}(vt\hat{\sigma}_z + \Omega\hat{\sigma}_x) = \begin{pmatrix} vt/2 & \Omega/2 \\ \Omega/2 & -vt/2 \end{pmatrix}. \tag{4.87}$$

系统的瞬时本征能量为

$$E_{\pm}(t) = \pm\frac{1}{2}\sqrt{v^2t^2 + \Omega^2}. \tag{4.88}$$

令系统的波函数为

$$|\psi(t)\rangle = c_{\uparrow}(t)|\uparrow\rangle + c_{\downarrow}(t)|\downarrow\rangle, \tag{4.89}$$

则依据薛定谔方程 $\mathrm{i}\partial_t|\psi(t)\rangle = \hat{H}_{\mathrm{LZ}}|\psi(t)\rangle$，我们可以得到系数的方程为

$$\dot{c}_{\uparrow} = -\mathrm{i}\frac{vt}{2}c_{\uparrow}(t) - \mathrm{i}\frac{\Omega}{2}c_{\downarrow}(t), \tag{4.90a}$$

$$\dot{c}_{\downarrow} = -\mathrm{i}\frac{\Omega}{2}c_{\uparrow}(t) + \mathrm{i}\frac{vt}{2}c_{\downarrow}(t). \tag{4.90b}$$

将上述方程的第一式对时间求偏导，再把第二式代入即可得到系数 $c_\uparrow(t)$ 满足的方程为

$$\ddot{c}_\uparrow + \left(\frac{\Omega^2 + v^2 t^2}{4} + \mathrm{i}\frac{v}{2}\right) c_\uparrow = 0. \tag{4.91}$$

可以证明，$c_\uparrow$ 满足的方程是一个标准的 Weber 方程。Weber 方程的标准形式为

$$\frac{\mathrm{d}^2 y}{\mathrm{d}z^2} + \left(n + \frac{1}{2} - \frac{z^2}{4}\right) y = 0. \tag{4.92}$$

为此，我们作变量代换 $z = \sqrt{v}\mathrm{e}^{\mathrm{i}\pi/4}t$，则有 $z^2 = \mathrm{i}vt^2$，则上述方程可以改写成

$$\frac{\mathrm{d}^2 c_\uparrow}{\mathrm{d}z^2} + \left(-\mathrm{i}\frac{\Omega^2}{4v} + \frac{1}{2} - \frac{z^2}{4}\right) c_\uparrow = 0. \tag{4.93}$$

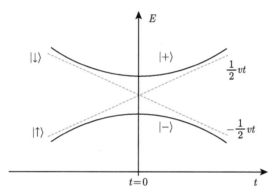

图 4.5　L-Z 系统中的能级及其能量随时间的变化示意图。虚线代表裸原子能级 $|\uparrow\rangle$、$|\downarrow\rangle$ 上的能量改变，实线对应耦合后系统本征能量随时间的变化

此即对应一个宗量 $n = -\mathrm{i}\Omega^2/(4v)$ 的 Weber 方程，其通解为

$$
\begin{aligned}
c_\uparrow(t) &= \alpha D_{-n-1}(\mathrm{i}z) + \beta D_n(z) \\
&= \alpha D_{-n-1}(\mathrm{i}\sqrt{v}\mathrm{e}^{\mathrm{i}\pi/4}t) + \beta D_n(\sqrt{v}\mathrm{e}^{\mathrm{i}\pi/4}t),
\end{aligned} \tag{4.94}
$$

其中，D_n 为抛物柱面函数 (parobolic cylinder function) [12]；α 和 β 均为待定系数，由初始条件确定。可见，$c_\uparrow(t)$ 的一般形式解是很复杂的。实际系统中我们更多地关注系统的最终状态。如果初始时原子处在上能级，即 $c_\uparrow(t \to -\infty) = +1$，则在演化的最终时刻，由 D_n 函数的渐进关系可以得到

$$c_\uparrow(t \to \infty) = \mathrm{e}^{-\pi|\Omega|^2/4v}. \tag{4.95}$$

可见，原子在上能级的布居 $|c_\uparrow(t)|^2$ 与能级间距变化的速度有关，如图 4.6 所示。两能级间距 $\Delta = vt$ 变化得越快时，v 越大，原子在上能级的布居 $|c_\uparrow(t)|^2$ 就越大。在极端情况下，当 $v \to \infty$ 时，原子停留在上能级上。这是因为外界参数变化太快，原子的内部演化还来不及做出改变。相反地，当 $\Delta = vt$ 变化得越慢时 ($v \ll 1$)，对应的布居 $|c_\uparrow(t)|^2$ 就越小，此时原子近似地跟随系统基态演化 (当 $t \to -\infty$ 时，能级 $|\uparrow\rangle$ 的能量较低)，并近乎全部转化到下能级上。

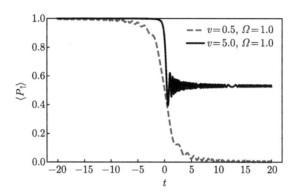

图 4.6　L-Z 系统上能级布居的动力学演化

　　L-Z 转变的最终状态还可以通过更加物理的方法得到。由上面的讨论我们了解到，当时间 $t \to \infty$ 时，$c_\uparrow$ 渐渐逼近一个稳定的值。如果我们考察这一时间段 $c_\uparrow(t)$ 的演化，就可以近似认为 $|c_\uparrow(t)|$ 是不变的。由此，我们可以设定 $c_\uparrow(t) = |c_\uparrow(t)|e^{-i\phi(t)}$，则相位 $\phi(t)$ 满足的方程为

$$\left(-\dot{\phi}^2 - i\ddot{\phi} + i\frac{v}{2} + \frac{\Omega^2 + v^2 t^2}{4}\right) c_\uparrow = 0. \tag{4.96}$$

将上式实部和虚部分离即可得到

$$\dot{\phi} = \pm\frac{1}{2}\sqrt{\Omega^2 + v^2 t^2} = \frac{1}{2}vt\sqrt{1 + \Omega^2/(v^2 t^2)}, \tag{4.97a}$$

$$\ddot{\phi} = \frac{v}{2}. \tag{4.97b}$$

上面第一式中我们取了 "+" 号，从而与第二等式相自洽。另一方面，当 $t \to -\infty$ 时，能级差远远大于耦合强度 Ω，所以 $c_\uparrow$ 基本上保持不变，上述结论也是成立的。综合分析我们可以得到下面的结论：

$$\left(\frac{\dot{c}_\uparrow}{c_\uparrow}\right)_{t \to \pm\infty} = -i\dot{\phi}_{t \to \pm\infty} \simeq -i\left(\frac{1}{2}vt + \frac{1}{4}\frac{\Omega^2}{vt}\right). \tag{4.98}$$

上述结论给出了 $\dot{c}_\uparrow/c_\uparrow$ 在边界处应满足的渐进约束条件。下面我们会看到，利用

这些边界条件，我们可以在不求解 $c_\uparrow(t)$ 具体形式的前提下，给出 L-Z 转变中描述最终态概率分布的公式 (4.95)。

具体地，我们假定 $\dot{c}_\uparrow/c_\uparrow$ 是时间轴上的解析函数，并延拓到整个复平面上。利用柯西积分公式

$$\int_{-\infty}^{\infty} \frac{\dot{c}_\uparrow}{c_\uparrow}\mathrm{d}t = -\int_C \frac{\dot{c}_\uparrow}{c_\uparrow}(z)\mathrm{d}z, \tag{4.99}$$

其中，右边的积分回路 C 对应于复平面上的上半圆 A 或者下半圆 B，如图 4.7 所示。对上式左边进行积分运算可得

$$\int_{-\infty}^{\infty} \frac{\dot{c}_\uparrow}{c_\uparrow}\mathrm{d}t = \ln \frac{c_\uparrow(+\infty)}{c_\uparrow(-\infty)}. \tag{4.100}$$

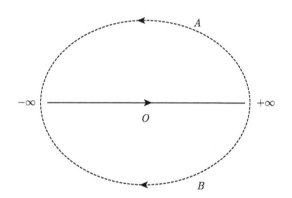

图 4.7　L-Z 系统积分回路的选择

再令 $z = R\mathrm{e}^{\mathrm{i}\theta}$ 及 $\mathrm{d}z = \mathrm{i}R\mathrm{e}^{\mathrm{i}\theta}$，我们可以求得右边的积分为

$$\begin{aligned}
-\int_C \frac{\dot{c}_\uparrow}{c_\uparrow}(z)\mathrm{d}z &= \mathrm{i}\int_C \left(\frac{1}{2}vt + \frac{1}{4}\frac{\Omega^2}{vt}\right)\mathrm{d}z \\
&= \mathrm{i}\lim_{R\to\infty}\int_0^{\pm\pi} \left(\frac{\mathrm{i}}{2}vR^2\mathrm{e}^{\mathrm{i}2\theta} + \frac{\mathrm{i}}{4}\frac{\Omega^2}{v}\right)\mathrm{d}\theta \\
&= \mp\frac{\pi\Omega^2}{4v},
\end{aligned} \tag{4.101}$$

其中，"$-$" 对应回路 A，"$+$" 对应回路 B。将两边的积分结果对比，我们可以得到

$$c_\uparrow(+\infty) = c_\uparrow(-\infty) \exp\left(\mp\frac{\pi\Omega^2}{4v}\right). \tag{4.102}$$

由于我们设定了初始条件 $c_\uparrow(-\infty) = 1$, 所以上式的右边结果中应该取 "$-$", 对应的积分回路为 A. 最后求得的初态存活率为

$$P_{\mathrm{LZ}} = |c_\uparrow(+\infty)|^2 = \exp[-\pi\Omega^2/(2v)], \tag{4.103}$$

与前面的结果式 (4.95) 完全一致.

4.3 量子光场与原子相互作用

前面章节中, 我们讨论原子与光场作用时采用的均是半经典处理. 在量子光学中, 我们更多地关注量子化的光场和原子之间的作用. 由第 1.2 节可知, 在海森伯表象下, 光场的电场振幅形式为

$$\hat{E}(\boldsymbol{r}, t) = \mathrm{i} \sum_{\boldsymbol{k}, \hat{\sigma}} \hat{\boldsymbol{e}}_{\hat{\sigma}} \sqrt{\frac{\hbar\omega_k}{2\epsilon_0 V}} (\hat{a}_{\boldsymbol{k},\hat{\sigma}} \mathrm{e}^{-\mathrm{i}\omega_k t} - \hat{a}_{\boldsymbol{k},\hat{\sigma}}^\dagger \mathrm{e}^{\mathrm{i}\omega_k t}). \tag{4.104}$$

这里, $\hat{\boldsymbol{e}}_{\hat{\sigma}}$ 表示光场的偏振, ω 为光场的频率. 在电偶极近似下, 我们忽略光场的空间变化部分, 假定在原子位置处光场是均匀的. 为方便讨论, 我们转换到薛定谔表象下, 此时上述光场算符不含时, 形式简化为

$$\hat{E}(\boldsymbol{r}, t) = \mathrm{i} \sum_{\boldsymbol{k}, \hat{\sigma}} \hat{\boldsymbol{e}}_{\hat{\sigma}} \sqrt{\frac{\hbar\omega_k}{2\epsilon_0 V}} (\hat{a}_{\boldsymbol{k},\hat{\sigma}} - \hat{a}_{\boldsymbol{k},\hat{\sigma}}^\dagger). \tag{4.105}$$

将上式代入光场与原子相互作用的总哈密顿量中, 我们得到

$$\begin{aligned}
\hat{H} = &\sum_i E_i |i\rangle\langle i| + \hbar \sum_{\boldsymbol{k}, \hat{\sigma}} \omega_k \left(\hat{a}_{\boldsymbol{k},\hat{\sigma}}^\dagger \hat{a}_{\boldsymbol{k},\hat{\sigma}} + \frac{1}{2} \right) \\
&+ \mathrm{i}\hbar \sum_{\boldsymbol{k}, \hat{\sigma}} \sum_{i,j} g_{\boldsymbol{k},i,j} |i\rangle\langle j| (\hat{a}_{\boldsymbol{k},\hat{\sigma}} - \hat{a}_{\boldsymbol{k},\hat{\sigma}}^\dagger),
\end{aligned} \tag{4.106}$$

其中耦合系数形式为

$$g_{\boldsymbol{k},i,j} = -\sqrt{\frac{\omega_k}{2\epsilon_0 \hbar V}} \boldsymbol{d}_{ij} \cdot \hat{\boldsymbol{e}}_{\hat{\sigma}}, \tag{4.107}$$

这里, $\boldsymbol{d}_{ij} = \langle i|\boldsymbol{d}|j\rangle$ 为偶极矩在不同系统本征态之间的矩阵元. 方程 (4.106) 中的第二项是光场的自由哈密顿量, 这是为了把相互作用表示成不含时形式引入的. $g_{\boldsymbol{k},i,j}$ 描述了光场在电偶极作用下原子内态电子在不同能级之间的耦合强度. 以单个模式电磁场与两能级系统相互作用为例, 假定原子激发态 $|e\rangle$ 与基态 $|g\rangle$ 的能量差为 $\hbar\omega_0$, 则系统的哈密顿量可以写成

$$\hat{H} = \frac{1}{2}\hbar\omega_0 \big(|e\rangle\langle e| - |g\rangle\langle g| \big) + \hbar\omega \left(a^\dagger a + \frac{1}{2} \right)$$

$$+\hbar\left[\lambda|e\rangle\langle g|(\hat{a}-\hat{a}^\dagger)+\lambda^*|g\rangle\langle e|(\hat{a}-\hat{a}^\dagger)\right], \tag{4.108}$$

这里我们重新定义了耦合系数 λ 为

$$\lambda=-\mathrm{i}\sqrt{\frac{\omega_k}{2\epsilon_0\hbar V}}\boldsymbol{d}_{eg}\cdot\hat{\boldsymbol{e}}_{\hat{\sigma}}. \tag{4.109}$$

在光与原子耦合的很多体系中，耦合强度 λ 一般要远远小于原子内部的能级差 ω_0。在没有相互作用时 ($\lambda=0$)，光场和原子算符随时间的演化行为满足

$$\hat{a}(t)=\hat{a}(0)\mathrm{e}^{-\mathrm{i}\omega t}, \qquad \hat{a}^\dagger(t)=\hat{a}^\dagger(0)\mathrm{e}^{\mathrm{i}\omega t},$$

$$|g\rangle\langle e|_t=|g\rangle\langle e|_0\mathrm{e}^{-\mathrm{i}\omega_0 t}, \qquad |e\rangle\langle g|_t=|e\rangle\langle g|_0\mathrm{e}^{\mathrm{i}\omega_0 t}.$$

实际物理过程中，只有那些能量相近的能级和状态之间的转换才是重要的，相应物理量随时间变化较慢，从而探测器可以测量其随时间的变化行为。对于能量相差很大的物理状态，它们之间发生转变的频率非常快，大大超过探测器的响应时间，以至于探测器只能给出物理量在时间上的平均效果。例如，上述系统中，相关算符在时间上的行为可以估算为

$$\hat{\sigma}_+\hat{a}\sim\mathrm{e}^{\mathrm{i}(\omega_0-\omega)t}, \qquad \hat{\sigma}_-\hat{a}^\dagger\sim\mathrm{e}^{-\mathrm{i}(\omega_0-\omega)t}, \tag{4.110a}$$

$$\hat{\sigma}_+\hat{a}^\dagger\sim\mathrm{e}^{\mathrm{i}(\omega_0+\omega)t}, \qquad \hat{\sigma}_-\hat{a}\sim\mathrm{e}^{-\mathrm{i}(\omega_0+\omega)t}, \tag{4.110b}$$

其中 $|e\rangle\langle g|=\hat{\sigma}_+$ 及 $|g\rangle\langle e|=\hat{\sigma}_-$。可见，当 $\omega_0\sim\omega$ 时，形如 $\hat{\sigma}_+\hat{a}^\dagger$ 和 $\hat{\sigma}_-\hat{a}$ 的算符组合快速振荡，其平均效果近似为零。这样我们就可以在上述形式中丢掉这些能量不守恒的过程，这就是所谓的"旋转波近似"。如此即可将系统的哈密顿量改写为

$$H_{\mathrm{JC}}=\frac{1}{2}\hbar\omega_0\hat{\sigma}_z+\hbar\omega\left(\hat{a}^\dagger\hat{a}+\frac{1}{2}\right)+\hbar\lambda(\hat{\sigma}_+\hat{a}+\hat{\sigma}_-\hat{a}^\dagger), \tag{4.111}$$

这里假定了 λ 为实数，且 $\hat{\sigma}_z=|e\rangle\langle e|-|g\rangle\langle g|$。上式即为单个电磁场模式和单个原子耦合的 Jaynes-Cummings 模型 (J-C 模型)，也是量子光学中最常见到的相互作用形式。

在另外一种情况中，当相互作用的强度和原子的等效能级差相近时，上面提到的"旋转波近似"就不准确了。此时能量不守恒的相互作用项 $\hat{\sigma}_-\hat{a}$、$\hat{\sigma}_+\hat{a}^\dagger$ 变得越来越重要，我们需要全面考察如下系统哈密顿量：

$$H_R=\frac{1}{2}\hbar\omega_0\hat{\sigma}_z+\hbar\omega\left(\hat{a}^\dagger\hat{a}+\frac{1}{2}\right)+\hbar\lambda(\hat{\sigma}_++\hat{\sigma}_-)(\hat{a}-\hat{a}^\dagger), \tag{4.112}$$

这样的模型也称为 Rabi 模型。例如，对于一般的光腔内的里德伯原子，参数 λ/ω 的比值约为 10^{-6} 甚至更小，此时旋转波近似是合理的。而在超导量子比特系统

中，参数 λ/ω 可以达到 0.1 甚至更大，此时单纯的"旋转波近似"已经不能准确地刻画实验所观测到的信号，反旋转波项的效果必须要考虑进来 [15]。

4.4　Jaynes-Cummings 模型

作为单模光场与原子相互作用最简单的情形，Jaynes-Cummings 模型有很多有趣的性质，本节中我们将对其进行具体讨论。在忽略常数项后，系统的总哈密顿量为

$$\hat{H}_{\mathrm{JC}} = \frac{1}{2}\hbar\omega_0\hat{\sigma}_z + \hbar\omega\hat{a}^\dagger\hat{a} + \hbar\lambda\left(\hat{\sigma}_+\hat{a} + \hat{\sigma}_-\hat{a}^\dagger\right). \tag{4.113}$$

这一模型存在守恒量 $\hat{N}_e$，它描述了系统的总激发数，记为

$$\hat{N}_e = \hat{a}^\dagger\hat{a} + |e\rangle\langle e| = \hat{a}^\dagger\hat{a} + I - |g\rangle\langle g|, \quad [\hat{H}, \hat{N}_e] = 0, \tag{4.114}$$

其中 $I = |e\rangle\langle e| + |g\rangle\langle g|$ 为原子的单位算符。利用这一守恒量，系统的总哈密顿量就可以改写为

$$\hat{H} = \hat{H}_{\mathrm{I}} + \hat{H}_{\mathrm{II}}, \tag{4.115}$$

其中

$$\begin{aligned}
\hat{H}_{\mathrm{I}} &= \hbar\omega\hat{a}^\dagger\hat{a} + \frac{\hbar\omega}{2}\hat{\sigma}_z = \hbar\omega\hat{N}_e - \frac{\hbar\omega}{2}I, \\
\hat{H}_{\mathrm{II}} &= \frac{\hbar\Delta}{2}\hat{\sigma}_z + \hbar\lambda\left(\hat{\sigma}_+\hat{a} + \hat{\sigma}_-\hat{a}^\dagger\right).
\end{aligned} \tag{4.116}$$

这里，$\Delta = \omega_0 - \omega$ 为光场与原子能级耦合的失谐量。由于算符 $\hat{H}_{\mathrm{I}}$ 与 $\hat{H}_{\mathrm{II}}$ 是相互对易的，所以系统的动力学行为由 $\hat{H}_{\mathrm{II}}$ 决定，$\hat{H}_{\mathrm{I}}$ 对演化的贡献只是提供一个由守恒量决定的相位因子。

假定系统中原子和光场的初态为 $|e,n\rangle$。在旋转波近似下，由于激发数守恒，哈密顿量 $\hat{H}$ 中能与之发生耦合的状态只有 $|g, n+1\rangle$。这样我们就可以假定系统随时间变化的状态形式为

$$|\psi(t)\rangle = [C_n^e(t)|e,n\rangle + C_{n+1}^g(t)|g, n+1\rangle]\mathrm{e}^{-\mathrm{i}(n+1/2)\omega t}, \tag{4.117}$$

代入薛定谔方程

$$\mathrm{i}\frac{\partial}{\partial t}|\psi(t)\rangle = \hat{H}|\psi(t)\rangle, \tag{4.118}$$

可得系数满足的方程为

$$\dot{C}_n^e = -\mathrm{i}\frac{\Delta}{2}C_n^e - \mathrm{i}\lambda\sqrt{n+1}\,C_{n+1}^g,$$

$$\dot{C}_{n+1}^g = \mathrm{i}\frac{\Delta}{2}C_{n+1}^g - \mathrm{i}\lambda\sqrt{n+1}C_n^e. \tag{4.119}$$

令 $\lambda_n = 2\lambda\sqrt{n+1}$ 及 $\Omega_n^2 = \Delta^2 + \lambda_n^2$, 则上述方程的解可以写为

$$
\begin{bmatrix} C_n^e(t) \\ C_{n+1}^g(t) \end{bmatrix} =
\begin{bmatrix}
\cos\left(\dfrac{\Omega_n t}{2}\right) - \mathrm{i}\dfrac{\Delta}{\Omega_n}\sin\left(\dfrac{\Omega_n t}{2}\right) & -\mathrm{i}\dfrac{\lambda_n}{\Omega_n}\sin\left(\dfrac{\Omega_n t}{2}\right) \\[3mm]
-\mathrm{i}\dfrac{\lambda_n}{\Omega_n}\sin\left(\dfrac{\Omega_n t}{2}\right) & \cos\left(\dfrac{\Omega_n t}{2}\right) + \mathrm{i}\dfrac{\Delta}{\Omega_n}\sin\left(\dfrac{\Omega_n t}{2}\right)
\end{bmatrix}
$$
$$
\cdot \begin{bmatrix} C_n^e(0) \\ C_{n+1}^g(0) \end{bmatrix}.
$$

当初始状态为 $C_{e,n}(0) = 1$, $C_{g,n+1}(0) = 0$, 且 $\Delta = 0$ 时, 系统随时间变化的状态为

$$|\psi(t)\rangle = \left[\cos\left(\frac{\Omega_n t}{2}\right)|e,n\rangle - \mathrm{i}\sin\left(\frac{\Omega_n t}{2}\right)|g,n+1\rangle\right]\mathrm{e}^{-\mathrm{i}(n+1/2)\omega t}, \tag{4.120}$$

原子在两能级之间的布居差为

$$W(t) = |C_n^e(t)|^2 - |C_{n+1}^g(t)|^2 = \cos(\Omega_n t). \tag{4.121}$$

可见在这种情况下, 原子内态在基态和激发态之间周期性振荡, 这种振荡也称为 Rabi 振荡, 相应的振荡频率 Ω_n 亦称为 Rabi 频率, 如图 4.8 所示。需要注意的是, 这种振荡即使在 $n = 0$ 的时候也是存在的。此时, 原子与自身辐射的光子相干耦合, 称为真空场 Rabi 振荡。

对于更一般的情况, 假定光场状态记为光子数的叠加

$$|\varphi(0)\rangle = \sum_{n=0}^{\infty} C_n|n\rangle. \tag{4.122}$$

这时系统的初始态记为 $|\psi(0)\rangle = |\phi(0)\rangle|\varphi(0)\rangle$。对于原子初始状态 $|e\rangle$ 及 $\Delta = 0$ 的情形, 简单计算可知

$$
|\psi(t)\rangle = \sum_{n=0}^{\infty} C_n \mathrm{e}^{-\mathrm{i}(n+1/2)\omega t}\left[\cos\left(\frac{\Omega_n t}{2}\right)|e\rangle \otimes |n\rangle \right.
$$
$$
\left. - \mathrm{i}\sin\left(\frac{\Omega_n t}{2}\right)|g\rangle \otimes |n+1\rangle\right]. \tag{4.123}
$$

此时原子的布居反转为

$$W(t) = \langle\psi(t)|\hat{\sigma}_3|\psi(t)\rangle = \sum_{n=0}^{\infty} |C_n|^2\cos(\Omega_n t). \tag{4.124}$$

若进一步假定初始光场处在相干态 $|\alpha\rangle$，则有 $C_n = \mathrm{e}^{-|\alpha|^2/2}\alpha^n/\sqrt{n!}$。此时布居反转可以表示为

$$W(t) = \mathrm{e}^{-\langle n\rangle} \sum_{n=0}^{\infty} \frac{\langle n\rangle^n}{n!} \cos(2\lambda\sqrt{n+1}\,t), \qquad (4.125)$$

其中 $\langle n\rangle = |\alpha|^2$ 为相干态的平均光子数。

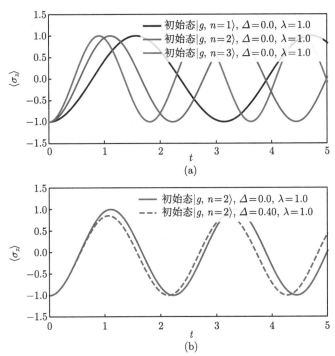

图 4.8 J-C 模型中平均值 $\langle \hat{\sigma}_z\rangle$ 的动力学演化。(a) 对应不同初始态的情况；(b) 对应不同失谐量的情况

可以看到，由于 $W(t)$ 处在不同频率的叠加中，布居反转已不再是标准的 Rabi 振荡。如图 4.9 所示，不同频率的干涉使得 $W(t)$ 呈现崩塌-复原现象 (collapse and revival phenomena)：当组成信号的主要频率分量相位一致时，信号达到增强；而当这些主要成分彼此相位相消时，$W(t)$ 的信号崩塌，其幅度近似为零。信号的振荡周期可以近似由光场的平均光子数确定

$$\Omega_{n=\langle n\rangle} t_\mathrm{R} \sim 1 \Rightarrow t_\mathrm{R} \sim [\Omega_{\langle n\rangle}]^{-1} \sim [2\lambda\sqrt{\langle n\rangle}]^{-1}, \qquad \langle n\rangle \gg 1. \qquad (4.126)$$

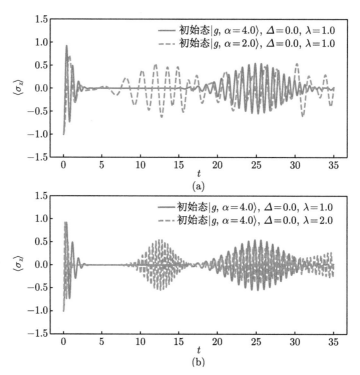

图 4.9　J-C 模型下初始相干态的动力学演化。为方便比较，这里取失谐量 $\Delta = 0$

另一方面，当 $W(t)$ 的信号崩塌时，可以近似认为组成信号的主要频率分量在相位上是随机分布的，从而崩塌的时间 t_c 需满足

$$t_c[\Omega_{\langle n \rangle + \Delta n} - \Omega_{\langle n \rangle - \Delta n}] \sim 1. \tag{4.127}$$

对于相干态，$\Delta n = \sqrt{\langle n \rangle}$，从而可得

$$t_c \sim \frac{1}{\Omega_{\langle n \rangle + \Delta n} - \Omega_{\langle n \rangle - \Delta n}} \sim \frac{1}{2\lambda}. \tag{4.128}$$

可以看到，信号崩塌的周期此时仅仅依赖于耦合强度 λ。利用同样的思路，我们也可以估算出信号复原的具体时间 t_r。当相邻的两个信号在相位上同步时，所有的信号叠加达到最大，此即对应 $W(t)$ 的信号复原点，具体可以表示为

$$t_r[\Omega_{\langle n \rangle + 1} - \Omega_{\langle n \rangle}] = 2\pi m, \quad m = 0, 1, 2, \cdots. \tag{4.129}$$

近似可求得

$$t_r = \frac{2\pi m}{\Omega_{\langle n \rangle + 1} - \Omega_{\langle n \rangle}} \sim \frac{2\pi m \sqrt{\langle n \rangle}}{\lambda}. \tag{4.130}$$

4.5 缀饰态和正规模式劈裂

前面的讨论中我们得知，在 J-C 模型中，由于存在激发数 $\hat{N}_e$ 守恒，不同的激发数构成的子空间彼此是相互独立的。在每个子空间中，系统简化为简单的两态系统，从而可以很容易求解。如图 4.10 所示，对激发数为 $N_e = n + 1$ 的情况，与系统哈密顿量相关的子空间由基矢量 $\{|e, n\rangle, |g, n+1\rangle\}$ 张成，其矩阵形式为

$$\hat{H}_n = \begin{bmatrix} \left(n + \dfrac{1}{2}\right)\hbar\omega + \dfrac{1}{2}\hbar\Delta & \hbar\lambda\sqrt{n+1} \\[2mm] \hbar\lambda\sqrt{n+1} & \left(n + \dfrac{1}{2}\right)\hbar\omega - \dfrac{1}{2}\hbar\Delta \end{bmatrix} \tag{4.131}$$

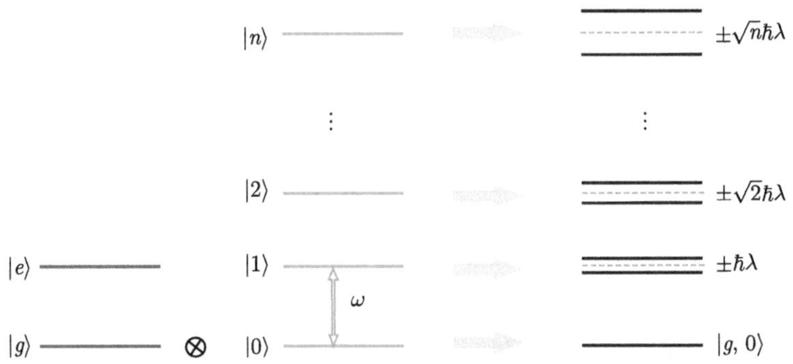

图 4.10 缀饰态的合成示意图。这里假定 $\Delta = 0$

求解系统的本征值可得

$$E_{n,\pm} = \left(n + \frac{1}{2}\right)\hbar\omega \pm \frac{1}{2}\hbar\Omega_n(\Delta), \tag{4.132}$$

其中

$$\Omega_n(\Delta) = \sqrt{\Delta^2 + 4\lambda^2(n+1)}, \quad \Delta = \omega_0 - \omega. \tag{4.133}$$

相应的本征态为

$$|n, +\rangle = \cos\theta_n |e, n\rangle + \sin\theta_n |g, n+1\rangle, \tag{4.134a}$$

$$|n, -\rangle = -\sin\theta_n |e, n\rangle + \cos\theta_n |g, n+1\rangle, \tag{4.134b}$$

其中参数 θ_n 满足

$$\sin(2\theta_n) = \frac{2\lambda\sqrt{n+1}}{\Omega_n(\Delta)} = \frac{\Omega_n(0)}{\Omega_n(\Delta)}, \quad \cos(2\theta_n) = \frac{\Delta}{\Omega_n(\Delta)}. \tag{4.135}$$

特别地，对于共振情况 $\Delta = 0$，此时缀饰态为基矢 $\{|e, n\rangle, |g, n+1\rangle\}$ 的等权叠加

$$|n, +\rangle = \frac{1}{\sqrt{2}}(|e, n\rangle + |g, n+1\rangle), \tag{4.136a}$$

$$|n, -\rangle = \frac{1}{\sqrt{2}}(-|e, n\rangle + |g, n+1\rangle). \tag{4.136b}$$

可见，在激发数守恒的子空间中原子和光子是纠缠在一起的，我们称这样的本征态为缀饰态。直观上，缀饰态可以理解成在原子的周围包裹了一团光子。对于原来的裸原子/光子基矢 $\{|e, n\rangle, |g, n+1\rangle\}$，其能量差为 $\hbar\Delta$；而在新的缀饰态表象中，缀饰本征态之间的能量差为 $\hbar\Omega_n(\Delta)$。可以看到，由于相互作用引入，系统的能量差变大了 $\Omega_n(\Delta) \geqslant \Delta$。$\Omega_n(\Delta)$ 也称为正规模式劈裂。需要注意的是，即使是对于光子数 $n = 0$ 的情况，我们仍然可以得到

$$\Omega_{n=0}(\Delta) = \sqrt{\Delta^2 + 4\lambda^2}, \tag{4.137}$$

此即为真空 Rabi 劈裂。由于 $\Omega_{n=0}(\Delta)$ 的大小与原子/光子的耦合强度直接相关，所以实验上可以通过测量真空 Rabi 劈裂来确定原子与光场耦合系数 λ 的大小。

4.5.1　多光子过程的缀饰态

前面介绍的原子 + 光场缀饰态可以推广到多光子跃迁的情况。

首先我们考察双光子的情况。在旋转波近似下，光与单个二能级原子发生双光子耦合的哈密顿量为

$$\hat{H} = \hbar\omega\hat{a}^\dagger\hat{a} + \frac{1}{2}\hbar\omega_0\hat{\sigma}_z + \hbar\lambda\left(\hat{\sigma}_+\hat{a}^2 + \hat{\sigma}_-\hat{a}^{\dagger 2}\right). \tag{4.138}$$

利用守恒量，我们可以把系统的总哈密顿量改写为

$$\hat{H} = \hat{H}_{\mathrm{I}} + \hat{H}_{\mathrm{II}}, \tag{4.139}$$

其中

$$\hat{H}_I = \hbar\omega\hat{a}^\dagger\hat{a} + \hbar\omega\hat{\sigma}_z, \tag{4.140a}$$

$$\hat{H}_{II} = \frac{\hbar\Delta^{(2)}}{2}\hat{\sigma}_z + \hbar\lambda(\hat{\sigma}_+\hat{a}^2 + \hat{\sigma}_-\hat{a}^{\dagger 2}). \tag{4.140b}$$

这里 $\Delta^{(2)} = \omega_0 - 2\omega$ 为光场与原子能级耦合的失谐量。

不难验证，$\hat{H}_{\mathrm{I}}$ 和 $\hat{H}_{\mathrm{II}}$ 是彼此对易的

$$[\hat{H}_{\mathrm{I}}, \hat{H}_{\mathrm{II}}] = 0. \tag{4.141}$$

在不考虑相互作用的裸原子 + 光子表象中，对于给定的光子数 n，状态 $|e,n\rangle$ 和 $|g,n+2\rangle$ 的能量是简并。$\hat{H}_{\mathrm{I}}$ 作用到 $|e,n\rangle$ 和 $|g,n+2\rangle$ 上给出能量 $\hbar\omega(n+1)$。另一方面，$\hat{H}_{\mathrm{II}}$ 作用在子空间 $\{|e,n\rangle, |g,n+2\rangle\}$ 上是封闭的。所以 $\hat{H}_{\mathrm{I}}$ 和 $\hat{H}_{\mathrm{II}}$ 的共同本征态可以表示成 $|e,n\rangle$ 和 $|g,n+2\rangle$ 的叠加。类似于单光子跃迁中的缀饰态形式，我们也可以把双光子跃迁对应的缀饰态写成

$$|n,+\rangle^{(2)} = \cos\theta_n^{(2)}|g,n+2\rangle + \sin\theta_n^{(2)}|e,n\rangle, \tag{4.142a}$$

$$|n,-\rangle^{(2)} = -\sin\theta_n^{(2)}|g,n+2\rangle + \cos\theta_n^{(2)}|e,n\rangle. \tag{4.142b}$$

它们很显然是 $\hat{H}_{\mathrm{I}}$ 的本征态。同时作为缀饰态，它们也是 $\hat{H}_{\mathrm{II}}$ 的本征态

$$\hat{H}_{\mathrm{II}}|n,\pm\rangle^{(2)} = \pm\frac{1}{2}\Omega_n^{(2)}|n,\pm\rangle^{(2)}. \tag{4.143}$$

将 H_{II} 作用到 $|n,\pm\rangle^{(2)}$ 上，即可以得到

$$\hat{H}_{\mathrm{II}}|n,+\rangle^{(2)} = \left[\lambda\sin\theta_n^{(2)}\sqrt{(n+1)(n+2)} - \frac{\Delta^{(2)}}{2}\cos\theta_n^{(2)}\right]|g,n+2\rangle$$
$$+ \left[\lambda\cos\theta_n^{(2)}\sqrt{(n+1)(n+2)} + \frac{\Delta^{(2)}}{2}\sin\theta_n^{(2)}\right]|e,n\rangle, \tag{4.144a}$$

$$\hat{H}_{\mathrm{II}}|n,-\rangle^{(2)} = \left[\lambda\cos\theta_n^{(2)}\sqrt{(n+1)(n+2)} + \frac{\Delta^{(2)}}{2}\sin\theta_n^{(2)}\right]|g,n+2\rangle$$
$$- \left[\lambda\sin\theta_n^{(2)}\sqrt{(n+1)(n+2)} - \frac{\Delta^{(2)}}{2}\cos\theta_n^{(2)}\right]|e,n\rangle. \tag{4.144b}$$

对比上述等式，我们就可以得到能级劈裂 $\Omega_n^{(2)}$ 及参数 $\theta_n^{(2)}$ 满足的表达式为

$$\Omega_n^{(2)} = \sqrt{[\Delta^{(2)}]^2 + 4\lambda^2(n+1)(n+2)}, \tag{4.145}$$

$$\tan\theta_n^{(2)} = \frac{2\lambda\sqrt{(n+1)(n+2)}}{\Omega_n^{(2)} - \Delta^{(2)}}. \tag{4.146}$$

可见，系统总的本征值为

$$E = \hbar[(n+1)\omega \pm \frac{1}{2}\Omega_n^{(2)}]. \tag{4.147}$$

基于本征态的正交性，我们也可以把裸原子 + 光子的本征基矢写成

$$|g,n+2\rangle = \cos\theta_n^{(2)}|n,+\rangle^{(2)} - \sin\theta_n^{(2)}|n,-\rangle^{(2)}, \tag{4.148a}$$

$$|e,n\rangle = \sin\theta_n^{(2)}|n,+\rangle^{(2)} + \cos\theta_n^{(2)}|n,-\rangle^{(2)}. \tag{4.148b}$$

式中，$n = 0, 1, 2, \cdots, \infty$。

上述讨论也可以直接推广到 $k \geqslant 3$ 的多光子耦合过程。若在强光场作用下，原子的二能级之间发生 $k \geqslant 3$ 光子的跃迁过程，那么，在旋转波近似及忽略环境噪声的情况下，系统的哈密顿量可以统一写成

$$\hat{H} = \hbar\omega\hat{a}^\dagger\hat{a} + \frac{1}{2}\hbar\omega_0\hat{\sigma}_z + \hbar\lambda\left(\hat{\sigma}_+\hat{a}^k + \hat{\sigma}_-\hat{a}^{\dagger k}\right). \tag{4.149}$$

利用同样的方法，我们可以把上述哈密顿量改写为

$$\hat{H} = \hat{H}_{\mathrm{I}} + \hat{H}_{\mathrm{II}}, \tag{4.150}$$

其中

$$\hat{H}_{\mathrm{I}} = \hbar\omega(\hat{a}^\dagger\hat{a} + \frac{k}{2}\hat{\sigma}_z), \tag{4.151a}$$

$$\hat{H}_{\mathrm{II}} = \frac{\hbar\Delta^{(k)}}{2}\hat{\sigma}_z + \hbar\lambda\left(\hat{\sigma}_+\hat{a}^k + \hat{\sigma}_-\hat{a}^{\dagger k}\right). \tag{4.151b}$$

这里 $\Delta^{(k)} = \omega_0 - k\omega$ 为光场与原子能级耦合的失谐量。利用对易关系

$$[\hat{\sigma}_z, \hat{\sigma}_\pm] = \pm 2\hat{\sigma}_\pm, \tag{4.152}$$

$$[\hat{a}^\dagger\hat{a}, (\hat{a}^\dagger)^k] = k(\hat{a}^\dagger)^k, \tag{4.153}$$

$$[\hat{a}^\dagger\hat{a}, \hat{a}^k] = -k\hat{a}^k, \tag{4.154}$$

可以验证

$$[\hat{H}_{\mathrm{I}}, \hat{H}_{\mathrm{II}}] = 0. \tag{4.155}$$

于是，在形式上，我们可以构造如下缀饰本征态：

$$|n, +\rangle^{(k)} = \cos\theta_n^{(k)}|g, n+k\rangle + \sin\theta_n^{(k)}|e, n\rangle, \tag{4.156a}$$

$$|n, -\rangle^{(k)} = -\sin\theta_n^{(k)}|g, n+k\rangle + \cos\theta_n^{(k)}|e, n\rangle. \tag{4.156b}$$

它们是总哈密顿量的本征态，满足方程

$$\hat{H}_{\mathrm{I}}|n, \pm\rangle^{(k)} = \left(n + \frac{k}{2}\right)\hbar\omega|n, \pm\rangle^{(k)}, \tag{4.157}$$

$$\hat{H}_{\mathrm{II}}|n, \pm\rangle^{(k)} = \pm\frac{1}{2}\Omega_n^{(k)}|n, \pm\rangle^{(k)}. \tag{4.158}$$

再利用与两光子过程类似的推导，我们就可以得到能级劈裂 $\Omega_n^{(k)}$ 和参数 $\theta_n^{(k)}$ 满足的条件为

$$\Omega_n^{(k)} = \sqrt{[\Delta^{(2)}]^2 + 4\lambda^2(n+1)(n+2)\cdots(n+k)}, \tag{4.159}$$

$$\tan \theta_n^{(k)} = \frac{2\lambda\sqrt{(n+1)(n+2)\cdots(n+k)}}{\Omega_n^{(k)} - \Delta^{(k)}}. \tag{4.160}$$

不难看出，对于给定的初始状态 $|\psi(0)\rangle$，系统薛定谔方程的解可以写成

$$|\psi(t)\rangle = \exp\left(-\mathrm{i}\frac{\hat{H}}{\hbar}t\right)|\psi(0)\rangle = \mathrm{e}^{-\mathrm{i}\hat{H}_\mathrm{I} t/\hbar}\mathrm{e}^{-\mathrm{i}\hat{H}_\mathrm{II} t/\hbar}|\psi(0)\rangle. \tag{4.161}$$

所以，当我们把 $|\psi(0)\rangle$ 展开成缀饰态的叠加时，就可以很容易求出系统在任意时刻 t 的状态，从而得到关于系统的全部信息。

4.6 大失谐近似和系统的有效相互作用

在前面的章节讨论原子和光场相互作用时，我们均假定了系统处在共振条件 $\Delta = 0$；亦或假定了失谐量 Δ 很小，近似与耦合系数 λ 相比拟。在光与原子相互作用中，有时候我们讨论的问题是在大失谐量条件下发生的，此时失谐量远远大于光场与原子之间的耦合强度 $\Delta \gg \lambda$。从直观上看，此时光场和原子系统由于能量不匹配，有效的耦合强度会大大降低。然而在很多系统中，当体系的相干时间很长时，这种等效的耦合强度仍然可以在实验上被观测到，甚至可以应用到量子操控中，以实现量子计算[33]。

对于大失谐的系统，系统的哈密顿量可以分成两部分：一部分是由失谐量 Δ 组成的，它代表了哈密顿量的主要部分；另一部分是包含耦合系数 λ 的项。相对于前者来说，系数 λ 一般要比失谐量 Δ 小好几个量级。对于满足这种特定条件的系统，我们可以通过求解系统有效哈密顿量的方法，把体系中的重要物理过程提取出来。这样可以大大方便后续的计算过程，同时也有利于加深对问题的理解。

有效哈密顿量的求法有很多种，例如我们可以直接对系统动力学演化进行展开，化简整理后得出其等效相互作用形式 (见 11.5 节)。这里我们简单介绍正则变换 (Schrieffer-Wolf 变换) 的方法，它也是处理这一类问题的常见手段，广泛地应用于量子光学及凝聚态物理中。

假定系统的哈密顿量可以写为

$$\hat{H} = \hat{H}_0 + \epsilon\hat{V}, \tag{4.162}$$

其中，$\hat{H}_0$ 是主要部分；ϵ 是小量，代表了相互作用 $\hat{V}$ 的大小。为方便讨论，我们假定 $\hat{H}_0$ 的本征态可以很容易求得，满足 $\hat{H}_0|m\rangle = E_m|m\rangle$。同时假定相互作用 $\hat{V}$ 在本征态 $|m\rangle$ 的矩阵表示中没有对角元 $\langle m|\hat{V}|m\rangle = 0$。这样 $\hat{V}$ 的作用就是把不同的本征态 $|m\rangle$ 耦合起来，其耦合强度 ϵ 远远小于本征态之间的能级差。对于

$\langle m|\hat{V}|m\rangle \neq 0$ 的情形，可以通过重新定义

$$\hat{H}_0' = \hat{H}_0 + \sum_m \langle m|\hat{V}|m\rangle, \quad \hat{V}' = \hat{V} - \sum_m \langle m|\hat{V}|m\rangle, \tag{4.163}$$

以满足上述要求。

正则变换的思想是寻找算符 $\hat{S}$，使得系统变换后的哈密顿量为

$$\hat{H}_e = e^{\epsilon\hat{S}}\hat{H}e^{-\epsilon\hat{S}} = \hat{H} + \epsilon[\hat{S},\hat{H}] + \frac{1}{2}\epsilon^2[\hat{S},[\hat{S},\hat{H}]] + O(\epsilon^3)$$

$$= \hat{H}_0 + \epsilon(\hat{V} + [\hat{S},\hat{H}_0]) + \frac{1}{2}\epsilon^2[\hat{S},[\hat{S},\hat{H}_0]] + \epsilon^2[S,\hat{V}] + O(\epsilon^3). \tag{4.164}$$

如果我们选择 $\hat{S}$ 使得 $[\hat{S},\hat{H}_0] = -\hat{V}$ 成立，则变化后的有效哈密顿量即为

$$\hat{H}_e = \hat{H}_0 + \frac{1}{2}\epsilon^2[\hat{S},\hat{V}] + O(\epsilon^3). \tag{4.165}$$

可见，变换后 $\hat{H}_e$ 的最低阶正比于 ϵ^2，这对应于原来 $\hat{H}$ 中的二阶过程。正则变换可以把原来 $\hat{H}$ 中最重要的二阶作用以最低阶微扰展开的方式体现出来，从而大大方便问题的讨论。

正则变换的要点是找到算符 $\hat{S}$，以满足 $[\hat{S},\hat{H}_0] = -\hat{V}$。一个比较常见的确定算符 $\hat{S}$ 的方法是先计算对易关系 $\hat{A} = [\hat{H}_0,\hat{V}]$，然后保留 $\hat{A}$ 中非对角部分，并附以待定系数 η，最后利用约束条件 $[\eta\hat{A},\hat{H}_0] = -V$ 把参数 η 确定下来，这样就可以确定 $\hat{S} = \eta\hat{A}$。当然，在实际系统中，这种做法并不一定总能成功。不过在很多情况下，算符 $\hat{A}$ 的形式可以为构造合适的 $\hat{S}$ 算符提供参考。

为说明问题，我们以大失谐的 J-C 模型为例。假定相互作用表象下系统的哈密顿量为

$$\hat{H} = \frac{\hbar\Delta}{2}\hat{\sigma}_z + \hbar\lambda\left(\hat{\sigma}_+\hat{a} + \hat{\sigma}_-\hat{a}^\dagger\right). \quad \Delta \gg \lambda \tag{4.166}$$

令 $\hat{H}_0 = \dfrac{\hbar\Delta}{2}\hat{\sigma}_z$ 及 $\hat{V} = \hbar\lambda(\hat{\sigma}_+\hat{a} + \hat{\sigma}_-\hat{a}^\dagger)$，求解对易关系 $[\hat{H}_0,\hat{V}]$ 得

$$[\hat{H}_0,\hat{V}] = \frac{1}{2}\hbar^2\lambda\Delta(\hat{\sigma}_+\hat{a} - \hat{a}^\dagger\hat{\sigma}_-). \tag{4.167}$$

依照前面的思路，我们假定 $\hat{S} = \eta(\hat{\sigma}_+\hat{a} - \hat{a}^\dagger\hat{\sigma}_-)$，则有

$$[\hat{S},\hat{H}_0] = -\frac{1}{2}\hbar\Delta\eta(\hat{\sigma}_+\hat{a} + \hat{\sigma}_-\hat{a}^\dagger) \equiv -\hat{V} = -\hbar\lambda(\hat{\sigma}_+\hat{a} + \hat{\sigma}_-\hat{a}^\dagger). \tag{4.168}$$

由此可知 $\eta = \lambda/\Delta$，从而可求得

$$[\hat{S},\hat{V}] = \hbar\frac{\lambda^2}{\Delta}[\hat{\sigma}_+\hat{a} - \hat{a}^\dagger\hat{\sigma}_-, \hat{\sigma}_+\hat{a} + \hat{a}^\dagger\hat{\sigma}_-] = 2\hbar\frac{\lambda^2}{\Delta}[\hat{\sigma}_+\hat{a}, \hat{a}^\dagger\hat{\sigma}_-]$$

$$= 2\hbar \frac{\lambda^2}{\Delta} (\hat{\sigma}_+ \hat{\sigma}_- + \hat{\sigma}_z \hat{a}^\dagger \hat{a}). \tag{4.169}$$

系统总的有效哈密顿量为

$$\hat{H}_e = \frac{\hbar \Delta}{2} \hat{\sigma}_z + \hbar \frac{\lambda^2}{\Delta} (\hat{\sigma}_+ \hat{\sigma}_- + \hat{\sigma}_z \hat{a}^\dagger \hat{a}). \tag{4.170}$$

可见,在大失谐下近似下,原子内能级 $|e\rangle$ 和 $|g\rangle$ 在低价近似下不发生耦合。但是光场 $\hat{a}^\dagger \hat{a}$ 的存在会使得不同的能级上发生的能量移动不同。在量子调控中,利用这一效应可以实现原子和光场之间的控制相位操作。

我们再以光场的二次谐波生成过程为例,推导系统的有效哈密顿量。非线性的二次谐波描述的是光子经过非线性介质后,从一个光子变成两个光子的三阶非线性过程。系统的哈密顿量可以表示成

$$\hat{H} = \hbar \omega_a \hat{a}^\dagger \hat{a} + \hbar \omega_b \hat{b}^\dagger \hat{b} + \hbar g [\hat{a}^2 \hat{b}^\dagger + (\hat{a}^\dagger)^2 \hat{b}]. \tag{4.171}$$

令 $\hat{H}_0 = \hbar \omega_a \hat{a}^\dagger \hat{a} + 2\omega_a \hat{b}^\dagger \hat{b}$,则在相互作用表象下,系统的哈密顿量改写为

$$\hat{H}' = \hbar \Delta \hat{b}^\dagger \hat{b} + \hbar g [\hat{a}^2 \hat{b}^\dagger + (\hat{a}^\dagger)^2 \hat{b}]. \tag{4.172}$$

当系统处在大失谐条件 $\Delta = \omega_b - 2\omega_a \gg g$ 时,我们可以取 $\hat{H}'_0 = \hbar \Delta \hat{b}^\dagger \hat{b}$ 及 $\hat{V} = \hbar g [\hat{a}^2 \hat{b}^\dagger + (\hat{a}^\dagger)^2 \hat{b}]$,则

$$[\hat{H}'_0, \hat{V}] = \hbar^2 \Delta g [\hat{b}^\dagger \hat{b}, \hat{a}^2 \hat{b}^\dagger + (\hat{a}^\dagger)^2 \hat{b}] = \hbar^2 \Delta g [\hat{a}^2 \hat{b}^\dagger - (\hat{a}^\dagger)^2 \hat{b}]. \tag{4.173}$$

同样我们可以假定 $S = \eta [\hat{a}^2 \hat{b}^\dagger - (\hat{a}^\dagger)^2 \hat{b}]$,再依据关系 $[\hat{S}, \hat{H}'_0] = -\hat{V}$ 可以求得 $\eta = g/\Delta$。由此可以求得

$$[\hat{S}, \hat{V}] = 2\hbar \frac{g^2}{\Delta} [\hat{a}^2 \hat{b}^\dagger, (\hat{a}^\dagger)^2 \hat{b}] = 2\hbar \frac{g^2}{\Delta} [4\hat{a}^\dagger \hat{a} \hat{b}^\dagger \hat{b} + 2\hat{b}^\dagger \hat{b} - (\hat{a}^\dagger)^2 \hat{a}^2]. \tag{4.174}$$

所以系统总的有效哈密顿量为

$$\hat{H}_e = \hbar \Delta \hat{b}^\dagger \hat{b} + \hbar \frac{g^2}{\Delta} [4\hat{a}^\dagger \hat{a} \hat{b}^\dagger \hat{b} + 2\hat{b}^\dagger \hat{b} - (\hat{a}^\dagger)^2 \hat{a}^2]. \tag{4.175}$$

可以看到,此时系统的有效相互作用中包含了光场模式 $\hat{a}$ 的非线性克尔型相互作用 $(\hat{a}^\dagger)^2 \hat{a}^2$,同时也包含了模式 $\hat{a}$ 和模式 $\hat{b}$ 的交叉克尔型相互作用 $\hat{a}^\dagger \hat{a} \hat{b}^\dagger \hat{b}$。这些等效作用在原始的哈密顿量 $\hat{H}$ 中并不显然。然而通过求解有效相互作用 $\hat{H}_e$ 的方法,我们可以让这样的二阶相互作用项直接体现在系统的哈密顿量中。

4.7　Rabi 模型

随着实验技术的进步，我们可以在不同的物理平台中实现量子化的电磁场与等效二能级系统间的耦合。在这些等效系统中，电磁场与等效原子间的相互作用可以变得非常大，以至于其大小能与等效原子的能级差相比拟。在这种强耦合乃至超强耦合的情况下，我们前面提到的旋转波近似就不再成立了。这时候我们需要把能量不守恒的反旋转波项也考虑进来，求解系统的整个哈密顿量。作为单个原子和单模玻色场最简单的相互作用模型，量子 Rabi 模型近年来受到了人们的普遍关注。一个重要的突破是，人们发现该模型在某种程度上是严格可求解的[13-15]。考虑到 Rabi 模型在量子光学小系统中有着重要的作用，本节就其主要性质作一简单介绍。

4.7.1　Rabi 模型的对称性

量子 Rabi 模型所要研究的是形如下面的哈密顿量：

$$\hat{H}_{\mathrm{R}} = \Delta\hat{\sigma}_z + \omega\hat{a}^\dagger\hat{a} + g\hat{\sigma}_x(\hat{a}^\dagger + \hat{a}), \tag{4.176}$$

其中，$\hat{\sigma}_{x,y,z}$ 对应二能级原子的泡利算符；$\hat{a}$ 和 $\hat{a}^\dagger$ 分别为相应电磁场的湮灭算符和产生算符；Δ、ω、和 g 分别对应原子能级劈裂、光子的振动频率，以及光与原子相互作用的大小。令 $\hat{\sigma}^\pm = (\hat{\sigma}_x \pm \mathrm{i}\hat{\sigma}_y)/2$，我们可以把相互作用项改写为

$$g\hat{\sigma}_x(\hat{a}^\dagger + \hat{a}) = g(\hat{\sigma}^-\hat{a}^\dagger + \hat{\sigma}^+\hat{a}) + g(\hat{\sigma}^+\hat{a}^\dagger + \hat{\sigma}^-\hat{a}). \tag{4.177}$$

当 $(\Delta,\omega) \gg g$ 时，由于高频振荡，能量不守恒项可以忽略不计，从而可以应用旋转波近似处理，上述模型简化为 J-C 模型

$$\hat{H}_{\mathrm{JC}} = \Delta\hat{\sigma}_z + \omega\hat{a}^\dagger\hat{a} + g(\hat{\sigma}^-\hat{a}^\dagger + \hat{\sigma}^+\hat{a}). \tag{4.178}$$

$\hat{H}_{\mathrm{JC}}$ 中由于存在守恒量 $\hat{N} = \hat{a}^\dagger\hat{a} + \hat{\sigma}^+\hat{\sigma}^-$，从而可以解析求解。而在 $\hat{H}_{\mathrm{R}}$ 中，由于没有这种 $U(1)$ 对称性，解析求解看起来是不容易的。然而，尽管 $\hat{N}$ 不再是守恒量，Rabi 模型中仍然保留了 Z_2 对称性：如果我们做替换 $\hat{a} \to -\hat{a}$，$\hat{\sigma}_x \to -\hat{\sigma}_x$，而保持 $\hat{\sigma}_z$ 不变，则系统的总作用 $\hat{H}_{\mathrm{R}}$ 是不变的。在数学上，对应这样的变换可以用算符 $\hat{\Pi}$ 表示，具体可写为

$$\hat{\Pi} = -\hat{\sigma}_z(-1)^{\hat{a}^\dagger\hat{a}}, \quad 及 \quad \hat{\Pi}\hat{a}\hat{\Pi} = -\hat{a}, \quad \hat{\Pi}\hat{\sigma}_x\hat{\Pi} = -\hat{\sigma}_x. \tag{4.179}$$

由于 $[\hat{H}_{\mathrm{R}}, \hat{\Pi}] = 0$，所以 Rabi 模型的所有本征态均可以取为算符 $\hat{H}_{\mathrm{R}}$ 和 $\hat{\Pi}$ 的共同本征态

$$\hat{H}_{\mathrm{R}}|\psi(p,E)\rangle = E|\psi(p,E)\rangle, \quad 及 \quad \hat{\Pi}|\psi(p,E)\rangle = p|\psi(p,E)\rangle, \tag{4.180}$$

其中，$p = \pm 1$ 对应于宇称算符 $\hat{\Pi}$。为了进一步说明 $\hat{H}$ 与 $\hat{\Pi}$ 之间的关系，我们可以定义 $\hat{b} = \hat{\sigma}_x \hat{a}$，则 $\hat{H}_R$ 可以重写为

$$\hat{H}_R = -\Delta(-1)^{\hat{b}^\dagger \hat{b}} \hat{\Pi} + \omega \hat{b}^\dagger \hat{b} + g(\hat{b}^\dagger + \hat{b}) \quad \text{及} \quad \hat{\Pi} = -\hat{\sigma}_z(-1)^{\hat{b}^\dagger \hat{b}}. \qquad (4.181)$$

4.7.2 Rabi 模型的精确解

利用 Rabi 模型的上述对称性及算符代数的性质，Braak 在 2011 年给出了该系统的本征能谱 [13]。在 Braak 所构造的解析解中，利用了许多重要特征函数的性质，其物理内涵不容易显现出来。在此之后，对 Rabi 模型解析解的研究受到了人们的重视。这里我们介绍一种基于博戈留波夫变换求解 Rabi 模型的方法，它是由我国学者陈庆虎等 [14] 给出的。相比较 Braak 的方法，博戈留波夫变换的方法有着更明确的物理意义，且方便理解，这里主要介绍这一处理方法。

为方便起见，我们令 $\omega = 1$，并把 H_R 写成矩阵的形式

$$\hat{H}_R = \begin{bmatrix} \hat{a}^\dagger \hat{a} + g(\hat{a}^\dagger + \hat{a}) & \Delta \\ \Delta & \hat{a}^\dagger \hat{a} - g(\hat{a}^\dagger + \hat{a}) \end{bmatrix}. \qquad (4.182)$$

如果引入算符 $\hat{A} = \hat{a} + g$，则可以把上述矩阵的左上角元素写成对角化的形式

$$\hat{H}_R = \begin{bmatrix} \hat{A}^\dagger \hat{A} - g^2 & \Delta \\ \Delta & \hat{A}^\dagger \hat{A} - 2g(\hat{A}^\dagger + \hat{A}) + 3g^2 \end{bmatrix}. \qquad (4.183)$$

很明显，算符 $\hat{A}$ 仍然是一个玻色算符，满足对易关系 $[\hat{A}, \hat{A}^\dagger] = 1$，故我们可以定义算符 $\hat{A}^\dagger \hat{A}$ 的本征态 $|n_A\rangle$ 为

$$|n_A\rangle = \frac{(\hat{A}^\dagger)^n}{\sqrt{n!}} |0_A\rangle, \qquad (4.184)$$

其中

$$|0_A\rangle = \mathrm{e}^{-g(\hat{a}^\dagger - \hat{a})} |0_a\rangle = \mathrm{e}^{-g^2/2} |(-g)_a\rangle. \qquad (4.185)$$

这里 $|0_a\rangle$ 为算符 $\hat{a}$ 对应的真空态，$|(-g)_a\rangle$ 为相干态。

假定系统对应于能量 E 的本征波函数为

$$|\psi\rangle = \begin{pmatrix} \phi_1 \\ \phi_2 \end{pmatrix} = \sum_{n=0}^{\infty} \begin{pmatrix} \alpha_n \\ \beta_n \end{pmatrix} \sqrt{n!} |n_A\rangle, \qquad (4.186)$$

代入 $\hat{H}_R |\psi\rangle = E|\psi\rangle$，可得系数 α_n 和 β_n 的约束方程为

$$\sum_{n=0}^{\infty} \left[(n^2 - g^2 - E)\alpha_n + \Delta\beta_n \right] \sqrt{n!} |n_A\rangle = 0,$$

$$\sum_{n=0}^{\infty} \left[(n^2 + 3g^2 - E)\beta_n + \Delta\alpha_n \right] \sqrt{n!} |n_A\rangle$$

$$-2g \sum_{n=0}^{\infty} \beta_n \sqrt{n!} \left(\sqrt{n}|(n-1)_A\rangle + \sqrt{n+1}|(n+1)_A\rangle \right) = 0.$$

对比等式两边系数可得

$$\alpha_n = -\frac{\Delta}{n - g^2 - E}\beta_n, \qquad (4.187)$$

$$n\beta_n = \Omega(n-1)\beta_{n-1} - \beta_{n-2}, \qquad (4.188)$$

其中

$$\Omega(n) = \frac{1}{2g} \left(n + 3g^2 - E - \frac{\Delta^2}{n - g^2 - E} \right). \qquad (4.189)$$

故只要知道了 β_0 和 β_1，由递推关系就可以定出系数 $\{\alpha_n, \beta_n\}$。考虑到波函数存在一个相位不确定性，为方便讨论，一般可选取 $\beta_0 = 1$ 及 $\beta_1 = \Omega(0)$。需要注意的是，这里 E 并未给定，所以并不能马上得到所有系数的取值。我们需要另外一组独立的关于 E 和系数 $\{\alpha_n, \beta_n\}$ 的约束关系。

依上述方法，我们同样可以对 $\hat{H}_{\mathrm{R}}$ 的下对角元素进行对角化。令 $\hat{B} = \hat{a} - g$，则有

$$\hat{H}_{\mathrm{R}} = \begin{bmatrix} \hat{B}^\dagger \hat{B} + 2g(\hat{B} + \hat{B}^\dagger) + 3g^2 & \Delta \\ \Delta & \hat{B}^\dagger \hat{B} - g^2 \end{bmatrix}. \qquad (4.190)$$

假定系统的本征态为

$$|\tilde{\psi}\rangle = \begin{pmatrix} \tilde{\phi}_1 \\ \tilde{\phi}_2 \end{pmatrix} = \sum_{n=0}^{\infty} (-1)^n \begin{pmatrix} \tilde{\beta}_n \\ \tilde{\alpha}_n \end{pmatrix} \sqrt{n!} |n_B\rangle, \qquad (4.191)$$

其中，$|n_B\rangle$ 表示粒子数算符 $\hat{B}^\dagger \hat{B}$ 的本征态，其对应的基态满足

$$|0_B\rangle = \mathrm{e}^{g(\hat{a}^\dagger - \hat{a})}|0_a\rangle = \mathrm{e}^{-g^2/2}|g_a\rangle. \qquad (4.192)$$

同样地，我们可以得到递推关系

$$\tilde{\alpha}_n = -\frac{\Delta}{n - g^2 - E}\tilde{\beta}_n, \qquad (4.193)$$

$$n\tilde{\beta}_n = \tilde{\Omega}(n-1)\tilde{\beta}_{n-1} - \tilde{\beta}_{n-2}, \qquad (4.194)$$

这里

$$\tilde{\Omega}(n) = \frac{1}{2g} \left(n + 3g^2 - E - \frac{\Delta^2}{n - g^2 - E} \right) = \Omega(n). \qquad (4.195)$$

只要我们知道了 E 的取值，再假定 $\tilde{\beta}_0 = 1$，$\tilde{\beta}_1 = \tilde{\Omega}(0)$ 之后，就能求得相应的本征态了。

上述讨论提供了两种不同的表示本征态的方法。在体系没有简并的情况下，这两个本征态应该是线性相关的，故应有

$$\begin{pmatrix} \phi_1 \\ \phi_2 \end{pmatrix} = \Upsilon \begin{pmatrix} \tilde{\phi}_1 \\ \tilde{\phi}_2 \end{pmatrix}. \tag{4.196}$$

利用 BCH 公式

$$e^{\hat{A}}e^{\hat{B}} = e^{\hat{A}+\hat{B}+\frac{1}{2}[\hat{A},\hat{B}]}, \quad \text{其中 } [\hat{A},\hat{B}] = c \text{ 为一常数}, \tag{4.197}$$

我们知道，上述定义的不同基态之间满足关系

$$|0_A\rangle = e^{-g^2/2}e^{-g\hat{a}^\dagger}|0_a\rangle \quad \text{及} \quad |0_B\rangle = e^{-g^2/2}e^{g\hat{a}^\dagger}|0_a\rangle. \tag{4.198}$$

在式 (4.196) 两边同乘以 $\langle 0_a|$，我们可得系数 $\{\alpha,\beta\}$ 和 $\{\tilde{\alpha},\tilde{\beta}\}$ 之间的关系为

$$\sum_{n=0}^{\infty} \alpha_n g^n = \Upsilon \sum_{n=0}^{\infty} \tilde{\beta}_n g^n, \tag{4.199}$$

$$\sum_{n=0}^{\infty} \beta_n g^n = \Upsilon \sum_{n=0}^{\infty} \tilde{\alpha}_n g^n, \tag{4.200}$$

由此可得

$$\begin{aligned}
G(E) &= \sum_{n,m=0}^{\infty} \alpha_n \tilde{\alpha}_m g^{m+n} - \sum_{n,m=0}^{\infty} \beta_n \tilde{\beta}_m g^{m+n} \\
&= \sum_{n,m=0}^{\infty} \beta_n \tilde{\beta}_m g^{m+n} \left[\frac{\Delta^2}{(n-g^2-E)(m-g^2-E)} - 1 \right] \\
&= \sum_{n,m=0}^{\infty} \beta_n \tilde{\beta}_m g^{m+n} \left(\frac{\Delta}{n-g^2-E} - 1 \right) \left(\frac{\Delta}{m-g^2-E} + 1 \right) \\
&= -\left[\sum_{n=0}^{\infty} \left(1 - \frac{\Delta}{n-g^2-E} \right) g^n \beta_n \right] \left[\sum_{m=0}^{\infty} \left(1 + \frac{\Delta}{m-g^2-E} \right) g^m \tilde{\beta}_m \right] \\
&= 0.
\end{aligned} \tag{4.201}$$

由于 β_n 和 $\tilde{\beta}_n$ 满足同样的递推关系，且初始条件相同，故应有 $\beta_n = \tilde{\beta}_n$。最终我们会得到下列约束关系：

$$G_\pm(x) = \sum_{n=0}^{\infty} \beta_n(x) \left(1 \mp \frac{\Delta}{x-n} \right) g^n = 0, \tag{4.202}$$

其中，$x = E + g^2$，$\beta_n(x)$ 满足的递推关系为

$$\beta_0 = 1, \qquad \beta_1 = \Omega(0), \tag{4.203}$$

$$m\beta_m = \Omega(m-1)\beta_{m-1} - \beta_{m-2}, \tag{4.204}$$

$$\Omega(m) = 2g + \frac{1}{2g}\left(m - x + \frac{\Delta^2}{x-m}\right). \tag{4.205}$$

(注：对于一般 $\omega \neq 1$ 的情况，我们只需要在上式中作替换 $x \to x/\omega$，$g \to g/\omega$，$\Delta \to \Delta/\omega$ 即可。故只要求得 $G_\pm(x)$ 的零点 $x_m^\pm$，就可以得到系统的能谱 $E_m^\pm = x_m^\pm - g^2/\omega$。)

为了进一步理解 Rabi 模型本征值的特性，我们可以对上述方程给出的解作简单讨论。

当 $x \neq 0, 1, \cdots$ 时，$G_\pm(x) = 0$ 的零点确定了系统的基态能量为 $E = x - g^2$，此时系统对应的本征态是唯一的，没有简并。具体地，对于 $G_+ = 0$ 的情况，我们有

$$\sum_{n=0}^{\infty} \beta_n(x)g^n = \sum_{n=0}^{\infty} \beta_n(x)\frac{\Delta}{x-n}g^n. \tag{4.206}$$

将这一结果与方程 (4.193) 比对，可知方程 (4.200) 中的比例系数 Υ 取值应设为 $\Upsilon = 1$。进一步，我们还可以求得此时系统本征态的宇称 $\hat{\Pi} = \hat{\sigma}_x(-1)^{\hat{a}^\dagger \hat{a}}$。代入本征态的具体表示可得

$$\hat{\Pi}\begin{pmatrix} \phi_1 \\ \phi_2 \end{pmatrix} = \hat{\sigma}_x(-1)^{\hat{a}^\dagger \hat{a}}\begin{pmatrix} \phi_1 \\ \phi_2 \end{pmatrix} = (-1)^{\hat{a}^\dagger \hat{a}}\sum_{n=0}^{\infty}\begin{pmatrix} \beta_n \\ \alpha_n \end{pmatrix}\sqrt{n!}|n_A\rangle. \tag{4.207}$$

再利用等式

$$\mathrm{e}^{\mathrm{i}\theta\hat{a}^\dagger \hat{a}}\hat{a}^\dagger \mathrm{e}^{-\mathrm{i}\theta\hat{a}^\dagger \hat{a}} = \mathrm{e}^{\mathrm{i}\theta}\hat{a}^\dagger, \tag{4.208}$$

以及下面的关系

$$\begin{aligned}
(-1)^{\hat{a}^\dagger \hat{a}}\sqrt{n!}|n_A\rangle &= \mathrm{e}^{\mathrm{i}\pi\hat{a}^\dagger \hat{a}}(\hat{a}^\dagger + g)^n|0_A\rangle \\
&= (-1)^n(\hat{a}^\dagger - g)^n\mathrm{e}^{\mathrm{i}\pi\hat{a}^\dagger \hat{a}}\mathrm{e}^{-g(\hat{a}^\dagger - \hat{a})}|0_a\rangle \\
&= (-1)^n(\hat{a}^\dagger - g)^n\mathrm{e}^{g(\hat{a}^\dagger - \hat{a})}|0_a\rangle \\
&= (-1)^n\sqrt{n!}|n_B\rangle.
\end{aligned} \tag{4.209}$$

我们就可以得到本征态对应的宇称为

$$\Pi\begin{pmatrix} \phi_1 \\ \phi_2 \end{pmatrix} = \sum_{n=0}^{\infty}(-1)^n\begin{pmatrix} \beta_n \\ \alpha_n \end{pmatrix}\sqrt{n!}|n_B\rangle = +1\begin{pmatrix} \tilde{\phi}_1 \\ \tilde{\phi}_2 \end{pmatrix}. \tag{4.210}$$

所以当 $G_+ = 0$ 时，其相应本征态所对应的宇称 Π 及比例系数 Υ 均为 +1。同理我们也可以验证，当 $G_- = 0$ 时，其相应本征态所对应的宇称 Π 和比例系数 Υ 均为 -1。

基于上述分析，我们可以把 $G_\pm = 0$ 写成两部分

$$G_\pm(x) = G_{0,\pm}(x) + \sum_{n=0}^{\infty} \frac{h_n^\pm(x)}{x - n\omega}, \tag{4.211}$$

其中非奇异的部分为 $G_{0,\pm}(x)$，剩下部分表示函数在 x 为非负整数时有发散。典型的函数 $G_\pm(x) = 0$ 的曲线形式如图 4.11 所示。

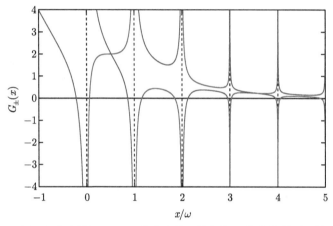

图 4.11 $G_+(x)$ (红色实线) $G_-(x)$ (蓝色实线) 随参数 x 的变化关系。这里取 $\omega = 1$，$g = 0.7$，$\Delta = 0.4$ (摘自文献 D. Braak, Phys. Rev. Lett., 107 100401 (2011))

图 4.12 给出了由方程 (4.202) 确定的系统能谱示意图。可以看到，对于给定的宇称 p，由 G_p 给出的不同本征能量随参数 g 变化时是不会相交的，如图中的红色曲线簇或蓝色曲线簇。对于每一条本征能量线，我们引入标记 $|p,n\rangle$ 来表示，如图 4.12 的右边所示，其中 n 为相应本征值在不同宇称子空间按从小到大顺序排列所对应的序数。

从图 4.12 中我们还可以看到，不同宇称的能量曲线随着耦合强度 g 的变化会出现相交的情况。在这些交点处，参数 x 的取值一般为 $x = 0, 1, \cdots$ 非负整数，所以这些点正对应了函数 $G_\pm$ 的极点位置，也称为异常点 (exceptional points)。在这些异常点 $x = n$ 处，参数 g 和 Δ 满足的条件正好使得系数 $\beta_n(x = n) = 0$，从而也保证了 $G_\pm(x)$ 在该点展开时不会出现奇异性。由于 $G_\pm(x) \neq 0$，所以在该点处系统的本征态没有固定的宇称。这与能级简并的事实是一致的。此时系统的能量记为 $E_n^e = n - g^2$。

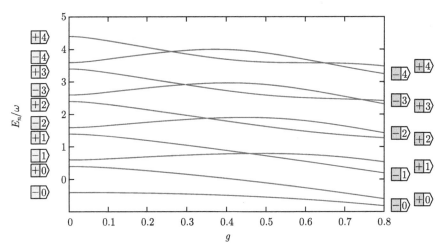

图 4.12　Rabi 模型的能谱随参数 g 的变化关系。这里的参数取值为 $\omega = 1$，$\Delta = 0.4$，$0 \leqslant g \leqslant 0.8$。图的左侧对应于 $g = 0$ 的能级标号 $|\pm, n\rangle$，$\pm$ 表示二能级系统的上下能级，n 对应腔内玻色光场模式的激发数。图右侧的标号 $|p, n\rangle$ 中，$p = \pm$ 为对应能级的宇称，n 为按能级能量排序而赋予的序数 (摘自文献 D. Braak, Phys. Rev. Lett., 107 100401 (2011))

当求得系统能量 E 以后，我们就可以依此求得系统本征态的具体形式。本征态的具体形式依赖于特征函数 (confluent heun function)，形式较为复杂，这里就不讨论了，具体形式可以参考文献 [15]。

4.7.3　Rabi 模型的动力学特征

除了能谱特性以外，Rabi 模型的动力学行为与弱耦合近似下的 J-C 模型也有很大的不同。如果我们用 $|\uparrow\rangle$、$|\downarrow\rangle$ 来表示原子的内部能级，用 $|n\rangle$ 表示光子的粒子数本征态，则原子与光子总的量子态可以写成

$$|\psi(t)\rangle = \sum_{n=0}^{\infty} c_n^{\uparrow}(t)|\uparrow, n\rangle + \sum_{n=0}^{\infty} c_n^{\downarrow}(t)|\downarrow, n\rangle. \tag{4.212}$$

将系统的哈密顿量 (4.176) 代入薛定谔方程后，就可以给出系数 $c_n^{\uparrow}(t)$、$c_n^{\downarrow}(t)$ 满足的演化方程为

$$\mathrm{i}\frac{\mathrm{d}}{\mathrm{d}t} c_n^{\uparrow}(t) = (n\omega + \Delta)c_n^{\uparrow}(t) + g(\sqrt{n}\, c_{n-1}^{\downarrow}(t) + \sqrt{n+1}\, c_{n+1}^{\downarrow}(t)), \tag{4.213}$$

$$\mathrm{i}\frac{\mathrm{d}}{\mathrm{d}t} c_n^{\downarrow}(t) = (n\omega - \Delta)c_n^{\downarrow}(t) + g(\sqrt{n}\, c_{n-1}^{\uparrow}(t) + \sqrt{n+1}\, c_{n+1}^{\uparrow}(t)). \tag{4.214}$$

由于 Rabi 模型中宇称是守恒的，所以这里只有宇称相同的状态才能相互耦合。系统的动力学依照宇称 Π 的取值 p 分别在两个独立的子空间中演化，如下式所示：

$$p = 1, \qquad |\downarrow, 0\rangle \leftrightarrow |\uparrow, 1\rangle \leftrightarrow |\downarrow, 2\rangle \leftrightarrow |\uparrow, 3\rangle \leftrightarrow \cdots,$$
$$p = -1, \qquad |\uparrow, 0\rangle \leftrightarrow |\downarrow, 1\rangle \leftrightarrow |\uparrow, 2\rangle \leftrightarrow |\downarrow, 3\rangle \leftrightarrow \cdots.$$

假定初始时刻光场处在相干态，$|\psi(t=0)\rangle$ 的具体形式为

$$|\psi(t=0)\rangle = |\uparrow, \alpha\rangle = \sum_{n=0}^{\infty} \frac{\mathrm{e}^{-|\alpha|^2/2}\alpha^n}{\sqrt{n!}}|\uparrow, n\rangle. \tag{4.215}$$

我们考察原子布居翻转随时间的变化

$$P(t) = \langle\psi(t)|\hat{\sigma}_z|\psi(t)\rangle = \sum_{n=0}^{\infty}(|c_n^\uparrow(t)|^2 - |c_n^\downarrow(t)|^2). \tag{4.216}$$

当耦合系数 $g \ll \{\omega, \Delta\}$ 时，我们可以利用旋转波近似将体系约化到 J-C 模型，从而可以将系统的布居翻转简化为

$$P(t) = \sum_n |c_n^\uparrow(0)|^2 \cos(2\sqrt{n+1}gt). \tag{4.217}$$

为方便讨论，这里取了共振条件 $\omega = 2\Delta$。对于 J-C 模型，前面的章节中我们看到系统的布居动力学会发生崩塌-复原现象。当 g/ω 比值较大时，旋转波近似已不再成立。图 4.13 给出了在不同耦合强度 g 的条件下，系统布居的动力学演化曲线。可以看到，随着 g 的增大，系统的崩塌-复原现象会慢慢消失。这说明了在 Rabi 模型中，由于反旋转波项 $\hat{\sigma}^-\hat{a} + \hat{\sigma}^+\hat{a}^\dagger$ 的存在，不同单粒子本征态的动力学相位很难同步，从而不能形成有效的相干增强效应。不过随着 g 的进一步增大，以至于 $g > \omega$ 成立时，计算发现 $P(t)$ 又再次出现崩塌-复原现象。

为了方便说明这一物理现象，这里采用 H_R 为方程 (4.181) 所示的形式，重写为

$$\hat{H}_R = \omega\hat{b}^\dagger\hat{b} + g(\hat{b}^\dagger + \hat{b}) - \Delta(-1)^{\hat{b}^\dagger\hat{b}}\hat{\Pi}, \tag{4.218}$$

其中，宇称算符为 $\hat{\Pi} = -\hat{\sigma}_z(-1)^{\hat{b}^\dagger\hat{b}}$。可以看到，上述哈密顿量对应于一个受扰动的谐振子系统，其中最后一项相当于系统能量移动。如果我们引入上述哈密顿量的一组基矢 $|p, n_b\rangle$，满足

$$\hat{b}^\dagger\hat{b}|p, n_b\rangle = n_b|p, n_b\rangle \quad 及 \quad \hat{\Pi}|p, n_b\rangle = p|p, n_b\rangle, \quad p = \pm 1, \tag{4.219}$$

则对于初始状态 $|\phi(0)\rangle = |+, 0_b\rangle = |\downarrow, 0_a\rangle$，其动力学演化在 $\Delta = 0$ 时 (对应于 $g \gg \Delta$) 可以由算符的拆解关系精确求得

$$|\phi(t)\rangle = \mathrm{e}^{ig^2 t/\omega}\mathrm{e}^{-ig^2\sin(\omega t)/\omega^2}|+, \alpha(t)\rangle, \tag{4.220}$$

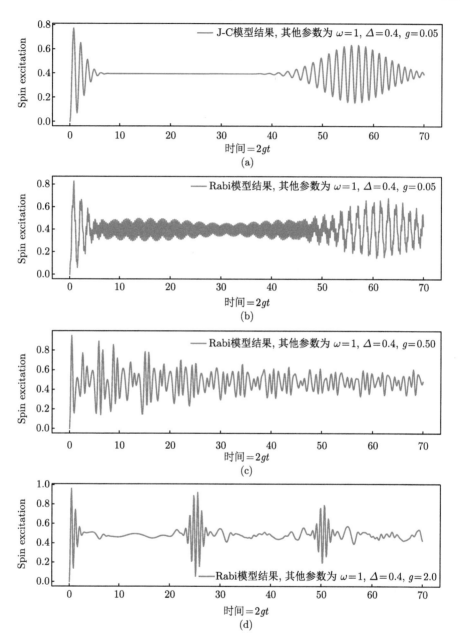

图 4.13   Rabi 模型下上能级布居在不同参数下的动力学演化。当 g 很小时，Rabi 模型和
J-C 模型的演化差别不大 (a)。随着耦合强度 g 的增大，系统的崩塌-复原现象慢慢消失 (b)、
(c)。当 g 增大到超过系统的能级差时，崩塌-复原现象又再次出现 (d)

其中相干态振幅 $\alpha(t)$ 的形式为 $\alpha(t) = g(\mathrm{e}^{-\mathrm{i}\omega t} - 1)/\omega$。$|\phi(t)\rangle$ 复原到初始态的概率为

$$|\langle \phi(0)|\phi(t)\rangle|^2 = \mathrm{e}^{-|\alpha(t)|^2}. \tag{4.221}$$

由于 $\alpha(t)$ 是以 $2\pi/\omega$ 为周期的函数，所以系统的初始态会周期性地回复。

4.8 自发辐射

在前面的章节中，我们具体考察了单个原子与单个电磁场模式之间的作用。实际系统中，单个光场模式只有在特殊的单模光学腔中才能实现。在一般的自由空间中，电磁场模式是连续分布的。单个原子可以与大量的电磁场模式相互作用，从而导致激发态的原子发生自发辐射。本节中，我们将主要讨论这一物理问题。

实际上，作为量子光场与物质相互作用的具体例子，爱因斯坦在 1917 年就曾专门考察过光与物质相互作用所导致的自发辐射问题[34]。今天我们知道，在 1917 年左右，爱因斯坦所能知道的关于量子力学的知识并不全面，概括起来大致包括：普朗克的光场量子化假设，黑体辐射公式等；此外，依据玻尔 (Niels Bohr, 1885-1962) 的原子论，爱因斯坦知道原子内部有分立定态，光场可以使得原子在不同的内态之间发生跳跃。由于量子力学的框架直到 20 世纪 20 年代才建立，所以爱因斯坦在考虑这个问题的时候并不知道光场与原子相互作用的具体形式。但是从另外一个半经典的角度，爱因斯坦仍然得到了一个合理的结果。这里我们简单重温一下这一过程，从中也可以体会物理学家处理问题的策略和方法。

自发辐射描述的是处在激发态的原子会以一定的概率向环境辐射一固定频率的光子，同时原子内部能级发生改变。如图 4.14 所示，我们用 A_{eg} 表示单个原子从高能量的状态 $|e\rangle$ 上自发跃迁到低能态 $|g\rangle$ 上的速率。当系统中处在状态 $|e\rangle$ 上的原子数目为 N_e 时，系统总的自发辐射的速率记为 $A_{eg}N_e$。除了这种单纯的自发辐射以外，当原子系统受到一定的光场照射时，光场会激发原子从低能态跃迁到高能态，爱因斯坦定义这一过程为受激吸收过程，并引入一个系数 B_{ge} 来表示。很明显，系统总的受激吸收速率应该与处在能态 $|g\rangle$ 上的数目 N_g 有关，同时与照射到原子上的光场能量密度 $\rho(\omega_{eg})$ 有关，这里 $\rho(\omega_{eg})$ 代表了外界场的影响，对应于单位体积单位频率间隔内辐射场的能量密度。总的受激吸收的速率为 $B_{ge}N_g\rho(\omega_{eg})$。

当系统处于平衡时，能态 $|g\rangle \leftrightarrow |e\rangle$ 之间的相互转移速率应该相等。另一方面，这里的外界辐射场原则上也可以由激发态本身自发辐射而得到。在理想的情况下，照射到原子上的辐射场形式 $\rho(\omega_{eg})$ 应该具有普朗克给出的黑体辐射形式，即应有 $\rho(\omega_{eg}) \sim \left[\mathrm{e}^{\hbar\omega_{eg}/(k_\mathrm{B}T)} - 1\right]^{-1}$，其中 k_B 为玻尔兹曼常量，T 为系统的温度。

现在假定系统在上述两种机制下达到平衡，则平衡时应有

$$0 = \frac{\mathrm{d}N_e}{\mathrm{d}t} = -N_e A_{eg} + N_g B_{ge} \rho(\omega_{eg}). \tag{4.222}$$

利用平衡时的热分布关系 $N_g/N_e = \mathrm{e}^{\hbar\omega_{eg}/(k_{\mathrm{B}}T)}$，即可得知 $\rho(\omega_{eg}) \sim \mathrm{e}^{-\hbar\omega_{eg}/(k_{\mathrm{B}}T)}$。可见此时 $\rho(\omega_{eg})$ 和已知的黑体辐射形式不一致，上述假设需要重新修正。

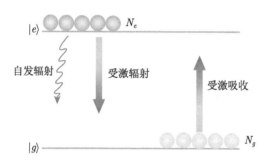

图 4.14   自发辐射、受激辐射以及受激吸收的示意图

为克服上述理论困难，爱因斯坦大胆假设，在有外界辐射场时，除了上述提到的受激吸收过程外，还有一个与光场相关的受激辐射的过程，并记与之相关的受激辐射系数为 B_{eg}。由此我们可以写出修正后的平衡态条件为

$$0 = \frac{\mathrm{d}N_e}{\mathrm{d}t} = -N_e A_{eg} - N_e B_{eg} \rho(\omega_{eg}) + N_g B_{ge} \rho(\omega_{eg}), \tag{4.223}$$

从而求得

$$\rho(\omega_{ge}) = \frac{N_e A_{eg}}{N_g B_{ge} - N_e B_{eg}} = \frac{A_{eg}}{B_{eg}} \frac{1}{\dfrac{B_{ge}}{B_{eg}} \mathrm{e}^{\hbar\omega_{eg}/(k_{\mathrm{B}}T)} - 1}. \tag{4.224}$$

将上式与标准的黑体辐射公式对比可知，为使得 $\rho(\omega_{eg}) \sim \left[\mathrm{e}^{-\hbar\omega_{eg}/(k_{\mathrm{B}}T)} - 1 \right]^{-1}$，我们需要有关系

$$B_{eg} = B_{ge},$$

即受激吸收和受激辐射的相关系数是一样的。此即为爱因斯坦自发辐射理论的主要框架。可以看到，通过简单的假设论证，我们就可以得到正确的 A、B 系数之间的关系，从中可以预言和解释原子自发辐射的寿命、线型等一系列重要的性质。

需要注意的是，上述推导中，我们假定了外界光场相对很弱，从而不改变原子在不同内态上的相对比例及大小。另一方面，在半经典的处理下，系数 A 和 B 的具体形式是不可能给出来的。后面的内容中，我们将从量子光学的角度给出 A 和 B 的具体形式。

4.8.1 自发辐射速率的量子化处理

量子力学成立后，光场与物质的相互作用可以通过理论精确地刻画。本节中，我们将利用多模式的 J-C 模型来处理这一常见物理现象。

在量子光学中，自发辐射问题可以看作是两能级原子与多模式电磁场耦合导致的。这里采用相互作用表象处理是比较方便的。在旋转波近似下，系统的相互作用形式可以写成

$$\hat{H}_I = \hbar \sum_\lambda \left[g_\lambda |e\rangle\langle g| \hat{a}_\lambda e^{-i\delta\omega_\lambda t} + h.c. \right], \tag{4.225}$$

其中，$|g\rangle$ 和 $|e\rangle$ 分别表示原子的基态和激发态，$\omega_{eg} = \omega_e - \omega_g$ 表示其能级差，ω_λ 表示辐射场 λ 的频率，$\delta\omega_\lambda = \omega_\lambda - \omega_{eg}$ 表示原子与辐射场 λ 的失谐量。原子和光场复合系统的薛定谔方程为

$$i\hbar \frac{d|\phi\rangle}{dt} = \hat{H}_I |\phi\rangle, \tag{4.226}$$

相应的形式解可以写成

$$|\phi(t)\rangle = |\phi(0)\rangle + \frac{1}{i\hbar} \int_0^t d\tau \hat{H}_I(\tau) |\phi(\tau)\rangle, \tag{4.227}$$

这里 $|\phi(0)\rangle$ 表示系统的初始量子态。对于自由空间中的自发辐射问题，光子与原子的相互作用强度相对于系统能量尺度来说很弱，故我们可以用玻恩近似，得波函数的一阶微扰解为

$$|\phi(t)\rangle^{(1)} = |\phi(0)\rangle + \frac{1}{i\hbar} \int_0^t d\tau H_I(\tau) |\phi(0)\rangle. \tag{4.228}$$

为讨论原子的自发辐射问题，我们假定初始时原子处在激发态 $|e\rangle$ 上，而所有的光场模式 λ 都处在真空态上，记为 $|\phi(0)\rangle = |e\rangle|0\rangle$，其中 $|0\rangle$ 表示整个光场的初始态。由 $\hat{H}_I$ 的具体形式可知，发生相互作用以后，光与原子联合系统中可能出现的新物理状态为

$$|e\rangle|0\rangle \longrightarrow |g\rangle|1_\lambda\rangle. \tag{4.229}$$

这里 $|1_\lambda\rangle$ 表示在光场模式 λ 中存在一个光子激发。对方程 (4.228) 进行积分，就可以得出

$$|\phi(t)\rangle^{(1)} = |e\rangle|0\rangle + \sum_\lambda g_\lambda^* \frac{1}{\delta\omega_\lambda} [1 - \exp(i\delta\omega_\lambda t)] |g\rangle|1_\lambda\rangle. \tag{4.230}$$

上式中第二项描述了原子激发向辐射场转移的情况，其系数模平方代表了在 t 时刻找到一个光子处在模式 λ 上的概率。对所有的模式 λ 进行求和以后，就可以得到在 t 时刻发射一个光子的总概率为

$$\sum_\lambda \left| \frac{g_\lambda}{\delta\omega_\lambda} \right|^2 |1 - \exp(\mathrm{i}\delta\omega_\lambda t)|^2. \qquad (4.231)$$

将上式对时间求导数，就可以得到单位时间内系统发生跃迁的概率 P，记为

$$P = \sum_\lambda |g_\lambda|^2 2 \frac{\sin \delta\omega_\lambda t}{\delta\omega_\lambda}. \qquad (4.232)$$

利用 Dirac-函数的性质

$$\lim_{t\to\infty} \frac{\sin \omega t}{\omega} = \pi\delta(\omega), \qquad \int_{-\epsilon}^{\epsilon} \delta(\omega)\mathrm{d}\omega = 1, \quad \epsilon > 0$$

我们可以得到

$$P = 2\pi \sum_\lambda |g_\lambda|^2 \delta(\omega_\lambda - \omega_{eg}). \qquad (4.233)$$

这就是原子自发辐射跃迁概率所满足的公式,也称为费米黄金规则 (Fermi's golden rule)。它表明了自发辐射时对应出射光的频率主要集中在原子共振频率附近，并且与环境中的模式数目 λ 相关。更一般地，如果我们忽略耦合系数 g_λ 对模式 λ 的依赖性，费米黄金规则也可以写成

$$P = \frac{2\pi}{\hbar^2} |\langle f|\hat{H}_I|i\rangle|^2 \rho_f, \qquad (4.234)$$

其中，$|i\rangle$、$|f\rangle$ 分别对应跃迁的初始态和终态。对于自发辐射而言，终态有很多种可能，但是都具有近似相同的能量，ρ_f 即为能量在 ω_{eg} 附近的终态态密度。

以自由空间为例，我们可以估算在空间立体角 $\mathrm{d}\Omega$ 内自发辐射的跃迁概率。假定空间中沿 $\boldsymbol{k}_\lambda$ 方向传播的行波形式为

$$u_\lambda = \frac{1}{\sqrt{V}} \hat{e} \exp(\mathrm{i}\boldsymbol{k}_\lambda \cdot \boldsymbol{r}), \quad V \to \infty, \qquad (4.235)$$

式中，$\hat{e}$ 对应光场的偏振矢量，V 为归一化体积。又因为空间立体角 $\mathrm{d}\Omega$ 内波数间隔为 $\mathrm{d}k$ 的模式数量为

$$\mathrm{d}N = \frac{V}{(2\pi)^3} k^2 \mathrm{d}k\mathrm{d}\Omega. \qquad (4.236)$$

利用上式将方程 (4.233) 中的求和变成积分，同时代入 g_λ 的具体形式

$$g_\lambda = -\mathrm{i}\sqrt{\frac{\omega_\lambda}{2\epsilon_0\hbar V}}\,\boldsymbol{d}_{eg}\cdot\hat{\boldsymbol{e}}_{\hat{\sigma}}. \tag{4.237}$$

并注意到辐射光子的波矢满足 $k\simeq\omega_{eg}/c$，我们就可以得到

$$P(\mathrm{d}\Omega)=\frac{\omega_{eg}^3}{8\pi^2\hbar\epsilon_0 c^3}\,|\hat{\boldsymbol{e}}\cdot\boldsymbol{d}_{eg}|^2\,\mathrm{d}\Omega = A_{eg,\hat{e}}\mathrm{d}\Omega,$$

$$\boldsymbol{d}_{eg}=-e\int\psi_e^*(r)\boldsymbol{r}\psi_g(r)\mathrm{d}V. \tag{4.238}$$

若假定 $\boldsymbol{d}_{eg}$ 沿 z-轴方向，对 $\mathrm{d}\Omega$ 求积分，并同时对出射光场的偏振方向求和，我们就可以得到单位时间内自发辐射任意方向光子的总跃迁概率为

$$\begin{aligned}P&=\frac{\omega_{eg}^3}{8\pi^2\hbar\epsilon_0 c^3}\int_0^{2\pi}\mathrm{d}\phi\int_0^\pi\mathrm{d}\theta\sin\theta(|\hat{\boldsymbol{e}}_1\cdot\boldsymbol{d}_{eg}|^2+|\hat{\boldsymbol{e}}_2\cdot\boldsymbol{d}_{eg}|^2)\\
&=\frac{\omega_{eg}^3}{8\pi^2\hbar\epsilon_0 c^3}\int_0^{2\pi}\mathrm{d}\phi\int_0^\pi\mathrm{d}\theta\sin\theta(|\boldsymbol{d}_{eg}|^2-|\hat{\boldsymbol{k}}\cdot\boldsymbol{d}_{eg}|^2)\\
&=\frac{\omega_{eg}^3}{8\pi^2\hbar\epsilon_0 c^3}\frac{8\pi}{3}\,|\boldsymbol{d}_{eg}|^2=\frac{\omega_{eg}^3}{3\pi\hbar\epsilon_0 c^3}\,|\boldsymbol{d}_{eg}|^2.\end{aligned} \tag{4.239}$$

这里假定 $\hat{\boldsymbol{k}}$ 为光场的传播方向，$\hat{\boldsymbol{e}}_1$ 和 $\hat{\boldsymbol{e}}_2$ 为垂直于 $\hat{\boldsymbol{k}}$ 的光场偏振方向。由前面的讨论可知，P 为自发辐射的速率，对应自发辐射系数 A，其倒数即为上能级的寿命。

利用同样的思路，我们也可以讨论受激辐射。此时我们假定电子处在激发态，而初始光场处在某个特定的模式 λ_0 中，并具有确定的光子数 n。系统的初始态可以写为 $|e\rangle|n_{\lambda_0}\rangle$。当发生自发辐射时，我们可以依据自发辐射出来的光子模式 (用 λ 表示)，对系统的末态进行分类：

(1) 当 $\lambda\neq\lambda_0$ 时，对应的系统末态为 $|g\rangle|n_{\lambda_0},1_\lambda\rangle$；

(2) 当 $\lambda=\lambda_0$ 时，系统末态为 $|g\rangle|(n+1)_{\lambda_0}\rangle$。

利用前面得出的费米黄金规则，我们可以得到总的受激辐射对应的跃迁概率为

$$\begin{aligned}P&=2\pi|g_{\lambda_0}|^2\delta(\omega_{\lambda_0}-\omega_{eg})(n+1)+2\pi\sum_{\lambda\neq\lambda_0}|g_\lambda|^2\delta(\omega_{\lambda_0}-\omega_{eg})\\
&=2\pi|g_{\lambda_0}|^2\delta(\omega_{\lambda_0}-\omega_{eg})n+2\pi\sum_\lambda|g_\lambda|^2\delta(\omega_{\lambda_0}-\omega_{eg}).\end{aligned} \tag{4.240}$$

容易看出，上式中的第二项即是前面求得的自发辐射跃迁概率，而多出的第一项即描述了有外界辐射时系统辐射速率的改变，对应受激辐射速率 P_{st} 为

$$P_{\mathrm{st}}=2\pi n|g_{\lambda_0}|^2\delta(\omega_{\lambda_0}-\omega_{eg}). \tag{4.241}$$

可见，P_{st} 正比于初始光场的强度，它包含了受激辐射系数 B 的所有信息。为了得出系数 B 的具体表示，我们假定受激辐射的初始入射光并不是理想的单色波包，而是等概率地分布在频率宽度为 $\Delta\omega = c\Delta k$ 内等间距的 M 个模式上，每个模式上有 n 个光子。此时系统归一化的初态为

$$|\phi(0)\rangle = \frac{1}{\sqrt{M}} \sum_{i=1}^{M} |e\rangle|n_{k_i}\rangle. \tag{4.242}$$

M 的个数可以这样估算：假定系统在各方向上的归一化长度均为 L，则各方向上的模式间的波矢间隔为 $\delta k = 2\pi/L$；再假定初始入射光的模式在 x、y、z 方向上所允许的模式数目分别为 m_x、m_y、m_z，则有

$$M = m_x m_y m_z = \frac{\Delta k_x}{2\pi/L} \frac{\Delta k_y}{2\pi/L} \frac{\Delta k_z}{2\pi/L} = \frac{V}{(2\pi)^3} \Delta k_x \Delta k_y \Delta k_z = \frac{V}{(2\pi)^3} k^2 \mathrm{d}k \mathrm{d}\Omega.$$

由此可得，在立体角 $\mathrm{d}\Omega$ 范围内，受激辐射光子的跃迁概率为

$$\begin{aligned}
P_{\text{st}} &= 2\pi \frac{n}{M} \sum_{\Delta k} |g_k|^2 \delta(\omega_k - \omega_{eg}) \\
&= \frac{n(2\pi)^3}{V k^2 \Delta k \mathrm{d}\Omega} \frac{\omega_{eg}^3}{8\pi^2 \hbar \epsilon_{eg} c^3} |\hat{e} \cdot \boldsymbol{d}_{eg}|^2 \mathrm{d}\Omega \\
&= \left(\frac{n\hbar\omega_{eg}}{\Delta\omega \cdot \mathrm{d}\Omega \cdot V} \right) \frac{\pi}{\hbar^2 \epsilon_0} |\hat{e} \cdot \boldsymbol{d}_{eg}|^2 \mathrm{d}\Omega \\
&= \rho_e(\omega_{eg}, \mathrm{d}\Omega) B_{21,\hat{e}} \mathrm{d}\Omega,
\end{aligned} \tag{4.243}$$

其中，$\rho_e(\omega_{eg}, \mathrm{d}\Omega)$ 表示单位频率间隔、单位立体角及单位体积内的入射光场能量密度

$$\rho_e(\omega_{eg}, \mathrm{d}\Omega) = \frac{n\hbar\omega_{eg}}{\Delta\omega \cdot \mathrm{d}\Omega \cdot V}, \tag{4.244}$$

而 $B_{eg,\hat{e}}$ 刻画了向立体角 $\mathrm{d}\Omega$ 内受激辐射偏振为 $\hat{e}$ 光子的爱因斯坦系数

$$B_{eg,\hat{e}} = \frac{\pi}{\hbar^2 \epsilon_0} |\hat{e} \cdot \boldsymbol{d}_{eg}|^2, \tag{4.245}$$

可见受激辐射的速率正比于入射光场的强度。当 $n = 1$ 时，它即相当于系统自发辐射到"单个"光场模式上的速率。

利用前面的等式，可得到自发辐射速率和受激辐射速率之比为

$$\frac{A_{eg,\hat{e}}}{B_{eg,\hat{e}}} = \frac{\hbar\omega_{eg}^3}{(2\pi)^3 c^3}. \tag{4.246}$$

这就是前面用半经典方法得到的爱因斯坦关系式。同理，当原子处在下能级 $|g\rangle$ 上时，初始入射光场会导致系统对光场的受激吸收。由半经典的结论我们知道，受激吸收的速率与受激辐射的速率是相等的。这一结论也可用上面介绍的方法得到，这里就不重复了。

可见，受激吸收和受激辐射对光场的作用正好相反。单个原子与光场作用时，究竟是受激辐射还是受激吸收取决于原子的状态。如果系统由 N 个原子组成，初始有 N_g 个原子处在基态，有 N_e 个原子处在激发态上。当光与原子发生作用时，N_g 个原子发生吸收过程，使得光场减弱；另一方面，有 N_e 个原子发生受激辐射使得光场增强，所以出射光的强弱取决于 N_g 和 N_e 的相对比值。对于通常的热平衡体系，$N_g \gg N_e$，所以当光经过介质时总是减弱的。而在激活介质中，由于 $N_e \gg N_g$，光场在通过介质时会被放大，这就是激光的基本原理。当然，要实现受激辐射为主题的激光振荡，除了粒子数反转条件 $N_e \gg N_g$ 外，还要求处于激发态的原子以比自发辐射更快的速率产生受激辐射。这是因为自发辐射是量子噪声，产生的光子是相位随机的。要实现激光，必须使得辐射的光子之间是相位相干的。由上面的分析可知，只有当某个模式上积累的平均光子数 $n \gg 1$ 时，受激辐射才会以远大于自发辐射的速率产生相干光场。在具体的激光器中，这种平均光子数的积累一般是通过设计光腔的正反馈作用来实现的。

4.8.2 自发辐射的 Weisskopf-Wigner 理论

除了 4.8.1 节中对自发辐射速率的量子化处理外，对于两能级系统，我们还可以通过求解系统的薛定谔方程来研究自发辐射时系统状态的改变。这就是自发辐射的 Weisskopf-Wigner 理论[2,35]。

假定初始时原子处在激发态上，则在旋转波近似下，由于系统的激发数守恒，我们可以把原子和光场复合系统的波函数写为

$$|\psi(t)\rangle = c_e(t)|e\rangle|0\rangle + \sum_\lambda c_{g,\lambda}(t)|g\rangle|1_\lambda\rangle. \tag{4.247}$$

将上式代入薛定谔方程 $i\hbar|\dot\psi(t)\rangle = H_I|\psi(t)\rangle$，可得系数满足的方程为

$$\dot c_e(t) = -i\sum_\lambda g_\lambda e^{-i\delta\omega_\lambda t}c_{g,\lambda}(t), \tag{4.248a}$$

$$\dot c_{g,\lambda}(t) = -ig_\lambda^* e^{i\delta\omega_\lambda t}. \tag{4.248b}$$

将上述第二个方程的形式解

$$c_{g,\lambda}(t) = -ig_\lambda^* \int_0^t e^{i\delta\omega_\lambda t'}\,\mathrm{d}t' \tag{4.249}$$

代入第一个方程中，我们就可以得到

$$\dot{c}_e(t) = -\sum_\lambda |g_\lambda|^2 \int_0^t \mathrm{d}t' \mathrm{e}^{-\mathrm{i}\delta\omega_\lambda(t-t')} c_e(t'). \tag{4.250}$$

利用 4.8.1 节中的方法，对所有满足条件 $\omega_\lambda = \omega_{eg}$ 的模式 λ 进行求和，并注意到

$$\int_0^\infty \mathrm{d}\omega_\lambda \mathrm{e}^{-\mathrm{i}(\omega_\lambda - \omega_{eg})(t-t')} \simeq \int_{-\infty}^\infty \mathrm{d}\omega_\lambda \mathrm{e}^{-\mathrm{i}\omega_\lambda(t-t')} = 2\pi\delta(t-t'), \tag{4.251}$$

$$\int_0^t \mathrm{d}t'\delta(t-t') = \frac{1}{2}, \tag{4.252}$$

即可得到

$$\dot{c}_e(t) = -\frac{\Gamma}{2} c_e(t), \tag{4.253}$$

其中耗散参数 Γ 即为上文中求得的总自发辐射速率 P，记为

$$\Gamma = P = \frac{1}{4\pi\epsilon_0} \frac{4\omega_{eg}^3}{3\hbar c^3} |\boldsymbol{d}_{eg}|^2, \tag{4.254}$$

从而激发态的布居数为

$$\rho_{ee} = |c_e(t)|^2 = \exp(-\Gamma t), \tag{4.255}$$

相应的寿命为 $\tau = 1/\Gamma$。

同理，我们也可以求得辐射光场的波函数。将 $c_e(t)$ 的形式解代入 $c_{g,\lambda}(t)$ 中，即可得到

$$c_{g,\lambda}(t) = -\mathrm{i}g_\lambda^* \int_0^t \mathrm{d}t' \mathrm{e}^{\mathrm{i}\delta\omega_\lambda t' - \Gamma t'/2} = \frac{g_\lambda^*}{\delta\omega_\lambda + \mathrm{i}\Gamma/2} \left(1 - \mathrm{e}^{\mathrm{i}\delta\omega_\lambda t - \Gamma t/2}\right). \tag{4.256}$$

由此我们得出系统总的波函数为

$$\begin{aligned}
|\psi(t)\rangle &= \mathrm{e}^{-\Gamma t/2}|e\rangle|\emptyset\rangle + |g\rangle \sum_\lambda \frac{g_\lambda^*}{\delta\omega_\lambda + \mathrm{i}\Gamma/2} \left(1 - \mathrm{e}^{\mathrm{i}\delta\omega_\lambda t - \Gamma t/2}\right)|1_\lambda\rangle \\
&\xrightarrow{t \gg \Gamma^{-1}} |g\rangle|\gamma_0\rangle,
\end{aligned} \tag{4.257}$$

其中

$$|\gamma_0\rangle = \sum_\lambda \frac{g_\lambda^*}{\delta\omega_\lambda + \mathrm{i}\Gamma/2}|1_\lambda\rangle \tag{4.258}$$

即为在长时间极限下辐射光场的波函数。$|\gamma_0\rangle$ 由不同光场模式 λ 的叠加组成, 辐射光场的强度与频率的依赖关系为

$$I(\omega) = \left|\frac{g_\lambda^*}{\delta\omega_\lambda + i\Gamma/2}\right|^2 = \frac{|g_\lambda|^2}{(\omega - \omega_{eg})^2 + \Gamma^2/4}. \tag{4.259}$$

这是一个以 ω_{eg} 为中心的洛伦兹线型函数, 半高宽度为 Γ.

如果我们在远离原子的地方放置探测器, 即可以探测到自发辐射光场的强度信号, 具体形式可以写成

$$\begin{aligned}|\boldsymbol{E}(\boldsymbol{r},t)|^2 &= \langle\gamma_0|\hat{E}^-(\boldsymbol{r},t)\hat{E}^+(\boldsymbol{r},t)|\gamma_0\rangle \\ &= \langle\gamma_0|\hat{E}^-(\boldsymbol{r},t)|0\rangle\langle 0|\hat{E}^+(\boldsymbol{r},t)|\gamma_0\rangle.\end{aligned} \tag{4.260}$$

可见为求得光强信号, 实际上需要求解 $\langle 0|\hat{E}^+(\boldsymbol{r},t)|\gamma_0\rangle$, 它可以看作是辐射光子电场部分的波函数。代入 $E^+(\boldsymbol{r},t)$ 的具体形式

$$\hat{E}^+(\boldsymbol{r},t) = i\sum_{\boldsymbol{k},\hat{\sigma}} \hat{e}_{\hat{\sigma}}^{\boldsymbol{k}} \sqrt{\frac{\hbar\omega_k}{2\epsilon_0 V}}\hat{a}_{\boldsymbol{k},\hat{\sigma}} e^{-i\omega_k t + i\boldsymbol{k}\cdot\boldsymbol{r}}, \tag{4.261}$$

我们可以得到

$$\begin{aligned}\langle 0|\hat{E}^+(\boldsymbol{r},t)|\gamma_0\rangle &= i\sqrt{\frac{\hbar}{2\epsilon_0 V}}\sum_{\boldsymbol{k},\hat{\sigma}}\sqrt{\omega_k}\hat{e}_{\hat{\sigma}}^{\boldsymbol{k}} g_{\boldsymbol{k},\hat{\sigma}}^* e^{-i\omega_k t + i\boldsymbol{k}\cdot\boldsymbol{r}}\frac{1}{\delta\omega_k + i\Gamma/2} \\ &= -\frac{1}{2\epsilon_0 V}\sum_{\boldsymbol{k},\hat{\sigma}}\omega_k \hat{e}_{\hat{\sigma}}^{\boldsymbol{k}}(\hat{e}_{\hat{\sigma}}^{\boldsymbol{k}}\cdot\boldsymbol{d})e^{-i\omega_k t + i\boldsymbol{k}\cdot\boldsymbol{r}}\frac{1}{\delta\omega_k + i\Gamma/2}. \end{aligned} \tag{4.262}$$

为化简上述表达式, 我们将求和化为积分, 同时假定探测器放置在 $\hat{z}$-轴方向, 并且偶极矩 $\boldsymbol{d}$ 位于 $\hat{x}$-$\hat{z}$ 平面内, 与 $\hat{z}$-轴夹角为 η, 如图 4.15 所示。利用关系式

$$\sum_{\hat{\sigma}} \hat{e}_{\hat{\sigma}}^{\boldsymbol{k}}(\hat{e}_{\hat{\sigma}}^{\boldsymbol{k}}\cdot\boldsymbol{d}) = \boldsymbol{d} - \frac{\boldsymbol{k}(\boldsymbol{k}\cdot\boldsymbol{d})}{k^2}, \tag{4.263}$$

我们可以得到下面的积分等式

$$\int d\Omega \left[\sum_{\hat{\sigma}} \hat{e}_{\hat{\sigma}}^{\boldsymbol{k}}(\hat{e}_{\hat{\sigma}}^{\boldsymbol{k}}\cdot\boldsymbol{d})\right] e^{ikr\cos\theta} \simeq -2\pi\left(\boldsymbol{d}\times\frac{\boldsymbol{r}}{r}\right)\times\frac{\boldsymbol{r}}{r}\frac{e^{ikr} - e^{-ikr}}{ikr}$$
$$+ O\left(\frac{1}{r^2}\right), \tag{4.264}$$

其中 $k = |\boldsymbol{k}|$, $r = |\boldsymbol{r}|$。将上式代入方程 (4.262) 中, 即有

$$\langle 0|E^+(\boldsymbol{r},t)|\gamma_0\rangle \simeq -i\frac{c}{8\pi^2\epsilon_0 r}\left(\boldsymbol{d}\times\frac{\boldsymbol{r}}{r}\right)\times\frac{\boldsymbol{r}}{r}\int_0^\infty dk k^2 \frac{e^{ikr} - e^{-ikr}}{(\omega_k - \omega_{eg}) + i\Gamma/2}e^{-i\omega_k t}.$$

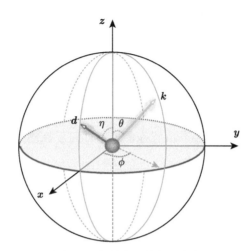

图 4.15　原子位置、偶极矩及辐射光场等各方向物理量之间的关系示意图

实际系统中，自发辐射光的频率 ω_k 均集中在 ω_{eg} 附近。这样上述积分中的 k 可以替换成 ω_{eg}/c，从而可以直接提到积分运算外部。进一步，我们再把 $\mathrm{d}\omega_k$ 的积分下限扩展到 $-\infty$，并忽略积分因子中对应入射光的部分 $\mathrm{e}^{-ikr-i\omega_k t}$，则最后需要求解的积分即为

$$\int_{-\infty}^{\infty} \mathrm{d}\omega_k \frac{\mathrm{e}^{-i\omega_k t + i\omega_k r/c}}{(\omega_k - \omega_{eg}) + i\Gamma/2} = i2\pi\Theta\left(t - \frac{r}{c}\right)\mathrm{e}^{-i(\omega_{eg} - i\Gamma/2)(t - r/c)}, \qquad (4.265)$$

这里 $\Theta(x)$ 为阶跃函数插入，仅当 $x \geqslant 0$ 时才取值为 1，否则为 0。由此就可以得到自发辐射光场的波函数为

$$\langle 0|\hat{E}^+(\boldsymbol{r}, t)|\gamma_0\rangle \simeq \frac{\omega_{eg}^2}{4\pi\epsilon_0 c^2 r}\left(\boldsymbol{d} \times \frac{\boldsymbol{r}}{r}\right) \times \frac{\boldsymbol{r}}{r}\Theta\left(t - \frac{r}{c}\right)\mathrm{e}^{-i(\omega_{eg} - i\Gamma/2)(t - r/c)}. \quad (4.266)$$

相对应的自发辐射光强即为

$$|\boldsymbol{E}(\boldsymbol{r}, t)|^2 = \left|\frac{\omega_{eg}^2 |\boldsymbol{d}|\sin\eta}{4\pi\epsilon_0 c^2 r}\right|^2 \Theta\left(t - \frac{r}{c}\right)\mathrm{e}^{-\Gamma(t - r/c)}. \qquad (4.267)$$

4.9　Dicke 模型与 Dicke 态

前面我们主要讨论了单个原子与电磁场模式的耦合。对于多原子系统，光场和原子相互作用所呈现的物理更为复杂和丰富。本节中，我们主要就以 Dicke 模型为例，来说明其中的物理效应。

4.1 节的讨论中，我们知道了单个原子处在激发态时会发生自发辐射现象。那么对于多个 $(N \gg 1)$ 原子的情况，会有什么样不同的物理效应呢？容易想到，对

于稀薄的原子系统，原子之间可以看作是独立的，对应自发辐射的光场也几乎是互不相干的。此时辐射光的光强可以看作是单个原子自发辐射光场的 N 倍，同时辐射信号会随着时间呈指数衰减。然而当原子数越来越密集时，近邻原子之间的辐射光场会有很大的概率重叠，从而发生干涉效应。这种干涉效应会显著地改变原子团体总的自发辐射性质，可以使得自发辐射的速率远大于单个原子的情况 (如自发辐射光场的强度变为单个原子的 N^2 倍)，从而系统发生超辐射效应，如图 4.16 所示。此外，随着原子团形状的不同，超辐射的光场也具有明显的方向特性。

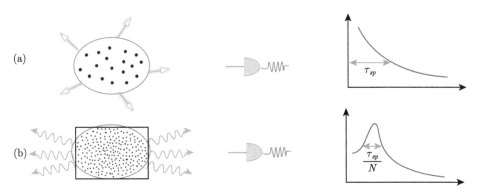

图 4.16　Dicke 超辐射示意图。(a) 对应 N 个原子的独立辐射及探测器记录的光强变化，(b) 对应超辐射发生光场的定向传播特性以及记录的光强变化

物理上，当原子的密度变大后，原子之间的距离会变得越来越小，从而使得光场的波长远大于原子之间的间距。超辐射效应本质上是由不同原子在光波长的尺度上变得不可区分而导致的。当辐射初始时，由于真空量子涨落，不同原子的辐射互不相干。当有一定的辐射光场后，光场会诱导原子的偶极矩发生同步振荡，此时原子辐射的光场会形成干涉加强，从而在短时间内就会辐射大量的光子。为描述上述物理图像，Dicke 在 1954 年提出了光场与多原子相互作用的 Dicke 模型 [16]。该模型由于其丰富的物理性质，在量子光学中受到了非常广泛的关注。

为解释超辐射效应，Dicke 假定所有的原子都和相同的光场模式发生耦合，其相互作用哈密顿量表示为

$$\hat{H} = \hbar\omega\hat{a}^\dagger\hat{a} + \hbar\Delta\sum_{i=1}^{N}\hat{\sigma}_z^{(i)} + \frac{\hbar g}{\sqrt{N}}(\hat{a}^\dagger + \hat{a})(\hat{\sigma}_+^{(i)} + \hat{\sigma}_-^{(i)}), \tag{4.268}$$

其中 i 为原子编号，原子升降算符定义为

$$\hat{\sigma}_\pm = \frac{1}{2}(\hat{\sigma}_x \pm i\hat{\sigma}_y), \quad [\hat{\sigma}_z, \hat{\sigma}_\pm] = \pm\hat{\sigma}_\pm, \quad [\hat{\sigma}_+, \hat{\sigma}_-] = \hat{\sigma}_z. \tag{4.269}$$

由于假定所有原子与光场耦合系数相同，所以在光场看来原子是不可分辨的。为方便讨论问题，我们定义原子的集体算符为

$$\hat{J}_\alpha = \frac{1}{2} \sum_{i=1}^{N} \hat{\sigma}_\alpha^{(i)}, \quad \alpha = \{x, y, z\}. \tag{4.270}$$

$$\hat{J}_\pm = \sum_{i=1}^{N} \hat{\sigma}_\pm^{(i)}.$$

它们之间的对易关系为

$$[\hat{J}_\alpha, \hat{J}_\beta] = \mathrm{i}\epsilon_{\alpha\beta\gamma}\hat{J}_\gamma, \qquad \{\alpha, \beta, \gamma\} = \{x, y, z\},$$
$$[\hat{J}_-, \hat{J}_+] = -2\hat{J}_z,$$
$$[\hat{J}_z, \hat{J}_\pm] = \pm\hat{J}_\pm.$$

容易看到，总角动量 $\hat{J}^2 = \hat{J}_x^2 + \hat{J}_y^2 + \hat{J}_z^2$ 与 $\hat{H}$ 是对易的。依照量子力学中角动量的相关结论，我们可以构造算符 $\hat{J}^2$ 和 $\hat{J}_z$ 的共同本征态。由于每一个原子相当于一个自旋为 1/2 的系统，故 N 个这样的自旋系统耦合后，总角动量 $\hat{J}^2$ 及 $\hat{J}_z$ 的本征态 $|j, m\rangle$ 满足

$$\left.\begin{array}{l} \hat{J}^2|j, m\rangle = j(j+1)|j, m\rangle, \\ \hat{J}_z|j, m\rangle = m|j, m\rangle, \\ \hat{J}_\pm|j, m\rangle = \sqrt{(j \mp m)(j \pm m + 1)}|j, m \pm 1\rangle. \end{array}\right\} \begin{array}{l} j = 0 \text{ 或 } \dfrac{1}{2}, \cdots, \dfrac{N}{2} - 1, \dfrac{N}{2}, \\ m = -j, -j+1, \cdots, j-1, j, \end{array}$$

可以看到，对于给定的总角动量 j，态集合 $|j, m\rangle$ 定义了角动量算符的一个表示空间。这些不同的角动量本征态把 N 个原子联合的 2^N 维空间划分成相互正交的子空间，大大简化了问题的讨论。j 也被 Dicke 称为合作数。需要注意的是，一般情况下，由 N 个自旋 1/2 的系统耦合成总角动量 j 的方式有很多种，所以存在相互正交的子空间，它们对应同样的 j。数学上，这些不同子空间的重数可以通过置换群的表示理论得到，这里只给出其结果

$$D_j = (2j+1)\frac{N!}{\left(\dfrac{N}{2}+j+1\right)!\left(\dfrac{N}{2}-j\right)!}. \tag{4.271}$$

可以看到，当 $j = N/2$ 时，表示空间的重数 $D_{N/2} = 1$，此时所有原子的自旋指向同一个方向，对应自旋相干态。同理，对于任意给定的 $\hat{J}_z$ 本征值 m，我们可以计算出相应的状态的数目为

$$d_m = \begin{pmatrix} N \\ \dfrac{N}{2} + m \end{pmatrix} = \frac{N!}{(N/2+m)!(N/2-m)!}. \tag{4.272}$$

对于每个 j，构成子空间的正交态集合可由系统的升降算符相联系

$$|j,m\rangle = \frac{1}{(j+m)!}\left(\begin{array}{c} 2j \\ j+m \end{array}\right)^{-1/2} \hat{J}_+^{j+m}|j,-j\rangle. \tag{4.273}$$

所以，如果我们知道其中任意一个 $|j,m\rangle$，通过 $\hat{J}_\pm$ 即可以构造出所有的相应子空间中的本征态。

4.9.1 超辐射和辐射囚禁

在旋波近似下，利用集体算符 $\hat{J}_\pm$，我们可以把 Dicke 模型中相互作用部分写成

$$\frac{\hbar}{\sqrt{N}} g(\hat{a}^\dagger \hat{J}_- + \hat{a} \hat{J}_+). \tag{4.274}$$

可见，当光场模式 a 中产生或湮灭一个光子激发时，原子的集体状态也会相应发生改变。对于给定的原子集体状态 $|j,m\rangle$，作用后的系统状态为

$$\hat{J}_\pm |j,m\rangle \sim |j,m\pm 1\rangle, \tag{4.275}$$

由于总角动量仍然是一个好量子数，所以此相互作用对应的选择定则为

$$\Delta j = 0, \quad \Delta m = \pm 1. \tag{4.276}$$

在自由空间中，环境中的光场模式可以表示成一系列谐振子的组合，它们与原子集体激发的相互作用形式为

$$\hat{H}_I = \frac{\hbar}{\sqrt{N}} \sum_k (g_k \hat{a}_k^\dagger \hat{J}_- + g_k^* \hat{a}_k \hat{J}_+). \tag{4.277}$$

对于 Dicke 态，依据前面提到的费米黄金规则可知，与自发辐射速率相关的算符矩阵元为

$$|\langle j,m-1|\hat{J}_-|j,m\rangle|^2 = (j-m+1)(j+m). \tag{4.278}$$

对于单个原子，$j=m=1/2$，上式结果等于 1。若假定单个原子对应的自发辐射速率为 I_0，则对于 Dicke 态 $j=N/2$，相应的辐射速率即为

$$I = \left(\frac{N}{2} - m + 1\right)\left(\frac{N}{2} + m\right) I_0. \tag{4.279}$$

容易看到，如果初始时刻所有的原子处在激发态上，此时 $m = N/2$，相应的辐射速率为 $I = NI_0$。可见辐射速率只是简单地增加了 N 倍数，并没有出现合作加强效应。当原子数目是半数激发，亦即 $m = 0$ 时，辐射速率 I 达到最大值

$$I_{\max} = \frac{N}{2}\left(\frac{N}{2} + 1\right) I_0. \tag{4.280}$$

此时，辐射速率正比于 N^2，系统发生超辐射 [18,19,25]。

作为对比，这里可以简单考察原子集体自旋相干态所对应的自发辐射情况。在自旋相干态中，所有的原子处在同样的量子态上，原子与原子之间没有关联，所以它可以用合作参数为 $j = N/2$ 的 Dicke 态展开。对于给定的自旋相干态 $|\theta, \phi\rangle$，其自发辐射速率正比于

$$\sum_m \left|\left\langle \frac{N}{2}, m \right| \hat{J}_- |\theta, \phi\rangle\right|^2 = \langle \theta, \phi| \hat{J}_+ \hat{J}_- |\theta, \phi\rangle$$

$$= \left(\frac{N}{2}\right)^2 \sin^2 \theta + 2 \left(\frac{N}{2}\right) \sin^4 \frac{\theta}{2}. \tag{4.281}$$

容易看到，当 $\theta = \pi/2$，亦即原子均处在 Bloch 球上的赤道态时，上式正比于 $N^2/4$，从而亦发生超辐射。实际上，在式 (4.278) 中，如果我们令 $m \sim j \cos\theta$，则近似有

$$(j - m + 1)(j + m) \sim j^2 \sin^2 \theta + 2j \sin^2 \frac{\theta}{2}. \tag{4.282}$$

可以看到，当 $j = N/2 \gg 1$ 时，上式和方程 (4.281) 中的结果近似一致。

需要强调的是，尽管两者的辐射速率近似一致，但是两种超辐射之间仍然存在显著的不同。对于自旋相干态，原子集体自旋的平均值满足

$$\langle \theta, \phi| \{\hat{J}_x, \hat{J}_y, \hat{J}_z\} |\theta, \phi\rangle = \frac{N}{2}(\sin\theta\cos\phi, \sin\theta\sin\phi, \cos\theta) \neq 0. \tag{4.283}$$

可见原子具有宏观的集体偶极矩，这些偶极矩在时间上振荡变化，从而可以从经典偶极辐射的角度来理解超辐射的产生。而 Dicke 超辐射的发生源于原子之间的关联特性。这是因为当 $m = 0$ 时，原子系统总的偶极矩为零

$$\left\langle \frac{N}{2}, 0 \right| \hat{J}_\pm \left| \frac{N}{2}, 0 \right\rangle = 0. \tag{4.284}$$

如果我们把算符 $\boldsymbol{J} = \{J_x, J_y, J_z\}$ 看作经典矢量，则原子的集体动力学演化中除了 $\sqrt{\boldsymbol{J}^2} = N/2$ 保持不变外，它在各个方向上的投影平均值均为零。所以不能简单地把原子集体看成是一个经典的宏观偶极矩来理解超辐射现象。

为进一步说明问题, 我们可以考察原子集体算符的关联

$$\langle \hat{J}_+ \hat{J}_- \rangle = \left\langle \sum_{i=1}^{N} \hat{\sigma}_+^{(i)} \sum_{i=1}^{N} \hat{\sigma}_-^{(i)} \right\rangle = N \langle \hat{\sigma}_+^{(i)} \hat{\sigma}_-^{(i)} \rangle + N(N-1) \langle \hat{\sigma}_+^{(i)} \hat{\sigma}_-^{(j)} \rangle. \quad (4.285)$$

上式中, 指标 i 和 j 为 1 到 N 中的任意整数, 第一项正比于系统中的激发原子数目, 第二项中包含了不同原子间的关联, 其中利用了原子的交换对称性。可见, 当系统发生超辐射加强时, 原子间的关联必然不为零。经简单的计算可以得到

$$\left\langle \frac{N}{2}, m \left| \hat{\sigma}_+^{(i)} \hat{\sigma}_-^{(j)} \right| \frac{N}{2}, m \right\rangle = \frac{(N+2m)(N-2m)}{4N(N-1)}. \quad (4.286)$$

可见, 当 m 从 $N/2$ 变到 0 时, 原子间的关联从 0 变到最大值 $N^2/4$, 从而辐射速率达到最大。而对于自旋相干态 $|\theta, \phi\rangle$,

$$\langle \hat{J}_+ \hat{J}_- \rangle - \langle \hat{J}_+ \rangle \langle \hat{J}_- \rangle = \sum_{i=1}^{N} (\langle \hat{\sigma}_+^{(i)} \hat{\sigma}_-^{(i)} \rangle - \langle \hat{\sigma}_+^{(i)} \rangle \langle \hat{\sigma}_-^{(i)} \rangle) = N \cos \theta. \quad (4.287)$$

发生超辐射时, 由于 $\theta = \pi/2$, 所以算符关联变为 0。

对于更一般的系统状态, 原子集体自发辐射的速率取决于原子集体状态的特性[1,21]。例如, 假定 N 原子系统中的激发数为 k, 则相应角动量 $\hat{J}_z$ 的本征值为 $m = -N/2 + k$。利用原子的总角动量态表示, 可以把这一状态写成

$$|\psi_k\rangle = \sum_{j=|N/2-k|}^{N/2} \sum_{\alpha} C_{j\alpha} \left| j, -\frac{N}{2} + k, \alpha \right\rangle. \quad (4.288)$$

这里 α 用来标记同一个 j 下不同的角动量表示空间。为了方便讨论, 我们假定原子的激发态为

$$|\psi_k\rangle = |1_1, 1_2, \cdots, 1_k, 0_{k+1}, \cdots, 0_N\rangle = \left| \frac{k}{2}, \frac{k}{2} \right\rangle \otimes \left| \frac{L}{2}, -\frac{L}{2} \right\rangle, \quad (4.289)$$

其中 $N = k + L$。在这种特殊情况下, 由于只涉及两个角动量, 我们可以利用角动量耦合的 C-G 系数 (Clebsch-Gordan coefficient) 将 $|\psi_k\rangle$ 重写为

$$\left| \frac{k}{2}, \frac{k}{2} \right\rangle \otimes \left| \frac{L}{2}, -\frac{L}{2} \right\rangle = \sum_{j=|k-L|/2}^{N/2} C_{k/2,k/2;L/2,-L/2}^{j,(k-L)/2} \left| j, \frac{k-L}{2} \right\rangle, \quad (4.290)$$

其中

$$C_{k/2,k/2;L/2,-L/2}^{j,(k-L)/2} = \sqrt{\frac{(2j+1)k!L!}{(N/2+j+1)!(N/2-j)!}}. \quad (4.291)$$

为了使物理图像容易理解，我们考察下面两种极限情况。

(1) 当激发原子数远小于未激发的原子数时，$k \ll L$，可以看到上述 C-G 系数中只有 $j = (L-k)/2$ 是最主要的，

$$C_{k/2,k/2;L/2,-L/2}^{(L-k)/2,(k-L)/2} = \sqrt{\frac{L-k+1}{L+1}} \sim 1. \tag{4.292}$$

另一方面，原子自发辐射时弛豫到基态，与之相关的算符为 $\hat{J}_-$。而 $\hat{J}_-$ 作用在状态 $|(L-k)/2, -(L-k)/2\rangle$ 上时，结果为零，故体系几乎不发生自发辐射，对应系统的辐射囚禁。

(2) 相反地，当激发原子数远大于未激发的原子数时，$k \gg L$，上述 C-G 系数中只有 $j = (k-L)/2$ 是最主要的，

$$C_{k/2,k/2;L/2,-L/2}^{(k-L)/2,(k-L)/2} = \sqrt{\frac{k-L+1}{k+1}} \sim 1. \tag{4.293}$$

此时由于

$$\hat{J}_- \left| \frac{k-L}{2}, \frac{k-L}{2} \right\rangle = \sqrt{k-L} \left| \frac{k-L}{2}, \frac{k-L}{2} - 1 \right\rangle, \tag{4.294}$$

自发辐射的速率正比于 $(k-L)$，故总的自发辐射率正比于激发原子的数目。由于原子之间没有关联，这里并没有出现辐射速率增强的效应，此时体系与一般孤立的 N 粒子自发辐射现象几乎等同。

从上面的分析可知，要使得超辐射现象发生，原子的集体状态必须要有较高的对称性，从而使得其在角动量本征态分解中，j 的取值尽量接近最大值 $N/2$；同时，保证激发的原子和未激发的原子数近似相等。这时，原子间的关联最强，超辐射效应最明显。前文讨论的辐射囚禁现象，除了体系的激发原子数少外，还有一个重要的原因是原子状态的对称性更倾向于合作相消，这正好和超辐射要求相违背，从而导致自发辐射的抑制。

4.9.2 超辐射相变

1973 年，Heep 和 Lieb 研究了 Dicke 模型的热力学性质[17]，通过计算该体系的自由能及各力学量在热力学极限下的期望值，他们发现当逐渐增强光场与原子的耦合强度时，该模型存在一种正常态到超辐射态的相变行为[17,20,23,24]。这里超辐射态是指同时在原子内态和光学模式中存在宏观的激发，这里"宏观"的是指这两个激发参量均随着体系的尺度增加而增加，且与体系的粒子数相当。而在正常态中，所有的原子均处于基态，同时光场模式没有被激发，亦即这两个序参量均为零。特别是近年来，随着实验技术的发展，这种理论预言的相变已被实验所证实，使得它成为原子-光场相互作用系统中研究相变的重要模型。

利用原子的集体算符，Dicke 模型的哈密顿量可以写成

$$\hat{H} = \hbar\omega_a\hat{J}_z + \hbar\omega\hat{a}^\dagger\hat{a} + \frac{\hbar g}{\sqrt{N}}(\hat{a}^\dagger + \hat{a})(\hat{J}_+ + \hat{J}_-). \tag{4.295}$$

Heep-Lieb 超辐射相变发生的条件是高原子密度和低温。为简单讨论，我们考察体系在零温度情况下的基态行为。容易看到，当相互作用很弱的时候 $g \ll (\omega_a, \omega)$，$\hat{H}$ 的前两项占主导地位，所以系统的基态近似为原子和光场的直积态：即原子均为基态，光场为真空态。我们称这样的状态为正常态。相反地，当相互作用很强时 $g \gg (\omega_a, \omega)$，耦合项占主导地位，系统的基态主要由最后一项决定。要使得系统的能量最低，必须尽可能使得 $\hat{J}_x = \hat{J}_+ + \hat{J}_-$ 的平均值为 $\langle \hat{J}_x \rangle = \pm N/2$(正负号的选择依赖于光场的相位)，如图 4.17 所示。这就意味着原子被大量激发，由此导致光场亦被激发，使得 $\langle(\hat{a} + \hat{a}^\dagger)\rangle$ 为一有限值，如图 4.18 所示。这两种效应联合在一起使得系统的能量可以变得更低。由于这里光场和原子均被宏观激发，我们称之为超辐射态。对于一般的情况，当 g 由小到大变化时，系统必然由一种状态渐渐过渡到另外一种状态，所以在中间的某个位置存在两种状态相互转变的临界点，在该点附近系统发生相变。下面我们将具体讨论如何确定相变点的位置。

耦合强度 g

图 4.17　Dicke 相变示意图。当耦合系数 g 很小时，基态的自旋沿竖直方向排列。增大耦合强度后，基态自旋沿水平方向排列

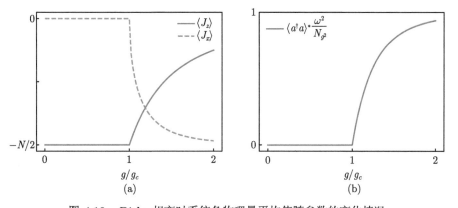

图 4.18　Dicke 相变时系统各物理量平均值随参数的变化情况

在不做旋转波近似的情况下，Dicke 模型是不可精确求解的。不过在大粒子数 $N \gg 1$ 的情况下，我们可以利用 Holstein-Primakoff 变换 [26,27]

$$\hat{J}_z = \hat{b}^\dagger \hat{b} - N/2, \tag{4.296a}$$

$$\hat{J}_+ = \hat{b}^\dagger \sqrt{N - \hat{b}^\dagger \hat{b}}, \tag{4.296b}$$

$$\hat{J}_- = \sqrt{N - \hat{b}^\dagger \hat{b}}\, \hat{b}, \tag{4.296c}$$

$$[\hat{b}, \hat{b}^\dagger] = 1, \tag{4.296d}$$

将自旋算符用谐振子的产生、湮灭算符 $\hat{b}^\dagger$、$\hat{b}$ 表示；相应的角动量本征态 $|J, M\rangle$ 也映射到谐振子的激发态 $|J + M\rangle$ 上，具体形式如下：

$$\hat{J}_+ |J, M\rangle = \sqrt{(J - M)(J + M + 1)}|J, M + 1\rangle$$

$$\Longrightarrow \hat{b}^\dagger \sqrt{N - \hat{b}^\dagger \hat{b}}|J + M\rangle = \sqrt{(J - M)(J + M + 1)}|J + M + 1\rangle,$$

$$\hat{J}_z |J, M\rangle = M|J, M\rangle$$

$$\Longrightarrow (\hat{b}^\dagger \hat{b} - N/2)|J + M\rangle = M|J + M\rangle.$$

变换后，体系的哈密顿量可以表示为

$$\hat{H} = \hbar\omega_a(\hat{b}^\dagger \hat{b} - N/2) + \hbar\omega \hat{a}^\dagger \hat{a} + \frac{\hbar g}{\sqrt{N}}(\hat{a}^\dagger + \hat{a})\left(\hat{b}^\dagger \sqrt{N - \hat{b}^\dagger \hat{b}} + \sqrt{N - \hat{b}^\dagger \hat{b}}\,\hat{b}\right).$$

当相变发生时，对于粒子数很大的系统，可以认为体系的激发数也很大。此时算符 $\hat{a}$、$\hat{b}$ 可以近似表示成平均值和涨落两部分，即

$$\hat{a} = \sqrt{N}\alpha + \hat{c}, \quad \hat{b} = \sqrt{N}\beta + \hat{d}, \tag{4.297}$$

其中涨落部分满足 $\langle \hat{c} \rangle = \langle \hat{d} \rangle = 0$。由此得到

$$\hat{H} = N\left[\hbar\omega_a(\beta^2 - 1/2) + \hbar\omega\alpha^2 + 4\hbar g\alpha\beta\sqrt{1 - \beta^2}\right] + O(\sqrt{N}). \tag{4.298}$$

由于在热力学极限下正比于粒子数的项对能量贡献最大，所以在进行平均场处理时，我们忽略后面正比于 $\sqrt{N}$ 的项。令

$$h^{(0)} = \hbar\omega_a(\beta^2 - 1/2) + \hbar\omega\alpha^2 + 4\hbar g\alpha\beta\sqrt{1 - \beta^2}, \tag{4.299}$$

则体系的基态性质可由最小化 $h^{(0)}$ 得到

$$\frac{\partial h^{(0)}}{\partial \alpha} = 0, \quad 及 \quad \frac{\partial h^{(0)}}{\partial \beta} = 0, \tag{4.300}$$

故有

$$\omega\alpha + 2g\beta\sqrt{1-\beta^2} = 0, \tag{4.301}$$

$$\beta\sqrt{1-\beta^2}[1-\gamma^2(1-2\beta^2)] = 0, \tag{4.302}$$

$$\gamma = g/g_c, \tag{4.303}$$

其中 $g_c = \sqrt{\omega_a\omega}/2$。联合求解，可得基态对应的 α、β 取值为

$$\alpha_n = 0, \quad \beta_n = 0, \qquad \text{正常态} \tag{4.304}$$

$$\alpha_s = \mp\frac{g}{\omega}\sqrt{1-\frac{1}{\gamma^4}}, \quad \beta_s = \pm\sqrt{\frac{1}{2}\left(1-\frac{1}{\gamma^2}\right)}. \quad \text{超辐射态} \tag{4.305}$$

容易看到，要使得超辐射解存在，γ 必须大于 1。相应的正常态和超辐射态的平均场能量为

$$h^{(0)} = \begin{cases} -\dfrac{1}{2}\hbar\omega_a, & \text{正常态,} \\ -\dfrac{1}{4}\hbar\omega_a\left(\gamma^2+\dfrac{1}{\gamma^2}\right), & \gamma \geqslant 1, \quad \text{超辐射态.} \end{cases} \tag{4.306}$$

由此可以看到，当 $\gamma > 1$ 时，超辐射态具有更低的能量，故发生超辐射相变的临界耦合强度即为 $g = g_c$。在相变前后，各力学量的平均值可由表 4.1 给出。

表 4.1 正常态和超辐射态下力学量的平均值

	$\langle \hat{a}^\dagger a \rangle$	$\langle \hat{J}_z \rangle$	$\langle \hat{J}_x \rangle$
正常态	0	$-N/2$	0
超辐射态	$\dfrac{Ng^2}{\omega^2}\left(1-\dfrac{1}{\gamma^4}\right)$	$-N/(2\gamma^2)$	$\pm\dfrac{N}{2}\sqrt{1-\dfrac{1}{\gamma^4}}$

基态超辐射相变的类型，可以通过计算基态能量在临界点附近的行为得出

$$\frac{\partial h^{(0)}}{\partial\gamma} = -\frac{1}{2}\hbar\omega_a\gamma\left(1-\frac{1}{\gamma^4}\right) \xrightarrow{\gamma\to 1} 0, \tag{4.307a}$$

$$\frac{\partial^2 h^{(0)}}{\partial\gamma^2} = -\frac{1}{2}\hbar\omega_a\left(1+\frac{3}{\gamma^4}\right) \xrightarrow{\gamma\to 1} -2\hbar\omega_a. \tag{4.307b}$$

考虑到正常态下 $h^{(0)}$ 是不随时间变化的，故基态的能量在相变点附近的二阶导数不连续，如图 4.19 所示。由此得出超辐射相变是连续的二级相变过程。

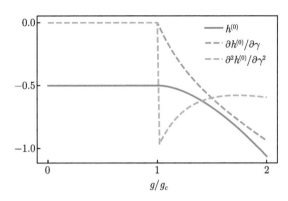

图 4.19　Dicke 相变下系统平均能量及其变化率随参数的变化情况

4.9.3　两种超辐射之间的区别与联系及物理实现

到目前为止，我们介绍了两种与超辐射相关的现象：一种是原子自发辐射过程中出现的 Dicke 超辐射现象，另一种是 Heep-Lieb 基态超辐射相变。可以看到，两种现象都是源于同样的物理哈密顿量，所以都冠名为"超辐射"。但是在具体的现象上，两者的差别是很大的。

其一，两种超辐射都是原子的集体效应导致的。对于 Dicke 模型，一般需要原子以较高的密度分布在极小的空间自由度中，从而使得光场不能分辨它们。此外，由于原子和光场的等效耦合强度与原子的数目 N 相关，所以可以通过改变原子的空间浓度来使得系统发生超辐射。而 Heep-Lieb 基态超辐射相变中，临界耦合强度 g_c 与原子数目没有直接的关系，所以相变只能通过改变耦合强度 g 来触发。

再者，发生 Dicke 超辐射相变时，超辐射 Dicke 态为集体算符 $\hat{J}_z$ 的本征态。而对于基态超辐射相变，相变后的原子状态更倾向为算符 $\hat{J}_x$ 的本征态。不过在两种情况下，算符 $\hat{J}_z$ 的平均值都为零。

实验上，Dicke 超辐射现象已经在不同的物理系统 (如原子气体、量子点以及半导体材料等) 中被反复地观测到。然而对于 Heep-Lieb 基态超辐射相变现象，相关的实验观测进展较慢。有研究表明，对于原子 + 光场耦合系统，在我们通常处理的电偶极耦合模型中丢掉了正比于电磁场矢量势平方的 $\boldsymbol{A}^2$ 项，对应的算符表示为 $\sim \kappa(\hat{a}+\hat{a}^\dagger)^2$，其中 κ 为耦合系数。如果在原子光场耦合作用中包含上述 $\boldsymbol{A}^2$ 项，则系统就不会出现所期待的相变行为。

2000 年以后，随着实验技术的进步，实验物理学家已经掌握了足够的方法，可以在其他的物理体系中直接构造出 Dicke 模型对应的相互作用哈密顿量。例如，在四能级系统中，我们可以直接利用激光耦合原子内态的方法，模拟和调控出 Dicke 模型对应的哈密顿量 [22]。在这种设定中，模型中的耦合强度是随着激光参数的调节而变动的，从而回避了上述所说的 $\boldsymbol{A}^2$ 项的干扰问题。在冷原子玻色-爱因斯坦凝聚体系统中，利用超低温下原子不可区分的特性，实验工作者利用光学谐振腔 + 光场耦合原子的方式，成功模拟出满足 Dicke 模型的等效哈密顿量，并观测到基态的超辐射相变行为。更多的实验细节读者可参考文献 [23,24]。

4.10　Dicke 模型与自旋压缩

在 Dicke 模型中，由于光场模式与所有的原子发生耦合，所以它也是传递原子间相互作用的理想载体。利用这一特性，我们可以实现各原子间的等效相互作用，甚至制备原子集体的自旋压缩态。为了简化问题的讨论，这里假定光学腔中有 N 个原子与腔场模式 a 耦合。采用旋转波近似，我们可以把哈密顿量简写成

$$H = \hbar\omega_a \hat{J}_z + \hbar\omega \hat{a}^\dagger \hat{a} + \frac{\hbar g}{\sqrt{N}}(\hat{a}^\dagger \hat{J}_- + \hat{a}\hat{J}_+). \tag{4.308}$$

如果假定原子与光场处在大失谐条件，并且失谐量远大于原子与光场的耦合强度，亦即条件 $\Delta = \omega_a - \omega \gg |g|$ 成立，则在相互作用表象中，我们可以把哈密顿量改写成 (令 $\hat{H}_0 = \hbar\omega(\hat{J}_z + \hat{a}^\dagger \hat{a})$)

$$\begin{aligned} \hat{H}' &= \underbrace{\hbar\Delta\hat{J}_z}_{} + \underbrace{\frac{\hbar g}{\sqrt{N}}(\hat{a}^\dagger \hat{J}_- + \hat{a}\hat{J}_+)}_{} \\ &= \quad \hat{H}_0' \quad + \quad \hat{H}_I. \end{aligned} \tag{4.309}$$

在腔内光场虚激发的情况下，我们就可以利用前面介绍的方法求解系统的有效哈密顿量。令

$$\hat{S} = \frac{g}{\Delta\sqrt{N}}(\hat{a}^\dagger \hat{J}_- - \hat{J}_+ \hat{a}). \tag{4.310}$$

易见，$\hat{S}$ 满足条件

$$\hat{H}_I + [\hat{H}_0', \hat{S}] = 0, \tag{4.311}$$

从而得到有效哈密顿量为

$$\hat{H}_e = \hat{H}_0' + \frac{1}{2}[\hat{H}_I, \hat{S}] = \hat{H}_0' + \eta[\hat{J}_z^2 - \hat{J}^2 - 2(\hat{a}^\dagger \hat{a} + 1)\hat{J}_z], \tag{4.312}$$

其中

$$\hat{J}^2 = \frac{N}{2}\left(\frac{N}{2} + 1\right) \quad \& \quad \eta = -\frac{\hbar g^2}{\Delta N}.$$

可以看到，在光场的诱导下原子之间呈现了有效的非线性相互作用项 $\propto \hat{J}_z^2$。这样的相互作用可以实现原子集体自旋态的压缩效应。

为具体讨论自旋压缩效应，我们考察下面简化的单轴压缩 (one-axis twisting, OAT) 哈密顿量[28-30]

$$\hat{H}_{\mathrm{OAT}} = \hbar\eta\hat{J}_z^2. \tag{4.313}$$

系统的动力学演化可以用下面的幺正算符表示

$$U(u) = \exp[-\mathrm{i}u\hat{J}_z^2], \quad u = \eta t. \tag{4.314}$$

利用对易关系，我们有下面的算符演化形式

$$\hat{J}_+(t) = U(u)^\dagger \hat{J}_+(0)U(u) = \hat{J}_+(0)\mathrm{e}^{\mathrm{i}u(2\hat{J}_z+1)}, \quad \hat{J}_-(t) = \hat{J}_+^\dagger(t), \tag{4.315}$$

其中 $\hat{J}_\pm(0) = \hat{J}_x \pm i\hat{J}_y$。由此可以得出算符 $\hat{J}_x(t)$ 和 $\hat{J}_y(t)$ 的演化形式为

$$\hat{J}_x(t) = \frac{1}{2}[\hat{J}_+(0)\mathrm{e}^{\mathrm{i}u(2\hat{J}_z+1)} + \mathrm{e}^{-\mathrm{i}u(2\hat{J}_z+1)}\hat{J}_-(0)],$$

$$\hat{J}_y(t) = \frac{1}{2\mathrm{i}}[\hat{J}_+(0)\mathrm{e}^{\mathrm{i}u(2\hat{J}_z+1)} - \mathrm{e}^{-\mathrm{i}u(2\hat{J}_z+1)}\hat{J}_-(0)].$$

可以看到，$\hat{J}_{x,y}(t)$ 的演化依赖于算符 $\hat{J}_z$ 的本征值。当本征值 $J_z > 0$ 或 $J_z < 0$ 时，$\hat{J}_{x,y}(t)$ 扭曲的方向是相反的，如图 4.20(a) 所示。为考察 $U(u)$ 对给定自旋相干态噪声分布的影响，我们假定系统的初态为

$$|\phi(t=0)\rangle = \left|\theta = \frac{\pi}{2}, \phi = 0\right\rangle = 2^{-J}\sum_{k=0}^{2J}\left(\begin{array}{c} 2J \\ k \end{array}\right)^{1/2}|J, J-k\rangle. \tag{4.316}$$

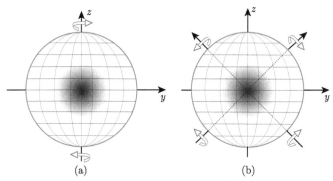

(a)　　　　　　　　　　　　(b)

图 4.20　自旋相干态 $|\theta = \pi/2, \phi = 0\rangle$ 在 (a) 单轴压缩 ($\hat{H}_{\mathrm{OAT}}$) 和 (b) 双轴压缩 ($\hat{H}_{\mathrm{TAT}}$) 下球面 Q 函数的扭曲示意图

在 Bloch 球上，上述波函数描述的状态意味着 N 个原子对应的 Bloch 矢量都位于赤道面上，并且集体算符 $\boldsymbol{J} = [\hat{J}_x, \hat{J}_y, \hat{J}_z]$ 的平均值指向 $\hat{x}$ 方向，算符涨落对称分布。由于算符 $U(u)$ 对不同的 $\hat{J}_z$ 本征态所施加的扭曲在赤道上下是相反的，初始状态 $|\phi(t=0)\rangle$ 在经过一定的时间演化后，其涨落分布被扭曲、拉伸，如图 4.21 所示。这样就会使得各方向上的涨落大小不再一样，从而让某一方向上的涨落变得最小，即 $|\phi(t)\rangle$ 呈现压缩效应。

初始自旋相干态 $|\theta = \pi/2, \phi = 0\rangle$ 在单轴压缩哈密顿量 $\hat{H}_{\mathrm{OAT}}$ 作用下的量化

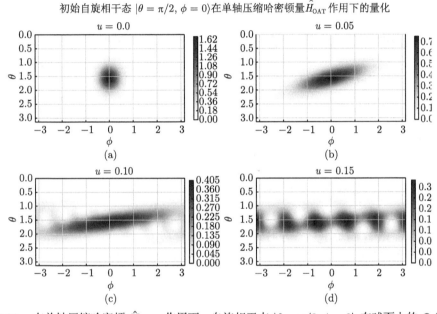

图 4.21 在单轴压缩哈密顿 $\hat{H}_{\mathrm{OAT}}$ 作用下，自旋相干态 $|\theta = \pi/2, \phi = 0\rangle$ 在球面上的 Q 函数分布演化。当 $u \simeq 0.1$ 附近时，压缩程度达到最佳。当 $u > 0.1$ 后，过度演化导致 Q 函数的分布图样不再呈现常见的椭圆形状

为求得压缩效应的大小，我们需要求得相应的最小压缩方向以及相应的涨落。为此，我们令

$$\boldsymbol{J}(t,\varphi) = [\hat{J}_x(t,\varphi), \hat{J}_y(t,\varphi), \hat{J}_z(t,\varphi)] = \mathrm{e}^{\mathrm{i}\varphi\hat{J}_x(t)}[\hat{J}_x(t), \hat{J}_y(t), \hat{J}_z(t)]\mathrm{e}^{-\mathrm{i}\varphi\hat{J}_x(t)}$$
$$= \left[\hat{J}_x(t), \hat{J}_y(t)\cos\varphi - \hat{J}_z(t)\sin\varphi, \hat{J}_z(t)\cos\varphi + \hat{J}_y(t)\sin\varphi\right]. \quad (4.317)$$

相应的算符平均值及涨落可以表示为

$$\langle\hat{J}_x(t,\varphi)\rangle = J\cos^{2J-1}u, \qquad \langle\hat{J}_y(t,\varphi)\rangle = \langle\hat{J}_z(t,\varphi)\rangle = 0 \quad (4.318)$$
$$\langle\Delta\hat{J}_x(t,\varphi)^2\rangle = \frac{J}{2}\left\{2J[1-\cos^{2(2J-1)}]u - \left(J-\frac{1}{2}\right)A\right\},$$

$$\langle\Delta\hat{J}_y(t,\varphi)^2\rangle = \frac{J}{2}\left\{1+\frac{1}{2}\left(J-\frac{1}{2}\right)[A+\sqrt{A^2+B^2}\cos(2\varphi+2\delta)]\right\},$$

$$\langle\Delta\hat{J}_z(t,\varphi)^2\rangle = \frac{J}{2}\left\{1+\frac{1}{2}\left(J-\frac{1}{2}\right)[A-\sqrt{A^2+B^2}\cos(2\varphi+2\delta)]\right\},$$

其中各参数的具体定义为

$$A = 1-\cos^{2J-2}2u, \quad B = 4\sin u\cos^{2J-2}u, \quad 2\delta = \arctan\frac{B}{A}. \tag{4.319}$$

可见，尽管在时间演化下系统的自旋平均值不改变，但是其在 y-z 平面内的涨落却是随着角度参数 φ 的变化而改变的。涨落的极大值和极小值分别为

$$\Delta_\pm = \frac{J}{2}\left\{1+\frac{1}{2}\left(J-\frac{1}{2}\right)(A\pm\sqrt{A^2+B^2})\right\}. \tag{4.320}$$

当原子数目很大 $N=2J\gg1$，且演化时间满足 $u\gg1$ 时，上述各物理量及涨落可以近似为

$$\langle\hat{J}_x(t,\varphi)\rangle \simeq J(1-\beta), \qquad \langle\Delta\hat{J}_x(t,\varphi)^2\rangle \simeq 2\alpha^2, \qquad \alpha = Ju,$$

$$\Delta_+ \simeq \frac{J}{2}4\alpha^2, \qquad \Delta_- \simeq \frac{J}{2}\left(\frac{1}{4\alpha^2}+\frac{2}{3}\beta^2\right), \qquad \beta = Ju^2.$$

可见，当参数 u 满足下列条件时

$$|u| = u_0 = 24^{1/6}J^{-2/3}, \tag{4.321}$$

涨落 Δ_- 取极小值

$$\Delta_{\min} \simeq \frac{1}{2}\left(\frac{J}{3}\right)^{1/3}.$$

相应压缩度的估计值为

$$\xi_s = \frac{4\Delta_{\min}}{N} = \frac{2\Delta_{\min}}{J} \simeq \frac{1}{J}\left(\frac{J}{3}\right)^{1/3} \propto J^{-2/3}. \tag{4.322}$$

由此我们得出，在单轴哈密顿量 (4.313) 的作用下，系统所能达到的最佳压缩度与粒子数的依赖关系为 $\xi_s \propto N^{-2/3}$。

　　从上面的讨论中我们获知，通过单轴作用生成压缩态时，最小涨落的方向是随着演化时间转动变化的。这样在实际使用中，为了获得最佳的压缩方向，我们需要对演化时间进行精确控制。这无形中也增加了实验操控的难度。实际上，我们也可以采用双轴有效哈密顿量来生成压缩态。令

$$\hat{J}_{\theta,\phi} = \hat{J}_x\sin\theta\cos\phi + \hat{J}_y\sin\theta\sin\phi + \hat{J}_z\cos\theta,$$

则系统的双轴压缩 (two-axis twisting，TAT) 哈密顿量可以写为

$$\hat{H}_{\mathrm{TAT}} = \hbar\eta(\hat{J}_y\hat{J}_z + \hat{J}_z\hat{J}_y) = \hbar\eta(\hat{J}^2_{\frac{\pi}{4},\frac{\pi}{2}} - \hat{J}^2_{\frac{\pi}{4},-\frac{\pi}{2}})$$

$$= \hbar\eta\left[\left(\frac{\hat{J}_y + \hat{J}_z}{\sqrt{2}}\right)^2 - \left(\frac{-\hat{J}_y + \hat{J}_z}{\sqrt{2}}\right)^2\right], \tag{4.323}$$

依照前面的分析可知，对于给定的初始相干态 $|\theta = \pi/2, \phi = 0\rangle$，系统的涨落会同时绕着方向轴 $\boldsymbol{n}_1 = (0, 1/\sqrt{2}, 1/\sqrt{2})$ 和 $\boldsymbol{n}_2 = (0, -1/\sqrt{2}, 1/\sqrt{2})$ 扭曲，如图 4.20(b) 所示。对于初始方向沿 $\hat{x}$ 轴的自旋相干态，$\hat{H}_{\mathrm{TAT}}$ 所导致的两种涨落扭曲的速度是一样的，所以总的效果是随着时间演化，系统涨落的短轴方向被固定，而长轴方向会沿着 Bloch 球的一个大圆渐渐延伸，如图 4.22 所示。最佳压缩的方向角可以由变量 $\langle\hat{J}^2_y - \hat{J}^2_z\rangle$ 和 $\langle\hat{J}_y\hat{J}_z + \hat{J}_z\hat{J}_y\rangle/2$ 来确定。由于

$$[\hat{J}_y\hat{J}_z + \hat{J}_z\hat{J}_y, \hat{H}_{TAT}] = 0, \tag{4.324}$$

所以 $\langle\hat{J}_y\hat{J}_z + \hat{J}_z\hat{J}_y\rangle$ 不随时间变化。如果我们仍然取初始相干态的平均值沿 $\hat{x}$ 方向

$$|\varphi(t=0)\rangle = |\theta = \pi/2, \phi = 0\rangle, \tag{4.325}$$

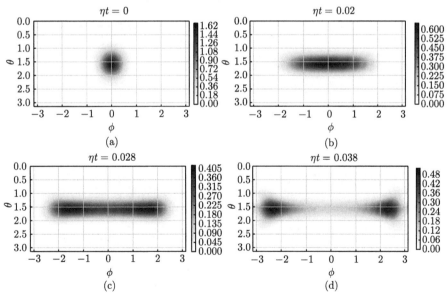

图 4.22　在双轴压缩哈密顿 $\hat{H}_{\mathrm{TAT}}$ 作用下，自旋相干态 $|\theta = \pi/2, \phi = 0\rangle$ 在球面上的 Q 函数分布演化，此时系统的压缩方向不随时间变化。当 $\eta t \simeq 0.02$ 时，压缩程度达到最佳；当 $\eta t > 0.02$ 后，过度演化导致 Q 函数的分布图样不再呈现常见的椭圆形状

则易见

$$\langle \hat{J}_y \hat{J}_z + \hat{J}_z \hat{J}_y \rangle = 0. \tag{4.326}$$

利用自旋相干态最佳压缩方向公式 (2.318)，即可得知最佳压缩角度为 $\alpha = \pi/2$。

对于双轴哈密顿量，我们也可以计算最大压缩度 ξ_s 与粒子数 N 之间的关系。简单分析表明，达到最佳压缩时，系统的涨落长轴在 Bloch 球上近似覆盖一个半圆。此时最小压缩方向上的涨落为 $1/2$，而长轴方向的涨落约为 $J^2/2$，系统仍然可以近似看作是最小不确定态，相应的最佳压缩度为 $\xi_s \sim N^{-1}$。对于一般性的情况，解析结果已经很难获取，但是数值计算的结果表明，最佳压缩度仍然满足 $\xi_s \sim N^{-1}$。所以相比于单轴压缩，双轴压缩哈密顿量在压缩方向角的稳定性及能达到的最佳压缩度上均有极大的优势。

4.11　腔内自旋压缩哈密顿量的调控

4.10 节中，我们看到了光场与原子集体的相互作用，可以用来诱导出原子自旋之间的有效相互作用。这些相互作用可以用来生成各种原子自旋压缩态，从而在量子精密测量方面有着重要的应用前景。特别是对于双轴型相互作用，压缩态在所能达到的最大压缩度及压缩方向的稳定性上都要优于单轴型相互作用。为了能够得到这样高品质的压缩态，我们需要在具体的物理系统中实现和操控这样的有效相互作用。实际上，对于不同的物理系统来说，自旋压缩相互作用的实现方式也有很大的差异。这里我们还是以腔系统为例 [31]，简单说明如何在这样的系统中调控双轴压缩哈密顿量。

为了在腔内实现原子之间的等效自旋相互作用，我们假定原子具有如图 4.23 所示的 4-能级内态结构，其中下能级 $|1\rangle$ 和 $|2\rangle$ 用来编码自旋自由度。由于能级 $|1\rangle$ 和 $|2\rangle$ 之间一般不能直接通过光场耦合，所以这里还引入了另外两个辅助上能级 $|3\rangle$ 和 $|4\rangle$，从而可以通过激光场耦合的方法实现能级 $|1\rangle$ 和 $|2\rangle$ 之间的翻转。$|1\rangle$ 和 $|2\rangle$ 之间具体的耦合方法可以分成两种类型：一类是由能级 $|1\rangle$ 吸收一个腔内光子后激发到中间状态 $|3\rangle$，再经由外加的经典光场 (耦合强度分别为 Ω_1，$\tilde{\Omega}_1$) 耦合到能级 $|2\rangle$ 上；另一类是能级 $|2\rangle$ 先吸收一个腔内光子到中间状态 $|4\rangle$ 后，再由经典光场 (耦合强度分别为 Ω_2，$\tilde{\Omega}_2$) 耦合翻转到能级 $|1\rangle$ 上。各耦合路径的强度大小及相应的失谐量的相互关系可以从图示中读出。系统总的哈密顿量可以写为

$$\hat{H} = \hat{H}_0 + \hat{H}_I,$$
$$\hat{H}_0 = \hbar \sum_{k=1}^{N} \sum_{i=1}^{4} \omega_i |i\rangle\langle i|_k + \hbar \omega_a \hat{a}^\dagger \hat{a},$$

$$\hat{H}_I = \hbar \sum_{k=1}^{N} \left\{ g_1 e^{i\Delta_1 t} |3\rangle\langle 1|_k \hat{a} + \frac{1}{2} e^{-i\Delta_1 t} \left(\tilde{\Omega}_1 e^{-i\delta t} + i\Omega_1 e^{i\gamma t} \right) |2\rangle\langle 3|_k \right.$$

$$+ g_2 e^{i\Delta_2 t} |4\rangle\langle 2|_k \hat{a} + \frac{1}{2} e^{-i\Delta_2 t} \left(\tilde{\Omega}_2 e^{-i\delta t} - i\Omega_2 e^{i\gamma t} \right) |1\rangle\langle 4|_k$$

$$\left. + h.c. \right\}. \tag{4.327}$$

这里，ω_i 对应原子的内态能量，ω_a 对应腔内光场的频率，各失谐量的定义为

$$\Delta_1 = \omega_3 - (\omega_1 + \omega_a),$$
$$\Delta_2 = \omega_4 - (\omega_2 + \omega_a),$$
$$\gamma = \omega_2 - \omega_1 - \omega_a + \omega_{L1} = \omega_1 - \omega_2 - \omega_a + \omega_{L2},$$
$$\delta = \omega_1 - \omega_2 + \omega_a - \omega_{\bar{L}1} = \omega_2 - \omega_1 + \omega_a - \omega_{\bar{L}2},$$

其中，$\omega_{L1,L2,\bar{L}1,\bar{L}2}$ 分别表示外加经典耦合激光光场的频率。为简化问题讨论，在上述后两个定义中，我们限定了外加激光场的频率 $\omega_{L1,L2,\bar{L}1,\bar{L}2}$，以满足所要求的等号条件。

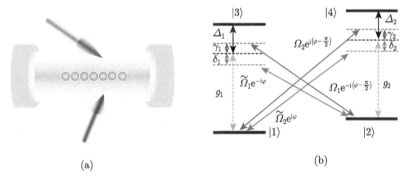

图 4.23 利用光学腔实现原子自旋压缩哈密顿量的量子调控。(b) 是原子内部能级、失谐量及光场耦合原子能级的示意图，其中 g_i 表示原子与腔内光场模式耦合的强度，Ω_i 和 $\tilde{\Omega}_i$ 为外加经典光场与原子内部能级耦合的强度

为了得到系统的有效哈密顿量，利用相互作用表象讨论问题是方便的。为此我们选择参考哈密顿量 $\hat{H}_0$，则在相互作用表象下，系统的哈密顿量即为

$$\hat{H}' = \hbar \sum_{k=1}^{N} \left\{ g_1 e^{i\Delta_1 t} |3\rangle\langle 1|_k \hat{a} + \frac{1}{2} e^{-i\Delta_1 t} \left(\tilde{\Omega}_1 e^{-i\delta t} + i\Omega_1 e^{i\gamma t} \right) |1\rangle\langle 3|_k \right.$$

$$+ g_2 e^{i\Delta_2 t} |4\rangle\langle 2|_k \hat{a} + \frac{1}{2} e^{-i\Delta_2 t} \left(\tilde{\Omega}_2 e^{-i\delta t} - i\Omega_2 e^{i\gamma t} \right) |1\rangle\langle 4|_k$$

$$\left. + h.c. \right\}. \tag{4.328}$$

假定初始时原子处在下能级 ($|1\rangle$ 和 $|2\rangle$ 上) 上，并且耦合失谐量 Δ_1、Δ_2 远大于其他能量自由度，满足条件

$$\{|\Delta_{1,2}|, |\Delta_{1,2} + \delta|, |\Delta_{1,2} - \gamma|\} \gg \{|g_{1,2}|, |\Omega_{1,2}|, \bar{\Omega}_{1,2}\}, \tag{4.329}$$

在这样的物理条件下，系统中原子的上能级 ($|3\rangle$ 和 $|4\rangle$ 上) 几乎是不占据的。利用前面介绍的大失谐近似方法，我们可以把中间态 $|3\rangle$ 和 $|4\rangle$ 从系统的动力学演化中绝热消除，从而得到有效相互作用为

$$\hat{H}_1 = \left[c_z - c_z' \sin(\delta' + \gamma')t\right]\hat{J}_z - \left(\frac{A}{2}\hat{J}_x\hat{a}^\dagger e^{i\delta' t} + \frac{B}{2}\hat{J}_y\hat{a}^\dagger e^{-i\gamma' t} + h.c.\right) \tag{4.330}$$

其中的自旋算符定义为

$$\hat{J}_x = \frac{1}{2}\sum_{k=1}^N |1\rangle\langle 2|_k - |2\rangle\langle 1|_k,$$

$$\hat{J}_y = \frac{i}{2}\sum_{k=1}^N |2\rangle\langle 1|_k - |1\rangle\langle 2|_k,$$

$$\hat{J}_z = \frac{1}{2}\sum_{k=1}^N |1\rangle\langle 1|_k - |2\rangle\langle 2|_k,$$

相应的耦合系数为

$$c_z = \frac{1}{4}\left(\frac{\Omega_1^2 - \Omega_2^2}{\Delta - \gamma} + \frac{\tilde{\Omega}_1^2 - \tilde{\Omega}_2^2}{\Delta + \delta}\right) - \frac{1}{2}\frac{g_1^2 - g_2^2}{\Delta}a^\dagger a, \qquad \Delta_1 = \Delta_2 = \Delta,$$

$$c_z' = \frac{\Omega_1\tilde{\Omega}_1 + \Omega_2\tilde{\Omega}_2}{4}\left(\frac{1}{\Delta + \delta} + \frac{1}{\Delta - \gamma}\right),$$

$$A = g_1\tilde{\Omega}_1\left(\frac{1}{\Delta} + \frac{1}{\Delta + \delta}\right) = g_2\tilde{\Omega}_2\left(\frac{1}{\Delta} + \frac{1}{\Delta + \delta}\right), \qquad g_1\tilde{\Omega}_1 = g_2\tilde{\Omega}_2,$$

$$B = g_1\tilde{\Omega}_1\left(\frac{1}{\Delta} + \frac{1}{\Delta - \gamma}\right) = g_2\tilde{\Omega}_2\left(\frac{1}{\Delta} + \frac{1}{\Delta - \gamma}\right), \qquad g_1\tilde{\Omega}_1 = g_2\tilde{\Omega}_2,$$

$$\delta' = \delta - \frac{N(g_1^2 + g_2^2)}{2\Delta}, \qquad \gamma' = \gamma + \frac{N(g_1^2 + g_2^2)}{2\Delta}.$$

这里为了简化参数的形式，我们引入了一些参数之间的约束关系 $\Delta_1 = \Delta_2$，及 $g_1\tilde{\Omega}_1 = g_2\tilde{\Omega}_2$，这些都可以通过调节失谐量和外加激光场耦合强度的方式来实现。

哈密顿量 $\hat{H}_1$ 描述了腔内光子与原子集体自旋自由度之间的耦合。当 $\delta = \gamma = 0$ 时，方程 (4.330) 自然给出 Dicke 模型对应的相互作用形式。稍微不同的是，这

里除了常见的腔光场 $\hat{a}$ 与 $\hat{J}_x$ 的耦合外，还额外引入了耦合项 $\hat{J}_y(\hat{a}^\dagger + \hat{a})$。此时如果我们调整失谐量，使得 $(\delta, \gamma) \neq 0$，并且满足

$$\{|\delta|, |\gamma|, |\delta \pm \gamma|\} \gg \{N|A|/4, N|B|/4\}, \tag{4.331}$$

则当初始时刻腔内光场模式零占据时，由于大失谐条件成立，腔内光子只能以虚光子的形式在原子之间传递相互作用。利用前面同样的方法，我们再把光场模式从等效哈密顿量中消除，最终可以得到下面的有效形式：

$$\hat{H}_2 = c_z \hat{J}_z - c_x \hat{J}_x^2 + c_y \hat{J}_y^2, \tag{4.332}$$

其中

$$c_x = A^2/4\delta', \quad c_y = B^2/4\gamma'.$$

哈密顿量 (4.332) 所对应的物理模型一般也称为 Lipkin-Meshkov-Glick 模型，它被广泛应用于核物理、量子相变等相关领域中 [32]，在量子光学和量子信息中也有许多研究是基于该模型讨论的。

依据前面的讨论我们知道，方程 (4.332) 中的各系数是可以实验调节的。当 $c_z = 0$, $c_x = -c_y = \chi$ 时，由于 $\hat{J}^2 = \hat{J}_x^2 + \hat{J}_y^2 + \hat{J}_z^2$ 为守恒量，Lipkin-Meshkov-Glick 模型就退化到 4.10 节中讨论的单轴压缩哈密顿量。而当 $c_x = c_y = \chi$ 时，Lipkin-Meshkov-Glick 模型就对应到双轴压缩相互作用。可见，通过构造 Lipkin-Meshkov-Glick 模型，我们就可以在原子系统中实验制备各种自旋压缩态，研究其在量子度量技术中的应用。

参 考 文 献

[1] 郭光灿. 量子光学. 北京: 高等教育出版社, 1990.

[2] Scully M O, Suhail Zubairy M. Quantum Optics (Chapter 5, and 6). Cambridge: Cambridge University Press, 2003.

[3] Lamb W E, Schlicher R R, Scully M O. Matter-field interaction in atomic physics and quantum optics. Phys. Rev. A, 1987, 36: 2763.

[4] Rzazewski K, Boyd R W. Equivalence of interaction hamiltonians in the electric dipole approximation. Journal of Modern Optics, 2004, 51: 1137-1147.

[5] Chou H S. Gauge invariant resolution of the $\vec{A} \cdot \vec{p}$ versus $\vec{r} \cdot \vec{E}$ controversy. Journal of Physics Communications, 2019, 3: 115014.

[6] Gerry C C, Knight P L. Introductory Quantum Optics (Chapter 4). Cambridge: Cambridge University Press, 2005.

[7] Walls D F, Milburn G J. Quantum Optics. Berlin: Springer Science & Business Media, 2007.

[8] Landau L. On the theory of transfer of energy at collisions II. Phys. Z. Sowjetunion, 1932, 2: 46.

[9] Zener C. Non-adiabatic crossing of energy levels. Proc. R. Soc. A, 1932, 137: 696-702.

[10] Wittig C. The Landau-Zener formula. J. Phys. Chem. B, 2005, 109: 8428-8430.

[11] Ho L T A, Chibotaru L F. A simple derivation of the Landau-Zener formula. Physical Chemistry Chemical Physics, 2014, 16: 6942-6945.

[12] Whittaker E T, Watson G N. A Course in Modern Analysis, 4th ed. Cambridge, England: Cambridge University Press, 1990.

[13] Braak D. Integrability of the Rabi model. Phys. Rev. Lett., 2011, 107: 100401.

[14] Chen Q H, Wang C, He S, et al. Exact solvability of the quantum Rabi model using Bogoliubov operators. Phys. Rev. A, 2012, 86: 023822.

[15] Xie Q T, Zhong H H, Batchelor M T, et al. The quantum Rabi model: solution and dynamics. J. Phys. A: Math. Theor., 2017, 50: 113001.

[16] Dicke R H. Coherence in spontaneous radiation processes. Phys. Rev., 1954, 93: 99.

[17] Hepp K, Lieb E H. On the superradiant phase transition for molecules in a quantized radiation field: The dicke maser model. Ann. Phys., 1973, 76: 360.

[18] Rzażewski K, Wódkiewicz K, Żakowicz W. Phase transitions, two-level atoms, and the A^2 term. Phys. Rev. Lett., 1975, 35: 432.

[19] Xu M. Theory of Steady-State Superradiance. Thesis (Ph.D.), University of Colorado at Boulder, 2016.

[20] Hayn M. On Superradiant Phase Transitions in Generalised Dicke Models. Thesis (Ph.D.), Technische Universität Berlin, Berlin, 2017.

[21] Klimov A B, Chumakov S M. A Group-Theoretical Approach to Quantum Optics: Models of Atom-Field Interactions. New York: John Wiley & Sons, 2009.

[22] Dimer F, Estienne B, Parkins A S, et al. Proposed realization of the Dicke-model quantum phase transition in an optical cavity QED system. Phys. Rev. A, 2007, 75: 013804.

[23] Baumann K, Guerlin C, Brennecke F, et al. Dicke quantum phase transition with a superfluid gas in an optical cavity. Nature (London), 2010, 464: 1301.

[24] Baumann K, Mottl R, Brennecke F, et al. Exploring symmetry breaking at the dicke quantum phase transition. Phys. Rev. Lett., 2011, 107: 140402.

[25] Kirton P, Roses M M, Keeling J, et al. Introduction to the Dicke model: From equilibrium to nonequilibrium, and vice versa. Advanced Quantum Technologies, 2019, 2(1-2): 1970013.

[26] Emary C, Brandes T. Quantum chaos triggered by precursors of a quantum phase transition: the dicke model. Phys. Rev. Lett., 2003, 90: 044101.

[27] Emary C, Brandes T. Chaos and the quantum phase transition in the Dicke model. Phys. Rev. E, 2003, 67: 066203.

[28] Kitagawa M, Ueda M. Squeezed spin states. Phys. Rev. A, 1993, 47: 5138.

[29] Shindo D, Chavez A, Chumakov S M, et al. Dynamical squeezing enhancement in the off-resonant Dicke model. J. Opt. B: Quantum Semiclass. Opt., 2004, 6: 34-40.

[30] Ma J, Wang X, Sun C P. Franco Nori, Quantum spin squeezing. Physics Reports, 2011, 509: 89-165.

[31] Zhang Y C, Zhou X F, Zhou X, et al. Cavity-assisted single-mode and two-mode spin-squeezed states via phase-locked atom-photon coupling. Phys. Rev. Lett., 2017, 118: 083604.

[32] Lipkin H J, Meshkov N, Glick A. Validity of many-body approximation methods for a solvable model: (I). Exact solutions and perturbation theory. Nuclear Physics, 1965, 62: 188.

[33] Zheng S B, Guo G C. Efficient scheme for two-atom entanglement and quantum information processing in cavity QED. Phys. Rev. Lett., 2000, 85: 2392.

[34] Einstein A. Zur quantentheorie der strahlung. Mitteilungen der Physikalischen Gesellschaft Zürich, 1916, 18: 47.

[35] Weisskopf V, Wigner E. Berechnung der natürlichen linienbreite auf grund der dirac-schen lichttheorie. Z. Phys., 1930, 63: 54.

第五章 热库系统及主方程

我们知道，量子物理描述的是微观世界的规律。然而在日常生活中，我们接触最多的是宏观的经典系统。为了探测微观世界中的规律，我们需要在微观的量子世界和宏观的经典世界之间建立关联，从而让微观世界中的信息传达到宏观世界中。将微观世界中的变量或算符与宏观经典的变量耦合，会不可避免地破坏量子力学中孤立系统的假设。原则上，我们可以把量子系统和宏观经典系统看作是联合的大系统。这样的联合系统是封闭的，从而仍然可以采用幺正动力学来描述系统的演化。然而实际上，由于经典的环境系统拥有极大的自由度，精确的幺正演化处理是不可能的。为了在理论上自洽地描述这一问题，我们需要对这样的复合系统进行特别处理。实际上，当环境大系统中的状态满足一定的物理条件时，我们可以通过一系列合理的近似得出量子系统的近似演化，可以用来刻画和解释实验上的观测结果。量子光学中有很多处理这种开放量子系统演化的方法，主方程理论就是这类方法中的典型代表，本章中我们将对其做具体介绍 [1-7]。

5.1 约化系统中动力学演化

假定量子系统和外界环境的联合哈密顿量形式为

$$\hat{H} = \hat{H}_S \otimes \hat{I}_B + \hat{I}_S \otimes \hat{H}_B + \lambda \hat{H}_{SB}, \tag{5.1}$$

其中，$\hat{H}_S$ 和 $\hat{H}_B$ 分别表示量子系统和环境的自由哈密顿量；$\hat{H}_{SB}$ 表示两系统之间的耦合；λ 是耦合系数。为简单起见，一般认为 λ 相对系统的能量尺度来说是一个小量，这样我们就可以用小量展开的方法求解量子系统的近似演化。

在薛定谔表象下，系统的动力学演化由刘维尔方程给出

$$\frac{\mathrm{d}\rho(t)}{\mathrm{d}t} = \frac{1}{\mathrm{i}\hbar}[\hat{H}, \rho(t)].$$

为了方便问题讨论，我们在相互作用表象中考察系统的演化问题。令

$$\hat{H}_0 = \hat{H}_S \otimes \hat{I}_B + \hat{I}_S \otimes \hat{H}_B \quad 及 \quad U = \mathrm{e}^{-\mathrm{i}\hat{H}_0 t/\hbar},$$

则在相互作用表象下，系统总的密度算符与原来薛定谔表象算符之间的关系为

$$\widetilde{\rho}(t) = U^\dagger(t)\rho(t)U(t),$$

相应的相互作用哈密顿量为

$$\widetilde{H}_I(t) = U^\dagger(t)\hat{H}_{SB}U(t)$$

演化方程为

$$\frac{\mathrm{d}\widetilde{\rho}(t)}{\mathrm{d}t} = \frac{1}{\mathrm{i}\hbar}[\widetilde{H}_I(t), \widetilde{\rho}(t)]. \tag{5.2}$$

可以验证，上述相互作用表象中的演化方程，通过如下变换后就可以得到薛定谔表象中的演化

$$\frac{\mathrm{d}\rho(t)}{\mathrm{d}t} = \frac{1}{\mathrm{i}\hbar}[\hat{H}_0, \rho(t)] + U(t)\frac{\mathrm{d}\widetilde{\rho}}{\mathrm{d}t}U^\dagger(t). \tag{5.3}$$

方程 (5.2) 的形式解为

$$\widetilde{\rho}(t) = \widetilde{\rho}(0) + \frac{\lambda}{\mathrm{i}\hbar}\int_0^t \mathrm{d}s[\widetilde{H}_I(s), \widetilde{\rho}(s)]$$
$$- \frac{\lambda^2}{\hbar^2}\int_0^t \mathrm{d}s_1 \int_0^{s_1} \mathrm{d}s_2[\widetilde{H}_I(s_1), [\widetilde{H}_I(s_2), \widetilde{\rho}(s_2)]] + O(\lambda^3). \tag{5.4}$$

当系统与环境的耦合系数 λ 相对其他能量尺度是小量时，我们可以近似忽略后面的高阶展开项，而只保留最重要的前面两项。这一近似也称为玻恩近似。在很多情况中，系统和外界大环境之间的关联很弱，所以我们假定初始时系统和环境处在非关联的直积态上

$$\widetilde{\rho}(0) = \widetilde{\rho}_S(0) \otimes \widetilde{\rho}_B.$$

更进一步，在弱耦合的前提下，我们假定环境足够大，以至于在整个演化中环境的状态几乎保持不变。这样对每一个时刻 t，我们都可以近似认为联合系统的状态表示为

$$\widetilde{\rho}(t) = \widetilde{\rho}_S(t) \otimes \widetilde{\rho}_B.$$

如果我们把环境的自由度约去，只关注系统的演化，就可以得到下面的近似演化：

$$\dot{\widetilde{\rho}}_S(t) = \frac{\lambda}{\mathrm{i}\hbar}\mathrm{Tr}_B[\widetilde{H}_I(t), \widetilde{\rho}(0)] - \frac{\lambda^2}{\hbar^2}\int_0^t \mathrm{d}s\mathrm{Tr}_B[\widetilde{H}_I(t), [\widetilde{H}_I(s), \widetilde{\rho}(s)]]. \tag{5.5}$$

通常情况下，系统和环境之间的耦合 $\widetilde{H}_I$ 总可以写成下面的直积形式：

$$\widetilde{H}_I = \sum_\alpha \hat{S}_\alpha \otimes \hat{B}_\alpha.$$

考虑到环境的初始状态处在热平衡态上，$\widetilde{\rho}_B$ 只包含对角项，我们总可以通过重新定义 $\hat{H}_S$ 和 $\hat{H}_B$，使得所有的环境算符 $\hat{B}_\alpha$ 不包含对角项，从而使得

$$\mathrm{Tr}[\widetilde{\rho}_B\hat{B}_\alpha] = 0.$$

经过这样的处理后我们可以看到，方程 (5.5) 中的第一项实际上可以去掉，而不影响问题讨论的一般性。由此我们得到简化后的演化方程为

$$\dot{\tilde{\rho}}_S(t) = -\frac{\lambda^2}{\hbar^2} \int_0^t \mathrm{d}s \mathrm{Tr}_B[\widetilde{H}_I(t), [\widetilde{H}_I(s), \tilde{\rho}(s)]]. \tag{5.6}$$

上式表明，$\tilde{\rho}_S(t)$ 的演化依赖于系统此前 "$0-t$" 时刻的状态。对于一个有记忆效应的热库系统，一般情况下，求解该方程仍然是一个非常困难的问题。我们需要寻求进一步的简化。注意到上述方程右边包含了如下热库算符关联函数：

$$\mathrm{Tr}_B\big[\hat{B}_\alpha(t)\hat{B}_\beta(s)\tilde{\rho}_B\big].$$

如果我们假定热库的相干时间极短，则这些关联函数均可以近似成狄拉克函数 $\delta(t-s)$。此时，在表达式 (5.6) 右边的积分中，我们就可以用 $\tilde{\rho}_S(t)$ 替换掉 $\tilde{\rho}_S(s)$。这样我们就得到了一个关于 $\tilde{\rho}_S(t)$ 的一阶微分方程，其演化只依赖于当前的系统状态。只要我们知道了 t_0 时刻系统的状态 $\tilde{\rho}_S(t_0)$，就可以得出后面所有 $t > t_0$ 时刻系统的状态 $\tilde{\rho}_s(t)$。这与经典随机过程中马尔可夫过程的特性相似，故称上述近似为马尔可夫近似，相应的方程改写为

$$\dot{\tilde{\rho}}_S(t) = -\frac{\lambda^2}{\hbar^2} \int_0^t \mathrm{d}s \mathrm{Tr}_B[\widetilde{H}_I(t), [\widetilde{H}_I(s), \tilde{\rho}(t)]]. \tag{5.7}$$

需要注意的是，上述方程所描述的演化并不一定能保证演化过程中 $\tilde{\rho}_S(t)$ 总是正定的。为此我们还需要进一步简化.

首先，由于环境记忆效应非常小，其相对应的时间尺度 τ_B 应该远远小于所考察系统的弛豫时间 τ_R，故我们可以把上述方程中的积分上限拓展到无穷大，该操作对系统的影响应该不大。由此就可以得到

$$\dot{\tilde{\rho}}_S(t) = -\frac{\lambda^2}{\hbar^2} \int_0^\infty \mathrm{d}s \mathrm{Tr}_B[\widetilde{H}_I(t), [\widetilde{H}_I(t-s), \tilde{\rho}(t)]]. \tag{5.8}$$

其次，我们假定相互作用哈密顿量的具体形式为 $\hat{H}_I = \sum_\alpha \hat{A}_\alpha \otimes \hat{B}_\alpha$。相应地，其在相互作用表象中的形式为 $\widetilde{H}_I = \sum_\alpha \widetilde{A}_\alpha(t) \otimes \widetilde{B}_\alpha(t)$，其中

$$\widetilde{A}_\alpha(t) = \mathrm{e}^{\mathrm{i}H_S t/\hbar} \hat{A}_\alpha \mathrm{e}^{-\mathrm{i}H_S t/\hbar}, \qquad \widetilde{B}_\alpha(t) = \mathrm{e}^{\mathrm{i}H_B t/\hbar} \hat{B}_\alpha \mathrm{e}^{-\mathrm{i}H_B t/\hbar}. \tag{5.9}$$

如果以 $\hat{H}_S$ 的本征态为基矢把算符写成矩阵形式，则可以看到，算符 $\hat{A}_\alpha$ 中非对角项在经过上述变换以后，会多出一个随时间变化的因子。利用这一特点，我们可以按其变化的频率对算符进行分类。例如，对 $\hat{A}_\alpha = \sum_\omega \hat{A}_\alpha(\omega)$ 中振动频率为 ω 的分量可以写成

$$\hat{A}_\alpha(\omega) = \sum_{a,b} \delta(\omega_{ab} - \omega)|a\rangle\langle a|\hat{A}_\alpha|b\rangle\langle b|, \tag{5.10}$$

其中

$$\omega_{ab} = \omega_a - \omega_b, \quad \text{及} \quad \delta(\omega_{ab} - \omega) = \begin{cases} 0, & \omega_{ab} \neq \omega \\ 1, & \omega_{ab} = \omega \end{cases}. \tag{5.11}$$

在相互作用表象中, $\hat{A}_\alpha(\omega)$ 变成 $\tilde{A}_\alpha(\omega) = \mathrm{e}^{-\mathrm{i}\omega t}\hat{A}_\alpha(\omega)$。总相互作用可以重写成

$$\tilde{H}_I = \sum_{\alpha,\omega} \mathrm{e}^{-\mathrm{i}\omega t}\hat{A}_\alpha(\omega) \otimes \tilde{B}_\alpha(t) = \sum_{\alpha,\omega} \mathrm{e}^{\mathrm{i}\omega t}\hat{A}_\alpha^\dagger(\omega) \otimes \tilde{B}_\alpha(t), \tag{5.12}$$

其中最后一步利用了 $\tilde{H}_I$ 的厄米特性。将上述结果代入演化方程 (5.8) 后, 即可得到

$$
\begin{aligned}
\frac{\mathrm{d}}{\mathrm{d}t}\tilde{\rho}_S(t) &= \frac{\lambda^2}{\hbar^2} \int_0^\infty \mathrm{d}s \mathrm{Tr}_B\Big[\tilde{H}_I(t-s)\tilde{\rho}_S(t)\otimes\rho_B\tilde{H}_I(t) \\
&\quad -\tilde{H}_I(t)\tilde{H}_I(t-s)\tilde{\rho}_S(t)\otimes\tilde{\rho}_B\Big] + h.c. \\
&= \sum_{\substack{(\omega,\omega') \\ (\alpha,\beta)}} \mathrm{e}^{\mathrm{i}(w'-w)t}\Gamma_{\alpha\beta}(\omega)\Big[\hat{A}_\beta(\omega)\tilde{\rho}_S(t)\hat{A}_\alpha^\dagger(\omega') - \hat{A}_\alpha^\dagger(\omega')\hat{A}_\beta(\omega)\tilde{\rho}_S(t)\Big] \\
&\quad +\mathrm{e}^{-\mathrm{i}(w'-w)t}\tilde{\Gamma}_{\beta\alpha}(\omega)\Big[\hat{A}_\alpha(\omega')\tilde{\rho}_S(t)\hat{A}_\beta^\dagger(\omega) - \tilde{\rho}_S(t)\hat{A}_\beta^\dagger(\omega)\hat{A}_\alpha(\omega')\Big],
\end{aligned} \tag{5.13}
$$

其中

$$
\begin{aligned}
\Gamma_{\alpha\beta}(\omega) &= \frac{\lambda^2}{\hbar^2} \int_0^\infty \mathrm{d}s \mathrm{e}^{\mathrm{i}\omega s}\mathrm{Tr}_B\big[\tilde{B}_\alpha^\dagger(t)\tilde{B}_\beta(t-s)\tilde{\rho}_B\big] \\
&= \frac{\lambda^2}{\hbar^2} \int_0^\infty \mathrm{d}s \mathrm{e}^{\mathrm{i}\omega s}\mathrm{Tr}_B\big[\tilde{B}_\alpha^\dagger(s)\tilde{B}_\beta(0)\tilde{\rho}_B\big]. \tag{5.14} \\
\tilde{\Gamma}_{\beta\alpha}(\omega) &= \frac{\lambda^2}{\hbar^2} \int_0^\infty \mathrm{d}s \mathrm{e}^{-\mathrm{i}\omega s}\mathrm{Tr}_B\big[\tilde{B}_\beta^\dagger(t-s)\tilde{B}_\alpha(t)\tilde{\rho}_B\big] \\
&= \frac{\lambda^2}{\hbar^2} \int_0^\infty \mathrm{d}s \mathrm{e}^{-\mathrm{i}\omega s}\mathrm{Tr}_B\big[\tilde{B}_\beta^\dagger(0)\tilde{B}_\alpha(s)\tilde{\rho}_B\big]. \\
&= [\Gamma_{\alpha\beta}(\omega)]^* \tag{5.15}
\end{aligned}
$$

可以看到, 由于环境状态 ρ_B 不随时间改变, 上述热库环境的关联函数具有时间平移不变性, 只依赖于时间差 s。进一步假定系统和环境耦合所对应的频率 $|\omega' - \omega|$ 很大, 亦即两系统信息交换的速度很快, 信息交换所用的时间远小于系统的耗散时间 τ_{R}, 则可以对上式中 $|\omega' - \omega| \neq 0$ 的项作旋转波近似, 把它看成是高频振荡项, 忽略不计。这样简化后的方程为

$$\frac{\mathrm{d}}{\mathrm{d}t}\tilde{\rho}_S(t) = \sum_{\omega,(\alpha,\beta)} \Gamma_{\alpha\beta}(\omega)\Big[\hat{A}_\beta(\omega)\tilde{\rho}_S(t)\hat{A}_\alpha^\dagger(\omega) - \hat{A}_\alpha^\dagger(\omega)\hat{A}_\beta(\omega)\tilde{\rho}_S(t)\Big]$$

$$+\widetilde{\Gamma}_{\alpha\beta}(\omega)\Big[\hat{A}_{\beta}(\omega)\widetilde{\rho}_S(t)\hat{A}_{\alpha}^{\dagger}(\omega)-\widetilde{\rho}_S(t)\hat{A}_{\alpha}^{\dagger}(\omega)\hat{A}_{\beta}(\omega)\Big]. \tag{5.16}$$

最后，我们可以进一步将上述主方程简化成对角形式。定义系数矩阵

$$\Gamma(\omega)=[\Gamma_{\alpha\beta}(\omega)], \qquad \widetilde{\Gamma}(\omega)=[\widetilde{\Gamma}_{\alpha\beta}(\omega)]=\Gamma(\omega)^{\dagger}, \tag{5.17}$$

则我们可以将 $\Gamma(\omega)$ 分裂成厄米部分和非厄米部分

$$\Gamma(\omega)=\frac{\Gamma(\omega)+\Gamma(\omega)^{\dagger}}{2}+\mathrm{i}\frac{\Gamma(\omega)-\Gamma(\omega)^{\dagger}}{2\mathrm{i}}. \tag{5.18}$$

由此我们可以再引入厄米系数矩阵 $\gamma(\omega)$ 和 $\Delta(\omega)$，其形式为

$$\gamma(\omega)=\Gamma(\omega)+\Gamma(\omega)^{\dagger}, \qquad \Delta(\omega)=\frac{1}{2\mathrm{i}}\left[\Gamma(\omega)-\Gamma(\omega)^{\dagger}\right]. \tag{5.19}$$

代入上述定义后，可以把演化方程 (5.16) 重写成

$$\frac{\mathrm{d}}{\mathrm{d}t}\widetilde{\rho}_S(t)=\frac{1}{\mathrm{i}\hbar}[\hat{H}_{LS},\widetilde{\rho}_S(t)]+\sum_{\omega,\alpha,\beta}\gamma_{\alpha\beta}(\omega)\Big[\hat{A}_{\beta}(\omega)\widetilde{\rho}_S(t)\hat{A}_{\alpha}^{\dagger}(\omega)$$
$$-\frac{1}{2}\left\{\hat{A}_{\alpha}^{\dagger}(\omega)\hat{A}_{\beta}(\omega),\widetilde{\rho}_S(t)\right\}\Big]. \tag{5.20}$$

这里第二行中的 {,} 表示反对易关系

$$\{\hat{P},\hat{Q}\}=\hat{P}\hat{Q}+\hat{Q}\hat{P}. \tag{5.21}$$

$\hat{H}_{LS}$ 刻画了由热库诱导的系统哈密顿量的修正项，记为

$$\hat{H}_{LS}=\hbar\sum_{\omega}\sum_{\alpha\beta}\Delta_{\alpha\beta}(\omega)\hat{A}_{\alpha}^{\dagger}(\omega)\hat{A}_{\beta}(\omega). \tag{5.22}$$

在量子电动力学中，这一项对应了兰姆位移项。为进一步简化方程 (5.20)，我们注意到

$$\widetilde{\Gamma}_{\alpha\beta}=\Gamma_{\beta\alpha}^{*}=\left(\frac{\lambda^2}{\hbar^2}\int_0^{\infty}\mathrm{d}se^{\mathrm{i}\omega s}\mathrm{Tr}_B\big[\widetilde{B}_{\beta}^{\dagger}(s)\widetilde{B}_{\alpha}(0)\widetilde{\rho}_B\big]\right)^{*}$$
$$=\frac{\lambda^2}{\hbar^2}\int_0^{\infty}\mathrm{d}se^{-\mathrm{i}\omega s}\mathrm{Tr}_B\big[\widetilde{B}_{\alpha}^{\dagger}(0)\widetilde{B}_{\beta}(s)\widetilde{\rho}_B\big]$$
$$=\frac{\lambda^2}{\hbar^2}\int_{-\infty}^{0}\mathrm{d}se^{\mathrm{i}\omega s}\mathrm{Tr}_B\big[\widetilde{B}_{\alpha}^{\dagger}(s)\widetilde{B}_{\beta}(0)\widetilde{\rho}_B\big], \tag{5.23}$$

从而有

$$\gamma_{\alpha\beta}=\Gamma_{\alpha\beta}+\widetilde{\Gamma}_{\alpha\beta}=\frac{\lambda^2}{\hbar^2}\int_{-\infty}^{\infty}\mathrm{d}se^{\mathrm{i}\omega s}\mathrm{Tr}_B\big[\widetilde{B}_{\alpha}^{\dagger}(s)\widetilde{B}_{\beta}(0)\widetilde{\rho}_B\big]. \tag{5.24}$$

可见，系数矩阵 $\boldsymbol{\gamma}(\omega)$ 是另一矩阵 $\boldsymbol{M}$ 的傅里叶变换，其中 $\boldsymbol{M}$ 矩阵元的定义为

$$M_{\alpha\beta} = \mathrm{Tr}_B \big[\widetilde{B}_\alpha^\dagger(s) \widetilde{B}_\beta(0) \widetilde{\rho}_B \big]. \tag{5.25}$$

由于 $\boldsymbol{M}$ 是正定的，所以得出矩阵 $\boldsymbol{\gamma}(\omega)$ 也是正定且厄米的[4]，可以对它进行幺正对角化

$$\boldsymbol{O}\boldsymbol{\gamma}(\omega)\boldsymbol{O}^\dagger = \begin{pmatrix} \gamma_1(\omega) & 0 & \cdots & 0 \\ 0 & \gamma_2(\omega) & \cdots & 0 \\ \vdots & \vdots & & 0 \\ 0 & 0 & \cdots & \gamma_N(\omega) \end{pmatrix}, \tag{5.26}$$

其中 $\boldsymbol{O}$ 为幺正矩阵。在这个新的对角化表象中，我们就可以把主方程写成如下标准形式：

$$\dot{\widetilde{\rho}}_S(t) = \frac{1}{\mathrm{i}\hbar}[\hat{H}_{LS}, \widetilde{\rho}_S(t)] + \sum_{\omega,k} \gamma_k(\omega) \Big[\hat{L}_k(\omega) \widetilde{\rho}_S(t) \hat{L}_k^\dagger(\omega)$$

$$- \frac{1}{2} \Big\{ \hat{L}_k^\dagger(\omega) \hat{L}_k(\omega), \widetilde{\rho}_S(t) \Big\} \Big], \tag{5.27}$$

其中耗散算符的定义为

$$\hat{L}_k(\omega) = O_{k\beta} \hat{A}_\beta(\omega).$$

对于简单的单频的热库系统，上述主方程即可简化为

$$\dot{\widetilde{\rho}}_S(t) = \frac{1}{\mathrm{i}\hbar}[\hat{H}_{LS}, \widetilde{\rho}_S(t)] + \sum_k \gamma_k \Big[\hat{L}_k \widetilde{\rho}_S(t) \hat{L}_k^\dagger - \frac{1}{2} \Big\{ \hat{L}_k^\dagger \hat{L}_k, \widetilde{\rho}_S(t) \Big\} \Big], \tag{5.28}$$

相应的动力学演化在薛定谔表象下表示为

$$\dot{\rho}_S(t) = \mathcal{L}\rho_S(t) = \frac{1}{\mathrm{i}\hbar}[\hat{H}_S + \hat{H}_{LS}, \rho_S(t)]$$

$$+ \sum_k \gamma_k \Big[\hat{L}_k \rho_S(t) \hat{L}_k^\dagger - \frac{1}{2} \{ \hat{L}_k^\dagger \hat{L}_k, \rho_S(t) \} \Big], \tag{5.29}$$

其中，$\gamma_k \geqslant 0$ 为耗散率；$\hat{L}_k$ 为系统与环境耦合导致系统状态发生改变的算符，通常称之为 Lindblad 算符。上述方程也称为 Lindblad 方程[8,9]。当系统和环境脱耦时，上式回归到传统的幺正演化。

5.2　简谐振子热库

5.4 节中我们讨论了处理热库问题的玻恩-马尔可夫近似 (Born-Markov approximation)，并由此引入了主方程的 Lindblad 形式。作为最常见的热库之一，谐振子热库将环境看成是具有不同频率谐振子的组合。本节中，我们将以谐振子热库为例，具体讨论其对应的主方程形式。

假定我们考察的系统也是一个谐振子系统，则联合系统的自由哈密顿量可以写成

$$\hat{H}_0 = \hbar\omega\hat{a}^\dagger\hat{a} + \hbar\sum_j \omega_j\hat{b}_j^\dagger\hat{b}_j, \tag{5.30}$$

系统和环境的相互作用哈密顿量为

$$\hat{H}_{SB} = \hat{a}\otimes\sum_j g_j^*\hat{b}_j^\dagger + \hat{a}^\dagger\otimes\sum_j g_j\hat{b}_j. \tag{5.31}$$

令 $U = \mathrm{e}^{-\mathrm{i}\hat{H}_0 t/\hbar}$，则相互作用表象中，其等效哈密顿量为

$$\widetilde{H}_{SB} = U^\dagger\hat{H}_{SB}U = \hat{a}\mathrm{e}^{-\mathrm{i}\omega t}\otimes\sum_j \hbar g_j^*\hat{b}_j^\dagger\mathrm{e}^{\mathrm{i}\omega_j t} + \hat{a}^\dagger\mathrm{e}^{\mathrm{i}\omega t}\otimes\sum_j \hbar g_j\hat{b}_j\mathrm{e}^{-\mathrm{i}\omega_j t}. \tag{5.32}$$

由于热库很大，系统对其影响很小，以至于在整个演化过程中热库均可以看成是处在平衡态上。对谐振子热库，其密度矩阵满足

$$\rho_B = \prod_k (1 - \mathrm{e}^{-\beta_k})\mathrm{e}^{-\beta_k\hat{b}_k^\dagger\hat{b}_k}, \tag{5.33}$$

这里，$\hat{b}_k \equiv \hat{b}(\omega_k)$，$\beta_k = \hbar\omega_k/k_\mathrm{B}T$，$T$ 为环境的温度。容易看到，平衡态时系统算符的平均值为

$$\langle\hat{b}_k\rangle = \langle\hat{b}_k^\dagger\rangle = 0, \qquad \langle\hat{b}_k^\dagger\hat{b}_{k'}^\dagger\rangle = \langle\hat{b}_k\hat{b}_{k'}\rangle = 0, \tag{5.34}$$

$$\langle\hat{b}_k^\dagger\hat{b}_{k'}\rangle = \bar{n}_k\delta_{kk'}, \qquad \langle\hat{b}_k\hat{b}_{k'}^\dagger\rangle = (\bar{n}_k + 1)\delta_{kk'}, \tag{5.35}$$

其中，$\bar{n}_k = (\mathrm{e}^{\beta_k} - 1)^{-1}$ 为环境中对应频率为 ω_k 模式上的平均激发数。

令

$$\widetilde{B}(t) = \sum_j g_j\hat{b}_j\mathrm{e}^{\mathrm{i}\omega_j t}. \tag{5.36}$$

为得到系统的演化主方程，我们需要计算热库的关联函数

$$\Gamma_{11}(\omega) = \int_0^\infty \mathrm{e}^{\mathrm{i}\omega s}\mathrm{Tr}_B\{\widetilde{B}(s)\widetilde{B}^\dagger(0)\rho_B\}$$

$$= \sum_{jj'} g_j g_{j'}^* \int_0^\infty \mathrm{d}s e^{\mathrm{i}(\omega - \omega_j)s} \langle \hat{b}_j \hat{b}_{j'}^\dagger \rangle_B, \tag{5.37}$$

这里，$\langle \hat{b}_j \hat{b}_{j'}^\dagger \rangle_B = \mathrm{Tr}_B \{\hat{b}_j \hat{b}_{j'}^\dagger \rho_B\}$ 为热库中谐振子激发之间的关联。代入方程 (5.35) 即可得到

$$\Gamma_{11}(\omega) = \int_0^\infty \mathrm{d}\widetilde{\omega} J(\widetilde{\omega}) \int_0^\infty \mathrm{d}s e^{\mathrm{i}(\omega - \widetilde{\omega})s} [\bar{n}(\widetilde{\omega}) + 1], \tag{5.38}$$

其中，$J(\widetilde{\omega}) = \sum_j |g_j|^2 \delta(\widetilde{\omega} - \omega_j)$ 为热库的谱函数。进一步，再利用

$$\int_0^\infty \mathrm{d}x e^{\mathrm{i}kx} = \pi\delta(k) + \mathrm{i}\mathcal{P}\frac{1}{k}, \tag{5.39}$$

这里 $\mathcal{P}$ 表示积分取主值，我们就可以改写 $\Gamma_{11}(\omega)$ 为

$$\Gamma_{11}(\omega) = \pi J(\omega)[\bar{n}(\omega) + 1] + \mathrm{i}\mathcal{P} \int_0^\infty \mathrm{d}\widetilde{\omega} \frac{J(\widetilde{\omega})[\bar{n}(\widetilde{\omega}) + 1]}{\omega - \widetilde{\omega}}. \tag{5.40}$$

同理可得

$$\begin{aligned}
\Gamma_{22}(-\omega) &= \int_0^\infty \mathrm{e}^{-\mathrm{i}\omega s} \mathrm{Tr}_B \{\widetilde{B}^\dagger(s)\widetilde{B}(0)\rho_B\} \\
&= \pi J(\omega)\bar{n}(\omega) - \mathrm{i}\mathcal{P} \int_0^\infty \mathrm{d}\widetilde{\omega} \frac{J(\widetilde{\omega})n(\widetilde{\omega})}{\omega - \widetilde{\omega}}.
\end{aligned} \tag{5.41}$$

令

$$\Delta_1 = \int_0^\infty \mathrm{d}\widetilde{\omega} \frac{J(\widetilde{\omega})[\bar{n}(\widetilde{\omega}) + 1]}{\omega - \widetilde{\omega}}, \tag{5.42a}$$

$$\Delta_2 = \int_0^\infty \mathrm{d}\widetilde{\omega} \frac{J(\widetilde{\omega})\bar{n}(\widetilde{\omega})}{\omega - \widetilde{\omega}}, \tag{5.42b}$$

$$\gamma = 2\pi J(\omega). \tag{5.42c}$$

将这些结果代入相互作用表象下的主方程中，我们就可以得到振子系统的演化方程为

$$\frac{\mathrm{d}}{\mathrm{d}t}\widetilde{\rho}(t) = -\mathrm{i}\Delta[\hat{a}^\dagger \hat{a}, \widetilde{\rho}(t)] + \frac{\gamma}{2}(\bar{n} + 1)D(\hat{a})[\widetilde{\rho}] + \frac{\gamma}{2}\bar{n}D(\hat{a}^\dagger)[\widetilde{\rho}], \tag{5.43}$$

其中

$$D(\hat{a})[\widetilde{\rho}] = 2\hat{a}\widetilde{\rho}\hat{a}^\dagger - \{\widetilde{\rho}, \hat{a}^\dagger \hat{a}\}, \tag{5.44a}$$

$$\Delta = \Delta_1 - \Delta_2 = \int_0^\infty \mathrm{d}\widetilde{\omega} \frac{J(\widetilde{\omega})}{\omega - \widetilde{\omega}}. \tag{5.44b}$$

转化到薛定谔表象中，上述演化方程即可改写为

$$\frac{\mathrm{d}}{\mathrm{d}t}\rho(t) = -\mathrm{i}\omega'[\hat{a}^\dagger\hat{a}, \rho(t)] + \frac{\gamma}{2}(\bar{n}+1)D(\hat{a})[\rho] + \frac{\gamma}{2}\bar{n}D(\hat{a}^\dagger)[\rho], \qquad (5.45)$$

其中 $\omega' = \omega + \Delta$。一般情况下，由环境所导致的兰姆位移 Δ 很小，故很多情况下都是可以忽略不计的。不过在某些两能级系统中，兰姆位移项可以被实验观测到，故不能忽略。Δ 的具体计算需要用到量子电动力学中的方法，这里不对其做进一步讨论。

容易看到，当主系统为二能级原子时，我们也可以用类似的方法得出系统演化满足的主方程。所不同的是此时系统和环境的耦合作用为

$$\hat{H}'_{SB} = \hat{\sigma}^- \otimes \sum_j g_j^*\hat{b}_j^\dagger + \hat{\sigma}^+ \otimes \sum_j g_j\hat{b}_j, \qquad (5.46)$$

其中，$\sigma^- = |g\rangle\langle e|$，$\sigma^+ = |e\rangle\langle g|$，且 $|e\rangle$ 和 $|g\rangle$ 分别对应原子的上能级和下能级。相应薛定谔表象中的主方程形式为

$$\frac{\mathrm{d}}{\mathrm{d}t}\rho(t) = \frac{1}{\mathrm{i}\hbar}[\hat{H}'_S, \rho(t)] + \frac{\gamma}{2}(\bar{n}+1)D(\sigma^-)[\rho] + \frac{\gamma}{2}\bar{n}D(\hat{\sigma}^+)[\rho]. \qquad (5.47)$$

这里，$\hat{H}'_S$ 为二能级系统的哈密顿量。由于兰姆位移项一般只造成能级位置的移动，所以这里也忽略了其对系统哈密顿量的影响。$\bar{n}$ 对应了环境模式上的平均激发数，该模式能与原子的上、下能级发生共振耦合。

为了进一步了解热库背景下谐振子不同激发数之间的关系，我们考察激发概率 $p_n = \langle n|\rho|n\rangle$ 的演化方程。令 $\gamma_\downarrow = \gamma(\bar{n}+1)$，在物理上，它代表了由环境耦合导致的系统激发数减少的速率。相应地，$\gamma_\uparrow = \gamma\bar{n}$ 就对应了环境导致系统激发数增加的速率。当 $\omega' = 0$ 时，由主方程 (5.45) 即可得到

$$\begin{aligned}\dot{p}_n &= \gamma_\downarrow(n+1)p_{n+1} - \gamma_\downarrow n p_n + \gamma_\uparrow n p_{n-1} - \gamma_\uparrow(n+1)p_n\\ &= -[\gamma_\downarrow n + \gamma_\uparrow(n+1)]p_n + \gamma_\downarrow(n+1)p_{n+1} + \gamma_\uparrow n p_{n-1}.\end{aligned} \qquad (5.48)$$

上述方程表明，振子在激发态 $|n\rangle$ 上的概率变化主要由两部分组成，一部分是来自临近的上能级 $|n+1\rangle$ 和下能级 $|n-1\rangle$ 的跃迁导致的布居增加，相应的增加速率为 $\gamma_\downarrow(n+1)$ 和 $\gamma_\uparrow n$；而另一部分是自身的耗散导致其分布减小，其相应的布居迁移速率为 $P_{n\to n-1} = \gamma_\downarrow n$ 和 $P_{n\to n+1} = \gamma_\uparrow(n+1)$。

当系统处于平衡态时，上述分布应不随时间变化，所以对任意一个给定激发能级 $|n\rangle$，由环境所导致的概率转移应该严格相互抵消。例如，对于能级 $|n\rangle$ 和 $|n+1\rangle$，它们之间激发相互迁移的速率应该正好相等，这对应于热力学中的细致平衡条件，即有

$$p_n P_{n\to n+1} = p_{n+1}P_{n+1\to n} \Rightarrow p_n\gamma_\uparrow = p_{n+1}\gamma_\downarrow. \qquad (5.49)$$

代入平衡态时谐振子的分布，我们得到

$$\frac{\gamma_\downarrow}{\gamma_\uparrow} = \frac{p_n}{p_{n+1}} = \exp\left(\frac{\hbar\omega}{k_\mathrm{B}T}\right) = 1 + \frac{1}{\bar{n}}. \tag{5.50}$$

因此，只要我们知道了系统的耗散速率，就可以通过上式求出系统在平衡时对应的温度 T 及相关的其他热力学量。

利用主方程，我们也可以求解算符平均值的演化

$$\frac{\mathrm{d}}{\mathrm{d}t}\langle\hat{a}\rangle = \mathrm{Tr}[\hat{a}\dot{\rho}] = -\left(\frac{\gamma}{2} + \mathrm{i}\omega\right)\langle\hat{a}\rangle, \tag{5.51}$$

$$\frac{\mathrm{d}}{\mathrm{d}t}\langle\hat{a}^\dagger\hat{a}\rangle = \mathrm{Tr}[\hat{a}^\dagger\hat{a}\dot{\rho}] = -\gamma(\langle\hat{a}^\dagger\hat{a}\rangle - \bar{n}). \tag{5.52}$$

由此可得

$$\langle\hat{n}(t)\rangle = [\langle\hat{n}(0)\rangle - \bar{n}]\,\mathrm{e}^{-\gamma t} + \bar{n}. \tag{5.53}$$

所以在热环境中，振子系统的激发数最终会和环境中同频率模式上的激发数相同。可以证明，振子的稳态可以表示成

$$\rho = \frac{\mathrm{e}^{-\hat{H}_S/k_\mathrm{B}T}}{\mathrm{Tr}(\mathrm{e}^{-\hat{H}_S/k_\mathrm{B}T})}, \qquad \hat{H}_S = \hbar\omega\hat{a}^\dagger\hat{a}. \tag{5.54}$$

5.3 压缩热库下的 Lindblad 主方程

在量子调控中，压缩热库由于模式中存在量子关联，经常被用来完成特定的任务。相对于谐振子热库的平衡态 (5.33)，对于压缩谐振子热库，在热平衡条件下，系统的状态可以表示成

$$\rho_{sq} = \hat{S}(\xi)\rho_B\hat{S}^\dagger(\xi). \tag{5.55}$$

这里，$\hat{S}^\dagger(\xi)$ 为压缩变换算符，形式为

$$\hat{S}^\dagger(\xi) = \prod_k \exp[\xi^*\hat{b}(\Omega - \omega_k)\hat{b}(\Omega + \omega_k) - h.c.], \tag{5.56}$$

其中，$\xi = |\xi|\mathrm{e}^{\mathrm{i}\phi}$ 为压缩参数。可以看到，算符 $\hat{S}^\dagger(\xi)$ 可以在以 Ω 为中心的两个谐振子模式 $\hat{b}(\Omega - \omega_k)$ 和 $\hat{b}(\Omega + \omega_k)$ 之间产生关联，其变换满足如下关系：

$$\hat{S}^\dagger(\xi)\hat{b}(\Omega \pm \omega_k)\hat{S}(\xi) = \cosh(|\xi|)\hat{b}(\Omega \pm \omega_k) + \mathrm{e}^{\mathrm{i}\phi}\sinh(|\xi|)\hat{b}^\dagger(\Omega \mp \omega_k). \tag{5.57}$$

令 $\hat{b}_k = \hat{b}(\omega_k)$，则在平衡态下相应的算符平均值分别为

$$\langle \hat{b}_k \rangle = \langle \hat{b}_k^\dagger \rangle = 0, \qquad \langle \hat{b}_k^\dagger \hat{b}_{k'} \rangle = N_k \delta_{kk'}, \tag{5.58a}$$

$$\langle \hat{b}_k \hat{b}_{k'}^\dagger \rangle = (N_k + 1)\delta_{kk'}, \qquad \langle \hat{b}_k \hat{b}_{k'} \rangle = M_k \delta_{\omega_k + \omega_{k'} - 2\Omega}, \tag{5.58b}$$

其中

$$N_k = \bar{n}[\cosh^2(|\xi|) + \sinh^2(|\xi|)] + \sinh^2(|\xi|), \tag{5.59a}$$

$$M_k = (2\bar{n} + 1)\sinh(|\xi|)\cosh(|\xi|)\mathrm{e}^{\mathrm{i}\phi}, \tag{5.59b}$$

$$N_k(N_k + 1) = |M_k|^2 + \bar{n}(\bar{n} + 1). \tag{5.59c}$$

在压缩热库中，存在关联，由此导致的主方程演化与通常的谐振子热库亦不相同。对于同样的系统和环境耦合相互作用 (5.32)，我们将其重写成

$$\widetilde{H}_{SB} = \widetilde{A}_1(\omega) \otimes \widetilde{B}_1(t) + \widetilde{A}_2(-\omega) \otimes \widetilde{B}_2(t), \tag{5.60}$$

其中

$$\widetilde{A}_1(\omega) = \hat{a}\mathrm{e}^{-\mathrm{i}\omega t}, \qquad \widetilde{A}_2(-\omega) = \hat{a}^\dagger \mathrm{e}^{\mathrm{i}\omega t}, \tag{5.61a}$$

$$\widetilde{B}_1(t) = \sum_j g_j^* \hat{b}_j^\dagger \mathrm{e}^{\mathrm{i}\omega_j t}, \qquad \widetilde{B}_2(t) = \widetilde{B}_1^\dagger(t). \tag{5.61b}$$

依据 5.1 节中的推导可知，由于热库中存在非对角的关联项 $\langle \hat{b}_k \hat{b}_{k'} \rangle$，此时主方程中除了会出现 $\Gamma_{11}(\omega)$ 和 $\Gamma_{22}(\omega)$ 对应的耗散项以外，还多出了由于 $\langle \hat{b}_k \hat{b}_{k'} \rangle$ 关联所导致的新的耗散系数项，相应的耗散系数为

$$\begin{aligned}
\Gamma_{12}(-\omega) &= \int_0^\infty \mathrm{d}s\, \mathrm{e}^{-\mathrm{i}\omega s} \mathrm{Tr}\{\widetilde{B}_1^\dagger(s)\widetilde{B}_2(0)\rho_{sq}\} \\
&= \sum_{jj'} g_j g_{j'} \int_0^\infty \mathrm{d}s\, \mathrm{e}^{-\mathrm{i}(\omega+\omega_j)s} \mathrm{Tr}_B\{b_j b_{j'} \rho_B\} \\
&= \sum_j g(\omega_j)g(2\Omega - \omega_j)\int_0^\infty \mathrm{d}s M(\omega_j)\mathrm{e}^{-\mathrm{i}(\omega+\omega_j)s} \\
&= \pi \sum_j g(\omega_j)g(2\Omega - \omega_j)M(\omega_j)\delta_{\omega+\omega_j}.
\end{aligned} \tag{5.62}$$

再利用 $\Gamma_{21} = \Gamma_{12}^*$，我们就可以得出主方程中由上述关联所导致的耗散项为

$$\frac{\mathrm{d}}{\mathrm{d}t}\widetilde{\rho}(t) \propto \Gamma_{12}(-\omega)\mathrm{e}^{\mathrm{i}2\omega t}\left[\hat{A}_2(-\omega)\widetilde{\rho}(t)\hat{A}_1^\dagger(\omega) - \hat{A}_1^\dagger(\omega)\hat{A}_2(-\omega)\widetilde{\rho}(t)\right] + h.c.$$

$$+\Gamma_{21}(\omega)\mathrm{e}^{-\mathrm{i}2\omega t}\left[\hat{A}_1(\omega)\widetilde{\rho}(t)\hat{A}_2^\dagger(-\omega)-\hat{A}_2^\dagger(-\omega)\hat{A}_1(\omega)\widetilde{\rho}(t)\right]+h.c.$$

$$=\frac{\widetilde{\gamma}}{2}M\mathrm{e}^{\mathrm{i}2\omega t}\left\{\left[\hat{a}^\dagger\widetilde{\rho}(t)\hat{a}^\dagger-\hat{a}^\dagger\hat{a}^\dagger\widetilde{\rho}(t)\right]+h.c.\right\}$$

$$+\frac{\widetilde{\gamma}}{2}M^*\mathrm{e}^{-\mathrm{i}2\omega t}\left\{\left[\hat{a}\widetilde{\rho}(t)\hat{a}-\hat{a}\hat{a}\widetilde{\rho}(t)\right]+h.c.\right\}, \tag{5.63}$$

其中

$$\widetilde{\gamma}=2\pi\sum_j g(\omega_j)g(2\Omega-\omega_j)\delta_{\omega+\omega_j}. \tag{5.64}$$

这里假定了方程 (5.62) 中 $M(\omega_j)=M$ 与 ω_j 无关。

联合 5.2 节中的方程 (5.45) 及方程 (5.63)，即可以写出薛定谔表象中压缩热库所对应的主方程演化形式：

$$\frac{\mathrm{d}}{\mathrm{d}t}\rho=\frac{1}{\mathrm{i}\hbar}[\hat{H}_S,\rho]$$

$$+\frac{\gamma}{2}(N+1)\left(2\hat{a}\rho\hat{a}^\dagger-\hat{a}^\dagger\hat{a}\rho-\rho\hat{a}^\dagger\hat{a}\right)+\frac{\gamma}{2}N\left(2\hat{a}^\dagger\rho\hat{a}-\hat{a}\hat{a}^\dagger\rho-\rho\hat{a}\hat{a}^\dagger\right)$$

$$+\frac{\widetilde{\gamma}}{2}M^*\left(2\hat{a}\rho\hat{a}-\hat{a}\hat{a}\rho-\rho\hat{a}\hat{a}\right)+\frac{\widetilde{\gamma}}{2}M\left(2\hat{a}^\dagger\rho\hat{a}^\dagger-\hat{a}^\dagger\hat{a}^\dagger\rho-\rho\hat{a}^\dagger\hat{a}^\dagger\right). \tag{5.65}$$

类似地，我们也可以写出二能级原子在压缩热库的主方程为

$$\frac{\mathrm{d}}{\mathrm{d}t}\rho=\frac{1}{\mathrm{i}\hbar}[\hat{H}_S',\rho]+\frac{\gamma}{2}(N+1)\left(2\hat{\sigma}^-\rho\hat{\sigma}^+-\hat{\sigma}^+\hat{\sigma}^-\rho-\rho\hat{\sigma}^+\hat{\sigma}^-\right)$$

$$+\frac{\gamma}{2}N\left(2\hat{\sigma}^+\rho\sigma^--\sigma^-\sigma^+\rho-\rho\sigma^-\sigma^+\right)$$

$$+\widetilde{\gamma}M^*\hat{\sigma}^-\rho\sigma^-+\widetilde{\gamma}M\hat{\sigma}^+\rho\hat{\sigma}^+, \tag{5.66}$$

这里我们利用了条件 $\hat{\sigma}^-\hat{\sigma}^-=\hat{\sigma}^+\hat{\sigma}^+=0$。

5.4 算符表象中的主方程形式

由前文的讨论我们知道，在玻恩-马尔可夫近似下，薛定谔表象中的主方程演化的形式可以表示成

$$\frac{\mathrm{d}\rho(t)}{\mathrm{d}t}=\mathcal{L}[\rho(t)]=\frac{1}{\mathrm{i}\hbar}[\hat{H},\rho(t)]+\sum_k\gamma_k(\hat{L}_k\rho\hat{L}_k^\dagger-\frac{1}{2}\{\hat{L}_k^\dagger\hat{L}_k,\rho(t)\}). \tag{5.67}$$

然而在很多实际应用中，直接讨论算符的演化更为方便。对于开放系统，这就需要我们能将主方程的演化形式拓展到相应的海森伯表象中 [1,4]。

利用密度矩阵的主方程，可以很方便地得出系统算符应该满足的主方程形式。具体地，考虑到不同表象中物理可观察量 $\hat{A}$ 的平均值是不变的，从而有

$$\langle \hat{A} \rangle = \text{Tr}\{\hat{A}\rho(t)\} = \text{Tr}\{\hat{A}\mathcal{V}(t)[\rho(0)]\}$$
$$= \text{Tr}\{\hat{A}_H(t)\rho(0)\} = \text{Tr}\{\mathcal{V}^\dagger(t)[\hat{A}]\rho(0)\}, \tag{5.68}$$

这里，$\hat{A}$、$\hat{A}_H(t)$ 分别表示薛定谔表象和海森伯表象中对应的算符。态演化算子 $\mathcal{V}(t)$ 的形式解可以写成

$$\mathcal{V}(t) = T_\leftarrow \exp\left[\int_0^t \mathrm{d}s \mathcal{L}(s)\right] \tag{5.69}$$

其中，编时算符 $T_\leftarrow$ 表示按时间从大到小重新排列作用域中算符的次序。易见 $\mathcal{V}(t)$ 满足方程

$$\frac{\mathrm{d}}{\mathrm{d}t}\mathcal{V}(t) = \mathcal{L}(t)\mathcal{V}(t). \tag{5.70}$$

故 $\mathcal{V}(t)$ 的伴随算子 $\mathcal{V}^\dagger(t)$ 可以写成

$$\mathcal{V}^\dagger(t) = T_\rightarrow \exp\left[\int_0^t \mathrm{d}s \mathcal{L}^\dagger(s)\right] \tag{5.71}$$

其中，$T_\rightarrow$ 表示反编时算符。伴随算子 $\mathcal{L}^\dagger(t)$ 满足

$$\text{Tr}\{\hat{A}\mathcal{L}(t)[\rho(t)]\} = \text{Tr}\{\mathcal{L}^\dagger(t)[\hat{A}]\rho(t)\}.$$

同理可知，$\mathcal{V}^\dagger(t)$ 满足方程

$$\frac{\mathrm{d}}{\mathrm{d}t}\mathcal{V}^\dagger(t) = \mathcal{V}^\dagger(t)\mathcal{L}^\dagger(t). \tag{5.72}$$

有了上述定义准备以后，我们就可以讨论算符的主方程演化了。由于 $\hat{A}_H(t) = \mathcal{V}^\dagger(t)[\hat{A}]$，我们有

$$\frac{\mathrm{d}}{\mathrm{d}t}\hat{A}_H(t) = \frac{\mathrm{d}}{\mathrm{d}t}\mathcal{V}^\dagger(t)\hat{A} = \mathcal{V}^\dagger(t)[\mathcal{L}^\dagger(t)\hat{A}], \tag{5.73}$$

特别需要注意的是，上式中 $\mathcal{L}^\dagger(t)$ 先作用到 $\hat{A}$ 上，然后才是传播算子 $\mathcal{V}^\dagger(t)$。一般情况下，$\mathcal{V}^\dagger(t)$ 和 $\mathcal{L}^\dagger(t)$ 是不对易的。不过在 $\mathcal{L}^\dagger$ 不含时的情况下，$\mathcal{V}^\dagger(t)$ 和 $\mathcal{L}^\dagger$ 可以交换次序，此时有

$$\frac{\mathrm{d}}{\mathrm{d}t}\hat{A}_H(t) = \mathcal{L}^\dagger(t)[\mathcal{V}^\dagger\hat{A}] = \mathcal{L}^\dagger[\hat{A}_H(t)]$$
$$= \frac{1}{\mathrm{i}\hbar}[\hat{A}_H(t), \hat{H}] + \sum_k \gamma_k(\hat{L}_k^\dagger \hat{A}_H(t)\hat{L}_k - \frac{1}{2}\{\hat{L}_k^\dagger \hat{L}_k, \hat{A}_H(t)\}) + \hat{f}_A. \tag{5.74}$$

注意：这里在方程右边额外添加了噪声项 $\hat{f}_A$。由于 $\hat{f}_A$ 满足 $\langle\hat{f}_A\rangle=0$，所以在上述依赖于算符平均值相等 (见式 (5.68)) 的推导中并没有显现出来。然而一般说来，这样的项是必不可少的，因为它能保证算符在演化过程中对易关系仍然成立。后面的章节中 (见第六章中的方程 (6.63) 及相关内容) 我们会看到，它实际上就是算符 $\hat{A}$ 的朗之万噪声算符。

可以看到，方程 (5.74) 的右边只依赖于 t 时刻的算符值，与密度矩阵 $\rho(t)$ 满足的马尔可夫主方程 (5.29) 形成互补。实际使用中我们可以按具体的情况选择方程中一个，以方便问题讨论。

5.5 量子回归定理

在量子系统中，关联函数对于了解系统的各种重要物理特性有极为重要的作用。对于满足马尔可夫近似的开放体系，系统算符的关联函数实际上也可以通过求解主方程的方式得出。本节将具体介绍这一方法。它也被称为量子回归定理 (quantum regression theorem)。

具体地，考察系统算符 $\hat{O}(t)$ 的关联函数

$$\langle\hat{O}_1(t)\hat{O}_2(t+\tau)\rangle=\mathrm{Tr}_{SE}[\rho_{SE}(0)\hat{O}_1(t)\hat{O}_2(t+\tau)], \tag{5.75}$$

其中，$\rho_{SE}(0)$ 表示系统和环境的初始状态。假定系统和环境的总哈密顿量用 $\hat{H}$ 表示，则算符 $\hat{O}_i(t)$ 可以写成

$$\hat{O}_i(t)=\mathrm{e}^{\mathrm{i}\hat{H}t/\hbar}\hat{O}_i(0)\mathrm{e}^{-\mathrm{i}\hat{H}t/\hbar}.$$

同理可以把联合系统的状态改写成

$$\rho_{SE}(0)=\mathrm{e}^{\mathrm{i}\hat{H}t/\hbar}\rho_{SE}(t)\mathrm{e}^{-\mathrm{i}\hat{H}t/\hbar},$$

代入方程 (5.75) 后有

$$\langle\hat{O}_1(t)\hat{O}_2(t+\tau)\rangle=\mathrm{Tr}_S\left\{\hat{O}_2(0)\mathrm{Tr}_E\left[\mathrm{e}^{-\mathrm{i}\hat{H}\tau/\hbar}\rho_{SE}(t)\hat{O}_1(0)\mathrm{e}^{\mathrm{i}\hat{H}\tau/\hbar}\right]\right\}, \tag{5.76}$$

这里，我们假定了 $\hat{O}_i(t)$ 均为只作用在所考察系统上的算符。如果我们定义

$$\chi_{SE}(\tau)=\mathrm{e}^{-\mathrm{i}\hat{H}\tau/\hbar}\rho_{SE}(t)\hat{O}_1(0)\mathrm{e}^{\mathrm{i}\hat{H}\tau/\hbar},$$

则 $\chi_{SE}(\tau)$ 应满足如下类薛定谔演化方程

$$\frac{\mathrm{d}}{\mathrm{d}\tau}\chi_{SE}(\tau)=\frac{1}{\mathrm{i}\hbar}[\hat{H},\chi_{SE}(\tau)], \tag{5.77}$$

相应的初始条件变为 $\chi_{SE}(0) = \rho_{SE}(t)\hat{O}_1(0)$。注意，这里 χ_{SE} 不一定是厄米的，所以并不对应某个系统的量子态。

当系统的演化满足马尔可夫近似条件时，系统和环境总的密度矩阵 $\rho_{SE}(t)$ 可以近似写成直积的形式

$$\rho_{SE}(t) \simeq \rho(t) \otimes R_0,$$

这里，$\rho(t) = \mathrm{Tr}_E[\rho_{SE}(t)]$，$R_0$ 表示不随时间变化的环境状态。因此，上述关于 $\chi_{SE}(\tau)$ 的演化方程 (5.77) 中，相应的初始条件 $\chi_{SE}(0)$ 亦可以写成直积的形式：

$$\chi_{SE}(0) = \rho_{SE}(t)\hat{O}_1(0) \simeq [\rho(t)\hat{O}_1(0)] \otimes R_0. \tag{5.78}$$

由此我们得知，$\chi_{SE}(\tau)$ 和 $\rho_{SE}(t)$ 满足相同的动力学演化方程和初始条件。因此，在马尔可夫近似下，$\chi_{SE}(\tau)$ 在系统空间中约化状态 $\chi(\tau) = \mathrm{Tr}_E[\chi_{SE}(\tau)]$ 应该与 $\rho(t)$ 满足相同的主方程演化：

$$\frac{\mathrm{d}}{\mathrm{d}\tau}\chi(\tau) = \mathcal{L}[\chi(\tau)], \tag{5.79}$$

其形式解表示为

$$\chi(\tau) = \mathrm{e}^{\mathcal{L}\tau}[\chi(0)] = \mathrm{e}^{\mathcal{L}\tau}[\rho(t)\hat{O}_1(0)]. \tag{5.80}$$

将上式代入关联函数的表达式中，我们可以得到

$$\langle \hat{O}_1(t)\hat{O}_2(t+\tau) \rangle = \mathrm{Tr}_S\left\{ \hat{O}_2(0)\chi(\tau) \right\} = \mathrm{Tr}_S\left\{ \hat{O}_2(0)\mathrm{e}^{\mathcal{L}\tau}[\rho(t)\hat{O}_1(0)] \right\}. \tag{5.81}$$

由此可以看到，关联函数 $\langle \hat{O}_1(t)\hat{O}_2(t+\tau) \rangle$ 可以看作是算符 $\hat{O}_2$ 在状态 $\chi(\tau)$ 下的平均值。又 $\chi(\tau)$ 满足的方程 (5.79) 和系统密度矩阵满足的主方程形式是一样的，区别只在于初始状态不同，所以只要我们求解了系统的主方程，系统算符的关联函数就能很容易地被求解出来。

利用相同的方法，可以证明

$$\langle \hat{O}_1(t+\tau)\hat{O}_2(t) \rangle = \mathrm{Tr}_S\left\{ \hat{O}_1(0)\mathrm{e}^{\mathcal{L}\tau}[\hat{O}_2(0)\rho(t)] \right\}, \tag{5.82}$$

$$\langle \hat{O}_1(t)\hat{O}_2(t+\tau)\hat{O}_3(t) \rangle = \mathrm{Tr}_S\left\{ \hat{O}_2(0)\mathrm{e}^{\mathcal{L}\tau}[\hat{O}_3(0)\rho(t)\hat{O}_1(0)] \right\}. \tag{5.83}$$

更一般地，假定系统的某个算符平均值满足演化方程

$$\frac{\mathrm{d}}{\mathrm{d}t}\langle \hat{A}_\mu \rangle = \frac{\mathrm{d}}{\mathrm{d}t}\mathrm{Tr}_S[\hat{A}_\mu\rho(t)] = \mathrm{Tr}_S\{\hat{A}_\mu\mathcal{L}[\rho(t)]\} = \sum_\lambda M_{\mu\lambda}\mathrm{Tr}_S[\hat{A}_\lambda\rho(t)], \tag{5.84}$$

其中，$\hat{A}_\lambda$ 为作用在系统上的相关算符。依据上面的量子回归定理，我们就可以得到，对任意给定的另一个系统算符 $\hat{O}$，有下面的关系成立：

$$\frac{\mathrm{d}}{\mathrm{d}\tau}\langle\hat{O}(t)\hat{A}_\mu(t+\tau)\rangle = \mathrm{Tr}_S\left\{\hat{A}_\mu(0)\mathcal{L}[\rho(t)\hat{O}(0)]\right\}$$
$$= \sum_\lambda M_{\mu\lambda}\langle\hat{O}(t)\hat{A}_\lambda(t+\tau)\rangle. \tag{5.85}$$

上式表明，关联函数 $\langle\hat{O}(t)\hat{A}_\mu(t+\tau)\rangle\,(\tau\geqslant 0)$ 与平均值 $\langle\hat{A}_\mu(t+\tau)\rangle$ 满足相同的演化方程。以此类推，我们可以得到

$$\frac{\mathrm{d}}{\mathrm{d}\tau}\langle\hat{A}_\mu(t+\tau)\hat{O}(t)\rangle = \sum_\lambda M_{\mu\lambda}\langle\hat{A}_\lambda(t+\tau)\hat{O}(t)\rangle, \tag{5.86}$$

$$\frac{\mathrm{d}}{\mathrm{d}\tau}\langle\hat{O}_1(t)\hat{A}_\mu(t+\tau)\hat{O}_2(t)\rangle = \sum_\lambda M_{\mu\lambda}\langle\hat{O}_1(t)\hat{A}_\lambda(t+\tau)\hat{O}_2(t)\rangle. \tag{5.87}$$

以谐振子系统为例，马尔可夫近似下算符的演化方程为

$$\frac{\mathrm{d}}{\mathrm{d}t}\langle\hat{a}(t)\rangle = -\left(\frac{\gamma}{2}+\mathrm{i}\omega_0\right)\langle\hat{a}(t)\rangle \tag{5.88}$$

依据回归定理，就可以写出系统关联的演化为

$$\frac{\mathrm{d}}{\mathrm{d}\tau}\langle\hat{a}^\dagger(t)\hat{a}(t+\tau)\rangle = -\left(\frac{\gamma}{2}+\mathrm{i}\omega_0\right)\langle\hat{a}^\dagger(t)\hat{a}(t+\tau)\rangle, \tag{5.89}$$

从而有

$$\begin{aligned}
\langle\hat{a}^\dagger(t)\hat{a}(t+\tau)\rangle &= \langle\hat{a}^\dagger(t)\hat{a}(t)\rangle\mathrm{e}^{-(\frac{\gamma}{2}+\mathrm{i}\omega_0)\tau}\\
&= [\langle\hat{n}(0)\rangle\mathrm{e}^{-\gamma t}+\bar{n}(1-\mathrm{e}^{-\gamma t})]\mathrm{e}^{-(\frac{\gamma}{2}+\mathrm{i}\omega_0)\tau}\\
&\xrightarrow{t\to\infty}\bar{n}\mathrm{e}^{-(\frac{\gamma}{2}+\mathrm{i}\omega_0)\tau}.
\end{aligned} \tag{5.90}$$

上式中，我们利用了前面的结果 (5.53)

$$\langle\hat{n}(t)\rangle = (\langle\hat{n}(0)\rangle-\bar{n})\,\mathrm{e}^{-\gamma t}+\bar{n},$$

这里，$\bar{n}$ 是热库的平均激发数。

同样，利用

$$\frac{\mathrm{d}}{\mathrm{d}t}\langle\hat{n}(t)\rangle = -\gamma\langle\hat{n}(t)\rangle+\gamma\bar{n}, \tag{5.91}$$

并依据回归定理，我们即可得到

$$\frac{\mathrm{d}}{\mathrm{d}t}\langle\hat{a}^\dagger(t)\hat{n}(t+\tau)\hat{a}(t)\rangle = -\gamma\langle\hat{a}^\dagger(t)\hat{n}(t+\tau)\hat{a}(t)\rangle+\gamma\bar{n}\langle n(t)\rangle. \tag{5.92}$$

求解上述方程的形式解为

$$\langle \hat{a}^\dagger(t)\hat{n}(t+\tau)\hat{a}(t)\rangle = \langle \hat{a}^\dagger(t)\hat{n}(t)\hat{a}(t)\rangle e^{-\gamma\tau} + \bar{n}\langle n(t)\rangle(1-e^{-\gamma\tau}), \tag{5.93}$$

其中，$\langle n(t)\rangle$ 由方程 (5.53) 给出，$\langle \hat{a}^\dagger(t)\hat{n}(t)\hat{a}(t)\rangle$ 可以通过主方程 (5.45) 求得

$$\begin{aligned}\langle \hat{a}^\dagger(t)\hat{n}(t)\hat{a}(t)\rangle &= \langle \hat{a}^{\dagger 2}(t)\hat{a}^2(t)\rangle\\ &= 2\bar{n}(1-e^{-\gamma t})\big[2\langle \hat{n}(0)\rangle e^{-\gamma t} + \bar{n}(1-e^{-\gamma t})\big]\\ &\quad + [\langle \hat{n}^2(0)\rangle - \langle \hat{n}(0)\rangle]e^{-2\gamma t}.\end{aligned} \tag{5.94}$$

当系统处于稳态时 (对应 $t\to\infty$)，我们有

$$\lim_{t\to\infty}\langle \hat{a}^\dagger(t)\hat{n}(t)\hat{a}(t)\rangle = 2\bar{n}^2, \tag{5.95a}$$

$$\lim_{t\to\infty}\langle \hat{n}(t)\rangle = \bar{n}, \tag{5.95b}$$

从而可得

$$\lim_{t\to\infty}\langle \hat{a}^\dagger(t)\hat{n}(t+\tau)\hat{a}(t)\rangle = \bar{n}^2(1+e^{-\gamma\tau}). \tag{5.96}$$

5.6　量子轨迹方法

前面的讨论中，我们介绍了描述开放系统的主方程方法。为了获得系统的动力学特性，求解系统的主方程就变得必不可少了。在传统的方法中，我们需要求解系统密度矩阵的每个矩阵元所对应的演化方程。对于维数为 N 的系统，这样的方程个数正比于 N^2。在 N 很大的时候，计算的规模是不容小觑的。特别是对于多体系统，系统的维数 N 随着粒子个数呈指数增长，相应的主方程的求解也变得越来越困难，甚至无法处理。

量子轨迹方法 (quantum trajectory method) 是一种数值求解耗散系统动力学的方法 [10,11]。这种方法大约在 20 世纪 90 年代发展成熟，现今它已经成为求解主方程，特别是多自由度、大系统主方程演化的有力工具。量子轨迹方法的主要特点是，把求解主方程的演化分解成一系列求解系统纯态演化的问题。由于演化过程中存在随机变量，所以每次演化的结果是不同的，对应不同的态演化轨迹。最终系统的演化是把这些单次的纯态演化轨迹进行统计求平均得到的。当系统的维数很大时，求解纯态的演化比直接计算系统的密度矩阵要容易得多，所以该方法能将一个复杂的问题约化成一系列相对较为简单的问题，从而方便问题的解决。当然作为代价，为了得到足够精确的结果，量子轨迹方法所需要轨迹的数目原则上越多越好。由于过多的轨迹数目无形中又增大了计算时间，所以在实际使用中，需要我们在上述因素之间取均衡以达到最佳的计算效率。

需要注意的是，由于早期研究中不同的研究小组对该方法的叫法不一，所以文献中经常也称这一方法为"量子跳跃方法"(quantum jump method)，或"蒙特卡罗波函数方法"(Monte Carlo wave-function method)。实际应用中，这些方法也略有区别，不过在数学上这些方法都是等价的[10,11]。

利用量子轨迹方法求解主方程一般可以分成下面几个步骤来进行。

(1) 首先选择每次演化的初始状态。对于系统为纯态的情况，初态在每次演化中是固定的；而对于初始为混合态 ρ_0 的系统，对每一次单轨迹演化，我们选择的初始纯态 $|\psi_i\rangle$ 应包含在 $\rho_0 = \sum_i p_i|\psi_i\rangle\langle\psi_i|$ 的纯态系综分解中，并使得选取的概率等于 p_i。如此就可以保证当我们对所有的轨迹求平均后所得到的结果即对应于混合态 ρ_0 的演化。

(2) 对于选定的初态 $|\psi(0)\rangle$，我们先计算其在有效哈密顿量 $\hat{H}_e$ 下的演化，从而得出系统在 $t + \delta t$ 时刻的状态为

$$|\widetilde{\psi}(t + \delta t)\rangle = (1 - \mathrm{i}\hat{H}_e/\hbar)|\psi(t)\rangle. \tag{5.97}$$

以主方程 (5.29) 为例，这里 $\hat{H}_e$ 的具体形式为

$$\hat{H}_e = \hat{H} - \mathrm{i}\frac{\hbar}{2}\sum_k \gamma_k \hat{L}_k^\dagger \hat{L}_k. \tag{5.98}$$

由于 $\hat{H}_e$ 含有描述耗散的虚部，$|\widetilde{\psi}(t + \delta t)\rangle$ 的模一般小于 1，

$$\begin{aligned}\langle\widetilde{\psi}(t + \delta t)|\widetilde{\psi}(t + \delta t)\rangle &= \langle\psi(t)|(1 + \mathrm{i}\hat{H}_e^\dagger \delta t/\hbar)(1 - \mathrm{i}\hat{H}_e \delta t/\hbar)|\psi(t)\rangle \\ &= 1 - \delta p,\end{aligned} \tag{5.99}$$

其中

$$\begin{aligned}\delta p &= \delta t\langle\psi(t)|\mathrm{i}(\hat{H}_e - \hat{H}_e^\dagger)/\hbar)|\psi(t)\rangle \\ &= \delta t\sum_m \gamma_m\langle\hat{L}_m^\dagger \hat{L}_m\rangle \\ &= \sum \delta p_m\end{aligned} \tag{5.100}$$

为系统所有耗散通道所导致的布居数减少比例，而 δp_m 则对应第 m 个通道 $\hat{L}_m$ 发生的耗散概率。

(3) 在开放系统中，体系状态在演化中会发生耗散。耗散一旦发生，系统的信息将被环境获取，同时系统状态发生塌缩。环境在这里充当了一个观测者。为了模拟这种观测过程，我们假定系统有 $(1 - \delta p)$ 的概率不发生塌缩，此时系统的状态为

$$|\psi(t + \delta t)\rangle = \frac{|\widetilde{\psi}(t + \delta t)\rangle}{\sqrt{1 - \delta p}}. \tag{5.101}$$

相应地，系统有 δp 的总概率发生塌缩。对每一个塌缩通道 $\hat{L}_m$，塌缩后的系统状态为

$$|\psi(t+\delta t)\rangle = \frac{\sqrt{\gamma_m}\hat{L}_m|\psi(t)\rangle}{\sqrt{\delta p_m/\delta t}}. \tag{5.102}$$

所以在发生耗散塌缩的所有通道中，$\hat{L}_m$ 被选取的概率占比为 $P_m = \delta p_m/\delta p$。数值上，为模拟上述两次概率选取过程，我们可以先设定一个在区间 $[0,1]$ 均匀分布的随机变量 r_1。当 $r_1 > \delta p$ 时，我们就认定此时系统没有发生耗散塌缩过程，系统对应的状态为 $|\psi(t+\delta t)\rangle$；而当 $r_1 \leqslant \delta p$ 时，系统会发生跃迁 $\hat{L}_m$。$\hat{L}_m$ 的选取可以用另一个在区间 $[0,1]$ 均匀分布的随机变量 r_2 来实现。具体的做法是：我们先把总的概率 $\delta p = \sum_m \delta p_m$ 归一化，然后再把区间 $[0,1]$ 分成 M 段，其中第 m 段的长度为 $\delta p_m/\delta p$，对应跃迁 $\hat{L}_m$ 发生的概率。当随机变量 r_2 落在第 r 个区间时，我们就选择跃迁算符 $\hat{L}_r$ 来确定系统的演化状态。

　　可以证明，经过这样多次的模拟计算，再对不同计算轨迹的结果求统计平均后，就得到了系统主方程的动力学演化。具体地，若令 $\Psi(t) = |\psi(t)\rangle\langle\psi(t)|$，则在 $(t+\delta t)$ 时刻系统的状态为

$$\overline{\Psi(t+\delta t)} = (1-\delta p)|\psi(t+\delta t)\rangle\langle\psi(t+\delta t)| + \delta p\sum_m P_m\gamma_m \frac{\hat{L}_m|\psi(t)\rangle\langle\psi(t)|\hat{L}_m^\dagger}{\sqrt{\delta p_m/\delta t}\sqrt{\delta p_m/\delta t}},$$

其中符号 $\bar{X}$ 表示对所有轨迹求平均后所得到的结果。利用

$$|\psi(t+\delta t)\rangle = \frac{1}{\sqrt{1-\delta p}}|\widetilde{\psi}(t+\delta t)\rangle = \frac{1}{\sqrt{1-\delta p}}(1-\mathrm{i}\hat{H}_e\delta t)|\psi(t)\rangle, \tag{5.103}$$

我们就可以得到

$$\overline{\Psi(t+\delta t)} = \Psi(t) + \frac{\delta t}{\mathrm{i}\hbar}[\hat{H}_e\Psi(t) - \Psi(t)\hat{H}_e^\dagger] + \delta t\sum_m \gamma_m\hat{L}_m\sigma(t)\hat{L}_m^\dagger, \tag{5.104}$$

再对所有的纯态轨迹求平均，即可得到总的密度矩阵演化为

$$\dot{\rho}(t) = \frac{1}{\mathrm{i}\hbar}[\hat{H}_e, \rho(t)] + \sum_m \gamma_m\hat{L}_m\rho(t)\hat{L}_m^\dagger, \tag{5.105}$$

这正是我们需要求解的系统主方程。需要强调的是，这里证明等价性的方法不依赖于 δt 的选取，不过对于较大的 δt，上述讨论中的一级近似变得不够精确，故在实际应用中，我们仍然需要选取适当的小量 δt，使得演化的一级近似展开得以成立。

　　上述介绍的量子轨迹法为求解主方程提供了强有力的手段。在实际应用中，有时候需要达到更高的计算精度。为提高精度，一个很直接的想法是利用更高精度的算法求解 $|\widetilde{\psi}(t+\delta t)\rangle \simeq \exp(\hat{H}_e\delta t/\mathrm{i}\hbar)|\psi(t)\rangle$。然而，进一步的分析发现，由于我们事先

设定了时间步长 δt, 当考虑长时间演化时, 这一设定使得相邻两次跃迁发生的时间间隔总是 δt 的倍数。这与实际情况是不相符的, 所以上述算符对系统发生跃迁的时间估计上总是存在一个正比于 δt 的误差, 这一特性与具体求解 $|\widetilde{\psi}(t+\delta t)\rangle$ 的算法无关, 故单纯地改变计算 $|\widetilde{\psi}(t+\delta t)\rangle$ 方法并不能提高求解的精度。

为了克服上述对跃迁时间估计的不确定性, 一个修正的且具有更高计算精度的量子轨迹方法可以用下面的步骤来实现:

(1) 与前面介绍的方法类似, 对每一条轨迹, 我们选择适当的演化初始态。

(2) 利用随机数发生器生成一个在 0 到 1 之间均匀分布的随机数 r_1。

(3) 计算系统下一次发生跃迁的时间 τ, τ 满足的条件为

$$P_0(\tau) = ||\mathrm{e}^{-\mathrm{i}\hat{H}_e\tau/\hbar}|\psi(t_0)\rangle||^2. \tag{5.106}$$

这一步在实际计算时可以采用高精度的龙格-库塔法 (Runge-Kutta methods), 或者其他高效高精度的算法来实现, 以提升计算的精度和效率。

(4) 求出 $t \in [t_0, t_0+\tau]$ 之间任一时刻的系统波函数

$$|\psi(t)\rangle = \frac{\mathrm{e}^{-\mathrm{i}\hat{H}_e(t-t_0)/\hbar}|\psi(t_0)\rangle}{||\mathrm{e}^{-\mathrm{i}\hat{H}_e(t-t_0)/\hbar}|\psi(t_0)\rangle||}. \tag{5.107}$$

(5) 在 $t = t_0+\tau$ 时刻, 系统发生量子跃迁。跃迁算符的种类可以用前面类似的方法, 通过引入随机变量 r_2 来确定。假定发生跃迁时对应的算符为 $\hat{L}_m$, 则跳变后系统的状态变为

$$|\psi(t_0+\tau^+)\rangle = \frac{\hat{L}_m|\psi(t_0+\tau^-)\rangle}{||\hat{L}_m|\psi(t_0+\tau^-)\rangle||}, \tag{5.108}$$

其中 $|\psi(t_0+\tau^-)\rangle$ 表示跳变发生前的系统状态波函数, 它可以用步骤 (4) 中的方法求得, 而 $|\psi(t_0+\tau^+)\rangle$ 则为跳变发生后系统的状态。

(6) 以步骤 (5) 中得到的状态为初始态, 再选择新的随机变量取值 r_1, 从步骤 (2) 开始重复上述过程。

可以看到, 在这种求解方法中, 跳变只发生在某个特定的时间点, 从而消除前面方法在处理跳变时间点上的不确定性, 再者动力部分采取了高精度的算法, 从而大大调高了整个算法的精度。

图 5.1 给出了利用量子轨迹方法求解的耗散两能级系统的布居动力学演化。相应的主方程形式为

$$\dot{\rho}(t) = -\mathrm{i}\left[\frac{1}{2}\Delta\hat{\sigma}_z + \eta\hat{\sigma}_x, \rho(t)\right] + \frac{\gamma}{2}D(\hat{\sigma}^-)[\rho], \tag{5.109}$$

其中, Δ 是失谐量, η 为耦合参数, γ 为环境噪声导致的上能级退相干速率, 耗散算符 $D(\hat{\sigma}^-)$ 的定义为

$$D(\hat{\sigma}_-)[\rho] = 2\hat{\sigma}_-\rho\hat{\sigma}_+ - \{\rho, \hat{\sigma}_+\hat{\sigma}_-\}. \tag{5.110}$$

可以看到，计算过程中包含量子轨迹数目越多，所得到的结果越接近精确的主方程动力学演化。同样，图 5.2 给出了有耗散的 J-C 模型的动力学行为，相应的演化方程为

$$\dot{\rho}(t) = -\mathrm{i}\left[\frac{1}{2}\Delta\hat{\sigma}_z + \lambda(\hat{\sigma}_+\hat{a} + \hat{\sigma}_-\hat{a}^\dagger), \rho(t)\right] + \frac{\gamma}{2}D(\hat{\sigma}^-)[\rho]$$
$$+ \frac{\kappa}{2}(\bar{n}+1)D(\hat{a})[\rho] + \frac{\kappa}{2}\bar{n}D(\hat{a}^\dagger)[\rho], \tag{5.111}$$

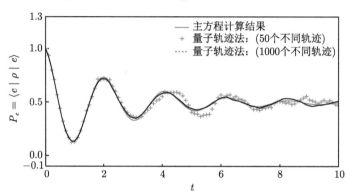

图 5.1 耗散的两能级原子的主方程演化及量子轨迹求解的结果对比。其他的参数设定为
$\Delta = 0$，$\eta = 1.5$，及 $\gamma = 0.5$。初态原子处在上能级 $|e\rangle$

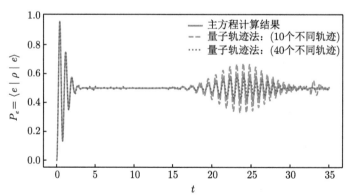

图 5.2 耗散 J-C 模型的主方程演化及量子轨迹求解的结果对比。这里的参数设定为
$\Delta = -0.2$，$\lambda = 1.0$，$\gamma = 0.01$，$\kappa = 0.001$，及 $\bar{n} = 0.75$。初态时，原子处在下能态 $|g\rangle$，而光场处在相干态 $|\alpha = 4.0\rangle$

其中，κ 描述了光场模式 a 与噪声环境耦合所导致的退相干速率；$\bar{n}$ 为环境中的平均光子数。其他各参数的定义可以参考方程 (4.116) 及 (5.109)。可以看到，对于初始相干态，系统的崩塌-复原现象在轨迹数目达到 40 时，就可以很精确地呈现出来。

最后我们再次强调，对于 Lindblad 主方程而言，描述系统耗散的跃迁算符 $\hat{L}_m$ 理论可以有不同的选择方式。然而，实际发生的物理过程中，一般需要特定的跃迁算子来刻画。由于不同跃迁算符对测量信号的分析可能会有影响，所以求解问题时，应依据实际的物理情况选取相应的跃迁算符。

5.7　集体退相干及无消相干子空间

主方程理论告诉我们，对于系统环境耦合的复合体系，在马尔可夫近似下，环境对系统的影响可以用一组 Lindblad 算子来表示。然而在实际应用中，环境所导致的退相干会让系统的量子效应消失，从而会让系统变成一个经典系统。所以寻找合适的方法来对抗、甚至克服系统退相干的影响，一直是量子操控，特别是量子计算所期待解决的问题。研究表明，借助与经典编码类似的思想，在某些特殊情况下，我们可以让系统免去环境退相干的影响，这就是本节中要介绍的无消相干子空间 (decoherence free space, DFS) 思想 [12–15]。

以经典传输为例，如果信道以一定的概率发生 $0 \to 1$ 和 $1 \to 0$ 之间的翻转错误，则当 Alice 只发送一个比特信息给 Bob 时，Bob 获得信息后并不能判断所接收到的信息是否出错。假定现在 Alice 和 Bob 事先约定改变信息编码的方式，即以 00 或 11 来表示信号 0，而用 01 或 10 来表示信号 1，那么当 00 或 11 通过传输信道时，如果信道的翻转错误是同时作用在这两个比特信号上，则出错后传输信号改变为 $00 \to 11$ 或 $11 \to 00$。可以看到，不管是哪种改变，Bob 接收到信息后均能解码得到正确的传输信息 0，从而传输成功。对于 Alice 发送信号 01 或 10 的情况，同样分析可知，Bob 也一定可以得到正确的信号 1。可见，通过改变信号的编码方式，传输信道对信号的干扰就可以被屏蔽掉。

上述思路同样也可以应用到量子态上。例如，对于一个有相位退相干的信道，当我们用它传送信号时，由于环境干扰导致的信号改变为

$$|0\rangle \to |0\rangle, \quad |1\rangle \to \mathrm{e}^{\mathrm{i}\phi}|1\rangle, \tag{5.112}$$

其中，ϕ 表示一随机相位。现在我们要用该信道传送 N 个相同的量子比特。如果每个比特单独传送，则对于初始纯态 $|\psi\rangle = a|0\rangle + b|1\rangle$，随机相位 ϕ_j 的引入会使得输出态所对应的密度矩阵为

$$\rho = \int \mathrm{d}\phi |\psi\rangle\langle\psi| \sim |a|^2 |0\rangle\langle 0| + |b|^2 |1\rangle\langle 1|. \tag{5.113}$$

可见，系统的相干性完全消失了，所需的信息无法被提取。然而，如果我们考察两量子比特组成的联合空间，则当这两比特一道传输时，信道对它们的作用可以表示为

$$|00\rangle \to |00\rangle, \qquad\qquad |11\rangle \to \mathrm{e}^{\mathrm{i}2\phi}|11\rangle, \tag{5.114a}$$

$$|01\rangle \to e^{i\phi}|01\rangle, \qquad\qquad |10\rangle \to e^{i\phi}|10\rangle. \qquad\qquad (5.114b)$$

此时，对于由状态 $|01\rangle$ 及 $|10\rangle$ 所组成的复合子空间，信道的作用只是附加了一个整体相位。如果 Alice 和 Bob 约定将信息编码在这两个状态组成的子空间中，即 $|0_L\rangle = |01\rangle$ 和 $|1_L\rangle = |10\rangle$，则对任意的输入态 $|\psi_L\rangle = a|0_L\rangle + b|1_L\rangle$，通过信道后有 $|\psi_L\rangle \to e^{i\phi}|\psi_L\rangle$。可见，系统只是多了一个没有测量效应的整体相位，环境对信息的干扰被完美地屏蔽掉了。

上述例子就是一个最简单的实现 DFS 的例子。它的核心思想就是在多比特系统中寻找合适的复合子空间，来对抗环境所导致的系统退相干。这样的子空间就是 DFS，它为在噪声环境中实现有效的相干量子调控提供了可能的途径。需要注意的是，并不是任意一个给定的多粒子系统均能找到相应的 DFS 子空间。下面我们将从系统的哈密顿量出发，给出判断一个系统是否会有 DFS 的标准。

假定联合系统的哈密顿量为

$$\hat{H} = \hat{H}_S \otimes \hat{I}_E + \hat{I}_S \otimes \hat{H}_E + \hat{H}_{SE}, \qquad \hat{H}_{SE} = \sum_\alpha \hat{S}_\alpha \otimes \hat{B}_\alpha. \qquad (5.115)$$

这里，$\hat{S}_\alpha$ 为作用在系统上的算符，$\hat{B}_\alpha$ 为相应的热库环境算符。假定系统中存在 DFS，记为 $\hat{H}_G$，则可以把系统的希尔伯特空间 $\hat{H}_S$ 变成两部分 $\hat{H}_S = \hat{H}_G \oplus \hat{H}_N$，其中 $\hat{H}_N$ 为 $\hat{H}_G$ 正交补空间。如果我们把 $\hat{H}_G$ 中的基矢量记为 $|r_j\rangle$，则 $\hat{H}_G$ 要形成系统中的 DFS，需要满足下面的条件。

(1) 系统的初态要完全落在 $\hat{H}_G$ 中，即 $\rho_S(0) = \rho_G(0) \oplus 0 = \sum_{i,j} \alpha_{ij}|r_i\rangle\langle r_j|$；

(2) 每一个 $\hat{H}_G$ 中的基矢量均是系统算符 $\hat{S}_\alpha$ 的本征矢量，即有 $\hat{S}_\alpha|r_j\rangle = C_\alpha|r_j\rangle$，且 C_α 不依赖于基矢 $|r_j\rangle$ 选取；

(3) $\hat{H}_S$ 作用到 $|r_j\rangle$ 后，结果仍包含在 $\hat{H}_G$ 中。

可以证明，一旦上述条件满足后，系统状态的演化即可写成

$$\rho_S(t) = \mathrm{Tr}_B\{U(t)[\rho_S(0) \otimes \rho_B(0)]U^\dagger(t)\} = U_S(t)\rho_G(0)U_S^\dagger(t) \in \hat{H}_G, \quad (5.116)$$

其中，$U(t) = \exp(-i\hat{H}t/\hbar)$ 及 $U_S(t) = \exp(-i\hat{H}_S t/\hbar)$。这是因为对于任何一个直积态 $|r_i\rangle \otimes |\beta_j\rangle$（$|\beta_j\rangle$ 表示环境的状态，我们有

$$\hat{H}|r_i\rangle \otimes |\beta_j\rangle = (\hat{H}_S \otimes \hat{I}_E)|r_i\rangle \otimes |\beta_j\rangle + |r_i\rangle \otimes (\hat{H}_E|\beta_j\rangle) + \sum_\alpha C_\alpha |r_i\rangle \otimes (\hat{B}_\alpha|\beta_j\rangle)$$

$$= \left[\hat{H}_S \otimes \hat{I}_E + \hat{I}_S \otimes \hat{H}_E'\right]|r_i\rangle \otimes |\beta_j\rangle, \qquad\qquad (5.117)$$

其中，$\hat{H}_E' = \hat{H}_E + \sum_\alpha C_\alpha \hat{B}_\alpha$；相应地，体系总的含时演化可以等效成系统和环境不耦合的系统

$$U(t)|r_i\rangle \otimes |\beta_j\rangle = U_S(t) \otimes U_E(t)(|r_i\rangle \otimes |\beta_j\rangle), \qquad\qquad (5.118)$$

其中，$U_E(t) = \exp(-\mathrm{i}\hat{H}'_E t/\hbar)$。所以对任何落在空间 $\hat{H}_G$ 中的系统状态，其等效演化就相当于一个不受环境干扰的幺正操作，没有退相干效应，从而 $\hat{H}_G$ 即为系统的 DFS。

作为一个支持 DFS 存在的例子，我们考察 N 个两能级原子组成的复合系统，它们共同耦合一个相同的热库环境。以谐振子热库为例，在一般的系统中，原子之间的距离较远，故各个原子所感受到的环境之间彼此近似独立，每个原子受各自独立的环境干扰而独立退相干。在这种假设下，系统和环境的耦合相互作用过于复杂，所以一般无法找到满足上述条件 "2" 的 DFS 子空间。在另一种极限下，如果原子靠得很近，以至于原子间距在环境声子或光子看来几乎可以忽略。此时，原子作为一个整体共同耦合到同一个热库环境。考虑到多原子系统中丰富的内在自由度，以及原子之间的交换对称性，一般可以找到满足上述条件的 DFS 子空间。

具体地，假定系统和环境的耦合形式可以记为 $\hat{H}_{SE} = \hat{J}_z \otimes \hat{B}_z$，其中 $\hat{B}_z$ 表示环境的某个算符，$\hat{J}_z$ 为 N 个二能级原子的集体算符

$$\hat{J}_z = \frac{1}{2} \sum_{i=1}^{N} \hat{\sigma}_z^{(i)}, \tag{5.119}$$

$\hat{\sigma}_z^{(i)}$ 为第 i 个原子的 Pauli 算符。当 $N = 2$ 时，容易看到，J_z 的本征值和相应的本征态为

$$\begin{cases} \hat{J}_z |00\rangle \to |00\rangle, \\ \hat{J}_z \{|01\rangle, |10\rangle\} \to 0, \\ \hat{J}_z |11\rangle \to -|11\rangle. \end{cases} \tag{5.120}$$

相应的 DFS 子空间记为 $\mathcal{H}_{N=2}(1)$、$\mathcal{H}_{N=2}(0)$、$\mathcal{H}_{N=2}(-1)$。此时子空间 $\mathcal{H}_{N=2}(0)$ 是两维的，可以用来编码量子比特。对于 $N = 3$ 比特的情形，同样可以得到系统的 DFS 子空间为

$$\mathcal{H}_{N=3}\left(\frac{3}{2}\right) = \{|000\rangle\}, \tag{5.121a}$$

$$\mathcal{H}_{N=3}\left(\frac{1}{2}\right) = \{|001\rangle, |010\rangle, |100\rangle\}, \tag{5.121b}$$

$$\mathcal{H}_{N=3}\left(-\frac{1}{2}\right) = \{|011\rangle, |101\rangle, |110\rangle\}, \tag{5.121c}$$

$$\mathcal{H}_{N=3}\left(-\frac{3}{2}\right) = \{|111\rangle\}. \tag{5.121d}$$

同一个 DFS 中的状态在 $\hat{H}_{SE}$ 的作用下只给出一个整体相因子。但是不同 DFS 中的状态经过哈密顿量 $\hat{H}_{SE}$ 作用后，在不同 DFS 子空间之间会引入相对相位。这样的状态就不再符合 DFS 演化的要求了。

对于更一般相互作用下，我们也可以讨论多粒子系统中 DFS 的存在情况。例如，假定系统和环境的耦合形式为

$$\hat{H}_{SE} = \sum_i \hat{\sigma}_+^{(i)} \otimes \sum_k g_k^* \hat{b}_k + \sum_i \hat{\sigma}_-^{(i)} \otimes \sum_k g_k \hat{b}_k^\dagger + \sum_i \hat{\sigma}_z^{(i)} \otimes \sum_k g_k^z (\hat{b}_k + \hat{b}_k^\dagger),$$

这里，$\hat{b}_k$ 为环境中光子或声子的湮灭算符，g_k 和 g_k^z 分别对应原子与环境不同耦合类型的强度。由于原子共同耦合相同的热库环境，所以 g_k 和 g_k^z 与原子的编号无关。定义原子的集体算符

$$\hat{J}_\alpha = \sum_i \hat{\sigma}_\alpha^{(i)}, \qquad \alpha = +, -. \tag{5.122}$$

可以验证，集体算符满足对易关系

$$[\hat{J}_\pm, \hat{J}_z] = \pm \hat{J}_\pm, \quad [\hat{J}_-, \hat{J}_+] = 2\hat{J}_z, \tag{5.123}$$

所以它们组成标准的角动量代数，且

$$\hat{J}_x = \frac{1}{2}, \qquad \hat{J}_y = \frac{i}{2}(\hat{J}_+ - \hat{J}_-). \tag{5.124}$$

N 个原子的联合状态可以用系统的守恒量 ($\hat{J}^2 = \hat{J}_x^2 + \hat{J}_y^2 + \hat{J}_z^2, J_z$) 来表示

$$\hat{J}^2|J,m\rangle = J(J+1)|J,J_z\rangle, \quad \hat{J}_z|J,m\rangle = m|J,m\rangle, \tag{5.125}$$

其中各量子数取值为 $J \in \left\{0, \frac{1}{2}, 1, \cdots, \frac{N}{2}\right\}$ 及 $m \in \{-J, -J+1, \cdots, J\}$。

要使得 DFS 子空间存在，我们需要在原子系统中找到一组状态 $|r_i\rangle$，使得其为算符 $\hat{J}_\alpha$ 的共同本征态 $\hat{J}_\alpha|r_i\rangle = C_\alpha|r_i\rangle$。我们先考察简单情况。对单一原子系统，很容易看到，这样的状态是不存在的。对于双原子系统，总角动量耦合后有两种可能 $J=0$ 和 $J=1$，分别对应单重态和三重态，具体形式为

$$|s\rangle = |J=0, J_z=0\rangle = \frac{1}{\sqrt{2}}(|01\rangle - |10\rangle), \tag{5.126a}$$

$$|t^+\rangle = |J=1, J_z=1\rangle = |00\rangle, \tag{5.126b}$$

$$|t^0\rangle = |J=1, J_z=0\rangle = \frac{1}{\sqrt{2}}(|01\rangle + |10\rangle), \tag{5.126c}$$

$$|t^-\rangle = |J=1, J_z=-1\rangle = |11\rangle. \tag{5.126d}$$

对于单重态 $|J=0, J_z=0\rangle$，我们有 $\hat{J}_\alpha|J=0, J_z=0\rangle = 0$ 成立，所以它是系统算符 $\hat{J}_\alpha$ 的共同本征态。而对三重态，由于 $\hat{J}_\alpha$ 不相互对易，$|J=1, J_z=-1, 0, 1\rangle$

中不存在它们的共同本征态。综合起来，对于 $N = 2$ 的情况，系统的 DFS 为 1 维的单重态。

对于更多粒子 $N > 2$ 的情况，我们也可以按照上面的思路逐一讨论。对于所有总角动量 $J \neq 0$ 的子空间，由于 J_α 不相互对易，所以该子空间中不存在算符 J_α 的共同本征态。所以对多原子系统，要找到 DFS，我们只需要关注耦合后的总角动量 $J = 0$ 的子空间就可以了。

以三原子情况为例，系统总的角动量取值可以从两原子的基础上得到。容易得知，对于两原子耦合，总角动量可能取值为 $J = 0$ 或 1。当再加入第三个自旋为 1/2 的原子时，总角动量的取值只可能为 $J = 1/2$ 和 3/2。由于不存在 $J = 0$ 的情况，故此时系统不支持 DFS。

对于更多原子的情况，从上面的分析中可以知道，所有总耦合角动量为 $J = 0$ 的子空间都满足 DFS 的条件，所以我们只需要将它们一一找出来即可。利用角动量耦合的矢量模型，我们可以很容易得出所有满足 $J = 0$ 的状态数目。例如，对于 4 原子情形，图 5.3 显示有两种不同的耦合方式可以得到 $J = 0$，从而对应不同的物理状态，具体形式可以写成

$$|\bar{0}\rangle = |s\rangle_{12} \otimes |s\rangle_{34} = \frac{1}{\sqrt{2}}(|01\rangle - |10\rangle) \otimes \frac{1}{\sqrt{2}}(|01\rangle - |10\rangle)$$

$$= \frac{1}{2}[|0101\rangle - |0110\rangle - |1001\rangle + |1010\rangle], \tag{5.127}$$

$$|\bar{1}\rangle = \frac{1}{\sqrt{3}}[|t^+\rangle_{12}|t^-\rangle_{34} + |t^-\rangle_{12}|t^+\rangle_{34} + |t^0\rangle_{12}|t^0\rangle_{34}]$$

$$= \frac{1}{\sqrt{3}}\left[|1100\rangle + |0011\rangle - \frac{1}{2}(|0101\rangle + |0110\rangle + |1001\rangle + |1010\rangle)\right]. \tag{5.128}$$

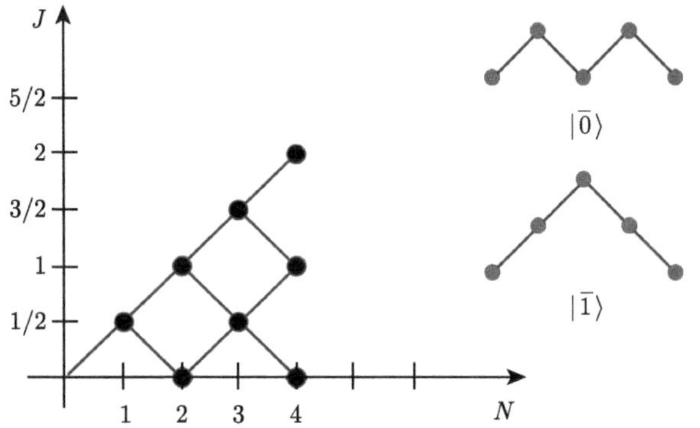

图 5.3　角动量耦合的矢量示意图。DFS 对应于总角动量 $J = 0$ 的情况。当 N 为奇数时，这样的状态不存在。对于 $N = 4$ 的情形，可以由两种不同的耦合路径得到 $J = 0$ 的状态，分别对应不同的状态 $|\bar{0}\rangle$ 和 $|\bar{1}\rangle$

这里 $|s_{ij}\rangle = \dfrac{1}{\sqrt{2}}(|0_i 1_j\rangle - |1_i 0_j\rangle)$ 表示由第 i 个原子和第 j 个原子耦合得到的自旋单重态；相应的自旋三重态定义为 $|t_{ij}^+\rangle = |0_i 0_j\rangle$，$|t_{ij}^-\rangle = |1_i 1_j\rangle$，以及 $|t_{ij}^0\rangle = \dfrac{1}{\sqrt{2}}(|0_i 1_j\rangle + |1_i 0_j\rangle)$。

上述结论可以推广到所有偶数个原子 $N = 2k$ 的情况，此时将有更多的耦合路径得到总角动量 $J = 0$，相应的状态都可以作为 DFS。这些不同状态的总数目记为

$$d_N = \frac{(2k)!}{k!(k+1)!}. \tag{5.129}$$

5.8　动力学退耦合

从 5.7 节的讨论中我们看到，为使得多粒子系统中 DFS 存在，系统和环境的耦合作用需要满足一定的条件。然而，对于通常的系统而言，DFS 存在的条件并不一定能满足。一个自然的问题是，在这种情况下，如何克服环境所导致的系统退相干行为呢？这里我们简单介绍一下动力学退耦合 (dynamical decoupling) 的思想，它可以在一定程度上用来消除环境对系统动力学演化的影响。

以单粒子系统为例，假定系统环境的耦合作用为 (令 $\hbar = 1$)

$$\hat{H}_{SE} = \hat{\sigma}_z \otimes \hat{B}_z, \tag{5.130}$$

而系统本身的哈密顿量为

$$\hat{H}_S = \lambda(t)\hat{\sigma}_x, \tag{5.131}$$

其中 $\lambda(t)$ 为系统的可控参数。若我们可以控制参数 $\lambda(t)$，使得它在很短的时间段 $\delta \ll \tau$ 内达到很高的强度，满足 $\lambda\delta = \pi/2$，则相对应的系统动力学演化可以写成

$$\mathrm{e}^{-\mathrm{i}\delta\lambda\hat{\sigma}_x} = \cos(\lambda\delta) - \mathrm{i}\sin(\lambda\delta)\hat{\sigma}_x = -\mathrm{i}\hat{\sigma}_x. \tag{5.132}$$

若我们能周期性地控制 $\lambda(t)$，使得它能实现如图 5.4所示的脉冲组合，则在 $t \simeq 2\tau$ 时刻，系统的演化算符为

$$\begin{aligned}
U_{2\tau} &= \mathrm{e}^{-\mathrm{i}\delta\lambda\hat{\sigma}_x}\mathrm{e}^{-\mathrm{i}\tau\hat{H}_{SE}}\mathrm{e}^{-\mathrm{i}\delta\lambda\hat{\sigma}_x}\mathrm{e}^{-\mathrm{i}\tau\hat{H}_{SE}}\\
&= (-\mathrm{i}\hat{\sigma}_x \otimes \mathbb{I}_E) \cdot \mathrm{e}^{-\mathrm{i}\tau\hat{H}_{SE}} \cdot (-\mathrm{i}\hat{\sigma}_x \otimes \mathbb{I}_E) \cdot \mathrm{e}^{-\mathrm{i}\tau\hat{H}_{SE}}\\
&= -\mathrm{e}^{-\mathrm{i}\tau\hat{X}\hat{H}_{SE}\hat{X}} \cdot \mathrm{e}^{-\mathrm{i}\tau\hat{H}_{SE}}\\
&= -\mathbb{I}_S \otimes \mathbb{I}_E,
\end{aligned} \tag{5.133}$$

其中 $\hat{X} = \hat{\sigma}_x \otimes \mathbb{I}_E$，$\mathbb{I}_S$ 和 $\mathbb{I}_E$ 分别对应系统和环境的单位算符。

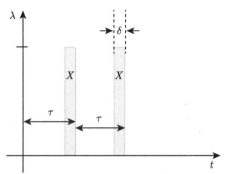

图 5.4 对抗单比特环境噪声耦合的脉冲控制示意图。这里 δ 为理想的方形脉冲的时间展宽，τ 是周期脉冲中相邻两脉冲间的间距

可见，在时刻 $t = 2\tau$ 处，$\hat{H}_{SE}$ 的影响被完全抵消，从而实现系统的动力学演化与环境脱耦。

对于一般的相互作用形式，上述动力学退耦合的方法也是成立的。例如，若

$$\hat{H}_{SE} = \sum_{\alpha=x,y,z} \hat{\sigma}_\alpha \otimes \hat{B}_\alpha = \sum_\alpha \hat{A}_\alpha, \qquad (5.134)$$

则利用对易关系，我们很容易得到

$$\begin{aligned}
\hat{X}\hat{H}_{SE}\hat{X} &= (\hat{\sigma}_x \otimes \mathbb{I}_E) \sum_{\alpha=x,y,z} \hat{\sigma}_\alpha \otimes \hat{B}_\alpha (\hat{\sigma}_x \otimes \mathbb{I}_E) \\
&= \hat{\sigma}_x \otimes \hat{B}_x - \hat{\sigma}_y \otimes \hat{B}_x - \hat{\sigma}_z \otimes \hat{B}_z \\
&= \hat{A}_x - \hat{A}_y - \hat{A}_z.
\end{aligned} \qquad (5.135)$$

将上述相互作用与 $\hat{H}_{SE}$ 相结合就可以抵消其中的 $\hat{A}_y$ 和 $\hat{A}_z$ 项。若利用如图 5.4 中的脉冲控制方式，则由 BCH 公式可以得知，在 $t = 2\tau$ 时刻有

$$U'_{2\tau} = \hat{X}U_\tau\hat{X}U_\tau \simeq \mathrm{e}^{-\mathrm{i}2\tau\hat{\sigma}_x \otimes \hat{B}_x} + O(\tau^2) \qquad (5.136)$$

其中 $U_\tau = \mathrm{e}^{-\mathrm{i}\tau\hat{H}_{SE}}$。可见看到，此时 $U'_{2\tau}$ 与 U_τ 有相似的结构，从而可以用类似的方式消除 $\hat{\sigma}_x \otimes \hat{B}_x$ 对系统动力学的影响。具体地，我们引入作用在系统上的算符 $\hat{Y} = \hat{\sigma}_y \otimes \mathbb{I}_E$。与算符 $\hat{X}$ 的情况一样，这里假定 $\hat{Y}$ 也是在极短的脉冲时间内完成。在 $t = 4\tau$ 时刻处，系统和环境的演化算符记为

$$\begin{aligned}
U''_{4\tau} &= \hat{Y}U'_{2\tau}\hat{Y}U'_{2\tau} \\
&= \hat{Z}U_\tau\hat{X}U_\tau\hat{Z}U_\tau\hat{X}U_\tau + O(\tau^2).
\end{aligned} \qquad (5.137)$$

这里 $\hat{Z} = \mathrm{i}\hat{Y}\hat{X}$。由此我们得出，对于更一般的系统和环境的耦合作用，采取如图 5.5所示的脉冲控制序列，我们就可以在时刻 $t = 4\tau$ 处将环境对系统的影响消除，从而实现系统和环境之间的动力学脱耦。

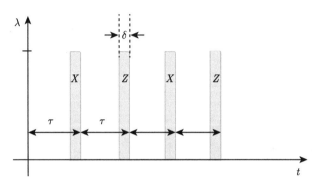

图 5.5　对抗单比特任意噪声耦合的脉冲控制序列示意图。其他与图 5.4同

　　上述通过动力学调控的手段使得系统和环境脱耦合的方法，对于单粒子高维度的系统乃至多粒子系统也是适用的。实际上，演化算符 $U_{4\tau}''$ 还可以改写成如下形式：

$$\begin{aligned}
U_{4\tau}'' &\simeq \hat{Z}U_{\tau}\hat{X}U_{\tau}\hat{Z}U_{\tau}\hat{X}U_{\tau} \\
&= (\hat{Z}U_{\tau}\hat{Z})(\hat{Y}U_{\tau}\hat{Y})(\hat{X}U_{\tau}\hat{X})(\hat{I}U_{\tau}\hat{I}).
\end{aligned} \tag{5.138}$$

它相当于用一组相互独立的系统算子 $\{\hat{I}, \hat{X}, \hat{Y}, \hat{Z}\}$ 分别作用到 U_{τ} 上，然后再累加在一起。对于高维系统，利用同样的思路，我们也可以在某个特定时刻消除环境对系统动力学的影响。

　　实际系统中，理想的脉冲耦合 (如 $\hat{X}$、$\hat{Y}$ 等) 并不一定能精确实现。另一方面，上述展开式中均忽略了高阶项 $O(\tau^2)$ 的影响。这些因素对最终动力学演化的精度均有着不同程度的影响，在误差分析中均需要详细分析，这里就不再讨论了。感兴趣的读者可以参考文献 [15]。

参 考 文 献

[1]　郭光灿. 量子光学. 北京: 高等教育出版社，1990.

[2]　Scully M O, Suhail Zubairy M. Quantum Optics (Chapter 8). Cambridge: Cambridge University Press, 2003.

[3]　Gardiner C W, Zoller P. Quantum Noise (Chapter 5 and 6). Berlin: Springer, 2000.

[4]　Breuer H P, Petruccione F. The Theory of Open Quantum Systems (Chapter 3). Oxford: Oxford University Press, 2002.

[5] Rivas Á, Huelga S. Open Quantum Systems: An Introduction. New York: Springer, 2012.

[6] Carmichael H J. Statistical Methods in Quantum Optics 1: Master Equations and Fokker-Planck Equations. New York: Springer, 1999.

[7] Manzano D. A short introduction to the Lindblad master equation. AIP Advances, 2020, 10: 025106.

[8] Lindblad G. On the generators of quantum dynamical semigroups. Commun. Math. Phys., 1976, 119: 48.

[9] Gorini V, Kossakowski A, Sudarsahan E C. Completely positive semigroups of n-level systems. J. Math. Phys., 1976, 17: 821.

[10] Plenio M B, Knight P L. The quantum-jump approach to dissipative dynamics in quantum optics. Rev. Mod. Phys., 1998, 70: 101-144.

[11] Daley A J. Quantum trajectories and open many-body quantum systems. Adv. Phys., 2014, 63: 77.

[12] Duan L M, Guo G C. Reducing decoherence in quantum computer memory with all quantum bits coupling to the same environment. Phys. Rev. A, 1998, 57(2): 737.

[13] Duan L M, Guo G C. Preserving coherence in quantum computation by pairing quantum bits. Phys. Rev. Lett., 1997, 79: 1953.

[14] Lidar D A, Chuang I L, Whaley K B. Decoherence free subspaces for quantum computation. Phys. Rev. Lett., 1998, 81: 2594.

[15] Lidar D A. Review of decoherence free subspaces, noiseless subsystems, and dynamical decoupling. Adv. Chem. Phys., 2014, 154: 295-354.

第六章　朗之万方程

通常我们所考察的量子系统大多情况下属于微观范畴。对于微观系统来说，作用在其上的测量和调控等操作一般都不可避免地对系统的状态产生影响。在量子光学中，这个问题显得尤其突出。如果我们需要对量子系统进行精确调控，那么如何以适当的形式把外界环境对小系统的干扰考虑进来，是一个必须要解决的问题。前面章节中，我们已经从系统状态演化的角度探讨了这个问题。本章中，我们将用朗之万 (Paul Langevin，1872~1946) 理论来处理这一问题。由于它是在海森伯表象中探讨算符的演化，从而可以与经典系统的动力学方程直接对应起来。我们将首先从经典的布朗运动出发，讨论随机噪声对微观系统的影响，由此引入爱因斯坦的耗散-起伏关系以及 Fokker-Planck 方程 [1-6]；进一步地，我们将讨论这一问题在量子物理中的对应 [3,4,7-9]。

6.1　经典朗之万方程: 布朗运动

布朗运动是典型的经典随机过程。它描述的是一个微观布朗粒子在液体中随机运动的过程。从宏观上看，在液体中，由于黏滞效应，布朗粒子受到一个正比于其速度的摩擦力，使得其速度逐渐变慢并停止。然而，实际观测中，布朗粒子不会静止，而是在做无规则运动。从微观的角度上看，布朗粒子不断受到比它小得多的液体分子的随机碰撞，从而影响其运动状态 [1,6]。以一维运动为例，设布朗粒子的质量为 m，在 t 时刻的速度记为 $v(t)$，则依牛顿定律得其运动方程为

$$m\frac{\mathrm{d}v}{\mathrm{d}t} = -\gamma_0 v + F_0(t), \tag{6.1}$$

此即为布朗运动对应的经典朗之万方程。可以看到，上式的右边，粒子除了受到一个正比于速度的摩擦力 $-\gamma_0 v$ 外，还有一个描述液体分子碰撞所施加的冲击力 $F_0(t)$。实际情况中，布朗粒子尺寸一般远远大于液体分子尺度。所以，在我们考察的很短时间内，会有大量的分子与布朗粒子发生碰撞，而且碰撞的方向和强度都是高度随机的。为了在数学上能有效地反映这些物理事实，我们假定这里的随机力 $F_0(t)$ 满足下列关系式:

$$\langle F_0(t)\rangle = 0 \quad 及 \quad \langle F_0(t)F_0(t')\rangle = m^2 Q\delta(t - t'). \tag{6.2}$$

这里的平均值是假定能在相同的条件下进行大量的实验后，对样本进行统计求平均运算获得的。可以看到，尽管随机力 $F_0(t)$ 的平均值为 0，其涨落的强度不为零 $(Q \neq 0)$，并且其在时间关联上是一个 δ-函数。

为了表达上的方便，我们把方程 (6.1) 重写成

$$\frac{\mathrm{d}v}{\mathrm{d}t} = -\gamma v + F(t), \tag{6.3}$$

其中 $\gamma = \gamma_0/m$，$F(t) = F_0(t)/m$。方程的形式解可以写成

$$v(t) = v(0)\exp(-\gamma t) + \int_0^t \exp[-\gamma(t-\tau)]F(\tau)\mathrm{d}\tau. \tag{6.4}$$

上式第一项中 $v(0)$ 为 $t = 0$ 时刻粒子的初始速度。可以看到，在长时极限下，这一项趋近于零。上式中的第二项是对随机力积分的项。由于布朗粒子每次受到的随机力均不一样，所以每次积分所给出的结果都不一样。单纯考虑某一次实验结果意义不大，这一项只有在对大量实验进行平均后才有明确的物理意义。

为了形式上的简洁性，并更好地阐明上述随机变量积分的性质，我们引入符号

$$\mathrm{d}U = F(\tau)\mathrm{d}\tau, \tag{6.5}$$

则方程 (6.3) 可以写成

$$\mathrm{d}v(t) = -\gamma v(t)\mathrm{d}t + \mathrm{d}U(t). \tag{6.6}$$

可见，对于任一非随机的连续函数 $f(t)$，总有下面的积分等式成立

$$\int_0^t f(s)\mathrm{d}v(s) = -\gamma \int_0^t f(s)v(s)\mathrm{d}s + \int_0^t f(s)\mathrm{d}U(s). \tag{6.7}$$

当取 $f(t) = 1$ 时，即有

$$v(t) - v(0) = -\gamma \int_0^t v(s)\mathrm{d}s + [U(t) - U(0)]. \tag{6.8}$$

上述表达式中 $U(t)$ 包含了对随机力 $F(t)$ 的积分结果。更一般地，我们可以把 $U(t) - U(0)$ 写成

$$U(t) - U(0) = \int_0^t \mathrm{d}\tau F(\tau) \simeq \sum_{k=1}^n [U(t_k) - U(t_{k-1})], \tag{6.9}$$

其中时间序列满足 $0 = t_0 < t_1 < t_2 < \cdots < t_n = t$。对于这样的一个积分函数，我们要求它和正常的函数一样，是时间 t 的连续函数。假定时间片段 $[t_{i-1}, t_i]$ 在

宏观上很小，但是在微观上，由于 $F(t)$ 的剧烈变化，在这个时间段内发生的事件与 t_{i-1} 时刻前发生的事件完全没有关联。这就意味着 $U(t)$ 是一个时间连续的马尔可夫过程，亦即 $U(t_i)$ 的取值仅取决于 $U(t_{i-1})$，而与更早前的取值无关。容易看到，由于 $\langle F(t) \rangle = 0$，若我们选取初始时刻 $U(0) = 0$，则有 $\langle U(t_k) \rangle = 0$ 成立。据此，我们可以看到，不同时间片段内的增量序列

$$U(t_1) - U(0), U(t_2) - U(t_1), \cdots, U(t_n) - U(t_{n-1}) \tag{6.10}$$

是彼此相互独立的。如果我们考虑大量相同的、初始条件满足 $U(0) = 0$ 的随机样本，则对于一个稳态的随机过程，每个时间片段内增量的平均取值应该为零。利用概率论中的中心极限定理可知，当 $n \to \infty$ 时，$U(t)$ 应该对应一个平均值为零高斯分布。在随机过程理论中，这对应一个标准的维纳过程 (Wiener process)，并记为

$$U(t) = W(t). \tag{6.11}$$

利用 $W(t)$，我们就可以把方程的解写成

$$v(t) = v(0)\exp(-\gamma t) + \int_0^t \exp[-\gamma(t-\tau)]\mathrm{d}W(t). \tag{6.12}$$

由于 $F(t)$ 的随机性，我们得知 $\langle W(t) \rangle = 0$，所以粒子的速度在长时极限下必然满足 $\langle v(t) \rangle = 0$。而另一方面我们也知道，在每一个瞬间，粒子的速度并不为零。为了得到粒子平均速度更合理的度量，必须考虑与速度方向无关的表达式，即速度的关联值

$$\langle v(t)v(t') \rangle. \tag{6.13}$$

当 $t = t'$ 时，上述平均值即为速度平方的平均值。对于 $t \neq t'$ 的情况，它反映了粒子的速度在多长的时间范围内仍保持着关联。显然，当 t 与 t' 相差很远时，由于粒子间经历了许许多多的冲击，这两个时刻的速度之间不存在任何关联。此时速度关联可以分解为每个时刻平均速度的乘积

$$\langle v(t)v(t') \rangle = \langle v(t) \rangle \langle v(t') \rangle = 0. \tag{6.14}$$

当 t 与 t' 相差不远时，很明显 $\langle v(t)v(t') \rangle$ 应该连续地从有限值变化到零。利用形式解 (6.4) 并忽略 $v(0)$ 项，我们有

$$\langle v(t)v(t') \rangle = \int_0^t \int_0^{t'} \exp[-\gamma(t+t'-\tau-\tau')]\langle \mathrm{d}W(\tau)\mathrm{d}W(\tau') \rangle$$

$$= \int_0^t \int_0^{t'} \exp[-\gamma(t + t' - \tau - \tau')]\langle F(\tau)F(\tau')\rangle \mathrm{d}\tau \mathrm{d}\tau'$$

$$= Q \int_0^t \exp[-\gamma(t + t') + 2\gamma\tau]\mathrm{d}\tau$$

$$= \frac{Q}{2\gamma}\{\exp[-\gamma(t - t')] - \exp[-\gamma(t + t')]\}$$

$$\xrightarrow{t + t' \gg \frac{1}{\gamma}} \frac{Q}{2\gamma}\exp[-\gamma(t - t')]. \tag{6.15}$$

所以，当 $t - t'$ 满足 $|t - t'| \leqslant 1/\gamma$ 时，布朗粒子的速度关联按指数定律的方式逐渐消失，弛豫时间为 $1/\gamma$。

另一方面，上式也给出了微观布朗粒子的速度平方均值的大小。依据热力学的基本假定，当粒子在液体中达到平衡时，其无规热运动的动能与温度 T 之间的关系为

$$\frac{1}{2}m\langle v(t)^2\rangle = \frac{1}{2}k_{\mathrm{B}}T, \tag{6.16}$$

其中 k_{B} 为玻尔兹曼常量。对比前面的表达式 (6.15) 我们就可以得到

$$Q = 2\gamma k_{\mathrm{B}}T/m. \tag{6.17}$$

从中我们看到，粒子速度涨落的大小与相应的弛豫时间之间有这样简单的比例关系，这就是最简单的起伏-耗散定理。这一关系告诉我们，对于一个热平衡的布朗粒子，借助于耗散的大小，我们就可以得到相应物理量的涨落幅度大小。

6.2 c-数朗之万方程

6.1 节中，我们给出了经典布朗运动的朗之万方程为

$$\frac{\mathrm{d}v}{\mathrm{d}t} = -\gamma v + F(t), \tag{6.18}$$

其中，v 为粒子的速度，$F(t)$ 是随机力。由于方程的动力学演化中含有一个随机变量，方程的求解不能像求解常见的偏微分方程那样直接对时间变量做一次积分就可以了。实际上，为了模拟真实的随机运动，我们需要对不同的随机力分别做积分，然后再对积分的结果做统计平均。随着计算技术的进步，求解这类方程也变得越来越容易。

另一方面，这些大量的恒同数值实验在统计上是有一定规律的。以布朗运动为例，设想这些恒同的实验同步进行，在某个 t 时刻我们测量粒子的速度，结果

将给出处在某个速度区间 $[v, v + \mathrm{d}v]$ 内的粒子数目为 $N(v)\mathrm{d}v$。如果我们引入一个归一化的概率分布函数 $P(v)$ 正比于 $N(v)$，并要求

$$\int_{-\infty}^{\infty} P(v, t)\mathrm{d}v = 1, \tag{6.19}$$

则易见 $P(v, t)$ 表示在 t 时刻找到速度处在区间 $[v, v + \mathrm{d}v]$ 内粒子的概率。后面我们将证明，当粒子遵从朗之万方程 (6.18) 时，相应的概率分布函数满足如下 Fokker-Planck 方程：

$$\frac{\partial P}{\partial t} = \left(\frac{\partial}{\partial v}\gamma v + \frac{Q}{2}\frac{\partial^2}{\partial v^2} \right) P, \tag{6.20}$$

其中，γv 为漂移因子，Q 为扩散系数。当系统处于稳态时，我们要求

$$\frac{\partial P}{\partial t} = 0,$$

此时的解可以表示为

$$P_{st}(v, t) = \left(\frac{\gamma}{\pi Q} \right)^{1/2} \exp\left(-\gamma v^2/Q \right) = \left(\frac{m}{2\pi k_{\mathrm{B}}TQ} \right)^{1/2} \exp\left(-\frac{mv^2}{2k_{\mathrm{B}}T} \right), \tag{6.21}$$

其中用到了经典起伏-耗散关系 $Q = 2\gamma k_{\mathrm{B}}T/m$。可以看到，上式正是粒子与周围温度为 T 的热库处于热平衡时，其速度所满足的麦克斯韦-玻尔兹曼分布函数。

　　上述 Fokker-Planck 方程可以从经典统计物理的方法得到 [1]。由于方程本身含有随机变量，一个比较方便的方法是直接用随机微积分进行处理。在这里，我们将对这一个处理方法进行简单介绍，更多关于随机过程和随机微积分的细节可以参考文献 [4,6]。

6.2.1　随机过程与 Ito 积分

　　朗之万方程可以写成下列一般的随机微分方程的形式：

$$\frac{\mathrm{d}x}{\mathrm{d}t} = a(x, t) + b(x, t)\xi(t), \tag{6.22}$$

其中，$\xi(t)$ 是一个含时的、快速起伏的随机变量。我们假定 $\xi(t)$ 是一个理想的随机噪声，即不同时刻的随机变量 $\xi(t)$ 和 $\xi(t')$ 是彼此相互独立的，满足关系

$$\langle \xi(t) \rangle = 0 \quad \text{及} \quad \langle \xi(t)\xi(t') \rangle = \delta(t - t'). \tag{6.23}$$

这种理想的噪声一般称为白噪声。由于噪声 $\xi(t)$ 随时间剧烈地、随机地变化，所以对于给定的初始条件 $\xi(0)$，我们并不能确定上述朗之万方程的解是唯一的，其

至也不能确定函数 $x(t)$ 是否是时间 t 的可微函数。然而当这些随机过程对大量样本求平均后，所得到的积分结果一般可以是积分上限 t 的连续函数。类似于本章 6.1 节中的讨论，我们引入维纳过程[6,8]

$$dW(\tau) = W(\tau + d\tau) - W(\tau) = \xi(\tau)d\tau, \tag{6.24}$$

从而可以把上述方程的解写成

$$x(t) - x(0) = \int_0^t d\tau a(x, \tau) + \int_0^t dW(\tau)b(x, \tau). \tag{6.25}$$

可以看到，上述形式解包含了一个对样本函数 $W(t)$ 的积分。随机过程的积分与一般的函数积分不同，它依赖于其具体定义。对于积分 $\int_0^t G(\tau)dW(\tau)$，我们把它写成区间求和的形式

$$S_n = \sum_{i=1}^n G(\tau_i)[W(t_i) - W(t_{i-1})], \tag{6.26}$$

其中 $\tau_i \in [t_{i-1}, t_i]$。通常的积分中，上述求和在 $n \to \infty$ 时逼近一个固定的取值，而且不依赖 τ_i 的选取。然而，在随机积分中，由于 $W(t)$ 的不连续性，积分结果会随着 τ_i 的取值变化。例如，如果我们取 $G(\tau_i) = W(\tau_i)$，容易验证 (见 11.8 节)

$$\langle W(t)W(s) \rangle = \min(t, s), \tag{6.27}$$

将这一结果代入 S_n 的表达式中，易见

$$\begin{aligned}
\langle S_n \rangle &= \left\langle \sum_{i=1}^n G(\tau_i)[W(t_i) - W(t_{i-1})] \right\rangle \\
&= \sum_{i=1}^n [\min(\tau_i, t_i) - \min(\tau_i, t_{i-1})] \\
&= \sum_{i=1}^n (\tau_i - t_{i-1}).
\end{aligned} \tag{6.28}$$

如果取 $\tau_i = at_i + (1-a)t_{i-1}(0 < a < 1)$，则可得 $\langle S_n \rangle = at$。所以依赖于 τ_i 的取值，上述定义的求和可以为 0 到 t 之间的任意值。为了避免这种任意性，随机积分中，我们固定 τ_i 的取值为 t_{i-1}，这样定义的随机积分称为 Ito 积分 (或伊藤积分)，记为

$$\int_0^t G(\tau)dW(\tau) = \underset{n \to \infty}{\text{ms-lim}} \sum_{i=1}^n G(t_{i-1})[W(t_i) - W(t_{i-1})]. \tag{6.29}$$

这里的极限是指取平均平方极限，也就是说对于序列 F_n，如果满足

$$\lim_{n\to\infty}\langle(F_n-F)^2\rangle=0,\tag{6.30}$$

我们就认为该序列收敛到 F。原则上，也可以选择不同的 τ_i 定义其他的随机积分。例如，当取 $\tau_i=(t_i+t_{i+1})/2$ 时，我们就得到了 Stratonovich 类型的随机积分。需要注意的，随机积分的定义并不影响最终的计算结果。实际应用中，Ito 积分在证明很多问题时具有很大的方便性。这里我们将主要采用 Ito 积分来讨论问题。

需要注意的是，上述定义的 Ito 积分有很多性质与我们常见的连续函数积分不一样。例如，对于积分 $\int_{t_0}^{t}W(\tau)\mathrm{d}W(\tau)$，我们有

$$\int_0^t W(\tau)\mathrm{d}W(\tau)=\lim_{n\to\infty}\sum_{i=1}^{n}W(t_{i-1})[W(t_i)-W(t_{i-1})]$$

$$=\frac{1}{2}[W(t)^2-W(t_0)^2]-\frac{1}{2}\sum_{i=1}^{n}(\Delta W_i)^2,\tag{6.31}$$

其中 $\Delta W_i=W(t_i)-W(t_{i-1})$。利用 $\sum_{i=1}^{n}\langle(\Delta W_i)^2\rangle=t-t_0$，我们可以证明

$$\left\langle\left[\sum_{i=1}^{n}(\Delta W_i)^2-(t-t_0)\right]^2\right\rangle=0.\tag{6.32}$$

从而可知，在 Ito 积分下有下式成立：

$$\int_0^t W(\tau)\mathrm{d}W(\tau)=\frac{1}{2}[W(t)^2-W(t_0)^2-(t-t_0)].\tag{6.33}$$

可以验证，如果对所有的随机样本取平均，即可得到

$$\left\langle\int_0^t W(\tau)\mathrm{d}W(\tau)\right\rangle=0.$$

这是因为 $\langle W(t_{i-1})\Delta W_i\rangle$ 中，ΔW_i 在统计上是独立于 $W(t_{i-1})$ 的，与前面的结果是一致的。另一方面，相比于普通函数的积分，上述随机积分 (6.33) 中多出了一项 $(t-t_0)$，而这一项主要是来自于 $\langle\Delta W_i^2\rangle$ 的贡献。所以在随机积分中，增量 ΔW_i 大致正比于时间增量 $\sqrt{\Delta t}$，在求积分时增量 $(\Delta W_i)^2$ 相当于 Δt，不能被忽略。

可以证明，对于 Ito 型随机积分，在被积随机泛函中，对最终结果有贡献的积分增量满足下面的替换规则：

$$(\mathrm{d}t)^2\to0,\tag{6.34a}$$

$$\mathrm{d}t\mathrm{d}W(t) \to 0, \tag{6.34b}$$

$$\mathrm{d}W(t)^2 \to \mathrm{d}t, \tag{6.34c}$$

$$[\mathrm{d}W(t)]^{2+N} \to 0, \quad N = 1, 2, \cdots. \tag{6.34d}$$

由于 $\mathrm{d}W(t) = \sqrt{\mathrm{d}t}$, 上述规则表明, 如果把积分增量都写成 $(\mathrm{d}t)^n$ 的形式, 则所有对应 $n > 1$ 的增量在积分后均为零, 故可以忽略掉。利用这些规则, 我们可以得出, 对于一个包含随机变量的函数 $f[W(t), t]$, 其微分形式应该表示为

$$\begin{aligned}
\mathrm{d}f[W(t), t] &= \frac{\partial f}{\partial t}\mathrm{d}t + \frac{\partial f}{\partial W}\mathrm{d}W(t) \\
&\quad + \frac{1}{2}\frac{\partial^2 f}{\partial t^2}(\mathrm{d}t)^2 + \frac{1}{2}\frac{\partial^2 f}{\partial W^2}[\mathrm{d}W(t)]^2 + \frac{\partial^2 f}{\partial t\partial W}\mathrm{d}t\mathrm{d}W(t) + \cdots \\
&= \left(\frac{\partial f}{\partial t} + \frac{1}{2}\frac{\partial^2 f}{\partial W^2}\right)\mathrm{d}t + \frac{\partial f}{\partial W}\mathrm{d}W(t).
\end{aligned} \tag{6.35}$$

这就是非常有用的 Ito 积分公式 (见 11.8 节)。

6.2.2 从朗之万方程到 Fokker-Planck 方程

利用前面介绍的随机微分积分的性质, 我们可以很方便地证明, 包含随机变量的朗之万方程可以等价于描述随机变量概率分布的 Fokker-Planck 方程。具体地, 考虑任意一个随机变量 $x(t)$ 的函数 $f[x(t)]$, 假定 $x(t)$ 满足的随机微分方程为

$$\mathrm{d}x = a(x, t)\mathrm{d}t + b(x, t)\mathrm{d}W(t). \tag{6.36}$$

考察 $f[x(t)]$ 的微分

$$\begin{aligned}
\mathrm{d}f[x(t)] &= f[x(t) + \mathrm{d}x(t)] - f[x(t)] \\
&= f'[x(t)]\mathrm{d}x(t) + \frac{1}{2}f''[x(t)][\mathrm{d}x(t)]^2 \\
&= f'[x(t)]\Big\{a(x, t)\mathrm{d}t + b(x, t)\mathrm{d}W(t)\Big\} \\
&\quad + \frac{1}{2}f''[x(t)]\Big\{a(x, t)\mathrm{d}t + b(x, t)\mathrm{d}W(t)\Big\}^2.
\end{aligned} \tag{6.37}$$

再利用前面介绍的 Ito 积分规则, 上式可以简化为

$$\mathrm{d}f[x(t)] = f'[x(t)]\Big\{a(x, t)\mathrm{d}t + b(x, t)\mathrm{d}W(t)\Big\} + \frac{1}{2}f''[x(t)]b(x, t)\mathrm{d}t. \tag{6.38}$$

假定随机变量 $x(t)$ 的概率分布函数为 $P(x,t|x_0,t_0)$，它表示给定初始值 (x_0, t_0) 后 $x(t)$ 的条件概率。利用这一概率，可以对上述方程两边求平均

$$\frac{\mathrm{d}}{\mathrm{d}t}\langle f[x(t)]\rangle = \langle f'[x(t)]a(x,t) + \frac{1}{2}f''[x(t)]b(x,t)\rangle$$

$$= \int \mathrm{d}x\Big\{ f'[x(t)]a(x,t) + \frac{1}{2}f''[x(t)]b(x,t)\Big\}P(x,t|x_0,t_0). \quad (6.39)$$

易见，左边可以表示为

$$\frac{\mathrm{d}}{\mathrm{d}t}\langle f[x(t)]\rangle = \frac{\mathrm{d}}{\mathrm{d}t}\int \mathrm{d}x f[x]P(x,t|x_0,t_0) = \int \mathrm{d}x f[x]\frac{\mathrm{d}}{\mathrm{d}t}P(x,t|x_0,t_0). \quad (6.40)$$

同样，对式子右边进行分步积分，并假定函数 $f(x)P(x,t|x_0,t_0)$ 在 x 的边界处为零，即可得到

$$\int \mathrm{d}x f(x)\frac{\mathrm{d}}{\mathrm{d}t}P(x,t|x_0,t_0) = \int \mathrm{d}x f(x)\Big\{ -\frac{\mathrm{d}}{\mathrm{d}x}[a(x,t)P(x,t|x_0,t_0)]$$

$$+\frac{1}{2}\frac{\mathrm{d}^2}{\mathrm{d}x^2}[b(x,t)P(x,t|x_0,t_0)]\Big\}. \quad (6.41)$$

由于上式中的 $f(x)$ 可以是任意给定函数，所以我们得出

$$\frac{\mathrm{d}}{\mathrm{d}t}P(x,t|x_0,t_0) = -\frac{\mathrm{d}}{\mathrm{d}x}\big[a(x,t)P(x,t|x_0,t_0)\big]$$

$$+\frac{1}{2}\frac{\mathrm{d}^2}{\mathrm{d}x^2}\big[b(x,t)P(x,t|x_0,t_0)\big], \quad (6.42)$$

这就是随机变量 $x(t)$ 所对应的条件概率 $P(x,t|x_0,t_0)$ 所满足的 Fokker-Planck 方程。如果我们取 $a(x,t)=-\gamma v$，及 $b(x,t)=Q$，就可以得到本章开始提到的方程

$$\frac{\partial P}{\partial t} = \left(\frac{\partial}{\partial v}\gamma v + \frac{Q}{2}\frac{\partial^2}{\partial v^2} \right)P. \quad (6.43)$$

上述方法可以类似地推广到多维情况。对于 n 维的维纳过程 $\mathrm{d}\boldsymbol{W} = \{\mathrm{d}W_1, \mathrm{d}W_2,\cdots,\mathrm{d}W_n\}^{\mathrm{T}}$，其相应的积分替换规则为

$$\begin{aligned}
(\mathrm{d}t)^{1+N} &\to 0, \quad N>0 \\
\mathrm{d}t\mathrm{d}W_i(t) &\to 0, \\
\mathrm{d}W_i(t)\mathrm{d}W_j(t) &= \delta_{ij}\mathrm{d}t, \\
[\mathrm{d}W_i(t)]^{2+N} &\to 0, \quad N>0.
\end{aligned} \quad (6.44)$$

假定变量 $\boldsymbol{x} = \{x_1,x_2,\cdots,c_n\}^{\mathrm{T}}$ 满足下列矢量随机微分方程

$$\mathrm{d}\boldsymbol{x} = \boldsymbol{A}(\boldsymbol{x},t)\mathrm{d}t + \boldsymbol{B}(\boldsymbol{x},t)\mathrm{d}\boldsymbol{W}(t), \quad (6.45)$$

这里 $\boldsymbol{A}$ 和 $\boldsymbol{B}$ 均为矩阵。对任意函数 $f(\boldsymbol{x})$，利用与上述同样的步骤可得

$$df(x) = \sum_i \left\{ A_i(\boldsymbol{x}, t)\partial_i f(x) + \frac{1}{2}\sum_{ij}\left[B(\boldsymbol{x}, t)B^{\mathrm{T}}(\boldsymbol{x}, t)\right]_{ij}\partial_i\partial_j f(x) \right\}dt$$
$$+ \sum_{ij} B_{ij}\partial_i f(x)dW_j(t). \tag{6.46}$$

相应的 Fokker-Planck 方程表示为

$$\partial_t P = -\sum_i \partial_i\left[A_i(\boldsymbol{x}, t)P\right] + \frac{1}{2}\sum_{ij}\partial_i\partial_j\left\{\left[B(\boldsymbol{x}, t)B^{\mathrm{T}}(\boldsymbol{x}, t)\right]_{ij}P\right\}, \tag{6.47}$$

其中 $P \equiv P(\boldsymbol{x}, t | \boldsymbol{x}_0, t)$ 为给定初始取值的条件概率。

6.3 阻尼振子的朗之万方程

在前面的章节中，我们讨论了布朗粒子在液体环境下的运动情况。在这里，布朗粒子是我们所要研究的"系统"，而外在的液体环境可以看成是一种"热库"。布朗运动是一个典型的研究系统和热库复合系统动力学的平台。在这一模型中，热库对系统的影响主要表现为两个方面：①减慢粒子的平均速度；②引起系统物理量的起伏。然而，相比于"小"系统来说，热库有多得多的自由度，以至于"小"系统对它的影响可以忽略不计，从而可以认为其状态在演化过程始终保持不变。热库的这一性质大大简化了该问题的讨论。

在量子光学中，我们通常将光场、原子或者光场与原子的联合体系看成所要考察研究的"系统"，而把与这些系统发生作用的其他部分看作是"热库"。举例来说，对于光场而言，吸收和散射的介质、腔壁，亦或真空中的各种辐射模式均可以看作是光场的热库；对于原子系统而言，非相干的泵浦过程、自发辐射过程、原子间的碰撞以及晶格中声子场等，都可以是它的热库。在量子力学中，处理系统和热库相互作用可以在薛定谔表象中进行，如前面介绍的主方程方法，也可以在海森伯表象中进行。对于经典朗之万方程来说，若要考察其在量子力学中的对应，用海森伯表象是非常方便的。本节中，我们就以阻尼振子为对象，具体考察朗之万方程在海森伯表象中的形式 [3,4]。

我们假定系统的哈密顿量为

$$\hat{H} = \hat{H}_0 + \hat{H}_{\mathrm{E}} + \hat{H}_{\mathrm{I}}, \tag{6.48}$$

这里，$\hat{H}_0$ 表示我们考察的光场自由哈密顿量，$\hat{H}_E$ 为环境的哈密顿量，$\hat{H}_{\mathrm{I}}$ 则表示它们之间的相互作用。各相互作用的具体形式为

$$\hat{H}_0 = \hbar\omega\hat{a}^\dagger\hat{a}, \qquad \hat{H}_E = \hbar\sum_\omega \omega\hat{b}_\omega^\dagger\hat{b}_\omega, \tag{6.49a}$$

$$\hat{H}_{\mathrm{I}} = -\mathrm{i}\hbar \int \mathrm{d}\omega k_\omega (\hat{a}^\dagger \hat{b}_\omega - \hat{b}_\omega^\dagger a) = \hat{a}^\dagger \hat{R} + \hat{R}^\dagger \hat{a}. \tag{6.49b}$$

这里，为了方便问题讨论，采用了旋波近似处理，其中 $\hat{a}$ 是所考察系统的湮灭算符。我们假定热库由一系列频谱连续的谐振子组成，$\hat{b}_\omega (\hat{b}_\omega^\dagger)$ 为相应的湮灭 (产生) 算符，$\hat{R}$ 标记为与系统耦合的热库集体算符

$$\hat{R} = -\mathrm{i}\hbar \int \mathrm{d}\omega k_\omega \hat{b}_\omega. \tag{6.50}$$

在海森伯表象中，场和热库算符的运动方程分别为

$$\frac{\mathrm{d}\hat{a}}{\mathrm{d}t} = -\mathrm{i}\omega_0 \hat{a} - \int \mathrm{d}\omega k_\omega \hat{b}_\omega = -\mathrm{i}\omega_0 \hat{a} + \frac{1}{\mathrm{i}\hbar}\hat{R}, \tag{6.51}$$

$$\frac{\mathrm{d}\hat{b}_\omega}{\mathrm{d}t} = -\mathrm{i}\omega \hat{b}_\omega + k_\omega \hat{a}. \tag{6.52}$$

为了着重考察系统的演化，我们先求得算符 $\hat{b}_\omega$ 的形式解，然后把它代入算符 $\hat{a}$ 的演化中。易见，方程 (6.52) 的形式解为

$$\hat{b}_\omega(t) = \hat{b}_\omega(0) \exp(-\mathrm{i}\omega t) + \int_0^t \mathrm{d}\tau \hat{a}(\tau) k_\omega \exp[-\mathrm{i}\omega(t-\tau)]. \tag{6.53}$$

式中，$\hat{b}_\omega(0)$ 表示 $t = 0$ 时刻的算符取值。如此我们可以把热库集体算符 $\hat{R}$ 改写成

$$\frac{1}{\mathrm{i}\hbar}\hat{R}(t) = -\int \mathrm{d}\omega \int_0^t \mathrm{d}\tau \hat{a}(\tau)|k_\omega|^2 \exp[-\mathrm{i}\omega(t-\tau)] - \int \mathrm{d}\omega k_\omega \hat{b}_\omega(0)\exp(-\mathrm{i}\omega t) \tag{6.54}$$

为了进一步简化讨论，我们需要对环境做一些假定。一个常见的处理方式是假定耦合系数 $k_\omega = k_0$ 与频率无关，如此可以将其提到积分号以外。另一方面，考虑到实际系统和环境发生能量交换的频率主要在 ω_0 附近，我们可以对频率的积分进行适当化简。具体做法是，由于系统算符主要以频率 ω_0 振荡，我们近似认为 $\hat{a}(\tau) = \hat{a}(t)\mathrm{e}^{\mathrm{i}\omega_0(t-\tau)}$，则上式右边第一项可以简化为

$$\mathrm{e}^{\mathrm{i}\omega_0(t-\tau)} \int \mathrm{d}\omega |k_\omega|^2 \exp[-\mathrm{i}\omega(t-\tau)] \simeq |k_0|^2 \int_0^\infty \mathrm{d}\omega \exp[-\mathrm{i}(\omega - \omega_0)(t-\tau)]$$

$$\simeq |k_0|^2 \int_{-\infty}^\infty \mathrm{d}\omega' \exp[-\mathrm{i}\omega'(t-\tau)]$$

$$= 2\pi |k_0|^2 \delta(t-\tau). \tag{6.55}$$

上式中，由于 $\omega_0 \gg 0$，我们把积分下限推到了 $-\infty$。令 $\gamma = 2\pi |k_0|^2$，并利用

$$\int_0^t \mathrm{d}\tau \delta(t-\tau) = \frac{1}{2}, \tag{6.56}$$

即可得到

$$\frac{1}{\mathrm{i}\hbar}\hat{R}(t) = -\frac{\gamma}{2}\hat{a}(t) + \hat{F}(t), \tag{6.57}$$

其中 $\hat{F}(t)$ 仅包含环境算符，具体形式为

$$\hat{F}(t) = -\int \mathrm{d}\omega k_\omega \hat{b}_\omega(0) \exp(-\mathrm{i}\omega t). \tag{6.58}$$

下面会看到，对于初始处于热平衡的环境系统，$\hat{F}(t)$ 的平均值为零，故它在方程中代表了环境所导致的噪声项，类似于经典模型中的随机力。将结果代入算符 $\hat{a}$、$\hat{a}^\dagger$ 所满足的演化方程中即有

$$\frac{\mathrm{d}\hat{a}(t)}{\mathrm{d}t} = -\mathrm{i}\omega_0 \hat{a}(t) - \frac{\gamma}{2}\hat{a}(t) + \hat{F}(t), \tag{6.59a}$$

$$\frac{\mathrm{d}\hat{a}^\dagger(t)}{\mathrm{d}t} = \mathrm{i}\omega_0 \hat{a}^\dagger(t) - \frac{\gamma}{2}\hat{a}^\dagger(t) + \hat{F}^\dagger(t). \tag{6.59b}$$

对于一般的系统算符 $\hat{A}$，我们也可以用上述方法推导出其满足的海森伯运动方程

$$\begin{aligned}
\frac{\mathrm{d}\hat{A}}{\mathrm{d}t} &= \frac{1}{\mathrm{i}\hbar}[\hat{A}, H_0 + H_{\mathrm{I}}] \\
&= \frac{1}{\mathrm{i}\hbar}[\hat{A}, H_0] + \frac{1}{\mathrm{i}\hbar}[\hat{A}, \hat{a}^\dagger]\hat{R} + \frac{1}{\mathrm{i}\hbar}\hat{R}^\dagger[\hat{A}, \hat{a}].
\end{aligned} \tag{6.60}$$

代入热库集体算符 $\hat{R}$ 的具体形式，即可得到

$$\begin{aligned}
\frac{\mathrm{d}\hat{A}}{\mathrm{d}t} &= \frac{1}{\mathrm{i}\hbar}[\hat{A}, \hat{H}_0] + [\hat{A}, \hat{a}^\dagger]\left(-\frac{\gamma}{2}\hat{a} + \hat{F}\right) + \left(-\frac{\gamma}{2}\hat{a}^\dagger + \hat{F}^\dagger\right)[\hat{a}, \hat{A}] \tag{6.61} \\
&= \frac{1}{\mathrm{i}\hbar}[\hat{A}, \hat{H}_0] + \frac{\gamma}{2}\left(2\hat{a}^\dagger \hat{A}\hat{a} - \hat{a}^\dagger \hat{a}\hat{A} - \hat{A}\hat{a}^\dagger \hat{a}\right) \\
&\quad - \left(\hat{F}^\dagger[\hat{A}, \hat{a}] + [\hat{a}^\dagger, \hat{A}]\hat{F}\right). \tag{6.62}
\end{aligned}$$

如果我们定义 Lindblad 算符为 $\hat{L} = \sqrt{\gamma}a$，则上式也可写成更一般的形式

$$\frac{\mathrm{d}\hat{A}}{\mathrm{d}t} = \frac{1}{\mathrm{i}\hbar}[\hat{A}, \hat{H}_0] + \frac{1}{2}\left(\hat{L}^\dagger[\hat{A}, \hat{L}] + [\hat{L}^\dagger, \hat{A}]\hat{L}\right) - \left(\hat{F'}^\dagger[\hat{A}, \hat{L}] + [\hat{L}^\dagger, \hat{A}]\hat{F'}\right), \tag{6.63}$$

其中 $\hat{F}' = \hat{F}/\sqrt{\gamma}$。对比前面第五章中的方程 (5.74) 可知，上述方程的最后一项即对应了环境导致的额外噪声项。

由方程 (6.59b) 和 (6.59a) 可得出算符的形式解为

$$\hat{a}^{\dagger}(t) = \hat{a}^{\dagger}(0) \exp[(\mathrm{i}\omega_0 - \gamma/2)t] + \int_0^t \mathrm{d}\tau \exp[(\mathrm{i}\omega_0 - \gamma/2)(t-\tau)]\hat{F}^{\dagger}(\tau),$$

$$\hat{a}(t) = a(0) \exp[(-\mathrm{i}\omega_0 - \gamma/2)t] + \int_0^t \mathrm{d}\tau \exp[(-\mathrm{i}\omega_0 - \gamma/2)(t-\tau)]\hat{F}(\tau).$$

如果考虑算符的平均值, 则环境噪声的影响可以消除, 从而得到

$$\frac{\mathrm{d}\langle\hat{a}\rangle}{\mathrm{d}t} = (-\mathrm{i}\omega_0 - \gamma/2)\langle\hat{a}\rangle, \tag{6.64a}$$

$$\frac{\mathrm{d}\langle\hat{a}^{\dagger}\rangle}{\mathrm{d}t} = (\mathrm{i}\omega_0 - \gamma/2)\langle\hat{a}^{\dagger}\rangle. \tag{6.64b}$$

下面具体讨论朗之万力 $\hat{F}(t)$ 在环境热库中的具体性质。假定环境处在热平衡态上, 其形式可以写成

$$\rho_B(0) = \prod_{\omega} Z_{\omega}^{-1} \exp(-\hat{H}_{E,\omega}/k_{\mathrm{B}}T), \tag{6.65}$$

其中

$$\hat{H}_{E,\omega} = \hbar\omega\hat{b}_{\omega}^{\dagger}\hat{b}_{\omega} \quad \text{及} \quad Z_{\omega} = \sum_{n=0}^{\infty} \exp(-n\hbar\omega/kT). \tag{6.66}$$

易见, $\rho_B(0)$ 在粒子数表象中只有对角项。由于 $\hat{F}(t)$、$\hat{F}^{\dagger}(t)$ 中只包含单个湮灭、产生算符的组合, 所以其平均值为零

$$\langle\hat{F}(t)\rangle_B = \langle\hat{F}^{\dagger}(t)\rangle_B = 0.$$

相应的热库关联为

$$\langle\hat{F}^{\dagger}(t)\hat{F}(t')\rangle_B = \int \mathrm{d}\omega \int \omega' k_{\omega} k_{\omega'} \exp[\mathrm{i}(\omega t - \omega' t')] \mathrm{Tr}[\hat{b}_{\omega}^{\dagger}\hat{b}_{\omega'}\rho_B(0)]$$

$$= \int \mathrm{d}\omega |k_{\omega}|^2 \exp[\mathrm{i}\omega(t-t')] n_{\omega}(T)$$

$$\simeq \gamma n_{\omega}(T)\delta(t-t'), \tag{6.67}$$

这里我们应用了

$$\mathrm{Tr}[\hat{b}_{\omega}^{\dagger}\hat{b}_{\omega'}\rho_B(0)] = n_{\omega}(T)\delta(\omega - \omega'),$$

其中, $n_{\omega}(T)$ 代表处于温度 T 的热库在频率 ω 处的平均光子数。此外, 最后一步推导中, 我们还假定了 $n_{\omega}(T)$ 是频率 ω 的慢变函数, 从而可以提到积分号外面。

同理, 我们也可以得到

$$\langle \hat{F}(t)\hat{F}^\dagger(t')\rangle_B \simeq \gamma[n_\omega(T)+1]\delta(t-t'), \tag{6.68}$$

从而有

$$\langle [\hat{F}(t),\hat{F}^\dagger(t')]\rangle_B = \gamma\delta(t-t'). \tag{6.69}$$

实际上, 可以直接证明, 方程 (6.69) 在不对环境求平均时, 关系仍然成立

$$[\hat{F}(t),\hat{F}^\dagger(t')] = \gamma\delta(t-t'). \tag{6.70}$$

可见, 热库的噪声算符在时域上的关联是 δ 函数, 反映了热库具有极短的记忆时间。

有了热库的关联性质, 我们就可以考虑粒子数算符的演化。由于朗之万噪声不影响算符的平均值, 我们先考察粒子数算符平均值的演化方程

$$\begin{aligned}\frac{\mathrm{d}}{\mathrm{d}t}\langle \hat{a}^\dagger\hat{a}\rangle &= \left\langle \frac{\mathrm{d}\hat{a}^\dagger}{\mathrm{d}t}\hat{a} + \hat{a}^\dagger\frac{\mathrm{d}\hat{a}}{\mathrm{d}t}\right\rangle\\ &= \left\langle \left[\left(\mathrm{i}\omega_0-\frac{\gamma}{2}\right)\hat{a}^\dagger+\hat{F}^\dagger(t)\right]\hat{a} + \hat{a}^\dagger\left[\left(-\mathrm{i}\omega_0-\frac{\gamma}{2}\right)\hat{a}+\hat{F}(t)\right]\right\rangle\\ &= -\gamma\langle \hat{a}^\dagger\hat{a}\rangle + \langle \hat{F}^\dagger a\rangle + \langle \hat{a}^\dagger\hat{F}\rangle.\end{aligned} \tag{6.71}$$

由前面的结果我们知道, 算符 $\hat{a}(t)$ 中包含有噪声算符 $\hat{F}(t)$ 的贡献, 所以方程的最后两项中, 算符乘积的平均值不等于各自平均值的乘积, 亦即 $\langle \hat{F}^\dagger(t)\hat{a}(t)\rangle \neq \langle \hat{F}^\dagger(t)\rangle\langle \hat{a}(t)\rangle = 0$。实际上, 上述算符求平均可以分成两部分。我们可以先对热库状态求平均, 然后再对系统状态求平均。具体地, 假定系统和热库联合系统的初态为直积形式 $\rho_S(0)\otimes\rho_B(0)$, 则算符平均值可以表示为

$$\langle \hat{M}\rangle = \mathrm{Tr}_S[\rho_S(0)\langle \hat{M}\rangle_B] = \langle\langle \hat{M}\rangle_B\rangle_S, \tag{6.72}$$

其中 $\langle \hat{M}\rangle_B = \mathrm{Tr}_B[\rho_B(0)\hat{M}]$。

利用上述方法和热库的关联性质, 我们可以求得

$$\begin{aligned}\langle \hat{F}^\dagger(t)\hat{a}(t)\rangle_B &= \langle \hat{F}^\dagger(t)\rangle_B\hat{a}(0)\exp[(-\mathrm{i}\omega_0-\gamma/2)t]\\ &\quad + \int_0^t \mathrm{d}\tau \exp[(-\mathrm{i}\omega_0-\gamma/2)(t-\tau)]\langle \hat{F}^\dagger(t)\hat{F}(\tau)\rangle_B\\ &= \int_0^t \mathrm{d}\tau \exp[(-\mathrm{i}\omega_0-\gamma/2)(t-\tau)]\gamma n_\omega(T)\delta(t-t')\\ &= \frac{\gamma}{2}n_\omega(T).\end{aligned} \tag{6.73}$$

同理可得

$$\langle \hat{a}^\dagger(t)\hat{F}(t) \rangle_B = \frac{\gamma}{2} n_\omega(T). \tag{6.74}$$

由此对热库求平均后,我们可以得到粒子数算符的演化方程为

$$\frac{\mathrm{d}}{\mathrm{d}t}\langle \hat{a}^\dagger \hat{a} \rangle_B = -\gamma \langle \hat{a}^\dagger \hat{a} \rangle_B + \gamma \bar{n}, \tag{6.75}$$

其中 $\bar{n} = n_\omega(T)$。需要注意的是,这里 $\frac{\mathrm{d}}{\mathrm{d}t}\langle \hat{a}^\dagger \hat{a} \rangle_B$ 仍是一个算符。上式结果表明,热库对系统平均光子数算符的影响可以分为两个方面,一方面是系统光子扩散到热库中导致的弛豫项,另一方面是热库光子不断"补充"到系统中。直接对系统求平均,即可得到系统光子数的演化为

$$\langle \hat{a}^\dagger(t)\hat{a}(t) \rangle = \langle \hat{a}^\dagger(0)\hat{a}(0) \rangle \exp(-\gamma t) + \bar{n}[1 - \exp(-\gamma t)]. \tag{6.76}$$

所以有热库存在时,系统的光子数最终会趋向于热库中相应振动频率模式上的平均光子数 $\bar{n}$,从而达到平衡。

现在我们再来推导系统光子数算符对应的朗之万算符。依平均值方程,我们立刻得知,朗之万方程可以直接写成下面的形式:

$$\frac{\mathrm{d}}{\mathrm{d}t}\hat{a}^\dagger(t)\hat{a}(t) = -\gamma \hat{a}^\dagger(t)\hat{a}(t) + \gamma \bar{n} + \hat{F}_{\hat{a}^\dagger \hat{a}}, \tag{6.77}$$

其中,$\hat{F}_{\hat{a}^\dagger \hat{a}}$ 为相应的随机噪声算符,其平均值为零。为得出 $\hat{F}_{\hat{a}^\dagger \hat{a}}$ 具体形式,我们直接求解海森伯方程

$$\begin{aligned}
\frac{\mathrm{d}\hat{a}^\dagger \hat{a}}{\mathrm{d}t} &= \frac{1}{\mathrm{i}\hbar}[\hat{a}^\dagger \hat{a}, \hat{H}] = \frac{1}{\mathrm{i}\hbar}(\hat{a}^\dagger \hat{R} - \hat{R}^\dagger \hat{a}) \\
&= -\gamma \hat{a}^\dagger \hat{a} + \hat{G}_{\hat{a}^\dagger \hat{a}}
\end{aligned} \tag{6.78}$$

其中

$$\begin{aligned}
G_{\hat{a}^\dagger \hat{a}} &= -\int \mathrm{d}\omega k_\omega \left[\hat{b}_\omega^\dagger(0)\hat{a}(t)\exp(\mathrm{i}\omega t) + \hat{a}^\dagger(t)\hat{b}_\omega(0)\exp(-\mathrm{i}\omega t) \right] \\
&= \hat{F}^\dagger(t)\hat{a}(t) + \hat{a}^\dagger(t)\hat{F}(t).
\end{aligned} \tag{6.79}$$

由前面结果我们知道,$\hat{G}_{\hat{a}^\dagger \hat{a}}$ 的平均值不为零 $\langle \hat{G}_{\hat{a}^\dagger \hat{a}} \rangle = \gamma \bar{n}$,不是所要求的随机噪声算符。对比光子数平均值的方程,我们即可得到噪声算符形式应为

$$\hat{F}_{\hat{a}^\dagger \hat{a}} = \hat{G}_{\hat{a}^\dagger \hat{a}} - \gamma \bar{n}. \tag{6.80}$$

6.4 起伏-耗散定理

6.3 节中，通过具体的例子，我们了解到在量子系统中可以通过定义朗之万算符来描述环境对系统的随机扰动。原则上，通过这样的处理后，我们就可以用数值的方式模拟一个随机噪声，从而研究系统的动力学演化，并且不需要处理具有大量自由度的环境变量。可以看到，为了能得到精确的结果，需要事先知道环境的噪声关联。实际应用中，环境一般很复杂，刻画环境噪声的朗之万算符一般是不知道的，相应的环境噪声关联也是未知的。那么有没有简单的方法得到环境的噪声关联信息，而不需要对环境的具体细节做过多的了解呢？

起伏-耗散定理为解决这一问题提供了非常简单明了的方法 [3,4,7-9]。从前面的章节中我们看到，对于满足马尔可夫假定的环境系统，系统算符的动力学演化可以分为两个部分：一部分为漂移项，它是由系统的哈密顿量所驱动的；另一部分为扩散项，它描述了系统和环境耦合所感受到的环境噪声。起伏-耗散定理 (或称为爱因斯坦关系) 说明：如果我们知道了演化方程的漂移项，同时系统算符的二阶矩也可以通过其他的方式得到 (一般可以通过主方程的形式求得，具体见 6.5 节)，则可以反推出环境噪声算符的关联 (对应扩散系数)，而不需要对环境的形式做详细了解。

为了具体说明问题，考虑下面的算符朗之万方程

$$\frac{\mathrm{d}}{\mathrm{d}t}\hat{a}_\mu(t) = \hat{A}_\mu(t) + \hat{F}_\mu(t), \tag{6.81}$$

其中，$\hat{A}_\mu(t)$ 为漂移项，$\hat{F}_\mu(t)$ 为扩散项。在马尔可夫近似下，我们假定噪声算符满足下列关系

$$\langle \hat{F}_\mu(t) \rangle = 0 \quad \text{及} \quad \langle \hat{F}_\mu(t)\hat{F}_\nu(t') \rangle = 2D_{\mu\nu}\delta(t-t'). \tag{6.82}$$

现在我们需要求出扩散系数 $D_{\mu\nu}$。

由于扩散系数描述的是环境关联，一般表现为两算符乘积的平均值，所以为了得到扩散系数所要满足的方程，我们可以考虑下面的关系式

$$\frac{\mathrm{d}}{\mathrm{d}t}\langle \hat{a}_\mu(t)\hat{a}_\nu(t) \rangle = \left\langle \frac{\mathrm{d}}{\mathrm{d}t}(\hat{a}_\mu(t))\hat{a}_\nu(t) \right\rangle + \left\langle \hat{a}_\mu(t)\frac{\mathrm{d}}{\mathrm{d}t}(\hat{a}_\nu(t)) \right\rangle$$

$$= \langle \hat{A}_\mu(t)\hat{a}_\nu(t) \rangle + \langle \hat{a}_\mu(t)\hat{A}_\nu(t) \rangle + \langle \hat{F}_\mu(t)\hat{a}_\nu(t) \rangle + \langle \hat{a}_\mu(t)\hat{F}_\nu(t) \rangle.$$

为了进一步化简上式，我们注意到，在一个很短的时间 Δt 内，系统算符的变化可以表达为

$$\hat{a}_\mu(t) = \hat{a}_\mu(t-\Delta t) + \int_{t-\Delta t}^t \mathrm{d}s \frac{\mathrm{d}}{\mathrm{d}s}\hat{a}_\mu(s), \tag{6.83}$$

两边同乘以 $\hat{F}_\nu(t)$，并求平均，我们得到

$$\langle \hat{a}_\mu(t)\hat{F}_\nu(t)\rangle = \langle \hat{a}_\mu(t-\Delta t)\hat{F}_\nu(t)\rangle + \int_{t-\Delta t}^{t} \mathrm{d}s\langle \hat{A}_\mu(s)\hat{F}_\nu(t) + \hat{F}_\mu(s)\hat{F}_\nu(t)\rangle. \quad (6.84)$$

注意到，环境在 t 时刻的噪声不会影响到早先 $(t-\Delta t)$ 时刻的系统算符，故 $\langle \hat{a}_\mu(t-\Delta t)\hat{F}_\nu(t)\rangle = \langle \hat{a}_\mu(t-\Delta t)\rangle\langle \hat{F}_\nu(t)\rangle = 0$。同理，由于 $s < t$，可知 $\langle \hat{A}_\mu(s)\hat{F}_\nu(t)\rangle = 0$。这样上式就可以简化为

$$\langle \hat{a}_\mu(t)\hat{F}_\nu(t)\rangle = \int_{t-\Delta t}^{t} \mathrm{d}s\langle \hat{F}_\mu(s)\hat{F}_\nu(t)\rangle = D_{\mu\nu}(t), \quad (6.85)$$

从而和环境的扩散系数联系起来。基于同样的道理，我们也可以得到

$$\langle \hat{F}_\mu(t)\hat{a}_\nu(t)\rangle = D_{\mu\nu}(t). \quad (6.86)$$

将这些结果代回到 $\langle \hat{a}_\mu(t)\hat{a}_\nu(t)\rangle$ 的演化方程中，我们即可得到

$$2D_{\mu\nu}(t) = \frac{\mathrm{d}}{\mathrm{d}t}\langle \hat{a}_\mu(t)\hat{a}_\nu(t)\rangle - \langle \hat{a}_\mu(t)\hat{A}_\nu(t)\rangle - \langle \hat{A}_\mu(t)\hat{a}_\nu(t)\rangle. \quad (6.87)$$

可见，扩散系数完全可以用系统算符乘积的平均值表示出来。这一结论也常被称为爱因斯坦关系。

对于 6.3 节中讨论的光子数算符，如果这里定义 $\hat{a}_\mu = \hat{a}^\dagger$，及 $\hat{a}_\nu = \hat{a}$，则利用 6.3 节中的结论可知，$\hat{A}_\mu = -\frac{\gamma}{2}\hat{a}^\dagger$ 且 $\hat{A}_\nu = -\frac{\gamma}{2}\hat{a}$，代入上述爱因斯坦关系即可得到

$$2D_{\hat{a}^\dagger \hat{a}}(t) = \frac{\mathrm{d}}{\mathrm{d}t}\langle \hat{a}^\dagger(t)\hat{a}(t)\rangle + \gamma\langle \hat{a}_\dagger(t)\hat{a}(t)\rangle = \gamma\bar{n}. \quad (6.88)$$

这和利用 $\hat{F}(t)$ 的具体表达式所得的结果是一样的。

6.5　随机过程中的量子经典对应

利用随机微积分的方法推导经典随机变量的方法实际上可以推广到量子情况。需要注意的是，在量子力学中，随机变量一般是由算符表示的，所以在乘积运算下不具有可交换性。在前面章节中，我们详细讨论了谐振子热库对系统的影响，并引入了噪声算符 $\hat{F}(t)$，用于描述由于量子涨落所导致的随机力。本节中，为了方便讨论，我们引入算符 $\hat{b}_{\mathrm{in}}(t)$，其定义为

$$\hat{b}_{\mathrm{in}}(t) = -\int \mathrm{d}\omega\hat{b}_\omega(0)\exp(-\mathrm{i}\omega t). \quad (6.89)$$

所以，当 $k_\omega = k_0$ 为常数时，我们有

$$\hat{F}(t) = \sqrt{\gamma}\hat{b}_{\text{in}}(t), \quad [\hat{b}_{\text{in}}(t),\hat{b}_{\text{in}}^{\dagger}(t')] = \delta(t - t'). \tag{6.90}$$

这里下标"in"预示着算符描述的是环境输入到系统中的噪声信息。

类比经典白噪声 $\xi(t)$，在量子系统中，我们也可以定义相应的量子白噪声，其中噪声算符的关联应具有下述性质 [6,8,9]

$$\langle\hat{b}_{\text{in}}^{\dagger}(t)\hat{b}_{\text{in}}(t')\rangle_B = \mathcal{N}\delta(t - t'), \tag{6.91a}$$

$$\langle\hat{b}_{\text{in}}(t)\hat{b}_{\text{in}}^{\dagger}(t')\rangle_B = (\mathcal{N} + 1)\delta(t - t'). \tag{6.91b}$$

相应地，在频域内，上式也可写成

$$\langle\hat{b}_{\omega}^{\dagger}(0)\hat{b}_{\omega'}(0)\rangle_B = \mathcal{N}\delta(\omega - \omega'), \tag{6.92a}$$

$$\langle\hat{b}_{\omega}(0)\hat{b}_{\omega'}^{\dagger}(0)\rangle_B = (\mathcal{N} + 1)\delta(\omega - \omega'). \tag{6.92b}$$

需要注意的是，上述表达式中，$\mathcal{N}$ 均为一固定的常数，不依赖于频率 ω。这和前面计算中用到的平衡热库环境是不一样的。在谐振子热库中，平均粒子数 N_ω 是依赖于频率的。只是在 5.2 节中，我们取近似，认定 N_ω 为常数，所以得到环境噪声关联是 δ-函数的结论。这实际上就是量子白噪声近似。

相应地，我们也可以定义量子的维纳过程

$$\hat{W}(t,t_0) = \int_{t_0}^{t}\hat{b}_{\text{in}}(\tau)\mathrm{d}\tau = \int_{t_0}^{t}\mathrm{d}\hat{W}(\tau). \tag{6.93}$$

容易验证，这里定义的量子维纳过程满足

$$\langle\hat{W}(t,t_0)\hat{W}^{\dagger}(t,t_0)\rangle = (\mathcal{N} + 1)(t - t_0), \tag{6.94a}$$

$$\langle\hat{W}^{\dagger}(t,t_0)\hat{W}(t,t_0)\rangle = \mathcal{N}(t - t_0), \tag{6.94b}$$

$$\left[\hat{W}(t,t_0),\hat{W}^{\dagger}(t,t_0)\right] = t - t_0. \tag{6.94c}$$

量子随机增量满足下列关系：

$$[\mathrm{d}\hat{W}(t)]^2 = [\mathrm{d}\hat{W}^{\dagger}(t)]^2 = 0, \tag{6.95a}$$

$$\mathrm{d}\hat{W}(t)\mathrm{d}\hat{W}^{\dagger}(t) = (\mathcal{N} + 1)\mathrm{d}t, \tag{6.95b}$$

$$\mathrm{d}\hat{W}^{\dagger}(t)\mathrm{d}\hat{W}(t) = \mathcal{N}\mathrm{d}t. \tag{6.95c}$$

原则上，我们也可以定义相应的算符 Ito 积分运算规则，然后利用这些规则模拟和计算相应的物理量。实际上，对于量子系统来说，最重要的是能求解出其

量子态，因为量子态包含系统的全部信息。由前文我们了解到，密度算符可以适当地写成各种准概率分布的形式 (见第二章 2.6 节中的 P-表示、Wigner-表示和 Q-表示)。在这些准概率分布中，所有的算符都变成了经典的 c-数，从而把对算符的处理转化为经典的微积分运算问题。同样的道理，在量子朗之万方程中，如果把算符换成 c- 数，就能得到相应的经典随机微分方程，从而就可以用经典随机过程的方法得到相应系统的准概率分布所满足的 Fokker-Planck 方程。后面的讨论我们可以看到，这两种方法所得到的结果是一样的。这实际上也提供了另一种求解系统准概率分布函数随时间演化的方法。

对耗散振子系统，系统算符的量子朗之万方程为

$$\frac{\mathrm{d}}{\mathrm{d}t}\hat{a}(t) = -\mathrm{i}\omega_0\hat{a}(t) - \frac{\gamma}{2}\hat{a}(t) + \sqrt{\gamma}\hat{b}_{\mathrm{in}}(t), \tag{6.96a}$$

$$\frac{\mathrm{d}}{\mathrm{d}t}\hat{a}^\dagger(t) = \mathrm{i}\omega_0\hat{a}^\dagger(t) - \frac{\gamma}{2}\hat{a}(t) + \sqrt{\gamma}\hat{b}_{\mathrm{in}}^\dagger(t), \tag{6.96b}$$

对应的经典朗之万方程可以写成

$$\mathrm{d}\alpha(t) = -\mathrm{i}\omega_0\alpha(t) - \frac{\gamma}{2}\alpha(t) + \sqrt{\gamma}\mathrm{d}W_\alpha(t), \tag{6.97a}$$

$$\mathrm{d}\alpha^*(t) = \mathrm{i}\omega_0\alpha^*(t) - \frac{\gamma}{2}\alpha^*(t) + \sqrt{\gamma}\mathrm{d}W_{\alpha^*}(t), \tag{6.97b}$$

这里，$\mathrm{d}W_\alpha$ 和 $\mathrm{d}W_{\alpha^*}$ 分别表示 $\hat{b}_{\mathrm{in}}(t)\mathrm{d}t$ 和 $\hat{b}_{\mathrm{in}}^\dagger(t)\mathrm{d}t$ 在经典下的对应。需要特别注意的是，由于经典 c-数是对易的，而量子算符是不对易的，所以如何定义噪声 $\mathrm{d}W_\alpha$ 和 $\mathrm{d}W_{\alpha^*}$ 之间的关联就变得非常重要了。依据不同的定义方式，我们最后所得到的 Fokker-Planck 方程在形式上也是不同的。它们实际上可以对应到系统密度矩阵不同相空间表示下的动力学演化方程。具体地，我们可以定义

$$\mathrm{d}W_\alpha(t)\mathrm{d}W_{\alpha^*}(t') = N_\sigma\delta(t - t'), \tag{6.98}$$

其中，$N_\sigma = N + (1 - \sigma)/2$，且 $\sigma = 1, 0, -1$ 分别对应量子算符的正规排列、对称排列、反正规排列所对应的平均值。为了化简上述经典随机方程，我们引入实变量

$$\alpha_r = \frac{1}{2}(\alpha + \alpha^*), \quad \alpha_i = \frac{-\mathrm{i}}{2}(\alpha - \alpha^*). \tag{6.99}$$

利用这些实变量，我们可以把经典随机方程重写为

$$\mathrm{d}\alpha_r(t) = \omega_0\alpha_i(t) - \gamma\alpha_r(t) + \frac{1}{2}[\mathrm{d}W_\alpha(t) + \mathrm{d}W_{\alpha^*}(t)], \tag{6.100a}$$

$$\mathrm{d}\alpha_i(t) = -\omega_0\alpha_r(t) - \gamma\alpha_i(t) - \frac{\mathrm{i}}{2}[\mathrm{d}W_\alpha(t) - \mathrm{d}W_{\alpha^*}(t)]. \tag{6.100b}$$

这样做的好处是变换后两方程中包含的噪声项彼此变成没有关联的

$$[dW_\alpha(t) + dW_{\alpha^*}(t)]\,[dW_\alpha(t') - dW_{\alpha^*}(t')] = 0,$$

$$[dW_\alpha(t) + dW_{\alpha^*}(t)]\,[dW_\alpha(t') + dW_{\alpha^*}(t')] = 2\left[N + \frac{1}{2}(1 - \sigma)\right]\delta(t - t'), \quad (6.101)$$

$$[dW_\alpha(t) - dW_{\alpha^*}(t)]\,[dW_\alpha(t') - dW_{\alpha^*}(t')] = -2\left[N + \frac{1}{2}(1 - \sigma)\right]\delta(t - t').$$

利用前面的结果，我们很快就能得出体系对应的 Fokker-Planck 方程为

$$
\begin{aligned}
\frac{\partial P_\sigma}{\partial t} &= \left[\omega_0\left(\frac{\partial}{\partial \alpha_r}\alpha_i - \frac{\partial}{\partial \alpha_i}\alpha_r\right) + \gamma\left(\frac{\partial}{\partial \alpha_r}\alpha_r + \frac{\partial}{\partial \alpha_i}\alpha_i\right) + \gamma N_\sigma\frac{\partial^2}{\partial \alpha_r^2} + \frac{\partial^2}{\partial \alpha_i^2}\right]P_\sigma.
\end{aligned}
$$
$$(6.102)$$

或者直接写成复变量的形式

$$\frac{\partial P_\sigma}{\partial t} = \left\{-\mathrm{i}\omega_0\left(\frac{\partial}{\partial \alpha}\alpha - \frac{\partial}{\partial \alpha^*}\alpha^*\right) + \gamma\left(\frac{\partial}{\partial \alpha}\alpha + \frac{\partial}{\partial \alpha^*}\alpha^*\right) + \gamma N_\sigma\frac{\partial^2}{\partial \alpha\partial \alpha^*}\right\}P_\sigma.$$
$$(6.103)$$

这里 P_σ 满足的方程正好对应于系统密度矩阵的 P-表示、W-表示和 Q-表示对应的 Fokker-Planck 方程。

6.6 耗散多原子系统中 c-数朗之万方程

从 6.5 节中我们看到，把算符变成普通的数，可以将量子朗之万直接写成 c-数方程。如果我们对这些经典噪声做适当的安排，则这些经典方程可以近似地模拟量子朗之万方程的动力学行为，从而大大方便了对问题的研究和数值模拟。本节中，我们就一个具体例子 [8,9] 来说明朗之万方程在求解问题中的应用情况。

具体地，我们考察下面的例子。假定我们现在有 N 个相同的两能级原子处在一个零温的谐振子热库中，每个原子各自的耗散率为 γ；同时这些原子受到一束强的经典光驱动而在两能级之间做 Rabi 振荡。系统总的哈密顿量可以写成

$$\hat{H} = \frac{\hbar\omega_a}{2}\sum_{j=1}^{N}\hat{\sigma}_j^z + \frac{\hbar\Omega}{2}\sum_{j=1}^{N}(\hat{\sigma}_j^+ \mathrm{e}^{-\mathrm{i}\omega_c t} + \hat{\sigma}_j^- \mathrm{e}^{\mathrm{i}\omega_c t}), \quad (6.104)$$

其中，$\hat{\sigma}_j^\pm$、$\hat{\sigma}_j^z$ 为作用在第 j 个原子上的泡利算符。这里为了方便讨论，我们同时假定耦合是共振的，亦即 $\omega_a = \omega_c = \omega$。

可以证明，这样的多原子系统，体系总的密度矩阵 $\boldsymbol{\rho}(t)$ 满足下面的主方程

$$\frac{\mathrm{d}}{\mathrm{d}t}\boldsymbol{\rho}(t) = \frac{1}{\mathrm{i}\hbar}[\hat{H}, \boldsymbol{\rho}(t)] - \frac{\gamma}{2}\sum_{j=1}^{N}[\hat{\sigma}_j^+\hat{\sigma}_j^-\boldsymbol{\rho}(t) + \boldsymbol{\rho}(t)\hat{\sigma}_j^+\hat{\sigma}_j^- - 2\hat{\sigma}_j^-\boldsymbol{\rho}(t)\hat{\sigma}_j^+]. \quad (6.105)$$

利用上述演化，再结合前面提到的耗散起伏关系，我们就可以推出原子系统集体算符所满足的朗之万方程。为此我们定义原子集体算符为

$$\hat{J}_{\pm} = \sum_{j=1}^{N}\hat{\sigma}_j^{\pm}, \quad \hat{J}_z = \sum_{j=1}^{N}\hat{\sigma}_j^z, \quad (6.106)$$

则其相应的朗之万演化方程可写为

$$\frac{\mathrm{d}}{\mathrm{d}t}\hat{J}_{\mu} = \hat{D}_{\mu} + \hat{F}_{\mu}(t), \quad (6.107)$$

其中，$\hat{F}_{\mu}(t)$ 为朗之万噪声项。考虑到算符平均值满足下列关系

$$\langle \hat{D}_{\mu} \rangle = \left\langle \frac{\mathrm{d}}{\mathrm{d}t}\hat{J}_{\mu} \right\rangle = \mathrm{Tr}\left[\hat{J}_{\mu}\frac{\mathrm{d}}{\mathrm{d}t}\rho\right], \quad (6.108)$$

利用主方程，我们即可求得 D_{μ} 的具体形式为

$$\hat{D}_-(t) = \left(-\mathrm{i}\omega - \frac{\gamma}{2}\right)\hat{J}_- + \frac{\mathrm{i}\Omega}{2}\mathrm{e}^{-\mathrm{i}\omega t}\hat{J}_z, \quad (6.109\mathrm{a})$$

$$\hat{D}_+(t) = \left(\mathrm{i}\omega - \frac{\gamma}{2}\right)\hat{J}_+ - \frac{\mathrm{i}\Omega}{2}\mathrm{e}^{\mathrm{i}\omega t}\hat{J}_z, \quad (6.109\mathrm{b})$$

$$\hat{D}_+(t) = -\gamma(I + \hat{J}_z) + \mathrm{i}\Omega(\hat{J}_-\mathrm{e}^{\mathrm{i}\omega t} + \hat{J}_+\mathrm{e}^{-\mathrm{i}\omega t}). \quad (6.109\mathrm{c})$$

上式中含时因子可以消除。实际上，如果我们定义 $\tilde{J}_{\pm} = \mathrm{e}^{\mp\mathrm{i}\omega t}\hat{J}_{\pm}$，则对于算符 $\tilde{J}_x = \tilde{J}_+ + \tilde{J}_-$ 及 $\tilde{J}_y = -\mathrm{i}(\tilde{J}_+ - \tilde{J}_-)$，相应的朗之万方程即可写为

$$\frac{\mathrm{d}}{\mathrm{d}t}\tilde{J}_x = -\gamma\tilde{J}_x + \hat{F}_x, \quad (6.110\mathrm{a})$$

$$\frac{\mathrm{d}}{\mathrm{d}t}\tilde{J}_y = -\gamma\tilde{J}_y - \Omega J_z + \hat{F}_y, \quad (6.110\mathrm{b})$$

$$\frac{\mathrm{d}}{\mathrm{d}t}J_z = -\gamma(I + J_z) + \Omega\tilde{J}_y + \hat{F}_z, \quad (6.110\mathrm{c})$$

其中噪声关联函数满足

$$\langle \hat{F}_{\mu}(t)\hat{F}_{\nu}(t) \rangle = 2M_{\mu\nu}\delta(t - t'). \quad (6.111)$$

$M_{\mu\nu}$ 的具体形式可以通过耗散-起伏关系得到，这里我们直接给出其形式为

$$\frac{2M}{\gamma/N} = \begin{array}{c} \\ x \\ y \\ z \end{array} \begin{matrix} \overset{\displaystyle x}{} & \overset{\displaystyle y}{} & \overset{\displaystyle z}{} \\ \begin{pmatrix} 1 & -\mathrm{i} & 2\langle \tilde{J}_- \rangle \\ \mathrm{i} & 1 & 2\langle \tilde{J}_- \rangle \\ 2\langle \tilde{J}_+ \rangle & 2\langle \tilde{J}_+ \rangle & 2(1 + \langle \hat{J}_z \rangle) \end{pmatrix} \end{matrix}. \tag{6.112}$$

对于上述算符的朗之万方程，直接求解与其相对应的 Fokker-Planck 方程是比较复杂的。一种简单的处理方式是，假定对应这样的量子朗之万方程，存在一组经典的 c-数方程

$$\frac{\mathrm{d}}{\mathrm{d}t}\mathcal{J}_x = -\gamma \mathcal{J}_x + \mathcal{F}_x, \tag{6.113a}$$

$$\frac{\mathrm{d}}{\mathrm{d}t}\mathcal{J}_y = -\gamma \mathcal{J}_y - \Omega \mathcal{J}_z + \mathcal{F}_y, \tag{6.113b}$$

$$\frac{\mathrm{d}}{\mathrm{d}t}\mathcal{J}_z = -\gamma(I + \mathcal{J}_z) + \Omega \mathcal{J}_y + \mathcal{F}_z, \tag{6.113c}$$

其中经典噪声满足

$$\langle \mathcal{F}_\mu \rangle = 0, \quad \langle \mathcal{F}_\mu(t)\mathcal{F}_\nu(t') \rangle = 2\mathcal{M}_{\mu\nu}\delta(t - t'). \tag{6.114}$$

我们的目的是希望这样的经典朗之万方程能模拟出量子朗之万方程的动力学特征。容易看出，上述方程对随机样本求平均后，所得到的方程与量子算符平均值对应的演化方程是等价的。进一步地，我们希望量子算符的关联也能在 c-数方程中体现出来。考虑到量子算符一般是不对易的，而 c-数是对易的，为了得到正确的关联，我们需要对扩散矩阵元 $\mathcal{M}_{\mu\nu}$ 进行重新设置。

具体地，利用上述方程，我们考察下列经典变量的二阶矩

$$\frac{\mathrm{d}}{\mathrm{d}t}\langle \mathcal{J}_x \mathcal{J}_y \rangle = \left\langle \left(\frac{\mathrm{d}}{\mathrm{d}t}\mathcal{J}_x \right) \mathcal{J}_y \right\rangle + \left\langle \mathcal{J}_x \frac{\mathrm{d}}{\mathrm{d}t}(\mathcal{J}_y) \right\rangle$$

$$= -\gamma\langle \mathcal{J}_x \mathcal{J}_y \rangle - \Omega\langle \mathcal{J}_x \mathcal{J}_z \rangle + \langle \mathcal{F}_x \mathcal{J}_y \rangle + \langle \mathcal{J}_x \mathcal{F}_y \rangle. \tag{6.115}$$

上式最后两项含有噪声变量，利用 $\mathcal{J}_x$ 及 $\mathcal{J}_y$ 的形式解，我们很容易得出

$$\langle \mathcal{F}_x \mathcal{J}_y \rangle = \langle \mathcal{J}_x \mathcal{F}_y \rangle = \mathcal{M}_{xy}. \tag{6.116}$$

考虑到量子算符的非对易性，经典方程 (6.115) 中 $\langle \mathcal{J}_x \mathcal{J}_y \rangle$ 所对应的量子形式可以是 $\langle \tilde{J}_x \tilde{J}_y \rangle$，$\langle \tilde{J}_y \tilde{J}_x \rangle$，$\langle \tilde{J}_y \tilde{J}_x \rangle_s = \langle \tilde{J}_x \tilde{J}_y + \tilde{J}_y \tilde{J}_x \rangle/2$ 中的任何一个。原则上，选择其中任何一个都是可行的。需要注意的是，一旦确定了这个对应规则，我们就

需要计算出相应的经典扩散系数 $\mathcal{M}_{xy}$，从而让经典噪声模拟出正确的量子涨落性质。这里为方便讨论，我们选取 $\langle \tilde{J}_y \tilde{J}_x \rangle_s$。利用

$$\frac{\mathrm{d}}{\mathrm{d}t} \langle \tilde{J}_x \tilde{J}_y \rangle = -\gamma \langle \tilde{J}_x \tilde{J}_y \rangle - \Omega \langle \tilde{J}_x \hat{J}_z \rangle + 2M_{xy}, \tag{6.117a}$$

$$\frac{\mathrm{d}}{\mathrm{d}t} \langle \tilde{J}_y \tilde{J}_x \rangle = -\gamma \langle \tilde{J}_y \tilde{J}_x \rangle - \Omega \langle \hat{J}_z \tilde{J}_x \rangle + 2M_{yx}, \tag{6.117b}$$

我们立即得到

$$\frac{\mathrm{d}}{\mathrm{d}t} \langle \tilde{J}_x \tilde{J}_y \rangle_s = -\gamma \langle \tilde{J}_x \tilde{J}_y \rangle_s - \Omega \langle \tilde{J}_x \hat{J}_z \rangle_s + M_{xy} + M_{yx}. \tag{6.118}$$

对比方程 (6.115) 和 (6.118)，我们即可得出，为能给出正确的二阶矩的动力学演化，必须有

$$2\mathcal{M}_{xy} = M_{xy} + M_{yx} = \frac{\gamma}{N}(-\mathrm{i} + \mathrm{i}) = 0. \tag{6.119}$$

可以看到，选择对称算符排序后，c-数朗之万方程的噪声扩散系数也是对称的，这为噪声的分析和模拟提供了方便。同理，可得其他的扩散系数为

$$\frac{2\mathcal{M}}{\gamma/N} = \begin{array}{c} \\ x \\ y \\ z \end{array} \begin{array}{ccc} x & y & z \\ \left(\begin{array}{ccc} 1 & 0 & \langle \mathcal{J}_x \rangle \\ 0 & 1 & \langle \mathcal{J}_y \rangle \\ \langle \mathcal{J}_x \rangle & \langle \mathcal{J}_y \rangle & 2(1 + \langle \mathcal{J}_z \rangle) \end{array} \right) \end{array}. \tag{6.120}$$

原则上，也可以选择其他的算符排序来设定矩阵元 $\mathcal{M}_{xy}$。例如，对于光场算符，通常采用正规排序可以让计算更为方便。然而对于这里的原子算符，对称排序更为合适。具体地，我们可以考察下列演化

$$\frac{\mathrm{d}}{\mathrm{d}t} \langle \mathcal{J}_y \mathcal{J}_y \rangle = \left\langle \left(\frac{\mathrm{d}}{\mathrm{d}t} \mathcal{J}_y \right) \mathcal{J}_y \right\rangle + \left\langle \mathcal{J}_y \frac{\mathrm{d}}{\mathrm{d}t} (\mathcal{J}_y) \right\rangle$$

$$= -\gamma \langle \mathcal{J}_y \mathcal{J}_y \rangle - 2\Omega \langle \mathcal{J}_z \mathcal{J}_y \rangle + 2\mathcal{M}_{yy}. \tag{6.121}$$

相应的量子算符的动力学方程为

$$\frac{\mathrm{d}}{\mathrm{d}t} \langle \tilde{J}_y \tilde{J}_y \rangle = -\gamma \langle \tilde{J}_y \tilde{J}_y \rangle - \Omega (\langle \hat{J}_z \tilde{J}_y \rangle + \langle \tilde{J}_y \hat{J}_z \rangle) + 2M_{yy}. \tag{6.122}$$

可以看到，这里对称排列是最自然的选择。如果我们强行选择 $\langle \mathcal{J}_y \mathcal{J}_z \rangle$ 对应到 $\langle \tilde{J}_y \hat{J}_z \rangle$，那么在上式中，为了把 $\langle \hat{J}_z \tilde{J}_y \rangle$ 变换到 $\langle \tilde{J}_y \hat{J}_z \rangle$，我们需要把多出的对易子项 $\langle [\tilde{J}_y, \hat{J}_z] \rangle$ 吸收到扩散系数的定义中去。这样就把噪声的处理变得复杂化了。

在对称排序下，c-数朗之万方程所对应的准概率分布 (满足 Fokker-Planck 方程)，即对应于系统量子态的 Wigner 准概率分布函数。相比较而言，描述经典随机过程的 c-数朗之万方程在数值求解上更为方便。系统算符的高阶关联也可以表示为经典随机轨道的加权平均

$$\langle \tilde{J}_a(t_1)\tilde{J}_b(t_2)\cdots\tilde{J}_c(t_m)\rangle_s = \frac{1}{N}\sum_{i=1}^{N}\mathcal{J}_a(t_1)\mathcal{J}_b(t_2)\cdots\mathcal{J}_c(t_m), \qquad (6.123)$$

其中 i 为随机轨道的编号。

参 考 文 献

[1] 郭光灿. 量子光学. 北京: 高等教育出版社，1990.

[2] Scully M O, Suhail Zubairy M. Quantum Optics (Chapter 9). Cambridge: Cambridge University Press, 2003.

[3] Lukin M. notes for the course "Modern Atomic and Optical Physics II" (Harvard) (Chapter 8). available at http://lukin.physics.harvard.edu/teaching/.

[4] Gardiner C W, Zoller P. Quantum Noise: A Handbook of Markovian and Non-Markovian Quantum Stochastic Methods with Applications to Quantum Optics (Chapter 5 and 6). Berlin: Springer Science & Business Media, 2004.

[5] Carmichael H J. Statistical Methods in Quantum Optics 1:Master Equations and Fokker-Planck Equations. Springer-Verlag Berlin Heidelberg, 1999.

[6] Gardiner C W. Handbook of Stochastic Methods for Physics, Chemistry and the Natural Sciences. Berlin Heidelberg: Springer-Verlag, 1985.

[7] Klimov A B, Chumakov S M. A Group-Theoretical Approach to Quantum Optics: Models of Atom-Field Interactions. New York: John Wiley & Sons, 2009.

[8] Puri R R. Mathematical methods of quantum optics, Vol. 79. Berlin: Springer Science & Business Media, 2001.

[9] Tieri D. Open Quantum Systems with Applications to Precision Measurements. Ph. D. Thesis. University of Colorado, 2015.

第七章　光与物质相互作用

光场和原子系统的相互作用会导致各种有趣的量子相干现象。在这些物理效应中，光场有时候可以被看作是一种调控量子系统的经典外场，从而可以用半经典的方式处理。而在另一些效应中，光场的量子特性必须被考虑。光场的量子特性可以是这些相干量子效应导致的最终结果，也可以作为媒介，用以建立不同系统中的量子关联。本章中，我们将利用前面介绍的主方程和有效相互作用的方法，在光与原子等介质中讨论各种有趣的量子相干现象。本章内容包括：共振荧光效应 [1-3]，电磁场诱导的透明效应 [2,4,5]，光场的巨克尔效应 [4,6]，原子团中光信号的量子存储 [7-10]，以及光场的四波混频效应等 [2,4,11-16]。

7.1　共　振　荧　光

共振荧光讨论的是原子在共振光场作用下的自发辐射现象。当驱动光场为单色光场，并且不是很强的时候，原子吸收一个共振的光子，同时由于能量守恒会辐射出一个同频率的光子。此时辐射荧光的光谱主要由原子激发态的展宽确定，所以谱线宽度也很窄。然而，当有强光驱动时，原子荧光辐射的情况会有很大不同。当驱动光的 Rabi 频率远大于原子上能级寿命时，原子布居会在基态和激发态之间剧烈振荡。平均来说，每个原子近似有一半的时间处在激发态上，从而会经历多次的吸收光子、辐射光子的过程，而且这些过程可以是相干发生，不能看作是独立的。由于原子布居的快速振荡，原子共振荧光的频谱上会出现边带，同时荧光峰的宽度也相应发生变化。除此之外，共振辐射的荧光还会呈现出非经典的反群聚效应。本节中，我们将利用主方程演化的方法，具体讨论产生这一物理效应的原理，以及相应的处理方法 [1-3]。

7.1.1　弱光场耦合下两能级原子的自发辐射

我们首先利用热库的方法，考察两能级原子在弱光场激发下的演化问题。假定原子的基态和激发态分别为 $|g\rangle$ 和 $|e\rangle$，相应的能级差为 ω_{eg}。此时我们可以把系统的哈密顿量写为

$$\hat{H}_0 = \frac{1}{2}\hbar\omega_{eg}\hat{\sigma}_z. \tag{7.1}$$

如果我们用一束频率为 ω 的弱相干光场照射原子, 使得原子的基态和激发态之间发生耦合。在旋转波近似下, 我们可以把系统的相互作用哈密顿量写为

$$\hat{V} = -\frac{1}{2}\hbar \left(\Omega_{\rm R}\hat{\sigma}_+ {\rm e}^{-{\rm i}\omega t} + \Omega_{\rm R}^*\hat{\sigma}_- {\rm e}^{{\rm i}\omega t} \right), \tag{7.2}$$

其中 $\hat{\sigma}_- = |g\rangle\langle e|$, $\hat{\sigma}_+ = |e\rangle\langle g|$。$\Omega_{\rm R}$ 为驱动光场诱导的 Rabi 频率, 具体形式为

$$\Omega_{\rm R} = \frac{\langle e|\hat{\boldsymbol{d}}|g\rangle \cdot \mathcal{E}}{\hbar}, \tag{7.3}$$

这里, $\hat{\boldsymbol{d}}$ 代表原子的电偶极矩, $\mathcal{E}$ 为光场的振荡幅度,

$$E(t) = \mathcal{E}\cos(\omega t). \tag{7.4}$$

在第四章的讨论中我们了解到, 自由空间中的激发态原子会发生自发辐射现象。理论上, 对于这样的包含热库的复合系统, 我们可以利用主方程理论, 在玻恩-马尔可夫近似下把系统的动力学演化方程写为

$$\frac{{\rm d}\rho(t)}{{\rm d}t} = -\frac{\rm i}{\hbar}[\hat{H}_0 + \hat{V}, \rho] + \frac{\Gamma}{2}(\bar{n}+1)D(\hat{\sigma}_-)[\rho] + \frac{\Gamma}{2}\bar{n}D(\hat{\sigma}_+)[\rho], \tag{7.5}$$

其中, Γ 对应原子上能级的寿命, $\bar{n}$ 为热库的平均光子数。算子 $D(\hat{\sigma})[\rho]$ 的定义为

$$D(\hat{\sigma})[\rho] = 2\hat{\sigma}\rho\hat{\sigma}^\dagger - \hat{\sigma}^\dagger\hat{\sigma}\rho - \rho\hat{\sigma}^\dagger\hat{\sigma}. \tag{7.6}$$

在光频范围内, 环境中的平均光子数近似为零 $\bar{n} \simeq 0$, 由此我们可以得到各矩阵元的演化方程为

$$\frac{{\rm d}\rho_{ee}}{{\rm d}t} = -\Gamma\rho_{ee} - {\rm i}\frac{1}{2}(\Omega_{\rm R}{\rm e}^{-{\rm i}\omega t}\rho_{eg} - c.c.), \tag{7.7}$$

$$\frac{{\rm d}\rho_{eg}}{{\rm d}t} = -\left({\rm i}\omega_{eg} + \frac{\Gamma}{2}\right)\rho_{eg} + {\rm i}\frac{\Omega_{\rm R}}{2}(\rho_{ee} - \rho_{gg}){\rm e}^{-{\rm i}\omega t}. \tag{7.8}$$

假定初始时刻 $\rho_{eg}(0) = 0$, 则上述第二个方程给出形式解

$$\rho_{eg}(t) = {\rm i}\frac{\Omega_{\rm R}}{2}\int {\rm d}t'{\rm e}^{-[{\rm i}(\omega_{eg}-\omega)+\frac{\Gamma}{2}](t-t')}[\rho_{ee}(t') - \rho_{gg}(t')]. \tag{7.9}$$

对于弱相干光的情形, 原子的布居变化很小, 可以近似认为在 $t \sim \Gamma^{-1}$ 的时间尺度内不变。在这一条件下, 我们可以把上述积分项单独提出, 从而得到 $\rho_{eg}(t)$ 的近似解

$$\rho_{eg}(t) = {\rm i}\frac{\Omega_{\rm R}}{2}\frac{{\rm e}^{-{\rm i}\omega t} - {\rm e}^{-({\rm i}\omega_{eg}+\Gamma/2)t}}{{\rm i}(\omega_{eg}-\omega)+\Gamma/2}[\rho_{ee}(0) - \rho_{gg}(0)]. \tag{7.10}$$

在长时间极限下 $t \gg \Gamma^{-1}$，上式化为

$$\rho_{eg}(t) = \mathrm{i}\frac{\Omega_{\mathrm{R}}}{2} \frac{\mathrm{e}^{-\mathrm{i}\omega t}}{\mathrm{i}(\omega_{eg} - \omega) + \Gamma/2}[\rho_{ee}(0) - \rho_{gg}(0)]. \tag{7.11}$$

由于原子的电偶极矩与密度矩阵的非对角元相关，上述结果表明，在弱光场照射下，原子的电偶极矩振荡的频率与入射光场的频率是一样的。此时，原子向外辐射的光子的频率也是 ω。这与原子自发辐射的情况不同，在自发辐射中，辐射光子的中心频率即为原子的上下能级差，且谱线的宽度正比于能级的寿命。而在弱光场耦合下，由于入射光的谱线宽度一般远小于原子的上能级展宽，所以原子辐射谱线的宽度由入射光场决定。

7.1.2　强场耦合下的共振荧光

当耦合光场的强度 Ω 很大，甚至比原子上能级的谱线宽度 Γ 还要大时，7.1.1 节中的微扰处理已经不再适用了。在这种情况下，原子和光场强烈的耦合在一起，形成缀饰态。在共振情况下 $\omega = \omega_{eg}$，对于给定的激发数 $(n+1)$，缀饰态的形式为

$$|n, \pm\rangle = \frac{1}{\sqrt{2}}(|e, n\rangle \pm |g, n+1\rangle), \tag{7.12}$$

相应的本征值为 $+\hbar\Omega_n/2$ 及 $-\hbar\Omega_n/2$，其中 $\Omega_n = 2g\sqrt{n+1}$。可见，由于 Ω_n 的存在，初始时简并的复合量子态 $|e, n\rangle$ 和 $|g, n+1\rangle$ 重新组合成新的缀饰态 $|n, \pm\rangle$，且能级差依赖于光子数 n。能级差 $\hbar\Omega_n$ 也称为动态斯塔克分裂 (dynamic Stark splitting)。

对于相干光场来说，不同的激发数下，原子和光场耦合会形成一系列缀饰态，从而出现不同的能级劈裂 $\hbar\Omega_n$。当 Ω_{R} 很强时，在平均光子数 $\bar{n}$ 附近，动态斯塔克效应最为明显，相应的劈裂近似为 $\hbar\Omega_{\bar{n}} \simeq \hbar\Omega_{\mathrm{R}}$。原子的能级结构可以近似如图 7.1所描述。此时，如果我们考察复合体系自发辐射的荧光光谱，则相应的能级耦合可以给出三种不同的主要频率成分，包括原子固有的振动频率 ω_{eg}，以及两个边带频率 $(\omega_{eg} - \Omega_{\mathrm{R}})$ 和 $(\omega_{eg} + \Omega_{\mathrm{R}})$。这些荧光信号峰的强度和相应的频谱宽度也不尽相同，其中主峰 ω_{eg} 的信号最强，约是边带信号的两倍，并且主峰对应的频谱宽度为 $\Gamma/2$，而相应边带的频率宽度则为 $3\Gamma/4$。

尽管缀饰态的引入为理解共振荧光光谱的频率成分提供了清晰的物理图像，但是由于严格的光场量子化处理会涉及很多缀饰能级，并不方便问题的讨论。实际上，我们可以采用简单的半经典理论来理解各荧光峰的主要物理特性。在共振条件 $\omega_{eg} = \omega$ 下，相互作用表象中的半经典哈密顿量可以写为

$$\hat{V}_{\mathrm{I}} = \mathrm{e}^{\mathrm{i}\hat{H}_0 t/\hbar}\hat{V}\mathrm{e}^{-\mathrm{i}\hat{H}_0 t/\hbar} = \frac{1}{2}\hbar\Omega_{\mathrm{R}}\left(\hat{\sigma}_+ + \hat{\sigma}_-\right), \tag{7.13}$$

这里为方便讨论，我们假定 Ω_R 为实数。$\hat{V}_I$ 的本征态 $|\pm\rangle$ 即对应了缀饰态的半经典极限，具体形式为

$$|\pm\rangle = \frac{1}{\sqrt{2}}(|e\rangle \pm |g\rangle), \quad \hat{V}_I|\pm\rangle = \pm\frac{\hbar\Omega_R}{2}|\pm\rangle. \tag{7.14}$$

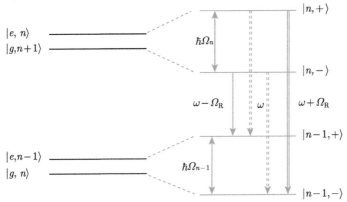

图 7.1 缀饰能级及自发辐射光场的频率示意图。当光子数 $n \sim \bar{n}$ 时，可近似认为 $\Omega_n \simeq \Omega_{n-1} \simeq \Omega_{\bar{n}} \simeq \Omega_R$

为了得到系统自发辐射光谱的信息，我们在相互作用表象中求解原子的主方程

$$\frac{\mathrm{d}\tilde{\rho}(t)}{\mathrm{d}t} = -\frac{\mathrm{i}}{\hbar}[\hat{V}_I, \tilde{\rho}] - \frac{\Gamma}{2}(\hat{\sigma}_+\hat{\sigma}_-\tilde{\rho} + \tilde{\rho}\hat{\sigma}_+\hat{\sigma}_- - 2\hat{\sigma}_-\tilde{\rho}\hat{\sigma}_+). \tag{7.15}$$

由半经典缀饰态，主方程中所有算符均可用基矢 $|+\rangle$，$|-\rangle$ 表示，具体形式为

$$|e\rangle = \frac{1}{\sqrt{2}}(|+\rangle + |-\rangle), \quad |g\rangle = \frac{1}{\sqrt{2}}(|+\rangle - |-\rangle),$$

$$\hat{V}_I = \frac{1}{2}\hbar\Omega_R\left(|+\rangle\langle+| - |-\rangle\langle-|\right),$$

$$\hat{\sigma}_- = |g\rangle\langle e| = \frac{1}{2}(|+\rangle\langle+| + |+\rangle\langle-| - |-\rangle\langle+| - |-\rangle\langle-|),$$

$$\hat{\sigma}_+\hat{\sigma}_- = |e\rangle\langle e| = \frac{1}{2}(|+\rangle\langle+| + |+\rangle\langle-| + |-\rangle\langle+| + |-\rangle\langle-|).$$

由此可以求得密度矩阵各矩阵元满足的演化方程为

$$\dot{\tilde{\rho}}_{++} = -\frac{\Gamma}{2}\tilde{\rho}_{++} + \frac{\Gamma}{4}, \tag{7.16a}$$

$$\dot{\tilde{\rho}}_{+-} = -\left(\frac{3\Gamma}{4} + \mathrm{i}\Omega_R\right)\tilde{\rho}_{+-} - \frac{\Gamma}{4}\rho_{-+} - \frac{\Gamma}{2}, \tag{7.16b}$$

$$\dot{\tilde{\rho}}_{-+} = -\left(\frac{3\Gamma}{4} - \mathrm{i}\Omega_{\mathrm{R}}\right)\tilde{\rho}_{-+} - \frac{\Gamma}{4}\rho_{+-} - \frac{\Gamma}{2}. \tag{7.16c}$$

上述方程为我们理解缀饰能级的动力学特性提供了理论基础。可以看到，相比于弱耦合的情况，在强耦合对应的缀饰表象中，缀饰能级矩阵元的耗散速率与裸原子情形有很大的不同。在缀饰表象中，上能级 $\tilde{\rho}_{++}$ 的耗散速率为 $\Gamma/2$；而在裸原子表象中，ρ_{ee} 的耗散速率为 Γ。同时非对角矩阵元 $\tilde{\rho}_{+-}$ 和 $\tilde{\rho}_{-+}$ 对应耗散系数的实数部分均为 $3\Gamma/4$，反映了缀饰能级之间相干性的衰变速率大于裸原子中 ρ_{eg} 的相干耗散率 $\Gamma/2$；而耗散系数的虚部对应了频率移动 $\pm\Omega_{\mathrm{R}}$。这些系数完美地解释了实验观测到的共振荧光各谱线的性质，所以，共振荧光可以看作是缀饰能级所对应的自发辐射光谱。

当系统初始处于基态时，我们可以求解上述方程，并利用关系

$$\begin{aligned}\tilde{\rho}_{++} &= \frac{1}{2}(1 + \tilde{\rho}_{eg} + \tilde{\rho}_{ge}),\\[4pt]\tilde{\rho}_{+-} &= \frac{1}{2}(2\tilde{\rho}_{ee} - 1 - \tilde{\rho}_{eg} + \tilde{\rho}_{ge}),\end{aligned} \tag{7.17}$$

即可得到

$$\tilde{\rho}_{ee}(t) = \frac{\Omega_{\mathrm{R}}^2}{\Gamma^2 + 2\Omega_{\mathrm{R}}^2}\left[1 - \mathrm{e}^{-\frac{3\Gamma}{4}t}\left(\cosh\kappa t + \frac{3\Gamma}{4\kappa}\sinh\kappa t\right)\right], \tag{7.18}$$

$$\tilde{\rho}_{eg}(t) = -\mathrm{i}\frac{\Gamma\Omega_{\mathrm{R}}}{\Gamma^2 + 2\Omega_{\mathrm{R}}^2}\left\{1 - \mathrm{e}^{-\frac{3\Gamma}{4}t}\left[\cosh\kappa t + \frac{\Gamma^2 - 4\Omega^2}{4\kappa\Gamma}\sinh\kappa t\right]\right\}, \tag{7.19}$$

其中 $\kappa = \sqrt{(\Gamma/4)^2 - \Omega_{\mathrm{R}}^2}$。可见，当 $\Omega_{\mathrm{R}} < \Gamma/4$ 时，矩阵元的演化中耗散占主导，系统慢慢逼近稳态

$$\tilde{\rho}_{ee}(t \to \infty) = \frac{\Omega_{\mathrm{R}}^2}{\Gamma^2 + 2\Omega_{\mathrm{R}}^2}, \tag{7.20}$$

$$\tilde{\rho}_{eg}(t \to \infty) = -\mathrm{i}\frac{\Gamma\Omega_{\mathrm{R}}}{\Gamma^2 + 2\Omega_{\mathrm{R}}^2}, \tag{7.21}$$

且不依赖于初始条件。而当 $\Omega_{\mathrm{R}} > \Gamma/4$ 时，κ 取虚数 $\kappa = \mathrm{i}\mu = \mathrm{i}\sqrt{\Omega_{\mathrm{R}}^2 - (\Gamma/4)^2}$，上式中 $\sinh\kappa t \to \mathrm{i}\sin\mu t$，$\cosh\kappa t \to \cos\mu t$，系统的解呈现振荡形式

$$\tilde{\rho}_{ee}(t) = \frac{\Omega_{\mathrm{R}}^2}{\Gamma^2 + 2\Omega_{\mathrm{R}}}\left[1 - \mathrm{e}^{-\frac{3\Gamma}{4}t}\left(\cos\mu t + \frac{3\Gamma}{4\mu}\sin\mu t\right)\right], \tag{7.22}$$

$$\tilde{\rho}_{eg}(t) = -\mathrm{i}\frac{\Gamma\Omega_{\mathrm{R}}}{\Gamma^2 + 2\Omega_{\mathrm{R}}}\left\{1 - \mathrm{e}^{-\frac{3\Gamma}{4}t}\left[\cos\mu t + \left(\frac{\Gamma^2 - 4\Omega_{\mathrm{R}}^2}{4\mu\Gamma}\right)\sin\mu t\right]\right\}. \tag{7.23}$$

从而对应的荧光频谱中出现边带。

为了更精确地考察荧光光场的性质，依据前面自发辐射的 Weisskopf-Wigner 理论 (见第四章 4.8.2 节)，我们可以把远场情况下的光场算符写为

$$E^+(\boldsymbol{r}, t) = \frac{\omega_{eg}^2}{4\pi\epsilon_0 c^2 r} \left(\boldsymbol{d} \times \frac{\boldsymbol{r}}{r} \right) \times \frac{\boldsymbol{r}}{r} \hat{\sigma}_- \left(t - \frac{r}{c} \right). \tag{7.24}$$

从而，荧光场的功率谱可以表示为

$$\begin{aligned}
S(\boldsymbol{r}, \omega) &= \lim_{t \to \infty} \int_{-\infty}^{\infty} \mathrm{d}\tau \langle E^-(\boldsymbol{r}, t+\tau) E^+(\boldsymbol{r}, t) \rangle \mathrm{e}^{\mathrm{i}\omega\tau} \\
&= \lim_{t \to \infty} \int_{-\infty}^{\infty} \mathrm{d}\tau \langle E^-(\boldsymbol{r}, t) E^+(\boldsymbol{r}, t+\tau) \rangle \mathrm{e}^{-\mathrm{i}\omega\tau} \\
&= I_0(\boldsymbol{r}) \int_{-\infty}^{\infty} \mathrm{d}\tau \langle \hat{\sigma}_+(t) \hat{\sigma}_-(t+\tau) \rangle \mathrm{e}^{-\mathrm{i}\omega\tau},
\end{aligned} \tag{7.25}$$

其中

$$I_0(\boldsymbol{r}) = \left| \frac{\omega_{eg}^2}{4\pi\epsilon_0 c^2 r} \left(\boldsymbol{d} \times \frac{\boldsymbol{r}}{r} \right) \times \frac{\boldsymbol{r}}{r} \right|^2, \tag{7.26}$$

$t \to \infty$ 表明积分中的变量应取系统状态稳定情况下的值，从而使得最终的结果不依赖于 t。为此我们需要求解算符关联 $G(\tau) = \langle \hat{\sigma}_+(t) \hat{\sigma}_-(t+\tau) \rangle$ 的平均值。对于马尔可夫系统的演化，由量子回归定理

$$\langle \hat{\sigma}_+(t) \hat{\sigma}_-(t+\tau) \rangle = \mathrm{Tr}\{ \hat{\sigma}_-(0) \mathrm{e}^{L\tau} [\rho(t) \hat{\sigma}_+(0)] \}, \tag{7.27}$$

我们得知，关联算符满足的演化方程与系统算符平均值所满足的方程是一样的。在相互作用表象中，定义算符平均值

$$\langle \tilde{A} \rangle_{\mathrm{I}} = \mathrm{Tr}[\tilde{\rho}(t) \hat{A}] = \mathrm{Tr}[\rho(t) \mathrm{e}^{-\mathrm{i}\hat{H}_0 t/\hbar} \hat{A} \mathrm{e}^{\mathrm{i}\hat{H}_0 t/\hbar}], \tag{7.28}$$

则依主方程可得

$$\frac{\mathrm{d}}{\mathrm{d}t} \begin{bmatrix} \langle \tilde{\sigma}_+(t) \rangle_{\mathrm{I}} \\ \langle \tilde{\sigma}_z(t) \rangle_{\mathrm{I}} \\ \langle \tilde{\sigma}_-(t) \rangle_{\mathrm{I}} \end{bmatrix} = M \begin{bmatrix} \langle \tilde{\sigma}_+(t) \rangle_{\mathrm{I}} \\ \langle \tilde{\sigma}_z(t) \rangle_{\mathrm{I}} \\ \langle \tilde{\sigma}_-(t) \rangle_{\mathrm{I}} \end{bmatrix} + B, \tag{7.29}$$

其中

$$M = \begin{bmatrix} -\Gamma/2 & -\mathrm{i}\Omega_{\mathrm{R}}/2 & 0 \\ -\mathrm{i}\Omega_{\mathrm{R}} & -\Gamma & \mathrm{i}\Omega_{\mathrm{R}} \\ 0 & \mathrm{i}\Omega_{\mathrm{R}}/2 & -\Gamma/2 \end{bmatrix}, \quad B = \begin{bmatrix} 0 \\ -\Gamma \\ 0 \end{bmatrix}. \tag{7.30}$$

依据量子回归定理, 我们立刻得到

$$\frac{\mathrm{d}}{\mathrm{d}\tau}\begin{bmatrix}\langle\tilde{\sigma}_+(t)\tilde{\sigma}_+(t+\tau)\rangle_\mathrm{I}\\ \langle\tilde{\sigma}_+(t)\tilde{\sigma}_z(t+\tau)\rangle_\mathrm{I}\\ \langle\tilde{\sigma}_+(t)\tilde{\sigma}_-(t+\tau)\rangle_\mathrm{I}\end{bmatrix}=M\begin{bmatrix}\langle\tilde{\sigma}_+(t)\tilde{\sigma}_+(t+\tau)\rangle_\mathrm{I}\\ \langle\tilde{\sigma}_+(t)\tilde{\sigma}_z(t+\tau)\rangle_\mathrm{I}\\ \langle\tilde{\sigma}_+(t)\tilde{\sigma}_-(t+\tau)\rangle_\mathrm{I}\end{bmatrix}+B\langle\tilde{\sigma}_+(t)\rangle_\mathrm{I}. \quad (7.31)$$

为了使求得的关联函数对应系统在稳态下的情况, 上述方程的初始条件应为

$$\begin{bmatrix}\langle\tilde{\sigma}_+(t)\tilde{\sigma}_+(t)\rangle_\mathrm{I}\\ \langle\tilde{\sigma}_+(t)\tilde{\sigma}_z(t)\rangle_\mathrm{I}\\ \langle\tilde{\sigma}_+(t)\tilde{\sigma}_-(t)\rangle_\mathrm{I}\end{bmatrix}_{t\to\infty}=\begin{bmatrix}0\\ -\langle\tilde{\sigma}_{eg}(t)\rangle_\mathrm{I}\\ \langle\tilde{\sigma}_{ee}(t)\rangle_\mathrm{I}\end{bmatrix}_{t\to\infty}=\begin{bmatrix}0\\ -\tilde{\rho}_{ge}(\infty)\\ \tilde{\rho}_{ee}(\infty)\end{bmatrix}$$

$$=\begin{bmatrix}0\\ -\mathrm{i}\dfrac{\varGamma\varOmega_\mathrm{R}}{\varGamma^2+2\varOmega_\mathrm{R}}\\ \dfrac{\varOmega_\mathrm{R}^2}{\varGamma^2+2\varOmega_\mathrm{R}}\end{bmatrix}.$$

由此可以求得

$$\langle\tilde{\sigma}_+(t)\tilde{\sigma}_-(t+\tau)\rangle_I=\left(\frac{\varOmega_\mathrm{R}^2}{\varGamma^2+2\varOmega_\mathrm{R}^2}\right)\left\{\frac{\varGamma^2}{\varGamma^2+2\varOmega_\mathrm{R}^2}+\frac{\mathrm{e}^{-\varGamma\tau/2}}{2}\right.$$
$$\left.+\frac{\mathrm{e}^{-3\varGamma\tau/4}}{4}\left[(P+Q)\mathrm{e}^{\kappa\tau}+(P-Q)\mathrm{e}^{-\kappa\tau}\right]\right\}, \quad (7.32)$$

其中

$$P=\frac{2\varOmega_\mathrm{R}^2-\varGamma^2}{2\varOmega_\mathrm{R}^2+\varGamma^2},\quad Q=\frac{\varGamma}{4\kappa}\frac{10\varOmega_\mathrm{R}^2-\varGamma^2}{2\varOmega_\mathrm{R}^2+\varGamma^2}. \quad (7.33)$$

在弱场驱动下, $\varOmega_\mathrm{R}\ll\varGamma/4$, 方程 (7.32) 中只有第一项贡献是最重要的, 其他项的贡献相互抵消或可忽略, 此时我们近似有

$$\langle\tilde{\sigma}_+(t)\tilde{\sigma}_-(t+\tau)\rangle_\mathrm{I}\simeq\left(\frac{\varOmega_\mathrm{R}}{\varGamma}\right)^2, \quad (7.34)$$

从而得相互作用表象中的功率谱密度为

$$\tilde{S}(\boldsymbol{r},\omega)=I_0(\boldsymbol{r})\int_{-\infty}^\infty\mathrm{d}\tau\langle\tilde{\sigma}_+(t)\tilde{\sigma}_-(t+\tau)\rangle_\mathrm{I}\mathrm{e}^{-\mathrm{i}\omega\tau}=I_0(\boldsymbol{r})\left(\frac{\varOmega_\mathrm{R}}{\varGamma}\right)^2 2\pi\delta(\omega). \quad (7.35)$$

物理上, 当我们用弱光场共振激发两能级原子时, 原子吸收光场, 同时也会放出光子。由于能量守恒效应, 放射光子的频率与入射光场相同, 对应于原子对光场的弹性瑞利散射 (Rayleigh scattering)。

当驱动场很强时 $\Omega_\mathrm{R} \gg \Gamma/4$, 原子吸收光场后, 到再次辐射光子前原子以频率 Ω_R 在内部能级上来回振荡多次。这样辐射出来的光子频率就会被原子的内部振荡所调制, 从而出现边带。利用

$$\langle \tilde{\sigma}_+(t)\tilde{\sigma}_-(t-\tau)\rangle^* = \langle \tilde{\sigma}_+(t-\tau)\sigma_-(t)\rangle = \langle \tilde{\upsilon}_+(t)\tilde{\sigma}_-(t+\tau)\rangle \qquad (7.36)$$

我们可以将 $\tilde{S}(\boldsymbol{r},\omega)$ 改写为

$$\tilde{S}(\boldsymbol{r},\omega) = I_0(\boldsymbol{r}) \int_{-\infty}^{\infty} \mathrm{d}\tau \langle \tilde{\sigma}_+(t)\tilde{\sigma}_-(t+\tau)\rangle_I \mathrm{e}^{-\mathrm{i}\omega\tau}$$

$$= I_0(\boldsymbol{r}) 2\mathrm{Re} \int_0^{\infty} \mathrm{d}\tau \langle \tilde{\sigma}_+(t)\tilde{\sigma}_-(t+\tau)\rangle_I \mathrm{e}^{-\mathrm{i}\omega\tau}. \qquad (7.37)$$

将方程 (7.32) 中的 κ 替换为 $\mathrm{i}\mu$ 后, 再代入上式中, 就可以得到相应的功率谱密度为

$$\tilde{S}(\boldsymbol{r},\omega) = I_0(\boldsymbol{r}) \frac{\Omega_\mathrm{R}^2}{\Gamma^2 + 2\Omega_\mathrm{R}^2} \left[2\pi \frac{\Gamma^2}{\Gamma^2 + 2\Omega_\mathrm{R}^2} \delta(\omega) + \frac{1}{4} \frac{(3\Gamma/4)P - (\omega-\mu)\bar{Q}}{(\omega-\mu)^2 + (3\Gamma/4)^2} \right.$$

$$\left. + \frac{1}{2} \frac{\Gamma/2}{\omega^2 + (\Gamma/2)^2} + \frac{1}{4} \frac{(3\Gamma/4)P + (\omega+\mu)\bar{Q}}{(\omega+\mu)^2 + (3\Gamma/4)^2} \right], \qquad (7.38)$$

其中

$$\bar{Q} = \mathrm{i}Q(\kappa \to \mathrm{i}\mu) = \frac{\Gamma}{4\mu} \frac{10\Omega_\mathrm{R}^2 - \Gamma^2}{2\Omega_\mathrm{R}^2 + \Gamma^2}. \qquad (7.39)$$

可见, 当 Ω_R 增大时, $\tilde{S}(\boldsymbol{r},\omega)$ 渐渐从初始的单峰图样转变为三峰结构, 亦称之为 Mollow 三峰 (Mollow triplet)。在 $\Omega_\mathrm{R} \gg \Gamma/4$ 极限下, $\tilde{S}(\boldsymbol{r},\omega)$ 的形式可以简化为

$$\tilde{S}(\boldsymbol{r},\omega) = \frac{I_0(\boldsymbol{r})}{8} \left\{ \frac{3\Gamma/4}{(\omega-\Omega_\mathrm{R})^2 + (3\Gamma/4)^2} + \frac{\Gamma}{\omega^2 + (\Gamma/2)^2} \right.$$

$$\left. + \frac{3\Gamma/4}{(\omega+\Omega_\mathrm{R})^2 + (3\Gamma/4)^2} \right\}. \qquad (7.40)$$

可见, 此时荧光峰分别出现在 $\omega = \{-\Omega_\mathrm{R}, 0, \Omega_\mathrm{R}\}$ 处, 峰的高度比值为 $1:3:1$, 峰的宽度分别为 $\{3\Gamma/4, \Gamma/2, 3\Gamma/4\}$, 每个峰的积分强度相对大小为 $1:2:1$, 如图 7.2所示。

同样, 利用量子回归分析, 我们还可以得到系统算符的二阶关联为[2,3]

$$\langle \tilde{\sigma}_+(t)\tilde{\sigma}_+(t+\tau)\tilde{\sigma}_-(t+\tau)\tilde{\sigma}_-(t)\rangle$$

$$= \left(\frac{\Omega_\mathrm{R}^2}{\Gamma^2 + 2\Omega_\mathrm{R}^2} \right)^2 \left[1 - \left(\cos\mu\tau + \frac{3\Gamma}{4\mu}\sin\mu t \right) \mathrm{e}^{-3\Gamma t/4} \right]. \qquad (7.41)$$

由此可以求得荧光光场的二阶关联函数为

$$g^{(2)}(\tau) = 1 - \left[\cos(\mu\tau) + \frac{3\Gamma}{4\mu} \sin(\mu\tau) \right] e^{-3\Gamma\tau/4}. \tag{7.42}$$

可以看到，当 τ 较小时，总有

$$g^{(2)}(\tau) > g^{(2)}(0) = 0, \tag{7.43}$$

所以共振荧光辐射的光子具有反聚束的特征。物理上，当处于激发态的原子辐射光子以后，原子会回落到基态，需要经过一定的时间后才能再次被激发，继而发生自发辐射。所以短时间内辐射光场不会出现双光子在一起的情形，即对应光子反群聚效应。

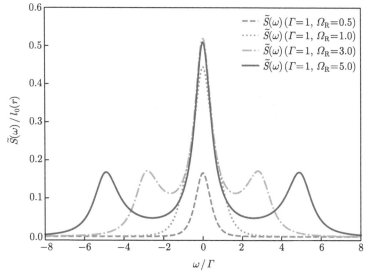

图 7.2　荧光光场的频率分布随参数 Γ 和 Ω_R 的变化关系。当 Ω_R 足够大时，
$\tilde{S}(\omega)$ 即呈现三峰结构

当时间 τ 较大时，光场群聚效应会有不一样的表现形式。在弱场极限下，$\Omega \ll \Gamma/4$，$g^{(2)}(\tau)$ 简化为

$$g^{(2)}(\tau) \simeq (1 - e^{-\Gamma\tau/2})^2 < 1. \tag{7.44}$$

所以，当 Ω 较小时，$g^{(2)}(\tau)$ 随着 τ 单调增长，辐射光场始终表现为反群聚的特点。而在强场极限下，$\Omega_\mathrm{R} \gg \Gamma/4$，$g^{(2)}(\tau)$ 的简化形式为

$$g^{(2)}(\tau) \simeq 1 - \cos(\Omega\tau) e^{-3\Gamma\tau/4}. \tag{7.45}$$

此时 $g^{(2)}(\tau)$ 随着 τ 呈现振荡特性，辐射光场在群聚和反群聚特性上交替变换。振荡幅度随着 τ 渐渐变小。当 $\tau \to \infty$ 时，$g^{(2)}(\tau)$ 逼近稳态值 1，如图 7.3 所示。

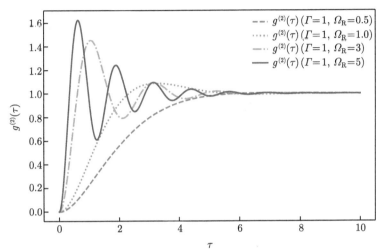

图 7.3 共振荧光光场的反群聚特性。随着耦合强度 Ω_R 的增大，二阶关联函数会呈现振荡特性

7.2 光场在介质中的传播及极化

光与物质相互作用中，有很大一部分是讨论介质对光传播特性的影响。以两能级原子为例，当光场与原子能级共振时，强烈的相互作用可能使得光场被介质吸收，或者发生色散、散射等现象，从而大大改变了光场的传播特性。光场与原子相互作用与介质原子的内部能级关系密切，不同的原子能级结构可以诱导出不同类型的相互作用的模式。寻找到适当的原子位型，从而实现对传输光束性质的调控，是光与物质相互作用研究中关注的重要问题。本节和 7.3 节中所要谈论的电磁诱导透明效应就是这类问题中的典型代表。

由于光场的电场分量一般远大于磁场分量，故介质对光场的响应可以通过介质的电极化效应来刻画。一般对于中性的原子介质，电子处在能量的本征态上，其平均电偶极矩为零。当有激光照射时，激光的电场部分会导致电子平衡位置的改变。特别是当激光频率和原子能级发生共振时，原子中电子的平衡位置被强烈改变，从而使得电偶极矩的平均值不再为零，与电场的强度直接相关，宏观表现就是此时介质发生极化。电极化强度 $\boldsymbol{P}$ 可由偶极算符 $\hat{\boldsymbol{d}} = -e\boldsymbol{r}$ 的平均值来表示。$\hat{\boldsymbol{d}}$ 可以引发不同原子能级之间的偶极跃迁，使得系统的密度算符 ρ 中出现描述不同能级之间相干性的非对角元素。这些非对角相干项最终会导致电极化矢量的平均值 $\boldsymbol{P} = \langle \hat{\boldsymbol{d}} \rangle = \mathrm{Tr}[-e\boldsymbol{r}\rho]$ 不再为零，且一般正比于电场振幅 $\boldsymbol{E}$。对于一沿着 z-方

向传播的平面波光场，其电场振幅可以写为

$$\boldsymbol{E}(z,t) = \frac{1}{2}\mathcal{E}e^{-i(\omega t - kz)}\hat{e} + c.c., \tag{7.46}$$

其中，$\hat{e}$ 表示偏振方向。当电极化矢量 $\boldsymbol{P} = \mathcal{P}\hat{e}$ 平行于 $\boldsymbol{E}$ 时，可以把 $\boldsymbol{P}$ 写成

$$\boldsymbol{P} = \frac{1}{2}[\mathcal{P}e^{-i(\omega t - kz)} + \mathcal{P}^* e^{i(\omega t - kz)}], \tag{7.47}$$

$$\mathcal{P} = \epsilon_0 \chi \mathcal{E} = \epsilon_0 (\chi_R + i\chi_I)\mathcal{E}. \tag{7.48}$$

其中 $\chi = \chi_R + i\chi_I$ 为电极化系数。将此关系式代入光场在均匀介质中的传播方程中

$$\frac{\partial^2 \mathcal{E}}{\partial z^2} - \frac{1}{c^2}\frac{\partial^2 \mathcal{E}}{\partial t^2} = \mu_0 \frac{\partial^2 \mathcal{P}}{\partial t^2} \tag{7.49}$$

可得介质的折射率满足

$$k^2 - \frac{\omega^2}{c^2}n^2 = 0, \tag{7.50}$$

其中

$$n = n_R + in_I = (1 + \chi_R + i\chi_I)^{1/2}, \tag{7.51a}$$

$$n_R = \sqrt{\frac{|\chi| + (1 + \chi_R)}{2}}, \tag{7.51b}$$

$$n_I = \sqrt{\frac{|\chi| - (1 + \chi_R)}{2}}\,\text{sgn}(x_I). \tag{7.51c}$$

这里 $\text{sgn}(x)$ 为符号函数。当 $\chi_R \gg \chi_I$ 时，上式简化为

$$n_R \simeq \sqrt{1 + \chi_R} \quad \text{及} \quad n_I = \frac{1}{\sqrt{1 + \chi_R}}\chi_I. \tag{7.52}$$

由于波矢 k 满足 $k = \omega n/c$，上式表明介质的色散性质主要由 χ_R 所决定，而 χ_I 反映的是介质对光场的吸收效应。

在慢变包络近似 (slowly varying envelope approximation) 下，我们假定 $\mathcal{E}$ 和相应的极化 $\mathcal{P}$ 沿传播方向 $\hat{z}$ 在一个光波长范围内的改变可以忽略不计:

$$\left|\frac{\partial \mathcal{E}}{\partial z}\right| \ll \left|k\mathcal{E}\right|, \qquad \left|\frac{\partial \mathcal{E}}{\partial t}\right| \ll \left|\omega\mathcal{E}\right|, \tag{7.53a}$$

$$\left|\frac{\partial \mathcal{P}}{\partial z}\right| \ll \left|k\mathcal{P}\right|, \qquad \left|\frac{\partial \mathcal{P}}{\partial t}\right| \ll \left|\omega\mathcal{P}\right|. \tag{7.53b}$$

再利用

$$\frac{\partial^2}{\partial z^2} - \frac{1}{c^2}\frac{\partial^2}{\partial t^2} = \left(\frac{\partial}{\partial z} + \frac{1}{c}\frac{\partial}{\partial t}\right)\left(\frac{\partial}{\partial z} - \frac{1}{c}\frac{\partial}{\partial t}\right), \tag{7.54}$$

$$\left(\frac{\partial}{\partial z} - \frac{1}{c}\frac{\partial}{\partial t}\right)\mathcal{E} \simeq 2\mathrm{i}k\mathcal{E} \tag{7.55}$$

即可以得到简化的传播方程为

$$\frac{\partial \mathcal{E}}{\partial z} + \frac{1}{c}\frac{\partial \mathcal{E}}{\partial t} = \mathrm{i}\frac{k}{2\epsilon_0}\mathcal{P}. \tag{7.56}$$

在原子介质中，极化率 $\mathcal{P}$ 由原子的内态相干性决定。利用上式，我们就可以很方便地讨论光场在介质中的传播演化。

对于二能级的原子系综，当入射光频率与能级发生共振时，利用

$$\hat{\boldsymbol{d}} = \boldsymbol{d}_{ge}|g\rangle\langle e| + \boldsymbol{d}_{ge}^*|e\rangle\langle g|, \tag{7.57}$$

可以求得

$$\boldsymbol{P} = \langle\hat{\boldsymbol{d}}\rangle = \boldsymbol{d}_{ge}\rho_{eg} + \boldsymbol{d}_{ge}^*\rho_{ge}, \qquad \mathcal{P} = 2\boldsymbol{d}_{ge}\rho_{eg}\mathrm{e}^{\mathrm{i}(\omega t - kz)}. \tag{7.58}$$

代入方程 (7.11) 后，即可求得介质的极化率为

$$\mathcal{P} = -\frac{\boldsymbol{d}_{ge}^2}{\hbar}\mathcal{E}\frac{[\rho_{ee}(0) - \rho_{gg}(0)]}{(\omega_{eg} - \omega) - \mathrm{i}\Gamma/2}, \tag{7.59a}$$

$$\mathcal{P}_{\mathrm{R}} = -\frac{\boldsymbol{d}_{ge}^2}{\hbar}\mathcal{E}\frac{\omega_{eg} - \omega}{(\omega_{eg} - \omega)^2 + \Gamma^2/4}[\rho_{ee}(0) - \rho_{gg}(0)], \tag{7.59b}$$

$$\mathcal{P}_{\mathrm{I}} = -\frac{\boldsymbol{d}_{ge}^2}{\hbar}\mathcal{E}\frac{\Gamma/2}{(\omega_{eg} - \omega)^2 + \Gamma^2/4}[\rho_{ee}(0) - \rho_{gg}(0)], \tag{7.59c}$$

相应的折射系数为

$$\chi_{\mathrm{R}} = -\frac{\boldsymbol{d}_{ge}^2 N_{\mathrm{a}}}{\epsilon_0\hbar}\frac{\omega_{eg} - \omega}{(\omega_{eg} - \omega)^2 + \Gamma^2/4}[\rho_{ee}(0) - \rho_{gg}(0)], \tag{7.60a}$$

$$\chi_{\mathrm{I}} = -\frac{\boldsymbol{d}_{ge}^2 N_{\mathrm{a}}}{\epsilon_0\hbar}\frac{\Gamma/2}{(\omega_{eg} - \omega)^2 + \Gamma^2/4}[\rho_{ee}(0) - \rho_{gg}(0)], \tag{7.60b}$$

这里，N_{a} 为原子总数。可见，在共振处 $\omega = \omega_{eg}$，χ_{I} 达到最大值，原子对光场的吸收最显著。此时对应的光谱中存在一个以共振频率为中心的洛伦兹型吸收峰；而相应的 χ_{R} 在共振点处消失，介质折射率为零。可见，要增大折射率，必须使得失谐量 $\omega_{eg} - \omega$ 非零；然而此时系统仍然会存在显著的吸收效应，如图 7.4所示，故一般难以达到所要求的目标。例如，假定原子初始处在基态，从而有 $\rho_{gg}(0) = 1$，$\rho_{ee}(0) = 0$。若考虑 $\omega_{eg} - \omega = \Gamma/2$，则

$$\chi_{\mathrm{R}} = \chi_{\mathrm{I}} = \frac{3\pi c^3}{\omega^3}N_{\mathrm{a}}, \tag{7.61}$$

其中利用了原子自发辐射速率公式

$$\Gamma = \frac{d_{ge}^2 \omega^3}{3\pi\hbar\epsilon_0 c^3}. \tag{7.62}$$

对于波长为 $1\mu m$，原子密度近似为 $N_a \sim 10^{16} cm^{-3}$ 的原子团，原子系综对光场的色散和吸收系数大约为 $\chi_R \sim \chi_I \sim 10^4$。此时光场在远小于一个波长的尺度下就会被介质吸收，从而无法观测到相应的色散效应。

要在介质中实现大的折射率，同时又要保证介质对光场的吸收尽可能小，必须采用合适的原子能级结构。7.3 节中的电磁诱导透明效应就是一个很好的例子。

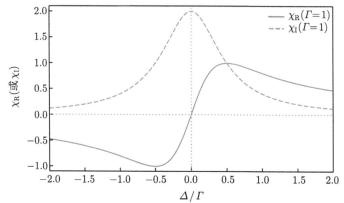

图 7.4　二能级原子电极化系数的实部和虚部随频率的变换关系。这里假定原子初始处在基态上，纵坐标的衡量单位为 $(d_{ge}^2/(\epsilon_0\hbar))$

7.3　电磁诱导透明效应

原子介质除了可以直接改变入射光的传播特性以外，其丰富的能级构型为实现光场与原子间各种可能的相互作用提供了方便。利用这种特殊设计的相互作用形式，我们就可以利用激光场来控制和改变介质的色散特性，从而实现特殊的应用。光场的电磁诱导透明效应 (electro-magnetically induced transparency, EIT) 就是一个典型的例子 [2,4,5]。

7.3.1　暗态及受激拉曼绝热通道

考察一个典型的 Λ-型三能级原子系统，我们用两束频率不同的激光场照射该系统，使得原子内态分别在 $|1\rangle \leftrightarrow |3\rangle$ 和 $|2\rangle \leftrightarrow |3\rangle$ 之间发生跃迁，其典型的能级结构如图 7.5所示。系统的哈密顿量可以表示为

$$\hat{H} = \hbar\omega_1|1\rangle\langle1| + \hbar\omega_2|2\rangle\langle2| + \hbar\omega_3|3\rangle\langle3| - \mu \cdot \boldsymbol{E}. \tag{7.63}$$

这里 ω_i 表示相应的原子能级的本征能量。

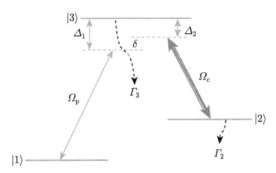

图 7.5 三能级 Λ 型原子的内部耦合示意图。其中 $\Omega_{\rm c}$ 为控制光场对应的耦合强度，$\Omega_{\rm p}$ 为探测光场对应的耦合强度，Γ_2 和 Γ_3 分别为对应能级的耗散率

若我们取

$$\hat{H}_0 = \hbar\omega_1|1\rangle\langle1| + \hbar(\omega_1 + \omega_{\rm p})|3\rangle\langle3| + \hbar(\omega_1 + \omega_{\rm p} - \omega_{\rm c})|2\rangle\langle2|, \quad (7.64)$$

则在相互作用表象中，系统的哈密顿量为

$$\hat{H}_{\rm int} = \hbar\Delta_{\rm p}|3\rangle\langle3| + \hbar(\Delta_{\rm p} - \Delta_{\rm c})|2\rangle\langle2| - \frac{\hbar}{2}(\Omega_{\rm p}\hat{\sigma}_{31} + \Omega_{\rm c}\hat{\sigma}_{32} + h.c.), \quad (7.65)$$

其中，$\Delta_{\rm p} = \omega_3 - \omega_1 - \omega_{\rm p}$ 为探测光与能级 $1 \leftrightarrow 3$ 之间跃迁的失谐量，$(\Delta_{\rm p} - \Delta_{\rm c})$ 为双光子失谐量。$\Omega_{\rm p} = \langle3|\mu \cdot \mathbf{E}|1\rangle/\hbar$ 对应于 $|1\rangle \leftrightarrow |3\rangle$ 之间的耦合矩阵元，相应的激光频率为 $\omega_{\rm p}$；$\Omega_{\rm c} = \langle3|\mu \cdot \mathbf{E}|2\rangle/\hbar$ 对应于 $|2\rangle \leftrightarrow |3\rangle$ 之间的耦合矩阵元，相应的激光频率为 $\omega_{\rm c}$。后面的讨论中我们会看到，$\Omega_{\rm p}$ 和 $\Omega_{\rm c}$ 分别对应探测光和控制光与原子耦合的 Rabi 频率。

当 $\Delta_{\rm p} = \Delta_{\rm c} = \Delta$ 时，体系的本征态可以表示为

$$|\psi^+\rangle = \sin\theta(\sin\phi|1\rangle + \cos\phi|2\rangle) + \cos\theta|3\rangle, \quad (7.66\text{a})$$

$$|\psi^-\rangle = \cos\theta(\sin\phi|1\rangle + \cos\phi|2\rangle) - \sin\theta|3\rangle, \quad (7.66\text{b})$$

$$|\psi^0\rangle = \cos\phi|1\rangle - \sin\phi|2\rangle, \quad (7.66\text{c})$$

其中参数 θ 和 ϕ 分别满足关系

$$\tan\phi = \Omega_{\rm p}/\Omega_{\rm c}, \qquad \tan(2\theta) = \sqrt{\Omega_{\rm p}^2 + \Omega_{\rm c}^2}/\Delta, \quad (7.67)$$

相应的能量为

$$E^+ = \hbar(\Delta + \sqrt{\Delta^2 + \Omega_{\rm p}^2 + \Omega_{\rm c}^2})/2, \quad (7.68\text{a})$$

$$E^- = \hbar(\Delta - \sqrt{\Delta^2 + \Omega_{\mathrm{p}}^2 + \Omega_{\mathrm{c}}^2})/2. \tag{7.68b}$$

$$E^0 = 0, \tag{7.68c}$$

可以看到，$E^\pm$ 均包含激发态的成分，且能量非零。比较特别的是本征态 $|\psi^0\rangle$，它对应的本征能量为零，这也意味着当相互作用哈密顿量 $\hat{H}_{\mathrm{int}}$ 作用到 $|\psi^0\rangle$ 上时对它不起作用，我们称这样的状态为系统的暗态 (dark state)。后面我们会看到，正是由于暗态的存在，三能级系统中才有电磁诱导透明效应。

由于暗态不含上能级 $|e\rangle$ 的组分，不受上能级退相干的影响，所以在实际系统中可以长时间保持相干性。如果我们适当控制光场 Ω_{p} 和 Ω_{c} 的强度，就可以使得 E^0 和 $E^\pm$ 之间的能级差始终保持一定的大小而不闭合；然后再缓慢改变 Ω_{p} 和 Ω_{c} 间的相对大小，则系统对应的暗态也会缓慢变化。对于一个初始处于暗态的系统，当满足上述缓慢变化条件时，绝热定理告诉我们，系统将始终绝热跟随暗态缓慢变化。

容易看到，当 $\phi = 0$ 时，$|\psi^0\rangle = |1\rangle$；而当 $\phi = \pi/2$ 时，$|\psi^0\rangle = -|2\rangle$。若初始时刻设定 $\Omega_{\mathrm{c}}(t = -\infty)$ 远大于 $\Omega_{\mathrm{p}}(t = -\infty)$，则暗态与基态 $|1\rangle$ 重合；然后再缓慢变化至 $\Omega_{\mathrm{c}}(t = \infty) \gg \Omega_{\mathrm{p}}(t = \infty)$ 时，则系统将处在暗态 $-|2\rangle$ 上。这样我们就可以把原子相干地从能级 $|1\rangle$ 转移到能级 $|2\rangle$ 上。由于这一过程不受上能级退相干的影响，所以可以保持能级转移中系统的相干性。能级转移的效率取决于参数变化的快慢，在理想情况下这种转移过程可以近乎 100% 完成，如图 7.6所示。

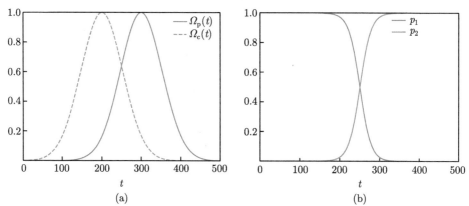

图 7.6　受激拉曼绝热通道的实现示意图。(a) 控制光场和探测光场对应的时间变化，其中控制光场在时序上要早于探测光场；(b) 对应的原子能级布居随使时间的变化。在理想条件下，可以近似 100% 地将原子从状态 $|1\rangle$ 转移到状态 $|2\rangle$

为进一步考察绝热过程中各个物理量之间的依赖关系，我们可以把系统的哈密顿量变换到瞬时本征态表象中。为此我们引入变换矩阵

$$R = \begin{bmatrix} \sin\theta\sin\phi & \cos\phi & \cos\theta\sin\phi \\ \sin\theta\cos\phi & -\sin\phi & \cos\theta\cos\phi \\ \cos\theta & 0 & -\sin\theta \end{bmatrix}. \tag{7.69}$$

如果我们把态矢量表示成列向量的形式，容易看到，瞬时本征态与原子能级之间的关系为

$$\left(|\psi^+\rangle, |\psi^0\rangle, |\psi^-\rangle\right) = \left(|1\rangle, |2\rangle, |3\rangle\right) R. \tag{7.70}$$

在瞬时本征态表象中，系统的哈密顿量可以表示为

$$\begin{aligned} \widetilde{H} &= R^{-1}\hat{H}R - R^{-1}(\mathrm{i}\hbar\dot{R}) \\ &= -\hbar \begin{bmatrix} \omega^+(t) & \dfrac{\mathrm{i}}{2}\dot\theta & 0 \\ -\dfrac{\mathrm{i}}{2}\dot\theta & 0 & -\dfrac{\mathrm{i}}{2}\dot\theta \\ 0 & \dfrac{\mathrm{i}}{2}\dot\theta & \omega^-(t) \end{bmatrix}, \end{aligned} \tag{7.71}$$

其中 $\hbar\omega^\pm = E^\pm$。绝热演化要求 $\widetilde{H}$ 的非对角耦合项 (正比于 $\dot\theta$) 远小于系统的能级差 $|\omega^\pm|$，亦即

$$\left| \left\langle \frac{\mathrm{d}}{\mathrm{d}t}\psi^0(t) | \psi^\pm(t) \right\rangle \right| \ll |\omega^\pm(t)|. \tag{7.72}$$

在双光子共振条件下，上式可简化为

$$\Omega(t) = \sqrt{\Omega_\mathrm{p}(t)^2 + \Omega_\mathrm{c}(t)^2} \gg |\dot\theta|. \tag{7.73}$$

在非绝热条件下，暗态会被激发到其他能级上从而导致退相干。当 $|\dot\theta| \ll \Gamma_3$ 时 (Γ_3 为能级 $|3\rangle$ 上的耗散率)，激发态的布居近似正比于 $|\dot\theta|^2/\Omega(t)^2$，从而可以估计出由于自发辐射所导致的暗态耗散率：

$$\Gamma_\mathrm{eff} \simeq \Gamma_3 \frac{|\dot\theta|^2}{\Omega(t)^2}. \tag{7.74}$$

7.3.2 电磁诱导透明

为了完整地求解上述三能级系统，一个通用的方法就是求解系统的主方程。通过求解原子系统各矩阵元的演化方程，我们可以得到原子介质中的光极化矢量，从而确定其对光场传播特性的影响。主方程方法可以用来对系统中各参数的作用进行详细讨论。对于 EIT 系统来说，为了使得其物理图像更为简单明了，我们可以通过引入系统的有效哈密顿量来处理这一问题，从而方便理解其物理本质。

前面的章节我们提到了,在求解主方程时,可以使用随机波函数的方法,把体系的演化理解成一个带有非厄米耗散项的哈密顿量 $\hat{H}_e$ 所对应的动力学问题,同时再引入一个概率探测的过程以刻画量子跃迁。在有些问题中,量子跃迁发生的概率比较小,从而系统的动力学性质就可以近似用带耗散项的 $\hat{H}_e$ 来刻画,这样就大大简化了问题的讨论。在 EIT 问题中,原子大多停留在基态上,激发态的布居占比很少,以至于随机的自发辐射概率很小。此时随机波函数方法是一个很好的简化问题处理的方法。系统的有效哈密顿量可以简写为

$$
\hat{H}_e = \hbar \left(\Delta_{\mathrm{p}} - \frac{\mathrm{i}}{2} \Gamma_3 \right) \hat{\sigma}_{33} + \hbar \left(\delta - \frac{\mathrm{i}}{2} \Gamma_2 \right) \hat{\sigma}_{22}
$$

$$
- \frac{\hbar}{2} (\Omega_{\mathrm{p}} \hat{\sigma}_{31} + \Omega_{\mathrm{c}} \hat{\sigma}_{32} + h.c.). \tag{7.75}
$$

这里,Δ_{p} 表示单光子失谐量,$\delta = \Delta_{\mathrm{p}} - \Delta_{\mathrm{c}}$ 表示双光子失谐量。为了刻画系统总的耗散行为,我们引入 Γ_3 表示上能级的自发跃迁导致的耗散率。在实际系统中,亚稳态 $|2\rangle$ 会因为原子杂乱碰撞而导致相位退相干。由于随机波函数方法不能刻画纯的退相位过程,为了描述能级 $|2\rangle$ 上耗散的影响,我们也唯象地引入振幅退相干速率 Γ_2 来模拟退相干过程的影响。需要注意的是,这样引入的耗散项会导致粒子总布居数减少,因为它不能把原子由 $|3\rangle \leftrightarrow |1\rangle$ 自发跃迁后导致能级 $|1\rangle$ 和 $|2\rangle$ 布居增加的效应考虑进来。

前面我们提到了,原子对光场的响应可以通过系统的极化率来刻画

$$
\boldsymbol{P}(t) = -\sum_i \langle \hat{\mu}_i \rangle / N = -\sum_i \langle e \boldsymbol{r}_i \rangle / N
$$

$$
= \frac{N}{V} [\mu_{13} \rho_{31} \mathrm{e}^{-\mathrm{i}\omega_{31}t} + \mu_{23} \rho_{32} \mathrm{e}^{-\mathrm{i}\omega_{32}t} + c.c.] \tag{7.76}
$$

这里,$\mu_i = -e\boldsymbol{r}_i$ 为第 i 个原子的电偶极矩。在 EIT 中,外加光场导致的偶极作用会使得原子在不同的能级之间跃迁,从而让矩阵元 ρ_{31} 和 ρ_{32} 变得非零。具体说来,矩阵元 ρ_{31} 依赖于探测光,而 ρ_{32} 由控制光场决定,对应跃迁的 Rabi 频率为

$$
\Omega_{\mathrm{p}} \sim \frac{\langle 3| \boldsymbol{\mu} \cdot \boldsymbol{E}_{\mathrm{p}} |1\rangle}{\hbar} = \frac{\mu_{31} \mathcal{E}_{\mathrm{p}}}{\hbar} \quad \text{及} \quad \Omega_{\mathrm{c}} \sim \frac{\mu_{32} \mathcal{E}_{\mathrm{c}}}{\hbar}. \tag{7.77}
$$

要求得系统的极化 $\boldsymbol{P}$ 对探测光 $\boldsymbol{E}_{\mathrm{p}}$ 的依赖关系,我们需要知道 ρ_{31} 的具体表达式。利用随机波函数的方法,我们可以很方便地求得原子系统各矩阵元随时间变化的具体形式。假定原子的波函数可以写成

$$
|\psi\rangle = c_1 |1\rangle + c_2 |2\rangle + c_3 |3\rangle, \tag{7.78}
$$

则代入 $i\hbar|\dot\psi\rangle = \hat{H}_e|\psi\rangle$，我们可以得到波函数系数满足方程

$$i\dot{c}_1 = -\frac{1}{2}\Omega_p^* c_3, \tag{7.79a}$$

$$i\dot{c}_2 = -\frac{1}{2}\Omega_c^* c_3 + \left(\delta - i\frac{1}{2}\Gamma_2\right)c_2, \tag{7.79b}$$

$$i\dot{c}_3 = -\frac{1}{2}(\Omega_p c_1 + \Omega_c c_2) + \left(\Delta_p - i\frac{1}{2}\Gamma_3\right)c_3. \tag{7.79c}$$

由于 EIT 中一般探测光都相对很弱，所以上述第一个表达式右边近似为零，从而 $|c_1| \simeq 1$ 在整个过程中都是近似成立的。将这一结果代入方程 (7.79b) 和 (7.79c) 中，我们就可以求得在稳态下有

$$c_2 = \frac{\Omega_c^*}{2\delta - i\Gamma_2}c_3, \tag{7.80a}$$

$$c_3 = \frac{\Omega_p}{2\Delta_p - i\Gamma_3} + \frac{\Omega_c}{2\Delta_p - i\Gamma_3}c_2. \tag{7.80b}$$

由此可以求得系数 c_3 的近似形式为

$$c_3 \simeq \frac{i(\Gamma_2 + i2\delta)\Omega_p}{(\Gamma_3 + i2\Delta_p)(\Gamma_2 + i2\delta) + |\Omega_c|^2}$$

$$= \frac{-2\delta(|\Omega_c|^2 - 4\Delta_p\delta) + 2\Delta_p\Gamma_2^2 + i[\Gamma_2(|\Omega_c|^2 + \Gamma_2\Gamma_3) + 4\delta^2\Gamma_3]}{|(\Gamma_3 + i2\Delta_p)(\Gamma_2 + i2\delta) + |\Omega_c|^2|^2}\Omega_p. \tag{7.81}$$

对比极化率的另一表示

$$\boldsymbol{P} = \frac{1}{2}[\mathcal{P}e^{-i(\omega t - kz)} + \mathcal{P}^* e^{i(\omega t - kz)}] \tag{7.82}$$

及 $\mathcal{P} = \epsilon_0\chi\mathcal{E}$，我们即可得到探测光场相应的极化系数为

$$\chi = 2\mu_{13}\rho_{31}/\mathcal{E}_p = 2\frac{N}{V}\frac{|\mu_{13}|^2}{\epsilon_0\hbar}c_3 c_1^* \simeq 2\frac{N}{V}\frac{|\mu_{13}|^2}{\epsilon_0\hbar}c_3$$

$$= 2\frac{N}{V}\frac{|\mu_{13}|^2}{\epsilon_0\hbar}\left[\frac{-2\delta(|\Omega_c|^2 - 4\Delta_p\delta) + 2\Delta_p\Gamma_2^2}{|(\Gamma_3 + i2\Delta_p)(\Gamma_2 + i2\delta) + |\Omega_c|^2|^2}\right.$$

$$\left.+i\frac{\Gamma_2(|\Omega_c|^2 + \Gamma_2\Gamma_3) + 4\delta^2\Gamma_3}{|(\Gamma_3 + i2\Delta_p)(\Gamma_2 + i2\delta) + |\Omega_c|^2|^2}\right]$$

$$= \chi_R + i\chi_I. \tag{7.83}$$

上述表达式包含了很多信息，为明确其中的物理内容，我们令

$$\Delta_p = \omega_{31} - \omega_p, \tag{7.84a}$$

$$\Delta_{\mathrm{c}} = \omega_{32} - \omega_{\mathrm{c}}, \tag{7.84b}$$

$$\delta = \Delta - (\omega_{32} - \omega_{\mathrm{c}}) = \Delta_{\mathrm{p}} - \Delta_{\mathrm{c}}, \tag{7.84c}$$

并分以下几种特殊情况进行讨论。

(1) 当 $\Omega_{\mathrm{c}} = 0$ 时，能级 $|2\rangle$ 不参与耦合，上述模型对应 7.2 节中讨论过的两能级系统中的色散和吸收效应，从而有 $c_3 \simeq \Omega_{\mathrm{p}}/(2\Delta_{\mathrm{p}} - \mathrm{i}\Gamma_3)$，相应的电极化系数为

$$\chi_{\mathrm{R}} + \mathrm{i}\chi_{\mathrm{I}} = \frac{N}{V}\frac{|\mu_{13}|^2}{\epsilon_0\hbar}\frac{2}{2\Delta_{\mathrm{p}} - \mathrm{i}\Gamma_3} = \frac{N}{V}\frac{|\mu_{13}|^2}{\epsilon_0\hbar}\frac{4\Delta_{\mathrm{p}} + \mathrm{i}2\Gamma_3}{4\Delta_{\mathrm{p}}^2 + \Gamma_3^2}. \tag{7.85}$$

可以看到，极化率的实部 χ_{R} 是失谐量 Δ_{p} 的奇函数，而虚部 χ_{I} 是 Δ_{p} 的偶函数。当 $\Delta_{\mathrm{p}} = 0$ 时，$\chi_{\mathrm{R}} = 0$，同时 χ_{I} 达到最大值，并且随参数 Δ_{p} 呈洛伦兹线型分布。

(2) 当 $\delta = 0$，即 $\Delta_{\mathrm{p}} = \Delta_{\mathrm{c}} = \Delta$ 时，对应双光子共振情况，此时有

$$\chi_{\mathrm{R}} = \frac{N}{V}\frac{|\mu_{13}|^2}{\epsilon_0\hbar}\frac{4\Delta\Gamma_2^2}{|(\Gamma_3 + \mathrm{i}2\Delta)\Gamma_2 + |\Omega_{\mathrm{c}}|^2|^2},$$

$$\chi_{\mathrm{I}} = \frac{N}{V}\frac{|\mu_{13}|^2}{\epsilon_0\hbar}\frac{2(|\Omega_{\mathrm{c}}|^2 + \Gamma_2\Gamma_3)\Gamma_2}{|(\Gamma_3 + \mathrm{i}2\Delta)\Gamma_2 + |\Omega_{\mathrm{c}}|^2|^2}. \tag{7.86}$$

对于 Λ-型原子系统，能级 $|2\rangle$ 上的耗散 Γ_2 一般很小，故此时对应的 χ_{R} 及 χ_{I} 都很小。当 $\Gamma_2 \to 0$ 时，$\chi \to 0$，此时介质既没有色散也没有吸收，即对应于电磁诱导透明现象，如图 7.7～图 7.9所示。即使控制光失谐量 Δ_{c} 较大时，这一个特性也是保持的 (图 7.10)。后面的讨论中，为了简化 χ 的表达式，我们都取近似 $\Gamma_2 \to 0$。

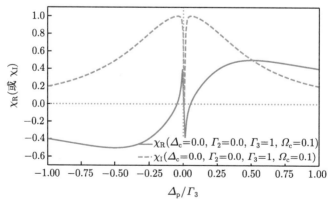

图 7.7　控制光场很弱时 $(\Omega_{\mathrm{c}}/\Gamma_3 = 0.1)$，原子介质对探测光场的电极化系数随失谐量 Δ_{p} 的变化关系。介质的吸收率在 $\Delta_{\mathrm{p}} = 0$ 附近出现透明窗口。窗口的宽度由 Ω_{c} 确定

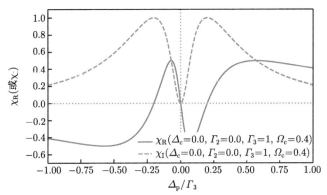

图 7.8   控制光场较强时 ($\Omega_c/\Gamma_3 = 0.4$)，原子介质对探测光场的电极化系数随失
谐量 Δ 的变化关系

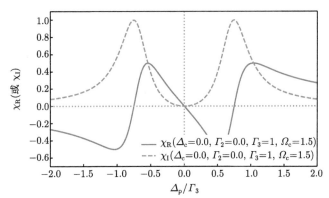

图 7.9   当控制光场对应的耦合强度大于上能级耗散时较强时 ($\Omega_c/\Gamma_3 = 1.5$)，系统内部形成
缀饰态。原子介质对探测光场的电极化系数在 $\Delta_p \sim 0$ 两侧呈现双峰结构

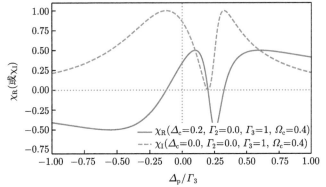

图 7.10   当控制光场对应的耦合存在较大失谐量时 ($\Delta_c/\Gamma_3 = 0.2$)，探测光场的共振点位置也
发生偏移。介质对探测光场的电极化系数随失谐量 Δ_p 呈现不对称性

(3) 为进一步考察系统对探测光的响应, 我们取近似 $\Gamma_2 \to 0$, 则 χ_{I} 可以简化为

$$
\begin{aligned}
\chi_{\mathrm{I}} \quad &\sim \quad \frac{8(\Delta_{\mathrm{p}} - \Delta_{\mathrm{c}})^2 \Gamma_3}{|\mathrm{i}2(\Gamma_3 + \mathrm{i}2\Delta_{\mathrm{p}})(\Delta_{\mathrm{p}} - \Delta_{\mathrm{c}}) + |\Omega_{\mathrm{c}}|^2|^2} \\
&\xrightarrow{\Delta_c = 0} \frac{8\Delta_{\mathrm{p}}^2 \Gamma_3}{|\mathrm{i}2\Delta_{\mathrm{p}}\Gamma_3 - 4\Delta_{\mathrm{p}}^2 + |\Omega_{\mathrm{c}}|^2|^2} \\
&= \quad \frac{8\Delta_{\mathrm{p}}^2 \Gamma_3 / \Gamma_3^4}{|\mathrm{i}2\Delta_{\mathrm{p}}/\Gamma_3 - 4\Delta_{\mathrm{p}}^2/\Gamma_3^2 + |\Omega_{\mathrm{c}}|^2/\Gamma_3^2|^2}.
\end{aligned}
\tag{7.87}
$$

令 $\beta = 2\Delta_{\mathrm{p}}/\Gamma_3$, $\alpha = |\Omega_{\mathrm{c}}|/\Gamma_3$, 则上述表达式可化简为

$$
\chi_{\mathrm{I}} \sim \frac{2\beta^2/\Gamma_3}{|\alpha^2 - \beta^2 - \mathrm{i}\beta|^2} = \frac{2\beta^2/\Gamma_3}{|\alpha^2 - \beta^2|^2 + |\beta|^2},
\tag{7.88}
$$

容易看到, χ_{I} 在 $\beta = \pm\alpha$ 附近有两个峰值, 对应于系统对光场的吸收在 $\Delta_{\mathrm{p}} = 0$ 左右有两个对称的最大值。图 7.7～图 7.9分别给出了当参数 $|\Omega_{\mathrm{c}}|/\Gamma_3$ 渐渐增大时极化系数 χ 的变化。当 $|\Omega_{\mathrm{c}}| > \Gamma_3$ 时, $\Delta_{\mathrm{p}} = 0$ 左右的两个吸收峰值能足够分开, 从而可以在探测信号中区分开来。物理上, 这对应于 Autler-Townes 劈裂: 由于 Ω_{c} 足够强, 能级 $|2\rangle$ 和 $|3\rangle$ 重组成两个缀饰态, 反映在探测光上就是系统在 $\Delta_{\mathrm{p}} \sim 0$ 两侧有两个吸收峰。

(4) 当 $\Gamma_2 \to 0$ 及 $\Delta_{\mathrm{c}} \to 0$ 时, 介质的色散由系数 χ_{R} 决定, 其具体形式为

$$
\chi_{\mathrm{R}} \sim \frac{4\Delta_{\mathrm{p}}(4\Delta_{\mathrm{p}}^2 - |\Omega_{\mathrm{c}}|^2)}{|\mathrm{i}2\Delta_{\mathrm{p}}\Gamma_3 - 4\Delta_{\mathrm{p}}^2 + |\Omega_{\mathrm{c}}|^2|^2} = \frac{2\beta(\beta^2 - \alpha^2)/\Gamma_3}{|\alpha^2 - \beta^2|^2 + |\beta|^2}.
\tag{7.89}
$$

由此我们可以看到, 当 $\Delta_{\mathrm{p}} \to 0$ 时, 亦即探测光频率与裸原子能级共振时, 无论控制光对应的耦合 Ω_{c} 是大还是小, 我们总有 $\chi_{\mathrm{R}} \sim 0$ 及 $\chi_{\mathrm{I}} \sim 0$。这和两能级原子对应的折射系数差异很大。依前面讨论可知, 当 Ω_{c} 较大时, 系统形成缀饰态, 从而导致激发能级位置移动。此时探测光场共振吸收的条件已经不再满足, 从而有 $\chi_{\mathrm{I}} \sim 0$ 成立。而当 $\Omega_{\mathrm{c}} \ll \Gamma_3$ 时 (图 7.7), 缀饰态之间的能级劈裂很小, 探测光场仍然能与缀饰态近似共振耦合, 前面的解释在这里已经不能成立。

实际上, 这里我们可以从暗态的角度理解系统的耗散特性。当探测光与控制光满足双光子近共振条件时, 系统中会形成暗态。由于暗态不包含激发态的成分, 所以耗散可以忽略不计。同样, 我们也可以从干涉的物理图像来理解上述结论。物理上, 原子由基态到达激发态 $|1\rangle \to |3\rangle$ 有两种路径: 一种是通过探测光场直接激发, 另一种是经过中间态 $|2\rangle$ 实现耦合路径 $|1\rangle \to |3\rangle \to |2\rangle \to |3\rangle$。当控制光场很强时, 两种路径发生的可能性相当, 从而在激发能级 $|3\rangle$ 上形成强烈的干涉效应, 实现激发态的零占据, 耗散可以忽略不计。

(5) 当 $\Gamma_2 \neq 0$ 时，易见 χ_I 中的分子项并不能完全达到零，即使 $\Delta_p = 0$ 共振的时候也是如此。当 Δ_p 偏离零点时，只要 $|\Omega_c|^2 \gg \Gamma_3\Gamma_2$，由于 χ_I 在 $\Delta_p = 0$ 附近正比于 Δ_p^2(假定 $\Delta_c = 0$)，所以吸收曲线上仍然能看到一个局部的凹陷存在，但最低值不能达到零，如图 7.11所示。在另一极端情况下，当 $\Gamma_2 \gg \Gamma_3$ 时，可见 $\chi_I \sim \Gamma_2$，此时系统呈现很强的耗散吸收效应。

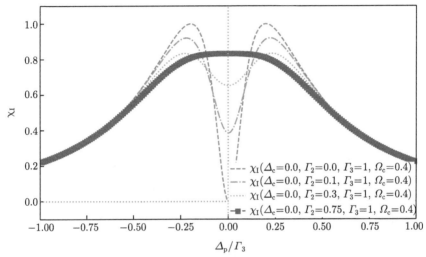

图 7.11　能级 $|2\rangle$ 上的耗散 Γ_2 对原子介质吸收系数的影响。Γ_2 的存在会使得电磁诱导透明效应消失

7.4　EIT 增强的光场巨克尔效应

EIT 除了可以实现对光场透射率的控制外，还可以用来调控介质对光场的非线性响应，从而显著增强光场与光场之间的相互作用[1,2,4,6]。在自由空间中，由于光的波动性，空间重叠的光场是互不影响的。当有介质存在的时候，介质的非线性会导致光场之间发生作用。为说明这一效应，我们先考察传统三能级系统中光场的克尔效应。

假定原子的内部能级如图 7.12所示，同样利用随机波函数的处理方法，我们可以写出系统在相互作用表象下的有效哈密顿量为

$$\hat{H}_e = \hbar \left(\Delta_{ab} - \frac{\mathrm{i}}{2}\Gamma_b \right) \hat{\sigma}_{bb} + \hbar \left(\Delta_{bc} - \frac{\mathrm{i}}{2}\Gamma_c \right) \hat{\sigma}_{cc}$$
$$- \frac{\hbar}{2} \left(\Omega_p \hat{\sigma}_{ba} + \Omega_s \hat{\sigma}_{cb} + h.c. \right). \tag{7.90}$$

假定系统的状态为

$$|\psi\rangle = c_a|a\rangle + c_b|b\rangle + c_c|c\rangle, \tag{7.91}$$

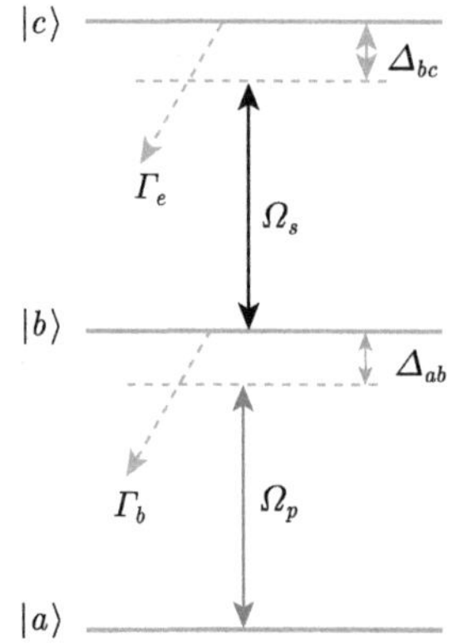

图 7.12　光场克尔效应在级联三能级系统中对应的能级跃迁。Δ_{ab}、Δ_{bc} 对应光场的失谐，Ω_p、Ω_s 对应光场的耦合强度，Γ_b、Γ_c 为对应能级的耗散

则其系数满足的方程应为

$$\mathrm{i}\dot{c}_a = -\frac{1}{2}\Omega_{\mathrm{p}}^* c_b, \tag{7.92a}$$

$$\mathrm{i}\dot{c}_b = -\frac{1}{2}\Omega_{\mathrm{p}} c_a + \bar{\Delta}_{ab} c_b - \frac{1}{2}\Omega_{\mathrm{s}}^* c_c, \tag{7.92b}$$

$$\mathrm{i}\dot{c}_c = -\frac{1}{2}\Omega_{\mathrm{s}} c_b + \bar{\Delta}_{ab} c_c. \tag{7.92c}$$

这里我们定义了

$$\bar{\Delta}_{ab} = \Delta_{ab} - \mathrm{i}\Gamma_b/2, \qquad \bar{\Delta}_{bc} = \Delta_{bc} - \mathrm{i}\Gamma_c/2. \tag{7.93}$$

　　假定原子初始处在基态 $|a\rangle$ 上，当失谐量 $\Delta_{ab} \gg \Omega_{\mathrm{p}}$ 时，原子被激发的概率很小，可以近似认为 $c_a \simeq 1$，故可求得

$$c_b \simeq \frac{2\bar{\Delta}_{bc}}{4\bar{\Delta}_{ab}\bar{\Delta}_{bc} - |\Omega_{\mathrm{s}}|^2}\Omega_{\mathrm{p}} = \frac{2\bar{\Delta}_{bc}(4\bar{\Delta}_{ab}^*\bar{\Delta}_{bc}^* - |\Omega_{\mathrm{s}}|^2)}{|4\bar{\Delta}_{ab}\bar{\Delta}_{bc} - |\Omega_{\mathrm{s}}|^2|^2}\Omega_{\mathrm{p}}. \tag{7.94}$$

为考察介质对探测光 $\mathcal{E}_{\mathrm{p}}$ 的响应，我们需求解矩阵元 $\rho_{ab} = c_b c_a^* \simeq c_b$。由 c_b 表达式可知，ρ_{ab} 包含了一正比于 $|\Omega_{\mathrm{s}}|^2\Omega_{\mathrm{p}}$ 的项，它刻画了光场 $\mathcal{E}_{\mathrm{p}}$ 与 $\mathcal{E}_{\mathrm{s}}$ 之间的三阶非线性效应。依据前面极化率的定义，我们可以得到

$$\chi^{(3)} = \frac{N}{V}\frac{|\mu_{ab}|^2|\mu_{bc}|^2}{\epsilon_0\hbar^3}\frac{-4\bar{\Delta}_{bc}}{|4\bar{\Delta}_{ab}\bar{\Delta}_{bc} - |\Omega_{\mathrm{s}}|^2|^2}. \tag{7.95}$$

由于该系统中，要求 $(|\bar{\Delta}_{ab}|, |\bar{\Delta}_{bc}|) \gg |\Omega_s|$，所以上式可以简化为

$$\chi^{(3)} \simeq -\frac{N}{V} \frac{|\mu_{ab}|^2 |\mu_{bc}|^2}{\epsilon_0 \hbar^3} \frac{1}{4|\bar{\Delta}_{ab}|^2 \bar{\Delta}_{bc}^*}. \tag{7.96}$$

另一方面，为避免介质对光场的吸收，亦要求 $\Delta_{ab} \gg \Gamma_b$ 及 $\Delta_{bc} \gg \Gamma_b$ 成立。这样，上式可进一步简化为

$$\chi^{(3)} \propto (4\Delta_{ab}^2 \Delta_{bc})^{-1}. \tag{7.97}$$

可见在三能级系统中，克尔系数 $\chi^{(3)}$ 对失谐量 Δ_{ab} 有很高的敏感性。为了增大非线性系数 $\chi^{(3)}$，一个看起来简单有效的方法就是减小 Δ_{ab}。然而此时探测光与能级接近共振，会导致原子系统对探测光的强烈吸收。具体地，当 $|\bar{\Delta}_{ab} \bar{\Delta}_{bc}| \gg |\Omega_s|$ 时，依据一阶极化率的定义，我们可以得到

$$\chi^{(1)} \simeq 2\frac{N}{V} \frac{|\mu_{ab}|^2}{\epsilon_0 \hbar} c_b = 2\frac{N}{V} \frac{|\mu_{ab}|^2}{\epsilon_0 \hbar} \frac{8|\bar{\Delta}_{bc}|^2 \bar{\Delta}_{ab}^*}{|4\bar{\Delta}_{ab} \bar{\Delta}_{bc} - |\Omega_s|^2|^2}$$

$$\longrightarrow \frac{N}{V} \frac{|\mu_{ab}|^2}{\epsilon_0 \hbar} \frac{\Delta_{ab} + i\Gamma_b/2}{|\Delta_{ab}|^2 + \Gamma_b^2/4}. \tag{7.98}$$

可见，当 $|\Delta_{ab}| \gg |\Omega_s|^2$ 时，有 $\chi_I^{(1)} \sim \Gamma_b/|\Delta_{ab}|^2$；而当 $\Delta_{ab} = 0$ 时，介质的吸收系数正比于 $(\Gamma_b)^{-1}$，此时非线性效应由于剧烈的耗散而难以在实际中应用。

为了克服共振时介质吸收对光场非线性效应的影响，一个自然的想法就是利用电磁诱导透明的方式，使得光场在共振时仍能近似无损耗地透过介质。这样就可以得到高强度的非线性系数，实现光场的巨克尔效应，同时也不损耗激光场的强度。依据这个思路，我们可以重新设计激光场与原子耦合的形式，其具体能级结构如图 7.13所示，对应的相互作用表象中的等效哈密顿量可以写成

$$\hat{H}_e' = \hbar \left(\Delta - \frac{i}{2}\Gamma_3 \right) |3\rangle\langle 3| + \hbar \left(\delta - \frac{i}{2}\Gamma_2 \right) |2\rangle\langle 2| + \hbar \left(\Delta_{42} - \frac{i}{2}\Gamma_4 \right) |4\rangle\langle 4|$$

$$- \frac{\hbar}{2}(\Omega_p|3\rangle\langle 1| + \Omega_c|3\rangle\langle 2| + \Omega_s|4\rangle\langle 2| + h.c.), \tag{7.99}$$

其中，Γ_i 为相应能级 $|i\rangle$ 的耗散率，各失谐量的具体定义如图 7.13所示。

令原子系统的状态为

$$|\psi\rangle = c_1|1\rangle + c_2|2\rangle + c_3|3\rangle + c_4|4\rangle, \tag{7.100}$$

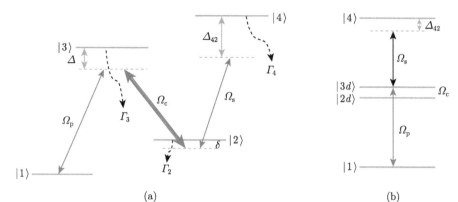

(a)   (b)

图 7.13　(a) 巨克尔效应在 "N" 型能级结构中耦合示意图；(b) 等价的级联能级形式，与传统三能级方案 (图 7.12) 不相同

代入薛定谔方程，即可得系数满足的方程为

$$\mathrm{i}\dot{c}_1 = -\frac{1}{2}\Omega_\mathrm{p}^* c_3, \tag{7.101a}$$

$$\mathrm{i}\dot{c}_2 = -\frac{1}{2}(\Omega_\mathrm{c}^* c_3 + \Omega_\mathrm{s}^* c_4) + \left(\delta - \frac{\mathrm{i}}{2}\Gamma_2\right)c_2, \tag{7.101b}$$

$$\mathrm{i}\dot{c}_3 = -\frac{1}{2}(\Omega_\mathrm{p} c_1 + \Omega_\mathrm{c} c_2) + \bar{\Delta}c_3, \tag{7.101c}$$

$$\mathrm{i}\dot{c}_4 = -\frac{1}{2}\Omega_\mathrm{s} c_2 + \bar{\Delta}_{42} c_4, \tag{7.101d}$$

其中

$$\bar{\delta} = \delta - \frac{\mathrm{i}}{2}\Gamma_2, \tag{7.102a}$$

$$\bar{\Delta} = \Delta - \frac{\mathrm{i}}{2}\Gamma_3, \tag{7.102b}$$

$$\bar{\Delta}_{42} = \Delta_{42} - \frac{\mathrm{i}}{2}\Gamma_4. \tag{7.102c}$$

在弱激发条件 $c_1 \simeq 1$ 下，系统的稳态近似解为

$$c_2 = (\Omega_\mathrm{c}^* c_3 + \Omega_\mathrm{s}^* c_4)/2\bar{\delta}, \tag{7.103a}$$

$$c_3 = (\Omega_\mathrm{p} c_1 + \Omega_\mathrm{c}^* c_2)/2\bar{\Delta} \simeq (\Omega_\mathrm{p} + \Omega_\mathrm{c}^* c_2)/2\bar{\Delta}, \tag{7.103b}$$

$$c_4 = \Omega_\mathrm{s} c_2/2\bar{\Delta}_{42}, \tag{7.103c}$$

为得出系统的极化率，我们需要求得系数 c_3，其具体形式为

$$c_3 \simeq \frac{4\bar{\delta}\bar{\Delta}_{42} - |\Omega_\mathrm{s}|^2}{8\bar{\Delta}\bar{\delta}\bar{\Delta}_{42} - 2\bar{\Delta}|\Omega_\mathrm{s}|^2 - 2\bar{\Delta}_{42}|\Omega_\mathrm{c}|^2}\Omega_\mathrm{p}. \tag{7.104}$$

在双光子共振 $\delta = 0$，且能级 $|2\rangle$ 上的耗散 Γ_2 很弱的情况下，我们可以近似取 $\bar{\delta} = 0$，由此可得

$$c_3 \simeq \frac{|\Omega_{\mathrm{s}}|^2 \Omega_{\mathrm{p}}}{2\bar{\Delta}|\Omega_{\mathrm{s}}|^2 + 2\bar{\Delta}_{42}|\Omega_{\mathrm{c}}|^2} \tag{7.105}$$

由于 $c_3 \propto |\mathcal{E}_{\mathrm{s}}|^2 \mathcal{E}_{\mathrm{p}}$，故此时系统中没有一阶极化系数，最低阶的非线性效应即对应三阶非线性克尔效应。而前面讨论的级联三能级系统，一阶极化系数仅当单光子失谐量为零时才会消失，同时系统伴随着强烈的光场吸收效应。所以 EIT 的引入不仅能保证光场不被介质吸收，同时还能大大压制系统的线性极化率。

进一步地，如果我们假定控制光远大于信号光场 $|\Omega_{\mathrm{c}}|^2 \gg |\Omega_{\mathrm{s}}|^2$，则

$$
\begin{aligned}
c_3 &\simeq \frac{|\Omega_{\mathrm{s}}|^2 \Omega_{\mathrm{p}}}{|\Omega_{\mathrm{c}}|^2} \frac{1}{2\Delta_{42} - \mathrm{i}\Gamma_4} \\
&\xrightarrow{\Delta_{42} \gg \Gamma_4} \frac{|\Omega_{\mathrm{s}}|^2 \Omega_{\mathrm{p}}}{2|\Omega_{\mathrm{c}}|^2} \left(\frac{1}{\Delta_{42}} + \mathrm{i}\frac{\Gamma_4}{2\Delta_{42}^2} \right),
\end{aligned}
\tag{7.106}
$$

相应地三阶非线性极化系数为

$$\chi^{(3)} \simeq \frac{N}{V} \frac{|\mu_{13}|^2 |\mu_{24}|^2}{\epsilon_0 \hbar^3} \frac{1}{|\Omega_{\mathrm{c}}|^2} \left[\frac{1}{\Delta_{42}} + \mathrm{i}\frac{\Gamma_4}{2\Delta_{42}^2} \right]. \tag{7.107}$$

对比前面传统三能级的极化系数 (7.96)，我们可以看到，这里 $|\Omega_{\mathrm{c}}|^2$ 替代了式 (7.96) 中 $4\Delta_{ab}^2$ 的地位。此外，系统的吸收正比于 Γ_4/Δ_{42}^2，这可以通过调节失谐量 Δ_{42} 使得其对光场强度的影响大大减低。在实际系统中，$|\Omega_{\mathrm{c}}|^2$ 要比 $4\Delta_{ab}^2$ 小好几个数量级，故相应的克尔非线性亦可以大幅度地提升好几个数量级，从而实现高强度的巨克尔效应。

7.5 原子集体激发与量子存储和量子中继

在量子信息和量子网络中，对量子比特信息的存储和转换是理论和实验关注的重要问题。一般说来，光子由于在传输过程中能长时间保持相干性，所以是理想的传输信息载体；而作为量子网络节点中静止的比特，固定的原子或离子等系统在实现各种量子操控和量子计算任务中有独特的优势。为结合这两种不同信息载体的优势，光与原子之间的信息转化对实现量子网络和各种复杂的量子通信任务极为重要。本节中，我们将以量子存储和量子中继为例，讨论在原子团系统中实现光量子信息存储的相关问题 [7–10]。

如图 7.14 所示，假定原子的能级结构为标准的三能级 Λ 型。初始时刻原子处在基态 $|g\rangle$ 上，待写入的信号光子耦合原子能级 $|g\rangle \leftrightarrow |e\rangle$。由于控制光场的存

在，原子很快被转移到亚稳态 $|s\rangle$ 上，同时辐射一个光子。通常情况下，我们可以选择寿命较长的原子亚稳态 $|s\rangle$，从而使系统的相干信息能有效地保存一段时间，实现量子信息的存储。

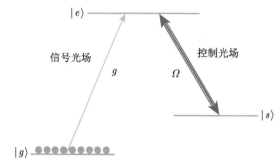

图 7.14　Λ 型三能级原子中实现信号存储的能级耦合示意图。Ω 为控制光场对应的耦合强度

为方便问题讨论，我们用 $|\bar{g}_a\rangle$、$|\bar{s}_a\rangle$，及 $|\bar{e}_a\rangle$ 来分别表示原子系统的基态以及集体激发数为 1 的状态，其具体形式为

$$|\bar{g}_a\rangle = |g\rangle_1 |g\rangle_2 \cdots |g\rangle_N = \otimes_{j=1}^{N} |g\rangle_j, \tag{7.108}$$

$$|\bar{s}_a\rangle = \frac{1}{\sqrt{N}} \sum_{j=1}^{N} |g\rangle_1 \cdots |s\rangle_j \cdots |g\rangle_N, \tag{7.109}$$

$$|\bar{e}_a\rangle = \frac{1}{\sqrt{N}} \sum_{j=1}^{N} |g\rangle_1 \cdots |e\rangle_j \cdots |g\rangle_N. \tag{7.110}$$

当驱动光场很强时，我们采用半经典处理，将其看成 c-数，对应的耦合强度为 $\Omega(t)$。若信号光场 (对应单模的腔场) 很弱，近似为单光子激发，我们就可以采用量子化处理。在共振耦合下，系统的哈密顿量在原子和信号光场联合状态

$$\left\{ |\bar{g}_a\rangle|1_p\rangle, |\bar{e}_a\rangle|0_p\rangle, |\bar{s}_a\rangle|0_p\rangle \right\} \tag{7.111}$$

组成的子空间中，可以写成

$$\hat{H}(t) = \begin{pmatrix} 0 & g\sqrt{N} & 0 \\ g\sqrt{N} & 0 & \Omega(t) \\ 0 & \Omega(t) & 0 \end{pmatrix}. \tag{7.112}$$

系统对应的暗态即为

$$|\psi(t)\rangle = \frac{1}{\sqrt{g^2 N + \Omega(t)^2}} \left(\Omega(t)|\bar{g}_a\rangle|1_p\rangle - g\sqrt{N}|\bar{s}_a\rangle|0_p\rangle \right). \tag{7.113}$$

如果初始时调节控制光场使得 $\Omega \gg g\sqrt{N}$，则 $|\psi\rangle = |\bar{g}_a\rangle|1_p\rangle$。当慢慢关闭控制光并使得 $\Omega \to 0$ 时，就可以把信号光场转移到原子的集体激发态 $|\bar{s}_a\rangle|0_p\rangle$ 上，从而实现信号光场状态的存储。经过一段存储时间后，我们也可以再慢慢增强控制光场，即可以让系统重现变回状态 $|\bar{g}_a\rangle|1_p\rangle$，实现信号的读取。

7.5.1 弱光场与原子团集体激发的耦合

利用原子的集体效应，我们甚至可以在不借助控制光场和光腔的情况下实现原子的集体激发和自发辐射光场的联合纠缠状态。对于单个原子情况，原子和光场的耦合强度一般很弱，所以原子吸收光子激发到能级 $|e\rangle$ 上的概率也很小，同时原子自发辐射的方向是随机的，而且发生的时间也不容易掌控。为了克服这些困难，一般说来我们需要对系统附加额外的辅助条件。例如，我们可以把原子放到光学腔中，这样原子与光子的耦合强度会大大提高。我们也可以考虑利用长条状的原子团来代替单个原子。这是因为如果我们假定每个原子和光场的耦合强度相同，则光场与原子集体激发的耦合强度会有 $\sqrt{N}$ 倍的增强 (见 4.9.1 节中 Dicke 超辐射)。所以当原子团中原子的数目 N 很大时，光场和原子团之间的有效耦合就会显著增强，可以很容易达到实现有效存储的要求。当原子团中的数目很大时呈长条状分布时，如果我们合理安排入射光场的方向，使得其与原子团的延展方向一致，则在光场传播方向上，自发辐射光子的相位会因为同步而发生干涉增强效应，从而出射光将以很高的概率仍然沿着前向飞离原子团。此时系统的状态可以近似写成

$$|\Phi\rangle \propto |\bar{g}_a\rangle|0_p\rangle + e^{i\beta}\sqrt{p}|\bar{s}_a\rangle|1_p\rangle + O(p). \tag{7.114}$$

$|0_p\rangle$ 和 $|1_p\rangle$ 表示前向散射光子的粒子数态。β 是由入射光决定的相位差。当入射光场强度很弱，且失谐量 Δ 很大时，原子团被整体激发的概率很低 $(p \ll 1)$，故在上述表示中，高阶的多光子散射过程可以近似忽略。可以看到，$|\Phi\rangle$ 是整个原子团与光场的纠缠态。

为了对上述物理过程有更明确的认识，下面我们就其中光与原子相互作用的细节做进一步讨论。这些讨论可以让我们对出射光的具体模式以及相关的噪声特性有更多的了解。

由前面的设定我们知道，入射光场耦合能级 $|g\rangle \leftrightarrow |e\rangle$，我们假定其振幅形式为

$$\mathcal{E}_{ge} = u(r,t)e^{i(k_0 z - \omega_0 t)}, \tag{7.115}$$

其中 $\omega_0 = k_0 c = 2\pi c/\lambda_0$，光场模式 $u(\boldsymbol{r},t)$ 是 $(\boldsymbol{r},t)$ 的慢变函数。自发辐射的出射光场耦合能级 $|s\rangle \leftrightarrow |e\rangle$，它一般是由许多模式组合而成。当入射光场很弱时，

原子的集体激发中单个集体激发占主导。此时出射光场中主要包含单个光子激发，所以我们可以用量子化的形式把出射光场表示成

$$\mathcal{E}_{se} \propto \int \hat{a}_k e^{i(\boldsymbol{k}\cdot\boldsymbol{r}-\omega_k t)}\mathrm{d}k, \tag{7.116}$$

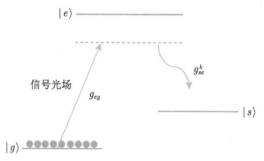

图 7.15　Λ 型三能级原子中利用原子团自发辐射实现信号写入的能级耦合示意图。g_{eg} 为写入光场对应的耦合强度。g_{se} 为自发辐射 k 模式光场所对应的耦合强度

其中 $\omega_k = |\boldsymbol{k}|c$，$\hat{a}_k$ 为相应的光场湮灭算符。系统的相互作用哈密顿量可以写为

$$\hat{H}(t) = \Delta \sum_{j=1}^{N} \hat{\sigma}_{ee}^{j} + \left\{ g_{eg} \sum_{j=1}^{N} \hat{\sigma}_{ge}^{j} u(\boldsymbol{r}_j, t) e^{ik_0 z_j} \right.$$
$$\left. + \sum_{j=1}^{N} \hat{\sigma}_{se}^{j} \int g_{se}^{k} \hat{a}_k^{\dagger} e^{-i[\boldsymbol{k}\cdot\boldsymbol{r}_j - (\omega_k - \omega_0 + \omega_{sg})t]}\mathrm{d}^3 k + H.c. \right\}, \tag{7.117}$$

其中，失谐量 Δ 定义为 $\Delta = \omega_{eg} - \omega_0$，$\omega_{eg} = \omega_e - \omega_g$ 为能级 $|e\rangle$ 和 $|g\rangle$ 之间的能量差；$\hat{\sigma}_{\mu\nu}^{j} = |\mu\rangle_j \langle\nu|(\mu, \nu = g, e, s)$ 为原子 j 的能级转变算符；$\boldsymbol{r}_j$ 为原子的位置；$g_{eg}(g_{se}^{k})$ 为入射光场 (出射光场) 相对应的耦合强度。$\delta_k = \omega_k - \omega_0 + \omega_{sg}$ 表示出射光场的频率。由于原子上能级 $|e\rangle$ 有一定的展宽，δ_k 的取值也在正比于能级宽度的范围内波动。需要注意的是，一般情况下能级 $|e\rangle$ 也可以通过自发辐射重新回到基态 $|g\rangle$。由于这一辐射光场对于我们后面所关注的测量结果没有影响，所以这里就略去了。

若失谐量 Δ 远远大于上能级的线宽以及泵浦激光的展宽，则上能级在整个过程中几乎不占据，这样我们就可以通过绝热消除的方法得到系统的有效哈密顿量

$$\hat{H}(t) = -\left\{ \sum_{j=1}^{N} \hat{\sigma}_{sg}^{j} u(\boldsymbol{r}_j, t) \int \frac{g_{se}^{k} g_{eg}}{\Delta} \hat{a}_k^{\dagger} e^{-i[\Delta\boldsymbol{k}\cdot\boldsymbol{r}_j - \Delta\omega_k t]}\mathrm{d}^3 k + h.c. \right\}$$
$$- \frac{|g_{eg}|^2}{\Delta} \sum_{j=1}^{N} \hat{\sigma}_{gg}^{j} |u(\boldsymbol{r}_j, t)|^2. \tag{7.118}$$

这里

$$\Delta \boldsymbol{k} = \boldsymbol{k} - k_0 \boldsymbol{z}_0, \qquad \boldsymbol{z}_0 \ \text{为} \ \hat{z}\text{-方向上的单位矢量},$$

$$\Delta \omega_k = \omega_k - (\omega_0 - \omega_{sg}).$$

上式中，我们忽略了 $|s\rangle$ 能级上的斯塔克能移项，原因在于 $|s\rangle \leftrightarrow |e\rangle$ 之间自发辐射的光场强度远低于 $|g\rangle \leftrightarrow |e\rangle$ 之间的泵浦光场。泵浦光场还诱导了基态 $|g\rangle$ 上的斯塔克能移，这由方程中的最后一项给出。可以看到这一能移依赖于原子位置。为了在形式上简化讨论，我们可以通过重新定义参考哈密顿量为

$$\hat{H}_0' = \hat{H}_0 - \frac{|g_{eg}|^2}{\Delta} \sum_{j=1}^{N} \hat{\sigma}_{gg}^j |u(\boldsymbol{r}_j, t)|^2, \tag{7.119}$$

从而让这一项在形式上不出现在相互作用表象下的有效哈密顿中。需要注意的是，此时我们要对方程中算符做下面的替换

$$\hat{\sigma}_{sg}^j \to \hat{\sigma}_{sg}^j \mathrm{e}^{\mathrm{i} \frac{|g_{eg}|^2}{\Delta} \int_0^t |u(\boldsymbol{r}_j, \tau)| \mathrm{d}\tau}. \tag{7.120}$$

由此，我们就可以把相互作用简化成

$$\begin{aligned}
\hat{H}(t) &= \sum_{j=1}^{N} \hat{H}_j(t) \\
&= \sum_{j=1}^{N} \left[\hat{\sigma}_{sg}^j \int g_k \hat{a}_k^\dagger \mathrm{e}^{\mathrm{i} \Delta \omega_k t} u'(\boldsymbol{r}_j, t) \mathrm{e}^{-\mathrm{i} \Delta k r_j} \mathrm{d}^3 k + H.c. \right],
\end{aligned} \tag{7.121}$$

其中

$$g_k = -\frac{g_{se}^k g_{eg}}{\Delta}, \qquad u'(\boldsymbol{r}_j, t) = u(\boldsymbol{r}_j, t) \mathrm{e}^{\mathrm{i} \frac{|g_{eg}|^2}{\Delta} \int_0^t |u(\boldsymbol{r}_j, \tau)| \mathrm{d}\tau}. \tag{7.122}$$

这里，我们已经把斯塔克能移导致的相位因子吸收到光场模式函数 $u'(\boldsymbol{r}_j, t)$ 中。

在弱相互作用条件下，原子与出射光场的联合状态即可近似表示为

$$|\psi_f\rangle = \left\{ 1 - \mathrm{i} \int_0^t \hat{H}(\tau) \mathrm{d}\tau + \cdots \right\} |vac\rangle, \tag{7.123}$$

其中，$|vac\rangle$ 表示系统的初始状态，即原子处于能级 $|g\rangle$，且出射光场处于真空态。为了分析系统的状态及辐射光场的性质，我们要对上式作进一步简化。由于在原子气体中，原子的运动可近似看作是快速且随机的，故在 $\hat{H}(t)$ 的求和表达式中 $\boldsymbol{r}_j$ 可看作随机变量。系统的末态应对变量 $\{\boldsymbol{r}_j\}$ 作平均处理，从而有

$$\rho_f = \langle |\psi_f\rangle\langle\psi_f| \rangle_{\{\boldsymbol{r}_j\}}. \tag{7.124}$$

若我们再假定不同原子的坐标 $\boldsymbol{r}_i$、$\boldsymbol{r}_j$ 之间无关联，且 $\boldsymbol{r}_j$ 作为随机变量满足相同的概率分布，则有

$$\langle \hat{H}(\tau) \rangle_{\{\boldsymbol{r}_j\}} = \sum_{j=1}^{N} \left\{ \hat{\sigma}_{sg}^j \int \langle \hat{A}_k^\dagger(\boldsymbol{r}_j, t) \rangle_{\{\boldsymbol{r}_j\}} \mathrm{d}^3 k + H.c. \right\}$$
$$= \sqrt{N_a} \hat{S} \bar{A}^\dagger(t) + H.c., \tag{7.125}$$

其中

$$\langle \hat{A}_k^\dagger(\boldsymbol{r}_j, t) \rangle_{\{\boldsymbol{r}_j\}} = g_k a_k^\dagger \mathrm{e}^{\mathrm{i}\Delta\omega_k t} \langle u'(\boldsymbol{r}_j, t) \mathrm{e}^{-\mathrm{i}\Delta\boldsymbol{k}\cdot\boldsymbol{r}_j} \rangle_{\{\boldsymbol{r}_j\}}, \tag{7.126}$$

$$\bar{A}^\dagger(t) = \int \langle \hat{A}_k^\dagger(\boldsymbol{r}_j, t) \rangle_{\{\boldsymbol{r}_j\}} \mathrm{d}^3 k, \tag{7.127}$$

$$\hat{S} = \frac{1}{\sqrt{N}} \sum_{j=1}^{N} \hat{\sigma}_{sg}^j. \tag{7.128}$$

这样我们就可以把系统的终态 ρ_f 写成

$$\rho_f \propto \frac{1}{1+p_c} |\psi_{\text{eff}}\rangle \langle \psi_{\text{eff}}| + \text{噪声项}, \tag{7.129}$$

其中

$$|\psi_{\text{eff}}\rangle = \left\{ 1 - \mathrm{i} \int_0^t \hat{H}(\tau) \mathrm{d}\tau \right\} |vac\rangle \qquad \text{且} \qquad \langle \psi_{\text{eff}} | \psi_{\text{eff}} \rangle = 1 + p_c, \tag{7.130}$$

这里 p_c 的具体取值与出射光场的形式相关，其中噪声项包括了微扰展开的高阶部分及其他的非理想条件所导致的误差项等。

为进一步分析出射光的信息，我们引入出射光场的算子 $\hat{a}_p^\dagger$，它是光场模式 $\hat{a}_k^\dagger$ 的线型组合，具体形式为

$$\hat{a}_p^\dagger = \int \mathrm{d}^3 k f_k \hat{a}_k^\dagger$$
$$= \int \mathrm{d}^3 k (-\mathrm{i}) \frac{\sqrt{N}}{\sqrt{p_c}} \int_0^t \mathrm{d}\tau g_k \mathrm{e}^{\mathrm{i}\Delta\omega_k \tau} \langle u'(\boldsymbol{r}_j, t) \mathrm{e}^{-\mathrm{i}\Delta\boldsymbol{k}\cdot\boldsymbol{r}_j} \rangle_{\{\boldsymbol{r}_j\}} \hat{a}_k^\dagger, \tag{7.131}$$

其中 p_c 的大小由光场的对易关系给出 $[\hat{a}_p, \hat{a}_p^\dagger] = 1$。由此我们可以把 $|\psi_{\text{eff}}\rangle$ 简写成

$$|\psi_{\text{eff}}\rangle = (1 + \sqrt{p_c} S^\dagger \hat{a}_p^\dagger) |vac\rangle. \tag{7.132}$$

为得出出射光场的空间结构分布，我们分析上述积分的近似形式。假定自发辐射光场的带宽为 δ，则利用

$$\int \mathrm{d}^3 k \rightarrow \int_{\omega-\omega_{sg}-\delta/2}^{\omega-\omega_{sg}+\delta/2} \mathrm{d}\omega \iint_{4\pi} \mathrm{d}\Omega, \quad \mathrm{d}\Omega = \sin\theta \mathrm{d}\theta \mathrm{d}\phi, \tag{7.133}$$

我们就可以把上述对 k 的求和化为对能量和空间方向角的积分运算。为了得出出射光场的分布情况，我们需要考察输出光场的空间方向相关的积分变量。当入射光的方向与样品的延展方向重合时，我们近似认为模式函数可以分解成径向变量 z 和横向坐标 $r_\perp$ 的函数

$$u'(\boldsymbol{r}, t) = u_\perp(\boldsymbol{r}_\perp) u_z(z, t) = u_\perp(x, y) u_z(z, t),$$

其中，$u_z(z, t)$ 为传播方向 $\hat{z}$ 上的慢变函数，在原子团样品的尺度上，可以近似认为是常数。积分中的相位因子 $\Delta \boldsymbol{k} \cdot \boldsymbol{r}_j$ 满足

$$\Delta \boldsymbol{k} \cdot \boldsymbol{r}_j = (\boldsymbol{k} - k_0 \boldsymbol{z}_0) \cdot \boldsymbol{r}_j = k_0 \left(\frac{\boldsymbol{k}}{|k_0|} - \hat{z}_0 \right) \cdot \boldsymbol{r}_j. \tag{7.134}$$

由于 $|\boldsymbol{k}| \simeq k_0$，所以 $\Delta \boldsymbol{k} \cdot \boldsymbol{r}_j$ 主要是方向 Ω 的函数，几乎不依赖于出射频率 ω。当这些条件近似成立时，我们就可以把函数 f_k 近似写成分离变量的形式 $f_k = f_\omega(\omega) f_\Omega(\Omega)$。$f_\Omega(\Omega)$ 的具体形式为

$$\begin{aligned} f_\Omega(\Omega) &= \langle u_\perp(\boldsymbol{r}_{j,\perp}) \mathrm{e}^{-\mathrm{i}\Delta \boldsymbol{k} \cdot \boldsymbol{r}_j} \rangle_{\{\boldsymbol{r}_j\}} \\ &= \int \mathrm{d}^3 r \, u_\perp(\boldsymbol{r}_\perp) p_{\mathrm{dist}}(\boldsymbol{r}) \mathrm{e}^{\mathrm{i}k_0 [z(1-\cos\theta) - \sin\theta(x\cos\phi + y\sin\phi)]}, \end{aligned} \tag{7.135}$$

其中 $p_{\mathrm{dist}}(\boldsymbol{r})$ 为原子的密度分布函数，满足

$$\int \mathrm{d}^3 r \, p_{\mathrm{dist}}(\boldsymbol{r}) = 1.$$

为求得出射光场的空间方向分布，我们假定激光场的横向分布为高斯函数

$$u_\perp(\boldsymbol{r}_\perp) = \mathrm{e}^{-\frac{x^2 + y^2}{r_0^2}}, \tag{7.136}$$

同时，假设横向原子的分布也表示成高斯函数的形式

$$\begin{cases} p_{\mathrm{dist}}(\boldsymbol{r}) = \dfrac{1}{\pi L R_0^2} \mathrm{e}^{-\frac{x^2 + y^2}{R_0^2}}, & -L/2 \leqslant z \leqslant L/2, \\ p_{\mathrm{dist}}(\boldsymbol{r}) = 0, & |z| > L/2. \end{cases} \tag{7.137}$$

这里 r_0 和 R_0 分别对应光束和原子团的横向半径，L 为原子团的长度。由此可以求得出射光场的角向分布为

$$f_\Omega(\Omega) = \frac{r_0^2}{r_0^2 + R_0^2} \mathrm{e}^{-\frac{1}{4} k_0^2 r_0^2 R_0^2 \sin^2\theta / (r_0^2 + R_0^2)} \mathrm{sinc}\left(k_0 L \sin^2 \frac{\theta}{2}\right) \tag{7.138}$$

这里 sinc 函数定义为 $\mathrm{sinc}(x) = \sin(x)/x$。可以看出，出射的信号光子主要以前向为主，分布于 $\theta = 0$ 附近

$$\Delta\theta \in \min\left[\frac{\sqrt{r_0^2 + R_0^2}}{k_0 r_0 R_0}, \frac{1}{\sqrt{k_0 L}} \right]. \tag{7.139}$$

这与我们之前的期望是一致的。

7.5.2　原子系综中的纠缠和量子中继

当光场激发转移到原子内态以后，利用原子集体激发的存储寿命较长这一特性，可以在存储一段时间后，再用另一束读出光束把原子集体激发重新转化为光子信号。如图 7.16所示，这里读取光场与能级 $|s\rangle \leftrightarrow |e'\rangle$ 共振耦合。由于读取光与原子集体激发耦合，耦合的效率正比于原子数目，故可以很高效地将原子信号转化为光场信号，从而飞离原子团。这里激发态 $|e'\rangle$ 可以为 $|e\rangle$，亦可以为另一个不同于 $|e\rangle$ 的原子内能级。若整个过程是相干进行的，则信号读出以后，原子变成了基态，从而与光场脱离耦合，而原子团前后放出的两种不同光子的状态就可以写成

$$|\phi_{12}\rangle \propto |0_{p1}\rangle|0_{p2}\rangle + \mathrm{e}^{\mathrm{i}\beta'}|1_{p1}\rangle|1_{p2}\rangle + O(p). \tag{7.140}$$

可见此时两光子态也是纠缠的。

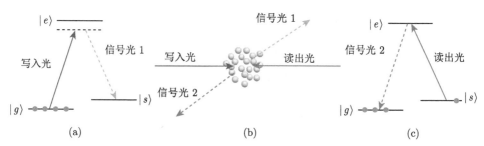

图 7.16　原子气团中信号的写入和读出操作。信号光场写入到原子亚稳态 $|s\rangle$ 上后 (a)，经过一段存储时间后，再通过读出光场将原子激发信号变成光子信号 (c)。信号光场 1 和光场 2 可以产生非经典关联

利用原子集体激发与出射光场的纠缠特性，我们还可以实现各种基于原子介质的量子存储和量子通信任务。如图 7.17所示的方案中，如果我们同时泵浦两个原子气团，然后在出射光子端口放置一半透半反的分束器，作如图所示的测量，并且对测量结果进行适当的后选择，仅保留探测器中有且只有一个有响应的结果。

当两束弱写入光场入射到原子团后，在理想情况下，输出端口的状态可以写成

$$\begin{aligned}
|\Phi_{LR}\rangle &= |\phi_L\rangle \otimes |\phi_R\rangle \\
&\propto \Big[|\bar{g}_a\rangle_L |0_p\rangle_L + \mathrm{e}^{\mathrm{i}\beta_L}\sqrt{p}|\bar{s}_a\rangle_L |1_p\rangle_L + O_L(p) \Big] \\
&\quad \otimes \Big[|\bar{g}_a\rangle_R |0_p\rangle_R + \mathrm{e}^{\mathrm{i}\beta_R}\sqrt{p}|\bar{s}_a\rangle_R |1_p\rangle_R + O_R(p) \Big].
\end{aligned} \tag{7.141}$$

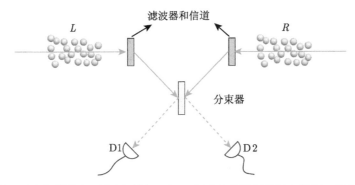

图 7.17   利用弱光场激发在两个原子团 L 和 R 间建立量子纠缠的方案图。当探测器 D1 和 D2 中有且仅有一个有响应时，由于不能区分信号光子到底是从哪一个原子团中发射出来，从而在 L、R 间建立纠缠

当探测器 D1 或 D2 中的任何一个记录到光子信号时，两原子团就会塌缩到下面的叠加状态当中

$$|\phi\rangle_{LR} = \mathrm{Tr}_{pL,pR}\Big[\hat{a}_{\pm}|\varPhi_{LR}\rangle\langle\varPhi_{LR}|\hat{a}_{\pm}^{\dagger}\Big]$$

$$\propto \frac{1}{\sqrt{2}}\left(\hat{S}_L \pm \mathrm{ie}^{\mathrm{i}\beta}\hat{S}_R^{\dagger}\right)|\bar{g}_a\rangle_L|0_b\rangle_R. \tag{7.142}$$

其中

$$\hat{a}_{\pm} = \frac{1}{\sqrt{2}}\left(\hat{a}_{pL} \pm \mathrm{i}\hat{a}_{pR}^{\dagger}\right), \tag{7.143}$$

$\hat{a}_{pL}$ 的 $\hat{a}_{pR}$ 分别表示左右原子团中出射光场的算符，$\hat{S}_L$、$\hat{S}_R$ 分别为对应不同原子团的激发算符，β 为两原子团激发之间的相位差，式中的正负号对应了不同探测器给出的测量结果。这样我们就可以将两个原子团中的集体激发状态纠缠起来。

我们还可以通过纠缠交换的方式在相距较远的原子团之间建立纠缠链接。如图 7.18所示，假定原子团 L、$\{I_1, I_2\}$ 及 R 分别位于 A、B、C 不同的地方，彼此之间的距离为 l。若系综 L 和 I_1、I_2 和 R 之间均事先已经通过前面的方法建立了纠缠，则对于同位于 B 处的系综 I_1 和 I_2，我们可以再分别施加一束读出光场，将其中的原子集体激发转化成光信号，从而飞离原子团。将出射的光子经过导引后，再将其会聚到半透半反的分束器上作后选择的干涉测量。如果我们在测量结果中只保留两个探测器中有且仅有一个有响应的情况，则测量结束后就可以将系综 L 和 R 制备到目标纠缠态 (7.142) 上。

虽然上述远程纠缠建立的过程是成功的，然而由于原子激发的存储特性，我们并不需要初始时 L 和 I_1、I_2 和 R 之间的纠缠是同时建立的。实际上，上述两对纠缠中任何一对先建立后，在一定存储时间内可以保存这样的纠缠态，直至另一对组合也成功建立纠缠。由于这样的特性，利用原子团集体激发建立远程量子纠缠时，所需要的测量次数随着距离的增加可以是多项式增长的。相反，如果没有存储装置，则要建立远程纠缠，就需要在近距离的 L 和 I_1 之间、I_2 和 R 之间同时建立纠缠。这一要求使得建立远程纠缠所需的测量次数随着距离的增加而呈指数增长，从而导致资源消耗显著增加。利用原子集体激发实现量子纠缠和量子中继的方法是由段路明教授等于 2001 年提出的。当前这一方案及其改进形式已经在相关的原子系统中得到反复验证，有关该方案的更多讨论可参考文献 [9,10]。

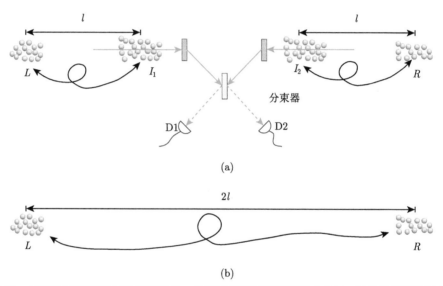

图 7.18   利用两对原子团实现纠缠交换，从而建立两远程原子团 L 和 R 间量子纠缠的示意图。这里假定原子系综 L 和 I_1、I_2 和 R 之间均事先已经建立了纠缠。利用弱光场同时激发系综 I_1 和 I_2，再对出射光场作干涉测量 (a)，同时只保留两个探测器中有且仅有一个有响应的情况，即可将系综 L 和 R 制备到纠缠态上，实现纠缠链接 (b)

7.6   四 波 混 频

作为最重要的非线性光学现象之一，四波混频 (four-wave mixing，FWM) 自 20 世纪 60 年代激光问世以来即受到人们的广泛关注。相对于经典光场，激光可以使得单位体积内的光子数大大增加，从而可以显著增强介质中的高阶非线性效应。依据参与光场的性质和耦合方式的不同，四波混频可以表现为不同的作用形式和不同的称呼，常见的包括简并四波混频、受激拉曼散射 (stimulated Raman scattering)、非线性克尔效应等。四波混频所包含的内容极为丰富，本节将主要关注光场在原子介质中的四波混频过程[2,4,11-16]。

一般来说，四波混频过程描述了 3 个电磁场相互耦合而生成第 4 种辐射光场的过程，如图 7.19 所示。经典图像中，我们可以单独考虑每束光与介质的作用。例如，当第一束光与介质耦合后，介质内产生偶极振荡，从而产生相应频率的对外辐射；当第二、第三束光照射介质后，亦同样会产生相应的偶极辐射。由于这些光场彼此之间是相干的，辐射场之间亦可以发生干涉，从而使得输出光场中包含各种频率组合的成分。一般来说，不同的频率成分对应介质中辐射光场之间不同的组合过程，故有时候也赋予它们不同的称谓。

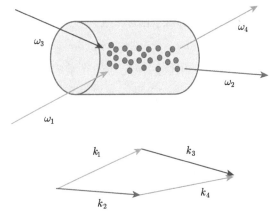

图 7.19　原子介质中四波混频对应的光场频率和方向示意图。四束光场的频率和方向一般要满足能量守恒和动量匹配条件

在形式上，四波混频过程可以通过介质的极化率来刻画。对于非线性响应，极化率 $\boldsymbol{P}$ 可以展开为

$$\boldsymbol{P} = \chi^{(1)}\boldsymbol{E} + \chi^{(2)} \cdot \boldsymbol{EE} + \chi^{(3)} \cdot \boldsymbol{EEE} + \cdots. \tag{7.144}$$

极化系数 $\chi^{(i)}$ 一般由介质的性质决定。例如，对于参量下转换过程 (3.12 节)，我们就需要晶体具有非零的非线性系数 $\chi^{(2)}$。对于四波混频来说，它所考察的对象涉及 4 种相干光场的相互耦合，所以对应于介质中的三阶非线性系数 $\chi^{(3)}$(有 4 个下标，共 $3^4 = 81$ 个分量)。由于每一个分量对应光场的不同组合，所以四波混频过程也包含了极为丰富的物理过程。一个典型的四波混频对应的极化率可以写成

$$P_i(\omega_4, \boldsymbol{r}) = \frac{1}{2}\chi^{(3)}_{ijkl}(-\omega_4, \omega_1, -\omega_2, \omega_3)\mathcal{E}_j(\omega_1)\mathcal{E}_k^*(\omega_2)\mathcal{E}_l(\omega_3)\mathrm{e}^{\mathrm{i}(\boldsymbol{k}_1-\boldsymbol{k}_2+\boldsymbol{k}_3)\cdot\boldsymbol{r}-\mathrm{i}\omega_4 t} + c.c..$$

上式刻画了由三种光场组合而形成第四种辐射光场的过程，其中 $\mathcal{E}_{j,k,l}$ 为参与耦合的三束光场，它们诱导了一随时间振荡的极化率，耦合的形式确定了输出光场

的形式。在物理上，要使得输出的第四种光场的效率达到最佳，需要其相应的频率 ω_4 和波矢 $\boldsymbol{k}_4$ 满足相位匹配条件

$$\omega_4 = \omega_1 - \omega_2 + \omega_3, \tag{7.145}$$

$$\boldsymbol{k}_4 = \boldsymbol{k}_1 - \boldsymbol{k}_2 + \boldsymbol{k}_3 \tag{7.146}$$

其中前者对应能量守恒条件，后者对应动量守恒。在物理上，该条件能保证四束光场在介质内保持固定的相位差，从而实现相干耦合，且能保证生成第四束光场的效率达到最佳。下面的章节中，我们将对一些典型的四波混频过程做具体的讨论。

7.6.1　简并四波混频中相位共轭光的生成和放大

对于一个给定的输入光场 $E(\boldsymbol{r},t) = \mathrm{Re}\{\mathcal{E}\mathrm{e}^{\mathrm{i}(\boldsymbol{k}\cdot\boldsymbol{r}-\omega t)}\}$，相位共轭光场定义为 $E_{pc}(\boldsymbol{r},t) = \mathrm{Re}\{\mathcal{E}^*\mathrm{e}^{-\mathrm{i}(\boldsymbol{k}\cdot\boldsymbol{r}+\omega t)}\}$。相位共轭光场在光学成像上有重要的应用，在物理上，它对应原始光场的时间反演。当物像通过介质色散扭曲后，我们就可以利用这种时间回溯的方法实现光场逆时间演化来得到未扭曲之前的成像。

利用非线性的简并四波混频过程，我们可以在介质中生成输入光场的相位共轭光场。具体地，我们可以考察如图 7.20 所示的光场几何构型：E_2 和 $E_{2'}$ 是两束强的泵浦光场，它们的频率相同，方向相反，对应于 $\boldsymbol{k}_2$ 和 $\boldsymbol{k}_{2'}$；E_1 和 E_3 是两束弱光场，对应于波矢 $\boldsymbol{k}_1$ 和 $\boldsymbol{k}_3$。它们的传播方向一般与 E_2 和 $E_{2'}$ 不在一条直线上。为简单起见，这里假定各光场的偏振相同，其具体形式为

$$E_j = \frac{1}{2}\mathcal{E}_j\mathrm{e}^{\mathrm{i}(\boldsymbol{k}_j\cdot\boldsymbol{r}-\omega t)} + c.c., \tag{7.147}$$

其中，$\mathcal{E}_j$ 为光场的振幅，是时间和空间上的慢变量。为了满足动量守恒条件，各光场的传播方向满足

$$\boldsymbol{k}_1 + \boldsymbol{k}_3 = \boldsymbol{k}_2 + \boldsymbol{k}_{2'}. \tag{7.148}$$

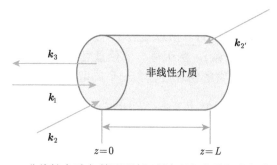

图 7.20　非线性介质中利用四波混频实现相位共轭光场的示意图

在四波混频过程中, 当泵浦光场 E_2 和 $E_{2'}$ 存在时, 如果再向介质中注入信号光场 E_1, 则新产生的光场 E_3 即可看作是 E_1 的相位共轭光场. 为求得介质内光场的分布, 我们考察光场的传播方程

$$\frac{\partial^2 \mathcal{E}}{\partial z^2} - \frac{1}{c^2}\frac{\partial^2 \mathcal{E}}{\partial t^2} = \mu_0 \frac{\partial^2 \mathcal{P}}{\partial t^2}, \tag{7.149}$$

其中

$$\mathcal{E} = \mathcal{E}_1 + \mathcal{E}_2 + \mathcal{E}_{2'} + \mathcal{E}_3, \qquad \mathcal{P} = \chi^{(3)}\mathcal{P}^3. \tag{7.150}$$

在慢变包络近似下, $\mathcal{E}_j$ 和相应的极化 $\mathcal{P}_j$ 沿传播方向 z 在一个光波长范围内的改变可以忽略不计, 从而可以得到简化的传播方程为

$$\frac{\partial \mathcal{E}_i}{\partial z} + \frac{1}{c}\frac{\partial \mathcal{E}_i}{\partial t} = \mathrm{i}\frac{k}{2\epsilon_0}\mathcal{P}_i. \tag{7.151}$$

对于稳态分布, 我们可以进一步忽略 $\mathcal{E}_i$ 及 $\mathcal{P}_i$ 随时间的变化. 将上述方程应用到信号场 E_1 及相位共轭光场 E_3 上, 即可得到

$$\frac{\partial \mathcal{E}_1}{\partial z} = \frac{\mathrm{i}\omega}{\epsilon_0 c}\tilde{\mathcal{P}}_1, \tag{7.152}$$

$$\frac{\partial \mathcal{E}_3}{\partial z} = -\frac{\mathrm{i}\omega}{\epsilon_0 c}\tilde{\mathcal{P}}_3, \tag{7.153}$$

其中

$$\tilde{\mathcal{P}}_1 \simeq \frac{3\chi^{(3)}}{4}\left(|\mathcal{E}_2|^2\mathcal{E}_1 + |\mathcal{E}_{2'}|^2\mathcal{E}_1 + \mathcal{E}_2\mathcal{E}_{2'}\mathcal{E}_3^*\right),$$

$$\tilde{\mathcal{P}}_3 \simeq \frac{3\chi^{(3)}}{4}\left(|\mathcal{E}_2|^2\mathcal{E}_3 + |\mathcal{E}_{2'}|^2\mathcal{E}_3 + \mathcal{E}_2\mathcal{E}_{2'}\mathcal{E}_1^*\right).$$

这里忽略了 $\tilde{\mathcal{P}}_i$ 中的高阶小量.

当泵浦光场 E_2 和 $E_{2'}$ 在整个介质中转化成信号光场的比例很小时, 我们可以近似把 $\mathcal{E}_2$ 和 $\mathcal{E}_{2'}$ 看作是参数, 上述方程简化为

$$\frac{\partial \mathcal{E}_1}{\partial z} = \mathrm{i}\kappa_1 \mathcal{E}_1 + \mathrm{i}\kappa \mathcal{E}_3^*, \tag{7.154}$$

$$\frac{\partial \mathcal{E}_3}{\partial z} = -\mathrm{i}\kappa_1 \mathcal{E}_3 - \mathrm{i}\kappa \mathcal{E}_1^*, \tag{7.155}$$

其中

$$\kappa_1 = \frac{3\omega\chi^{(3)}}{4\epsilon_0 c}\left(|\mathcal{E}_2|^2 + |\mathcal{E}_{2'}|^2\right), \qquad \kappa = \frac{3\omega\chi^{(3)}}{4\epsilon_0 c}\mathcal{E}_2\mathcal{E}_{2'}. \tag{7.156}$$

定义新变量 $\tilde{\mathcal{E}}_1 = \mathcal{E}_1 e^{-i\kappa_1 z}$ 及 $\tilde{\mathcal{E}}_3 = \mathcal{E}_3 e^{i\kappa_1 z}$，可把上述方程进一步简化成

$$\frac{\partial \tilde{\mathcal{E}}_1}{\partial z} = i\kappa \tilde{\mathcal{E}}_3^*, \tag{7.157}$$

$$\frac{\partial \tilde{\mathcal{E}}_3}{\partial z} = -i\kappa \tilde{\mathcal{E}}_1^*. \tag{7.158}$$

可见输出光场 $\tilde{\mathcal{E}}_3$ 是由输入光场 $\tilde{\mathcal{E}}_1$ 的复共轭驱动，从而生成的光场对应输入光场的相位共轭光场。利用边界条件，我们可以把方程的通解写成

$$\tilde{\mathcal{E}}_1^*(z) = -\frac{i|\kappa|\sin(|\kappa|z)}{\kappa \cos(|\kappa|L)} \tilde{\mathcal{E}}_3(L) + \frac{\cos[|\kappa|(z-L)]}{\cos(|\kappa|L)} \tilde{\mathcal{E}}_1^*(0), \tag{7.159}$$

$$\tilde{\mathcal{E}}_3(z) = \frac{\cos(|\kappa|z)}{\cos(|\kappa|L)} \tilde{\mathcal{E}}_3(L) - \frac{i\kappa \sin[|\kappa|(z-L)]}{|\kappa|\cos(|\kappa|L)} \tilde{\mathcal{E}}_1^*(0). \tag{7.160}$$

实际情况中，输出光场 $\tilde{\mathcal{E}}_3(L)$ 沿着 $-z$ 轴方向传播，且在 $z = L$ 处的边界值为零。这样，在边界处两光场的解可以进一步简化成

$$\tilde{\mathcal{E}}_1^*(L) = \frac{1}{\cos(|\kappa|L)} \tilde{\mathcal{E}}_1^*(0), \quad \tilde{\mathcal{E}}_3(0) = \frac{i\kappa}{|\kappa|} \tan(|\kappa|L) \tilde{\mathcal{E}}_1^*(0). \tag{7.161}$$

上式表明，对于输入光场 $\tilde{\mathcal{E}}_1(z)$，一般总有

$$|\tilde{\mathcal{E}}_1(L)| \gg |\tilde{\mathcal{E}}_1(0)|. \tag{7.162}$$

可见，输入光在经过介质后会呈现依赖于介质长度 L 的放大效应。特别地，当 $|\kappa|L \in (\pi/4, 3\pi/4)$ 时，在输入端 $z = 0$ 处有

$$|\tilde{\mathcal{E}}_3(0)| \gg |\tilde{\mathcal{E}}_1(0)|. \tag{7.163}$$

此时，非线性效应生成的相位共轭光场振幅甚至比入射光场的振幅还要大。需要注意的是，这里入射光场和信号光场的增强均来源于泵浦光场的能量注入。在物理上，泵浦光场会导致介质内的原子能级布居反转，从而为信号光的生成提供能量。特别地，当 $|\kappa|L = \pi/2$ 时，在介质的两端处光场振幅满足

$$\frac{|\tilde{\mathcal{E}}_1(L)|}{|\tilde{\mathcal{E}}_1(0)|} \to \infty, \qquad \frac{|\tilde{\mathcal{E}}_3(0)|}{|\tilde{\mathcal{E}}_1(0)|} \to \infty. \tag{7.164}$$

上式表明系统中出现了共振。由于泵浦光场大量地转化为信号光场，上述推导中关于 E_2 和 $E_{2'}$ 在介质中不变的假定不再成立。这时我们需要求解非线性的微分方程，这里就不再赘述了。

7.6.2 窄带纠缠光子对的生成

7.6.1 节中，我们用经典的方法考察了如何在四波混频中生成相位共轭光场。实际上，由于四波混频中涉及四种不同光场之间的作用，当非线性效应很强且某些光场很微弱时，我们需要对其进行量子化的处理。本节中，我们将以窄带纠缠光子对的生成为例，来说明这一问题[14-16]。

在光量子信息处理中，窄带纠缠光源在量子计算、量子信息传输以及量子密码中有着不可或缺的作用。在具体的实验系统中，纠缠光源一般是通过强光泵浦非线性晶体获取的 (见 3.12 节)。然而这种纠缠光源中光子的频率展宽很大。当这样的光子需要再次与其他量子客体发生作用时，就会由于频宽的缺点导致操控难以达到理想的效果。为克服这一缺点，一个解决方法就是在原子系统中实现四波混频。利用原子能级频率展宽窄的特点，我们就可以制备窄带的纠缠光子源，从而为后续的各种量子操控任务提供良好的物理基础。这里，我们以一个简单的四能级系统为例，考察在原子系统中窄带宽的纠缠光子对的制备问题。

考察如图 7.21 所示的能级结构，原子能级 $|0\rangle \rightarrow |2\rangle \rightarrow |3\rangle$ 和 $|0\rangle \rightarrow |1\rangle \rightarrow |3\rangle$ 分别构成三能级级联系统，其中能级 $|1\rangle$ 和 $|2\rangle$ 近似简并。为得到纠缠的光子对，我们需要先利用强的泵浦激光将原子激发到最高能级 $|3\rangle$ 上，再让原子发生级联自发辐射，从而产生纠缠光源。假定泵浦光对应的激发通道为 $|0\rangle \rightarrow |1\rangle \rightarrow |3\rangle$，两束激光对应频率分别为 ω_{p2} 和 ω_{p1}，其中频率为 ω_{p2} 的激光先将原子激发到能态 $|1\rangle$ 上，然后再通过频率为 ω_{p1} 的激光将原子激发到上能级 $|3\rangle$ 上。激光频率

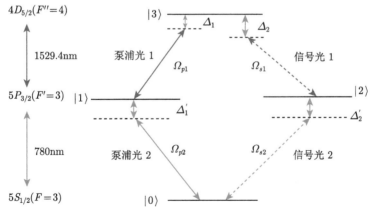

图 7.21　梯形能级系统中实现自发四波混频的示意图。图中的能级具体可对应到 ^{85}Rb 原子中的基态和激发态上。能级 $|1\rangle$ 和 $|2\rangle$ 可以选取 $5P_{3/2}$ 中近简并的原子能级充当，能级 $|0\rangle$ 可以选取原子能级 $5S_{1/2}$，能级 $|3\rangle$ 对应原子能级 $5D_{5/2}$。信号光 $s1$ 与泵浦光 $p1$ 的波长近似相等，均约为 1529.4nm。信号光 $s2$ 与泵浦光 $p2$ 的波长均约为 780nm。Δ_1 和 Δ_1' 是泵浦光场对应的失谐量。Δ_2 和 Δ_2' 是信号光场所对应的失谐量。具体定义见正文

与原子内态之间的失谐量记为

$$\Delta_1' = \omega_{10} - \omega_{p2}, \quad \Delta_1 = \omega_{31} - \omega_{p1}, \tag{7.165}$$

其中，$\omega_{ij} = \omega_i - \omega_j$ 为能级 i 和能级 j 之间的能量差。同理，原子发生级联自发辐射的通道为 $|3\rangle \rightarrow |2\rangle \rightarrow |0\rangle$，相关的信号光场频率分别为 ω_{s1} 和 ω_{s2}，对应的失谐量为

$$\Delta_2 = \omega_{32} - \omega_{s1}, \quad \Delta_2' = \omega_{20} - \omega_{s2}. \tag{7.166}$$

由于能量守恒的要求，光场的频率还需满足条件

$$\omega_{p1} + \omega_{p2} = \omega_{s1} + \omega_{s2}, \tag{7.167}$$

$$\Delta_1 + \Delta_1' = \Delta_2 + \Delta_2'. \tag{7.168}$$

具体的实验系统中，上述所有光场均可以设计成沿 z 轴传播。

为方便下面讨论,我们把各光场的电场部分统一写成形式 $E = [E^{(+)} + E^{(-)}]/2 = [E^{(+)} + h.c.]/2$，其中正频部分记为

$$E_{p1}^{(+)} = \mathcal{E}_{p1} \mathrm{e}^{-\mathrm{i}\omega_{p1}t + \mathrm{i}k_{p1}z}, \tag{7.169a}$$

$$E_{p2}^{(+)} = \mathcal{E}_{p2} \mathrm{e}^{-\mathrm{i}\omega_{p2}t + \mathrm{i}k_{p2}z}, \tag{7.169b}$$

$$E_j^{(+)} = \sum_{\boldsymbol{k}_j} \mathrm{i}\sqrt{\frac{2\hbar\omega_j}{\epsilon_0 V}} a_{\boldsymbol{k}_j} \mathrm{e}^{-\mathrm{i}\omega_j t + \mathrm{i}\boldsymbol{k}_j \cdot \boldsymbol{r}},$$

$$= \mathcal{E}_j \mathrm{e}^{-\mathrm{i}\omega_j^0 t + \mathrm{i}\boldsymbol{k}_j^0 \cdot \boldsymbol{r}}, \quad j = s1, s2. \tag{7.169c}$$

弱信号光场一般是由大量模式为 $\boldsymbol{k}_j$ 的光场组合而成，这里为简单讨论，我们假定了其中心频率和波矢为 $(\omega_j^0、\boldsymbol{k}_j^0)$，$\mathcal{E}_j$ 为对应的振幅。在相互作用表象中，系统的哈密顿量可以写成

$$\hat{H}_I = \hbar\Delta_1'|1\rangle\langle 1| + \hbar\Delta_2'|2\rangle\langle 2| + \hbar(\Delta_2 + \Delta_2')|3\rangle\langle 3|$$

$$- \frac{\hbar}{2}\left(\Omega_{s1}|3\rangle\langle 2| + \Omega_{s2}|2\rangle\langle 0| + \Omega_{p1}|3\rangle\langle 1| + \Omega_{p2}|1\rangle\langle 0| + h.c.\right), \tag{7.170}$$

其中各 Rabi 频率定义为

$$\Omega_{s1} = \frac{\mu_{32}\mathcal{E}_{s1}}{\hbar}, \quad \Omega_{s2} = \frac{\mu_{20}\mathcal{E}_{s2}}{\hbar}, \tag{7.171}$$

$$\Omega_{p1} = \frac{\mu_{31}\mathcal{E}_{p1}}{\hbar}, \quad \Omega_{p2} = \frac{\mu_{10}\mathcal{E}_{p2}}{\hbar}. \tag{7.172}$$

为求得系统对信号光 $s2$ 的非线性折射系数, 我们需要得到原子密度矩阵的非对角元 ρ_{20}。为此我们假定系统的波函数为

$$|\psi\rangle = c_0|0\rangle + c_1|1\rangle + c_2|2\rangle + c_3|3\rangle, \tag{7.173}$$

利用随机波函数的方法, 可以求得在稳态下对应于能级 $|2\rangle$ 的系数为

$$c_2 \simeq \frac{\Omega_{s2}}{2\bar{\Delta}_2} + \frac{\Omega_{p1}\Omega_{p2}\Omega_{s1}^*}{2\bar{\Delta}_2(4\bar{\Delta}_1\bar{\Delta}_3 - |\Omega_{p1}|^2)}, \tag{7.174}$$

其中, $\bar{\Delta}_2 = \Delta_2' - \mathrm{i}\gamma_2/2$, $\bar{\Delta}_1 = \Delta_1' - \mathrm{i}\gamma_1/2$, 及 $\bar{\Delta}_3 = \Delta_2 + \Delta_2' - \mathrm{i}\gamma_3/2$; γ_i 为对应能级上的耗散率。考虑到实验系统中泵浦光场的强度远远大于信号光强 $\Omega_{p1} \gg \Omega_{p2} \gg \{\Omega_{s1}, \Omega_{s2}\}$, 所以在上述求解中我们只保留到一阶小量。由此求得三阶非线性极化满足

$$\mathcal{P}^{(3)} = 2\mu_{02}\rho_{20} = 2\frac{N}{V} \frac{\mu_{31}\mu_{10}\mu_{23}\mu_{02}}{\hbar^3 2\bar{\Delta}_2(4\bar{\Delta}_1\bar{\Delta}_3 - |\Omega_{p1}|^2)} \mathcal{E}_{p1}\mathcal{E}_{p2}\mathcal{E}_{s1}^*, \tag{7.175}$$

这里 $\mathcal{E}_j$ 分别为相应光场的平均值; 对应的非线性极化率为

$$\chi^{(3)} = 2\frac{N}{V} \frac{\mu_{31}\mu_{10}\mu_{23}\mu_{02}/(\hbar^3\epsilon_0)}{2\bar{\Delta}_2(4\bar{\Delta}_1\bar{\Delta}_3 - |\Omega_{p1}|^2)}. \tag{7.176}$$

为进一步了解所产生信号光的量子特性, 我们引入了与三阶非线性过程对应的有效哈密顿量

$$\hat{H}_I = \frac{\epsilon_0 A}{4} \int_{-L/2}^{L/2} \chi^{(3)} \hat{E}_{p1}^{(+)} \hat{E}_{p2}^{(+)} \hat{E}_{s1}^{(-)} \hat{E}_{s2}^{(-)} \mathrm{d}^3\boldsymbol{r} + h.c., \tag{7.177}$$

上式可以通过提取偶极相互作用 $\boldsymbol{\mu} \cdot \boldsymbol{E}$ 中的非线性项后, 再用算符把信号光对应的光场替换而得到。这里我们假定了介质沿 $\hat{z}$-轴方向呈现长条形分布, 长度为 L, 并且泵浦光场为沿 $\hat{z}$-轴传播的平面波, 光场的横截面积近似为 A。由于信号光场 E_{s1}、E_{s2} 也均近似沿 z-轴方向传播, 且是大量的模式 $\boldsymbol{k}_j$ 的组合, 我们可以通过下列替换将模式求和化为对频率的积分:

$$\sum_{\boldsymbol{k}_j} \rightarrow \frac{L}{2\pi} \int \mathrm{d}k_j = \frac{L}{2\pi} \int \frac{\mathrm{d}\omega_j}{c}, \tag{7.178}$$

由此可以得到简化的有效哈密顿量为

$$\hat{H}_I = \frac{\mathrm{i}\hbar L}{2\pi} \int\int \mathrm{d}\omega_{s1}\mathrm{d}\omega_{s2} \kappa(\omega_{s1}, \omega_{s2}) \mathrm{sinc}\left(\frac{\Delta k L}{2}\right)$$
$$\times \hat{a}_{s1}^\dagger(\omega_{s1})\hat{a}_{s2}^\dagger(\omega_{s2}) \mathrm{e}^{-\mathrm{i}(\omega_{p1}+\omega_{p2}-\omega_{s1}-\omega_{s2})t} + h.c., \tag{7.179}$$

其中各参数的定义为

$$\kappa(\omega_{s1},\omega_{s2})=\mathrm{i}\frac{L\sqrt{\bar{\omega}_{s1}\bar{\omega}_{s2}}}{4\pi c^2}\chi^{(3)}(\omega_{s1},\omega_{s2})\mathcal{E}_{p1}\mathcal{E}_{p2}g(\boldsymbol{\alpha}_{s1},\boldsymbol{\alpha}_{s2}),\qquad(7.180)$$

$$g(\boldsymbol{\alpha}_{s1},\boldsymbol{\alpha}_{s2})=\frac{1}{A}\int\int\mathrm{d}\rho^2\mathrm{e}^{-\mathrm{i}(\boldsymbol{\alpha}_{s1}+\boldsymbol{\alpha}_{s2})\cdot\boldsymbol{\rho}},\qquad(7.181)$$

$$\Delta k=(\boldsymbol{k}_{p1}+\boldsymbol{k}_{p2}-\boldsymbol{k}_{s1}-\boldsymbol{k}_{s2})\cdot\boldsymbol{z}_0\qquad(7.182)$$

这里，$\bar{\omega}_{s1}$、$\bar{\omega}_{s2}$ 分别对应信号光 $s1$ 和 $s2$ 的中心频率；$\boldsymbol{\alpha}_{s1}$、$\boldsymbol{\alpha}_{s2}$ 则对应信号光波矢的横向部分；$\boldsymbol{\rho}$ 为位置矢量 $\boldsymbol{r}$ 的横向分量；$\boldsymbol{z}_0$ 为 $\hat{z}$-方向上的单位矢量。各光场传播方向的设定可参考实验装置图 7.22。

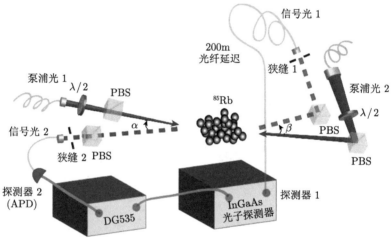

图 7.22　利用 ^{85}Rb 原子实现原子自发四波混频的实验光路图。实验中，信号光场 1 先通过一个 200m 长的单模光纤实现约 1000ns 的延时，然后再被单模光纤收集进入单光子探测器 1 进行探测。信号光场 2 直接耦合进探测器 2 进行计数测量。DG535 是为探测光子关联而加入的延迟生成器。$\alpha=\beta=3.6°$ 是泵浦光场与信号光场的相对夹角。实验中，两束泵浦光场有一很小的夹角 (约 0.9°)，并非严格在一条直线上。狭缝 1 和狭缝 2 用于降低实验中的噪声。图示中 $\lambda/2$ 代表半波片，PBS 表示偏振分束器 (摘自 Optics Express, 20, 11433 (2012))

利用上述有效哈密顿量，我们就可以求得出射光子的波函数，以及信号光场的关联等信息。假定非线性相互作用很弱，在一级近似下，我们可以写出近似波函数为

$$|\varPsi\rangle\simeq|0\rangle-\frac{\mathrm{i}}{\hbar}\int\mathrm{d}t\hat{H}_I|0\rangle,\qquad(7.183)$$

这里 $|\varPsi\rangle$ 表示真空态 $|0\rangle$ 和多光子态的组合。当非线性系数很小时，最后一项对应的多光子态主要由双光子态组成。由于真空态在测量中不能提供有用的信息，实

验中我们关心的是双光子态, 所以可以忽略真空部分, 而把系统波函数记为

$$|\Psi\rangle \simeq L \int \mathrm{d}\omega_{s2}\kappa(\omega_{p1} + \omega_{p2} - \omega_{s2}, \omega_{s2})\mathrm{sinc}\left(\frac{\Delta kL}{2}\right)$$
$$\times \hat{a}_{s1}^{\dagger}(\omega_{s1})\hat{a}_{s2}^{\dagger}(\omega_{p1} + \omega_{p2} - \omega_{s2})|0\rangle, \tag{7.184}$$

其中利用了积分等式

$$\int \mathrm{d}t\mathrm{e}^{-\mathrm{i}(\omega_{p1}+\omega_{p2}-\omega_{s1}-\omega_{s2})t} = 2\pi\delta(\omega_{p1} + \omega_{p2} - \omega_{s1} - \omega_{s2}). \tag{7.185}$$

由 $|\Psi\rangle$ 的具体表示我们看到, 频率为 ω_{s2} 的信号光场 $s2$ 和频率为 $\omega_{p1} + \omega_{p2} - \omega_{s2}$ 的信号光场 $s1$ 成对出现。可见在频率空间中两信号光场是纠缠的。相应地, 在时域空间中, 两光场也会表现出关联特性。另一方面, 由于函数 $\mathrm{sinc}\left(\dfrac{\Delta kL}{2}\right)$ 并不能分解成两单变量函数的乘积形式 $f(k_{s1}) * h(k_{s2})$, 所以在波矢空间中生成的信号光场也会表现出纠缠特性。

为进一步探讨信号光场的关联特性, 我们引入时间域内的光场算符

$$\hat{a}_{s1}(t) = \frac{1}{\sqrt{2\pi}} \int \mathrm{d}\omega\hat{a}_{s1}(\omega)\mathrm{e}^{-\mathrm{i}[\omega t - k_{s1}(\omega)L/2]},$$
$$\hat{a}_{s2}(t) = \frac{1}{\sqrt{2\pi}} \int \mathrm{d}\omega\hat{a}_{s2}(\omega)\mathrm{e}^{-\mathrm{i}[\omega t - k_{s2}(\omega)L/2]},$$

它们满足对易关系

$$[\hat{a}_{s1}(t), \hat{a}_{s1}^{\dagger}(t')] = [\hat{a}_{s2}(t), \hat{a}_{s2}^{\dagger}(t')] = \delta(t - t'). \tag{7.186}$$

实验测量光场关联时, 我们关心的是两光场的联合探测概率

$$G^{(2)}(t_2, t_1) = \langle\Psi|\hat{a}_{s1}^{\dagger}(t_1)\hat{a}_{s2}^{\dagger}(t_2)\hat{a}_{s2}(t_2)\hat{a}_{s1}(t_1)|\Psi\rangle$$
$$= |\langle 0|\hat{a}_{s2}(t_2)\hat{a}_{s1}(t_1)|\Psi\rangle|^2$$
$$= |\Psi(t_2, t_1)|^2, \tag{7.187}$$

这里 $\Psi(t_2, t_1)$ 一般也称为双光子波函数。利用前面的等式, 我们可以写出 $\Psi(t_2, t_1)$ 的具体形式为 (见 1.8 节)

$$\Psi(t_2, t_1) = \psi(t_2 - t_1)\mathrm{e}^{-\mathrm{i}(\omega_{p1}+\omega_{p2})t_1}, \tag{7.188}$$

其中

$$\psi(\tau) = \frac{L}{2\pi} \int \mathrm{d}\omega_{s2}\kappa(\omega_{s2})\Phi(\omega_{s2})\mathrm{e}^{-\mathrm{i}\omega_{s2}\tau},$$

$$\kappa(\omega_{s2}) = \kappa(\omega_{p1} + \omega_{p2} - \omega_{s2}, \omega_{s2}),$$

$$\Phi(\omega_{s2}) = \mathrm{sinc}\left(\frac{\Delta k L}{2}\right) \mathrm{e}^{\mathrm{i}(k_{s1}+k_{s2})L/2}. \tag{7.189}$$

实际系统中，由于处在激发态 $|1\rangle$ 上的原子数目很少，故介质对各光场的波矢改变近似可以忽略，从而近似有 $\mathrm{sinc}\left(\dfrac{\Delta k L}{2}\right) \sim 1$。将上述结论代入 $G^{(2)}(t_2, t_1) = G^{(2)}(\tau)$ 中后可得

$$G^{(2)}(\tau) = \left| \frac{L^2 \sqrt{\bar{\omega}_{s1}\bar{\omega}_{s2}} \mathcal{E}_{p1}\mathcal{E}_{p2} g(\boldsymbol{\alpha}_{s1}, \boldsymbol{\alpha}_{s2})}{8\pi^2 c^2} \int \mathrm{d}\omega_{s2} \chi^{(3)}(\omega_{s2}) \mathrm{e}^{-\mathrm{i}\omega_{s2}\tau} \right|^2. \tag{7.190}$$

再利用关系

$$\chi^{(3)} \sim \frac{1}{\bar{\Delta}_2(\bar{\Delta}_1\bar{\Delta}_3 - |\Omega_{p1}|^2)/4} = \frac{1}{(\omega_{20} - \omega_{s2} - \mathrm{i}\gamma_2/2)(\bar{\Delta}_1\bar{\Delta}_3 - |\Omega_{p1}|^2/4)},$$

即可得到 $G^{(2)}(\tau)$ 的近似表达为

$$G^{(2)}(\tau) \propto \mathrm{e}^{-\gamma_2\tau}\Theta(\tau), \tag{7.191}$$

其中，$\Theta(\tau)$ 为阶跃函数。可见，系统的关联是随着时间呈指数衰减的，关联时间的长短由能级 $|2\rangle$ 的寿命确定。

实际测量中，泵浦光 $p2$ 会激发原子到能级 $|1\rangle$ 上，而能级 $|1\rangle$ 上的原子也会自发辐射产生无纠缠的杂散光进而被探测器观测到，形成背景噪声。这种自发辐射的背景光强度与泵浦光的强度 $\mathcal{E}_{p2}$ 及失谐量 Δ'_1 均有关系，具体可以从原子对光场的折射系数中得到。一般说来，泵浦光的强度 $\mathcal{E}_{p2}$ 越大，或者失谐量 Δ'_1 越小时，原子在能级 $|1\rangle$ 上的平均布居就会越多，对应的自发辐射效应就会越强，从而形成的背景噪声就会越大。如图 7.23 所示，如果以 B 表示这一信号噪声，则实际测量得到的信号光场的关联为

$$g^{(2)}_{s1,s2}(\tau) = \frac{G^{(2)}(\tau) + B}{B}. \tag{7.192}$$

可见，为增加信号光场的交叉关联 $g^{(2)}_{s1,s2}(\tau)$，我们可以降低泵浦光的强度 $\mathcal{E}_{p2}$，或者增大失谐量 Δ'_1。另一方面，我们也可以通过增大泵浦光 $\mathcal{E}_{p1}$ 的强度来增强非线性折射系数 $\chi^{(3)}(\omega_{s2})$，从而提升信号关联 $g^{(2)}_{s1,s2}(\tau)$。

在具体的 ^{85}Rb 实验系统中，能级 $|1\rangle$ 和 $|2\rangle$ 可以选取 $5P_{3/2}$ 中近简并的原子能级充当，能级 $|0\rangle$ 可以选取原子能级 $5S_{1/2}$，能级 $|3\rangle$ 对应原子能级 $5D_{5/2}$。信号光 $s1$ 与泵浦光 $p1$ 的波长近似相等，均约为 1529.4nm，而信号光 $s2$ 与泵浦光 $p2$ 的波长均约为 780nm。相应地，能级 $|1(2)\rangle$ 上的退相干耗散速率约

$\gamma_{1,2} = 420 \times 2\pi \times 10^6 \mathrm{s}^{-1}$，能级 $|3\rangle$ 上的为 $\gamma_3 = 200 \times 2\pi \times 10^6 \mathrm{s}^{-1}$。失谐量取为 $\Delta_1 = 2.5 \times 2\pi \times 10^9 (\mathrm{s}^{-1})$，由此可以求得的信号关联 $g^{(2)}_{s1,s2}(\tau)$ 与实验观测得到的结果相符合 (图 7.24和图 7.25)。

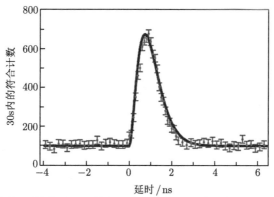

图 7.23   实验中测量得到的信号光场的交叉关联计数随延时的变化曲线，其中实线对应方程 (7.192) 拟合的结果 (摘自 Optics Express, 20, 11433 (2012))

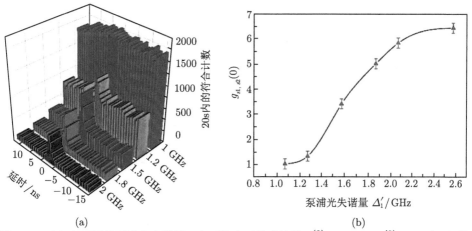

(a)　　　　　　　　　　　　　　(b)

图 7.24   (a) 在不同的泵浦光失谐量 Δ'_1 下的交叉关联计数 $g^{(2)}_{s1,s2}(\tau)$。(b)$g^{(2)}_{s1,s2}(0)$ 随 Δ'_1 的变化关系。可以看到，随着 Δ'_1 的增大，$g^{(2)}_{s1,s2}(\tau)$ 渐渐变大。物理上，大的失谐量会导致能级 $|1\rangle$ 上的布居减少，同时也使得光场激发多个原子的概率大大降低，从而降低系统的信号噪声。降低泵浦光场 2 的强度也能达到类似的效果，参见图 7.25(a) (摘自 Optics Express, 20, 11433 (2012))

信号光场之间的非经典关联可以通过考察交叉关联和自关联函数之间的相对大小来刻画

$$R = \frac{g^2_{s1,s2}(\tau)}{g_{s1,s1} g_{s2,s2}}. \tag{7.193}$$

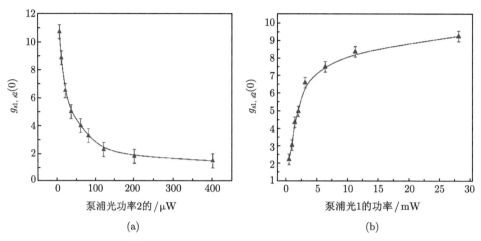

图 7.25 (a) 交叉关联 $g_{s1,s2}^{(2)}(0)$ 随泵浦光场 2 强度的变化关系。泵浦光场越强, 系统噪声越大, 交叉关联 $g_{s1,s2}^{(2)}(0)$ 越小。(b) 在固定泵浦光场 2 强度的情况下, 交叉关联 $g_{s1,s2}^{(2)}(0)$ 随泵浦光场 1 强度的变化关系。可以看到, 当泵浦光场 1 增强时, 由于原子激发上能级 $|3\rangle$ 的概率变大, 从而系统发生级联自发辐射的概率也增大, 交叉关联 $g_{s1,s2}^{(2)}(0)$ 增加 (摘自 Optics Express, 20, 11433 (2012))

对于经典光场, Cauchy-Schwarz 不等式告诉我们有 $R \leqslant 1$ 成立。而对于量子光场, 实验观测所得的结果为 $g_{s1,s2}^2(\tau) = 46.3 \pm 2.7$。另一方面, 由于自关联函数的实验结果为 $g_{s1,s1} = 1.00 \pm 0.04$ 及 $g_{s2,s2} = 1.00 \pm 0.14$, 由此求得比值 R 为

$$R = \frac{g_{s1,s2}^2(\tau)}{g_{s1,s1}g_{s2,s2}} = 48 \pm 12 \gg 1. \tag{7.194}$$

可见, Cauchy-Schwarz 不等式以非常大的幅度被违背。此时光场的状态已不能再看作是经典的相干态, 信号光场之间存在强烈的非经典关联效应。

参 考 文 献

[1] 郭光灿. 量子光学. 北京: 高等教育出版社, 1990.

[2] Scully M O, Suhail Zubairy M. Quantum Optics (7 and 10). Cambridge: Cambridge University Press, 2003.

[3] Walls D F, Milburn G J. Quantum Optics (Chapter 10). Berlin: Springer Science & Business Media, 2007.

[4] Fleischhauer M, Imamoglu A, Marangos J P. Electromagnetically induced transparency: Optics in coherent media. Review of Mordern Physics, 2005, 77: 633.

[5] Jiang W, Chen Q F, Zhang Y S, et al. Optical pumping-assisted electromagnetically induced transparency. Phys. Rev. A, 2006, 73: 053804.

[6] Schmidt H, Imamoglu A. Giant Kerr nonlinearities obtained by electromagnetically induced transparency. Opt. Lett., 1996, 21: 1936-1938.

[7] Veissier L. Quantum memory protocols in large cold atomic ensembles. Thesis (Ph.D.). Université Pierre et Marie Curie - Paris VI, 2013.

[8] Chou C W. Towards a quantum network with atomic ensembles. Thesis (Ph.D.). California Institute of Technology, 2006.; Publication Number: AAI3235573; ISBN: 9780542892486.

[9] Duan L M, Lukin M D, Cirac J I, et al. Long-distance quantum communication with atomic ensembles and linear optics. Nature, 2001, 414(6862), 413-418.

[10] Duan L M, Cirac J I, Zoller P. Three-dimensional theory for interaction between atomic ensembles and free-space light. Phys. Rev. A, 2002, 66(2): 023818.

[11] Slusher R E, Hollberg L W, Yurke B, et al. Observation of squeezed states generated by four-wave mixing in an optical cavity. Phys. Rev. Lett., 1986, 56: 788.

[12] Chen Q F, Shi B S, Feng M, et al. Non-degenerated nonclassical photon pairs in a hot atomic ensemble. Opt. Express, 2008, 16(26): 21708-21713.

[13] Lu X S, Chen Q F, Shi B S, et al. Generation of a non-classical correlated photon pair via spontaneous four-wave mixing in a cold atomic ensemble. Chin. Phys. Lett., 2009, 26(6): 064204.

[14] Ding D S, Zhou Z Y, Shi B S, et al. Generation of non-classical correlated photon pairs via a ladder-type atomic configuration: theory and experiment. Optics Express, 2012, 20: 11433.

[15] Wen J, Rubin M H. Transverse effects in paired-photon generation via an electromagnetically induced transparency medium. II. Beyond perturbation theory. Phys. Rev. A, 2006, 74: 023808.

[16] Jiang W, Chen Q F, Zhang Y S, et al. Computation of topological charges of optical vortices via nondegenerate four-wave mixing. Phys. Rev. A, 2006, 74: 043811.

第八章　热库理论：非马尔可夫系统

8.1　非马尔可夫系统：投影算符方法

对于一般的系统环境耦合,在马尔可夫近似不成立的时候,前面章节中介绍的主方程方法就不适用了。如何有效地处理这样的非马尔可夫复合系统的动力学演化,在理论上一直是一个极具挑战的问题。本章中,我们介绍利用投影算符技巧来处理一般复合系统中的动力学问题 [1-7]。由于该方法并不要求对系统和环境体系做马尔可夫假设, 所以在一定条件下可以用来处理非马尔可夫 (Non-Markovian) 复合系统的动力学演化问题。同时, 它也有助于我们从更普遍的角度来理解热库理论中各种近似的物理实质。

8.1.1　刘维尔算子

在量子力学中,对于给定的系统哈密顿量 $\hat{H}$,密度算符 ρ 满足的刘维尔方程为

$$i\hbar \frac{\mathrm{d}\rho}{\mathrm{d}t} = [\hat{H}, \rho], \tag{8.1}$$

相应的力学量算符 $\hat{A}$ 满足的方程为

$$i\hbar \frac{\mathrm{d}\hat{A}}{\mathrm{d}t} = -[\hat{H}, \hat{A}]. \tag{8.2}$$

为方便后面的讨论,这里我们定义刘维尔算符 $\mathcal{L}$ 为

$$\mathcal{L} = \frac{1}{i\hbar}[\hat{H}, \cdots], \tag{8.3}$$

上述方程 (8.1)、(8.2) 的形式解为

$$\hat{A}(t) = \exp(-\mathcal{L}t)\hat{A}(0),$$
$$\rho(t) = \exp(\mathcal{L}t)\rho(0).$$

需要强调的是,这里刘维尔算符作用的对象是算符,所以从这个意义上看,$\mathcal{L}$ 可称为超算符。例如,对于单模光场,我们有

$$i\frac{\mathrm{d}\hat{a}}{\mathrm{d}t} = -\omega\hat{a}, \qquad \hat{a}(t) = \exp(-i\omega t)\hat{a}(0). \tag{8.4}$$

另一方面，按刘维尔算符的定义有

$$\mathcal{L}\hat{a} = \frac{1}{\mathrm{i}\hbar}[\hbar\omega\hat{a}^\dagger\hat{a}, \hat{a}] = \mathrm{i}\omega\hat{a}. \tag{8.5}$$

可见，湮灭算符 $\hat{a}$ 即为刘维尔算符 $\mathcal{L}$ 的本征算符，满足

$$\hat{a}(t) = \exp(-\mathcal{L}t)\hat{a}(0) = \exp(-\mathrm{i}\omega t)\hat{a}(0). \tag{8.6}$$

上述结果向我们展示了刘维尔算符的希尔伯特空间不是由态而是由算符构成的。对于算符 $\hat{x}$、$\hat{y}$，希尔伯特空间中的标量积定义为

$$\langle\hat{x}, \hat{y}\rangle = \mathrm{Tr}[\hat{x}^\dagger\hat{y}]. \tag{8.7}$$

8.1.2 投影子定义

对于大部分系统-热库复合系统，我们并不知道系统密度矩阵 ρ_{SE} 的全部信息。在很多实际情况中，我们关心的是如何将感兴趣的系统信息从 ρ_{SE} 中分离出来。按照这个要求，我们可以将 ρ_{SE} 分解成相关部分 ρ_r 和不相关部分 ρ_{ir}。对于不同的物理问题，我们感兴趣的 ρ_r 也是不相同的。如何确定系统的相关部分依赖于所考察对象的特性和系统具体的物理内涵。若系统的相关部分和不相关部分有不同的弛豫时间 τ_r 和 τ_{ir}，通常选择相关部分的判据就是

$$\tau_{ir} \ll \tau_r. \tag{8.8}$$

例如，在讨论激光产生时，增益介质非常迅速地达到平衡分布，而场的弛豫过程由于外加高 Q 值光腔 (见 9.2 节) 的存在而相对变化缓慢，此时 ρ_r 即为密度矩阵中描述光场的部分。而在超辐射中，光场的弛豫时间 τ_c 近似等于传播时间 (约 10^{-8}s)，明显小于原子的弛豫时间。此时原子即为我们关注的相关部分，而辐射场为非相关部分。

投影算符方法[1-4,6] 的核心是引入投影算符 $\hat{P}$ 和 $\hat{Q}$，投影出系统-热库总状态 ρ_{SE} 的相关部分和非相关部分。$\hat{P}$ 和 $\hat{Q}$ 满足下列基本关系

$$\hat{P}^2 = \hat{P}, \tag{8.9a}$$

$$\hat{Q}^2 = \hat{Q}, \tag{8.9b}$$

$$\hat{P} + \hat{Q} = I, \tag{8.9c}$$

$$\hat{P}\hat{Q} = \hat{Q}\hat{P} = 0. \tag{8.9d}$$

对于一般的开放系统，算符 $\hat{P}$ 的具体形式可以表示成

$$\rho_{SE} \longmapsto \hat{P}\rho = \mathrm{Tr}_B[\rho_{SE}] \otimes \rho_E = \rho_S \otimes \rho_E = \rho_i, \tag{8.10}$$

其中，ρ_E 是某个固定的环境状态。可见 ρ_i 中包含了系统的全部状态信息 ρ_S，但是也丢失了系统-热库的所有关联信息。所有这些关联信息都保留在非相关部分

$$\hat{Q}\rho = \rho_{SE} - \hat{P}\rho. \tag{8.11}$$

在投影子技巧中，环境状态 ρ_E 的选择具有一定的任意性。一般说来，为了方便问题的讨论，我们可以假定 ρ_E 是不随时间变化的固定参考态。特别地，对于系统-热库的耦合哈密顿量 $\widetilde{H}_I(t)$，我们假定 ρ_E 对系统的平均效应可以忽略，具体的数学形式表达为

$$\mathrm{Tr}_E[\widetilde{H}_I(t_1)\widetilde{H}_I(t_2)\cdots\widetilde{H}_I(t_{2n+1})\rho_E] = 0, \qquad n \text{ 为整数}. \tag{8.12}$$

上式表明，环境的状态 ρ_E 对于 $\widetilde{H}_I$ 的奇数次乘积没有贡献。实际上，上述假定对于我们要讨论的投影算子技术并不是必须的。不过后面的讨论中我们将会看到，在微扰展开下，这一条件可以大大简化我们对所得方程的讨论。在实际系统中，当环境相对于系统很大时，ρ_E 可以选为系统的热平衡态。通过重新定义算符，总是可以满足上述条件。

8.1.3　Nakajima-Zwanzig 方程与玻恩-马尔可夫近似

在相互作用表象中，复合系统总的演化方程可以写为

$$\frac{\mathrm{d}}{\mathrm{d}t}\widetilde{\rho} = \frac{1}{\mathrm{i}\hbar}\lambda[\widetilde{H}_I(t), \widetilde{\rho}] = \lambda\mathcal{L}(t)\widetilde{\rho}, \tag{8.13}$$

其中，$\widetilde{\rho}$ 为相互作用表象中开放系统的总密度矩阵。为方便书写，我们引入刘维尔算符 $\mathcal{L}$，记为

$$\mathcal{L}(t)\widetilde{\rho} = \frac{1}{\mathrm{i}\hbar}[\widetilde{H}_I(t), \widetilde{\rho}].$$

参数 λ 刻画了系统与环境耦合的强度。相对于系统能量间隔来说，一般假设 λ 是一小量。利用投影算符的方法，我们可以把上述演化方程分解成相关部分和非相关部分的联合演化

$$\hat{P}\frac{\mathrm{d}}{\mathrm{d}t}\widetilde{\rho} = \lambda\hat{P}\mathcal{L}(t)\hat{P}\widetilde{\rho} + \lambda\hat{P}\mathcal{L}(t)\hat{Q}\widetilde{\rho}, \tag{8.14a}$$

$$\hat{Q}\frac{\mathrm{d}}{\mathrm{d}t}\widetilde{\rho} = \lambda\hat{Q}\mathcal{L}(t)\hat{P}\widetilde{\rho} + \lambda\hat{Q}\mathcal{L}(t)\hat{Q}\widetilde{\rho}. \tag{8.14b}$$

考虑到我们的目标是求解密度矩阵的相关部分 $\hat{P}\widetilde{\rho}$，先求得 $\hat{Q}\widetilde{\rho}$ 的形式解

$$\hat{Q}\widetilde{\rho}(t) = \mathbb{G}(t,0)\hat{Q}\widetilde{\rho}(0) + \lambda\int_0^t \mathrm{d}s\mathbb{G}(t,s)\hat{Q}\mathcal{L}(s)\hat{P}\widetilde{\rho}(s), \tag{8.15}$$

这里 $\mathbb{G}(t,0)$ 为非相关部分在相互作用表象中的传播子，其形式为

$$\mathbb{G}(t,s) = T_{\leftarrow}\exp\left[\lambda \int_s^t \mathrm{d}s'\hat{Q}\mathcal{L}(s')\right], \tag{8.16}$$

其中 $T_{\leftarrow}$ 为编时算符，表示将算符按时间 t 从大到小排序。可以验证，$\mathbb{G}(t,0)$ 的演化满足下列动力学方程

$$\frac{\partial}{\partial t}\mathbb{G}(t,s) = \lambda\hat{Q}\mathcal{L}(t)\mathbb{G}(t,0), \qquad \mathbb{G}(s,s) = I. \tag{8.17}$$

将这一形式解代入 $\hat{P}\widetilde{\rho}(t)$ 所满足的方程中，我们得到

$$\frac{\mathrm{d}}{\mathrm{d}t}\hat{P}\widetilde{\rho}(t) = \lambda\left[\hat{P}\mathcal{L}(t)\mathbb{G}(t,0)\hat{Q}\widetilde{\rho}(0) + \hat{P}\mathcal{L}(t)\hat{P}\widetilde{\rho}(t)\right]$$
$$+\lambda^2 \int_0^t \mathrm{d}s\hat{P}\mathcal{L}(t)\mathbb{G}(t,s)\hat{Q}\mathcal{L}(s)\hat{P}\widetilde{\rho}(s). \tag{8.18}$$

这个方程也称为 Nakajima-Zwanzig 方程[8,9]。它是系统相关部分所满足的精确动力学方程。可以看到，上述形式解最后一项中包含了对 $\widetilde{\rho}(s)$ 的积分，表明复合系统当前的状态和先前时刻经历的中间状态密切相关。所以这一项刻画了系统的非马尔可夫效应。

另一方面，如果我们选择初态为直积态形式 $\widetilde{\rho}(0) = \widetilde{\rho}_S(0) \otimes \widetilde{\rho}_E$，使得方程 (8.12) 成立，则相应地也应该有下式成立

$$\hat{P}\mathcal{L}(t_1)\mathcal{L}(t_2)\cdots\mathcal{L}(t_{2n+1})\hat{P} = 0, \qquad n \text{ 为整数} \tag{8.19}$$

又因为 $\hat{Q}\widetilde{\rho}(0) = 0$，我们就可以把 (8.18) 简化为

$$\frac{\mathrm{d}}{\mathrm{d}t}\hat{P}\widetilde{\rho}(t) = \lambda^2 \int_0^t \mathrm{d}s\mathcal{K}(t,s)\hat{P}\widetilde{\rho}(s), \tag{8.20}$$

其中

$$\mathcal{K}(t,s) = \hat{P}\mathcal{L}(t)\mathbb{G}(t,s)\hat{Q}\mathcal{L}(s)\hat{P} = \hat{P}\mathcal{L}(t)\mathbb{G}(t,s)\mathcal{L}(s)\hat{P}, \tag{8.21}$$

其中第二个等式中利用了关系 (8.19)。在玻恩近似 ($\lambda \ll 1$) 下，$\mathcal{K}(t,s)$ 可以微扰展开为

$$\mathcal{K}(t,s) = \hat{P}\mathcal{L}(t)\hat{Q}\mathcal{L}(s)\hat{P} + O(\lambda) = \hat{P}\mathcal{L}(t)\mathcal{L}(s)\hat{P} + O(\lambda). \tag{8.22}$$

代入 (8.20) 中，并对两边的环境状态求矩阵迹，即可得到系统的演化方程为

$$\frac{\mathrm{d}}{\mathrm{d}t}\widetilde{\rho}_S(t) = -\frac{\lambda^2}{\hbar^2} \int_0^t \mathrm{d}s\mathrm{Tr}_E[\widetilde{H}_I(t),[\widetilde{H}_I(s),\widetilde{\rho}_S(s) \otimes \widetilde{\rho}_E]], \tag{8.23}$$

这就是我们在第五章中得到的近似演化方程 (5.6)。

利用方程 (8.20)，我们还可以对马尔可夫近似的物理含义和数学条件进行进一步阐释。假定积分核 $\mathcal{K}(t,s)$ 在特征时间 τ_c 内衰减，而 τ_c 非常短，以致于在此时间内密度算符的相干部分并未明显改变。换句话说，在量级 $t-s=\tau_c$ 的时间之后，$\mathcal{K}(t,s)$ 趋于零，而 $\hat{P}\widetilde{\rho}(t-\tau_c) \simeq \hat{P}\widetilde{\rho}(t)$。因此，主方程近似为

$$\frac{\mathrm{d}}{\mathrm{d}t}\hat{P}\widetilde{\rho}(t) = \lambda^2 \left(\int_0^t \mathrm{d}s\mathcal{K}(t,s) \right) \hat{P}\widetilde{\rho}(t). \tag{8.24}$$

假定超算符 $\mathcal{L}$ 不依赖于时间，则 $\mathcal{K}(t,s)$ 只依赖于时间差 $t-s=\tau$，从而有 $\mathcal{K}(t,s) = \mathcal{K}(t-s=\tau)$，且

$$\int_0^t \mathrm{d}s\mathcal{K}(t,s) = \int_0^t \mathrm{d}\tau\mathcal{K}(\tau). \tag{8.25}$$

若 $\hat{P}\widetilde{\rho}(t)$ 在演化过程变化缓慢，也即是说随时间变化的最短时间间隔远远大于 τ_c，则我们可以将上述积分的上限提升到 ∞，从而将方程 (8.24) 写成

$$\frac{\mathrm{d}}{\mathrm{d}t}\hat{P}\widetilde{\rho}(t) = \lambda^2 \left(\int_0^\infty \mathrm{d}\tau\mathcal{K}(\tau) \right) \hat{P}\widetilde{\rho}(t) = \lambda^2 \Lambda\widetilde{\rho}(t). \tag{8.26}$$

这里 Λ 也是作用在算符空间的一个超算符。由上述方程可知，系统相关部分的演化时间尺度为 $\tau_r \sim (\lambda^2|\Lambda|)^{-1}$，其中 $|\Lambda|$ 表示 Λ 对应的等效耦合强度。另一方面，系统和环境之间的相互作用速率由 $\mathcal{L}$ 确定。若假定 $\mathcal{L}$ 导致的系统和环境相干能量交换时间为 τ_0，则 τ_r 的量级可估计为

$$\tau_r \sim \frac{1}{\lambda^2|\Lambda|} \sim \frac{\tau_0^2}{\lambda^2\tau_c}. \tag{8.27}$$

因此，马尔可夫近似成立的必要条件 $\tau_r \gg \tau_c$ 即可以重写为

$$\frac{\tau_0^2}{\lambda^2\tau_c} \gg \tau_c \quad \Rightarrow \quad \frac{\lambda^2\tau_c^2}{\tau_0^2} \ll 1 \quad \Rightarrow \quad \lambda\frac{\tau_c}{\tau_0} \ll 1. \tag{8.28}$$

可见，玻恩近似 ($\lambda \ll 1$) 成立时，马尔可夫近似有时 (但并不总是) 也会成立。

8.1.4　时间局域的近似演化方程

8.1.3 节中，我们已经得到了系统相关部分满足的演化方程 (Nakajima-Zwanzig 方程)。然而由于方程右边含有对系统此前状态的积分项，这对求解问题来说非常不方便。为了让时间积分项不直接出现在方程中，我们可以引入一个沿时间逆向演化的算子

$$\mathbb{G}(t,s) = T_\rightarrow \exp\left[-\lambda \int_s^t \mathrm{d}s'\mathcal{L}(s.) \right], \tag{8.29}$$

其中，$T_\rightarrow$ 表示按时间从小到大的方式对算符进行排序。算符 $\mathbb{G}(t,s)$ 将系统 t 时刻的状态变化到 $s < t$ 时刻的状态

$$\widetilde{\rho}(s) = \mathbb{G}(t,s)(\hat{P}+\hat{Q})\widetilde{\rho}(t). \tag{8.30}$$

利用上述关系，我们就可以把非相关部分的形式解改写为

$$\hat{Q}\widetilde{\rho}(t) = \mathbb{G}(t,0)\hat{Q}\widetilde{\rho}(0) + \lambda \int_0^t \mathrm{d}s \mathbb{G}(t,s)\hat{Q}\mathcal{L}(s)\hat{P}\mathbb{G}(t,s)(\hat{P}+\hat{Q})\widetilde{\rho}(t), \tag{8.31}$$

重新改写后有

$$[I - \Sigma(t,0)]\hat{Q}\widetilde{\rho}(t) = \mathbb{G}(t,0)\hat{Q}\widetilde{\rho}(0) + \Sigma(t,0)\hat{P}\widetilde{\rho}(t), \tag{8.32}$$

其中

$$\Sigma(t,0) = \lambda \int_0^t \mathrm{d}s \mathbb{G}(t,s)\hat{Q}\mathcal{L}(s)\hat{P}\mathbb{G}(t,s)\hat{P}, \tag{8.33}$$

它反映了复合系统在演化过程中由相关部分耦合到非相关部分的情况。容易看到 $\Sigma(0,0) = 0$，所以对于弱耦合或者系统演化时间 t 不太大的情况，可以认为矩阵 $[I - \Sigma(t,0)]$ 是可逆的，这样就可以将系统的相关部分的演化方程改写为

$$\frac{\mathrm{d}}{\mathrm{d}t}\hat{P}\widetilde{\rho}(t) = \mathcal{K}(t,0)\hat{P}\widetilde{\rho}(t) + \mathcal{M}(t,0)\hat{Q}\widetilde{\rho}(0), \tag{8.34}$$

其中

$$\mathcal{K}(t,0) = \hat{P}\mathcal{L}(t)[I - \Sigma(t,0)]^{-1}\hat{P}, \tag{8.35}$$

$$\mathcal{M}(t,0) = \hat{P}\mathcal{L}(t)[I - \Sigma(t,0)]^{-1}\mathbb{G}(t,0)\hat{Q}. \tag{8.36}$$

当复合系统的初始状态为直积态时，上述演化方程的最后一项不起作用，所以只需要重点考虑第一项就可以了。

8.1.5 时间局域算子 $\mathcal{K}(t,0)$ 的微扰展开

可以看到，通过上述简化所得到的方程是精确的，不过它仍然很复杂，一般很难求解。然而上述方法可以为我们提供一种框架。实际上，以该方程为基础，我们可以将 $\mathcal{K}(t,0)$ 按相互作用强度进行多阶展开，从而为一般的复杂系统演化提供一种渐进的处理方法。

具体地，我们假定系统环境的耦合 λ 为一小量。算符 $\Sigma(t,0)$ 依赖于相互作用，假定其可以展开成如下形式

$$\Sigma(t,0) = \sum_{k=1}^{\infty} \lambda^k \Sigma_k(t,0). \tag{8.37}$$

再利用关系

$$[I - \Sigma(t,0)]^{-1} = \sum_{n=0}^{\infty} [\Sigma(t,0)]^n, \tag{8.38}$$

可以把算符 $\mathcal{K}(t,0)$ 也展开为

$$\mathcal{K}(t,0) = \sum_{n=1}^{\infty} \lambda^n K_n(t). \tag{8.39}$$

方程 (8.34) 的简化主要依赖于这里的展开系数 $K_n(t)$。$K_n(t)$ 的求解一般比较复杂，有专门的方法处理 [2,3]。比较常用的低阶项为

$$K_1(t) = \hat{P}\mathcal{L}(t)\hat{P}, \tag{8.40a}$$

$$K_2(t) = \hat{P}\mathcal{L}(t)\Sigma_1(t)\hat{P}, \tag{8.40b}$$

$$K_3(t) = \hat{P}\mathcal{L}(t)\left\{[\Sigma_1(t)]^2 + \Sigma_2(t)\right\}\hat{P}, \tag{8.40c}$$

$$K_4(t) = \hat{P}\mathcal{L}(t)\left\{[\Sigma_1(t)]^3 + \Sigma_1(t)\Sigma_2(t) + \Sigma_2(t)\Sigma_1(t) + \Sigma_3(t)\right\}\hat{P}, \tag{8.40d}$$

其中 $\Sigma_n(t)$ 的具体表达式可以通过方程 (8.33) 和 (8.37) 得到

$$\Sigma_1(t) = \int_0^t \mathrm{d}s\hat{Q}\mathcal{L}(s)\hat{P}, \tag{8.41a}$$

$$\Sigma_2(t) = \int_0^t \mathrm{d}s \int_0^s \mathrm{d}s'[\hat{Q}\mathcal{L}(s)\hat{Q}\mathcal{L}(s')\hat{P} - \hat{Q}\mathcal{L}(s')\hat{P}\mathcal{L}(s)]. \tag{8.41b}$$

利用关系式 $\hat{P}\mathcal{L}(t_1)\mathcal{L}(t_2)\cdots\mathcal{L}(t_{2n+1})\hat{P} = 0$，很容易得到 $K_1(t) = 0$。相应地，$K_2(t)$ 也可以重写为

$$K_2(t) = \int_0^t \mathrm{d}s\hat{P}\mathcal{L}(t)(\hat{P} + \hat{Q})\mathcal{L}(s)\hat{P} = \int_0^t \mathrm{d}s\hat{P}\mathcal{L}(t)\mathcal{L}(s)\hat{P}. \tag{8.42}$$

对于更高阶情况，可以看到，由于 $\hat{P}\hat{Q} = 0$，所以 $[\Sigma_1(t)]^2 = 0$，从而有

$$K_3(t) = \hat{P}\mathcal{L}(t)\Sigma_2(t)\hat{P} = \int_0^t \mathrm{d}t_1 \int_0^{t_1} \mathrm{d}t_2\hat{P}\mathcal{L}(t)\mathcal{L}(t_1)\mathcal{L}(t_2)\hat{P} = 0. \tag{8.43}$$

对于 $K_4(t)$，由于 $[\Sigma_1(t)]^3 = 0$ 及 $\Sigma_1(t)\Sigma_2(t) = 0$，我们有

$$\begin{aligned}
K_4(t) = \int_0^t \mathrm{d}t_1 \int_0^{t_1} \mathrm{d}t_2 \int_0^{t_2} \mathrm{d}t_3 [&\hat{P}\mathcal{L}(t)\mathcal{L}(t_1)\mathcal{L}(t_2)\mathcal{L}(t_3)\hat{P} \\
-&\hat{P}\mathcal{L}(t)\mathcal{L}(t_1)\hat{P}\mathcal{L}(t_2)\mathcal{L}(t_3)\hat{P} - \hat{P}\mathcal{L}(t)\mathcal{L}(t_2)\hat{P}\mathcal{L}(t_1)\mathcal{L}(t_3)\hat{P}
\end{aligned}$$

$$-\hat{P}\mathcal{L}(t)\mathcal{L}(t_3)\hat{P}\mathcal{L}(t_1)\mathcal{L}(t_2)\hat{P}]. \tag{8.44}$$

依此类推，我们可以得到，对于一般的高阶项，展开式可以统一写成

$$K_n(t)=\int_0^t \mathrm{d}t_1 \int_0^{t_1}\mathrm{d}t_2 \cdots \int_0^{t_{n-2}}\mathrm{d}t_{n-1}\langle\mathcal{L}(t)\mathcal{L}(t_1)\mathcal{L}(t_2)\cdots\mathcal{L}(t_{n-1})\rangle_{oc}, \tag{8.45}$$

其中 n 阶算符累计量定义为

$$\langle\mathcal{L}(t)\mathcal{L}(t_1)\mathcal{L}(t_2)\cdots\mathcal{L}(t_{n-1})\rangle_{oc}$$
$$\equiv \sum (-1)^q \hat{P}\mathcal{L}(t)\cdots\mathcal{L}(t_i)\hat{P}\mathcal{L}(t_j)\cdots\mathcal{L}(t_k)\hat{P}\mathcal{L}(t_l)\cdots\mathcal{L}(t_m)\hat{P}. \tag{8.46}$$

上式的右边包含了很多求和项，每一项的具体形式及求和约定可以用下面的规则概括：

(1) 每一项中投影子 $\hat{P}$ 的位置可以任意选取，$\hat{P}$ 的个数用 q 表示；

(2) 每一项中算子 $\mathcal{L}(t)$ 固定出现在最左边，其余 $\mathcal{L}(t_i)$ 的位置可以变动，但必须保证在每两个近邻的 $\hat{P}$ 之间 $\mathcal{L}(t_i)$ 按照时间变量 t_i 从大到小排列，即 $t \geqslant \cdots \geqslant t_i$，$t_j \geqslant \cdots \geqslant t_k$，$t_l \geqslant \cdots \geqslant t_m$。

(3) 求和是对所有可能的 $\hat{P}$ 排列位置及所有允许的 $\mathcal{L}(t_i)$ 序列进行的。

可以看到,对所有的奇数阶项有 $K_{2m+1}(t)=0$。所以上述展开式中,只有当 $n=2m$ 为偶数时, $K_{n=2m}(t)$ 项才可能不为零。

在二阶近似下，系统状态 $\widetilde{\rho}_S = Tr_E[\widetilde{\rho}]$ 的演化即为

$$\dot{\widetilde{\rho}}_S(t)=-\frac{\lambda^2}{\hbar^2}\int_0^t \mathrm{d}s \mathrm{Tr}_E[\widetilde{H}_I(t),[\widetilde{H}_I(s),\widetilde{\rho}(s)]]. \tag{8.47}$$

这一结果即为式 (5.6)。故前面章节所得结论都是在这种二阶近似的前提下得到的。

这里需要注意的是，在用投影算符推导主系统的演化时，环境的参考态 ρ_E 是一开始就选定下来的。原则上任意选定一个 ρ_E，都可以得到相应的主系统演化方程。实际情况下，我们总是可以取环境最可能所处的平衡态，这样可以大大方便问题的讨论。在第五章中不用投影算符技巧推导主方程时，我们也曾假定了系统的初始态为直积态 $\rho_S(0) \otimes \rho_E(0)$。这两者是不同的。对于初始非直积态的情况，投影算子方法仍然适用，此时非相关部分可能起重要的作用，不能简单忽略掉。利用 $\hat{Q}\widetilde{\rho}=\widetilde{\rho}-\hat{P}\widetilde{\rho}$ 可知，非相关部分保留了系统和热库的关联信息，它对系统演化的影响是通过算符 $\mathcal{K}(t)$ 体现出来的。原则上，我们也可以对 $\hat{M}(t)$ 按小量 λ 进行展开，从而同样可以用微扰的方式对其进行分析 [2]。

8.2　非马尔可夫演化方程的一般形式

前面章节中，我们利用投影算子的方法给出了一般的系统 + 环境复合体系中密度矩阵相关部分的演化方程。把环境约化掉以后，我们就得到了所考察系统的演化方程。然而这样所得到的方程一般仍然难以求解，为此需要对方程的演化形式作进一步简化。需要强调的是，这种简化后的方程有可能给出物理上不容许的解。对于量子系统来说，物理上允许的变换均应保证密度矩阵在演化过程中始终是正定厄米的，且保持矩阵的迹不变。如何找到恰当的方法，判定所得到的方程可以对应一个真实的物理演化过程，就变得非常重要了。这里我们简单介绍一下希尔伯特空间中线性算符的基本概念，从而对线性变换的一般要求有初步的理解。

给定一个 N 维量子系统，假定其对应的基矢量为 $|i=0,1,\cdots,N-1\rangle$。如果我们用 ρ 表示系统的状态，则作用在该状态上的最简单的线性变换一般可以表示成 $F_\alpha \rho F_\beta^\dagger$ 的形式，其中 F_α、F_β 为某个线性算符，用 $N \times N$ 维矩阵表示。线性变换的理论告诉我们，对于一个线性空间，作用在其上的所有线性算符的集合也构成一个线性空间。这就意味着存在这样一组完备的线性变换集合，利用它作为基矢量，可以把任意线性变换展开成这组基矢量的线性组合，并且展开形式是唯一的。

为此，我们引入一组矩阵基 $\{F_\alpha\}$，其中 $\alpha = 0,1,2,\cdots,N^2-1$，并且满足条件

$$\langle F_\alpha, F_\beta \rangle = \mathrm{Tr}[F_\alpha^\dagger F_\beta] = \delta_{\alpha\beta}. \tag{8.48}$$

容易验证，当我们取 $F_{ij} = E_{ij} = |i\rangle\langle j|$ 时，对于任意给定矩阵 $\boldsymbol{A}$，有下面的等式关系成立

$$\sum_{\alpha=0}^{N^2-1} F_\alpha \boldsymbol{A} F_\alpha^\dagger = \sum_{i,j} |i\rangle\langle j|\boldsymbol{A}|j\rangle\langle i| = \sum_{j=0}^{N-1} A_{jj} \sum_{i=0}^{N-1} |i\rangle\langle i| = \mathrm{Tr}[\boldsymbol{A}]I. \tag{8.49}$$

可以看到，如果我们变换基矢量 $|i\rangle$ 到 $|\widetilde{i}\rangle = U|i\rangle$(其中 U 为幺正算符)，上述结论也是成立的。所以这一结论具有普遍性，并不依赖于矩阵基 $\{F_\alpha\}$ 的选取。

利用 $\{F_\alpha\}$，我们可以构造算符空间的一组完备基为

$$\Gamma_{\alpha\beta} : \boldsymbol{A} \to \Gamma_{\alpha\beta}(\boldsymbol{A}) = F_\alpha \boldsymbol{A} F_\beta^\dagger. \tag{8.50}$$

易见，不同的 $\Gamma_{\alpha\beta}$ 之间满足下面的正交关系

$$\langle \Gamma_{\alpha\beta}, \Gamma_{\mu\nu} \rangle = \sum_{\lambda=0}^{N^2-1} \mathrm{Tr}\Big\{ [\Gamma_{\alpha\beta}(G_\lambda)]^\dagger \Gamma_{\mu\nu}(G_\lambda) \Big\} = \sum_{\lambda=0}^{N^2-1} \mathrm{Tr}\Big[(F_\alpha G_\lambda F_\beta^\dagger)^\dagger F_\mu G_\lambda F_\nu^\dagger \Big]$$

$$= \mathrm{Tr}\left[F_\beta \sum_{\lambda=0}^{N^2-1} (G_\lambda^\dagger F_\alpha^\dagger F_\mu G_\lambda) F_\nu^\dagger\right] = \mathrm{Tr}[F_\alpha^\dagger F_\mu]\mathrm{Tr}[F_\nu^\dagger F_\beta]$$
$$= \delta_{\alpha\mu}\delta_{\beta\nu}, \tag{8.51}$$

这里假定了 $\{G_\lambda : \lambda = 0, 1, 2, \cdots, N^2 - 1\}$ 是另一组矩阵基。同时在倒数第二个等式中，利用了关系式 (8.49)。有了算符空间的完备基后，我们就可以把任一线性算符 $\hat{K}$ 展开成下面的形式

$$\hat{K}(\rho) = \sum_{\alpha\beta} \boldsymbol{K}_{\alpha\beta}\Gamma_{\alpha\beta}(\rho) = \sum_{\alpha\beta} \boldsymbol{K}_{\alpha\beta} F_\alpha \rho F_\beta^\dagger, \tag{8.52}$$

这里 $\boldsymbol{K}_{(\alpha\beta)=0,1,\cdots,N^2-1}$ 为对应映射 $\hat{K}$ 的系数矩阵，满足厄米条件 $\boldsymbol{K}_{\alpha\beta} = (\boldsymbol{K})_{\beta\alpha}^*$，其具体形式可以表示为

$$\boldsymbol{K}_{\alpha\beta} = \langle \Gamma_{\alpha\beta}, \hat{K}\rangle = \sum_\lambda \mathrm{Tr}\left[(F_\alpha F_\lambda F_\beta^\dagger)^\dagger \hat{K}(F_\lambda)\right] \tag{8.53}$$

对于量子系统而言，物理上的变换除了满足线性条件外，同时还要保证变换后的矩阵是厄米的，并且矩阵的迹不变。这一条件使得我们需要对算符 $\hat{K}$ 添加如下约束条件：

$$\mathrm{Tr}[\hat{K}(\boldsymbol{\omega})] = 0, \quad [\hat{K}(\boldsymbol{\omega})]^\dagger = \hat{K}(\boldsymbol{\omega}^\dagger), \tag{8.54}$$

这里 $\boldsymbol{\omega}$ 为态空间中的任一矩阵，并不一定限定为系统的密度矩阵。利用这两个条件，我们可以证明，满足这样的映射 $\hat{K}(t)$ 可以写成下面的一般形式[12,13]：

$$\hat{K}(\rho) = \frac{1}{\mathrm{i}\hbar}[\hat{H}, \rho] + \sum_{\alpha,\beta=1}^{N^2-1} K_{\alpha\beta}\left(F_\alpha \rho F_\beta^\dagger - \frac{1}{2}\{F_\beta^\dagger F_\alpha, \rho\}\right). \tag{8.55}$$

其中 $\{A, B\} = AB + BA$ 为反对易括号，N 是系统希尔伯特空间的维数。F_α 在这里取为

$$F_0 = \frac{1}{\sqrt{N}}I, \quad \mathrm{Tr}[F_{\alpha\neq0}] = 0, \quad \langle F_\alpha, F_\beta\rangle = \mathrm{Tr}[F_\alpha^\dagger F_\beta] = \delta_{\alpha\beta}; \tag{8.56}$$

H 为系统的有效哈密顿量，其形式为

$$\hat{H} = \frac{1}{2\mathrm{i}}(\hat{\sigma}^\dagger - \hat{\sigma}), \quad \hat{\sigma} = \frac{1}{\sqrt{N}}\sum_{\alpha=1}^{N^2-1} K_{\alpha0}F_\alpha. \tag{8.57}$$

将这一结论应用到时间局域的主方程中，我们得知，若系统主方程存在时间局域的形式，则总可以将其改写成下面的形式

$$\frac{\mathrm{d}}{\mathrm{d}t}\rho_S(t) = \frac{1}{\mathrm{i}\hbar}[\hat{H}(t), \rho_S(t)] + \sum_{k=1}^{N^2-1} \gamma_k(t)[\hat{\sigma}_k(t)\rho_S(t)\hat{\sigma}_k^\dagger(t)$$

$$-\frac{1}{2}\{\hat{\sigma}_k^\dagger(t)\hat{\sigma}_k(t),\rho_S(t)\}]. \tag{8.58}$$

这里，我们利用了矩阵 $\boldsymbol{K}_{\alpha\beta}$ 的厄米性，从而由酉矩阵 $\boldsymbol{V}(t)$ 将其对角化为

$$K = V(t)\mathrm{Diag}\{\gamma_1(t),\gamma_2(t),\cdots,\gamma_{N^2-1}(t)\}V^\dagger(t), \tag{8.59}$$

相应的算符 $\hat{\sigma}_k$ 定义为

$$\hat{\sigma}_k = \sum_{\alpha=1}^{N^2-1} V_{k\alpha}F_\alpha.$$

为了进一步对上述主方程进行简化，我们引入完全正定算子的概念。对于一个作用在系统上的正定映射 \$，如果亦能保证其扩张到复合系统中的算子 $\$ \otimes I_E$ 也是正定的，亦即对任意系统和环境的复合状态 ρ_{SE}，$\$ \otimes I_E(\rho_{SE})$ 仍然正定，则称映射 \$ 是完全正定的。当 γ_k、$\hat{\sigma}_k$ 都不随时间变化时，G. Lindblad 等曾证明 GKSL 定理 (Gorini-Kossakowski-Sudarshan-Lindblad theorem)[12,13]，对于完全正定的映射，其微分动力学演化的标准 Lindblad 方程为

$$\$(\rho) = \frac{1}{\mathrm{i}\hbar}[\hat{H}(t),\rho_S(t)] + \sum_{k=1}^{N^2-1} \gamma_k \left[\hat{\sigma}_k\rho_S(t)\hat{\sigma}_k^\dagger - \frac{1}{2}\{\hat{\sigma}_k^\dagger\hat{\sigma}_k,\rho_S(t)\}\right], \tag{8.60}$$

其中系数 $\gamma_k \geqslant 0$。可以看到，第五章中所得到的系数不含时的主方程演化就是标准的 Lindblad 形式。在物理上，这种演化成立的条件是要求环境的记忆效应很小，从而信息从系统耗散到环境中后不再回流到系统中，这样的近似在物理上也称为马尔可夫近似。

对比前面得到的方程 (8.58)，我们可以看到，对于一般的含时系统，密度矩阵演化方程中的 $\gamma_k(t)$ 和 $\hat{\sigma}_k(t)$ 都是随时间变化的。如何判定此时动力学演化是否保持完全正定是很困难的。但是依据方程 (8.60)，我们可以看到，只要 $\gamma_k(t)$ 在所考察时间段内始终满足 $\gamma_k(t) \geqslant 0$，所对应的演化就是完全正定的。实际系统中，可以容许某些时间段内 $\gamma_k(t)$ 小于零，此时系统的演化是非马尔可夫的。后面的讨论中我们会看到，$\gamma_k(t) \leqslant 0$ 也是衡量系统非马尔可夫性的重要手段。

8.3　二能级系统的自发辐射模型

为了更具体地说明 8.2 节中讨论的内容，本节以二能级原子在谐振子热库中的自发辐射模型为例子，具体讨论系统的动力学演化特性 [2,3,6,10]。原子和热库复合系统总的相互作用为 (为方便讨论，这里取 $\hbar = 1$)

$$\hat{H} = \hat{H}_\mathrm{S} + \hat{H}_\mathrm{B} + \hat{H}_\mathrm{I} = \hat{H}_0 + \hat{H}_\mathrm{I}, \tag{8.61}$$

其中，$\hat{H}_S$、$\hat{H}_B$ 分别为系统和热库的自由哈密顿，$\hat{H}_I$ 为它们之间的相互作用哈密顿，其具体形式表示为

$$\hat{H}_S = \omega_0 \hat{\sigma}_+ \hat{\sigma}_-, \qquad \hat{H}_B = \sum_k \omega_k \hat{b}_k^\dagger \hat{b}_k,$$

$$\hat{H}_I = \hat{\sigma}_+ \otimes \hat{B} + \hat{\sigma}_- \otimes \hat{B}^\dagger, \quad \hat{B} = \sum_k g_k \hat{b}_k. \tag{8.62}$$

这里，$\hat{b}_k^\dagger$、$\hat{b}_k$ 分别为振子的产生及湮灭算符；g_k 为原子与环境中第 k 个振子模式的耦合强度；二能级原子的升降算符分别表示为 $\hat{\sigma}_- = |g\rangle\langle e|$ 及 $\hat{\sigma}^+ = |e\rangle\langle g|$。当谐振子的模式包含真空中的所有可能模式时，该模型就可以用来讨论二能级原子在真空中的自发辐射问题。

8.3.1 系统精确解及时间局域算子

易见，整个体系中的激发数 $N = \hat{\sigma}_+\hat{\sigma}_- + \sum_k \hat{b}_k^\dagger \hat{b}_k$ 是守恒的。在相互作用表象下，原子与热库的相互作用哈密顿量表示为

$$\widetilde{H}_I(t) = e^{i\hat{H}_0 t}\hat{H}_I e^{-i\hat{H}_0 t} = \hat{\sigma}_\pm(t) \otimes \hat{B}(t) + h.c., \tag{8.63}$$

其中

$$\hat{\sigma}_\pm(t) = \hat{\sigma}_\pm e^{\pm i\omega_0 t}, \quad \hat{B}(t) = \sum_k g_k \hat{b}_k e^{-i\omega_k t}. \tag{8.64}$$

相应的波函数演化方程为

$$\frac{d}{dt}|\psi(t)\rangle = -i\widetilde{H}_I(t)|\psi(t)\rangle. \tag{8.65}$$

对于自发辐射的系统，我们假定初始时环境处在真空态上，用 $|0\rangle_B$ 表示。由于激发数守恒，我们可以把 $|\psi(t)\rangle$ 写成下面的一般形式：

$$|\psi(t)\rangle = c_g|g\rangle|0\rangle_B + c_e|e\rangle|0\rangle_B + \sum_k c_k|g\rangle|1\rangle_k, \tag{8.66}$$

这里 $|1\rangle_k$ 表示在环境模式 k 上有一个激发。代入 $\widetilde{H}_I$ 的具体形式，可得到各系数的演化方程为

$$\dot{c}_g(t) = 0, \tag{8.67a}$$

$$\dot{c}_e(t) = -i\sum_k g_k e^{i(\omega_0-\omega_k)t}c_k(t), \tag{8.67b}$$

$$\dot{c}_k(t) = -ig_k^* e^{-i(\omega_0-\omega_k)t}c_e(t). \tag{8.67c}$$

上式中，由于 $|g\rangle|0\rangle_B$ 在 $\tilde{H}_I$ 作用下为零，所以 c_g 在演化下保持不变。考虑到初始条件 $c_k(0) = 0$，我们可以对最后一个方程进行积分，再把求得的形式解代入第二个方程中，从而可得

$$\dot{c}_k(t) = -\int_0^t \mathrm{d}s f(t-s)c_e(s), \tag{8.68}$$

其中

$$f(t-s) = \mathrm{Tr}_B[\hat{B}(t)\hat{B}^\dagger(s)\rho_B]\mathrm{e}^{\mathrm{i}\omega_0(t-s)} = \int \mathrm{d}\omega J(\omega)\mathrm{e}^{\mathrm{i}(\omega_0-\omega)(t-s)}, \tag{8.69}$$

$\rho_B = |0\rangle\langle 0|$ 为环境的初始状态。可以看到，$f(t-s)$ 与环境的时间关联性质相关，其傅里叶变换给出了环境的谱密度 $J(\omega)$（见 10.3 节）

$$J(\omega) = \frac{1}{2\pi}\int \mathrm{d}t \mathrm{Tr}_B[\hat{B}(t)\hat{B}^\dagger(s)\rho_B]\mathrm{e}^{\mathrm{i}\omega(t-s)} \tag{8.70}$$

$$= \frac{1}{2\pi}\int \mathrm{d}t f(t-s)\mathrm{e}^{-\mathrm{i}(\omega_0-\omega)(t-s)}. \tag{8.71}$$

利用上述方程，我们就可以得出二能级原子系统满足的演化方程。依前面系统量子态的形式 (8.66)，可得出系统的密度矩阵为

$$\rho_S(t) = \mathrm{Tr}_B[|\psi\rangle\langle\psi|] = \begin{pmatrix} |c_e(t)|^2 & c_g^* c_e(t) \\ c_e c_g^*(t) & 1-|c_e(t)|^2 \end{pmatrix}, \tag{8.72}$$

相应的演化可以写成

$$\frac{\mathrm{d}}{\mathrm{d}t}\rho_S(t) = \hat{K}_S(\rho_S) = \begin{pmatrix} \dfrac{\mathrm{d}}{\mathrm{d}t}|c_e(t)|^2 & c_g^* \dot{c}_e(t) \\ c_g \dot{c}_e^*(t) & -\dfrac{\mathrm{d}}{\mathrm{d}t}|c_e(t)|^2 \end{pmatrix}. \tag{8.73}$$

为了方便和前面章节中的结果对照，我们把上述方程写成与主方程类似的式 (8.60) 形式。为此我们定义

$$A = \frac{\dot{c}_e(t)}{c_e(t)} = -\frac{1}{2}\left[\gamma(t) + \mathrm{i}s(t)\right].$$

方程 (8.73) 中，如果令 $c_g = 0$，则可以把 $\hat{K}(\rho_S)$ 写成

$$\hat{K}_S(\rho_S) = \hat{K}_S \begin{pmatrix} 1 & 0 \\ 0 & 0 \end{pmatrix} = \begin{pmatrix} \dfrac{\mathrm{d}}{\mathrm{d}t}|c_e(t)|^2 & 0 \\ 0 & -\dfrac{\mathrm{d}}{\mathrm{d}t}|c_e(t)|^2 \end{pmatrix}$$

$$= \begin{pmatrix} |c_e(t)|^2(A+A^*) & 0 \\ 0 & -|c_e(t)|^2(A+A^*) \end{pmatrix}$$

$$= \begin{pmatrix} A+A^* & 0 \\ 0 & -(A+A^*) \end{pmatrix}. \tag{8.74}$$

利用同样的思路，我们可以求解得到算符 $\hat{K}$ 的其他等式为

$$\hat{K}_S \begin{pmatrix} 0 & 0 \\ 0 & 1 \end{pmatrix} = \begin{pmatrix} 0 & 0 \\ 0 & 0 \end{pmatrix}, \tag{8.75a}$$

$$\hat{K}_S \begin{pmatrix} 0 & 1 \\ 0 & 0 \end{pmatrix} = \begin{pmatrix} 0 & A \\ 0 & 0 \end{pmatrix}, \tag{8.75b}$$

$$\hat{K}_S \begin{pmatrix} 0 & 0 \\ 1 & 0 \end{pmatrix} = \begin{pmatrix} 0 & 0 \\ A^* & 0 \end{pmatrix}. \tag{8.75c}$$

如果我们选择矩阵基 $\{F_\alpha\}$ 为

$$F_0 = \frac{1}{\sqrt{2}} \begin{pmatrix} 1 & 0 \\ 0 & 1 \end{pmatrix}, \qquad F_1 = \frac{1}{\sqrt{2}} \begin{pmatrix} 1 & 0 \\ 0 & -1 \end{pmatrix}, \tag{8.76a}$$

$$F_2 = \begin{pmatrix} 0 & 1 \\ 0 & 0 \end{pmatrix}, \qquad F_3 = \begin{pmatrix} 0 & 0 \\ 1 & 0 \end{pmatrix}, \tag{8.76b}$$

则利用 8.2 节中的方法，可以构造出算符 $\hat{K}$ 对应的系数矩阵为

$$K_S = \begin{pmatrix} A+A^* & A^* & 0 & 0 \\ A & 0 & 0 & 0 \\ 0 & 0 & 0 & 0 \\ 0 & 0 & 0 & -A-A^* \end{pmatrix}, \tag{8.77}$$

这样系统的密度矩阵演化即可以写成

$$\frac{\mathrm{d}}{\mathrm{d}t}\rho_S(t) = -\frac{\mathrm{i}}{2}s(t)[\hat{\sigma}_+\hat{\sigma}_-, \rho_S(t)] + \gamma(t)[\hat{\sigma}_-\rho_S(t)\hat{\sigma}_+ - \frac{1}{2}\{\hat{\sigma}_+\hat{\sigma}_-, \rho_S(t)\}]. \tag{8.78}$$

对比前面主方程的 Lindblad 形式，我们可以看到，这里 $s(t)$ 相当于一个随时间变化的兰姆位移系数，$\gamma(t)$ 则表示一个随时间变化的系统耗散。由于 $\gamma(t)$ 可能在某些时间段小于零，所以方程 (8.78) 所表示的演化不是完全正定的。

需要强调，由于所考虑问题的特殊性，上述系统密度矩阵的精确动力学演化本身就是一个时间上局域的方程，因为方程的右边不包含对过去系统状态积分的项。8.1 节中，我们知道了利用投影算子方法，可以用时间局域的方程渐渐逼近系

统真实的动力学演化。这里，由于精确的演化方程是可以严格求得的，我们可以把它和微扰展开的方法进行对比，从而了解微扰方法的特点和不足。

具体地，我们引入算子 $\hat{K}(t)$ 来定义原子和热库总体系的演化，即

$$\dot{\rho}(t) = \hat{K}(t)(\rho_S(t) \otimes \rho_B). \tag{8.79}$$

这样，相应的原子子系统的演化就可以写成

$$\dot{\rho}_S(t) = \hat{K}_S(t)\rho(t) = \mathrm{Tr}_B[\hat{K}(t)(\rho_S(t) \otimes \rho_B)]. \tag{8.80}$$

由方程 (8.78) 可知，对于算符 $\hat{\sigma}_+$，我们有

$$\hat{K}_S(t)\hat{\sigma}_+ = -\frac{1}{2}[\gamma(t) + \mathrm{i}s(t)]\hat{\sigma}_+, \tag{8.81}$$

所以，$\hat{\sigma}_+$ 为算子 $\hat{K}_S(t)$ 的本征算符。为了进一步说明问题，我们假定相互作用正比于某个小量 λ。再利用前面介绍的微扰展开方法，就可以把上式写成

$$\hat{K}_S(t)\hat{\sigma}_+ = \mathrm{Tr}_B[\hat{K}(t)(\hat{\sigma}_+ \otimes \rho_B)] = \sum_{n=1}^{\infty} \lambda^{2n} \int_0^t \mathrm{d}t_1 \int_0^{t_1} \mathrm{d}t_2 \cdots \int_0^{t_{2n-2}} \mathrm{d}t_{2n-1}$$
$$\times \mathrm{Tr}_B[\langle \mathcal{L}(t)\mathcal{L}(t_1) \cdots \mathcal{L}(t_{2n-1})\rangle_{oc}(\hat{\sigma}_+ \otimes \rho_B)]. \tag{8.82}$$

由于环境的初始态为真空态，上式中关于 λ 的奇数项都为零，不会出现在方程右边的展开式中。另外，由 $\mathcal{L}(t)\rho = -\mathrm{i}[\widetilde{H}_I, \rho]$ 易知

$$\mathcal{L}(t)\mathcal{L}(s)(\hat{\sigma}_+ \otimes \rho_B) = -f(t-s)(\hat{\sigma}_+ \otimes \rho_B). \tag{8.83}$$

将这一结果代入方程 (8.82) 中，并对其进行化简得

$$K_S(t)\hat{\sigma}_+ = (-)\sum_{n=1}^{\infty} \lambda^{2n} \int_0^t \mathrm{d}t_1 \int_0^{t_1} \mathrm{d}t_2 \cdots \int_0^{t_{2n-2}} \mathrm{d}t_{2n-1}$$
$$\times (-1)^{n+1}\langle f(t-t_1)f(t_2-t_3)\cdots f(t_{2n-2}-t_{2n-1})\rangle_{oc}\hat{\sigma}_+$$
$$= -\sum_{n=1}^{\infty} \lambda^{2n}[\gamma_{2n}(t) + \mathrm{i}s_{2n}(t)]\hat{\sigma}_+. \tag{8.84}$$

对比前面结果我们看到，系数 $\gamma(t) + \mathrm{i}s(t)$ 可以展开写成

$$\gamma(t) + \mathrm{i}s(t) = \sum_{n=1}^{\infty} \lambda^{2n}[\gamma_{2n}(t) + \mathrm{i}s_{2n}(t)]. \tag{8.85}$$

上式表明，精确的原子状态动力学演化包含了微扰展开的所有偶数阶。其中，最低的二阶形式为

$$\gamma_2(t) + \mathrm{i}s_2(t) = 2\int_0^t \mathrm{d}t_1 f(t-t_1). \tag{8.86}$$

在马尔可夫近似中，由于假定环境无记忆，所以演化时间相比于环境的关联时间来说极长，故可以将上述积分上限取到 ∞，由此可得到相应的马尔可夫耗散率及兰姆位移为

$$\gamma_M(t) + \mathrm{i}s_M(t) = 2\int_0^\infty \mathrm{d}t f(t).\tag{8.87}$$

同理，可求得相应的 4-阶贡献为

$$\gamma_4(t) + \mathrm{i}s_4(t)$$
$$= 2\int_0^t \mathrm{d}t_1 \int_0^{t_1} \mathrm{d}t_2 \int_0^{t_2} \mathrm{d}t_3 [f(t-t_2)f(t_1-t_3) + f(t_1-t_3)f(t_1-t_2)].\tag{8.88}$$

8.3.2 共振 Jaynes-Cummings 模型在谐振子热库下的耗散

为了对时间局域算子各展开项有一个更为具体的了解，我们以一个耗散的共振 Jaynes-Cummings 模型为例。我们假定单模腔内有二能级原子与之发生共振相互作用，具体形式用 Jaynes-Cummings 模型来描述。此外，腔模通过腔镜与外在的环境发生耦合，导致系统发生退相干。为简化问题讨论，我们假定环境由一系列谐振子组成，且初始处在真空态。体系的总哈密顿量和 8.3.1 节中的情况一样。为方便讨论，这里重写如下 (这里取 $\hbar = 1$)

$$\hat{H}_S = \omega_0 \hat{\sigma}_+\hat{\sigma}_- + \sum_k \omega_k \hat{b}_k^\dagger \hat{b}_k + \hat{a}^\dagger \otimes \hat{B} + \hat{a} \otimes \hat{B}^\dagger,\tag{8.89}$$

其中 $\hat{B} = \sum_k g_k \hat{b}_k$，"$k$" 标记了环境中不同的光场模式。对于连续的模式分布，对其求和有时候可以转化成积分形式

$$\sum_k \longrightarrow \int \mathrm{d}\omega_k \rho_k,\tag{8.90}$$

其中，ρ_k 为环境中能量在 ω_k 附近的能态密度。在自由空间中，$\rho_k \sim \omega_k^2$ 的存在导致原子系统发生自发辐射。在光学腔中，只有光腔容许的模式才能较长时间停留在腔中，偏离共振频率的模式在腔中只能停留很短的时间。这样在哈密顿量 (8.89) 中，耦合系数 g_k 随着光场频率有一定的强弱变化，从而 ρ_k 的形式也变得大不一样。理论计算表明，对于圆柱形的腔体，能态密度和耦合系数之间的关系可以近似用一个拟合的洛伦兹型分布函数来表示 [11]

$$\rho_k|g_k|^2 = \frac{1}{2\pi}\frac{\Gamma_0 g_0^2}{(\omega_0 - \omega_k)^2 + (\Gamma_0/2)^2}\tag{8.91}$$

其中洛伦兹分布函数的频率中心位于 $\omega_k = \omega_0$，对应共振耦合情形，γ_0 标记了洛伦兹线型函数的谱线宽度，g_0 是一不依赖于模式 "k" 的耦合参数。

利用上述关系，此时谐振子环境的谱密度函数 $J(\omega)$ 就可以写成

$$J(\omega) = \frac{1}{2\pi} \frac{\gamma_0 \lambda^2}{(\omega_0 - \omega)^2 + \lambda^2}. \tag{8.92}$$

对比前式可知，此处有 $\lambda = \Gamma_0/2$，$\gamma_0 = 4g_0^2/\Gamma_0$。其中 γ_0 描述了由于腔场热库的影响而导致的原子退相干。

依照公式 (8.69)，可以求得热库的关联函数为

$$f(t) = \frac{1}{2}\gamma_0 \lambda \exp(-\lambda|t|), \tag{8.93}$$

由此即可求得原子处在激发态上的概率幅为

$$c_e(t) = c_e(0) \mathrm{e}^{-\lambda t/2} \left[\cosh\left(\frac{\Delta t}{2}\right) + \frac{\lambda}{\Delta} \sinh\left(\frac{\Delta t}{2}\right)\right], \tag{8.94}$$

其中 $\Delta = \sqrt{\lambda^2 - 2\gamma_0 \lambda}$。利用 $\rho_{ee}(t) = |c_e(t)|^2$，我们就可以得出随时间振荡的激发态布居数为

$$\rho_{ee}(t) = \rho_{ee}(0) \mathrm{e}^{-\lambda t} \left[\cosh\left(\frac{\Delta t}{2}\right) + \frac{\lambda}{\Delta} \sinh\left(\frac{\Delta t}{2}\right)\right]^2. \tag{8.95}$$

再利用等式 $\gamma(t) + \mathrm{i}s(t) = -2\dot{c}_e(t)/c_e(t)$ 及 $c_e(t)$ 为实数的事实，即可得到 $s(t) = 0$ 以及

$$\gamma(t) = -\frac{\dot{\rho}_{ee}(t)}{\rho_{ee}(t)} = \frac{2\gamma_0 \lambda \sinh(\Delta t/2)}{\Delta \cosh(\Delta t/2) + \lambda \sinh(\Delta t/2)}. \tag{8.96}$$

以 $\alpha = \gamma_0/\lambda$ 为小量，对 $\gamma(t)$ 进行展开，相应的 2-阶和 4-阶结果即为

$$\gamma_2(t) = \gamma_0(1 - \mathrm{e}^{-\lambda t}), \tag{8.97}$$

$$\gamma_4(t) = \frac{\gamma_0^2}{\lambda} \left[\sinh(\lambda t) - \lambda t\right] \mathrm{e}^{-\lambda t}. \tag{8.98}$$

图 8.1给出了不同近似下系统的耗散率和能级布居随时间的变化。可以看到，4-阶近似的结果基本能很好地反映系统精确的动力学演化特性。

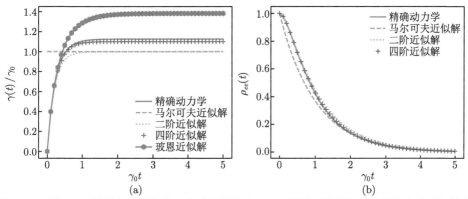

图 8.1 耗散 J-C 模型在共振条件下的动力学演化。(a) 不同近似条件下的耗散率随时间的变化关系，这里包括精确的耗散率、马尔可夫近似下的耗散率、二阶近似和四阶近似对应的耗散率，以及仅有玻恩近似时对应的耗散；(b) 不同近似条件下上能级布居随时间的演化曲线。这里参数取值为 $\lambda = 0.2\gamma_0$

需要强调的是，上述结论成立的前提是 γ_0/λ 为小量。当 γ_0/λ 不为小量时，结论是不成立的。例如，当 $\gamma_0 > \lambda/2$ 时，Δ 变成虚数。若令 $\bar{\Delta} = -\mathrm{i}\Delta$，则有

$$\rho_{ee}(t) = \rho_{ee}(0)\mathrm{e}^{-\lambda t}\left[\cos\left(\frac{\bar{\Delta}t}{2}\right) + \frac{\lambda}{\bar{\Delta}}\sin\left(\frac{\bar{\Delta}t}{2}\right)\right]^2. \tag{8.99}$$

可见，$\rho_{ee}(t)$ 是一个振荡函数，零点位置为

$$t_n = \frac{2}{\bar{\Delta}}\left(n\pi - \arctan\frac{\bar{\Delta}}{\lambda}\right), \quad n = 1, 2, \cdots. \tag{8.100}$$

如图 8.2所示，在 $t = t_n$ 位置处，$c_e(t_n) = 0$，从而 $\gamma(t)$ 发散，所以 $\gamma(t)$ 仅在区间 $[0, t_1]$ 内是定义良好的。实际上，当 $t > t_1$ 后，找不到一个时间局域算子来刻画系统的演化。这是因为如果存在时间局域算子 $\hat{K}(t)$ 描述系统的演化，则表明系统的演化仅仅依赖于当前的状态 $\rho(t)$。然而，在 $t = t_1$ 时，$\rho_{ee}(t) = 0$ 对任意的初始态 $\rho_{ee}(0)$ 都是成立的。当局域算子存在时，表明当 $t > t_1$ 时，系统的演化对不同的初始态 $\rho_{ee}(0)$ 变得完全相同了。这很明显是荒谬的。由此判断知，此时局域算子 $\hat{K}(t)$ 是不存在的。实际上，对于不同的初始态，$\rho_{ee}(t)$ 在 $t = t_1$ 处重叠，使得在前面推导 Nakajima-Zwanzig 方程中要求的 "$1 - \Sigma(t)$" 可逆条件已不再成立了，所以此时我们不能定义算子 $\hat{K}(t)$。

进一步，我们还可以借这个例子来了解玻恩近似下所得演化方程 (8.23) 的物理内涵。代入 $f(t)$ 的具体形式，可以写出方程 (8.23) 所对应的主方程演化为

$$\frac{\mathrm{d}\rho_S(t)}{\mathrm{d}t} = \gamma_0\lambda\int_0^t \mathrm{d}s\,\mathrm{e}^{-\lambda(t-s)}\left[\hat{\sigma}_-\rho_S(s)\hat{\sigma}_+ - \frac{1}{2}\{\hat{\sigma}_+\hat{\sigma}_-, \rho_S(s)\}\right]. \tag{8.101}$$

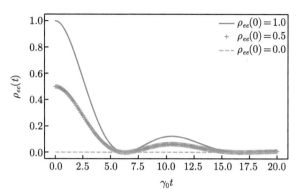

图 8.2　在强耦合情况下 ($\lambda = 5\gamma_0$)，耗散 J-C 模型中上能级布居的演化情况，其中不同曲线对应不同的初态，其他参数设定与图 8.1同

上式对时间 t 作微分后即可得到

$$\ddot{\rho}_S(t) = -\lambda \dot{\rho}_S(t) + \gamma_0 \lambda \left[\hat{\sigma}_- \rho_S(s) \hat{\sigma}_+ - \frac{1}{2} \hat{\sigma}_+ \hat{\sigma}_- \rho_S(s) - \frac{1}{2} \rho_S(s) \hat{\sigma}_+ \hat{\sigma}_- \right]. \quad (8.102)$$

这是一个关于 $\rho_S(t)$ 的二阶常微分方程，可以求解得到上能级的布居演化为

$$\widetilde{\rho}_{ee}(t) = \rho_{ee}(0) \mathrm{e}^{-\lambda t/2} \left[\cosh\left(\frac{\Delta' t}{2} \right) + \frac{\lambda}{\Delta'} \sinh\left(\frac{\Delta' t}{2} \right) \right], \quad (8.103)$$

其中 $\Delta' = \sqrt{\lambda^2 - 4\gamma_0 \lambda}$。由此得出相应的随时间变化的耗散率为

$$\widetilde{\gamma}(t) = -\frac{\dot{\widetilde{\rho}}_{ee}(t)}{\rho_{ee}(t)} = \frac{2\gamma_0 \lambda \sinh(\Delta' t/2)}{\Delta' \cosh(\Delta' t/2) + \lambda \sinh(\Delta' t/2)}. \quad (8.104)$$

对比式 (8.96) 中 $\gamma(t)$ 可知，$\gamma(t)$ 和 $\widetilde{\gamma}(t)$ 具有相似的结构，只是对应的参数 Δ 和 Δ' 的定义稍有不同。因为 $\Delta' < \Delta$，分析可知，当 t 很小时，我们有 $\gamma(t) \simeq \widetilde{\gamma}(t)$，而当 $t \gg 1$ 时，$\widetilde{\gamma}(t)$ 一般要大于 $\gamma(t)$（图 8.1）。所以在长时近似下，玻恩近似所得到的方程可能会导致很大的误差。图 8.3给出了在弱耦合和强耦合下，方程 (8.103) 所给出的上能级布居演化图。可以看到，在弱耦合时 ($\lambda = 0.2\gamma_0$)，由于 $\rho_{ee}(t)$ 很快衰减到零，所以 $\widetilde{\rho}_{ee}(t)$ 与真实的演化差别不大。而在强耦合情况下 ($\lambda = 5\gamma_0$)，系统和环境之间存在强烈的信息反馈。当 t 超过一定的时间限度后，$\widetilde{\rho}_{ee}(t)$ 与 $\rho_{ee}(t)$ 完全偏离，甚至出现 $\widetilde{\rho}_{ee}(t) < 0$ 这种非物理的结果。所以单纯的玻恩近似下的主方程演化是不可靠的。

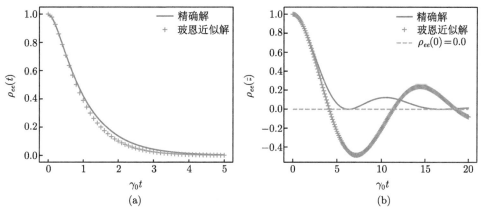

图 8.3　玻恩近似下，耗散 J-C 模型中上能级布居的演化情况，其中 (a) 对应弱耦合下 $(\lambda = 0.2\gamma_0)$ 的演化，(b) 对应强耦合下 $(\lambda = 5\gamma_0)$ 的演化

8.4　非马尔可夫性的度量

由前面的介绍，我们了解到了非马尔可夫条件下系统主方程所满足的一般形式。在实际系统中，我们有时候需要判断一个量子系统中非马尔可夫性的强弱。这就要求我们能找到一种恰当的方法和适当的物理量，用来刻画体系的非马尔可夫效应的大小 [2,3,5,7,14-16]。为了更好地了解非马尔可夫性在量子系统中的物理含义，这里简单回顾一下经典概率理论中马尔可夫过程所对应的具体形式。

8.4.1　经典马尔可夫过程的定义

在经典系统中，我们考察一个依赖于时间的随机变量 $X(t)$，如果有一个函数 $Y(t)$，它的取值依赖于随机变量 X，那么当 X 随时间变化时，函数 $Y(t) = f(X, t)$ 就定义了一个随机过程。我们假定变量 $X(t)$ 是可以被测量提取的，相应的取值称为事件，记为 $x(t)$。在经典马尔可夫系统中，对事件 $x(t)$ 出现的概率做了严格的假定。具体地，对于一个任意给定时间序列 $t_0 < t_1 < \cdots < t_n$，我们考察在这些时刻点上随机变量取值，记为事件 $\{x_0, x_1, \cdots, x_n\}$。相应的事件序列发生的联合概率记为 $P_n(x_n, t_n; x_{n-1}, t_{n-1}; \cdots; x_0, t_0)$。一般情况下，一个合理的联合概率分布一般应满足下列基本条件

$$P_n(x_n, t_n; x_{n-1}, t_{n-1}; \cdots; x_0, t_0) \geqslant 0 \; \text{且} \sum_{x_i} P_1(x_i, t) = 1, \tag{8.105}$$

以及相容性条件

$$\sum_{x_m} P_n(x_n, t_n; \cdots, x_{m+1}, t_{m+1}; x_m, t_m; x_{m-1}, t_{m-1}; \cdots; x_0, t_0)$$

$$= P_n(x_n, t_n; \cdots, x_{m+1}, t_{m+1}; x_{m-1}, t_{m-1}; \cdots; x_0, t_0). \tag{8.106}$$

定义条件概率为 $P(X|Y) = P(X,Y)/P(Y)$，其中 $P(X,Y)$ 表示时间 X 和 Y 发生的联合概率。如果此随机过程在 t_n 时刻发生事件 x_n 的概率与先前事件发生的概率满足下列关系

$$P_{1|n}(x_n, t_n|x_{n-1}, t_{n-1}; \cdots; x_0, t_0) = P_{1|1}(x_n, t_n|x_{n-1}, t_{n-1}), \tag{8.107}$$

也就是说，t_n 时刻随机事件的概率只和前一时刻 t_{n-1} 发生的事件相关，而与之前更早的事件没有关联。在此意义上，我们认为这个过程描述的是一个"无记忆"过程，称之为经典马尔可夫过程，以俄国数学家安德雷·马尔可夫 (Andrei Markov，1856-1922) 命名。在经典随机过程中，对于两个不同的时刻点 (t, t_0) 发生的事件，其总概率之间的关系可以通过下面的条件转移概率联系

$$P_1(x, t) = \sum_{x_0} T(x, t|x_0, t_0) P_1(x_0, t_0), \tag{8.108}$$

其中

$$T(x, t|x_0, t_0) = P_{1|1}(x, t|x_0, t_0) \geqslant 0. \tag{8.109}$$

对于马尔可夫过程，利用概率的定义，我们可以把 $(n+1)$-点的联合概率写为

$$P_n(x_n, t_n; \cdots; x_0, t_0) = \prod_{j=1}^{n-1} T(x_{j+1}, t_{j+1}|x_j, t_j) P_1(x_0, t_0). \tag{8.110}$$

由此我们可以得到，条件转移概率 $T(x, t|x_0, t_0)$ 可以通过中间过程连接起来，形式上满足

$$T(x, t|x_0, t_0) = \sum_{x_1} T(x, t|x_1, t_1) T(x_1, t_1|x_0, t_0), \tag{8.111}$$

上式也称作 Chapman-Kolmogorov 方程。需要说明的是，给定一个马尔可夫过程，它一定同时满足上述关系 (8.108)、(8.109)、(8.111)，但是反过来却不一定成立。原则上，可以找到一些经典的随机过程，它们满足上面的方程，但却不是马尔可夫过程。不管怎样，一旦给定条件 (8.108) 和 (8.111)，我们总可以找到一个马尔可夫过程与它相对应。若条件转移概率 $T(x, t|x_0, t_0)$ 对时间 t 是连续可微的，则也可以得到微分形式的 Chapman-Kolmogorov 方程

$$\frac{\mathrm{d}}{\mathrm{d}t} T(x, t|x_0, t_0) = \sum_y \left[W_{xy} T(y, t|x_0, t_0) - W_{yx} T(x, t|x_0, t_0) \right]. \tag{8.112}$$

这里 $W_{yx} > 0$ 代表了在 t 时刻由状态 x 到状态 y 转变的概率。同样的方程也适用于概率分布函数 $P_1(x, t)$

$$\frac{\mathrm{d}}{\mathrm{d}t} P_1(x, t) = \sum_y \left[W_{xy} P_1(y, t) - W_{yx} P_1(x, t) \right]. \tag{8.113}$$

该方程也称作经典马尔可夫过程对应的泡利方程。

对于非马尔可夫过程，当 $t_1 \neq t_0$ 时，条件转移概率 $T(x_2, t_2 | x_1, t_1)$ 有可能不能好好地定义。例如，如果条件概率矩阵 $P(x_1, t_1 | x_0, t_0)$ 对每个时刻 t_1 容许有逆矩阵存在，则可以把 $T(x_2, t_2 | x_1, t_1)$ 改写成

$$T(x_2, t_2 | x_1, t_1) = \sum_{x_0} T(x_2, t_2 | x_0, t_0) T(x_0, t_0 | x_1, t_1)$$

$$= \sum_{x_0} P(x_2, t_2 | x_0, t_0) \left[P(x_1, t_1 | x_0, t_0) \right]^{-1}. \tag{8.114}$$

可见，尽管 $P(x_2, t_2 | x_0, t_0)$ 和 $P(x_1, t_1 | x_0, t_0)$ 仍然可以有很好的定义，但是并不能保证 $T(x_2, t_2 | x_1, t_1) > 0$ 成立，所以此时我们不能再简单地把 $T(x_2, t_2 | x_1, t_1)$ 理解成某种条件概率，从而反映了此随机过程的非马尔可夫特性。

8.4.2 量子非马尔可夫过程的定义及非马尔可夫特性的度量

在量子力学中，与上述经典马尔可夫过程相类似的概率过程原则上是不成立的。主要原因在于，在量子力学中测量会对系统造成很大的扰动，从而会完全改变系统的演化路径。例如，若我们定义 t_i 时刻测量的结果 x_i 的操作为 $\hat{\Pi}_{x_i}$，则经过 n 次测量以后，得到的联合概率分布可以表示为

$$P_n(x_n, t_n; x_{n-1}, t_{n-1}; \cdots; x_0, t_0) = \mathrm{Tr}[\hat{\Pi}_{x_n} U(t_n, t_{n-1}) \hat{\Pi}_{x_{n-1}} \cdots \hat{\Pi}_{x_1} U(t_1, t_0) \rho_0$$
$$U^\dagger(t_1, t_0) \hat{\Pi}_{x_1} \cdots \hat{\Pi}_{x_{n-1}} U^\dagger(t_n, t_{n-1}) \hat{\Pi}_{x_n}],$$

这里 $U(t_{i+1}, t_i)$ 表示系统的动力学演化。容易看到，由于不同时刻测量算符之间的不对易性，一般情况下，类似于 (8.106) 这样的约束关系是无法被满足的，所以在量子力学中我们需要用其他的方法来定义马尔可夫过程。原则上，利用经典马尔可夫过程的不同特性，我们可以得到量子马尔可夫过程的不同推广。这里我们就从映射的角度来理解和探讨量子非马尔可夫过程的具体内涵 [2,3,15,16]。

对于一个量子系统来说，系统的演化可以用映射的形式定义为

$$\rho_S(t) = \hat{\Phi}_t \rho_S(0), \tag{8.115}$$

其中

$$\hat{\Phi} = \{\hat{\Phi}_t | 0 \leqslant t \leqslant T, \hat{\Phi}_0 = I\} \tag{8.116}$$

构成一依赖于单参数 t 的映射集合。对于物理上容许的映射，映射 $\hat{\Phi}_t$ 不仅为正定的，而且是完全正定的。也就是说，$\hat{\Phi}_t$ 不仅把密度矩阵映射成另一个密度矩阵，它的直积扩展 $\hat{\Phi}_t \otimes I_a$(I_a 为另一辅助子系统的单位映射) 也将一个扩展系统中的密度矩阵映射到另一个密度矩阵。完全正定的映射在量子信息中有非常广泛的讨论，后面讨论中我们会看到，在形式上，它可以用 Choi 矩阵的方法进行分析。更多关于完全正定映射的讨论，感兴趣的读者可以参考文献 [17]。

若假定 $\hat{\Phi}_t$ 存在逆映射 $\hat{\Phi}_t^{-1}$，则由 $\hat{\Phi}_t$ 可以定义另一个双参数的映射集合

$$\hat{\Phi}_{t,s} = \hat{\Phi}_t \hat{\Phi}_s^{-1}, \quad t \geqslant s \geqslant 0. \tag{8.117}$$

可以看到，映射集合 $\hat{\Phi}$ 可以看作是上述集合的子集，满足条件

$$\hat{\Phi}_t = \hat{\Phi}_{t,0} = \hat{\Phi}_{t,s}\hat{\Phi}_{s,0}. \tag{8.118}$$

依照前面的设定我们知道，$\hat{\Phi}_{t,0}$ 和 $\hat{\Phi}_{s,0}$ 都是完全正定的。但是 $\hat{\Phi}_{t,s}$ 的正定性并不能保证，因为 $\hat{\Phi}_s^{-1}$ 并不一定是正定的。所以依据 $\hat{\Phi}_{t,s}$ 是否是正定 (P) 或者完全正定 (completely positive, CP)，我们可以把 $\hat{\Phi}_{t,s}$ 定义为 P-可分的映射或 CP-可分的映射。例如，前面提到的描述 Lindblad 主方程演化的映射 $\hat{\Phi}_t = \exp(\mathcal{L}t)$ 即满足 CP-可分的条件。实际的物理过程中存在很多映射 $\hat{\Phi}$，不能归类到 P-可分的映射或 CP-可分的映射中。

从前面章节的讨论中，我们得知，对于逆变换 $\hat{\Phi}_t^{-1}$ 存在的动力学过程，系统的状态演化方程总可以表达成时间上局域的主方程形式

$$\frac{\mathrm{d}}{\mathrm{d}t}\rho_S(t) = -\mathrm{i}[\hat{H}_S(t), \rho_S(t)] + \sum_k \gamma_k(t)[\hat{L}_k(t)\rho_S(t)\hat{L}_k^\dagger(t)$$
$$-\frac{1}{2}\{\hat{L}_k^\dagger(t)\hat{L}_k(t), \rho_S(t)\}]. \tag{8.119}$$

上述方程与 Lindblad 方程很相似。在不含时的情况下，演化完全正定的充分必要条件即为 $\gamma_k \geqslant 0$(GKSL 定理)。但对含时的情况，由于 $\hat{H}_S(t)$，$\gamma_k(t)$，及 $\hat{L}_k(t)$ 均依赖于时间，判定该方程对应的演化是否完全正定，在数学上还是一个未解决的问题。实际上，在某些情况下，$\gamma_k(t) \leqslant 0$ 也可以保证演化的完全正定性。

如果我们对映射 $\hat{\Phi}_t$ 的性质作进一步的要求，则判定演化的完全正定性就可以得到更具体的结果。例如，如果我们假定映射 $\hat{\Phi}_t$ 为 CP-可分的映射，此时系统演化是完全正定的充要条件即为 $\gamma_k(t) \geqslant 0$；而对于 P-可分的映射 $\hat{\Phi}_t$，系统演化完全正定的充要条件为 [15,16]

$$\sum_k \gamma_k(t)|\langle n|\hat{L}_k(t)|m\rangle|^2 \geqslant 0, \tag{8.120}$$

其中 $\{|n\rangle\}$ 为系统的一组正交基矢, 且 $n \neq m$。

利用映射 P-可分的条件, 我们可以在经典马尔可夫过程和量子动力学演化之间建立联系。实际上, 对于一个 P-可分的映射, 若其在演化中能保证密度矩阵 $\rho_S(t)$ 是对角结构, 亦即

$$\rho_S(t) = \sum_n P_n(t)|n\rangle\langle n|,$$

其中, $|n\rangle$ 为一组固定的基矢, 则可以验证 $P_n(t)$ 满足方程

$$\frac{\mathrm{d}}{\mathrm{d}t}P_n(t) = \sum_m \left[W_{nm}(t)P_m(t) - W_{mn}(t)P_n(t) \right], \tag{8.121}$$

其中

$$W_{nm} = \sum_k \gamma_k(t)|\langle n|\hat{L}_k|m\rangle|^2. \tag{8.122}$$

由于 $W_{nm} \geqslant 0$, 所以上述量子演化可以等价于一个经典的泡利主方程 (8.113), 从而亦可以对应一个经典的马尔可夫过程。

基于量子动力学映射的上述特性, 我们可以从不同的角度来定义量子马尔可夫过程。由于出发点不同, 这些定义得到的量子马尔可夫过程是不等价的。例如, 考虑到量子开放系统中可容许的演化均要满足完全正定的条件, 我们可以直接定义满足 CP-可分的映射为量子马尔可夫过程。由于 CP 映射在理论上有很多等价的形式, 故在理论上可以借鉴之前的结果进行深入探讨。由前面的讨论我们知道, CP-可分的演化主方程要求 $\gamma_k(t) \geqslant 0$, 所以这一定义自然也包括了我们此前讨论的 Lindblad 主方程所描述的动力学系统。量子马尔可夫过程和经典马尔可夫过程的对应关系可以从表 8.1 中体现出来。

表 8.1　经典马尔可夫过程定义和量子马尔可夫过程定义之间的对应关系

	经典	量子
归一性	$\sum_{x_2 \in X} T(x_2, t_2|x_1, t_1) = 1$	$\hat{\Phi}_{t_2, t_1}$ 为保内积映射
正定性	$T(x_2, t_2|x_1, t_1) \geqslant 0$	$\hat{\Phi}_{t_2, t_1}$ 为完全正定映射
复合规律	$T(x_3, t_3|x_1, t_1)$ $= \sum_{x_2 \in X} T(x_3, t_3|x_2, t_2)T(x_2, t_2|x_1, t_1)$	$\hat{\Phi}_{t_3, t_1} = \hat{\Phi}_{t_3, t_2}\hat{\Phi}_{t_2, t_1}$

给定一个映射 $\hat{\Phi}$, 由于 $\hat{\Phi}_{t,0}$ 和 $\hat{\Phi}_{s,0}$ 都是完全正定的, 为了衡量其演化的非马尔可夫特性大小, 我们可以考察中间动力学演化 $\hat{\Phi}_{t,s}(t \geqslant s \geqslant t_0)$ 偏离完全正定的程度。为此, 我们引入扩展映射 $\hat{\Phi}_{t,s} \otimes \mathbb{I}$ 对应的矩阵 (Choi 矩阵)

$$\Xi = \left[\hat{\Phi}_{t,s} \otimes \mathbb{I}\right](|\Psi\rangle\langle\Psi|), \tag{8.123}$$

其中

$$|\Psi\rangle = \frac{1}{\sqrt{N}} \sum_{k=0}^{N-1} |k\rangle|k\rangle_a \tag{8.124}$$

为系统和另一辅助系统 a 之间的最大纠缠态。数学上已经证明，一个映射完全正定的充要条件是矩阵 Ξ 必须是半正定的，亦即 $\Xi \geqslant 0$。另一方面，矩阵 Ξ 还满足下述特性

$$\|\Xi\|_1 \begin{cases} = 1, & \hat{\Phi}_{t,s}\text{是完全正定的}, \\ > 1, & \text{其他情况}, \end{cases} \tag{8.125}$$

其中矩阵的 1-阶迹范数定义为

$$\|A\|_1 = \mathrm{Tr}[\sqrt{AA^{\dagger}}], \tag{8.126}$$

由此我们可以定义变量

$$g(t) = \lim_{\epsilon \to 0^+} \frac{\left\|\left[\hat{\Phi}_{t+\epsilon,t} \otimes \mathbb{I}\right](|\Psi\rangle\langle\Psi|)\right\|_1 - 1}{\epsilon}. \tag{8.127}$$

可见，对于非马尔可夫过程，一定存在某个时间 t，满足 $g(t) > 0$。基于此，我们就可以把一段时间 $t \in I$ 映射的非马尔可夫特性的大小定义为

$$N_{\mathrm{RHP}}^I := \int_I \mathrm{d}t\, g(t). \tag{8.128}$$

这种度量方式最早是由 Rivas、Huelga 和 Plenio 提出来的 [16]，对应了 N_{RHP}^I 中的下标 RHP。

　　从上述表达式可以看到，为了获得 $g(t)$ 的取值，我们需要知道映射 $\hat{\Phi}_t$ 在各个时刻 t 的信息。实验上，为了确定 $\hat{\Phi}_t$，我们可以考察一组给定本征基矢在 $\hat{\Phi}_t$ 作用下的轨迹。通过不断测量这些作用后的状态，将映射 $\hat{\Phi}_t$ 重构出来。这在实验上是不容易做到的。

　　我们也可以从另外的角度定义量子马尔可夫过程。如前文所述，经典的马尔可夫过程实际上可以对应到量子动力学演化的 P-可分过程。我们也可以以此为基础定义量子马尔可夫过程为 P-可分的过程。如此定义后，则上面提到的 CP-可分的映射应该是一般量子马尔可夫过程的特殊情况。不过，当系统和辅助系统纠缠时，一个正定的映射并不能保证将系统的密度矩阵映射到另一个密度矩阵。所以理论上处理 P-可分的映射是很困难的。

　　另一方面，考虑到对于非马尔可夫过程，由于环境有记忆特性，系统和环境耦合所导致的信息泄露，在未来的某个时刻会影响系统的动力学演化。原则上，可以

利用这一点来度量一个演化过程非马尔可夫性的大小。基于这样的考虑，Breuer、Laine 和 Piilo (BLP) 提出了利用矩阵迹距离的方法来衡量映射的非马尔可夫特性[15,18]。为了方便问题的讨论，这里引入矩阵迹距离 (trace distance) 的概念：对于任意给定的两个密度矩阵 $\boldsymbol{\rho}^{(1)}$ 和 $\boldsymbol{\rho}^{(2)}$，定义它们之间的距离为

$$D_T(\boldsymbol{\rho}^{(1)}, \boldsymbol{\rho}^{(2)}) = \frac{1}{2}||\boldsymbol{\rho}^{(1)} - \boldsymbol{\rho}^{(2)}||_1, \tag{8.129}$$

其中，$||\boldsymbol{A}||_1$ 为矩阵 $\boldsymbol{A}$ 的 1-阶迹范数。容易看到，当 $\boldsymbol{\rho}^{(1)} \perp \boldsymbol{\rho}^{(2)}$ 相互垂直时，上述距离达到最大值 1。数学上，迹距离亦可以写成下列求极值的形式

$$D_T(\boldsymbol{\rho}^{(1)}, \boldsymbol{\rho}^{(2)}) = \max_{0 \leqslant \mathbb{E} \leqslant I} \text{Tr}[\mathbb{E}(\boldsymbol{\rho}^{(1)} - \boldsymbol{\rho}^{(2)})], \tag{8.130}$$

其中，$\mathbb{E}$ 为投影算子。可以看到，当 $D_T(\boldsymbol{\rho}^{(1)}, \boldsymbol{\rho}^{(2)})$ 取最大值时，$\mathbb{E}$ 作为投影算子只保留厄米算符 $\boldsymbol{\rho}^{(1)} - \boldsymbol{\rho}^{(2)}$ 正本征态所对应的子空间部分。迹距离的一个很重要的性质是：对于一个正定的保持矩阵迹不变的映射 \$，迹距离在此变换下是不增加的，亦即

$$D_T[\$(\boldsymbol{\rho}^{(1)}), \$(\boldsymbol{\rho}^{(2)})] \leqslant D_T(\boldsymbol{\rho}^{(1)}, \boldsymbol{\rho}^{(2)}). \tag{8.131}$$

在马尔可夫近似中，任何给定的两个初始状态，在系统和环境的耦合发生后，由于信息泄露到环境中，它们之间的可区分度随时间演化会越来越低。迹距离的上述性质和我们的直观物理理解是一致的。

为了定义系统演化非马尔可夫特性的强弱，我们定义变量

$$I_S(t) = D_T(\rho_S^{(1)}(t), \rho_S^{(2)}(t)) \tag{8.132}$$

表示系统在 t 时刻的可识别度。此外，当系统和环境都能够提取信息时，总系统的识别度 $D_T(\rho_{SE}^{(1)}, \rho_{SE}^{(2)})$ 原则应该更好。这两个识别度之间的差异定义为

$$I_E(t) = D_T[\rho_{SE}^{(1)}(t), \rho_{SE}^{(2)}(t)] - D_T[\rho_S^{(1)}(t), \rho_S^{(2)}(t)], \tag{8.133}$$

可以用来衡量信息在演化过程中的流动现象。特别地，如果初始时系统和环境是处在没有关联的直积态上，则由于幺正演化不改变迹距离，我们有 $D_T[\rho_{SE}^{(1)}(t), \rho_{SE}^{(2)}(t)] = D_T[\rho_S^{(1)}(t_0), \rho_S^{(2)}(t_0)]$，亦即 $I_E(t_0) = 0$ 且

$$I_S(t) + I_E(t) = I_S(t_0). \tag{8.134}$$

可以看到，当 $I_S(t)$ 随着时间演化减少时，必有 $I_E(t)$ 随时间增加，相应的系统信息流入到环境中，或者储存在系统环境的关联中。为描述信息的回流现象，我们可以考察 $I_S(t)$ 的微分特性

$$\sigma(t, \rho_S^{(j)}) \equiv \frac{\mathrm{d}}{\mathrm{d}t} D_T[\rho_S^{(1)}(t), \rho_S^{(2)}(t)]. \tag{8.135}$$

在某个时间内，如果有 $\sigma(t, \rho_S^{(j)}) > 0$，则表示系统的可识别度开始增加。这也意味着有信息从环境回流到系统中来，系统的演化是非马尔可夫的。为衡量非马尔可夫性的大小，我们可以把所有满足条件 $\sigma(t, \rho_S^{(j)}) > 0$ 的区间集中起来，从而引入物理过程 ϕ 的非马尔可夫性度量：

$$N[\phi] = \max_{\rho_S^{(1),(2)}(t_0)} \frac{1}{2} \int_0^\infty \mathrm{d}t[|\sigma(t)| + \sigma(t)]. \tag{8.136}$$

所以当 $N[\phi] > 0$ 时，我们即可称物理过程 ϕ 是非马尔可夫的。

需要注意的是，上述 $N[\phi]$ 的求解中，包含了遍历初始态 $\rho_S^{(1),(2)}(t_0)$ 求最大值的操作。实际情况下，如何选取合适的 $\rho_S^{(1)}(t_0)$ 和 $\rho_S^{(2)}(t_0)$ 是不容易确定的。甚至有时候存在多组 $\{\rho_S^{(1)}(t_0), \rho_S^{(2)}(t_0)\}$，使得 $N[\phi]$ 取极大值。不过，为了使得信息回流很容易呈现出来，选择一个初始时刻较大的 $I_S(t_0)$ 是很有必要的，所以一般情况下，最佳的态选取方式是选一组正交的初始态 $\rho_S^{(1)}(t_0) \perp \rho_S^{(2)}(t_0)$。研究表明，对于两能级系统，最佳的初始态可以选择为纯态；对于其他系统，这一简化的方式是不一定能满足的。

8.5 非马尔可夫动力学的光学验证

在很多复杂体系中，单个子系统的演化都会受到周边的环境的影响，所以一个理想的满足主方程演化的系统是不容易找到的；相反地，非马尔可夫动力学现象在大多系统中却是非常普遍的。然而，由于非马尔可夫演化问题的复杂性，到目前为止，理论和实验上均还存在诸多问题有待进一步深入研究。在光学系统中，激光场可以在自然条件下长时间保持良好的相干特性，从而可以用来研究各种量子态的相干叠加、纠缠等现象。另一方面，考虑到实验上对光场的操控技术变得越来越成熟，我们可以在可控的范围内利用光场来模拟各种量子动力学现象，包括非马尔可夫动力学系统。利用光场的高度可操控性，我们可以在实验上精确地控制各个实验参数的大小和变化，从而可以对非马尔可夫动力学理论的各种预言进行验证，为深入理解该问题提供实验基础。

在光学系统中，一个实现非马尔可夫动力学的可控的光路系统如图 8.4 所示 [19-22]。该系统一个显著的特点就是系统的演化初态、系统和环境的相互作用形式等均可以被很好地控制。在该光路中，我们要研究的量子态是用光子的偏振自由度来表示的，而光子的频率自由度则用来模拟环境。实验中，我们在光场的传播路径中放置了双折射的石英晶片 (quartz plate，QP)，它的作用是人为地制造退相干过程，用以模拟环境对光场偏振信息的影响。更具体的分析中，我们会看到，由于光场存在一定的频率宽度，而不同频率和偏振的光在晶片中传播的速度不一样，从而使得光子的偏振自由度和频率自由度存在复杂的关联。当我们把光场的频率自由度作为环境，只考虑光子偏振信息时，偏振自由度上的动力学演化就会表现出非-马尔可夫特性。

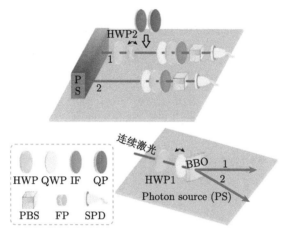

图 8.4　实验用于验证非马尔可夫动力学演化的光路图。这里通过连续激光 (CW light) 激发非线性 BBO 晶体，进而产生一对纠缠的光子。光子 2 作为触发光子直接被测量吸收，用以确定被考察的对象光子 1 通过了设计的光路。各光学器件的具体代号含义如下：HWP-半波片 (half-wave plate)，QWP-1/4 波片 (quarter-wave plate)，IF-干涉滤波器 (interference filter)，QP-石英片 (quartz plate)，PBS-偏正分束器 (polarizing beamsplitter)，FP-FP 腔 (Fabry-Pérot cavity)，SPD-单光子探测器 (single photon detector)。其中光路 1 中的 HWP2 和 FP 腔的作用是制备动力学演化所需要的初态 $|\Psi\rangle = |\varphi\rangle \otimes |\chi\rangle$(摘自 Nature Physics, 7, 931-934 (2011))

理论上，整个光子状态的演化可以简单表示成

$$U(t)|\lambda\rangle \otimes |\omega\rangle = \mathrm{e}^{in_\lambda\omega t}|\lambda\rangle \otimes |\omega\rangle, \tag{8.137}$$

这里，λ 为光场的偏振自由度，可以取水平偏振 (H) 和垂直偏振 (V)；n_λ 为晶片对相应偏振光的折射率；$|\omega\rangle$ 为系统的频率自由度。当 $\Delta n = n_H - n_V \neq 0$ 时，系统的偏振自由度会发生退相干。为此，我们假定初始时刻系统处在偏振和频率两自由度的直积状态上

$$|\Psi\rangle = |\varphi\rangle \otimes |\chi\rangle, \tag{8.138}$$

其中，$|\varphi\rangle$ 表示偏振状态，$|\chi\rangle$ 的形式为

$$|\chi\rangle = \int \mathrm{d}\omega f(\omega)|\omega\rangle, \tag{8.139}$$

其中 $f(\omega)$ 为光子波函数在频率 ω 处的振幅，满足归一化条件

$$\int \mathrm{d}\omega |f(\omega)|^2 = 1.$$

实验上，$f(\omega)$ 的具体形式可以通过改变 FP-腔的倾斜角 θ 来改变，用以模拟偏振光子 1 在不同噪声背景下的动力学过程，如图 8.5 所示。

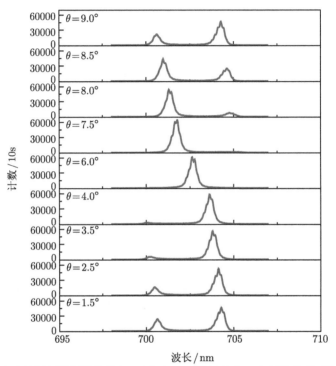

图 8.5　初态光场振幅的频谱信息 $|f(\omega)|^2$ 与 FP 腔倾斜角 θ 之间的关系 (摘自 Nature Physics, 7, 931-934 (2011))

对于上述初始态，系统偏振自由度的动力学演化可以简单地概括为下面的形式

$$\hat{\Phi}_t : \begin{cases} |H\rangle\langle H| \to |H\rangle\langle H|, \\ |V\rangle\langle V| \to |V\rangle\langle V|, \\ |H\rangle\langle V| \to \kappa(t)|H\rangle\langle V|, \\ |V\rangle\langle H| \to \kappa^*(t)|V\rangle\langle H|, \end{cases} \tag{8.140}$$

其中 $\kappa(t)$ 可以简单地表示成分布函数 $|f(\omega)|^2$ 的傅里叶变换

$$\kappa(t) = \int \mathrm{d}\omega |f(\omega)|^2 \mathrm{e}^{\mathrm{i}\Delta n\omega t}. \tag{8.141}$$

对于给定的一个偏振初始态 $\rho_s(0)$，依据上述映射，系统的动力演化即可以表示为

$$\rho_s(t) = \hat{\Phi}_t[\rho_s(0)] = \begin{pmatrix} \rho_{HH} & \kappa(t)\rho_{HV} \\ \kappa^*(t)\rho_{VH} & \rho_{VV} \end{pmatrix}. \tag{8.142}$$

利用前面给定的方法，我们也可以把上述演化表示成时间上局部的微分方程形式

$$\frac{\mathrm{d}}{\mathrm{d}t}\rho_s(t) = -\mathrm{i}\frac{\epsilon(t)}{2}[\hat{\sigma}_z, \rho_s(t)] + \frac{D(t)}{2}[\hat{\sigma}_z\rho_s(t)\hat{\sigma}_z - \rho_s(t)], \tag{8.143}$$

其中 $\epsilon(t)$ 和 $D(t)$ 的具体定义为

$$\epsilon(t) = -\mathrm{Im}\left[\frac{\mathrm{d}\kappa(t)/\mathrm{d}t}{\kappa(t)}\right], \tag{8.144}$$

$$D(t) = -\mathrm{Re}\left[\frac{\mathrm{d}\kappa(t)/\mathrm{d}t}{\kappa(t)}\right] = -\frac{\mathrm{d}}{\mathrm{d}t}\ln|\kappa(t)|. \tag{8.145}$$

这里 $D(t)$ 对应于系统随时间变化的退相干速率。可见，通过调整 $\kappa(t)$ 的形式，我们可以让 $D(t)$ 大于零或者小于零，从而可以用来研究满足非马尔可夫动力学演化的量子系统。

为了衡量上述系统非马尔可夫特性的强弱，我们选择两个不同的偏振初始态 $\rho_s^{(1)}(0)$ 和 $\rho_s^{(2)}(0)$，然后考察它们在演化过程中迹距离 $D_T[\rho_s^{(1)}(t), \rho_s^{(2)}(t)]$ 随时间的变化。可以验证，对于上述给定的动力学演化，迹距离 D_T 的具体形式可以简单表示为

$$D_T[\rho_s^{(1)}(t), \rho_s^{(2)}(t)] = \sqrt{a^2 + |\kappa^*(t)b|^2}, \tag{8.146}$$

其中参数 a 和 b 依赖于初始的偏振状态

$$a = \rho_{s,HH}^{(1)}(0) - \rho_{s,HH}^{(2)}(0), \tag{8.147}$$

$$b = \rho_{s,HV}^{(1)}(0) - \rho_{s,HV}^{(2)}(0). \tag{8.148}$$

可见，当 $a = 0$ 且 $b = 1$ 时，D_T 的增长速度可以取最大值。实验中，我们取两种不同的系统偏振初态

$$|\varphi_{1,2}\rangle = \frac{1}{\sqrt{2}}(|H\rangle \pm |V\rangle). \tag{8.149}$$

容易验证，它们满足 $a = 0$ 且 $b = 1$ 的条件，因此可以用来探测系统非马尔可夫特性的强弱。相应的迹距离即可以简化为

$$D_T(\rho_s^{(1)}(t), \rho_s^{(2)}(t)) = |\kappa^*(t)|. \tag{8.150}$$

依据 $\kappa(t)$ 与频率分布 $f(\omega)$ 的相互关系式 (8.141)，我们就可以通过选择不同的分布函数 $f(\omega)$ 来改变函数 $\kappa(t)$ 对时间的依赖形式，使得 D_T 在一定的范围内随时间推进而减小。这样的系统演化就对应非马尔可夫动力学演化。

实际系统中，我们可以调节 FP 腔中的倾斜角来改变频率分布 $f(\omega)$ 的形式，从而使得它可以在单峰和双峰之间调节。当 $f(\omega)$ 为双峰结构时，可以用两个高斯波包来近似刻画。波包中心频率位置分别对应 ω_1 和 ω_2，相应的幅度为 A_1 和 A_2，而波包的宽度为 $\hat{\sigma}$。由此可以求得

$$|\kappa(t)| = \frac{\mathrm{e}^{-\frac{1}{2}\hat{\sigma}^2(\Delta n t)^2}}{1+A_\theta}\sqrt{1+A_\theta^2+2A_\theta\cos(\Delta\omega\Delta n t)}, \qquad (8.151)$$

其中，$\Delta\omega = \omega_2 - \omega_1$，$A_\theta$ 由两波包的振幅决定，满足 $A_1 = 1/(1+A_\theta)$，$A_2 = A_\theta/(1+A_\theta)$。由于在实验可调控的范围内可近似认为 $\Delta\omega$ 不变，所以上述关系式中实际可调节的参数为 A_θ。另一方面，对于光学系统，演化时间可以通过增减波片的厚度来调节。联合这些调控手段，我们就可以通过调控变量 $|\kappa(t)|$ 的行为来模拟非马尔可夫动力学演化。

图 8.6 给出了在不同的环境频谱 $f(\omega)$ 下系统的迹距离和纠缠并发度随演化时间 (等价于有效光程差 $\Delta n L$) 的变化关系。可以看到，随着参数 θ 的改变，系统迹距离随着时间的变化率 $N(\hat{\Phi})$ 也相应地发生变化，如图 8.6(a) 所示。当 θ 较小时，迹距离随参数 λ_0 初始减小，而后又增加，表明系统演化中存在信息回流，从而对应非马尔可夫型动力学演化。当 θ 慢慢增加时，$N(\hat{\Phi})$ 渐渐在整个演化区间中保持 $N(\hat{\Phi}) < 0$ 的情况，从而表明系统的动力学演化由非马尔可夫类型过渡到马尔可夫型的动力学演化。进一步增加 θ 后，我们又可以让系统的动力学演化变回到非马尔可夫类型，如图 8.7 所示。

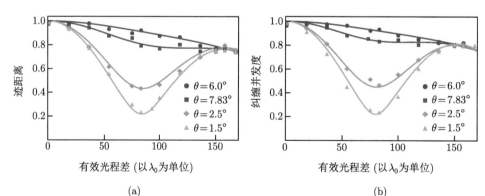

(a)　　　　　　　　　　　　　　　　　(b)

图 8.6　不同的倾斜角 θ 下，迹距离和纠缠并发度随有效光程差 $\Delta n L$ 的变化关系。其中实线为理论结果，相应的参数取值为 $\hat{\sigma} = 1.8 \times 10^{12}\mathrm{Hz}$，$\Delta\omega = 1.6 \times 10^{13}\mathrm{Hz}$。横坐标的单位取为 $\lambda_0 = 702\mathrm{nm}$(摘自 Nature Physics, 7, 931-934 (2011))

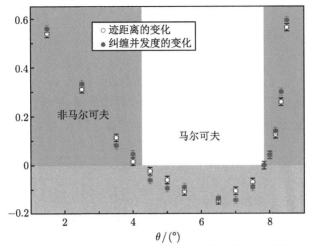

图 8.7 迹距离和纠缠并发度的变化量随参数 θ 的变化，这里纵坐标是图 8.6 对应曲线中第一个极小值与后面极大值的差。从图中可以看到，系统演化从非马尔可夫区间到马尔可夫区间转变的角度约为 $\theta = 4.1°$。由马尔可夫区间再回到非马尔可夫区间的转变角度约为 $\theta = 8.0°$。蓝色区间中，纵坐标的取值即对应 $N(\hat{\Phi})$ 的取值，而在灰色区域中，纵坐标取值小于 0，对应于 $N(\hat{\Phi}) = 0$(摘自 Nature Physics, 7, 931-934 (2011))

利用同样的装置，我们还可以考察纠缠态在非马尔可夫环境下的动力学演化情况。通过设定半波片 HWP1 的角度，我们可以让非线性 BBO 晶体生成双光子最大纠缠态，其形式为

$$|\psi_{SA}\rangle = 1/\sqrt{2}(|HH\rangle + |VV\rangle), \tag{8.152}$$

这里我们用 S 代表所考察的系统 (光子 1)，A 代表辅助系统 (光子 2)。简单分析可知，对于这样的初态，经过前面的光路环境后，其动力学演化的具体形式为

$$\begin{aligned}
\rho_{SA}(t) &= (\hat{\Phi}_t \otimes \mathbb{I})(|\psi_{SA}\rangle\langle\psi_{SA}|) \\
&= \frac{1}{2}\Big(|HH\rangle\langle HH| + |VV\rangle\langle VV| \\
&\quad + \kappa^*(t)|HH\rangle\langle VV| + \kappa(t)|VV\rangle\langle HH|\Big).
\end{aligned} \tag{8.153}$$

为度量光子间的纠缠，我们引入并发度 (concurrence)C[23]。对于给定的两比特系统的密度矩阵 $\boldsymbol{\rho}$，并发度 $C(\boldsymbol{\rho})$ 定义为

$$C(\boldsymbol{\rho}) = \max\{0, \Gamma\}. \tag{8.154}$$

这里 Γ 定义为 $\Gamma = \sqrt{\chi_1} - \sqrt{\chi_2} - \sqrt{\chi_3} - \sqrt{\chi_4}$，其中 χ_i 为下列矩阵的本征值

$$\boldsymbol{\rho}(\hat{\sigma}_y \otimes \hat{\sigma}_y)\boldsymbol{\rho}^*(\hat{\sigma}_y \otimes \hat{\sigma}_y), \tag{8.155}$$

满足从大到小的排列顺序 $\chi_1 \geqslant \chi_2 \geqslant \chi_3 \geqslant \chi_4$。可以验证，对于方程 (8.153) 这样的状态，其对应的纠缠并发度为

$$C(\rho_{SA}(t)) = |\kappa(t)| = D_T[\rho_s^{(1)}(t), \rho_s^{(2)}(t)]. \tag{8.156}$$

由此可知，这里测量两光子之间的纠缠与测量环境的非马尔可夫特性是一致的，如图 8.6(b) 和图 8.7所示。

参 考 文 献

[1] 郭光灿. 量子光学. 北京: 高等教育出版社，1990.

[2] Breuer H P, Petruccione F. The Theory of Open Quantum Systems (Chapter 9 and 10). Oxford: Oxford University Press, 2002.

[3] Wißmann S. Non-Markovian Quantum Probes for Complex Systems. Ph. D. thesis. Universität Freiburg, 2016.

[4] Rivas Á, Huelga S. Open Quantum Systems: An Introduction. New York: Springer, 2012.

[5] Scully M O, Suhail Zubairy M. Quantum Optics (Chapter 9). Cambridge: Cambridge University Press, 2003.

[6] Agarwal G S. Quantum Optics. Cambridge: Cambridge University Press 2012.

[7] Gardiner C, Zoller P. Quantum Noise: A Handbook of Markovian and non-Markovian Quantum Stochastic Methods with Applications to Quantum Optics. Berlin: Springer Science & Business Media, 2004.

[8] Nakajima S. On quantum theory of transport phenomena. Prog. Theor. Phys., 1958, 20: 948-959.

[9] Zwanzig R. Ensemble method in the theory of irreversibility. J. Chem. Phys., 1960, 33: 1338-1341.

[10] Breuer H P, Kappler B, Petruccione F. Stochastic wave-function method for non-Markovian quantum master equations. Phys. Rev. A, 1999, 59: 1633.

[11] Rippin M, Knight P L. Modified spontaneous emission in cylindrical microcavities: Waveguiding and distributed Bragg reflecting structures. J. Mod. Opt., 1996, 43: 807; Garraway B M. Nonperturbative decay of an atomic system in a cavity. Phys. Rev. A, 1997, 55: 2290.

[12] Lindblad G. On the generators of quantum dynamical semigroups. Commun. Math. Phys., 1976, 48: 119-130.

[13] Gorini V, Kossakowski A, Sudarshan E C. Completely positive semigroups of n-level systems. J. Math. Phys., 1976, 17: 821-825.

[14] Carmichael H J. Statistical methods in quantum optics 1: Master equations and Fokker-Planck equations. New York: Springer, 1999.

[15] Breuer H P, Laine E M, Piilo J, et al. Colloquium: Non-Markovian dynamics in open quantum systems. Rev. Mod. Phys., 2016, 88: 021002.

[16] Rivas Á, Huelga S F, Plenio M B. Quantum non-Markovianity: Characterization, quantification and detection. Rep. Prog. Phys., 2014, 77: 094001.

[17] Nielsen M A, Chuang I L. Quantum Computation and Quantum Information. Cambridge: Cambridge University Press, 2003.

[18] Breuer H P, Laine E M, Piilo J. Measure for the degree of non-markovian behavior of quantum processes in open systems. Phys. Rev. Lett., 2009, 103: 210401.

[19] Li C F, Tang J S, Li Y L, et al. Experimentally witnessing the initial correlation between an open quantum system and its environment. Phys. Rev. A, 2011, 83: 064102.

[20] Liu B H, Cao D Y, Huang Y F, et al. Photonic realization of nonlocal memory effects and non-Markovian quantum probes. Scientific Reports, 2013, 3: 1781.

[21] Liu B H, Wißmann S, Hu X M, et al. Locality and universality of quantum memory effects. Scientific Reports, 2015, 4: 6327.

[22] Liu B H, Li L, Huang Y F, et al. Experimental control of the transition from Markovian to non-Markovian dynamics of open quantum systems. Nature Physics, 2011, 7: 931–934.

[23] Wootters W K. Entanglement of formation of an arbitrary state of two qubits. Phys. Rev. Lett., 1998, 80: 2245.

第九章　光学谐振腔系统

探索和观测光的量子现象一直是量子光学中的核心问题。在自由空间中，光场以光速传播，不会固定在某个空间点上，所以介质与光场作用的时间一般很短。另一方面，在没有其他额外限制的条件下，光子的模式体积可以很大，从而单个光子与介质的相互作用强度是很弱的。所以基于这些因素，一般说来，光场的量子特性很难在实验中体现出来。

为了增强单个光子与物质相互作用的强度，体现光的量子效应，一个很有效的方式是构造光学谐振腔。在物理上，最简单的光腔系统可以通过一些光学镜片来实现。当光子在谐振腔中来回反射时，可以多次与物质发生耦合，从而可以有效延长光子与物质的作用时间，增强有效耦合强度。此外，光腔的尺寸也可以按照需求设计不同的大小。对于小尺度的光学腔来说，腔内光场的模式体积也很小。在这样有限的体积内，单个光子所对应的等效电场就可能达到极高的强度，从而实现光与物质的强耦合条件。光的量子效应也会显著地体现出来。实际上在自由空间中，由于耦合强度不足，再加上原子耗散的存在，标准的 J-C 模型所预言的很多量子特性是不容易被观测到的。然而使用光学谐振腔系统，这些困难就可以很好地被克服，从而也使得光腔系统成为研究光场各种量子效应的重要物理平台。

本章中，我们将从光腔的稳定性出发，介绍光腔各重要物理参数之间的联系 [1,2]；继而讨论光腔中所导致的物理效应，包括 Purcell 效应 [3-6]、光腔的输入输出关系等 [7-16]；最后介绍简并光腔 [17] 及其中的量子模拟和调控 [18-23]。

9.1　光腔的稳定性条件

为了让光场在光腔内稳定存在，我们需要具体分析腔内光线的传播特性。对于一个理想的光腔系统来说，如果光线在腔内来回反射一个周期后与自身重合，则初始光场就可以和反射回来的光场相干叠加。当腔镜的泄露很小时，光场就可以在光腔内多次来回反射，从而可以在腔内以稳定的形式保存一段时间。对于近轴传播的光线，我们可以用一组参数 $[r, r']$ 表示光线的传播信息，如图 9.1所示，其中 r 表示光线在空间 x 处离主轴的距离，r' 表示光线的传播方向 [1,2]。

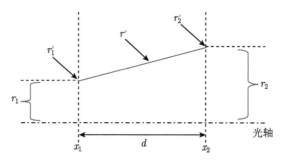

图 9.1 光线传播过程中光线参数及其他各物理量的具体定义

由图 9.1 可知，当光线由 x_1 传播到 x_2 后，其参数变化可以表示为

$$r_2 = r_1 + r'_1 d,$$
$$r'_2 = r'_1.$$

实际应用中，为方便讨论，通常可以引入 $ABCD$ 参数矩阵来表示上述传播过程，即

$$\begin{bmatrix} r_2 \\ r'_2 \end{bmatrix} = \begin{bmatrix} A & B \\ C & D \end{bmatrix} \begin{bmatrix} r_1 \\ r'_1 \end{bmatrix}. \tag{9.1}$$

可以看到，对于自由传播，其对应的传播矩阵即为

$$\begin{bmatrix} A & B \\ C & D \end{bmatrix} = \begin{bmatrix} 1 & d \\ 0 & 1 \end{bmatrix}. \tag{9.2}$$

对于常见的薄透镜，其光路如图 9.2所示。假定光线在通过透镜的前后到光轴的距离不变，但是方向却发生了变化 $r'_2 \simeq -r_1/f$，其中 f 为透镜的焦距。由此可以写出薄透镜的传播矩阵表示

$$\begin{bmatrix} A & B \\ C & D \end{bmatrix} = \begin{bmatrix} 1 & 0 \\ -\dfrac{1}{f} & 1 \end{bmatrix}. \tag{9.3}$$

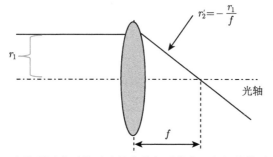

图 9.2 光线通过薄透镜时光线参数与透镜焦距之间的关系示意图

同样，对于凹面镜，光线在镜面反射的变化如图 9.3所示，光线的参数变化满足 $r_2 = r_1$ 和 $r_2' = -2r_1/R = -r_1/f$，从而其对应的 $ABCD$ 矩阵为

$$\begin{bmatrix} A & B \\ C & D \end{bmatrix} = \begin{bmatrix} 1 & 0 \\ -\dfrac{2}{R} & 1 \end{bmatrix}. \tag{9.4}$$

在极限情况下，当 $R \to \infty$ 时，凹面镜变为常见的平面镜，我们有 $\begin{bmatrix} A & B \\ C & D \end{bmatrix} = \begin{bmatrix} 1 & 0 \\ 0 & 1 \end{bmatrix}$，所以平面镜不改变光线传播信息。

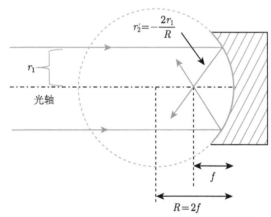

图 9.3　光线通过凹面镜时光线参数与透镜焦距之间的关系示意图，其中 R 为镜面的曲率半径，f 为焦距

　　对于任意一个复杂的光学器件，在近轴条件下，它都可以看作是一系列基本光学元件的组合，所以它对光场的作用也可以用传播矩阵来刻画。例如，考察如图 9.4 所示的一个由两个凹面镜组成的 Fabry-Perot(F-P) 光学腔系统，光线在腔内传播一个来回后，其对应的 $ABCD$ 矩阵表示为

$$\begin{bmatrix} r_5 \\ r_5' \end{bmatrix} = \begin{bmatrix} 1 & 0 \\ -2/R_1 & 1 \end{bmatrix} \begin{bmatrix} 1 & L \\ 0 & 1 \end{bmatrix} \begin{bmatrix} 1 & 0 \\ -2/R_2 & 1 \end{bmatrix} \begin{bmatrix} 1 & L \\ 0 & 1 \end{bmatrix} \begin{bmatrix} r_1 \\ r_1' \end{bmatrix}$$

$$= \begin{bmatrix} A & B \\ C & D \end{bmatrix} \begin{bmatrix} r_1 \\ r_1' \end{bmatrix}, \tag{9.5}$$

其中

$$A = 1 - \frac{2L}{R_2} \xrightarrow{R_1 = R_2 = R} 1 - \frac{2L}{R}, \tag{9.6a}$$

$$B = 2L(1 - \frac{L}{R_2}) \xrightarrow{R_1 = R_2 = R} 2L\left(1 - \frac{L}{R}\right), \tag{9.6b}$$

$$C = -\left[\frac{2}{R_1} + \frac{2}{R_2}\left(1 - \frac{2L}{R_1}\right)\right] \xrightarrow{R_1 = R_2 = R} -\frac{4}{R}\left(1 - \frac{L}{R}\right), \tag{9.6c}$$

$$D = -\left[\frac{2L}{R_1} - \left(1 - \frac{2L}{R_1}\right)\left(1 - \frac{2L}{R_2}\right)\right] \xrightarrow{R_1 = R_2 = R} -\left(\frac{6L}{R} - 1 - \frac{4L^2}{R^2}\right). \tag{9.6d}$$

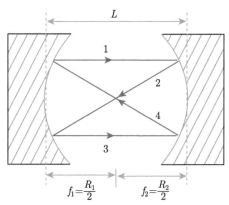

图 9.4 Fabry-Perot 腔内各腔镜参数及光线的传播示意图

如果要求光线每次反射回来以后与自身重合，则反射回来的光场就会与原来的光场叠加增强。经过多次这样的反射以后，光场就会在腔内形成稳定的分布，这样的模式就称为光腔的本征模式。同时，由于光场模式体积很小，所以光场携带的电场强度极其强大，以至于单个光子的电场就可以产生可观测的物理效应，从而光的量子特性就显现出来了。

对于稳定的光腔模式，其传播矩阵满足

$$\begin{bmatrix} A & B \\ C & D \end{bmatrix} \begin{bmatrix} r_1 \\ r_1' \end{bmatrix} = E \begin{bmatrix} r_1 \\ r_1' \end{bmatrix}, \tag{9.7}$$

其中 E 表示对应的本征值，它满足下列等式

$$E^2 - (A+D)E + (AD - BC) = 0. \tag{9.8}$$

由于

$$\text{Det} \begin{bmatrix} A & B \\ C & D \end{bmatrix} = AD - BC = 1, \tag{9.9}$$

上式简化为

$$E^2 - (A+D)E + 1 = 0, \tag{9.10}$$

求解得到

$$E_\pm = \Delta \pm \sqrt{\Delta^2 - 1}, \qquad \Delta = \frac{A+D}{2}. \tag{9.11}$$

容易知道，当 $|\Delta| \leqslant 1$ 时，我们可以令 $\Delta = \cos\psi$，则 $E_\pm = \cos\psi + \mathrm{i}\sin\psi = \mathrm{e}^{\pm\mathrm{i}\psi}$。如果我们记 $E_\pm$ 相应的光线本征矢量为 $|R_\pm\rangle$，则经过 n 次往返以后，我们可以写出光场对应的状态矢量为

$$|R\rangle_n = c_+ \mathrm{e}^{\mathrm{i}n\psi}|R_+\rangle + c_- \mathrm{e}^{-\mathrm{i}n\psi}|R_-\rangle, \tag{9.12}$$

其中 c_+ 和 c_- 为相应的叠加系数。由于 $|R_\pm\rangle$ 均表示近轴传播光线的状态矢量，所以 $|R\rangle_n$ 也应该能保证光线在近轴附近传播，故此时光波可以在腔内稳定存在。

另一方面，当 $|\Delta| > 1$ 时，E_+ 和 E_- 两者中必有一个大于 1，一个小于 1。经过 n 次往返以后，光场对应的状态矢量为

$$|R\rangle_n = c_+ E_+^n |R_+\rangle + c_- E_-^n |R_-\rangle. \tag{9.13}$$

求和的两项在 $n \to \infty$ 时要么趋向于无穷大，要么趋向于零。这两种情况都表明，此时光场模式在腔内不能稳定存在。

综合起来我们可以看到，腔内光场能稳定存在的条件为 $|\Delta| \leqslant 1$。代入具体表达式后有

$$0 \leqslant g_1 g_2 \leqslant 1, \qquad g_1 = 1 - \frac{L}{R_1}, \quad g_2 = 1 - \frac{L}{R_2}. \tag{9.14}$$

当 $g_1 g_2 = 0$ 或 1 时，相应的 Δ 取值分别为 1 和 -1。这种情况对应的光腔称为临界腔。临界系统中包含大量的简并模式，可以用来设计特殊用途的光学器件，或用作量子模拟器研究各种拓扑物理效应等 (详细讨论见本章 9.8 节)。

9.2　光腔内各物理量之间的关系

为了加深对光学谐振腔品质的了解，本节中我们对光腔中一些重要物理参数进行简单介绍。对于由两个镜面组成的 F-P 光学腔来说，由于腔镜的存在，只有驻波才可能在腔内稳定存在。以平面镜为例，在不考虑腔内光场横向分布的影响时，腔的谐振波长应满足条件

$$\frac{2\pi}{\lambda_q} 2L = 2q\pi, \tag{9.15}$$

其中，L 为腔长度，q 为正整数，λ_q 为光波长，记为 $\lambda_q = 2L/q$。相应的谐振频率为

$$v_q = \frac{c}{\lambda_q} = \frac{qc}{2L}, \tag{9.16}$$

其中，c 表示光速。这里我们假定腔内不含介质。当 q 取不同的正整数时，v_q 的取值也不同，相邻 v_q 之间的间距为

$$\Delta v_q = \frac{c}{2L}, \tag{9.17}$$

这也被称为光腔的自由光谱区 (free spectrum range, FSR)。

由于绝对理想的光学器件在实验中是不存在的，光在腔内传播过程中一般都伴随着损耗过程。我们定义腔内光子的寿命 τ_R 为腔内光强衰减到初始光强 $1/e$ 时所需要的时间。这样腔内光强随时间的变化就可以写成

$$I(t) = I_0 \mathrm{e}^{-t/\tau_R}. \tag{9.18}$$

此外，衡量光腔的另一个重要参数是其品质因子 Q，其普遍定义可以用下列关系表示

$$Q = 2\pi \frac{\text{腔内最大存储能量}}{\text{每个来回损耗的能量}} = 2\pi v_q \frac{\text{腔内最大存储能量}}{\text{单位时间内损耗的能量}}. \tag{9.19}$$

可见，品质因子 Q 反映的是光子在腔内来回反射次数。它与腔内光子寿命 τ_R 之间满足关系

$$Q = 2\pi v_q \tau_R. \tag{9.20}$$

另一方面，在光腔光谱中，由于 τ_R 的存在，腔的每个共振峰均有一定线宽。利用傅里叶分析可知，频谱的展宽与寿命之间的约束关系为

$$\Delta v_R = \frac{1}{2\pi \tau_R}, \tag{9.21}$$

故腔的品质因子亦可写成

$$Q = \frac{v_q}{\Delta v_R}. \tag{9.22}$$

腔的 Q 值对光腔的品质影响很大。一般地，Q 值越高，表示腔的存储性能越好，腔内的光子寿命越长，对应的频谱线宽 Δv_R 就越窄。

除了品质因子 Q，刻画光腔好坏的还有另一个常用物理量，称之为光腔的精细度 (finesse)F，其具体定义为

$$F = \frac{\Delta v_q}{\Delta v_R} = \frac{FSR}{\Delta v_R}. \tag{9.23}$$

光腔的精细度表达了在自由光谱区内能容纳共振峰的最多数目。一般 F 与 Q 的具体关系为

$$Q = \frac{v_q}{\Delta v_R} = qF = \frac{2L}{\lambda_q}F = \frac{2L}{2\pi}kF. \tag{9.24}$$

这里 $k = 2\pi/\lambda_q$ 为光的波矢。

9.3   腔镜的透射、反射对光腔品质的影响

为了对光学谐振腔的结构有更形象直接的了解，本节中，我们考察一个具体的由双平面镜所组成的 F-P 腔系统，如图 9.5所示。

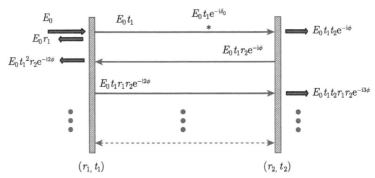

图 9.5   F-P 腔内光场在经过镜面反射、透射后的分布示意图

假定腔镜对应的反射和透射系数分别为 (r_1, t_1) 及 (r_2, t_2)。对于无损耗的腔镜系统，应有下面的关系成立

$$|r_i|^2 + |t_i|^2 = 1 \quad 及 \quad r_i t_i^* + r_i^* t_i = 0. \tag{9.25}$$

由图示可知，如果假定入射场振幅为 E_0，则经腔镜反射后的反射场振幅为

$$\begin{aligned}
E_r &= E_0 r_1 + E_0 t_1^2 r_2 e^{-i2\phi} + E_0 t_1^2 r_1 r_2^2 e^{-i4\phi} + \cdots \\
&= E_0 r_1 + E_0 t_1^2 r_2 e^{-i2\phi}[1 + r_1 r_2 e^{-i2\phi} + (r_1 r_2)^2 e^{-i4\phi} + \cdots] \\
&= E_0 r_1 + E_0 t_1^2 r_2 e^{-i2\phi} \frac{1}{1 - r_1 r_2 e^{-i2\phi}}
\end{aligned}$$

$$= E_0 \frac{r_1 + r_2 e^{-i2\phi}(t_1^2 - r_1^2)}{1 - r_1 r_2 e^{-i2\phi}}. \tag{9.26}$$

这里 $\phi = 2\pi n L / \lambda$ 为腔内两腔镜之间的光程，n 为腔内介质的折射系数。同理我们也可以写出从镜面 2 处透射的光场振幅为

$$E_t = E_0 t_1 t_2 e^{-i\phi}[1 + r_1 r_2 e^{-i2\phi} + (r_1 r_2)^2 e^{-i4\phi} + \cdots]$$

$$= E_0 \frac{t_1 t_2 e^{-i\phi}}{1 - r_1 r_2 e^{-i2\phi}}. \tag{9.27}$$

由此我们就可以求得透射光的强度为

$$I_t = \frac{1}{2}|E_t|^2 = \frac{1}{2}|E_0|^2 \frac{|t_1 t_2|^2}{|1 - r_1 r_2 e^{-i2\phi}|^2}$$

$$= \frac{T_1 T_2}{(1 - \sqrt{R_1 R_2})^2} \frac{I_0}{1 + \frac{4\sqrt{R_1 R_2}}{(1 - \sqrt{R_1 R_2})^2} \sin^2(\phi + \frac{\delta}{2})}$$

$$= \frac{T_1 T_2}{1 + R_1 R_2 - 2\sqrt{R_1 R_2}\cos 2\bar{\phi}} I_0, \tag{9.28}$$

其中

$$I_0 = \frac{1}{2}|E_0|^2, \quad T_i = |t_i|^2, \quad R_i = |r_i|^2, \quad \bar{\phi} = \phi + \delta/2. \tag{9.29}$$

这里 $\delta/2$ 为由于腔镜反射而引起的相移，满足 $r_1 r_2 = \sqrt{R_1 R_2} e^{-i\delta}$。

同理，反射光的强度为

$$I_r = \frac{1}{2}|E_r|^2 = \frac{R_1 + R_2 - 2\sqrt{R_1 R_2}\cos 2\bar{\phi}}{1 + R_1 R_2 - 2\sqrt{R_1 R_2}\cos 2\bar{\phi}} I_0. \tag{9.30}$$

可以验证，透射光和反射光满足能量守恒定律，即

$$I_t + I_r = I_0. \tag{9.31}$$

可见，当 $2\bar{\phi} = 2q\pi$ 时 (q 为整数)，腔内光场可以形成以腔镜位置为节点的驻波。此时，透射光强度 I_t 达到最大

$$I_t^{\max} = \frac{T_1 T_2}{(1 - \sqrt{R_1 R_2})^2} I_0 \xrightarrow{R_1 = R_2 = R} I_0, \tag{9.32}$$

而相应的反射光强度 I_r 达到最小

$$I_r^{\min} = \frac{(\sqrt{R_1} - \sqrt{R_2})^2}{(1 - \sqrt{R_1 R_2})^2} I_0 \xrightarrow{R_1 = R_2 = R} 0, \tag{9.33}$$

此时光的频率满足 $v_q = qc/(2nL)$。

如果我们改变光的频率 v，使得 $2\bar{\phi} = 2q\pi + \Delta$，其中 $\Delta = 4\pi nL(v - v_q)/c$ 为小的偏移量，则透射系数变为

$$\mathcal{T}(\Delta) = \frac{I_t}{I_0} = \frac{(I_t/I_0)_{\max}}{1 + \frac{4\sqrt{R_1 R_2}}{(1 - \sqrt{R_1 R_2})^2}(\frac{\Delta}{2})^2}. \tag{9.34}$$

如果将 $\tau(\Delta)$ 的半高宽定义为透射峰 $\tau(\Delta)$ 随着 Δ 降低到最大值的一半时 Δ 所对应的取值，则应有

$$\Delta_{1/2} = \frac{1 - \sqrt{R_1 R_2}}{\sqrt[4]{R_1 R_2}}. \tag{9.35}$$

相应地，光场透射频率的半高宽为

$$\Delta v_{1/2} = \frac{c}{2\pi nL}\Delta_{1/2}. \tag{9.36}$$

从而可得腔的精细度与腔镜反射率的关系为

$$F = \frac{\Delta v_q}{\Delta v_{1/2}} = \frac{c/(2nL)}{\Delta_{1/2}c/(2\pi nL)} = \pi\frac{\sqrt[4]{R_1 R_2}}{1 - \sqrt{R_1 R_2}}. \tag{9.37}$$

相应地，腔的 Q 因子满足

$$Q = \frac{v_q}{\Delta v_{1/2}} = \frac{c/\lambda_q}{\Delta_{1/2}c/(2\pi nL)} = \frac{2\pi nL}{\lambda_q}\frac{\sqrt[4]{R_1 R_2}}{1 - \sqrt{R_1 R_2}} = \frac{2nL}{\lambda_q}F. \tag{9.38}$$

我们也可以具体考察腔内光场的强度。以腔内 "∗" 点为例，如图 9.5所示，假定该点对应的位相为 δ_0，对经过该位置的反射和透射光场进行叠加求和后有

$$E_* = E_0[t_1 e^{-i\delta_0} + t_1 r_2 e^{-i(2\phi - \delta_0)} + t_1 r_1 r_2 e^{-i(2\phi + \delta_0)} + \cdots]$$
$$= E_0 t_1 e^{-i\delta_0}(1 + r_2 e^{-i(2\phi - 2\delta_0)})\frac{1}{1 - r_1 r_2 e^{-i2\phi}},$$

相应总的光强度为

$$I_* \propto |E_*|^2 = |E_0|^2 T_1|\frac{1 + r_2 e^{-i2(\phi - \delta_0)}}{1 - r_1 r_2 e^{-i2\phi}}|^2$$
$$\propto I_0 T_1\frac{1 + R_2 + 2\sqrt{R_2}\cos(2\bar{\phi} - 2\delta_0 - \epsilon_1)}{1 + R_1 R_2 - 2\sqrt{R_1 R_2}\cos(2\bar{\phi})}, \tag{9.39}$$

其中，假定了镜面 1 和镜面 2 所引起的相移分别为 ϵ_1 及 ϵ_2，且

$$\bar{\phi} = \phi + \delta/2 = \phi + (\epsilon_1 + \epsilon_2)/2. \tag{9.40}$$

由于 $2\bar{\phi} = 2q\pi$, 所以当 $2\delta_0 + \epsilon_1 = 2m\pi$ 时, 上式取得极大值

$$I_*^{\max} = I_0 T_1 [(1 + \sqrt{R_2})/(1 - \sqrt{R_1 R_2})]^2; \tag{9.41}$$

当 $2\delta_0 + \epsilon_1 = (2m+1)\pi$ 时, 上式取得极小值

$$I_*^{\min} = I_0 T_1 [(1 - \sqrt{R_2})/(1 + \sqrt{R_1 R_2})]^2. \tag{9.42}$$

可见, 当 I_* 达到极大时, I_t 亦达到极大, 且满足关系

$$\frac{I_*^{\max}}{I_t^{\max}} = \frac{(1 + \sqrt{R_2})^2}{T_2}. \tag{9.43}$$

所以镜面 2 的反射率越大, 腔内光场就越强。这与我们的直观理解是一致的。

同样我们也可以估算腔内光子的寿命。对于初始光子数为 N_p 的光束来说, 在经过腔内一次来回反射以后, 平均光子数变为 $N_p' = R_1 R_2 N_p$, 所以光子数的损耗为

$$\Delta N_p = N_p' - N_p = -(1 - R_1 R_2) N_p. \tag{9.44}$$

又因为光子往返一次所需要的时间为

$$\Delta t = \frac{2nL}{c} = t_0, \tag{9.45}$$

故有

$$\frac{\Delta N_p}{\Delta t} = -\frac{1 - R_1 R_2}{t_0} N_p \approx \frac{\mathrm{d} N_p}{\mathrm{d} t}, \tag{9.46}$$

从而求得腔内光子数随时间的变化率为

$$N_p(t) \simeq N_p \mathrm{e}^{-t/\tau_R}, \tag{9.47}$$

其中光子寿命定义为

$$\tau_R = \frac{t_0}{1 - R_1 R_2} = \frac{2nL}{c(1 - R_1 R_2)}. \tag{9.48}$$

利用这里所得到的关系式, 我们很容易看出, 腔的频谱半宽度 $\Delta v_{1/2}$ 和腔内光子寿命 τ_R 之间满足关系

$$\begin{aligned} 2\pi \Delta v_{1/2} \tau_R &= 2\pi \frac{c}{2\pi nL} \frac{1 - \sqrt{R_1 R_2}}{\sqrt[4]{R_1 R_2}} \frac{2nL}{c(1 - R_1 R_2)} \\ &= \frac{2}{\sqrt[4]{R_1 R_2}(1 + \sqrt{R_1 R_2})} \end{aligned}$$

$$\xrightarrow{R_1=R_2=1} 1. \tag{9.49}$$

光腔内各物理参数之间的关系可参阅图 9.6。

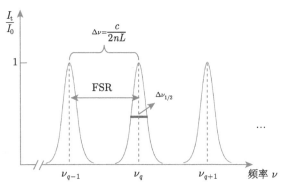

图 9.6　F-P 腔透射谱及频谱展宽示意图

9.4　Purcell 效应

由 9.3 节中得知，腔内光场的强度 I_* 会随系统参数的变化而改变。从物理上看，由于光腔的存在对空间所容许的光场模式提供了更多的约束条件，在该处的电磁场的模式密度发生了变化。也就是说某些形式的电磁场模式由于不符合系统的约束条件，已不能在光腔中稳定存在，所以适合条件的光场模式数目减少了。

光腔内的电场强度为我们估算光腔对空间模式密度的改变提供了简洁的物理图像。容易看到，当腔镜不存在时，腔内各点的光场强度 I_* 应该就是入射光场的强度。如果假定自由空间中的光场模式密度为 $D_{\mathrm{free}}(\omega)$，则光腔中的光场模式密度 $D_{\mathrm{cav}}(\omega)$ 可以近似从腔内的平均光强中得出。利用方程 (9.39)，并对相位 δ_0 进行平均，我们可以写出 $D_{\mathrm{cav}}(\omega)$ 的形式为

$$D_{\mathrm{cav}}(\omega) = \frac{T_1(1+R_2)}{(1-\sqrt{R_1 R_2})^2} \frac{1}{1+\dfrac{4\sqrt{R_1 R_2}}{(1-\sqrt{R_1 R_2})^2}\sin^2(\bar{\phi})} D_{\mathrm{free}}(\omega). \tag{9.50}$$

当 $R_1 = R_2 = R$ 时，利用 $T_1 = T_2 = 1 - R$，上式可以近似表示为

$$D_{\mathrm{cav}}(\omega) = \frac{\sqrt{1+f}}{1+f\sin^2(\bar{\phi})} D_{\mathrm{free}}(\omega), \tag{9.51}$$

其中 f 依赖于腔系统的精细度，具体形式为

$$f = (2F/\pi)^2 = 4R/(1-R)^2. \tag{9.52}$$

如果假定光场的频率在共振频率附近, 则有 $2\bar{\phi} = 2q\pi + \Delta$, 其中 $\Delta = 2L(\omega-\omega_q)/c$ 为小的偏移量。这里为方便讨论, 我们取自由空间的折射率为 $n=1$。这样就可以将分母中的 $\sin^2(\bar{\phi})$ 近似为

$$\sin^2(\bar{\phi}) \simeq \left[\frac{L}{c}(\omega-\omega_q)\right]^2. \tag{9.53}$$

另一方面, 腔的精细度在实验中一般能做到很高的数值, 从而满足 $F \gg 1$。如此, 我们就可以得到 $D_{\mathrm{cav}}(\omega)$ 近似形式为

$$D_{\mathrm{cav}}(\omega) \simeq \frac{2F/\pi}{1 + (2FL/\pi c)^2(\omega-\omega_q)^2}, \tag{9.54}$$

再考虑到在共振频率 ω_q 附近光腔系统内各参数之间的关系为

$$Q = \frac{\omega_q}{\kappa} = \frac{2FL}{\lambda_q} \tag{9.55}$$

我们即可以得到

$$\frac{FL}{\pi c} = \frac{2FL}{\lambda_q}\frac{\lambda_q}{2\pi c} = \frac{\omega_q}{\kappa}\frac{\lambda_q}{2\pi c} = \frac{1}{\kappa}, \tag{9.56}$$

这里 κ 对应于腔的耗散率, 是腔寿命 τ_R 的倒数:

$$\kappa = \tau_R^{-1}. \tag{9.57}$$

将这些结果代入式 (9.54) 中, 并考虑到在一维情况下自由空间的模式密度满足 $D_{\mathrm{free}}(\omega) = L/\pi c$, 就可以得到 $D_{\mathrm{cav}}(\omega)$ 的形式为

$$D_{\mathrm{cav}}(\omega) \simeq \frac{1}{\pi}\frac{\kappa/2}{(\kappa/2)^2 + (\omega-\omega_q)^2}. \tag{9.58}$$

利用上述 $D_{\mathrm{cav}}(\omega)$ 的形式, 我们就可以讨论光腔内模式密度的改变对腔内原子自发辐射速率的影响。利用 Fermi-Golden 规则, 我们可以将自发辐射的速率统一写成

$$\Gamma_c = 2\pi|g(\omega)|^2 D(\omega), \tag{9.59}$$

其中, $g(\omega)$ 为光与原子的耦合系数, $D(\omega)$ 为光场所处空间的模式密度分布。对于三维自由空间, 我们有 $D_{\mathrm{free}}(\omega) = V\omega^2/\pi^2 c^3$。对于光腔系统, 当原子频率与光腔共振 $\omega = \omega_q$ 时, 对应的模式密度为

$$D_{\mathrm{cav}}(\omega) \simeq \frac{2}{\pi\kappa} = \frac{2Q}{\pi\omega}, \tag{9.60}$$

从而修正后的腔内自发辐射速率为

$$\Gamma_c = 2\pi|g(\omega)|^2 D_{\text{free}}(\omega)\frac{D_{\text{cav}}(\omega)}{D_{\text{free}}(\omega)} = \Gamma_{\text{free}}Q(\frac{\lambda_0^3}{4\pi^2 V}), \tag{9.61}$$

其中，Γ_{free} 为自由空间中自发辐射的速率，$\lambda_0 = 2\pi c/\omega$ 对应于辐射光的波长。可以看到，除了一个依赖于系统几何构型的因子 $\lambda_0^3/4\pi^2 V$ 外，腔内原子的自发辐射速率相对于自由空间来说被提升 Q 倍。相反，当辐射光的频率与光腔远离共振时，我们有 $\delta\omega = \omega - \omega_q \gg \kappa$，从而可得

$$\Gamma_c = 2\pi|g(\omega)|^2 D_{\text{free}}(\omega)\frac{D_{\text{cav}}(\omega)}{D_{\text{free}}(\omega)} = \Gamma_{\text{free}}\frac{(\omega/\delta\omega)^2}{4Q}(\frac{\lambda_0^3}{4\pi^2 V}). \tag{9.62}$$

可见此时原子的自发辐射速率反比于腔的品质因子 Q，自发辐射效应受到抑制。腔对原子自发辐射效应的改变也称为腔的 Purcell 效应。Purcell 效应是由美国科学家 Edward Mills Purcell 在 20 世纪 40 年代提出来的 [3]。实验上，Purcell 效应在不同材料制备的光腔系统中均已经被观测到。例如，在光子晶体制成的光腔中，当原子的自发辐射频率处在晶体能带的带隙中时，原子的自发辐射就会被大大抑制，从而可以有效延长原子激发态的寿命，用以完成特定的相干操控任务 [4,5]。在某些量子密钥分配的方案中，Purcell 效应可以用来改变单光子源的自发辐射速率，从而可以完成高效的密钥分发任务 [6]。

9.5　光学腔的输入输出关系

当光学腔的品质因子 Q 很高时，光场与腔内物质的相互作用会显著增强，从而使得光学腔系统成为研究量子光场的理想实验平台。由于光的传播特性，光场在腔内作用后，会有一部分输出光腔。这部分光场携带了腔内相互作用的信息，从而可以对其进行适当的操控把相关的信息提取出来。在量子光学中，利用腔场的输入输出关系，我们可以很方便地对输出光场的信息进行计算分析，从而可以提取出腔内光与物质相互作用的诸多信息。本节中，我们将具体介绍这一处理方法 [7-9]。

考察如图 9.7 所示的光腔系统。由于光场在光腔内外传播特性的不同，我们可以把他们分开来处理：对于腔外的光场，一般假定它处在自由状态，可以用自由光场来描述；而把光学腔看作是光场的一个囚禁势场，具有一系列分立的本征模式。系统的整体哈密顿量可以写成

$$\hat{H} = \hat{H}_{\text{s}} + \hat{H}_{\text{I}} + \hat{H}_{\text{E}}, \tag{9.63}$$

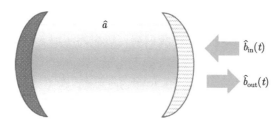

图 9.7　光学腔的输入输出示意图。$\hat{a}$ 表示腔内光场模式的湮灭算符

其中，$\hat{H}_{\mathrm{s}}$ 是腔内所考察系统的哈密顿量；$\hat{H}_{\mathrm{E}}$ 为腔外自由光场的哈密顿量；$\hat{H}_{\mathrm{I}}$ 则表示腔内外光场模式的耦合相互作用。腔外自由光场与相互作用的具体形式分别为

$$\hat{H}_{\mathrm{E}} = \hbar \sum_{\omega} \omega \hat{b}^{\dagger}(\omega)\hat{b}(\omega), \qquad \hat{H}_{\mathrm{I}} = \mathrm{i}\hbar \int \mathrm{d}\omega k_{\omega}[\hat{b}^{\dagger}(\omega)\hat{a} - \hat{a}^{\dagger}\hat{b}(\omega)]. \qquad (9.64)$$

这里，$k(\omega)$ 表示在腔镜面处腔外光场模式 $\hat{b}(\omega)$ 与腔内模式 $\hat{a}$ 之间的耦合强度。各光场模式满足标准的玻色对易关系

$$[\hat{a}, \hat{a}^{\dagger}] = 1, \quad \text{及} \quad [\hat{b}(\omega), \hat{b}^{\dagger}(\omega')] = \delta(\omega - \omega'). \qquad (9.65)$$

可以看到，这里考虑的相互作用形式与 7.3 节中讨论量子朗之万方程的形式是一样的，故可以用白噪声近似的方法对系统的动力学进行简化。

由于光场的海森伯运动方程满足

$$\frac{\mathrm{d}\hat{b}(\omega,t)}{\mathrm{d}t} = -\mathrm{i}\omega\hat{b}(\omega,t) + k(\omega)\hat{a}, \qquad (9.66)$$

其形式解可以写为

$$\hat{b}(\omega,t) = \hat{b}(\omega,t_0) \exp[-\mathrm{i}\omega(t-t_0)] + \int_{t_0}^{t} \mathrm{d}\tau \hat{a}(\tau)k(\omega) \exp[-\mathrm{i}\omega(t-\tau)], \qquad (9.67)$$

式中，$\hat{b}^{\dagger}(\omega,0)$ 表示 $t = 0$ 时刻的算符取值。

考虑到具体系统中光场在进入光腔之前和离开光学腔之后都是自由传播的，原则上，这两种状态由于在腔外，都是我们可以操控和测量的。为了方便讨论，我们假定这时候的光场信息是已知的。这样在时间域上，就相当于知道了光场在进入和离开光腔时的边界信息。我们的目的是希望知道光场在这两个时间点之间的状态，故需要建立中间时刻光场与边界信息之间的联系。为此我们定义

$$\hat{b}_{\mathrm{in}}(t) = -\frac{1}{\sqrt{2\pi}} \int \mathrm{d}\omega \hat{b}(\omega,t_0) \exp[-\mathrm{i}\omega(t-t_0)], \qquad (9.68)$$

其中，$t_0 \ll t$ 表示光场在未输入光腔之前的某个时刻；$\hat{b}(\omega, t_0)$ 表示此时刻对应的自由光场在频率 ω 处的算符。这样我们就可以重写 t 时刻的光场为

$$-\frac{1}{\sqrt{2\pi}} \int d\omega \hat{b}(\omega, t) = \hat{b}_{\text{in}}(t) - \frac{1}{\sqrt{2\pi}} \int d\omega \int_{t_0}^{t} d\tau \hat{a}(\tau) k(\omega) \exp\left[-i\omega(t-\tau)\right]. \quad (9.69)$$

为进一步简化，这里利用白噪声近似，即令

$$k^2(\omega) = \kappa/2\pi \quad (9.70)$$

不依赖频率，同时把 ω 的积分限拓展为 $(-\infty, \infty)$，再利用等式

$$\int d\omega e^{-i\omega(t-t')} = 2\pi\delta(t-t') \ \text{及} \ \int_{t_0}^{t} dt' \delta(t-t') f(t') = \frac{1}{2} f(t), \quad (9.71)$$

我们得到

$$\hat{b}_{\text{in}}(t) = \frac{\sqrt{\kappa}}{2} \hat{a}(t) - \frac{1}{\sqrt{2\pi}} \int d\omega \hat{b}(\omega, t). \quad (9.72)$$

同理，如果我们取 $t_1 \gg t$ 为光场离开光腔后的某个时刻，则可以把 $b(\omega, t)$ 写成

$$\hat{b}(\omega, t) = \hat{b}(\omega, t_1) \exp[-i\omega(t-t_1)] + \int_{t_1}^{t} d\tau \hat{a}(\tau) k(\omega) \exp\left[-i\omega(t-\tau)\right]. \quad (9.73)$$

定义

$$\hat{b}_{\text{out}}(t) = \frac{1}{\sqrt{2\pi}} \int d\omega \hat{b}(\omega, t_1) \exp[-i\omega(t-t_1)], \quad (9.74)$$

利用白噪声近似，我们就可以得到

$$\hat{b}_{\text{out}}(t) = \frac{\sqrt{\kappa}}{2} \hat{a}(t) + \frac{1}{\sqrt{2\pi}} \int d\omega \hat{b}(\omega, t). \quad (9.75)$$

需要注意的是，这里 $\hat{b}_{\text{in}}(t)$ 与 $\hat{b}_{\text{out}}(t)$ 的定义中相差了一个负号，表示光波入射和出射光腔时改变了传播方向。很容易看到，这里定义的 $\hat{b}_{\text{in}}(t)$、$\hat{b}_{\text{out}}(t)$，以及光腔内部光场 $\hat{a}(t)$ 之间满足下列关系

$$\hat{b}_{\text{out}}(t) + \hat{b}_{\text{in}}(t) = \sqrt{\kappa} \hat{a}(t). \quad (9.76)$$

可以验证，上述定义的入射和出射光场算符满足标准的对易关系

$$[\hat{b}_{\text{in}}(t), \hat{b}_{\text{in}}^\dagger(t')] = \delta(t-t') \ \text{及} \ [\hat{b}_{\text{out}}(t), \hat{b}_{\text{out}}^\dagger(t')] = \delta(t-t'). \quad (9.77)$$

另一方面，对于腔内的某个系统算符 $\hat{c}(t)$ 来说，它与未来某个时刻 $t' > t$ 的输入光场 $\hat{b}_{\text{in}}^{\dagger}(t')$ 应该是不相关的，所以我们有对易关系

$$[\hat{c}(t), \hat{b}_{\text{in}}^{\dagger}(t')] = 0, \qquad t' > t. \tag{9.78}$$

同理，该系统算符与早前时刻的输出光场应该也是不相关的，从而亦有

$$[\hat{c}(t), \hat{b}_{\text{out}}(t')] = 0, \qquad t' < t. \tag{9.79}$$

由此我们可以推断，当 $t' \leqslant t$ 时，依据 $\hat{b}_{\text{in}}(t')$ 的表达式可知

$$[\hat{c}(t), \hat{b}_{\text{in}}(t)] = \frac{\sqrt{\kappa}}{2}[\hat{c}(t), \hat{a}(t)], \tag{9.80}$$

$$[\hat{c}(t), \hat{b}_{\text{in}}(t')] = [\hat{c}(t), \sqrt{\kappa}\hat{a}(t') - \hat{b}_{\text{out}}(t')]$$

$$= \sqrt{\kappa}\theta(t - t')[\hat{c}(t), \hat{a}(t')], \tag{9.81}$$

其中 $\theta(t)$ 为阶跃函数

$$\theta(t) = \begin{cases} 1, & t > 0, \\ \dfrac{1}{2}, & t = 0, \\ 0, & t < 0, \end{cases} \tag{9.82}$$

同理，当 $t' \geqslant t$ 时，依据 $\hat{b}_{\text{out}}(t')$ 的表达式可知

$$[\hat{c}(t), \hat{b}_{\text{out}}(t)] = \frac{\sqrt{\kappa}}{2}[\hat{c}(t), \hat{a}(t)], \tag{9.83}$$

$$[\hat{c}(t), \hat{b}_{\text{out}}(t')] = [\hat{c}(t), \sqrt{\kappa}\hat{a}(t') - \hat{b}_{\text{in}}(t')]$$

$$= \sqrt{\kappa}\theta(t' - t)[\hat{c}(t), \hat{a}(t')]. \tag{9.84}$$

对于真空或者相干态输入的情况，利用上述对易关系，还可以求得输出光场与腔内光场之间的涨落满足

$$\langle \hat{b}_{\text{out}}^{\dagger}(t), \hat{b}_{\text{out}}(t') \rangle = \kappa \langle \hat{a}^{\dagger}(t), \hat{a}(t') \rangle, \tag{9.85}$$

$$\langle \hat{b}_{\text{out}}(t), \hat{b}_{\text{out}}(t') \rangle = \langle \hat{b}_{\text{in}}^{\dagger}(t) - \sqrt{\kappa}\hat{a}(t), \hat{b}_{\text{in}}^{\dagger}(t') - \sqrt{\kappa}\hat{a}(t') \rangle,$$

$$= \kappa \langle \hat{a}(t), \hat{a}(t') \rangle - \sqrt{\kappa}\langle [\hat{a}_{\text{in}}(t'), \hat{a}(t)] \rangle$$

$$= \kappa \langle \hat{a}(t), \hat{a}(t') \rangle + \kappa\theta(t' - t)\langle [\hat{a}(t'), \hat{a}(t)] \rangle. \tag{9.86}$$

这里的算符涨落运算定义为

$$\langle U, V \rangle = \langle UV \rangle - \langle U \rangle \langle V \rangle. \tag{9.87}$$

有了输入和输出场的定义后，我们就可以将腔内光场的海森伯演化简化为

$$
\begin{aligned}
\dot{\hat{a}}(t) &= \frac{1}{\mathrm{i}\hbar}[\hat{a}(t), \hat{H}_s] - \int \mathrm{d}\omega k(\omega)\hat{b}(\omega, t) \\
&= \frac{1}{\mathrm{i}\hbar}[\hat{a}(t), \hat{H}_s] - \frac{\kappa}{2}\hat{a}(t) + \sqrt{\kappa}\hat{b}_{\mathrm{in}}(t) \quad (9.88) \\
&= \frac{1}{\mathrm{i}\hbar}[\hat{a}(t), \hat{H}_s] + \frac{\kappa}{2}\hat{a}(t) - \sqrt{\kappa}\hat{b}_{\mathrm{out}}(t). \quad (9.89)
\end{aligned}
$$

对于没有任何介质的空腔系统，其自由哈密顿量为

$$
\hat{H}_s = \hbar(\omega_0 - \omega_L)\hat{a}^\dagger \hat{a}, \quad (9.90)
$$

其中，ω_0 为腔内光子的振动频率，ω_L 为外界输入光场的中心频率。定义失谐量 $\Delta = \omega_0 - \omega_L$，我们可以求得频域内光腔的模式 $\hat{a}(t)$ 的傅里叶分量 $\hat{a}(\omega)$ 应满足方程

$$
-\mathrm{i}\omega\hat{a}(\omega) = -\mathrm{i}\Delta\hat{a}(\omega) - \frac{\kappa}{2}\hat{a}(\omega) + \sqrt{\kappa}\hat{b}_{\mathrm{in}}(\omega), \quad (9.91)
$$

由此可得

$$
\hat{a}(\omega) = \frac{\sqrt{\kappa}\hat{b}_{\mathrm{in}}(\omega)}{\frac{\kappa}{2} + \mathrm{i}(\Delta - \omega)}, \quad (9.92)
$$

相应的输出光场为

$$
\hat{b}_{\mathrm{out}}(\omega) = \sqrt{\kappa}\hat{a}(\omega) - \hat{b}_{\mathrm{in}}(\omega) = \frac{\frac{\kappa}{2} - \mathrm{i}(\Delta - \omega)}{\frac{\kappa}{2} + \mathrm{i}(\Delta - \omega)}\hat{b}_{\mathrm{in}}(\omega). \quad (9.93)
$$

可以看出，当输入光频率与光腔共振频率相差很大时，$\Delta \gg (\kappa, \omega)$，光场几乎不进入光腔，直接从输入镜面反射回来。此时，我们有

$$
\hat{b}_{\mathrm{out}}(t) \simeq -\hat{b}_{\mathrm{in}}(t). \quad (9.94)
$$

而当 $\Delta = 0$ 时，输入光场与腔发生共振，光场状态会被显著地改变；特别地，当输入光场的频宽很小时 $\omega \ll \kappa$，我们近似有

$$
\hat{b}_{\mathrm{out}}(t) \simeq \hat{b}_{\mathrm{in}}(t), \quad (9.95)
$$

相比较 $\Delta \gg (\kappa, \omega)$ 的情况，此时光场多了一个 π 相位。所以通过控制失谐量 Δ 的大小，我们可以改变输入和输出光场之间的相位移动，从而使得光的量子效应在实验上被观测到。

9.6 腔内强耦合对输入输出关系的影响

利用 9.5 节中介绍的方法，我们也可以考虑光腔内存在耦合介质时光腔输入输出关系的变化[10-15]。一个最简单的例子就是考虑在一个单模腔内有一两能级原子与腔内光场强耦合，如图 9.8所示，相互作用的形式为标准的 J-C 模型所描述

$$\hat{H}_s = \hbar\delta|e\rangle\langle e| + \hbar g(\hat{\sigma}^-\hat{a}^\dagger + \hat{a}\hat{\sigma}^+), \tag{9.96}$$

这里，$\hat{\sigma}^- = |g\rangle\langle e|$，$\hat{\sigma}^+ = |e\rangle\langle g|$，$|g\rangle$、$|e\rangle$ 分别表示原子的基态和激发态；δ 表示光场频率和原子能级差之间的失谐量。

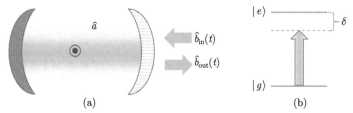

图 9.8 光学腔内光场模式耦合单个原子示意图，δ 表示腔内光场频率与原子能级差之间的失谐量

为了方便讨论，这里设定外界输入光场的中心频率与腔的共振频率一致，同时为了记入原子能级 $|e\rangle$ 上的自发辐射，我们还引入 Lindblad 算子 $\hat{L} = \sqrt{\gamma}|g\rangle\langle e|$ 来描述这一耗散过程。这样对于任一描述原子系统的算符 $\hat{A}$，它所满足的海森伯运动方程即可以写成 (见第六章式 (6.63))

$$\dot{\hat{A}} = -\frac{\mathrm{i}}{\hbar}[\hat{A}, \hat{H}_s] + \frac{1}{2}\left(\hat{L}^\dagger[\hat{A}, \hat{L}] + [\hat{L}^\dagger, \hat{A}]\hat{L}\right) - \left(\hat{F}^\dagger[\hat{A}, \hat{L}] + [\hat{L}^\dagger, \hat{A}]\hat{F}\right), \tag{9.97}$$

其中，$\hat{F}$ 为环境导致的量子朗之万噪声算符。而对于光腔内的模式算符 $\hat{a}$，它所满足的方程可以用输入输出场表示为

$$\dot{\hat{a}}(t) = -\frac{\mathrm{i}}{\hbar}[\hat{a}(t), \hat{H}_s] - \frac{\kappa}{2}\hat{a}(t) + \sqrt{\kappa}\hat{b}_{\mathrm{in}}(t), \tag{9.98}$$

$$= -\frac{\mathrm{i}}{\hbar}[\hat{a}(t), \hat{H}_s] + \frac{\kappa}{2}\hat{a}(t) - \sqrt{\kappa}\hat{b}_{\mathrm{out}}(t). \tag{9.99}$$

由此，我们就可以求得相应的光场及原子算符的运动方程为

$$\dot{\hat{a}} = -\mathrm{i}g\hat{\sigma}^- - \frac{\kappa}{2}\hat{a} + \sqrt{\kappa}\hat{b}_{\mathrm{in}}(t), \tag{9.100a}$$

$$\dot{\hat{\sigma}}^- = -(\frac{\gamma}{2} + \mathrm{i}\delta)\hat{\sigma}^- + \mathrm{i}\hat{\sigma}_z(g\hat{a} + \mathrm{i}\sqrt{\gamma}\hat{F}), \tag{9.100b}$$

$$\dot{\hat{\sigma}}_z = -\gamma(\hat{P}_z + \hat{\sigma}_z) + \mathrm{i}2\big[(g\hat{a}^\dagger - \mathrm{i}\sqrt{\gamma}\hat{F}^\dagger)\hat{\sigma}^- - h.c.\big]. \tag{9.100c}$$

其中

$$\hat{\sigma}_z = \hat{\sigma}_{ee} - \hat{\sigma}_{00} = |e\rangle\langle e| - |g\rangle\langle g|, \tag{9.101a}$$

$$\hat{P}_z = |e\rangle\langle e| + |g\rangle\langle g|. \tag{9.101b}$$

对上述方程作 Fourier 变换

$$\hat{a}(t) = \frac{1}{\sqrt{2\pi}} \int \mathrm{d}\omega \mathrm{e}^{-\mathrm{i}\omega t} \hat{a}(\omega), \tag{9.102}$$

可以得到代数方程

$$-\mathrm{i}\omega\hat{a}(\omega) = -\mathrm{i}g\hat{\sigma}^-(\omega) - \frac{\kappa}{2}\hat{a}(\omega) + \sqrt{\kappa}\hat{b}_{\mathrm{in}}(\omega),$$

$$-\mathrm{i}\omega\hat{\sigma}^-(\omega) = -(\frac{\gamma}{2} + \mathrm{i}\delta)\hat{\sigma}^-(\omega) + \mathrm{i}\int \frac{\mathrm{d}\omega'}{\sqrt{2\pi}}\hat{\sigma}_z(\omega - \omega')\big[g\hat{a}(\omega') + \mathrm{i}\sqrt{\gamma}\hat{F}(\omega')\big],$$

$$-\mathrm{i}\omega\hat{\sigma}_z(\omega) = -\gamma\big[\sqrt{2\pi}\hat{P}_z\delta(\omega) + \hat{\sigma}_z(\omega)\big]$$

$$+\mathrm{i}2\int \frac{\mathrm{d}\omega'}{\sqrt{2\pi}}\big\{\big[g\hat{a}^\dagger(\omega') - \mathrm{i}\sqrt{\gamma}\hat{F}^\dagger(\omega')\big]\hat{\sigma}^-(\omega - \omega') - h.c.\big\}.$$

由此可以求得形式解为

$$\hat{a}(\omega) = \frac{g\hat{\sigma}^-(\omega) + \mathrm{i}\sqrt{\kappa}\hat{b}_{\mathrm{in}}(\omega)}{\omega + \mathrm{i}\frac{\kappa}{2}}, \tag{9.103a}$$

$$\hat{\sigma}^-(\omega) = \frac{1}{\delta - \omega - \mathrm{i}\frac{\gamma}{2}} \int \frac{\mathrm{d}\omega'}{\sqrt{2\pi}}\hat{\sigma}_z(\omega - \omega')\big[g\hat{a}(\omega') + \mathrm{i}\sqrt{\gamma}\hat{F}(\omega')\big], \tag{9.103b}$$

$$\hat{\sigma}_z(\omega) = \frac{-\mathrm{i}\sqrt{2\pi}\gamma\hat{P}_z\delta(\omega)}{\omega + \mathrm{i}\gamma}$$

$$-\frac{2g}{\omega + \mathrm{i}\gamma} \int \frac{\mathrm{d}\omega'}{\sqrt{2\pi}}\big\{\big[g\hat{a}^\dagger(\omega') - \mathrm{i}\sqrt{\gamma}\hat{F}^\dagger(\omega')\big]\hat{\sigma}^-(\omega - \omega') - h.c.\big\}. \tag{9.103c}$$

上述方程含有卷积积分, 严格求解这些算符方程是困难的。不过如果我们忽略噪声算符的影响, 并假定体系中最多只能包含单个激发数的情况, 亦即 $|e\rangle\langle e| + \hat{a}^\dagger\hat{a} \leqslant 1$, 则上述关于 $\hat{\sigma}_z(\omega)$ 的方程中, 右边的第二项可以去掉。这是因为如果我们把方程 (9.103c) 代入 (9.103b) 中, 则这一项只有在激发数大于等于 2 时才能给出非零的值。这样我们就可以得到

$$\hat{\sigma}^-(\omega) = \frac{-g}{\delta - \omega - \mathrm{i}\frac{\gamma}{2}}\hat{P}_z\hat{a}(\omega), \tag{9.104}$$

$$\hat{a}(\omega) = \frac{\mathrm{i}\sqrt{\kappa}}{\omega + \mathrm{i}\frac{\kappa}{2} + \frac{|g|^2}{(\delta - \omega - \mathrm{i}\gamma/2)}P_z}\hat{b}_{\mathrm{in}}(\omega). \tag{9.105}$$

对于理想的输入光场,其频率展宽远远小于系统的耗散率,即有 $(\gamma, \kappa) \gg \omega \sim 0$,则近似有

$$\hat{a}(\omega) = \frac{\mathrm{i}\sqrt{\kappa}}{\mathrm{i}\kappa/2 + |g|^2 P_z/(\delta - \mathrm{i}\gamma/2)}\hat{b}_{\mathrm{in}}(\omega). \tag{9.106}$$

利用光腔的输入输出关系,我们就可以得到输出光场的近似表达式为

$$\begin{aligned}
\hat{b}_{\mathrm{out}}(\omega) &= -\hat{b}_{\mathrm{in}}(\omega) + \sqrt{\kappa}\hat{a}(\omega) \\
&= \frac{\mathrm{i}\kappa/2 - |g|^2 \hat{P}_z/(\delta - \mathrm{i}\gamma/2)}{\mathrm{i}\kappa/2 + |g|^2 \hat{P}_z/(\delta - \mathrm{i}\gamma/2)}\hat{b}_{\mathrm{in}}(\omega).
\end{aligned} \tag{9.107}$$

容易看到,当光腔内光场与原子能级共振,即 $\delta = 0$ 时,近似有

$$\hat{b}_{\mathrm{out}}(\omega) = \frac{1 - 4|g|^2 \hat{P}_z/(\kappa\gamma)}{1 + 4|g|^2 \hat{P}_z/(\kappa\gamma)}\hat{b}_{\mathrm{in}}(\omega). \tag{9.108}$$

如果耦合强度 $g = 0$,即光子与原子不发生相互作用,此时系统相当于一个空腔与入射光共振时的响应,从而有

$$\hat{b}_{\mathrm{out}}(\omega) = \hat{b}_{\mathrm{in}}(\omega); \tag{9.109}$$

反之,当耦合强度非常大以至于 $|g|^2 \gg \kappa\gamma$ 时,腔内光子与原子发生强耦合,近似有

$$\hat{b}_{\mathrm{out}}(\omega) \simeq -\hat{b}_{\mathrm{in}}(\omega), \tag{9.110}$$

所以输出光场多出了一个 π 相位。需要注意的是,与方程 (9.94) 中的情况不同,这里的负号是由于光子和原子强耦合所诱导的。另外,当原子光子耦合的失谐量远大于系统的耗散时,$\delta \gg (\gamma\kappa)$,也可以近似得到

$$\hat{b}_{\mathrm{out}}(\omega) \simeq \frac{1 + \mathrm{i}2|g|^2 P_z/(\kappa\delta)}{1 - \mathrm{i}2|g|^2 \hat{P}_z/(\kappa\delta)}\hat{b}_{\mathrm{in}}(\omega), \tag{9.111}$$

此时,输入和输出光场之间存在一依赖于系统参数和原子状态的相位移动,从而可以用来实现单个原子和光子之间的相位调控。

对于一般耦合强度的系统,原子和光子的耗散都会对输出光的频谱产生很大影响,并且近似条件 $(\gamma, \kappa) \gg \omega \sim 0$ 也可能不再成立。此时要得到输入和输出光场的关系,我们需要求解更一般的方程 (9.105),这里就不再讨论了。

9.7 腔内光学参量振荡和压缩光场

光腔中除了放入原子介质实现强耦合外，还可以放入非线性介质。由介质的非线性效应以及腔内光场的量子特性，我们可以利用光腔生成特定形式的量子光场。这里我们以光学参量振荡 (optical parameter oscillator, OPO) 为例，讨论利用光腔内的参量放大过程生成理想的光场压缩态。

在非线性参量下转换过程中 (见第三章 3.12 节)，一个频率为 ω_p 的泵浦光子经过晶体作用后生成信号光子和闲置光子，对应的频率为 ω_s 和 ω_i。通常情况下泵浦光场很强，可以用相干态近似处理。对于简并参量过程，由于 $\omega_s = \omega_i$，在相互作用表象下，系统的有效哈密顿量可以写成

$$\hat{H} = \frac{\mathrm{i}\hbar}{2}(\Omega^* \hat{a}^2 - \Omega \hat{a}^{\dagger 2}),\tag{9.112}$$

这里 Ω 为耦合强度。对比第二章中的方程 (2.88) 可知，系统的动力学演化对应于标准的压缩变换，从而可以用来生成单模的压缩态光场。下面我们就具体求解在光腔系统中的这一相互作用对应的腔场演化情况 [7,9,16]。

在光学腔中，考虑到腔的输入输出关系后，腔内光场算符 $\hat{a}$ 的演化方程可以写为

$$\dot{\hat{a}} = -\frac{\mathrm{i}}{\hbar}[\hat{a}, \hat{H}] - \frac{\kappa}{2}\hat{a}(t) + \sqrt{\kappa}\hat{b}_{\mathrm{in}}(t),\tag{9.113}$$

由此可以得到下面的方程

$$\begin{bmatrix} \dot{\hat{a}} \\ \dot{\hat{a}}^{\dagger} \end{bmatrix} = \begin{pmatrix} 0 & -\Omega \\ -\Omega & 0 \end{pmatrix} \begin{bmatrix} \hat{a} \\ \hat{a}^{\dagger} \end{bmatrix} - \frac{\kappa}{2}\begin{pmatrix} \hat{a} \\ \hat{a}^{\dagger} \end{pmatrix} + \sqrt{\kappa}\begin{bmatrix} \hat{b}_{\mathrm{in}} \\ \hat{b}_{\mathrm{in}}^{\dagger} \end{bmatrix}.\tag{9.114}$$

为方便讨论，这里假定 Ω 为实数。对上式作傅里叶变换

$$\hat{a}(\omega) = \frac{1}{\sqrt{2\pi}}\int \mathrm{d}t e^{\mathrm{i}\omega t}\hat{a}(t),\tag{9.115}$$

即可得出

$$-\mathrm{i}\omega\begin{bmatrix} \hat{a}(\omega) \\ \hat{a}^{\dagger}(-\omega) \end{bmatrix} = \left(\hat{A} - \frac{\kappa}{2}I\right)\begin{bmatrix} \hat{a}(\omega) \\ \hat{a}^{\dagger}(-\omega) \end{bmatrix} + \sqrt{\kappa}\begin{bmatrix} \hat{b}_{\mathrm{in}}(\omega) \\ \hat{b}_{\mathrm{in}}^{\dagger}(-\omega) \end{bmatrix},\tag{9.116}$$

其中

$$\hat{A} = \begin{pmatrix} 0 & -\Omega \\ -\Omega & 0 \end{pmatrix}, \qquad I = \begin{pmatrix} 1 & 0 \\ 0 & 1 \end{pmatrix}.\tag{9.117}$$

腔内光场的形式解可以写成

$$\begin{bmatrix} \hat{a}(\omega) \\ \hat{a}^\dagger(-\omega) \end{bmatrix} = -\left[\hat{A} + (\mathrm{i}\omega - \frac{\kappa}{2})I\right]^{-1} \begin{bmatrix} \hat{b}_{\mathrm{in}}(\omega) \\ \hat{b}_{\mathrm{in}}^\dagger(-\omega) \end{bmatrix}. \tag{9.118}$$

代入腔的输入输出关系

$$\begin{bmatrix} \hat{b}_{\mathrm{out}}(\omega) \\ \hat{b}_{\mathrm{out}}^\dagger(-\omega) \end{bmatrix} + \begin{bmatrix} \hat{b}_{\mathrm{in}}(\omega) \\ \hat{b}_{\mathrm{in}}^\dagger(-\omega) \end{bmatrix} = \sqrt{\kappa} \begin{bmatrix} \hat{a}(\omega) \\ \hat{a}^\dagger(-\omega) \end{bmatrix}, \tag{9.119}$$

我们即可得到

$$\begin{bmatrix} \hat{b}_{\mathrm{out}}(\omega) \\ \hat{b}_{\mathrm{out}}^\dagger(-\omega) \end{bmatrix} = -\left[\hat{A} + (\mathrm{i}\omega + \frac{\kappa}{2})I\right]\left[\hat{A} + (\mathrm{i}\omega - \frac{\kappa}{2})I\right]^{-1} \begin{bmatrix} \hat{b}_{\mathrm{in}}(\omega) \\ \hat{b}_{\mathrm{in}}^\dagger(-\omega) \end{bmatrix}$$

$$= \frac{1}{M} \begin{pmatrix} \omega^2 + \frac{\kappa^2}{4} + \Omega^2 & -\kappa\Omega \\ -\kappa\Omega & \omega^2 + \frac{\kappa^2}{4} + \Omega^2 \end{pmatrix} \begin{bmatrix} \hat{b}_{\mathrm{in}}(\omega) \\ \hat{b}_{\mathrm{in}}^\dagger(-\omega) \end{bmatrix}, \tag{9.120}$$

其中

$$M = \det[\hat{A} + (\mathrm{i}\omega - \frac{\kappa}{2})I] = (\mathrm{i}\omega - \frac{\kappa}{2})^2 - \Omega^2. \tag{9.121}$$

由此可求出

$$\hat{b}_{\mathrm{out}}(\omega) + \hat{b}_{\mathrm{out}}^\dagger(-\omega) = C(\omega)[\hat{b}_{\mathrm{in}}(\omega) + \hat{b}_{\mathrm{in}}^\dagger(-\omega)], \tag{9.122}$$

$$\hat{b}_{\mathrm{out}}(\omega) - \hat{b}_{\mathrm{out}}^\dagger(-\omega) = D(\omega)[\hat{b}_{\mathrm{in}}(\omega) - \hat{b}_{\mathrm{in}}^\dagger(-\omega)]. \tag{9.123}$$

其中

$$C(\omega) = -\frac{\mathrm{i}\omega + \frac{\kappa}{2} - \Omega}{\mathrm{i}\omega - \frac{\kappa}{2} - \Omega}, \qquad D(\omega) = -\frac{\mathrm{i}\omega + \frac{\kappa}{2} + \Omega}{\mathrm{i}\omega - \frac{\kappa}{2} + \Omega}. \tag{9.124}$$

容易看到，系数 $C(\omega)$ 和 $D(\omega)$ 满足 $C^*(\omega) = C(-\omega)$ 及 $C^*(\omega)D(\omega) = 1$。

定义符号

$$\langle a, b \rangle = \langle ab \rangle - \langle a \rangle \langle b \rangle. \tag{9.125}$$

如假定输入光场为真空场或者相干光场，利用上述关系，可以很容易求得

$$\langle \hat{b}_{\mathrm{out}}^\dagger(\omega), \hat{b}_{\mathrm{out}}(\omega') \rangle = \frac{\kappa\Omega}{2}\left[\frac{1}{(\frac{\kappa}{2} - \Omega)^2 + \omega^2} - \frac{1}{(\frac{\kappa}{2} + \Omega)^2 + \omega^2}\right]\delta(\omega - \omega'),$$

$$\tag{9.126a}$$

$$\langle \hat{b}_{\mathrm{out}}(\omega), \hat{b}_{\mathrm{out}}(\omega') \rangle = \frac{\kappa \Omega}{2} \left[\frac{1}{(\frac{\kappa}{2} - \Omega)^2 + \omega^2} + \frac{1}{(\frac{\kappa}{2} + \Omega)^2 + \omega^2} \right] \delta(\omega + \omega').$$

$$(9.126b)$$

为求得输出光场的涨落特性，我们引入光场的正交分量

$$\hat{b}_{\mathrm{out}}(\omega) = \hat{X}_{1,\mathrm{out}}(\omega) + \mathrm{i} \hat{X}_{2,\mathrm{out}}(\omega), \tag{9.127}$$

则对应的涨落噪声功率谱可以写为

$$\begin{aligned} S_{\nu,\mathrm{out}}(\omega) &= \int_{-\infty}^{\infty} \mathrm{d}t \mathrm{e}^{\mathrm{i}\omega t} \langle \hat{X}_{\nu,\mathrm{out}}(t), \hat{X}_{\nu,\mathrm{out}}(0) \rangle \\ &= \int \mathrm{d}\omega' \langle \hat{X}_{\nu,\mathrm{out}}(\omega), \hat{X}_{\nu,\mathrm{out}}(\omega') \rangle \\ &= \frac{1}{4} + \int \mathrm{d}\omega' \langle : \hat{X}_{\nu,\mathrm{out}}(\omega), \hat{X}_{\nu,\mathrm{out}}(\omega') : \rangle, \qquad \nu = 1, 2, \quad (9.128) \end{aligned}$$

其中 ":" 表示对算符进行正规排序。代入方程 (9.126)，并对积分变量做调整可求得

$$\langle : \hat{X}_{1,\mathrm{out}}(\omega), \hat{X}_{1,\mathrm{out}}(\omega') : \rangle = \frac{\Omega\kappa/2}{(\frac{\kappa}{2} - \Omega)^2 + \omega^2} \delta(\omega + \omega'), \tag{9.129}$$

$$\langle : \hat{X}_{2,\mathrm{out}}(\omega), \hat{X}_{2,\mathrm{out}}(\omega') : \rangle = -\frac{\Omega\kappa/2}{(\frac{\kappa}{2} + \Omega)^2 + \omega^2} \delta(\omega + \omega'). \tag{9.130}$$

由此即可求得输出光场对应的正交分量噪声谱为

$$S_{1,\mathrm{out}}(\omega) = \frac{1}{4} + \frac{\Omega\kappa/2}{(\frac{\kappa}{2} - \Omega)^2 + \omega^2}, \tag{9.131}$$

$$S_{2,\mathrm{out}}(\omega) = \frac{1}{4} - \frac{\Omega\kappa/2}{(\frac{\kappa}{2} + \Omega)^2 + \omega^2}. \tag{9.132}$$

当泵浦功率满足 $\Omega = \kappa/2$ 时，$S_{2,\mathrm{out}}(\omega)$ 达到最小

$$S_{1,\mathrm{out}}(\omega) = \frac{1}{4} + \frac{\kappa^2}{4\omega^2}, \tag{9.133}$$

$$S_{2,\mathrm{out}}(\omega) = \frac{1}{4} - \frac{\kappa^2}{4(\omega^2 + \kappa^2)}. \tag{9.134}$$

可见，在光腔的共振频率附近 $\omega \simeq 0$，$S_{1,\mathrm{out}}(\omega) \to \infty$ 达到极大值，而 $S_{2,\mathrm{out}}(\omega) \to 0$ 达到极小值，从而对应理想的光场压缩态。

同理我们也可以考察腔内光场的压缩情况。利用形式解 (9.118)，我们可以求得

$$\langle \hat{a}^\dagger(\omega), \hat{a}(\omega') \rangle = \frac{\Omega}{2} \left[\frac{1}{(\frac{\kappa}{2} - \Omega)^2 + \omega^2} - \frac{1}{(\frac{\kappa}{2} + \Omega)^2 + \omega^2} \right] \delta(\omega - \omega'), \quad (9.135a)$$

$$\langle \hat{a}(\omega), \hat{a}(\omega')\rangle = \frac{\mathrm{i}\omega - \kappa/2}{2}\Big[\frac{1}{(\frac{\kappa}{2} - \Omega)^2 + \omega^2} - \frac{1}{(\frac{\kappa}{2} + \Omega)^2 + \omega^2}\Big]\delta(\omega + \omega').$$

$$(9.135\mathrm{b})$$

由此可以求得腔内总光场涨落满足

$$\langle \hat{a}^\dagger(t), \hat{a}(t)\rangle = \frac{1}{2\pi}\int \mathrm{d}\omega \mathrm{d}\omega'\langle \hat{a}^\dagger(\omega), \hat{a}(\omega')\rangle$$

$$= \frac{\Omega^2/2}{\kappa^2/4 - \Omega^2}, \qquad (9.136)$$

$$\langle \hat{a}(t), \hat{a}(t)\rangle = \frac{1}{2\pi}\int \mathrm{d}\omega \mathrm{d}\omega'\langle \hat{a}(\omega), \hat{a}(\omega')\rangle$$

$$= \frac{\Omega\kappa/4}{\kappa^2/4 - \Omega^2}. \qquad (9.137)$$

相应的正交分量涨落为

$$\langle \hat{X}_1(t), \hat{X}_1(t)\rangle = \frac{1}{4} + \frac{\Omega}{4(\frac{\kappa}{2} - \Omega)}, \qquad (9.138)$$

$$\langle \hat{X}_2(t), \hat{X}_2(t)\rangle = \frac{1}{4} - \frac{\Omega}{4(\frac{\kappa}{2} + \Omega)}. \qquad (9.139)$$

可见,腔内光场的最佳压缩亦在 $\Omega = \kappa/2$ 处发生,不过此时 $\langle \hat{X}_2(t), \hat{X}_2(t)\rangle = 1/8$。这一涨落幅度只达到相干态涨落的 50%。物理上,由于腔内光场的耗散效应,腔场的关联在一定程度上泄漏到腔外的输出模式上,所以腔内光场不能达到理想压缩,而只有输出光场才具有理想的压缩特性。

9.8 简并腔简介及其构造

单模或少模式的光腔系统由于其简化的光场模式和较少的参数控制,无论是在理论探讨上还是实验检测上都是量子光学中重点关注的对象。多模式的光腔系统由于腔内复杂的光场模式结构存在更多的耦合参数,从而使得问题的处理变得非常复杂。然而在某些特定的问题上,多模式腔系统也可以展现它特有的优势,可以被有效利用以实现特定的功能。本节中,我们将具体介绍简并腔系统,并讨论它在量子模拟和虚拟光学器件中的潜在应用。

由前面章节的讨论,我们知道了光腔内光场模式稳定存在的条件可以由光腔的 $ABCD$ 传播矩阵来决定。当

$$|\Delta| = |\frac{A+D}{2}| \leqslant 1 \qquad (9.140)$$

时，光腔内可以存在稳定的光场模式。当上式中的等号成立时，我们称这样的光腔系统是临界稳定的。在临界情况下，光腔内的光场模式可以具有极大的简并度。例如，以球面镜组成的行波腔系统为例，腔内的稳定光场也被称为拉盖尔-高斯模式 (Laguerre-Gaussian mode, LG mode)，相应的电场部分 $E_{p,l}(r,\phi,z)\mathrm{e}^{-\mathrm{i}kz}$ 可以用拉盖尔-高斯函数描述为

$$
E_{p,l}(r,\phi,z) = E_0 \frac{w_0}{w(z)} \left(\frac{\sqrt{2}r}{w}\right)^{|l|} L_p^{|l|}\left(\frac{2r^2}{w(z)^2}\right)\mathrm{e}^{-r^2/w(z)^2}
$$
$$
\times \mathrm{e}^{-\mathrm{i}kr^2/2R(z)}\mathrm{e}^{\mathrm{i}(2p+|l|+1)\varsigma(z)}\mathrm{e}^{\mathrm{i}l\phi}, \tag{9.141}
$$

其中，$k = 2\pi/\lambda$ 为光的波矢；$w(z) = w_0\sqrt{1+(z/z_0)^2}$ 为光束的横向宽度，w_0 为光束的束腰，$z_0 = \pi w_0^2/\lambda$ 为 Raleigh 长度；$R(z) = z[1+(z/z_0)^2]$ 为波前的曲率半径；$\varsigma(z) = \arctan(z/z_0)$ 为高斯光场的 Gouy 相位；$L_p^{|l|}$ 为广义的拉盖尔多项式，其中的径向指标 p 和角向指标 l 刻画了电场的横向分布特征，亦即光场的径向模式存在 $(p+1)$ 个节点，$2\pi l$ 给出了绕中心涡旋的相位角向分布。当 $l = p = 0$ 时，上式就对应标准的高斯光束。

利用经典光场的高斯模式分析可以得知 [1,2]，球面腔内模式的共振波长 (或频率) 应满足

$$
kL - (2p+l+1)\arccos\frac{A+D}{2} = 2m\pi, \tag{9.142}
$$

其中，L 是光场在腔内走一个来回所对应的光程；p 和 l 分别对应拉盖尔-高斯光场的径向和角向的量子数；m 为正整数；A 和 D 是光腔传播矩阵的对角元。需要注意的是，这里非对角元 B 和 C 并不影响共振条件，但是会改变腔本征模式的宽度 w_0。

一般情况下，对于相同整数 m，不同的 LG 模式 $E_{p,l}$ 具有不同的共振波长 (或频率)。不过，当 $(A+D)/2 = 1$ 时，可以看到，上式条件将不依赖于腔场模式的量子数 p 和 l。此时，所有的横向分布模式对于不同的 p 和 l 是简并的，相对应的光波长和频率也都相等，从而形成简并腔。同理，当 $(A+D)/2 = -1$ 时，如果给定径向参数 p，则所有携带奇数 l 或偶数 l 的光场模式都是简并的，从而可以以相同的频率存在于光腔中。不过相比于前面的情况，这里简并度少了一半。

由上述分析可知，构造简并腔 [17] 最简单的方式是合理设计腔内的光线传播矩阵，使得光线在传播一个周期后和自身重合，并且满足

$$
\begin{pmatrix} A & B \\ C & D \end{pmatrix} = \begin{pmatrix} 1 & 0 \\ 0 & 1 \end{pmatrix}. \tag{9.143}
$$

这样设计后的光腔只对腔内光场模式的共振波长有限制，而对光场的横向分布不加限制，从而容许不同横向模式的本征光场共存于腔内。满足条件 (9.143) 的光腔设计有很多种方式，下面我们就常见的平面镜和透镜系统来考察简并腔的实现问题。

如图 9.9所示，光线在经过一段距离为 s 的自由传播后，再通过一个焦距为 f 的透镜系统，相应传播矩阵可以写为

$$\begin{pmatrix} 1 & f \\ 0 & 1 \end{pmatrix} \begin{pmatrix} 1 & 0 \\ -1/f & 1 \end{pmatrix} \begin{pmatrix} 1 & f \\ 0 & 1 \end{pmatrix} \begin{pmatrix} 1 & s \\ 0 & 1 \end{pmatrix} = \begin{pmatrix} 0 & f \\ -1/f & 0 \end{pmatrix} \begin{pmatrix} 1 & s \\ 0 & 1 \end{pmatrix}$$

$$= \begin{pmatrix} 0 & f \\ -1/f & -s/f \end{pmatrix}. \quad (9.144)$$

我们可以以上述光学系统作为一个基本单元，并假定参数 s 和 f 都是可以变动的 (这是很容易办到的)，通过组合多个这样的基本单元来实现目标传播矩阵 (9.143)。

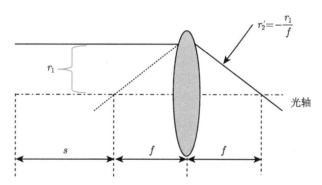

图 9.9　单个透镜组成的简单光路系统，可以用来构建简并腔

以三个透镜系统组成的环形腔为例，我们可以设计如图 9.10(a) 所示的光路图，其中各参数的具体取值为

$$s_{12} = \frac{f_1 f_2}{f_3}, \quad s_{23} = \frac{f_2 f_3}{f_1}, \quad s_{31} = \frac{f_3 f_1}{f_2}. \quad (9.145)$$

可以验证，这样的光路设计满足传播矩阵 (9.143) 的条件。当 $f_1 = f_2 = f$ 时，上式简化为

$$s_{12} = \frac{f^2}{f_3}, \quad s_{23} = s_{31} = f_3. \quad (9.146)$$

我们也可以对上述光路进行改造，设计出相应的驻波腔对应的光路形式。利用球面镜和透镜传播矩阵的相似性，我们可以把上述条件中的第三个透镜替换成球面

镜，再附加一个平面反射镜，就构造出如图 9.10(b) 所示的等效驻波光路。需要注意的是，对于球面镜系统，球面的曲率半径要满足条件 $R = 2f_3$。可以验证，光线在驻波腔内传播一个来回所得到的传播矩阵满足条件 (9.143)。此时，由于光线来回传播的路径重叠，腔内只需要放置一个透镜即可。光腔总的设计长度约为 (不考虑透镜厚度)

$$(f_3 + s_{13} + f) + (f + f^2/2f_3) = R + 2f + f^2/R. \tag{9.147}$$

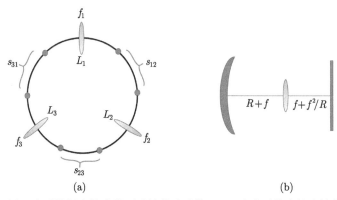

图 9.10　(a) 用三个透镜组合构建的环形简并腔系统；(b) 改造后的支持驻波模式的简并腔

同样，我们也可以考虑四透镜系统组成的光路形式。对于环形光腔，其对应的光路如图 9.11(a) 所示。各透镜 (L_i) 的焦距 (f_i) 以及它们之间的距离所满足的条件为

$$\frac{f_4}{f_2}s_{12}s_{23} = \frac{f_2}{f_4}s_{34}s_{41} = -\frac{f_3}{f_1}s_{41}s_{12} = -\frac{f_1}{f_3}s_{23}s_{34} = f_2f_4 - f_1f_3. \tag{9.148}$$

满足上述要求的解有很多，实际情况中，我们可以按照自己的需求选择合适的参数，从而可以简化光路设计。例如，为满足上述等式，我们可以取条件

$$f_1 = f_2 = f, \quad f_3 = f_4 = f', \quad s_{23} = s_{41} = 0, \quad \text{及} s_{12} + s_{34}(\frac{f}{f'})^2 = 0. \tag{9.149}$$

在这样的特解中，系统存在一个对称轴，从而可以折叠成线性驻波腔的形式，如图 9.11(b) 所示，其中 l 表示任意长度。相应的腔长度为

$$(f + f^2/l) + (f + f') + (f' - f'^2/l) = 2(f + f') + (f^2 - f'^2)/l. \tag{9.150}$$

当 $l = 0$ 时，我们有 $f = f' = 0$。此时系统中所有的透镜焦距都是一样的。进一步，我们也可以引入球面反射镜，将上述光路修改成图 9.11(c) 的形式，其中 R_1

和 R_2 分别为球面镜的曲率半径。此时腔的总长度为

$$(f + \frac{R_1}{2} \pm \sqrt{\Delta_1}) + (f + \frac{R_2}{2} \mp \sqrt{\Delta_2}) = 2f + \frac{R_1 + R_2}{2} \pm (\sqrt{\Delta_1} - \sqrt{\Delta_2}), \tag{9.151}$$

其中

$$\Delta_1 = \sqrt{\frac{R_1^2}{4} - \frac{R_1}{R_2} f^2} \qquad \text{及} \qquad \Delta_2 = \sqrt{\frac{R_2^2}{4} - \frac{R_2}{R_1} f^2}. \tag{9.152}$$

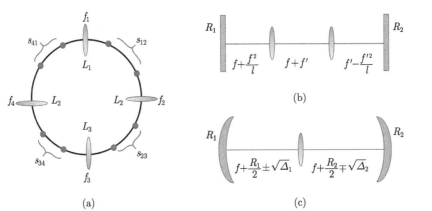

图 9.11 (a) 用四个透镜组合构建的环形简并腔的示意图。(b) 和 (c) 均对应改造后的支持驻波模式的简并腔。(b) 中的简并腔由两个平面镜再加上腔内两个透镜构成。(c) 中的简并腔由于采用球面镜作腔镜，腔内只需放置一个透镜即可

利用类似的讨论，我们也可以设计由更多透镜系统组成的环形等效光路。实际上，如果将两个同样的透镜以焦点重合的方式前后依次排列在光轴上，则所得系统的传播矩阵为

$$\begin{pmatrix} 0 & f \\ -1/f & 0 \end{pmatrix} \begin{pmatrix} 0 & f \\ -1/f & 0 \end{pmatrix} = \begin{pmatrix} -1 & 0 \\ 0 & -1 \end{pmatrix} = -I. \tag{9.153}$$

这样，我们就可以在光路中加入偶数个传播矩阵为 $-I$ 的模块，从而不改变系统对应的 $ABCD$ 矩阵。一般情况下，加入冗余的 $-I$ 的模块会造成光路的复杂化，增加了实验的难度。另一方面，由于模块的数目不限定，光路的设计变得更为灵活。

9.8.1 简并腔中的光晶格模拟

简并光腔提供了大量的简并的腔内光学本征模式。这些简并的光学模式在不同的条件下可以有不同的应用。这里，我们就以模拟光晶格为例来说明简并腔的

重要特点 [18,20-23]。

　　实际上，利用光腔模式简并的特点，我们可以很容易地在带有不同角动量的光场与晶格中的格点之间建立对应。然而，仅仅这样还是不够的。为了模拟晶格中不同格点之间的相互作用，我们还需要构造不同光场模式之间的耦合。为了达到这样的目的，我们需要重新设计合适的光路。一个可能的具体光路如图 9.12 所示，可以用下面的方式来实现。

　　(1) 构造的主腔系统。这里我们采用四透镜的方式构造简并腔。由于所有的光场 LG-模式是简并的，从而用光场角动量的指标 l 模拟晶格中的格点。主腔内的总光程需要满足约定条件 $kL_0 = 2n\pi$。

　　(2) 为实现不同主腔本征模式之间的耦合，我们还需要设计另一套辅助腔系统。对于给定的光波矢 k，辅助腔的总光程设为 $kL_1 = (2n+1)\pi$。辅助腔与主腔之间通过放置在主腔光路中的分束器 BS_1 和 BS_2 耦合在一起。主腔和辅助腔中位于两分束器之间的光路所对应的传播矩阵元均满足条件 $A = D = -1$，$B = C = 0$，所不同的是辅助腔中多了一对调制光波的空间光调制器元件 (spatial light modulator，SLM)，它们的作用是分别使通过光场的角动量 l 增加或减少 $\delta l = \pm 1$。

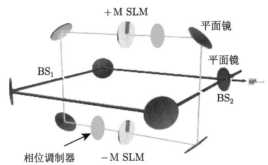

图 9.12　简并腔的构建示意图。其中蓝色线表示主腔内的光线传播，淡绿色回路表示辅助腔内的光线传播路径。SLM 表示空间光调制元件，它们的作用是分别使通过光场的角动量 l 增加或减少 $\delta l = \pm M$(摘自 Nature Communications, 6, 7704 (2015))

　　依据腔的共振条件可知，由于 $kL_1 = (2n+1)\pi$ 成立，主腔内的本征模式在辅助腔内是不能稳定存在的。这是因为光场在传播一周后与自身正好相差一个负号，从而干涉相消了。从另外一个角度看，我们也可以认为辅助腔中本征模式的共振频率与主腔正好错开，所以主腔内的光场一般难以激发出辅助腔内的本征模式。由于传播矩阵元满足 $A = D = -1$，$B = C = 0$，以及 SLM 的存在，辅助腔可以作为一个中间媒介让不同的主腔模式耦合起来。耦合强度的大小依赖于分束器的透射系数和反射系数。当透射系数很大时，分束器反射到辅助腔中的光场很弱，从而对主腔内光场模式的影响不大。

相对于光场的径向分布，光场的轨道角动量自由度 l 在传播过程中是可以稳定不变的。它可以用来作为光场的特征参量，应用于量子模拟和虚拟光学元件的构造中。对主腔内角动量指标为 l 的光场模式，我们可以引入相应的场算符 c_l。当不同的本征模式有耦合时，我们就可以把系统的等效光路改画成如图 9.13 所示的形式。

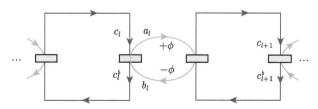

图 9.13　简并腔 (图 9.12) 的等效光线传播图。这里下标 j 对应于光场的角动量指标，也对应于虚拟晶格中的格点标号 (摘自 Nature Communications, 6, 7704 (2015))

图 9.13 所描述的物理过程可以用下面的等效哈密顿量表达

$$H = -\kappa \sum \left(\hat{c}_{l+1}^\dagger \hat{c}_l + h.c. \right) + \sum \omega_0 \hat{c}_l^\dagger \hat{c}_l. \tag{9.154}$$

这是一个简单的描述周期晶格中近邻跃迁的相互作用哈密顿量，其中耦合系数 κ 依赖于分束器的具体参数，ω_0 为共振频率。为了得到 κ 的具体形式，我们考察近邻节点之间的光线传播属性。如图 9.13 所示，若分束器的透射系数和反射系数分别为 t 和 r，则有

$$\hat{a}_l = t\hat{b}_l + \mathrm{i}r\hat{c}_l,$$
$$\hat{c}_l^b = t\hat{c}_l + \mathrm{i}r\hat{b}_l,$$

其中，$|r|^2 + |t|^2 = 1$。对上式进行改写后可以看到，描述腔内光场模式 l 的参量 $(a_l, b_l)^\mathrm{T}$ 经过分束器后变成

$$\begin{pmatrix} \hat{a}_l \\ \hat{b}_l \end{pmatrix} = \begin{pmatrix} -\dfrac{1}{\mathrm{i}r} & \dfrac{t}{\mathrm{i}r} \\ -\dfrac{t}{\mathrm{i}r} & \dfrac{1}{\mathrm{i}r} \end{pmatrix} \begin{pmatrix} \hat{c}_j \\ \hat{c}_j^b \end{pmatrix} = M_{BS} \begin{pmatrix} \hat{c}_l \\ \hat{c}_l^b \end{pmatrix}. \tag{9.155}$$

由此我们可以得出相邻节点内光场模式之间的转移矩阵形式为

$$\begin{pmatrix} \hat{c}_{l+1} \\ \hat{c}_{l+1}^b \end{pmatrix} = \begin{pmatrix} \mathrm{e}^{\mathrm{i}kL_0/2} & 0 \\ 0 & \mathrm{e}^{-\mathrm{i}kL_0/2} \end{pmatrix} M_{BS} \begin{pmatrix} \mathrm{e}^{\mathrm{i}(kL_1/2+\phi)} & 0 \\ 0 & \mathrm{e}^{-\mathrm{i}(kL_1/2-\phi)} \end{pmatrix}$$
$$\cdot M_{BS} \begin{pmatrix} \hat{c}_l \\ \hat{c}_l^b \end{pmatrix}$$

$$= M \begin{pmatrix} \hat{c}_l \\ \hat{c}_l^b \end{pmatrix}. \tag{9.156}$$

另一方面，对于周期格点系统，光场本征模式亦具有周期特性，并满足 Bloch 定理，从而有下面的关系成立

$$\begin{pmatrix} \hat{c}_{l+1} \\ \hat{c}_{l+1}^b \end{pmatrix} = M \begin{pmatrix} \hat{c}_l \\ \hat{c}_l^b \end{pmatrix} = \mathrm{e}^{\mathrm{i}\boldsymbol{K}\Lambda} \begin{pmatrix} \hat{c}_l \\ \hat{c}_l^b \end{pmatrix}, \tag{9.157}$$

其中，$\boldsymbol{K}$ 为 Bloch 波矢量；Λ 为设定的格点间的单位间隔。为方便讨论，这里我们可以设定 $\Lambda = 1$。上式有非零解的条件给出了下面的约束关系

$$\det(M - \mathrm{e}^{\mathrm{i}K}) = 0. \tag{9.158}$$

求解上述表达式，即可以得到腔内的 Bloch 波以及系统的色散关系。令光场的中心频率 ω_0 和波矢 k_0 满足

$$k_0 L_0 = 2n\pi, \quad k_0 L_1 = (2n+1)\pi, \quad \omega_0 = k_0 c, \tag{9.159}$$

则当分束器的反射系数满足 $|r|^2 \ll 1$ 时，系统的色散关系可以简化为

$$-2\kappa \cos(K - \phi) = (\omega - \omega_0)[1 + O(|r|^4)], \tag{9.160}$$

其中耦合系数 κ 的依赖关系为

$$\kappa = \frac{c}{L_0} \frac{\alpha}{1 + \dfrac{L_1}{L_0}\alpha + O(\alpha^2)}, \quad \alpha = \frac{|r|^2}{1 + |t|^2} \ll 1. \tag{9.161}$$

当 $L_0 \simeq L_1$ 时，上式可近似为

$$\kappa = \frac{2\pi c}{L_0} \frac{\alpha}{2\pi(1+\alpha)} + O(\alpha^3) = \frac{\Omega_0}{2\pi} \frac{\alpha}{1+\alpha} + O(\alpha^3), \tag{9.162}$$

其中 $\Omega_0 = 2\pi c/L_0$ 为主腔的自由光谱宽度 (free spectral range)。可见忽略掉高阶项 $O(\alpha^3)$ 以后，方程 (9.160) 直接对应哈密顿量 (9.154) 的色散关系，从而也验证了在推导过程中近似的合理性。

更一般地，如果我们在辅助腔中加入延迟相位 ϕ(图 9.13)，则所模拟的紧束缚模型可以写成

$$H_S = -\kappa \sum_l \left(\mathrm{e}^{\mathrm{i}\phi}\hat{c}_{l+1}^\dagger \hat{c}_l + h.c. \right) + \sum \omega_0 \hat{c}_l^\dagger \hat{c}_l = \sum_{nn'} \hat{c}_n^\dagger H_{nn'} \hat{c}_{n'}. \tag{9.163}$$

对上式作傅里叶变换 $c_K \sim \sum_j c_j \mathrm{e}^{\mathrm{i}Kj}$ 后，即可将其化作对角形式

$$H_S = \sum_K [\omega_0 - 2\kappa \cos(K - \phi)]\hat{c}_K^\dagger \hat{c}_K, \tag{9.164}$$

相应的本征频率给出色散关系为

$$\omega = \omega_0 - 2\kappa \cos(K - \phi). \tag{9.165}$$

上述构造方法可以很容易扩展到高维度晶格模型的模拟上。譬如，如果我们能够实现多个简并腔的串联，由于每个腔都可以模拟一个一维系统，所以整个系统即可以实现对二维系统的模拟。图 9.14 给出了模拟二维晶格系统的基本结构。我们用 j 表示腔的编号，l 表示光子模式的角动量指标，光子的湮灭算符记为 $\hat{c}_{j,l}$。为简单起见，这里我们只关注光路沿顺时针方向的模式。为了在近邻的两个简并腔之间实现光场模式的耦合，我们需要在每个主腔 j 的回路中引入四个分束器 $BS_1^j, \cdots, BS_4^j$。BS_1^j 和 BS_3^j 用于实现节点内部主腔与辅助腔之间的耦合，而 BS_2^j 和 BS_4^j 则用来耦合不同光腔内的光场模式。如果在腔 j 中，我们设计不同轨道角动量之间的跃迁相位为 $\phi_j = 2\pi j\phi_0$，则系统的总哈密顿量即可写为

$$H_1 = -\kappa \sum_{j,l} \left(\mathrm{e}^{\mathrm{i}2\pi j\phi_0} \hat{c}_{j,l+1}^\dagger \hat{c}_{j,l} + h.c. \right) + \sum \omega_0 \hat{c}_l^\dagger \hat{c}_l. \tag{9.166}$$

哈密顿量 (9.166) 是标准地描述了一个带电粒子在磁场下运动的二维紧束缚模型，通常也称之为二维格点上的 Hofstadter 模型[24]。从图 9.14 中可以看到，粒子绕小方格一圈后累积的相位为 $2\pi\phi_0$，所示这里的 ϕ_0 即对应每个小方格内的磁通量。通过调节 ϕ_0，我们就可以在一个一维的腔链系统中模拟二维的格点磁性模型，从而可以大大降低对物理资源的需求。

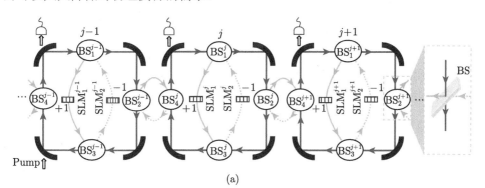

(a)

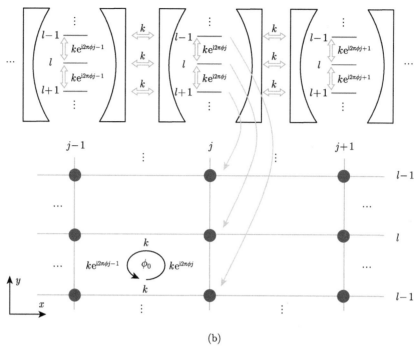

(b)

图 9.14　利用一维简并腔阵列模拟二维格点模型的示意图。具体的哈密顿量见式 (9.166)。这一模型对应了带电粒子在二维紧束缚模型中的物理 (摘自 Nature Communications, 6, 7704 (2015))

更进一步，如果考虑到光场的偏振自由度，我们还可以在上述系统中考虑多分量系统的非阿贝尔规范场的模拟。这时需要利用一些新的光学器件以实现各种等效的光场模式之间的跃迁，这里就不再赘述，更多细节可以参考文献 [19, 20]。

9.8.2　简并腔的输入输出关系及信号探测

利用特定轨道角动量和频率的光场驱动简并腔，就可以激发相应的本征模式。为了获得简并腔系统中相互作用的具体信息，需要对腔的输出信号进行探测。腔的输入输出关系为分析这样的测量过程提供了良好的理论框架。

利用前面的讨论，我们写出腔内模式 $\hat{c}_n$ 满足的海森伯运动方程为

$$\begin{aligned}
\frac{\mathrm{d}\hat{c}_n(t)}{\mathrm{d}t} &= -\mathrm{i}[\hat{c}_n, H_S] - \frac{\gamma_n}{2}\hat{c}_n(t) + \sqrt{\gamma_n}\hat{d}_{\mathrm{in},n}(t) \\
&= -\mathrm{i}\sum_{n'} H_{nn'}\hat{c}_{n'}(t) - \frac{\gamma_n}{2}\hat{c}_n(t) + \sqrt{\gamma_n}\hat{d}_{\mathrm{in},n}(t),
\end{aligned} \tag{9.167}$$

这里，γ_n 为对应模式的耗散率；$\hat{d}_{\mathrm{in},n}(t)$ 为模式 n 对应的输入算符。输出光场与

输入光场之间满足关系

$$\hat{d}_{\text{out},n}(t) + \hat{d}_{\text{in},n}(t) = \sqrt{\gamma_n}\,\hat{c}_n(t). \tag{9.168}$$

利用傅里叶变换关系

$$A(t) = \frac{1}{\sqrt{2\pi}}\int_{-\infty}^{\infty}\mathrm{d}\omega\,\mathrm{e}^{-\mathrm{i}\omega t}A(\omega), \tag{9.169}$$

我们可以将上述两方程变换为

$$-\mathrm{i}\omega\hat{c}_n(\omega) = -\mathrm{i}\sum_{n'}H_{nn'}\hat{c}_{n'}(\omega) - \frac{\gamma_n}{2}\hat{c}_n(\omega) + \sqrt{\gamma_n}\,\hat{d}_{\text{in},n}(\omega),$$

$$\sqrt{\gamma_n}\,\hat{c}_n(\omega) = \hat{d}_{\text{out},n}(\omega) + \hat{d}_{\text{in},n}(\omega).$$

求解后即可得到输出光场为

$$\hat{d}_{\text{out},n'}(\omega) = -\sum_n\left\{\delta_{n'n} - \mathrm{i}\Big[\sqrt{\Gamma}\frac{1}{\omega - H_S + \mathrm{i}\Gamma/2}\sqrt{\Gamma}\Big]_{n'n}\right\}\hat{d}_{\text{in},n}(\omega), \quad (9.170)$$

其中, Γ 为腔场模式对应的耗散矩阵, 其形式为 $\Gamma = \mathrm{diag}\{\gamma_1, \gamma_2, \cdots\}$。可以看到, 上述表达式右边的第二项刻画了光腔输入场 n 与输出场 n' 之间的关联, 相应的传输系数定义为

$$T_n^{n'} = -\mathrm{i}\Big[\sqrt{\Gamma}\frac{1}{\omega - H_S + \mathrm{i}\Gamma/2}\sqrt{\Gamma}\Big]_{n'n}. \tag{9.171}$$

当腔内所有的轨道角动量模式具有相同的耗散 $\gamma_n = \gamma(\forall n)$ 时, 上式即可简化为

$$T_n^{n'} = -\mathrm{i}\langle n'|\frac{\gamma}{\omega - H_S + \mathrm{i}\gamma/2}|n\rangle, \tag{9.172}$$

其中 $|n\rangle = \hat{c}_n^{\dagger}|0\rangle$ 表示在模式 n 上单光子态。

从方程 (9.171) 可以看出, 传播系数 $T_n^{n'}$ 依赖于驱动光的频率和光场的耗散。实际系统中, 我们可以选定任意的输入、输出组合 (n, n'), 通过相干测量获取传输系数的振幅和相位信息。可以看到, 当耗散很小且驱动光的频率与系统的某个能级相匹配时, 方程 (9.171) 中的分母就会变得很小, 相应的传播系数 (取绝对值) 就会增大。实际上, 如果对传输系数取模平方后再求和, 即可近似有

$$\mathcal{T}_n(\omega) = \sum_{n'}|T_n^{n'}(\omega)|^2 \sim \left|\frac{\gamma}{\omega - H_S + \mathrm{i}\gamma/2}\right|^2. \tag{9.173}$$

由此可见, 通过改变驱动光的频率 ω 和轨道角动量指标 n, 并探测相应的传播系数, 就可以获取系统重要的能谱信息。一般说来, 系统的许多其他性质均可从

能谱信息中提取出来。这样通过输入输出关系，我们就实现了对系统物理特性的探测。

以上节中的二维格点磁性模型为例，如果我们设定输入场的位置为每个主腔 j 中的 $l = 0$ 模式，则它所对应的总的传输谱为

$$\mathcal{T}(\omega) = \sum_{j=0}^{N-1} \mathcal{T}_{j,0}(\omega).$$

图 9.15给出了 $\mathcal{T}(\omega)$ 的具体形状。可以看到，通过改变磁通量参数 ϕ_0，$\mathcal{T}(\omega)$ 的确呈现出标准的蝴蝶形结构，正对应着该模型的 Hofstadter 蝴蝶能谱。

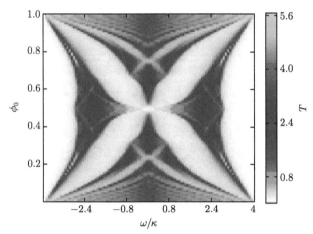

图 9.15　二维格点磁性 Hofstadter 模型的蝴蝶形状传输谱 $\mathcal{T}(\omega)$。这里计算的参数设定为 $N = 10$，$\gamma = 0.1\kappa$(摘自 Nature Communications, 6, 7704 (2015))

经典物理告诉我们，带电粒子在磁场中做回旋运动。在有边界的二维平面系统中，电子的回旋运动会导致在边界上出现单向的电流。在量子物理中，它对应系统哈密顿量 (9.166) 的一种特殊的量子态，即手征边缘态。这种边缘态具有单向传播的特性，并且受到拓扑保护，具有高度的稳定性，任何局部的噪声干扰不能破坏边缘态的这些行为。这也正是量子霍尔电导精确性的根源。探测边缘态的行为是研究拓扑物理的重要手段。

在简并腔系统中，边缘态的拓扑特性也可以通过光场的传输性质显示出来。例如，对于系统哈密顿量 (9.166)，我们假设腔链中的第一个腔 (对应左边界) 被高斯光束 ($l = 0$) 激发，利用传播系数可以得到光子传输到其他光腔中不同轨道角动量上的概率为 $\mathcal{T}_{j=0,0}^{j',l'}(\omega) = |T_{j=0,0}^{j',l'}(\omega)|^2$。这里为保证只激发边缘态，需要将光场的频率调节到系统的能隙中 (对应于 $\omega = \omega_0$)，因为这里边缘态的色散关系处在能隙中。这样也可以避免体态被激发，从而提高信息测量的精度。图 9.16(a)

和 (b) 给出了模拟计算所得到的各腔中的光场分布图，这里系统仅包含 10 个主腔，磁通量取值为 $\phi_0 = 1/6$。我们可以很清楚地看到边缘态单向传播的特性。(a) 对应能隙中只有一个边缘态；(b) 对应包含两个边缘态的情况。由于两个边缘态的相速度不同，因此在传播中会出现干涉现象。

我们也可以计算轨道角动量的平均移动

$$\bar{l}_e = \sum_{j \in \text{edge}} \sum_{j',l'} \mathcal{T}_{j,l=0}^{j',l'}(\omega) \cdot l', \tag{9.174}$$

其中对 j 的求和主要包括左边界 (或右边界) 附近的腔，因为边缘态主要分布在系统的边界附近。我们发现 $\bar{l}_e$ 近似等于能隙中手征边缘态的个数。图 9.16(c) 给出了左边界边缘态传输的轨道角动量平移数，由于体态的影响，$\bar{l}_e$ 在能隙靠近能带的边缘附近会稍微偏离期望值，但基本上表现了整数特征，反映系统的拓扑特性。

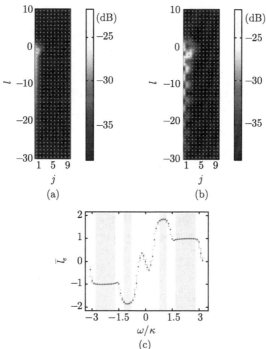

图 9.16　(a) 和 (b) 简并腔阵列中边缘态的光场分布。(a)$\phi_0 = 1/6$，$\omega = -2.2\kappa$，对应能隙中只有一个边缘态。(b)$\phi_0 = 1/6$，$\omega = -2.2\kappa$，对应的激发频率处包含两个边缘态。由于两个边缘态的相速度不同，因此在传播中会出现干涉现象。(c) 当 $\phi_0 = 1/6$ 时，计算求得的轨道角动量的平均移动 $\bar{l}_e$(红点)，蓝色线对应估算的出错误差。灰色区域表示能隙的位置。(a) 和 (b) 中光子损耗设为 $\gamma = 0.1\kappa$。(c) 中光子损耗设为 $\gamma = 0.2\kappa$(摘自 Nature Communications, 6, 7704 (2015))

9.8.3　简并腔内虚拟存储器的构造

简并腔内大量虚拟的、可控的光学自由度为构造各种虚拟的光学元器件提供了基础。由于腔内光子的轨道角动量、偏振等诸多自由度在各种光学元器件的操控下可以很方便地相互转化，我们可以用它们来构造和设计具有特殊功能的光路。相比于传统的光学系统，这里光路的转化和操控均在虚拟空间中进行。甚至在一些特定的任务中，光路在真实的材料系统中的传播和操控也不是必须的。这种虚拟的具有特定功能的光学系统可以看作是某种虚拟的光学材料，从而大大地节省了系统对真实材料的需求。为具体说明这一可能，本节以量子存储器为例子，讨论它在简并腔系统中的可能物理实现[19]。

量子存储器是量子计算和量子通信中不可或缺的重要器件。一般的存储方案中，对光信号的存储主要是先把飞行中的光信号转化到静止的原子内态上，再利用原子内态上的相干性具有一定寿命的事实，来实现光信号的量子存储。在真实的物理系统中，原子团中原子的数目一般是巨大的。原子间的碰撞效应、热运动等均会极大地缩短原子内态相干性的保持时间，从而影响存储器的存储时间和精度。另一方面，为实现原子和光场的耦合，光场的频率一般并不是任意的，而是受限于的原子能级构型。这些因素也大大限制了原子存储光信号的效率和精度。

利用简并腔系统的高度可控性，我们可以在虚拟的维度上实现光场信息的量子存储。由于这里并不需要将光场信息转化成原子内态信息，所以在存储精度和可控性上简并腔系统均有着独特的优势。在讨论更多的操控细节之前，我们可以把具体的存储过程简单地分成以下三个步骤。

(1) 首先，把待输入的光信号编码到光场轨道角动量 $l = 0$ 的模式上，输入到简并腔中。这里为保证存储的信息被完全输入/读取出来，需要在腔镜的输入/输出端口的中心处挖一个小孔，如图 9.17所示。小孔的大小正好使得 $l = 0$ 模式的高斯光束能透过，而其他的高阶角动量模式的光场仍然被腔镜反射而几乎不被干扰。

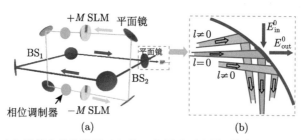

图 9.17　简并腔 (a) 及其中带孔腔镜 (b) 的工作原理示意图 (摘自 Nature Communications, 8, 16097 (2017))

(2) 然后，让光场在简并腔内的虚拟晶格上传播到高阶模式 $l \neq 0$ 上，然后操控光腔参数使得光场停留在该模式上，以达到所要求的存储时间；

(3) 最后，改变光腔参数，让光场重新传播回到 $l = 0$ 的高斯模式上，从而从腔镜的小孔中泄漏出来，完成信号的读取操作。

为了实现上述目的，我们需要对简并腔系统作适当的调控。在第一步中，为了达到理想的存储精度，我们需要对小孔的尺寸做严格的要求。一般说来，对于轨道角动量为 l、形状如"甜甜圈"的光场模式，光强的峰值位置对应的半径正比于 $\sqrt{l}$。如果腔内相邻两个模式的轨道角动量相差为 $\delta l = 1$，则由于 $l = 0$ 和 $l = \pm 1$ 模式的光场分布有很大的空间重叠，所以不能仅仅通过空间分布将它们完全区分开来。解决这个问题方法是，在辅助腔中选择合适的 SLM，使得其对光场轨道角动量的改变为 $\delta l = M$。M 可以比 1 大很多，让腔内与 $l = 0$ 近邻的光场模式的轨道角动量最低为 M，可以使腔中光场在空间上近似完美地分离开来，从而大大提高信号输入的精度。

在第二个步骤中，我们需要对光场在光腔内的传播性质进行调控。在简并腔系统中，这可以通过改变相位参数 ϕ 来实现。实际上，由光腔的色散关系 (9.165) 可知，改变 ϕ 相当于移动腔内等效晶格所对应能带的位置，如图 9.18所示。假定入射光为中心频率位于 ω_0 的波包。在信号写入的过程中，我们设定 $\phi = 0$。由能谱色散关系即可得到，晶格中由两处不同的 Bloch 波与输入光能量相匹配，即图 9.18(c) 中的阴影部分。相应的波包的群速度可以估算为

$$v_{\mathrm{g}} = \frac{\partial \omega}{\partial K}\Big|_{K = \pm \pi/2} = \pm 2\kappa. \tag{9.175}$$

可见，光波输入到腔中以后，会分成两部分，以相同的群速度在虚拟晶格中反向传播到高角动量的模式上。实际系统中，由于腔镜大小限制，我们不希望光场的轨道角动量无限制增长下去。这时，我们同样可以改变 $\phi = \pi/2$，这样由于色散关系的变动，此时对应的波包的波矢量位于能带的顶部或底部，相应的群速度为 $v_{\mathrm{g}} = 0$。光波在腔内虚拟晶格上静止，从而可以被存储一段时间 t_{s}。

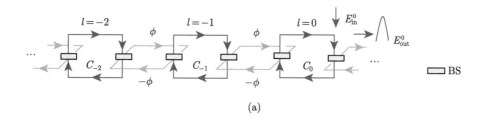

(a)

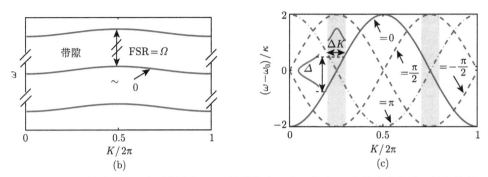

图 9.18　(a) 简并腔在光子角动量坐标 j 下的等价光回路，其中 ϕ 为辅助腔中引入的相位差；(b) 简并腔的能带示意图，不同能带间相差一个腔的自由光谱宽度 (FSR)。(c) 色散关系随相位 ϕ 的变化示意图，红色包络表示信号光的频率或动量展宽 (摘自 Nature Communications, 8, 16097 (2017))

　　最后一步中，为了获得理想的读出效果，我们同样需要再对光腔参数做适当调控。由于色散的存在，当光波在晶格中停留一段时间后，波包会由于色散效应而渐渐展宽。为消去色散对信号的影响，在读取信号时，先改变参数 ϕ 至 $-\pi/2$，相当于对色散关系整体加上一个负号，此时波包的演化正好对应于之前部分的时间反演。同样在经历 t_s 时间后，再把参数 ϕ 改为 $\phi = -\pi$，通过时间反演的过程完成信号的读取，如图 9.19所示。

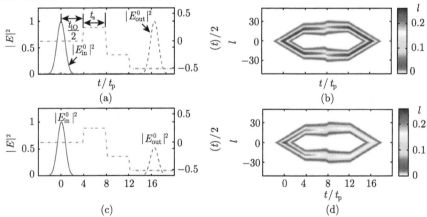

图 9.19　(a) 绿色点划线对应简并腔内相位差 ϕ 随时间的变化，蓝色实线对应输入光场的时间变化图，红色虚线对应输出光场随时间的变化图，这里输入信号的形式为 $E_{\text{in}}^0(t) = \exp[-t^2/(2t_p^2) - \mathrm{i}\omega_0 t]$，其中 $t_p = 2.5/\kappa$ 及 $\gamma_l = \delta_{l,0}4\kappa$。(b) 对应于 (a) 条件下光信号在 OAM 格点上的分布示意图。(c) 和 (d) 与 (a) 和 (b) 类似，不同的是这里的耗散取为 $\gamma_l = \delta_{l,0}4\kappa + 0.2\kappa e^{-|l|} + 0.01\kappa$(摘自 Nature Communications, 8, 16097 (2017))

　　可见，上述过程中，只要在改变参数 ϕ 的时候变化的速度相对于光腔的 FSR 来说足够缓慢，就可以近似认为光波在参数调制时在单个 Bloch 能带上绝热演化，从而为信号存储的精度提供保证。

可以看到，上述存储方法中，腔内信号存储的时间受到波包扩散效应的影响。此外，为了读取信号，我们还需要精确控制参数 ϕ 变化，以满足时间反演动力学演化的要求。实际上，利用简并腔系统的高度灵活可控性，我们也可以修改辅助腔的设置，降低对参数 ϕ 的操控要求。例如，我们可以再引入一个辅助腔系统，此时腔内的光路系统如图 9.20 所示。两个辅助腔具有相同的耦合参数 κ，但是具有相反的相位耦合参数 $\pm\phi$。由于光场通过两种不同的辅助光路后会在主腔中发生干涉，从而使得晶格的色散关系变为

$$\omega - \omega_0 = -2\kappa \cos\phi \cos K. \tag{9.176}$$

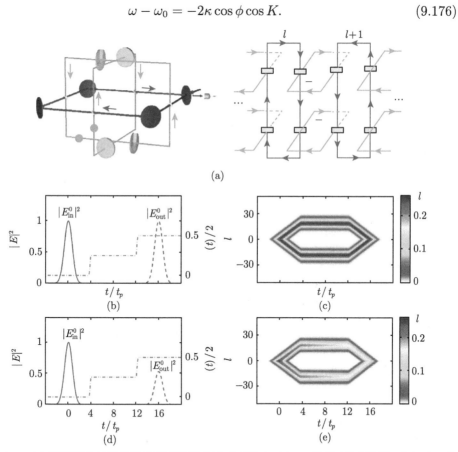

图 9.20   (a) 利用两个辅助光路的简并腔系统及对应的在 OAM 表示下的光路图。(b)~(e) 中各图形和符号的意义与图 9.19(a)~(d) 完全一样 (摘自 Nature Communications, 8, 16097 (2017))

利用上述的分析可知，当通过同样的方式读入待存储信号后，光场在虚拟晶格中的传播群速度为 $v_{\mathrm{g}} = \pm 2\kappa \cos\phi$。一旦光场的信号完全输入后，我们就可以绝热

地将 ϕ 从 0 变到 $\pi/2$。此时，系统的色散消失。理论上，光场可以停留在光腔中任意时间长。当需要读取信号时，我们只需要将 ϕ 从 $\pi/2$ 变到 π，即可完成输入过程的逆演化。可以看到，相比于前面单个辅助腔的情况，这里的存储时间不再受色散效应的影响，同时对参数 ϕ 的操控也变得简洁了许多。

需要强调的是，上述分析中均忽略了腔内模式的耗散效应。实际系统中，耗散的存在会使得腔内的波包发生扭曲。这很大程度上依赖于具体光学器件的品质。简单的分析表明，对于实际系统所提供的参数，上述方案在一定程度上仍然能够保证输入光场波形不发生扭曲。具体的讨论可以参考文献 [19]。

参 考 文 献

[1] 陈钰清, 王静环. 激光原理. 杭州: 浙江大学出版社.

[2] Verdeyen J T. Laser Electronics, 3rd edition. NJ: Prentice-Hall,1995.

[3] Purcell E M. Spontaneous emission probabilities at radio frequencies. Phys. Rev., 1946, 69: 681.

[4] Lodahl P, van Driel A F, Nikolaev I S, et al. Controlling the dynamics of spontaneous emission from quantum dots by photonic crystals. Nature, 2004, 430: 654.

[5] Kress A, Hofbauer F, Reinelt N, et al. Manipulation of the spontaneous emission dynamics of quantum dots in two-dimensional photonic crystals. Phys. Rev. B, 2005, 71: 241304(R).

[6] Munnix M C, Lochmann A, Bimberg D, et al. Modeling highly efficient RCLED-type quantum-dot-based single photon emitters. IEEE Journal of Quantum Electronics, 2009, 45: 1084-1088.

[7] Walls D F, Milburn G J. Quantum Optics (Chapter 7 and 11). Berlin: Springer Science & Business Media, 2008.

[8] Scully M O, Suhail Zubairy M. Quantum Optics. Cambridge: Cambridge University Press, 2003.

[9] Gardiner C W, Zoller P. Quantum Noise: A Handbook of Markovian and non-Markovian Quantum Stochastic Methods with Applications to Quantum Optics (Chapter 5). Berlin: Springer Science & Business Media, 2004.

[10] Sørensen A S, Mølmer K. Probabilistic generation of entanglement in optical cavities. Phys. Rev. Lett., 2003, 90: 127903.

[11] Sørensen A S, Mølmer K. Measurement induced entanglement and quantum computation with atoms in optical cavities. Phys. Rev. Lett., 2003, 91: 097905.

[12] Duan L M, Kimble H J. Scalable photonic quantum computation through cavity-assisted interactions. Phys. Rev. Lett., 2004, 92: 127902.

[13] Lin X M, Zhou Z W, Ye M Y, et al. Implementing a high-efficiency quantum-controlled phase gate between long-distance atoms. J. Opt. Soc. Am. B, 2005, 22: 1547.

[14] Xiao Y F, Lin X M, Gao J, et al. Realizing quantum controlled phase flip through cavity QED. Phys. Rev. A, 2004, 70: 042314.

[15] Zhou X F, Zhang Y S, Guo G C. Nonlocal gate of quantum network via cavity quantum electrodynamics. Phys. Rev. A, 2005, 71: 064302.

[16] Collet M J, Gardiner C W. Phys. Rev. A, 1984, 30: 1386.

[17] Arnaud J. Degenerate optical cavities. Appl. Opt., 1969, 8: 189.

[18] Luo X W, Zhou X X, Li C F, et al. Quantum simulation of 2D topological physics in a 1D array of optical cavities. Nature Communications, 2015, 6: 7704.

[19] Luo X W, Zhou X X, Xu J S, et al. Synthetic-lattice enabled all-optical devices based on orbital angular momentum of light. Nature Communications, 2017, 8: 16097.

[20] Zhou X F, Luo X W, Wang S, et al. Dynamically manipulating topological physics and edge modes in a single degenerate optical cavity. Phys. Rev. Lett., 2017, 118: 083603.

[21] Wang S, Zhou X F, Guo G C, et al. Synthesizing arbitrary lattice models using a single degenerate cavity. Phys. Rev. A, 2019, 100: 043817.

[22] Cheng Z D, Liu Z H, Li Q, et al. Flexible degenerate cavity with ellipsoidal mirrors. Opt. Lett., 2019, 44(21): 5254-5257.

[23] Cheng Z D, Li Q, Liu Z H, et al. Experimental implementation of a degenerate optical resonator supporting more than 46 Laguerre-Gaussian modes. Appl. Phys. Lett., 2018, 112: 201104.

[24] Hofstadter D. Energy levels and wave functions of Bloch electrons in rational and irrational magnetic fields. Phys. Rev. B, 1976, 14: 2239-2249.

第十章　光力耦合系统

　　光场携带动量，所以具有力学效应。历史上，对光场力学效应的讨论可追溯到 17 世纪的开普勒时代。开普勒注意到彗星尾巴的方向总是背离太阳，认为这应该是太阳光的某种力学效应导致的。第一个明确验证光场力学效应的实验完成于约 1901 年，不过由于热噪声的影响，实验的效果并不理想。激光的出现为研究光场的各种力学效应提供了强有力的工具。20 世纪 70 年代，贝尔实验室的 Arthur Ashkin 证实了激光可以用来囚禁和控制电介质微粒，并具有反馈冷却的特性 [1,2]。这一发现引发了一系列重要的实验进展，包括利用激光的力学效应囚禁和冷却原子、离子、乃至微生物等。当前，光场的力学效应已被广泛应用于不同的物理系统中。例如，利用激光冷却的方法，我们可以在实验室制备超冷量子气体；利用光场的力学效应，我们可以模拟人造的周期晶格系统，从而可以用来研究多体效应、实现精密测量等。在其他相关学科 (如生物学) 当中，光力学效应也扮演越来越重要的角色。

　　随着技术的进步，利用光腔内的辐射压力，我们还可以观测到较大质量振子的量子效应，包括光力导致的振子温度冷却，光场与力学振子之间的非经典及量子关联等 [3,4]。光力耦合系统在探测微弱的力学效应、小尺度的位移、乃至微弱的质量和加速度改变上均有着巨大的技术应用前景。此外，它也可以用来作为光与物质相干相互作用的界面系统，参与到未来量子计算的物理实现当中。本章中，我们将从量子光学的角度考察腔内量子化光场与力学振子的耦合效应 [3-7]。利用全量子化的语言，我们将介绍腔内光力耦合的具体形式，并讨论系统的稳态特性，以及腔内光力耦合导致的振子冷却等 [3,8,9]。最后我们将讨论光力透明效应 [3,4,10,11] 以及高阶光力耦合作用 [3,4,12-14]。

10.1　辐射压力相互作用

　　由于光同时具有波动性和粒子性，所以当光照射物体时，除了可能会被物体吸收外，还可以在界面上发生反射，从而使得光子的传播方向发生改变。依据动量守恒原理，被照射的物体会感受到一个反冲作用，这就是光辐射压力的力学解释。所以辐射压力源自于光子和物质之间的动量交换。

　　对于一个质量为 m，本征频率为 Ω 的悬臂谐振子，其特征长度为 $x_0 = \sqrt{\hbar/m\Omega}$，其中 $\hbar$ 是普朗克常数。假定光子照射到悬臂后反射回来，则光子与悬臂之间发生的动量交换为 $2h/\lambda$, 其中 λ 为光子的波长, $h = 2\pi\hbar$。如果初始时振子静止, 则这一动量改变导致振子发生移动的最大偏移量为

$$\Delta x = \frac{2h}{m\Omega\lambda} = \frac{4\pi x_0^2}{\lambda}. \tag{10.1}$$

要使得这一微小偏移量能被振子感知, 则 Δx 应与振子零激发时的振动长度 x_0 可比拟 $\Delta x \sim x_0$, 由此可知, 当

$$\frac{\Delta x}{x_0} = \frac{4\pi x_0}{\lambda} > 1 \tag{10.2}$$

时, 光子的力学效应能形成可观测的信号。实际中, 对于大质量的系统, 由于 $x_0 \ll \lambda$, 光力学效应几乎可以被忽略。随着实验进步, 振子的质量可以做得越来越小, 以至于 $x_0 \to \lambda$, 此时光力效应对振子的影响就变得越来越显著。光力效应的研究对精密测量、探索基本物理问题等方面有极大的应用潜力。

研究光力效应的一个非常有效的方法是借助光腔系统。光腔中光子在腔中可以来回反射很多次, 每次反射所产生的光力效应累加后就很容易被实验观测到。以标准的 F-P 腔为例, 如图 10.1 所示, 其中一个腔镜通过弹簧固定。通过适当地调节腔镜的质量和弹簧的弹性系数, 我们就可以探测腔内光子的力学效应。为了理解腔内光场力学效应的具体作用形式, 我们假定在腔内没有光子且弹簧处于平衡态, 光腔的长度为 L。当振子发生振动时, 腔的长度也随之变化为 $L - \Delta x$, 从而相应的腔内光的共振波长为 $\lambda_j = 2(L - \Delta x)/j$, 其中 j 表示光腔的第 j 个激发模式, 其对应的频率可以估计为

$$\omega_j = \frac{2\pi c}{\lambda_j} \simeq \frac{\pi c j}{L}(1 + \frac{\Delta x}{L}), \quad \Delta x \ll L. \tag{10.3}$$

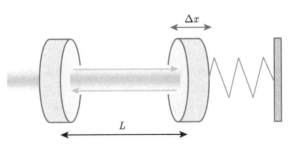

图 10.1 光腔、振子复合系统示意图, L 为振子平衡时腔的长度, Δx 为腔镜的振动幅度

可见, 振子的振动导致腔内光频率的移动, 移动的大小正比于振子的位移 x。由此, 我们定义光力耦合的大小 G 为

$$G = \frac{\delta\omega_j}{\delta x} = \frac{\pi c j}{L}\frac{1}{L} = \frac{\omega_c}{L}, \tag{10.4}$$

其中，$\omega_c = \pi c j / L$ 表示光腔的共振频率。有了这些参数以后，我们就可以写出光力系统的总哈密顿量为

$$H = \hbar\omega_c(x)\hat{a}^\dagger\hat{a} + \frac{P^2}{2m} + \frac{1}{2}\Omega^2 x^2$$
$$= (\hbar\omega_c + \hbar G x)\hat{a}^\dagger a + \frac{P^2}{2m} + \frac{1}{2}\Omega^2 x^2 \tag{10.5}$$

对谐振子的坐标和动量进行量子化以后，上述哈密顿量可以写为

$$H = \hbar\omega_c\hat{a}^\dagger\hat{a} + \hbar\Omega\hat{b}^\dagger\hat{b} + \hbar g_0\hat{a}^\dagger\hat{a}(\hat{b}^\dagger + \hat{b}), \tag{10.6}$$

其中，$g_0 = G x_z = G x_0/\sqrt{2}$。实际系统中，光子的频率为 $\omega_c \sim 10^{14}\mathrm{Hz}$，而振子的频率 Ω 为 $10^3 \sim 10^9\mathrm{Hz}$。由于两者能量尺度相差很远，振子激发与光子直接耦合几乎是不可能的。为了让振子的激发能量和光子的能量相匹配，实际应用中，光场模式一般总是通过外界注入的方式实现，表现在哈密顿量中即为

$$H_{\mathrm{in}} = \epsilon(\hat{a}\mathrm{e}^{-\mathrm{i}\omega_L t} + \hat{a}^\dagger\mathrm{e}^{\mathrm{i}\omega_L t}), \tag{10.7}$$

其中，ω_L 为输入光场的频率。如果以 ω_L 为基准，令 $H_0 = \omega_L\hat{a}^\dagger a$，则在相互作用表象中的哈密顿量即可写为

$$H = \hbar\Delta\hat{a}^\dagger\hat{a} + \hbar\Omega\hat{b}^\dagger\hat{b} + \hbar g_0\hat{a}^\dagger\hat{a}(\hat{b}^\dagger + \hat{b}) + \epsilon(\hat{a} + \hat{a}^\dagger), \tag{10.8}$$

其中，失谐量 $\Delta = \omega_c - \omega_L$。通过改变输入光的频率 ω_L，我们就可以改变 Δ 的大小，使得它与振子的频率 Ω 相匹配，从而形成可观测的光力效应。

10.2　耗散光力系统中的稳态及其线性化

由于光力系统的相互作用是由光场和振子算符组成的三次型形式，故该系统本质上是一个非线性问题。严格求解该问题，需要我们在粒子数表象下对体系的总哈密顿量进行对角化。然而这样的处理比较复杂，不容易给出简明的物理图像。实际系统中，当光腔中的光子数很大以至于可以近似成相干态时，我们可以通过线性化的方法，将光场与振子之间的相互作用简化成二次型的形式。这样我们就可以用解析的方法求解该系统，从而为分析和理解振子系统中各种物理量之间的关系提供了一种很方便的途径。

为具体说明问题，我们假定振子系统的总哈密顿量可以写为

$$\hat{H} = \hbar\omega_c\hat{a}^\dagger\hat{a} + \hbar\Omega\hat{b}^\dagger\hat{b} + \hbar g_0\hat{a}^\dagger\hat{a}(\hat{b}^\dagger + \hat{b}), \tag{10.9}$$

这里各参数的定义与 10.1 节中公式相同。如果我们分别计入光场和振子各自环境的影响，在马尔可夫近似下，利用前面章节中的知识，可以写出系统算符应满足的朗之万方程为

$$\dot{\hat{a}} = \frac{1}{i\hbar}[\hat{a}, \hat{H}] - \frac{\kappa}{2}\hat{a} + \sqrt{\kappa}\hat{a}_{\text{in}}, \tag{10.10a}$$

$$\dot{\hat{b}} = \frac{1}{i\hbar}[\hat{b}, \hat{H}] - \frac{\Gamma}{2}\hat{b} + \sqrt{\Gamma}\hat{b}_{\text{in}}. \tag{10.10b}$$

这里，κ 对应光腔的耗散，它刻画了腔外光场耦合进入光腔的速率；相应地，Γ 代表振子周围的环境噪声所导致的耗散率；$\hat{a}_{\text{in}}$ 和 $\hat{b}_{\text{in}}$ 为各自的输入噪声。

实际系统中，光腔内的光场大多是通过外界输入的相干光场来激发的。假定光腔内的光子数较大，并且振子由于热激发而具有非零的布居时，我们可以在平均场近似下近似求得系统的稳态。在稳态下，方程 (10.10) 的左边均为零，同时在方程右边对腔内光场取相干态近似 $\langle\hat{a}\rangle = \alpha$，从而可将方程转化为

$$\dot{\alpha} = -i[\Delta + g_0\langle\hat{b}^\dagger + \hat{b}\rangle] - \frac{\kappa}{2}\alpha + \sqrt{\kappa}\alpha_{\text{in}} = 0, \tag{10.11a}$$

$$\dot{\langle\hat{b}\rangle} = -i\Omega\langle\hat{b}\rangle - ig_0|\alpha|^2 - \frac{\Gamma}{2}\langle\hat{b}\rangle = 0. \tag{10.11b}$$

可以看到，光力作用导致上述方程是一个非线性的耦合方程，相应的半经典动力学可以呈现较复杂的行为。求解上述方程我们得到，在稳态条件下

$$\langle\hat{b}\rangle = -\frac{g_0|\alpha|^2}{\Omega - i\Gamma/2}, \tag{10.12}$$

从而有

$$\langle\hat{b}^\dagger + \hat{b}\rangle = -g_0|\alpha|^2\left(\frac{1}{\Omega + i\Gamma/2} + \frac{1}{\Omega - i\Gamma/2}\right) = -\frac{2\Omega g_0|\alpha|^2}{\Omega^2 + \Gamma^2/4}. \tag{10.13}$$

如果振子的频率远大于振子的耗散速率 $\Omega \gg \Gamma$，则

$$\langle\hat{X}\rangle = \langle\hat{b}^\dagger + \hat{b}\rangle/\sqrt{2} \simeq -2g_0|\alpha|^2/\Omega. \tag{10.14}$$

依方程 (10.11a)，我们可以求得

$$\alpha = \frac{\sqrt{\kappa}\alpha_{\text{in}}}{\frac{\kappa}{2} + i(\Delta - \sqrt{2}g_0\langle\hat{X}\rangle)} \simeq \frac{\sqrt{\kappa}\alpha_{\text{in}}}{\frac{\kappa}{2} + i(\Delta - 2g_0^2|\alpha|^2/\Omega)}. \tag{10.15}$$

对上式求模后即可得到关于 $|\alpha|^2$ 的非线性方程

$$|\alpha|^2 \simeq \frac{\kappa|\alpha_{\text{in}}|^2}{\kappa^2/4 + (\Delta - 2g_0^2|\alpha|^2/\Omega)^2}. \tag{10.16}$$

可以看到，当没有光力耦合 $g_0 = 0$ 时，腔内光场强度随失谐量 Δ 呈现标准的洛伦兹线型。而当 $g_0 \neq 0$ 时，对于给定的输入光强 $|\alpha_{in}|^2$，方程

$$|\alpha|^2 \left[\frac{\kappa^2}{4} + \left(\Delta - \frac{2g_0^2|\alpha|^2}{\Omega} \right)^2 \right] = \kappa|\alpha_{in}|^2 \tag{10.17}$$

有可能存在 α 的多组解。

如图 10.2所示，当 $g_0^2/\Omega\kappa = 0.008$ 时，在区间 $\Delta/\kappa \sim (1.4, 2.0)$，$|\alpha|^2$ 的取值是非单一的。对于每一个给定的 Δ/κ，$|\alpha|^2$ 的取值有三种可能。假定我们固定其他参数，只单独沿不同的方向改变参数 Δ/κ，容易看到，当 Δ/κ 由负到正改变时，$|\alpha|^2$ 的取值将沿着路径 ABD 改变，在 $\Delta/\kappa \sim 2.0$ 附近，$|\alpha|^2$ 会发生跳变；而当 Δ/κ 由正到负改变时，$|\alpha|^2$ 将沿着路径 DCA 变化，并且在 $\Delta/\kappa \sim 1.4$ 附近发生跳变。$|\alpha|^2$ 的这种类似"磁滞回线"的跳变行为预示着非线性效应会导致系统的稳态存在一级相变。

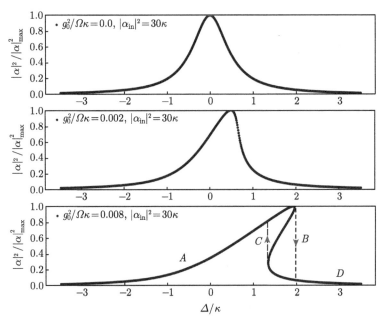

图 10.2　光腔、振子复合系统中腔内光子数对系统参数的依赖关系示意图，见方程 (10.17)。当 Δ/κ 从大到小或从小到大变化时，振子稳态时参数 $|\alpha|^2$ 发生跳变的位置不一样，呈现出类似"磁滞回线"的行为，表示系统中存在一级相变

上述半经典处理适用于腔内光子数较大的情况，以至于相干态近似可以很好地刻画它。然而，实际情况中，光场的量子特性仍然能够从光场的涨落中体现出来。为考虑光场的量子效应，我们可以采用线性化近似，把场算符在平均值附近

展开，写成如下两部分组合的形式

$$\hat{a} = \alpha + \delta\hat{a} \quad 及 \quad \hat{b} = \beta + \delta\hat{b}, \tag{10.18}$$

其中 (α, β) 分别对应算符 $\hat{a}$ 和 $\hat{b}$ 的平均值，而 $(\delta\hat{a}, \delta\hat{b})$ 表示相应算符的量子涨落部分。为方便书写，后面的讨论中，我们仍然用 $\hat{a}$、$\hat{b}$ 分别指代 $\delta\hat{a}$ 和 $\delta\hat{b}$。将上式代入原始的哈密顿量以后，再利用稳态时 α 和 β 的取值，我们会发现展开式中所有关于算符 $\hat{a}$、$\hat{b}$ 的一次项都抵消了，最后得到的等效哈密顿量为

$$\hat{H} = \hbar(\Delta - \frac{2g_0^2|\alpha|^2}{\Omega})\hat{a}^\dagger\hat{a} + \hbar\Omega\hat{b}^\dagger\hat{b} + \hbar g_0[\alpha(\hat{a}^\dagger + \hat{a}) + \hat{a}^\dagger\hat{a}](\hat{b}^\dagger + \hat{b}). \tag{10.19}$$

不失一般性，这里假定 α 和 β 都取实数。

上式第一项表明，由于振子和腔内光子的耦合，光场的频率发生移动 $\Delta' = \Delta - \frac{2g_0^2|\alpha|^2}{\Omega}$。为了形式上的简洁，后面的讨论中，我们仍然用 Δ 来代指 Δ'。实际上，当其他参数不变时，这个频率移动可以通过改变输入场的失谐量而消除掉。上式第二项中包含线性作用 $(\hat{a}^\dagger + \hat{a})(\hat{b}^\dagger + \hat{b})$。相比于非线性作用强度 g_0，这里的有效作用强度多了一个因子 α。当 $|\alpha| \gg 1$ 时，这一线性相互作用的强度远大于非线性作用强度。故在大多问题处理时，方程右边的非线性项可以被忽略。由此我们得到最终的有效哈密顿量为

$$\hat{H} = \hbar\Delta\hat{a}^\dagger\hat{a} + \hbar\Omega\hat{b}^\dagger\hat{b} + \hbar g_0\alpha(\hat{a}^\dagger + \hat{a})(\hat{b}^\dagger + \hat{b}), \tag{10.20}$$

这样得到的 $\hat{H}$ 描述了一个线性化的光子-振子相互作用系统。

10.3 振子耗散及其稳态行为

10.3.1 能谱密度的定义及其性质

在描述系统和环境的耦合问题时，环境通常被看作是提供了某种随机信号的背景。前面章节中，我们看到了，不同的环境特性会导致不同的系统主方程演化，甚至有时候会让系统的演化变成是非马尔可夫的。所以，对环境性质的了解可以方便我们理解系统的演化特性，甚至有时候可以通过改变环境来实现对系统动力学的操控等。

在信号分析时，对环境的刻画可以通过引入能谱密度函数来实现[3,4,8]。以经典信号为例，设有一含时信号 $\chi(t)$，定义其强度积分

$$E = \int_{-\infty}^{\infty} dt|\chi(t)|^2 < \infty \tag{10.21}$$

为信号的能量。利用等式 $2\pi\delta(t) = \int_{-\infty}^{\infty} \mathrm{d}\omega \mathrm{e}^{\mathrm{i}\omega t}$，我们可以定义相应的傅里叶分量为

$$\chi(\omega) = \int_{-\infty}^{\infty} \mathrm{d}t \mathrm{e}^{\mathrm{i}\omega t}\chi(t) \quad \text{及} \quad \chi(t) = \frac{1}{2\pi}\int_{-\infty}^{\infty}\mathrm{d}\omega \mathrm{e}^{-\mathrm{i}\omega t}\chi(\omega). \tag{10.22}$$

可以证明，上述定义的傅里叶分量和原始信号之间满足能量守恒

$$E = \int_{-\infty}^{\infty}\mathrm{d}t\chi^*(t)\chi(t) = \frac{1}{2\pi}\int_{-\infty}^{\infty}\mathrm{d}\omega\chi^*(\omega)\chi(\omega). \tag{10.23}$$

定义 $S_{\chi\chi}(\omega) = |\chi(\omega)|^2$ 为信号 $\chi(t)$ 的能谱密度，它对应了在 ω 附近单位频率间隔内的信号能量。容易看到，当 $\chi(t)$ 为实信号时，我们有 $\chi(-\omega) = \chi^*(\omega)$，从而有 $S_{\chi\chi}(\omega) = S_{\chi\chi}(-\omega)$。一般说来，对于信号系统，引入能谱密度 $S_{\chi\chi}(\omega)$ 刻画更具有普遍意义。对于某些在时间上持续分布的信号，信号总能量可能趋于 ∞，但是能谱密度却可以是有限的。

实际应用中，有时候我们需要关注两不同信号之间的关联。由卷积定理，我们知道，对于信号 $f(t)$ 和 $g(t)$ 的关联信号 $h(\tau) = \int_{\infty}^{\infty}\mathrm{d}tf^*(t+\tau)g(t)$，其傅里叶分量满足

$$\begin{aligned}
H(\omega) &= \int_{-\infty}^{\infty}\mathrm{d}\tau \mathrm{e}^{\mathrm{i}\omega\tau}h(\tau) = \int_{-\infty}^{\infty}\mathrm{d}\tau \mathrm{e}^{\mathrm{i}\omega\tau}\int_{-\infty}^{\infty}\mathrm{d}tf^*(t+\tau)g(t) \\
&= \int_{-\infty}^{\infty}\mathrm{d}\tau\int_{-\infty}^{\infty}\mathrm{d}t\mathrm{e}^{\mathrm{i}\omega\tau}\left[\frac{1}{2\pi}\int\mathrm{d}\omega_1 F(\omega_1)\mathrm{e}^{-\mathrm{i}\omega_1(t+\tau)}\right]^*\left[\frac{1}{2\pi}\int\mathrm{d}\omega_2 G(\omega_2)\mathrm{e}^{-\mathrm{i}\omega_2 t}\right] \\
&= F^*(\omega)G(\omega).
\end{aligned} \tag{10.24}$$

这里 $F(\omega)$ 和 $G(\omega)$ 分别是信号 $f(t)$ 和 $g(t)$ 的傅里叶分量。如果我们定义自关联函数 $K(\tau) = \int_{-\infty}^{\infty}\mathrm{d}t\chi^*(t+\tau)\chi(t)$，则依据上面的卷积关系可得

$$\int_{-\infty}^{\infty}\mathrm{d}\tau\mathrm{e}^{\mathrm{i}\omega\tau}K(\tau) = |\chi(\omega)|^2 = S_{\chi\chi}(\omega),$$

$$K(\tau) = \frac{1}{2\pi}\int_{-\infty}^{\infty}\mathrm{d}\omega\mathrm{e}^{-\mathrm{i}\omega\tau}S_{\chi\chi}(\omega).$$

所以利用谱密度 $S_{\chi\chi}(\omega)$，我们可以很方便地得出信号 $\chi(t)$ 的自关联函数。

当环境信号 $\chi(t)$ 为随机变量时，其平均值和关联函数在对样本取平均后一般具有时间平移不变性，满足条件

$$\langle\chi(t)\rangle = \text{const},$$

$$\langle\chi^*(t+\tau)\chi(t)\rangle = f(\tau).$$

可以看到，此时环境的关联函数只依赖于时间差 τ。利用卷积关系我们得到

$$
\begin{aligned}
\langle \chi^*(\omega)\chi(\omega)\rangle &= \int_{-\infty}^{\infty} \mathrm{d}\tau \mathrm{e}^{\mathrm{i}\omega\tau} \int_{-\infty}^{\infty} \mathrm{d}t \langle \chi^*(t+\tau)\chi(t)\rangle \\
&= \lim_{T\to\infty} \int_{-T/2}^{T/2} \mathrm{d}t \int_{-\infty}^{\infty} \mathrm{d}\tau \mathrm{e}^{\mathrm{i}\omega\tau}\langle \chi^*(t+\tau)\chi(t)\rangle \\
&= \lim_{T\to\infty} T. \int_{-\infty}^{\infty} \mathrm{d}\tau \mathrm{e}^{\mathrm{i}\omega\tau}\langle \chi^*(t+\tau)\chi(t)\rangle.
\end{aligned} \tag{10.25}
$$

上式中最后一步利用了关联函数的时间平移不变性。正是由于这一特性，所以在量子系统中简化的能谱密度也可以定义为

$$
S_{\chi\chi}(\omega) = \int_{-\infty}^{\infty} \mathrm{d}\tau \mathrm{e}^{\mathrm{i}\omega\tau}\langle \chi^*(t+\tau)\chi(t)\rangle. \tag{10.26}
$$

有所不同的是，在量子力学中，这里样本的平均变为对系统的量子态求平均；另一方面，信号 $\chi(t)$ 在量子力学中可以对应于某个算符，而 $\chi^*(t)$ 对应其共轭算符。

10.3.2 谐振子的耗散及稳态

前面章节中 (见 5.2 节)，我们讨论了一个理想振子系统在谐振子热库中的主方程。在光力系统中，当振子的质量变得越来越小时，环境噪声对它的影响就越来越严重。这里为了更具体地了解环境对振子的影响，对这一问题做更详细的分析。

假定振子和环境的自由哈密顿量分别为 $\hat{H}_{0,os}$ 和 $\hat{H}_{0,E}$，则总的自由哈密顿量即为 $\hat{H}_0 = \hat{H}_{0,os} + \hat{H}_{0,E}$，而振子与环境耦合所对应的形式为

$$
\hat{V} = A\hat{x}\hat{F} = Ax_z(\hat{b}^\dagger + \hat{b})\hat{F}, \tag{10.27}
$$

其中，$x_z = x_0/\sqrt{2}$，$\hat{F}$ 是描述环境噪声特性的耦合算符。在相互作用表象下，振子和环境的耦合变成时间依赖的，具体写为 $\hat{V}_\mathrm{I}(t) = \mathrm{e}^{-\mathrm{i}\hat{H}_0 t/\hbar}\hat{V}\mathrm{e}^{\mathrm{i}\hat{H}_0 t/\hbar}$。对于给定的初始状态 $|\psi_I(0)\rangle$，系统在后时刻的状态可以写成

$$
\begin{aligned}
|\psi_\mathrm{I}(t)\rangle = {}& |\psi(0)\rangle + \frac{1}{\mathrm{i}\hbar} \int_0^t \mathrm{d}t_1 \hat{V}_\mathrm{I}(t_1)|\psi(0)\rangle \\
& - \frac{1}{\hbar^2} \int_0^t \mathrm{d}t_1 \int_0^{t_1} \mathrm{d}t_2 \hat{V}_\mathrm{I}(t_2)\hat{V}_\mathrm{I}(t_2)|\psi(0)\rangle + \cdots.
\end{aligned} \tag{10.28}
$$

如果系统和环境的初始状态为 $|n\rangle|\phi_i\rangle$，则演化到 t 时刻后，振子处在激发态 $|n+1\rangle$、同时环境状态处在 $|\phi_f\rangle$ 的概率幅为

$$
C_{n\to n+1} \simeq \frac{1}{\mathrm{i}\hbar} \int_0^t \mathrm{d}\tau \langle \phi_f|\langle n+1|V_\mathrm{I}(\tau)|n\rangle|\phi_i\rangle
$$

$$= \frac{A\sqrt{n+1}x_z}{\mathrm{i}\hbar} \int_0^t \mathrm{d}\tau \mathrm{e}^{\mathrm{i}\Omega\tau} \langle\phi_f|\hat{F}_I(\tau)|\phi_i\rangle. \tag{10.29}$$

这里假定系统环境耦合很弱，故只取了一级近似。上式中，$\hat{F}_I(\tau) = \mathrm{e}^{-\mathrm{i}\hat{H}_{0,E}t/\hbar}\hat{F}\mathrm{e}^{\mathrm{i}\hat{H}_{0,E}t/\hbar}$；同时，亦假定了振子系统的自由哈密顿量为 $\hat{H}_{0,os} = \hbar\Omega\hat{b}^\dagger\hat{b}$，其中 Ω 表示振子的频率。如果对所有可能的环境状态求和，就可以得到振子由 $|n\rangle$ 跃迁到 $|n+1\rangle$ 的概率为

$$
\begin{aligned}
P_{n\to n+1} &\simeq \frac{A^2(n+1)x_z^2}{\hbar^2} \int_0^t \mathrm{d}\tau_1 \int_0^t \mathrm{d}\tau_2 \mathrm{e}^{-\mathrm{i}\Omega(\tau_2-\tau_1)} \sum_f \langle\phi_i|\hat{F}_I^\dagger(\tau_2)|\phi_f\rangle\langle\phi_f|\hat{F}_I(\tau_1)|\phi_i\rangle \\
&= \frac{A^2(n+1)x_z^2}{\hbar^2} \int_0^t \mathrm{d}\tau_1 \int_0^t \mathrm{d}\tau_2 \mathrm{e}^{-\mathrm{i}\Omega(\tau_2-\tau_1)} \langle\phi_i|\hat{F}_I^\dagger(\tau_2)\hat{F}_I(\tau_1)|\phi_i\rangle \\
&= \frac{(n+1)x_z^2}{\hbar^2} S_{FF}(-\Omega)t = (n+1)\gamma_\uparrow t,
\end{aligned} \tag{10.30}
$$

这里利用了 $\sum_f |\phi_f\rangle\langle\phi_f| = I_E$，其中 I_E 为热库中的单位算符。S_{FF} 刻画了噪声的能谱密度，具体定义为

$$S_{FF}(\omega) = A^2 \int_{-\infty}^\infty \mathrm{d}\tau \mathrm{e}^{\mathrm{i}\omega\tau} \langle\hat{F}_I^\dagger(\tau)\hat{F}_I(0)\rangle, \tag{10.31}$$

它反映环境对系统的干扰强度随频谱的变化特征。对于振子来说，发生跃迁过程 $|n\rangle \to |n+1\rangle$ 时振子能量升高，需要从环境中吸热，故相对应的跃迁概率与负频率相关联。以此类推，对于过程 $|n\rangle \to |n-1\rangle$，跃迁概率应与 $S_{FF}(\Omega)$ 相关联，具体可写为

$$P_{n\to n-1} \simeq \frac{nx_z^2}{\hbar^2} S_{FF}(\Omega)t = n\gamma_\downarrow t. \tag{10.32}$$

对于经典系统，由于 $\hat{F}_I^\dagger(\tau)$ 和 $\hat{F}_I(0)$ 对易，所以一般都有 $S_{FF}(-\Omega) = S_{FF}(\Omega)$。而对于量子系统，由于 $[\hat{F}_I^\dagger(\tau), \hat{F}_I(0)] \neq 0$，故有 $S_{FF}(-\Omega) \neq S_{FF}(\Omega)$。

需要注意的是，上面定义的 $\gamma_\uparrow$ 和 $\gamma_\downarrow$ 分别代表了环境耦合导致的系统激发数增加和减少的速率。如果热库也是一个谐振子热库，则 $\gamma_\uparrow$ 和 $\gamma_\downarrow$ 具体形式与第五章式 (5.2) 中的定义是一致的。如果用 p_n 表示振子系统处在 $|n\rangle$ 状态的概率，则其满足的方程应为

$$\dot{p}_n(t) = n\gamma_\uparrow p_{n-1} + (n+1)\gamma_\downarrow p_{n+1} - [n\gamma_\downarrow + (n+1)\gamma_\uparrow] p_n. \tag{10.33}$$

由此可以看出，振子的平均激发数 $\bar{n} = \sum_{n=0}^\infty np_n$ 应满足方程

$$\dot{\bar{n}} = (\bar{n}+1)\gamma_\uparrow - \bar{n}\gamma_\downarrow. \tag{10.34}$$

当振子处在热平衡时

$$\bar{n} = \frac{\gamma_\uparrow}{\gamma_\downarrow - \gamma_\uparrow} = \left[\exp\left(\frac{\hbar\Omega}{kT_e} \right) - 1 \right]^{-1}, \tag{10.35}$$

p_n 满足标准的玻色-爱因斯坦分布

$$p_n = \exp\left(-\frac{n\hbar\Omega}{k_B T_e} \right) \left[1 - \exp\left(-\frac{\hbar\Omega}{k_B T_e} \right) \right]. \tag{10.36}$$

这里 T_e 表示振子的温度。依据细致平衡原理

$$p_n P_{n \to n+1} = p_{n+1} P_{n+1 \to n} \tag{10.37}$$

可得

$$\frac{p_n}{p_{n+1}} = \frac{\gamma_\downarrow}{\gamma_\uparrow} = \frac{S_{FF}(\Omega)}{S_{FF}(-\Omega)} = \exp\left[\frac{\hbar\Omega}{kT_e} \right] = \frac{\bar{n}+1}{\bar{n}}, \tag{10.38}$$

所以振子的等效温度就可以表示成

$$T_e = \frac{\hbar\Omega/k_B}{\ln[S_{FF}(\Omega)/S_{FF}(-\Omega)]}. \tag{10.39}$$

上述讨论表明，通过改变噪声的谱密度分布，我们可以得到振子的等效温度，从而实现对振子的加热和冷却。

利用同样的讨论，我们也可以考察振子平均能量 $\bar{E} = (\bar{n} + 1/2)\hbar\Omega$ 所满足的动力学方程，具体形式如下：

$$\begin{aligned} \dot{\bar{E}} = \dot{\bar{n}}\hbar\Omega &= \hbar\Omega\left[(\bar{n}+1)\gamma_\uparrow - \bar{n}\gamma_\downarrow \right] \\ &= -(\gamma_\downarrow - \gamma_\uparrow)\bar{E} + \frac{\hbar\Omega}{2}(\gamma_\downarrow + \gamma_\uparrow). \end{aligned} \tag{10.40}$$

令

$$\gamma = \gamma_\downarrow - \gamma_\uparrow, \tag{10.41}$$

则由于振子处于平衡时应满足 $\dot{\bar{E}} = 0$，所以我们有

$$\gamma\bar{E} = \frac{\hbar\Omega}{2}(\gamma_\downarrow + \gamma_\uparrow), \tag{10.42}$$

代入平衡时 $\bar{E}$ 的取值可得

$$\gamma_\downarrow + \gamma_\uparrow = \gamma(2\bar{n}+1) \quad \text{及} \quad \dot{\bar{E}} = -\gamma\bar{E} + \frac{\gamma(2\bar{n}+1)}{2}\hbar\Omega.$$

进一步，考虑到 $\gamma_\downarrow$、$\gamma_\uparrow$ 分别对应环境的谱密度 $S_{FF}(\Omega)$ 和 $S_{FF}(-\Omega)$，并利用 $\hbar^2/x_z^2 = m\hbar\Omega$，我们立刻可以求得

$$S_{FF}(\Omega) = \gamma m\hbar\Omega(\bar{n}+1) \quad \text{及} \quad S_{FF}(-\Omega) = \gamma m\hbar\Omega\bar{n}. \tag{10.43}$$

从上述振子能量的动力学演化中我们看到，振子的能量变化中包含了一个与能量无关的增长速率 $\gamma_\uparrow + \gamma_\downarrow = \gamma(2\bar{n}+1)$，这就为体系的退相干速率提供了一个下限。实际系统中，如果希望看到振子的相干特性，振子的振动频率不能低于这个频率，故要求

$$\Omega \geqslant \gamma(2\bar{n}+1). \tag{10.44}$$

当 $\bar{n} \gg 1$ 时，可以近似认为 $(\bar{n}+1)\hbar\Omega \simeq k_\mathrm{B}T$，从而有

$$\frac{\Omega}{\gamma} \geqslant \frac{2k_\mathrm{B}T}{\hbar\Omega} \Longrightarrow \frac{\Omega^2}{\gamma} \geqslant \frac{2k_\mathrm{B}T}{\hbar}. \tag{10.45}$$

在振子系统中，因子 Ω^2/γ 是判定振子品质的重要参数，决定了振子系统相干性的好坏。

10.4　光力系统中振子的平衡和耗散特性

10.4.1　腔场和振子热库近独立作用下振子的平衡和耗散

在光学腔中，振子和腔内光场存在耦合 $\hat{H}_{\text{int}} = \hbar G x_z \hat{a}^\dagger \hat{a}(\hat{b}^\dagger + b)$。当腔场和振子耦合不是很强时，我们可以把腔内的激发光场也看成是振子的某种热库，那么它对振子的影响也可以用求解能谱密度的方法讨论[3,4,8]。需要强调的是，此时振子除了腔场热库外，还受到自身周围真空涨落噪声的影响。当腔场和振子耦合较弱时，可以近似认为这两种热库对振子的影响是近独立的，从而可以先单独讨论腔场热库对振子平衡性质的影响。

利用 10.3 节中的结论，我们可以得到，在弱耦合或短时间内，由于光腔光场存在所导致的跃迁概率为

$$P_{n \to n+1} = (n+1)\Gamma^+ t \quad \text{及} \quad P_{n \to n-1} = n\Gamma^- t, \tag{10.46}$$

其中

$$\Gamma^\pm = x_z^2 G^2 S_{GG}(\omega = \mp\Omega),$$
$$S_{GG}(\omega) = \int_{-\infty}^{\infty} \mathrm{d}\tau \mathrm{e}^{\mathrm{i}\omega\tau} \langle (\hat{a}^\dagger \hat{a})(\tau)(\hat{a}^\dagger \hat{a})(0) \rangle. \tag{10.47}$$

为进一步理解腔内光场对振子的影响，我们需要对 $S_{GG}(\omega)$ 作具体分析。利用线性化近似，我们把算符 $\hat{a}$ 替换成 $\alpha + \hat{a}$，对上式积分中的算符展开到 $\hat{a}$ 的二次项得

$$
\begin{aligned}
\langle(\hat{a}^\dagger\hat{a})(\tau)(\hat{a}^\dagger\hat{a})(0)\rangle = & \langle\alpha^4 + \alpha^3[\hat{a}^\dagger(\tau) + \hat{a}(\tau) + \hat{a}^\dagger(0) + \hat{a}(0)] + \alpha^2[\hat{a}^\dagger(\tau)\hat{a}(\tau) \\
& + \hat{a}^\dagger(0)\hat{a}(0) + \hat{a}^\dagger(\tau)\hat{a}^\dagger(0) + \hat{a}^\dagger(\tau)\hat{a}(0) + \hat{a}(\tau)\hat{a}^\dagger(0) \\
& + \hat{a}(\tau)\hat{a}(0)] + \cdots\rangle \\
\simeq & \langle\alpha^4 + \alpha^2[n(\tau) + n(0)] + \alpha^2[\hat{a}^\dagger(\tau) + \hat{a}(\tau)][\hat{a}^\dagger(0) + \hat{a}(0)]\rangle,
\end{aligned}
$$

其中，$\langle\hat{n}(\tau)\rangle = \langle\hat{a}^\dagger(\tau)\hat{a}(\tau)\rangle = \langle\hat{n}(0)\rangle = n_L$ 为稳态下腔内光场由于涨落所导致的偏离平衡位置的位移。令 $\hat{X} = (\hat{a}^\dagger + \hat{a})/\sqrt{2}$，将上式代入 $S_{GG}(\omega)$ 并积分可得

$$
S_{GG}(\omega) = \alpha^2[(\alpha^2 + 2n_L)\delta(\omega) + 2S_{XX}(\omega)], \tag{10.48}
$$

其中

$$
\begin{aligned}
S_{XX}(\omega) &= \int_{-\infty}^{\infty}\mathrm{d}\tau\mathrm{e}^{\mathrm{i}\omega\tau}\langle\hat{X}(\tau)\hat{X}(0)\rangle = \int_{-\infty}^{\infty}\mathrm{d}\omega'\langle X(\omega)X(\omega')\rangle \\
&= \frac{1}{2}\int_{-\infty}^{\infty}\mathrm{d}\omega'\langle[\hat{a}(\omega) + \hat{a}^\dagger(-\omega)][\hat{a}(\omega') + \hat{a}^\dagger(-\omega')]\rangle, \tag{10.49}
\end{aligned}
$$

$$
\begin{aligned}
\hat{X}(\omega) &= \int_{-\infty}^{\infty}\mathrm{d}\tau\mathrm{e}^{\mathrm{i}\omega\tau}\hat{X}(\tau) = \frac{1}{\sqrt{2}}\int_{-\infty}^{\infty}\mathrm{d}\tau[\hat{a}(t) + \hat{a}^\dagger(t)]\mathrm{e}^{\mathrm{i}\omega\tau} \\
&= \frac{1}{\sqrt{2}}[\hat{a}(\omega) + \hat{a}^\dagger(-\omega)]. \tag{10.50}
\end{aligned}
$$

当腔的耗散系数远大于光力耦合系数时，$\kappa \gg g_0$，光力耦合的速率远远小于光场从腔中泄漏的速率。此时光力耦合对腔场的输入输出影响很小，可以设定 $g_0 = 0$。由方程 (10.10) 可以得出光场的输入/输出关系为

$$
\hat{a}(\omega) \simeq \frac{\sqrt{\kappa}}{\frac{\kappa}{2} + \mathrm{i}(\Delta - \omega)}\hat{a}_{\mathrm{in}}(\omega) = \chi(\omega)\hat{a}_{\mathrm{in}}(\omega). \tag{10.51}
$$

当系统处在热平衡时，输入光场的平均值和关联为

$$
\langle\hat{a}_{\mathrm{in}}^\dagger(\omega)\hat{a}_{\mathrm{in}}(\omega')\rangle = \bar{n}_{\mathrm{in}}\delta(\omega - \omega'),
$$

$$
\langle\hat{a}_{\mathrm{in}}(\omega)\hat{a}_{\mathrm{in}}^\dagger(\omega')\rangle = (\bar{n}_{\mathrm{in}} + 1)\delta(\omega - \omega').
$$

将上述表达式代入 $S_{XX}(\omega)$ 中，我们可以得到

$$
S_{XX}(\omega) = \frac{1}{2}[\langle\hat{a}_{\mathrm{in}}^\dagger(-\omega)\hat{a}_{\mathrm{in}}(-\omega)\rangle|\chi(-\omega)|^2 + \langle\hat{a}_{\mathrm{in}}(\omega)\hat{a}_{\mathrm{in}}^\dagger(\omega)\rangle|\chi(\omega)|^2]
$$

$$= \frac{1}{2}[\bar{n}_{\text{in}}|\chi(-\omega)|^2 + (\bar{n}_{\text{in}} + 1)|\chi(\omega)|^2]. \tag{10.52}$$

上式表明，腔内光场的关联特性取决于输入端热库的性质：其中第一项表示振子系统从环境中吸收一个光子，使得其激发数增加，对应于前文中的 Γ^+；第二项表明振子系统放出光子到腔场环境中，激发数减少，对应于前文中的 Γ^-。

当腔内光场作为热库时，振子平衡态性质会发生变化。依据前面的推导，我们可以写出由于腔场所导致的振子激发概率为

$$\begin{aligned} P'_{n \to n+1} &= (n+1)\Gamma^+ t \\ &= (n+1)x_z^2 G^2 S_{GG}(\omega = -\Omega)t \\ &= 2(n+1)x_z^2 G^2 \alpha^2 S_{XX}(-\Omega)t \\ &= (n+1)x_z^2 G^2 \alpha^2[\bar{n}_{\text{in}}|\chi(\Omega)|^2 + (\bar{n}_{\text{in}} + 1)|\chi(-\Omega)|^2]t, \end{aligned} \tag{10.53}$$

$$\begin{aligned} P'_{n \to n-1} &= n\Gamma^- t \\ &= nx_z^2 G^2 S_{GG}(\omega = \Omega)t \\ &= 2nx_z^2 G^2 \alpha^2 S_{XX}(\Omega)t \\ &= nx_z^2 G^2 \alpha^2[\bar{n}_{\text{in}}|\chi(-\Omega)|^2 + (\bar{n}_{in} + 1)|\chi(\Omega)|^2]t. \end{aligned} \tag{10.54}$$

代入 $\chi(\omega)$ 的表达式，即可得到

$$\frac{\Gamma^-}{\Gamma^+} = \frac{\bar{n}_{\text{in}}|\chi(-\Omega)|^2 + (\bar{n}_{\text{in}} + 1)|\chi(\Omega)|^2}{\bar{n}_{\text{in}}|\chi(\Omega)|^2 + (\bar{n}_{\text{in}} + 1)|\chi(-\Omega)|^2}.$$

当光腔输入为相干光场时，$\bar{n}_{\text{in}} = 0$，从而有

$$\frac{\Gamma^-}{\Gamma^+} \xrightarrow{\bar{n}_{\text{in}}=0} \frac{\kappa^2/4 + (\Delta+\Omega)^2}{\kappa^2/4 + (\Delta-\Omega)^2}. \tag{10.55}$$

可以看到，当 κ、Ω 作为系统参数固定时，通过调节失谐量 Δ 可以控制 Γ^-/Γ^+ 所能达到的极大值或极小值。如果我们选择共振激发，并且假定振子的振动频率远高于耗散速率，即 $\Delta = \Omega \gg \kappa$，则上式达到极大

$$\frac{\Gamma^-}{\Gamma^+} \xrightarrow{\Delta=\Omega} \left(\frac{4\Omega}{\kappa}\right)^2 + 1 \gg 1. \tag{10.56}$$

振子平衡时所对应的平均激发数为

$$\begin{aligned} \bar{n}_f = \bar{n}' = \frac{\Gamma^+}{\Gamma^- - \Gamma^+} &= \left(\frac{\Gamma^-}{\Gamma^+} - 1\right)^{-1} \\ &= \frac{\bar{n}_{\text{in}}|\chi(\Omega)|^2 + (\bar{n}_{\text{in}} + 1)|\chi(-\Omega)|^2}{|\chi(\Omega)|^2 - |\chi(-\Omega)|^2} \end{aligned}$$

$$\xrightarrow{\bar{n}_{\text{in}}=0} \frac{|\chi(-\Omega)|^2}{|\chi(\Omega)|^2 - |\chi(-\Omega)|^2}$$

$$\xrightarrow{\Delta=\Omega} \left(\frac{\kappa}{4\Omega}\right)^2. \tag{10.57}$$

可见，当 $\Delta = \Omega \gg \kappa$ 时，振子平衡时所对应的光子数达到最低，从而可以实现冷却效果。物理上，当外界输入光场红失谐时，能量 $\hbar\omega_L$ 的输入光子不足以激发光腔内频率为 $\omega_c = \omega_L + \Delta$ 的模式，缺省的能量可以通过再吸收一个振子的激发能量来补充。在共振条件下 $\Delta = \Omega \gg \kappa$，振子的能量不断被转换到腔内光场上，腔内的噪声功率谱增加，从而使得振子激发数降低，如图 10.3 所示。需要注意的是，即使用纯粹的相干光场输入 $\bar{n}_{\text{in}} = 0$，振子平衡时的平均光子数 $\bar{n}_f$ 仍然是非零的，所以相对于谐振子来说，光腔的存在本身就等价于一个非零温的热库系统。当 $\kappa \ll \Omega$ 时，$\bar{n}_f \ll 1$，从而可以达到对力学振子的冷却；相反，当 $\kappa \gg \Omega$ 时，$\bar{n}_f \gg 1$，这时候外界光场不能起到冷却振子的作用。需要强调的是，这些分析都是在假定振子与光腔耦合强度满足微扰近似的条件下得到的，所以上述讨论成立的前提是 $\kappa \gg g$。

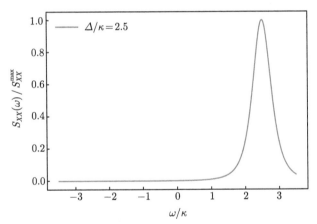

图 10.3　光腔、振子复合系统中腔内光场热库的噪声功率谱。峰值 $\omega = \Delta$ 处表明光腔环境中对应频率的激发数由于振子的能量辐射而增大

利用前面的讨论，我们同样也可以得出 $\Gamma^\pm$ 的具体形式为

$$\Gamma^+ = \Gamma_0 \bar{n}' \quad \text{及} \quad \Gamma^- = \Gamma_0(\bar{n}' + 1). \tag{10.58}$$

从而可求得由于光腔存在导致的振子耗散率为

$$\begin{aligned}
\Gamma_0 = \Gamma^- - \Gamma^+ &= G x_z^2 \alpha^2 \left[|\chi(\Omega)|^2 - |\chi(-\Omega)|^2 \right] \\
&= g^2 \frac{\kappa \left[(\Delta + \Omega)^2 - (\Delta - \Omega)^2 \right]}{\left[\kappa^2/4 + (\Delta + \Omega)^2 \right] \left[\kappa^2/4 + (\Delta - \Omega)^2 \right]}
\end{aligned}$$

$$\xrightarrow{\Delta=\Omega} \frac{4g^2}{\kappa} \left[1 + (\frac{\kappa}{4\Omega})^2 \right]^{-1}. \tag{10.59}$$

对于光腔内的振子来说，如果我们综合考虑各热库的影响，则振子平衡时对应的平均粒子数应该由振子周围的环境和腔内光场共同决定。由此我们可以得到振子的平均激发分布应满足方程

$$\dot{\bar{n}} = (\bar{n}+1)(\Gamma^+ + \gamma_\uparrow) - \bar{n}(\Gamma^- + \gamma_\downarrow). \tag{10.60}$$

当系统平衡时，平均粒子数为

$$\begin{aligned} \bar{n}_f &= \frac{\Gamma^+ + \gamma_\uparrow}{\Gamma^- - \Gamma^+ + (\gamma_\downarrow - \gamma_\uparrow)} \\ &= \frac{\gamma\bar{n} + \Gamma_0\bar{n}'}{\gamma + \Gamma_0} \\ &= \frac{\bar{n} + \bar{n}'\Gamma_0/\gamma}{1 + \Gamma_0}. \end{aligned} \tag{10.61}$$

定义合作系数 C 及参数 η 为

$$C = 4g^2/(\kappa\gamma), \quad \eta = \kappa/(4\Omega). \tag{10.62}$$

由前面 Γ_0 的表达式可得，当 $\Delta = \Omega$ 时，振子的平均激发为

$$\bar{n}_f \xrightarrow{\Delta=\Omega} \frac{\bar{n} + \bar{n}'C/(1+\eta^2)}{1 + C/(1+\eta^2)} = \frac{\bar{n}(1+\eta^2) + C\bar{n}'}{1+\eta^2 + C}. \tag{10.63}$$

相应地，当 $\bar{n}_{\text{in}} = 0$ 时，我们有 $\bar{n}' = \eta^2$，从而有

$$\bar{n}_f \xrightarrow{\Delta=\Omega, \bar{n}_{\text{in}}=0} \frac{\bar{n} + (\bar{n}+C)\eta^2}{1+\eta^2 + C}. \tag{10.64}$$

由此我们即可得到不同极限下，振子平均激发数为

$$\bar{n}_f \to \begin{cases} \bar{n}/(1+C), & \eta^2 \ll \{1+C, \bar{n}/(C+\bar{n})\}, \\ \eta^2, & C \gg \{1+\bar{n}, \eta^2\}. \end{cases} \tag{10.65}$$

可见，不管是哪种情况，增大合作参数 C 均有利于降低稳态下振子的激发数 $\bar{n}_f$，从而降低振子的温度。

10.4.2 腔场和振子强耦合时振子的平衡和耗散

当光腔内的模式和振子耦合很强时，$g \gg \kappa$，腔场与振子之间能量交换的速率要远大于腔场本身的泄漏速率。此时我们不能再用前面的近独立近似来讨论振

子达到平衡时的状态。考虑到实际情况中，强耦合时腔内的光场模式 a 上有大量的光子数占据，我们可以采取线性化近似，把系统的哈密顿量写成

$$\hat{H} = \hbar\Delta\hat{a}^{\dagger}\hat{a} + \hbar\Omega\hat{b}^{\dagger}\hat{b} + \hbar g(\hat{a}^{\dagger} + \hat{a})(\hat{b}^{\dagger} + \hat{b}). \tag{10.66}$$

当腔场与振子近共振 $\Delta \simeq \Omega \gg g$ 时，它们之间的耦合最剧烈。因此在共振点附近，我们可以作旋转波近似得到下面的简化哈密顿量：

$$\hat{H}' = \hbar\Delta\hat{a}^{\dagger}\hat{a} + \hbar\Omega\hat{b}^{\dagger}\hat{b} + \hbar g(\hat{a}^{\dagger}\hat{b} + \hat{a}\hat{b}^{\dagger}). \tag{10.67}$$

这是一个标准的二次型哈密顿量，可以利用博戈留波夫变换的方法精确对角化，所得到的本征能量为

$$\omega_{\pm} = \frac{\Delta + \Omega}{2} \pm \sqrt{g^2 + (\frac{\Delta - \Omega}{2})^2}. \tag{10.68}$$

所以在共振点 $\Delta = \Omega$ 附近，腔场和振子组合成一对新的本征模式 $\hat{c}_{\pm} = (\hat{a} \pm \hat{b})/\sqrt{2}$，相应的能级劈裂为

$$\Delta E = \omega_{+} - \omega_{-} = 2\sqrt{g^2 + (\frac{\Delta - \Omega}{2})^2} \xrightarrow{\Delta = \Omega} 2g. \tag{10.69}$$

假定振子自身的耗散率 γ 远小于腔场的耗散 $\kappa \gg \gamma$，则在新模式 $\hat{c}_{\pm}$ 中，腔场的耗散对该模式的影响最大，并且耗散的大小取决于新模式中腔场模式所占据的比例。为求得这些模式对应的耗散率，我们可以在哈密顿量中加入非厄米的耗散项 $-\mathrm{i}\hbar\kappa\hat{a}^{\dagger}\hat{a} - \mathrm{i}\hbar\gamma\hat{b}^{\dagger}\hat{b}$，并考察系统的朗之万方程

$$\mathrm{i}\dot{\hat{a}} = (\Delta - \mathrm{i}\frac{\kappa}{2})\hat{a} + g\hat{b} + \mathrm{i}\sqrt{\kappa}\hat{a}_{\mathrm{in}}, \tag{10.70a}$$

$$\mathrm{i}\dot{\hat{b}} = (\Omega - \mathrm{i}\frac{\gamma}{2})\hat{b} + g\hat{a} + \mathrm{i}\sqrt{\gamma}\hat{b}_{\mathrm{in}}. \tag{10.70b}$$

当外界噪声的平均值为零时，算符 $\hat{a}$ 和 $\hat{b}$ 的平均值演化即可写为

$$\begin{pmatrix} \langle\dot{\hat{a}}\rangle \\ \langle\dot{\hat{b}}\rangle \end{pmatrix} = -\mathrm{i}\begin{pmatrix} \Delta - \mathrm{i}\frac{\kappa}{2} & g \\ g & \Omega - \mathrm{i}\frac{\gamma}{2} \end{pmatrix}\begin{pmatrix} \langle\hat{a}\rangle \\ \langle\hat{b}\rangle \end{pmatrix}. \tag{10.71}$$

方程对应的复本征值为

$$\tilde{\omega}_{\pm} = \frac{\Delta + \Omega}{2} - \mathrm{i}\frac{\kappa + \gamma}{4} \pm \sqrt{g^2 + [\frac{\Delta - \Omega + \mathrm{i}(\gamma - \kappa)/2}{2}]^2}$$

$$\xrightarrow{\Delta = \Omega, \kappa \gg \Gamma} \Omega - \mathrm{i}\frac{\kappa}{4} \pm \sqrt{g^2 - (\frac{\kappa}{4})^2}. \tag{10.72}$$

上式表明，系统的本征频率存在一个临界点 $g = \kappa/4$。当 $g > \kappa/4$ 时，上式根号中的取值大于零，从而贡献一实数能量移动项。此时系统能谱 $\widetilde{\omega}_\pm$ 的实数部分不一样，对应系统的频率响应存在两个尖峰，每个峰的半宽度为 $\kappa/2$(新模式中光场分量占据的比例为 $1/2$)。

为求得强耦合条件下外界输入对振子平衡时占据数的影响，我们将方程 (10.70) 变化到频域，可得代数方程

$$-\mathrm{i}\omega\hat{a}(\omega) = (-\frac{\kappa}{2} - \mathrm{i}\Delta)\hat{a}(\omega) - \mathrm{i}g\hat{b}(\omega) + \sqrt{\kappa_1}\hat{a}_{\mathrm{in}}(\omega), \quad (10.73\mathrm{a})$$

$$-\mathrm{i}\omega\hat{b}(\omega) = (-\frac{\gamma}{2} - \mathrm{i}\Omega)\hat{b}(\omega) - \mathrm{i}g\hat{a}(\omega) + \sqrt{\gamma}\hat{b}_{\mathrm{in}}(\omega). \quad (10.73\mathrm{b})$$

在共振 $\Delta = \Omega$ 条件下，即可求得

$$\hat{b}(\omega) = \chi_{bb}(\omega)\hat{b}_{\mathrm{in}}(\omega) + \chi_{ba}(\omega)\hat{a}_{\mathrm{in}}(\omega), \quad (10.74)$$

相应的光场感应系数 $\chi_{bb}(\omega)$、$\chi_{ba}(\omega)$ 为

$$\chi_{bb}(\omega) = \frac{\sqrt{\gamma}(\kappa/2 - \mathrm{i}\delta)}{(\kappa/2 - \mathrm{i}\delta)(\gamma/2 - \mathrm{i}\delta) + g^2}, \quad (10.75\mathrm{a})$$

$$\chi_{ba}(\omega) = \frac{-\mathrm{i}g\sqrt{\kappa}}{(\kappa/2 - \mathrm{i}\delta)(\gamma/2 - \mathrm{i}\delta) + g^2}. \quad (10.75\mathrm{b})$$

其中 $\delta = \omega - \Omega$。当腔场输入和振子输入不相关时，利用式 (10.74)，我们就可以求得振子的占据数为

$$\bar{n}_b = \langle\hat{b}^\dagger(t)\hat{b}(t)\rangle = \frac{1}{2\pi}\int \mathrm{d}\omega\,\hat{b}^\dagger(\omega)\hat{b}(\omega)$$

$$\simeq \frac{1}{2\pi}\left[\bar{n}_b^{(0)}\int \mathrm{d}\omega|\chi_{bb}(\omega)|^2 + \bar{n}_a\int \mathrm{d}\omega|\chi_{ba}(\omega)|^2\right], \quad (10.76)$$

其中，$\bar{n}_b^{(0)}$ 为振子输入噪声场的平均激发数，$\bar{n}_a$ 为腔场的热占据数。若令 $\bar{n}_a = 0$，即考察相干光场输入的情况，则 $\bar{n}_b$ 可以简化为

$$\bar{n}_b \simeq \frac{1}{2\pi}\bar{n}_b^{(0)}\int \mathrm{d}\omega|\chi_{bb}(\omega)|^2. \quad (10.77)$$

为了更明确地看出强耦合下热噪声场对振子占据数的影响，我们可以再进一步考察感应系数 $\chi_{bb}(\omega)$ 的性质。可以验证，在共振条件 $\Delta = \Omega$ 下，我们有

$$(\kappa/2 - \mathrm{i}\delta)(\gamma/2 - \mathrm{i}\delta) + g^2 = -(\omega - \widetilde{\omega}_+)(\omega - \widetilde{\omega}_-). \quad (10.78)$$

由此我们可以推断出，$\chi_{bb}(\omega)$ 在 $\omega = \widetilde{\omega}_\pm$ 处有两个峰值，峰值位置正好对应了强耦合条件下新组合模式 $c_\pm$ 的本征频率，如图 10.4所示。新共振峰的出现使

得系统对外界输入的响应发生显著改变。当 $g \gg \kappa$ 时，可以近似把 $|\chi_{bb}(\omega)|^2$ 写成

$$|\chi_{bb}(\omega)|^2 \simeq \frac{\gamma/4}{(\omega - \Omega + g)^2 + (\frac{\gamma + \kappa}{4})^2} + \frac{\gamma/4}{(\omega - \Omega - g)^2 + (\frac{\gamma + \kappa}{4})^2}. \quad (10.79)$$

从而可以求得

$$\bar{n}_b \simeq \frac{1}{2\pi} \bar{n}_b^{(0)} \int d\omega |\chi_{bb}(\omega)|^2 \simeq \bar{n}_b^{(0)} \left(\frac{\gamma}{\kappa + \gamma} \right) \xrightarrow{\kappa \gg \gamma} \bar{n}_b^{(0)} \left(\frac{\gamma}{\kappa} \right). \quad (10.80)$$

可见，在强耦合及腔耗散占主导的情况下，振子的热平衡激发数会缩减到原来的 γ/κ，从而实现对振子的冷却效应。

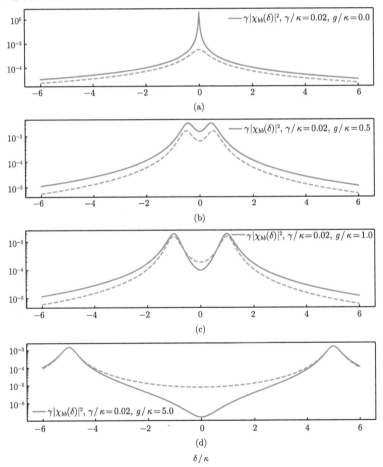

图 10.4　光腔、振子复合系统中振子热库对振子激发的感应系数 $\gamma|\chi_{bb}(\omega)|^2$ 随参数的变化趋势。其中实线对应方程 (10.75a) 给出的结果，虚线对应公式 (10.79) 给出的结果。其余参数见图中说明

　　需要注意的是，上面讨论的 $\bar{n}_b$ 是在仅考虑了振子热库的影响以及旋转波近似的条件下得到的。更精确地，如果考虑到光腔输入以及反旋转波项的影响后，振子最终的激发数可以表示为 [9]

$$\bar{n}_f = \bar{n}_b^{(0)}\frac{\gamma}{\kappa}\frac{4g^2+\kappa^2}{4g^2+\gamma\kappa} + \frac{4g^2}{4g^2+\gamma\kappa}\bar{n}_a + \bar{n}_b^{(0)}\frac{\gamma}{\kappa}\frac{g^2}{\Omega^2} + \left(\bar{n}_a + \frac{1}{2}\right)\frac{\kappa^2+8g^2}{8\Omega^2}. \quad (10.81)$$

上式中，第一项代表了振子热库的贡献，第二项代表了光腔热噪声的贡献，最后两项代表了系统量子涨落以及反馈作用导致的高阶修正。相比于弱耦合的情况 (10.61)，强耦合下振子的平均激发数目偏大，从而对振子的冷却效果要稍差一些。

10.5　光力诱导透明

　　利用红失谐的驱动光场除了可以导致振子的冷却以外，还可以导致另外一个重要的物理效应-光力诱导透明 (optomechanically induced transparency，OMIT)[3,4,10,11]。与电磁场诱导透明的机制类似，在光力系统中实现光场的传播透明效应，我们同样也需要强的控制场和相对较弱的探测光场；除此之外，还需要系统中能提供相应的三能级系统。不过，在振子系统中，由于振子和光子的激发数均没有原则上的限制，这和三能级原子的内能级很不一样，所以该系统中对应的能级结构也会有所不同。

　　图 10.5 给出了腔场和振子系统在激发数联合表象中的能级示意图。由于谐振子的能级间距 Ω 一般远小于光场的激发频率 ω_c，当我们在该系统中加入适当的激光场时，可以构造出一系列耦合的三能级系统。当系统存在一个强的输入控制光场时，我们可以对腔场作线性化，从而得到系统的有效作用为

$$\hat{H} = \hbar\Delta\hat{a}^\dagger\hat{a} + \hbar\Omega\hat{b}^\dagger\hat{b} + \hbar g(\hat{a}^\dagger\hat{b} + \hat{a}\hat{b}^\dagger), \quad (10.82)$$

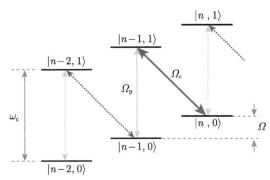

图 10.5　腔场与振子复合体系中的能级 $|n_b, n_a\rangle$ 示意图，其中 n_b 为振子的激发数，n_a 为腔内光子的激发数。ω_c 为腔场的共振频率，Ω 为振子的频率，Ω_c 和 Ω_p 分别为控制场和探测场对应的耦合强度

其中, $g = g_0 \alpha$, α 为输入光场的平均振幅; $\Delta = \omega_c - \omega_L$ 为腔模共振频率和控制场频率得失谐量。由于不影响问题的讨论, 这里忽略了由振子平移导致的能量失谐 $-2g^2/\Omega$; 另一方面, 由于发生透明时一般有 $\Delta \sim \Omega$, 为了简化讨论, 我们也采用了旋转波近似。

光力诱导透明的要点是, 希望控制场 Ω_c 的引入会改变光腔振子联合系统的频率响应, 从而使得对特定频率的探测光场, 其传播过程中的吸收系数和折射系数会发生改变, 正与我们前面在电磁诱导透明中看到的一样。对于如图 10.6 所示的光力系统, 为得出光腔系统的输入输出响应函数, 我们考察系统算符的海森伯运动方程

$$\dot{\hat{a}} = (-\frac{\kappa}{2} - \mathrm{i}\Delta)\hat{a} - \mathrm{i}g\hat{b} + (\sqrt{\kappa_1}\hat{a}_{\mathrm{in},1} + \sqrt{\kappa_2}\hat{a}_{\mathrm{in},2}), \tag{10.83a}$$

$$\dot{\hat{b}} = (-\frac{\Gamma}{2} - \mathrm{i}\Omega)\hat{b} - \mathrm{i}g\hat{a} + \sqrt{\Gamma}\hat{b}_{\mathrm{in}}. \tag{10.83b}$$

这里假定组成光腔的两个腔镜分别存在输入 $\hat{a}_{\mathrm{in},1}$ 和 $\hat{a}_{\mathrm{in},2}$, 相应的耦合强度为 κ_1 和 κ_2, 且 $\kappa = \kappa_1 + \kappa_2$。将上述方程变化到频域可得代数方程

$$-\mathrm{i}\omega\hat{a}(\omega) = (-\frac{\kappa}{2} - \mathrm{i}\Delta)\hat{a}(\omega) - \mathrm{i}g\hat{b}(\omega) + [\sqrt{\kappa_1}\hat{a}_{\mathrm{in},1}(\omega) + \sqrt{\kappa_2}a_{\mathrm{in},2}(\omega)], \tag{10.84a}$$

$$-\mathrm{i}\omega\hat{b}(\omega) = (-\frac{\Gamma}{2} - \mathrm{i}\Omega)\hat{b}(\omega) - \mathrm{i}g\hat{a}(\omega) + \sqrt{\Gamma}\hat{b}_{\mathrm{in}}(\omega). \tag{10.84b}$$

对上述第二式求解得

$$\hat{b}(\omega) = \frac{-\mathrm{i}g\hat{a}(\omega) + \sqrt{\Gamma}\hat{b}_{\mathrm{in}}(\omega)}{\Gamma/2 - \mathrm{i}(\omega - \Omega)}, \tag{10.85}$$

将结果代入第一式中得

$$\begin{aligned}
\hat{a}(\omega) &= \frac{-\mathrm{i}g\sqrt{\Gamma}}{[\kappa/2 - \mathrm{i}(\omega - \Delta)][\Gamma/2 - \mathrm{i}(\omega - \Delta)] + g^2}\hat{b}_{\mathrm{in}}(\omega) \\
&\quad + \frac{[\Gamma/2 - \mathrm{i}(\omega - \Delta)]}{[\kappa/2 - \mathrm{i}(\omega - \Delta)][\Gamma/2 - \mathrm{i}(\omega - \Delta)] + g^2}[\sqrt{\kappa_1}\hat{a}_{\mathrm{in},1}(\omega) + \sqrt{\kappa_2}\hat{a}_{\mathrm{in},2}(\omega)] \\
&\overset{def}{\equiv} \chi_{ab}(\omega)\hat{b}_{\mathrm{in}}(\omega) + \chi_{aa,1}(\omega)\hat{a}_{\mathrm{in},1}(\omega) + \chi_{aa,2}(\omega)\hat{a}_{\mathrm{in},2}(\omega),
\end{aligned} \tag{10.86}$$

从中可以很容易得出 $\chi_{ab}(\omega)$、$\chi_{aa,1}(\omega)$ 及 $\chi_{aa,2}(\omega)$ 的具体定义式。

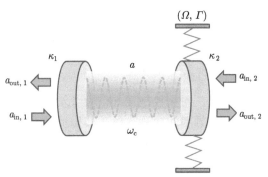

图 10.6　光腔、谐振子复合系统中的光场输入输出示意图。κ_1、κ_2 分别对应腔镜 1、2 的耗散率。ω_c 为腔内模式 a 的共振频率。(Ω, Γ) 对应振子的本征频率和环境导致的耗散率

为了得到腔场的输出模式，在两个腔镜处利用边界关系

$$\hat{a}_{\mathrm{out},1(2)}(\omega) + \hat{a}_{\mathrm{in},1(2)}(\omega) = \sqrt{\kappa_{1(2)}}\hat{a}(\omega), \tag{10.87}$$

则镜面 2 处的输出光场为

$$\begin{aligned}
\hat{a}_{\mathrm{out},2}(\omega) &= \sqrt{\kappa_2}\hat{a}(\omega) - \hat{a}_{\mathrm{in},2}(\omega) \\
&= \sqrt{\kappa_2}\chi_{ab}(\omega)\hat{b}_{\mathrm{in}}(\omega) + \sqrt{\kappa_2}\chi_{aa,1}(\omega)\hat{a}_{\mathrm{in},1}(\omega) \\
&\quad + [\sqrt{\kappa_2}\chi_{aa,2}(\omega) - 1]\hat{a}_{\mathrm{in},2}(\omega).
\end{aligned} \tag{10.88}$$

镜面 1 处的光场可以通过改变上式下标得到，所以这里只需要考察 $a_{\mathrm{out},2}(\omega)$ 就足够了。为了方便讨论，这里分别定义

$$\begin{aligned}
r(\omega) &= \sqrt{\kappa_2}\chi_{aa,2}(\omega) - 1, \\
t(\omega) &= \sqrt{\kappa_2}\chi_{aa,1}(\omega), \\
l(\omega) &= \sqrt{\kappa_2}\chi_{ab}(\omega),
\end{aligned} \tag{10.89}$$

它们分别对应了不同输入对最终输出光场的贡献。利用对易关系

$$[\hat{a}_{\mathrm{out},2}(\omega), \hat{a}_{\mathrm{out},2}^\dagger(\omega')] = \delta(\omega - \omega'), \tag{10.90}$$

我们可以得到下面的能量守恒条件

$$|r(\omega)|^2 + |t(\omega)|^2 + |l(\omega)|^2 = 1. \tag{10.91}$$

上式中，$|l(\omega)|^2$ 反映了振子存在对光场输出的影响；$|(\omega)|^2$ 反映了光场从镜面 1 处输入，再从镜面 2 处输出的概率。当透射概率达到最大时，在 $|l(\omega)|^2$ 不变的情

况下，相应的镜面 2 处的反射概率 $|r(\omega)|^2$ 就会取极小值，故需考察上述各系数的具体性质。令合作参数 C 为

$$C = 4g^2/(\kappa\Gamma). \tag{10.92}$$

可以看到，当 $\delta = \omega - \Delta \ll \kappa$ 时，

$$|l(\delta)|^2 \simeq \left| \frac{-\mathrm{i}\sqrt{\kappa_2\Gamma}g}{\dfrac{\kappa}{2}\left(\dfrac{\Gamma}{2} - \mathrm{i}\delta\right) + g^2} \right|^2 = \frac{\kappa_2}{\kappa} \frac{C\Gamma^2}{(1+C)^2(\Gamma/2)^2 + \delta^2}, \tag{10.93a}$$

$$|r(\delta)|^2 \simeq \left| \frac{\kappa_2\left(\dfrac{\Gamma}{2} - \mathrm{i}\delta\right)}{\dfrac{\kappa}{2}\left(\dfrac{\Gamma}{2} - \mathrm{i}\delta\right) + g^2} - 1 \right|^2 = \frac{(\bar{\kappa}/\kappa - C)^2(\Gamma/2)^2 + \delta^2(\bar{\kappa}/\kappa)^2}{(1+C)^2(\Gamma/2)^2 + \delta^2} \tag{10.93b}$$

$$|t(\delta)|^2 \simeq 1 - |l(\delta)|^2 - |r(\delta)|^2, \tag{10.93c}$$

其中 $\bar{\kappa} = \kappa_2 - \kappa_1$。由此我们可以讨论不同条件下振子光腔复合系统对外界输入光场的响应。

首先，我们考察 $\bar{\kappa} = \kappa = \kappa_2$ 的情况，这时镜面 1 处光场不能耦合进入光腔内，故此时系统相当于一个单边输入输出的复合光腔，满足

$$|t(\delta)|^2 = 0 \quad \text{且} \quad |l(\delta)|^2 + |r(\delta)|^2 = 1.$$

当 $C \gg 1$ 时，腔场和振子发生强耦合。可以看到，$|l(\delta)|^2$ 在 $\delta = 0$ 处有极大值 $4C/(1+C)^2$，相应的反射率 $|r(\delta)|^2$ 在 $\delta \sim 0$ 附近达到极小。所以振子的存在使得光腔对入射光的吸收率达到最大，这和我们预想的光场透明现象相反，称为光力诱导吸收效应。所以单边腔不能实现我们所预期的透明现象。

为此我们考察另外一种极限情况，即 $\kappa_1 = \kappa_2 = \kappa/2$，或 $\bar{\kappa} = 0$。当 $C \gg 1$ 时有

$$|r(\delta)|^2 = \frac{C^2}{1 + C^2 + 4\delta^2/\Gamma^2} \xrightarrow{\delta=0} \frac{C^2}{1 + C^2} \xrightarrow{C \gg 1} 1. \tag{10.94}$$

此时，镜面 2 处的输出光场几乎完全是由该镜面处的反射光组成的，而镜面 1 处的光场几乎无法穿过腔体而透射过来；而且与上述讨论相反，$|r(\delta)|^2$ 在 $\delta \sim 0$ 附近达到极大，这正是我们所期待的透明现象，因为此时共振导致的光场吸收消失。

当 $C \ll 1$ 时，振子和腔场的耦合所导致的物理效应很小，此时近似有 $t(\delta) \sim 1$，所以在镜面 1 处的输入光场可以直接穿过光腔后再从镜面 2 处出射，反之亦然，故不存在光力诱导的透明效应。

10.6　二阶光力效应

光力作用依赖于光腔内腔场的分布，具有很强的非线性。除了常见的线性作用外，适当地控制振子的位置还可以让光力的二阶作用效应显现出来。此时振子对腔内光场频率的改变与振子位移的二次方成正比。一种常见的实现光力二阶耦合的方法是把振子放置在光腔内腔场极大或者极小处，如图 10.7 所示。由于振子的存在，腔内的共振频率 $\omega_c(q)$ 依赖于振子位置 q。在平衡位置附近，$\omega_c(q)$ 的变化率满足

$$\frac{\partial \omega_c(q)}{\partial q}\big|_{q=q_0} = 0.$$

若在振子平衡位置 q_0 附近展开 $\omega_c(q)$，则有

$$\omega_c(q) = \omega_c(q_0) + \frac{1}{2}\frac{\partial^2 \omega_c(q)}{\partial q^2}\big|_{q=q_0}(q-q_0)^2 + \cdots. \tag{10.95}$$

类似前面的推导，将这一展开近似应用到系统哈密顿量中，即可得到二阶光力耦合的强度为

$$g_2 = x_z^2 \frac{\partial^2 \omega_c(q)}{\partial q^2}\big|_{q=q_0}. \tag{10.96}$$

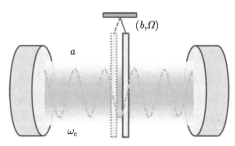

图 10.7　二阶光力效应的物理实现。图中振子薄膜可以放置在腔内光强的驻波节点处或光强极大处

对于一般系统而言，光力的二阶耦合强度要远小于一阶耦合强度。为增大这一非线性耦合效应，与线性耦合的情况一样，也可以输入一频率为 ω_L 的相干驱动光场，这样系统的等效哈密顿量可以写成

$$\hat{H} = \hbar\Delta\hat{a}^\dagger\hat{a} + \hbar\Omega\hat{b}^\dagger\hat{b} + \frac{\hbar}{2}g_2\hat{a}^\dagger a(\hat{b}^\dagger + \hat{b})^2 + \hbar(\epsilon_L^*\hat{a} + \epsilon_L\hat{a}^\dagger). \tag{10.97}$$

这里，$\{\hat{a}^\dagger, \hat{b}^\dagger\}$ 和 $\{\hat{a}, \hat{b}\}$ 分别表示腔场和振子的产生、湮灭算符；$\Delta = \omega_c - \omega_L$ 为驱动光场与腔场的失谐量。特别地，当振子的频率 Ω 远大于腔的线宽 κ 时，量

子化的光力非线性效应就会起主导作用。当驱动光场强度较强时，可以对腔内光场做线性近似展开 $\hat{a} \to \alpha + \hat{a}$，从而得到线性化的光力相互作用为

$$H_I = \frac{\hbar}{2} g_2 (\alpha^* + \hat{a}^\dagger)(\alpha + \hat{a})(\hat{b}^\dagger + \hat{b})^2$$

$$= \frac{\hbar}{2} g_2 [|\alpha|^2 + (\alpha^* \hat{a} + \alpha \hat{a}^\dagger) + \hat{a}^\dagger \hat{a}](\hat{b}^\dagger + \hat{b})^2$$

$$\simeq \frac{\hbar}{2} g_2 [|\alpha|^2 + \alpha(\hat{a} + \hat{a}^\dagger)](\hat{b}^\dagger + \hat{b})^2, \tag{10.98}$$

上式中，为方便讨论，我们假定 α 为实数，同时忽略了物理效应更小的高阶项 $\hat{a}^\dagger \hat{a}(\hat{b}^\dagger + \hat{b})^2$。

在边带可分辨极限下 $\Omega \gg \kappa$，上式中的第一项相当于是对振子能量的修正项，使得振子的能量由 Ω 移动到 $\Omega' = \Omega + g_2 |\alpha|^2$。总的有效哈密顿量可写为

$$\hat{H} = \hbar \Delta \hat{a}^\dagger \hat{a} + \hbar \Omega' \hat{b}^\dagger \hat{b} + \frac{\hbar}{2} g_2 \alpha(\hat{a}^\dagger + \hat{a})(\hat{b}^\dagger + \hat{b})^2 + \hbar(\epsilon_L^* \hat{a} + \epsilon_L \hat{a}^\dagger). \tag{10.99}$$

可以看到，振子和腔内模式耦合项在线性近似下仍然包含了三个算符。利用旋转波近似，我们可以得到不同的简化的耦合作用。例如，若选择 $\Delta \sim 2\Omega'$，则振子和腔内模式耦合项的主导作用变为

$$\frac{\hbar}{2} g_2 \alpha(\hat{a}^\dagger + \hat{a})(\hat{b}^\dagger + \hat{b})^2 \to \frac{\hbar}{2} g_2 \alpha[\hat{a}^\dagger \hat{b}^2 + \hat{a}(\hat{b}^\dagger)^2]. \tag{10.100}$$

它描述了一个光腔光子分裂成两个振子激发的过程，对应了腔模的参量下转换过程。若选择 $\Delta \sim -2\Omega'$，则耦合项近似变为

$$\frac{\hbar}{2} g_2 \alpha(\hat{a}^\dagger + \hat{a})(\hat{b}^\dagger + \hat{b})^2 \to \frac{\hbar}{2} g_2 \alpha[\hat{a}^\dagger(\hat{b}^\dagger)^2 + \hat{a}\hat{b}^2]. \tag{10.101}$$

这对应某种非线性的参量压缩过程，可以用来生成腔模和振子模式之间的量子纠缠。特别地，如果选择共振驱动的情况 $\Delta = \Omega'$，则

$$\frac{\hbar}{2} g_2 \alpha(\hat{a}^\dagger + \hat{a})(\hat{b}^\dagger + \hat{b})^2 \to \frac{\hbar}{2} g_2 \alpha(\hat{a}^\dagger + \hat{a})\hat{b}^\dagger \hat{b}. \tag{10.102}$$

此时，腔场和振子之间的作用退化为未作近似的一次光力耦合，只不过这里光场和振子的角色发生了互换，同时耦合系数可以通过变换驱动光场来调节，从而为制备各种特殊的量子态，以及调控各种非线性过程提供了可能。

10.7 二阶光力效应及非线性暗态

10.6 节中，我们看到了二阶光力效应在不同的参数条件下可以近似成一些特殊的相互作用形式。为进一步了解非线性光力耦合所导致的新效应，本节中，我

们具体考察由这种非线性作用所诱导的一类特殊暗态。在前面讨论电磁诱导透明
效应时，我们曾强调系统中存在本征值为零的暗态。由于这样的暗态几乎不与外
界耦合，所以可以保持很好的相干特性。这一特性甚至在系统的动力学演化中仍
然能够保持，只要系统的控制参数改变得足够缓慢，满足绝热条件即可。

类比于线性的 EIT 系统，在非线性光力系统中，我们也可以考察非线性作用
的引入对系统暗态特性的影响 [12-14]。为此，我们假定所考察的系统哈密顿量为

$$\hat{H} = \hbar\Delta\hat{a}^\dagger\hat{a} + \hbar\Omega\hat{b}^\dagger\hat{b} + \hbar\Delta_c\hat{c}^\dagger\hat{c} + \hbar\lambda[\hat{a}^\dagger(\chi\hat{b}^2 + \hat{c}) + h.c.)]. \tag{10.103}$$

容易看到，上述哈密顿量可以由 10.6 节中的方程 (10.100) 进行改造后得到，其中
$\hat{a}$ 表示腔内的光场模式，$\hat{b}$ 为振子模式对应的算子，λ 为相应的耦合系数，χ 描述
了耦合强度的相对大小。为了说明问题，这里引入了一个新的玻色模式 $\hat{c}$，满足
对易关系 $[\hat{c}, \hat{c}^\dagger] = 1$，$\Delta_c$ 是对应的失谐量。物理上，它可以对应另一个光场模式，
或者是某个集体玻色模式。例如，在讨论 Dicke 相变时，在低能激发下，我们可
以通过 Holstein-Primakoff 变换将原子的集体算符近似成玻色激发。

上述哈密顿量 (10.103) 中，模式 $\hat{b}$ 和 $\hat{c}$ 均与模式 $\hat{a}$ 发生耦合，系统总的激发
数 $\hat{N}$ 是守恒量，具体形式为

$$\hat{N} = 2(\hat{a}^\dagger\hat{a} + \hat{c}^\dagger\hat{c}) + \hat{b}^\dagger\hat{b} = 2(\hat{n}_a + \hat{n}_c) + \hat{n}_b. \tag{10.104}$$

这里因子"2"的出现就是来自于模式 $\hat{b}$ 和模式 $\hat{a}$ 之间的非线性耦合，$\hat{n}_a$、$\hat{n}_b$、和 $\hat{n}_c$
分别对应相应模式上的粒子数。如果我们可以取系统的能量零点使得 $\Omega = \Delta_c = 0$
成立，则可以证明，该系统中存在非线性暗态 $|D\rangle$ 使得 $H'|D\rangle = 0$ 成立，这里

$$\hat{H}' = \hbar\Delta\hat{a}^\dagger\hat{a} + \hbar\lambda[\hat{a}^\dagger(\chi\hat{b}^2 + \hat{c}) + h.c.)]. \tag{10.105}$$

物理上，由相互作用的形式 $\hat{a}^\dagger(\chi\hat{b}^2 + \hat{c})$ 可知，产生一个 $\hat{a}$ 模式的激发可以有两
种方式，如图 10.8所示。

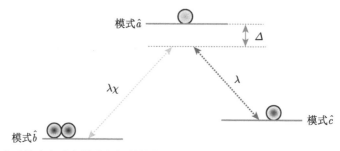

图 10.8　光力系统中各玻色模式之间的转换。其中模式 b 需要湮灭两个粒子用以产生模式 a
中的一个激发，而模式 a 与 c 之间的转化满足粒子数守恒。$\lambda\chi$ 和 λ 表示相应的耦合系数

(1) 将模式 $\hat{c}$ 中的激发转移到 $\hat{a}$ 模式中;

(2) 湮灭两个模式 $\hat{b}$ 中的声子,从而产生一个 $\hat{a}$ 模式中的激发。

由于这两种产生方式可以相干地发生,我们就可以选择合适的叠加系数,使得这两种生成 $\hat{a}$ 模式的路径之间发生干涉相消。这样,系统的状态在哈密顿量 H 的作用下为零,在 $\hat{a}$ 模式上的激发数目就可以保持不变。另一方面,为了使得该状态在 $(\chi \hat{b}^{\dagger 2} + \hat{c}^{\dagger})\hat{a}$ 的作用下也保持不变,则对应的状态在 $\hat{a}$ 模式上的激发数应为零。综合这一特性,可以把系统的暗态 $|\psi\rangle$ 满足的方程写为

$$(\chi \hat{b}^2 + \hat{c})|D\rangle = 0. \tag{10.106}$$

如果系统的基矢量用 $|n_a, n_b, n_c\rangle$ 表示,则利用下列算符平移关系

$$\chi \hat{b}^2 + \hat{c} = \mathrm{e}^{-\chi \hat{c}^{\dagger}\hat{b}^2}\hat{c}\,\mathrm{e}^{\chi c^{\dagger}\hat{b}^2}, \tag{10.107}$$

就可以把暗态 $|D\rangle$ 写成

$$|D(\chi, N)\rangle = C_N \mathrm{e}^{-\chi \hat{c}^{\dagger}\hat{b}^2}|n_a = 0, n_b = N, n_c = 0\rangle$$

$$= C_N \sum_{i=0}^{[N/2]} \sqrt{\frac{N!}{(N-2i)!i!}}(-\chi)^i|0, N-2i, i\rangle, \tag{10.108}$$

其中,$[N/2]$ 表示对方括号中的数值取整数部分;C_N 为相应的归一化系数。

上式表明,非线性暗态 $|D(\chi, N)\rangle$ 是由模式 $\hat{b}$ 和模式 $\hat{c}$ 组合形成的一种特殊量子态。为进一步弄清暗态中各个模式的特性,我们可以考察下面的关联函数

$$G_b^{(2)} = \frac{\langle \hat{b}^{\dagger}\hat{b}^{\dagger}\hat{b}\hat{b}\rangle}{\langle \hat{b}^{\dagger}\hat{b}\rangle^2}, \qquad G_c^{(2)} = \frac{\langle \hat{c}^{\dagger}\hat{c}^{\dagger}\hat{c}\hat{c}\rangle}{\langle \hat{c}^{\dagger}\hat{c}\rangle^2}, \qquad G_{bc}^{(2)} = \frac{\langle \hat{c}^{\dagger}\hat{c}\hat{b}^{\dagger}\hat{b}\rangle}{\langle \hat{c}^{\dagger}\hat{c}\rangle\langle \hat{b}^{\dagger}\hat{b}\rangle}. \tag{10.109}$$

考虑到在经典情况下把算符近似成具体的数,此时上述关联函数的取值均为 1。所以通过分析关联函数对 "1" 的偏离,就可以得出暗态中量子涨落随参数的变化关系。

原则上,直接代入 $|D(\chi, N)\rangle$ 的具体形式,就可以求得相应的关联函数。然而一般情况下,其形式较为复杂。为了形象直观地理解非线性效应对系统关联性质的影响,我们可以考察 $G_{\{b,c,bc\}}^{(2)}$ 在极限下的行为。容易看到,当 $\chi \ll 1$ 时,系统哈密顿中的非线性部分所起的作用很小。此时我们可以只考察 $|D(\chi, N)\rangle$ 展开式中 χ 次数较低的系数项,由此可以近似求得

$$\lim_{\chi \to 0} G_b^{(2)} = 1 - \frac{1}{N}, \qquad \lim_{\chi \to 0} G_c^{(2)} = \frac{(N-2)(N-3)}{N(N-1)}. \tag{10.110}$$

当 $N \to \infty$ 时,各模式上的关联函数取值都逼近于经典结果。这与我们的预期是一致的。

　　然而，当 $\chi \to \infty$ 时，非线性作用项 $(\hat{a}^\dagger \hat{b}\hat{b} + h.c.)$ 占据主导作用。此时，暗态 $|D(\chi, N)\rangle$ 的各展开项中 χ 次数最高的项决定了系统的性质。分析可知，当 N 为偶数时，$|D(\chi, N)\rangle$ 展开式中基矢 $|0,0,N/2\rangle$ 和 $|0,2,N/2-1\rangle$ 对应的系数对关联函数的计算结果贡献最大；而当 N 为奇数时，$|D(\chi, N)\rangle$ 展开式中贡献最大的两项对应的基矢为 $|0,1,[N/2]\rangle$ 和 $|0,3,[N/2]-1\rangle$。由此我们可以求得

$$\lim_{\chi \to \infty} G_b^{(2)} = \begin{cases} \dfrac{2\chi^2}{N} > 1, & N \text{ 为偶数}; \\ 0, & N \text{ 为奇数}. \end{cases} \qquad \lim_{\chi \to \infty} G_c^{(2)} = 1 - \frac{2}{N}. \qquad (10.111)$$

　　对于模式 $\hat{b}$ 和模式 $\hat{c}$ 之间的关联，我们可以将其改写为

$$G_{bc}^{(2)} = 1 - \frac{\sigma_b \sigma_c}{n_b n_c} = 1 + \frac{2n_c(1 - G_c^{(2)}) - 2}{N - 2n_c}, \qquad (10.112)$$

其中 $\sigma_i = \sqrt{\langle \hat{n}_i^2 \rangle - \langle \hat{n}_i \rangle^2}$ 为模式 i 上的粒子数涨落。上述第一个等式说明对任意的参数 χ，我们都有 $G_{bc}^{(2)} < 1$，即模式 $\hat{b}$ 和模式 $\hat{c}$ 之间存在非经典关联，并呈现反群聚关联。物理上，每生成一个模式 $\hat{c}$ 上的激发需要湮灭两个模式 $\hat{c}$ 上的粒子，所以两模式上的粒子倾向于不同时出现，从而有 $G_{bc}^{(2)} < 1$。另一方面，利用 $G_c^{(2)}$ 极限渐近行为，我们也可以得到 $G_{bc}^{(2)}$ 的渐近行为满足

$$\lim_{\chi \to 0} G_{bc}^{(2)} = \lim_{\chi \to \infty} G_{bc}^{(2)} = 1 - \frac{2}{N}. \qquad (10.113)$$

　　对于一般的 $\chi \in (0, \infty)$，利用 $G_c^{(2)} < 1 - 2/N$，并结合方程 (10.112) 的第二个等式，即可以得到 $G_{bc}^{(2)} > 1 - 2/N$。图 10.9 中给出了在给定守恒量 N 下各个关联函数随参数的变化曲线。可以看到，数值计算的结果与上面的分析是一致的。

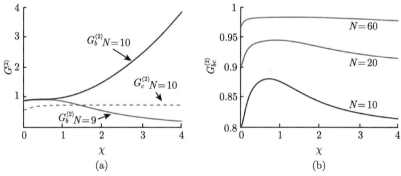

图 10.9　关联函数 $G_b^{(2)}$ 和 $G_c^{(2)}$(a)、以及 $G_{bc}^{(2)}$(b) 随粒子数 N 和参数 χ 的关系。当 $\chi \to \infty$ 时，$G_b^{(2)}$ 依赖于 N 的奇、偶特性而趋向不同的取值。$G_{bc}^{(2)}$ 在 $\chi \to 0$ 和 ∞ 时趋向同一个取值
(摘自 Phys. Rev. Lett., 101, 010401 (2008))

由于参数 χ 的存在, 暗态 $|D(\chi, N)\rangle$ 在不同的 χ 下具有不同的形式。当 $\chi = 0$ 和 ∞ 时, 对应暗态的激发要么全部处在模式 b 上, 要么全部处在模式 c 上, 具体形式为

$$|D(\chi = 0, N)\rangle = |n_a = 0, n_b = N, n_c = 0\rangle, \tag{10.114}$$

$$|D(\chi = \infty, N)\rangle = |n_a = 0, n_b = 0, n_c = N/2\rangle. \tag{10.115}$$

一个自然的想法是, 如果从 0 到 ∞ 缓慢改变系统参数 χ, 是否可以实现模式 b 和模式 c 之间的相干转移呢? 对于三能级 Λ-型系统, 如前面章节中提到过的电磁感应诱导透明系统中这样的操控是可行。然而对于这里的非线性系统, 情况会变得非常不一样。

计算表明, 当系统的总激发数 $N > 3$ 时, 哈密顿量 (10.105) 零本征值所对应的本征态在 $\Delta = 0$ 处存在简并, 并且其简并度随着 N 的增大近似呈线性增长 ($\propto N/4$), 如图 10.10 所示。如果假定初始时刻系统处在状态 $|D(\chi = 0, N)\rangle$, 则当 $\Delta = 0$ 时, 即使缓慢地改变参数 χ, 系统也不会绝热地跟随暗态 $|D(\chi, N)\rangle$ 演化。这是由于暗态存在大量简并, 所以绝热演化所对应的绝热条件在这里不可能被满足。在微扰下, 系统会很快演变成哈密顿量 (10.105) 零本征值所对应本征态的某种叠加形式, 从而可能会大大偏离预期的暗态 $|D(\chi, N)\rangle$。

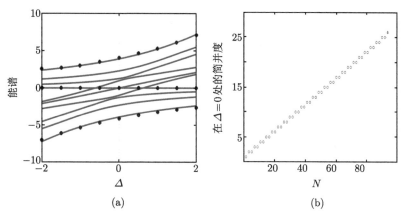

(a) (b)

图 10.10 (a) $N = 6$ 系统的本征能谱随失谐量 Δ 的关系, 这里参数取为 $\lambda = 0.5$, $\chi = 1$, 从中可以看到, 在 $\Delta = 0$ 附近, 暗态对应的能量有简并; (b) 暗态能量对应的能级简并度随粒子数的线性依赖关系 (摘自 Phys. Rev. Lett., 101, 010401 (2008))

图 10.11 给出了初始暗态在参数缓慢变化下系统状态的演化情况。在理想的绝热情况下 (失谐量 $\Delta = 0.5$), 系统状态可以很好地跟随暗态的变化, 从而有 $\langle \psi(t) | D(t) \rangle = 1$ 近似成立。这里 $|\psi(t)\rangle$ 为系统的实际状态。而当 $\Delta = 0$ 时, 由于简并的存在, $\langle \psi(t) | D(t) \rangle$ 可以小于 1, 预示着系统的演化偏离了暗态, 绝热演

化不再成立。为了衡量暗态与其他简并态 $|\phi_i\rangle$ 之间的耦合强度，我们考察变量 $M(t) = \sum_i \langle \phi_i | \partial_t | D(t) \rangle$。从图 10.11 中也可以看到，偏离最快的位置正好对应了暗态与其他简并能级耦合最强的时刻，如图 10.11(b) 所示。

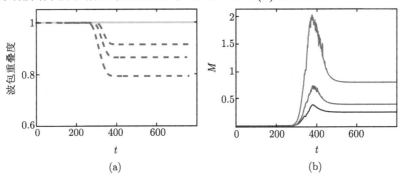

(a)   (b)

图 10.11　初始暗态在系统参数缓慢变化下的演化图示。(a) 暗态 $|D(t)\rangle$ 与实际系统状态 $|\psi(t)\rangle$ 的重合程度 $\langle \psi(t) | D(t) \rangle$。为与绝热演化条件相对应，耦合参数变化的时间次序要求 λ 比 $\lambda\chi$ 先达到极大，具体取值为 $\lambda\chi = 5\mathrm{e}^{-(t-450)^2/100^2}$，$\lambda = 5\mathrm{e}^{-(t-250)^2/100^2}$。这里实线对应 $\Delta = 0.5$，虚线为 $\Delta = 0$ 的结果，且从上到下对应的粒子数分别为 $N = 6, 10, 20$。(b) 暗态与其他简并的非暗态之间的耦合大小，从下到上的粒子数分别为 $N = 6, 10, 20$ (摘自 Phys. Rev. Lett., 101, 010401 (2008))

实际上，当 Δ 取值很大时，可以证明此时系统的暗态形式是唯一的。这是因为在 $\hat{H}'$ 中，如果我们取 $\hat{H}_0 = \hbar\Delta\hat{a}^\dagger\hat{a}$，则 $H_{\mathrm{I}}' = \hbar\lambda[\hat{a}^\dagger(\chi\hat{b}^2 + \hat{c}) + h.c.)]$ 就可以看作是微扰项。H_0 所对应的零本征值的子空间是由下面的态矢量所构成 (假定 N 为偶数)

$$|0, N, 0\rangle, \quad |0, N-2, 1\rangle, \quad |0, N-4, 2\rangle, \quad \cdots \quad |0, 0, N/2\rangle. \tag{10.116}$$

利用微扰论分析可知，对于上述子空间中的任一量子态 $|\phi\rangle$，在 H_{I}' 的扰动下，其能量的改变正比于

$$\delta E_\phi \sim \sum_\lambda \frac{\langle \phi | \hat{H}_{\mathrm{I}}' | \lambda \rangle \langle \lambda | \hat{H}_{\mathrm{I}}' | \phi \rangle}{E_\lambda},$$

其中，λ 为所有可能的中间状态；E_λ 为中间态相应的能量。除了暗态外，E_λ 均不为零。所以一般情况下，δE_ϕ 的取值也是不为零的。唯一保持能量不变的状态 $\delta E_\phi = 0$ 必须满足的条件为

$$\hat{H}_{\mathrm{I}}' |\phi\rangle = 0 = (\chi\hat{b}^2 + \hat{c})|\phi\rangle. \tag{10.117}$$

可见，此处的 $|\phi\rangle$ 就是我们上面讨论的暗态 $|D\rangle$，亦即此时暗态是非简并的。所以，要实现模式 $\hat{b}$ 到模式 $\hat{c}$ 上的转化，原则上只需把系统参数 Δ 设置得足够大就可以了。

参 考 文 献

[1] Ashkin A. Trapping of Atoms by Resonance Radiation Pressure, Phys. Rev. Lett., 1978, 40: 729.

[2] Ashkin A. Optical Trapping and Manipulation of Neutral Particles Using Lasers. Singapore: World Scientific, 2006.

[3] Aspelmeyer M, Kippenberg T J, Marquardt F. Cavity Optomechanics. Rev. Mod. Phys., 2014, 86: 1391.

[4] Bowen W P, Milburn G J. Quantum Optomechanics (Chapter 1.2, 2.6, 2.7, 4.2, and 4.3). Boca Rator, Florida: CRC Press, 2015.

[5] Walls D F, Milburn G J. Quantum Optics (Chapter 7 and 11). Berlin: Springer Science & Business Media, 2008.

[6] Agarwal G S. Quantum Optics. Cambridge: Cambridge University Press, 2012.

[7] Gardiner C, Zoller P. Quantum noise: A handbook of Markovian and non-Markovian quantum stochastic methods with applications to quantum optics (Chapter 5). Berlin: Springer Science & Business Media, 2004.

[8] Clerk A A, Devoret M H, Girvin S M. et al. Introduction to quantum noise, measurement and amplification. Rev. Mod. Phys., 2010, 82, 1155 (2010).

[9] Dobrindt J M, Wilson-Rae I, Kippenberg T J. Parametric normal-mode splitting in cavity optomechanics. Phys. Rev. Lett., 2008, 101: 263602.

[10] Agarwal G S, Huang S. Electromagnetically induced transparency in mechanical effects of light. Phys. Rev. A, 2010, 81: 041803(R).

[11] Weis S, Rivière R, Deléglise S, et al. Optomechanically induced transparency. Science, 2010, 330: 1520.

[12] Zhao C, Zou X B, Pu H, et al. Atom-molecule dark state: The exact quantum solution. Phys. Rev. Lett., 2008, 101: 010401.

[13] Zhou X F, Zhang Y S, Zhou Z W, et al. Adiabatic evolution in nonlinear systems with degeneracy. Phys. Rev. A, 2010, 81: 043614.

[14] Huang Y X, Zhou X F, Guo G C, et al. Dark state in a nonlinear optomechanical system with quadratic coupling. Phys. Rev. A, 2015, 92: 013829.

第十一章 附 录

11.1 算符代数的若干常用公式

量子力学中的物理量是用算符表示的。由于算符的不对易性，所以我们在运算处理时不能随便交换算符的次序。本书中用到的很多公式均与算符的次序相关。这里给出一些量子光学中常见算符运算的公式，用以方便理解和推导相关的内容 [1-5]。同时为了书写方便，我们并没有严格用 "^" 记号区分算符变量和普通的复数 (c-数)，读者可以从具体的上下文中了解变量的具体类型。

(1) 如果 $\hat{A}$、$\hat{B}$ 和 $\hat{C}$ 为非对易算符，则对易关系满足下面的展开等式：

$$[\hat{A}\hat{B}, \hat{C}] = \hat{A}[\hat{B}, \hat{C}] + [\hat{A}, \hat{C}]\hat{B}, \tag{11.1}$$

$$[\hat{A}, \hat{B}\hat{C}] = [\hat{A}, \hat{B}]\hat{C} + \hat{B}[\hat{A}, \hat{C}]. \tag{11.2}$$

(2) 如果 $\hat{A}$ 和 $\hat{B}$ 为非对易算符，则有下面的关系成立：

$$\mathrm{e}^{\hat{A}}\hat{B}\mathrm{e}^{-\hat{A}} = \hat{B} + [\hat{A}, \hat{B}] + \frac{1}{2!}[\hat{A}, [\hat{A}, \hat{B}]] + \frac{1}{3!}[\hat{A}, [\hat{A}, [\hat{A}, \hat{B}]]] + \cdots . \tag{11.3}$$

证明：令 $\hat{f}(x) = \mathrm{e}^{x\hat{A}}\hat{B}\mathrm{e}^{-x\hat{A}}$，其中 x 是一个 c-数。对 $\hat{f}(x)$ 作泰勒展开得

$$\hat{f}(x) = \mathrm{e}^{x\hat{A}}\hat{B}\mathrm{e}^{-x\hat{A}} = \sum_{n=0}^{\infty} \frac{1}{n!}\hat{F}_n x^n, \tag{11.4}$$

其中 $\hat{F}_n$ 为展开系数，一般为某个和 $\hat{A}$、$\hat{B}$ 相关的矩阵。另一方面，对 $\hat{f}(x)$ 作微分得

$$\frac{\mathrm{d}}{\mathrm{d}x}\hat{f}(x) = [\hat{A}, \hat{f}(x)]. \tag{11.5}$$

代入 $\hat{f}(x)$ 的展开式后可得等式

$$\sum_{n=1}^{\infty} \frac{1}{(n-1)!}\hat{F}_n x^{n-1} = \sum_{n=0}^{\infty} \frac{1}{n!}[\hat{A}, \hat{F}_n]x^n, \tag{11.6}$$

对比两边 x^{n-1} 的同次项即可得到

$$\hat{F}_n = [\hat{A}, \hat{F}_{n-1}]. \tag{11.7}$$

得证。

(3) 令 $\hat{G}(x)$ 为一依赖 c-数 x 的算符，定义算符导数 $\hat{G}'(x) = \mathrm{d}\hat{G}(x)/\mathrm{d}x$，则有下列指数算符微分公式成立 (施内登公式)

$$\frac{\mathrm{d}}{\mathrm{d}x}\mathrm{e}^{\hat{G}(x)} = \int_0^1 \mathrm{d}y \mathrm{e}^{(1-y)\hat{G}}\hat{G}'\mathrm{e}^{y\hat{G}}, \tag{11.8}$$

从而有

$$\mathrm{e}^{-\hat{G}(x)}\frac{\mathrm{d}}{\mathrm{d}x}\mathrm{e}^{\hat{G}(x)} = \hat{G}' + \frac{1}{2!}[\hat{G}',\hat{G}] + \frac{1}{3!}[[\hat{G}',\hat{G}],\hat{G}] + \cdots. \tag{11.9}$$

证明：考察下面的算符导数

$$\begin{aligned}
\frac{\mathrm{d}}{\mathrm{d}x}\mathrm{e}^{\hat{G}(x)} &= \frac{\mathrm{d}}{\mathrm{d}x}\left(1 + \hat{G}(x) + \frac{1}{2!}\hat{G}^2(x) + \frac{1}{3!}\hat{G}^3(x) + \cdots\right)\\
&= \hat{G}' + \frac{\hat{G}'\hat{G} + \hat{G}\hat{G}'}{2!} + \frac{\hat{G}'\hat{G}^2 + \hat{G}\hat{G}'\hat{G} + \hat{G}^2\hat{G}'}{3!} + \cdots\\
&= \sum_{n=0}^{\infty}\sum_{m=0}^{n}\frac{1}{(n+1)!}\hat{G}^m\hat{G}'\hat{G}^{n-m}.
\end{aligned} \tag{11.10}$$

由于 $\hat{G}'$ 一般与 $\hat{G}$ 不对易，故在上式第二行中，我们不能进行简单的 c-数合并运算。利用求和等式

$$\sum_{n=0}^{\infty}\sum_{m=0}^{n}f_{n,m} = \sum_{m=0}^{\infty}\sum_{n=m}^{\infty}f_{n,m} = \sum_{m=0}^{\infty}\sum_{n=0}^{\infty}f_{n+m,m}, \tag{11.11}$$

可以将上式改写成

$$\sum_{n=0}^{\infty}\sum_{m=0}^{n}\frac{1}{(n+1)!}\hat{G}^m\hat{G}'\hat{G}^{n-m} = \sum_{n=0}^{\infty}\sum_{m=0}^{\infty}\frac{1}{(n+m+1)!}\hat{G}^n\hat{G}'\hat{G}^m. \tag{11.12}$$

另一方面，由于

$$\begin{aligned}
\sum_{n=0}^{\infty}\sum_{m=0}^{\infty}\frac{1}{(n+m+1)!}\hat{G}^n\hat{G}'\hat{G}^m &= \sum_{n=0}^{\infty}\sum_{m=0}^{\infty}\frac{n!m!}{(n+m+1)!}\frac{1}{n!m!}\hat{G}^n\hat{G}'\hat{G}^m\\
&= \sum_{n=0}^{\infty}\sum_{m=0}^{\infty}\int_0^1\mathrm{d}y(1-y)^n y^m\frac{1}{n!m!}\hat{G}^n\hat{G}'\hat{G}^m\\
&= \int_0^1\mathrm{d}y\mathrm{e}^{(1-y)\hat{G}}\hat{G}'\mathrm{e}^{y\hat{G}},
\end{aligned} \tag{11.13}$$

所以有等式

$$\frac{\mathrm{d}}{\mathrm{d}x}\mathrm{e}^{\hat{G}(x)} = \int_0^1 \mathrm{d}y \mathrm{e}^{(1-y)\hat{G}}\hat{G}'\mathrm{e}^{y\hat{G}}. \tag{11.14}$$

上式两边同乘以 $\mathrm{e}^{-\hat{G}(x)}$，即可得到

$$\mathrm{e}^{-\hat{G}(x)}\frac{\mathrm{d}}{\mathrm{d}x}\mathrm{e}^{\hat{G}(x)} = \int_0^1 \mathrm{d}y \mathrm{e}^{-y\hat{G}}\hat{G}'\mathrm{e}^{y\hat{G}}$$

$$= \hat{G}' + \frac{1}{2!}[\hat{G}', \hat{G}] + \frac{1}{3!}[[\hat{G}', \hat{G}], \hat{G}] + \cdots. \tag{11.15}$$

得证。

(4a) Baker-Campbell-Hausdorf(BCH) 定理：如果两个非对易算符 $\hat{A}$ 和 $\hat{B}$，有下面的展开式成立

$$\mathrm{e}^{\hat{A}}\mathrm{e}^{\hat{B}} = \mathrm{e}^{\hat{A}+\hat{B}+\frac{1}{2}[\hat{A},\hat{B}]+\cdots}. \tag{11.16}$$

若 $\hat{A}$ 和 $\hat{B}$ 满足条件

$$[\hat{A}, [\hat{A}, \hat{B}]] = [\hat{B}, [\hat{A}, \hat{B}]] = 0, \tag{11.17}$$

则有

$$\mathrm{e}^{\hat{A}+\hat{B}} = \mathrm{e}^{\hat{A}}\mathrm{e}^{\hat{B}}\mathrm{e}^{-\frac{1}{2}[\hat{A},\hat{B}]} = \mathrm{e}^{\hat{B}}\mathrm{e}^{\hat{A}}\mathrm{e}^{\frac{1}{2}[\hat{A},\hat{B}]}. \tag{11.18}$$

证明：为证明 BCH 定理，我们令

$$\mathrm{e}^{x\hat{A}}\mathrm{e}^{x\hat{B}} = \mathrm{e}^{\hat{G}(x)} = \mathrm{e}^{x\hat{G}_1+x^2\hat{G}_2+x^3\hat{G}_3+\cdots}, \tag{11.19}$$

则对上式求微分运算后有

$$\mathrm{e}^{-x\hat{B}}\mathrm{e}^{-x\hat{A}}\frac{\mathrm{d}}{\mathrm{d}x}\mathrm{e}^{x\hat{A}}\mathrm{e}^{x\hat{B}} = \mathrm{e}^{-\hat{G}(x)}\frac{\mathrm{d}}{\mathrm{d}x}\mathrm{e}^{\hat{G}(x)}. \tag{11.20}$$

方程 (11.20) 的左边可以化为

$$\mathrm{e}^{-x\hat{B}}\mathrm{e}^{-x\hat{A}}\frac{\mathrm{d}}{\mathrm{d}x}\mathrm{e}^{x\hat{A}}\mathrm{e}^{x\hat{B}} = \mathrm{e}^{-x\hat{B}}(\hat{A}+\hat{B})\mathrm{e}^{x\hat{B}}$$

$$= \hat{B} + \hat{A} - x[\hat{B}, \hat{A}] + \frac{x^2}{2!}[\hat{B}, [\hat{B}, \hat{A}]] + \cdots. \tag{11.21}$$

另一方面，定义 $\hat{G}'(x) = \mathrm{d}\hat{G}(x)/\mathrm{d}x = \hat{G}_1 + 2x\hat{G}_2 + 3x^2\hat{G}_3 + \cdots$，则有

$$[\hat{G}'(x), \hat{G}(x)] = x^2[\hat{G}_1, \hat{G}_2] + 2x^2[\hat{G}_2, \hat{G}_1] + O(x^3)$$

$$= -x^2[\hat{G}_1, \hat{G}_2] + O(x^3). \tag{11.22}$$

于是，方程 (11.20) 的右边可以化为

$$e^{-\hat{G}(x)}\frac{\mathrm{d}}{\mathrm{d}x}e^{\hat{G}(x)} = \hat{G}' + \frac{1}{2}[\hat{G}', \hat{G}] + \frac{1}{3}[[\hat{G}', \hat{G}], \hat{G}] + \cdots \tag{11.23}$$

$$= \hat{G}_1 + 2x\hat{G}_2 + x^2\left(3\hat{G}_3 - \frac{1}{2}[\hat{G}_1, \hat{G}_2]\right) + O(x^3). \tag{11.24}$$

对比方程 (11.21) 和 (11.24) 中 x 的同次项，即可得到

$$\hat{G}_1 = \hat{A} + \hat{B}, \tag{11.25}$$

$$\hat{G}_2 = [\hat{A}, \hat{B}]/2, \tag{11.26}$$

$$\hat{G}_3 = \left([\hat{A}, [\hat{A}, \hat{B}]] + [\hat{B}, [\hat{B}, \hat{A}]]\right)/12. \tag{11.27}$$

$$\cdots$$

从而得到 BCH 展开式为

$$e^{\hat{A}}e^{\hat{B}} = e^{\hat{A}+\hat{B}+\frac{1}{2}[\hat{A},\hat{B}]+\frac{1}{12}\left([\hat{A},[\hat{A},\hat{B}]]+[\hat{B},[\hat{B},\hat{A}]]\right)+\cdots}. \tag{11.28}$$

更高的展开项形式可以通过对比方程 (11.21) 和 (11.24) 中 x 的高次项得到。

当 $[\hat{A}, \hat{B}]$ 与 $\hat{A}$、$\hat{B}$ 均对易时，上式即可化为

$$e^{\hat{A}}e^{\hat{B}} = e^{\hat{A}+\hat{B}+\frac{1}{2}[\hat{A},\hat{B}]}, \qquad e^{\hat{B}}e^{\hat{A}} = e^{\hat{A}+\hat{B}-\frac{1}{2}[\hat{A},\hat{B}]}, \tag{11.29}$$

从而证明等式的第二部分，并可以得到下面的常见的关系

$$e^{\hat{A}}e^{\hat{B}} = e^{\hat{B}}e^{\hat{A}}e^{[\hat{A},\hat{B}]}. \tag{11.30}$$

(4b) 时间变化算符的 BCH 定理：若含时非对易算符 $\hat{A}(t)$ 和 $\hat{B}(t)$ 满足下列条件

$$[\hat{A}(t), \hat{A}(t')] = [\hat{B}(t), \hat{B}(t')] = 0, \tag{11.31a}$$

$$[\hat{A}(t), \hat{B}(t')] = f(t, t'), \tag{11.31b}$$

$$[f(t, t'), \hat{A}(t'')] = [f(t, t'), \hat{B}(t'')] = 0, \tag{11.31c}$$

则对于下面的算符方程

$$\frac{\mathrm{d}\hat{V}(t)}{\mathrm{d}t} = [\hat{A}(t) + \hat{B}(t)]\hat{V}(t), \qquad \hat{V}(0) = I, \tag{11.32}$$

其形式解可以写为

$$\hat{V}(t) = \exp\left[\int_0^t \mathrm{d}\tau \hat{B}(\tau)\right] \exp\left[\int_0^t \mathrm{d}\tau \hat{A}(\tau)\right] \exp\left[\int_0^t \mathrm{d}\tau \int_0^\tau \mathrm{d}\tau' f(\tau,\tau')\right].$$

$$(11.33)$$

$$= \exp\left[\int_0^t \mathrm{d}\tau \hat{A}(\tau)\right] \exp\left[\int_0^t \mathrm{d}\tau \hat{B}(\tau)\right] \exp\left[-\int_0^t \mathrm{d}\tau \int_0^\tau \mathrm{d}\tau' f(\tau,\tau')\right].$$

$$(11.34)$$

$$= \exp\left\{\int_0^t \mathrm{d}\tau[\hat{A}(\tau) + \hat{B}(\tau)]\right\} \exp\left[-\frac{1}{2}\int_0^t \mathrm{d}\tau \int_0^t \mathrm{d}\tau' \mathrm{sgn}(\tau - \tau') f(\tau,\tau')\right].$$

$$(11.35)$$

证明：定义算符

$$\hat{U}(t) = \exp\left[-\int_0^t \hat{B}(\tau)\mathrm{d}\tau\right]\hat{V}(t), \qquad \hat{U}(0) = \hat{V}(0) = I, \qquad (11.36)$$

则易见

$$\frac{\mathrm{d}\hat{U}(t)}{\mathrm{d}t} = \exp\left[-\int_0^t \hat{B}(\tau)\mathrm{d}\tau\right]\hat{A}(t)\hat{V}(t)$$

$$= \exp\left[-\int_0^t \hat{B}(\tau)\mathrm{d}\tau\right]\hat{A}(t)\exp\left[+\int_0^t \hat{B}(\tau)\mathrm{d}\tau\right]\exp\left[-\int_0^t \hat{B}(\tau)\mathrm{d}\tau\right]\hat{V}(t)$$

$$= \left[\hat{A}(t) + \int_0^t f(t,\tau)\mathrm{d}\tau\right]\hat{U}(t). \qquad (11.37)$$

上式中，我们利用了展开式 (11.3)。由于 $f(t,\tau)$ 与任意时刻算符 $\hat{A}(\tau')$ 对易，从而可以求得

$$\hat{U}(t) = \exp\left[\int_0^t \mathrm{d}\tau \hat{A}(\tau)\right] \exp\left[\int_0^t \mathrm{d}\tau \int_0^\tau \mathrm{d}\tau' f(\tau,\tau')\right], \qquad (11.38)$$

代入 $U(t)$ 的定义即可得方程 (11.33) 成立。同理亦可得方程 (11.34) 成立。

容易看到，当 $\hat{A}(t) = \hat{A}$、$\hat{B}(t) = \hat{B}$ 均为常数时，若取 $t = 1$，上式即可退化到方程 (11.18)。

进一步地，再利用 BCH 展开式 (11.18)，可以将 (11.33)、(11.34) 右边的前两项合并，从而有下面的关系成立

$$\hat{V}(t) = \exp\left\{\int_0^t \mathrm{d}\tau[\hat{A}(\tau) + \hat{B}(\tau)]\right\} \exp\left[-\frac{1}{2}\int_0^t \mathrm{d}\tau \int_0^t \mathrm{d}\tau' \mathrm{sgn}(\tau - \tau') f(\tau,\tau')\right],$$

$$(11.39)$$

其中 $\mathrm{sgn}(x)$ 为符号函数, 满足

$$\mathrm{sgn}(x) = \begin{cases} +1, & x > 0; \\ -1, & x < 0. \end{cases} \tag{11.40}$$

(5) 对于光场的湮灭、产生算符 a 及 $a^{\dagger}$, 若 $[a, a^{\dagger}] = 1$, 则有

$$[a, (a^{\dagger})^n] = n(a^{\dagger})^{n-1}, \tag{11.41}$$

$$[a^{\dagger}, a^n] = -na^{n-1}. \tag{11.42}$$

若算符函数 $\hat{f}(a, a^{\dagger})$ 可展开为 a 及 $a^{\dagger}$ 的幂级数, 则有

$$[a, \hat{f}(a, a^{\dagger})] = \frac{\partial \hat{f}}{\partial a^{\dagger}}, \tag{11.43}$$

$$[a^{\dagger}, \hat{f}(a, a^{\dagger})] = -\frac{\partial \hat{f}}{\partial a}. \tag{11.44}$$

证明: 上述公式的第一部分可以直接通过递归展开得到。例如

$$\begin{aligned} [a, (a^{\dagger})^n] &= (a^{\dagger})^{n-1} + a^{\dagger}[a, (a^{\dagger})^{n-1}] \\ &= 2(a^{\dagger})^{n-1} + (a^{\dagger})^2[a, (a^{\dagger})^{n-2}] \\ &= \cdots = n(a^{\dagger})^{n-1}. \end{aligned} \tag{11.45}$$

对第二部分, 我们假定 $\hat{f}(a, a^{\dagger})$ 的展开形式为

$$\hat{f}(a, a^{\dagger}) = \sum_{m,n} f_{m,n} a^m (a^{\dagger})^n, \tag{11.46}$$

则有

$$[a, \hat{f}(a, a^{\dagger})] = \sum_{m,n} f_{m,n} a^m [a, (a^{\dagger})^n] = \sum_{m,n} f_{m,n} a^m n(a^{\dagger})^{n-1} = \frac{\partial \hat{f}(a, a^{\dagger})}{\partial a^{\dagger}}. \tag{11.47}$$

同理也可以证明余下的等式成立。

(6) 利用上述关系, 可以很容易证明玻色算符 a 及 $a^{\dagger}$ 及算符函数 $\hat{f}(a, a^{\dagger})$ 还满足以下常见的关系式

$$\mathrm{e}^{xa} a^{\dagger} \mathrm{e}^{-xa} = a^{\dagger} + x, \tag{11.48}$$

$$\mathrm{e}^{-xa^{\dagger}} a \mathrm{e}^{xa^{\dagger}} = a + x, \tag{11.49}$$

$$\mathrm{e}^{xa^{\dagger}a} a \mathrm{e}^{-xa^{\dagger}a} = a\mathrm{e}^{-x}, \tag{11.50}$$

$$e^{xa^\dagger a}a^\dagger e^{-xa^\dagger a} = a^\dagger e^x, \tag{11.51}$$

$$e^{xa}\hat{f}(a,a^\dagger)e^{-xa} = \hat{f}(a,a^\dagger + x), \tag{11.52}$$

$$e^{-xa^\dagger}\hat{f}(a,a^\dagger)e^{xa^\dagger} = \hat{f}(a + x,a^\dagger), \tag{11.53}$$

$$e^{xa^\dagger a}\hat{f}(a,a^\dagger)e^{-xa^\dagger a} = \hat{f}(ae^{-x},a^\dagger e^x). \tag{11.54}$$

11.2 算符的拆解公式

在量子光学中，利用 BCH 公式，可以把多个指数算符合并成一个指数算符，以方便问题的讨论。相应地，有时候也需要把一个指数算符分解成多个指数算符的乘积形式。这里简单介绍一下算符拆解的一般性方法 [1,3,6]。

对于给定一个指数算符，我们期望把它拆解成如下形式：

$$e^{\hat{A}+\hat{B}} = e^{\hat{A}}e^{\hat{B}}e^{\hat{C}_1}e^{\hat{C}_2}\cdots. \tag{11.55}$$

利用前面 BCH 公式的结论，我们可以推断，展开式右边多出的算符 $\hat{C}_n$ 应该是由 $\hat{A}$、$\hat{B}$ 对易关系生成的一系列算符。当 $\hat{A}$ 与 $\hat{B}$ 没有限定时，$\hat{C}_n$ 的数目可能是不确定的，甚至可以有无穷多个。然而，在特殊情况下，如果 $\hat{A}$、$\hat{B}$ 对应某个有限维李代数中的元素，则展开式右边 $\hat{C}_n$ 的数目可以是有限的，并且由李代数生成元的个数确定。

数学上，李代数是由一系列完备生成算符 $\hat{X}_1,\cdots,\hat{X}_n$ 组成的线性空间，李代数中的每个元素均可以表示为生成元的线性组合

$$\hat{Y} = \sum_{i=1}^{n}\alpha_i\hat{X}_i, \tag{11.56}$$

其中 α_i 为组合系数。李代数的生成元之间满足对易关系

$$[\hat{X}_i,\hat{X}_j] = \sum_{k=1}^{n}c_{ijk}\hat{X}_k, \tag{11.57}$$

这里系数 c_{ijk} 也称为李代数的结构常数，它决定了李代数的所有性质。

利用上述性质，我们也可以求解李代数生成算符相似变换所对应的表达式。令

$$\hat{X}_i(\theta) = e^{-\theta\hat{Y}}\hat{X}_i e^{\theta\hat{Y}}, \tag{11.58}$$

则有

$$\frac{\mathrm{d}}{\mathrm{d}\theta}\hat{X}_i(\theta) = e^{-\theta\hat{Y}}[\hat{X}_i,\hat{Y}]e^{\theta\hat{Y}}. \tag{11.59}$$

代入 Y 的具体表达式即可得到

$$\frac{\mathrm{d}}{\mathrm{d}\theta}\hat{X}_i(\theta) = \sum_{j=1}^n \mathrm{e}^{-\theta\hat{Y}}[\hat{X}_i, \alpha_j\hat{X}_j]\mathrm{e}^{\theta\hat{Y}} = \sum_{k=1}^n \left[\sum_{i=1}^n c_{ijk}\alpha_j\right]\hat{X}_k(\theta). \tag{11.60}$$

通过求解 $\hat{X}_i(\theta)$ 的线性微分方程, 再加上初始条件 $\hat{X}_i(0) = \hat{X}_i$, 即可求得 $\hat{X}_i(\theta)$ 的具体表达式。

利用李代数的完备性, 我们也可以得到算符拆解的一般方法。假定算符的展开形式为

$$\mathrm{e}^{\theta\hat{Y}} = \mathrm{e}^{\theta\sum_{i=1}^n \alpha_i\hat{X}_i} = \mathrm{e}^{f_1(\theta)\hat{X}_1}\cdots\mathrm{e}^{f_n(\theta)\hat{X}_n}, \tag{11.61}$$

其中 $f_i(0) = 0$. 上式两边对参数 θ 求微分可得

$$\hat{Y} = \sum_{i=1}^n \alpha_i\hat{X}_i = \left[\dot{f}_1(\theta)\hat{X}_1 + \dot{f}_2(\theta)\mathrm{e}^{f_1(\theta)\hat{X}_1}\hat{X}_2\mathrm{e}^{-f_1(\theta)\hat{X}_1} + \cdots\right.$$
$$\left. + \dot{f}_n(\theta)\hat{U}_{n-1}(\theta)\hat{X}_n\hat{U}_{n-1}^\dagger(\theta)\right|_{\theta=0}, \tag{11.62}$$

其中 $\dot{f}_i(\theta) = \mathrm{d}f_i(\theta)/\mathrm{d}\theta$, 且

$$\hat{U}_{n-1}(\theta) = \mathrm{e}^{f_1(\theta)\hat{X}_1}\cdots\mathrm{e}^{f_1(\theta)\hat{X}_{n-1}}, \quad U_0(\theta) = I. \tag{11.63}$$

由 BCH 定理我们知道, 式 (11.62) 右边中的每一项均可以表示成生成元的对易子, 所以求和后仍然为生成元 $\hat{X}_1, \cdots, \hat{X}_n$ 的线性组合。比较相同生成元 $\hat{X}_i$ 前面的系数, 我们就可以得到一系列关于函数 $f_i(\theta)$ 的偏微分方程, 利用初始条件 $f_i(0) = 0$ 求解, 即可得出 $f_i(\theta)$ 的具体形式。

下面, 我们将分别以量子光学中常见的谐振子代数和角动量代数为例来说明问题。

11.2.1 谐振子代数的算符拆解

对于玻色算符 a、$a^\dagger$, 及 $\hat{N} = a^\dagger a$, 其对易关系满足

$$[a, a^\dagger] = 1, \quad [\hat{N}, a] = -a, \quad [\hat{N}, a^\dagger] = a^\dagger, \tag{11.64}$$

所以, 算符集合 $\{a, a^\dagger, \hat{N}, I\}$ 构成谐振子代数的生成元。

对于其中的任一元素

$$\hat{Z} = \alpha_1 a + \alpha_2 a^\dagger a + \alpha_3 a^\dagger, \tag{11.65}$$

考察相似变换

$$a(\theta) = \mathrm{e}^{-\theta\hat{Z}}a\mathrm{e}^{\theta\hat{Z}}, \tag{11.66}$$

两边求导数后得

$$\frac{\mathrm{d}}{\mathrm{d}\theta}a(\theta) = \mathrm{e}^{-\theta\hat{Z}}[a,\hat{Z}]\mathrm{e}^{\theta\hat{Z}} = \alpha_2 a(\theta) + \alpha_3, \tag{11.67}$$

求解即可得到

$$a(\theta) = \mathrm{e}^{\alpha_2\theta}a + \frac{\alpha_3}{\alpha_2}[\mathrm{e}^{(\alpha_2\theta)} - 1]. \tag{11.68}$$

由此我们可以很容易得到 11.1 节中关于谐振子代数的相似变换规律

$$\mathrm{e}^{-(\alpha_1 a + \alpha_3 a^\dagger)}a\mathrm{e}^{(\alpha_1 a + \alpha_3 a^\dagger)} = a + \alpha_3, \tag{11.69}$$

$$\boxed{\mathrm{e}^{-\theta a^\dagger a}a\mathrm{e}^{\theta a^\dagger a} = a\mathrm{e}^{\theta}.} \tag{11.70}$$

为求解谐振子代数的拆解关系，令下面的展开式成立

$$\mathrm{e}^{\theta(\alpha_1 a + \alpha_2 a^\dagger a + \alpha_3 a^\dagger)} = \mathrm{e}^{f_1(\theta)a^\dagger}\mathrm{e}^{f_2(\theta)a^\dagger a}\mathrm{e}^{f_3(\theta)a}\mathrm{e}^{f_4(\theta)}, \tag{11.71}$$

再代入方程 (11.62) 中，我们可以得到关于 $f_i(\theta)$ 的微分方程组

$$\dot{f}_1 - f_1\dot{f}_2 = \alpha_3, \tag{11.72a}$$

$$\dot{f}_2 = \alpha_2, \tag{11.72b}$$

$$\dot{f}_3 = \alpha_1\mathrm{e}^{f_2}, \tag{11.72c}$$

$$\dot{f}_4 - f_1\dot{f}_3\mathrm{e}^{-f_2} = 0. \tag{11.72d}$$

由此求得方程的解为

$$f_1 = \alpha_3[\mathrm{e}^{(\alpha_2\theta)} - 1]/\alpha_2, \tag{11.73a}$$

$$f_2 = \alpha_2\theta, \tag{11.73b}$$

$$f_3 = \alpha_1[\mathrm{e}^{(\alpha_2\theta)} - 1]/\alpha_2, \tag{11.73c}$$

$$f_4 = \alpha_1\alpha_3[\mathrm{e}^{(\alpha_2\theta)} - \alpha_2\theta - 1]/\alpha_2^2. \tag{11.73d}$$

当 $\alpha_2 = 0$，$\theta = 1$ 时，上式就退化到 11.1 节中的 BCH 公式

$$\mathrm{e}^{\alpha_1 a + \alpha_3 a^\dagger} = \mathrm{e}^{\alpha_1 a}\mathrm{e}^{\alpha_3 a^\dagger}\mathrm{e}^{-\frac{1}{2}\alpha_1\alpha_3} = \mathrm{e}^{\alpha_3 a^\dagger}\mathrm{e}^{\alpha_1 a}\mathrm{e}^{\frac{1}{2}\alpha_1\alpha_3}. \tag{11.74}$$

上述中间项对应反正规排列表示 (a 在 $a^\dagger$ 之前)，最后一项对应正规排列 ($a^\dagger$ 在 a 之前)。

利用同样的思路，我们也可以对算符 $\mathrm{e}^{\theta a^\dagger a}$ 进行正规排序展开和反正规排序展开。具体地，令

$$\mathrm{e}^{\theta a^\dagger a} = \sum_{m=0}^{\infty} \frac{\theta^m}{m!}(a^\dagger a)^m = \sum_{m=0}^{\infty} \frac{x(\theta)^m}{m!} a^{\dagger m} a^m. \tag{11.75}$$

为求得 $x(\theta)$ 的形式，对两边进行微分运算

$$a^\dagger a \sum_{m=0}^{\infty} \frac{x(\theta)^m}{m!} a^{\dagger m} a^m = \frac{\mathrm{d}x(\theta)}{\mathrm{d}\theta} \sum_{m=0}^{\infty} \frac{x(\theta)^m}{m!} a^{\dagger m+1} a^{m+1}. \tag{11.76}$$

利用等式 $aa^{\dagger m} = a^{\dagger m}a + ma^{\dagger m-1}$，将等式的左边每一项化成正规形式，再对比两边系数，即可得到 $x(\theta)$ 满足的方程为

$$\frac{\mathrm{d}x(\theta)}{\mathrm{d}\theta} = x(\theta) + 1, \tag{11.77}$$

求解可得 $x(\theta)$ 的具体形式为

$$x(\theta) = \mathrm{e}^\theta - 1. \tag{11.78}$$

所以，$\mathrm{e}^{\theta a^\dagger a}$ 的正规排列展开形式为

$$\boxed{\mathrm{e}^{\theta a^\dagger a} = \sum_{m=0}^{\infty} \frac{(\mathrm{e}^\theta - 1)^m}{m!} a^{\dagger m} a^m.} \tag{11.79}$$

同理也可得到相应的反正规展开形式为

$$\boxed{\mathrm{e}^{\theta a^\dagger a} = \mathrm{e}^{-\theta} \sum_{m=0}^{\infty} \frac{(1 - \mathrm{e}^{-\theta})^m}{m!} a^m a^{\dagger m}.} \tag{11.80}$$

11.2.2 角动量代数的算符拆解

对于角动量代数 $\{\hat{S}_+, \hat{S}_z, \hat{S}_-\}$，我们也可以讨论相应的算符展开等式

$$\begin{aligned} \mathrm{e}^{\theta(\alpha_+ \hat{S}_+ + \alpha_z \hat{S}_z + \alpha_- \hat{S}_-)} &= \mathrm{e}^{f_+(\theta)\hat{S}_+} \mathrm{e}^{f_z(\theta)\hat{S}_z} \mathrm{e}^{f_-(\theta)\hat{S}_-} \\ &= \mathrm{e}^{g_-(\theta)\hat{S}_-} \mathrm{e}^{g_z(\theta)\hat{S}_z} \mathrm{e}^{g_+(\theta)\hat{S}_+}. \end{aligned} \tag{11.81}$$

先考察方程的第一行。利用前面介绍的方法，我们可以写出系数 $f_{\pm,z}$ 满足的方程为

$$\dot{f}_+ - f_+ \dot{f}_z - f_+^2 \dot{f}_- \mathrm{e}^{-f_z} = \alpha_+, \tag{11.82a}$$

$$\dot{f}_z + 2f_+\dot{f}_-\mathrm{e}^{-f_z} = \alpha_z, \tag{11.82b}$$

$$\dot{f}_-\mathrm{e}^{-f_z} = \alpha_-. \tag{11.82c}$$

将上式后面两式代入第一式中，即可得到 f_+ 满足的方程为

$$\dot{f}_+ - \alpha_z f_+ + \alpha_- f_+^2 - \alpha_+ = 0. \tag{11.83}$$

方程 (11.83) 是一个常系数的 Riccati 方程，其对应的解为

$$f_+ = \frac{2\alpha_+ \sinh(\Gamma\theta)}{2\Gamma\cosh(\Gamma\theta) - \alpha_z\sinh(\Gamma\theta)}, \tag{11.84}$$

$$\Gamma^2 = \frac{\alpha_z^2}{4} + \alpha_+\alpha_-. \tag{11.85}$$

代入方程 (11.82c) 和 (11.82b) 中，即可得到 f_- 和 f_z 表达式为

$$f_- = \frac{2\alpha_- \sinh(\Gamma\theta)}{2\Gamma\cosh(\Gamma\theta) - \alpha_z\sinh(\Gamma\theta)}, \tag{11.86}$$

$$f_z = -2\ln\left[\cosh(\Gamma\theta) - \frac{\alpha_z}{2\Gamma}\sinh(\Gamma\theta)\right]. \tag{11.87}$$

同理，我们也可以用类似的方法求解 $\phi_{\pm,z}$。实际上，如果我们标记

$$\hat{J}_- = \hat{S}_+, \quad \hat{J}_+ = \hat{S}_-, \quad \hat{J}_z = -\hat{S}_z, \tag{11.88}$$

则可以验证 $\hat{J}_{\pm,z}$ 与 $\hat{S}_{\pm,z}$ 满足同样的对易关系

$$[\hat{J}_+, \hat{J}_-] = 2\hat{J}_z \Leftrightarrow [\hat{S}_+, \hat{S}_-] = 2\hat{S}_z, \tag{11.89}$$

$$[\hat{J}_z, \hat{J}_\pm] = \pm\hat{J}_\pm \Leftrightarrow [\hat{S}_z, \hat{S}_\pm] = \pm\hat{S}_\pm. \tag{11.90}$$

由此可以直接给出 $\phi_{\pm,z}$ 的表达式为

$$\phi_-(\alpha_\pm, \alpha_z) = f_+(\alpha_\pm, -\alpha_z) = \frac{2\alpha_+ \sinh(\Gamma\theta)}{2\Gamma\cosh(\Gamma\theta) + \alpha_z\sinh(\Gamma\theta)}, \tag{11.91}$$

$$\phi_+(\alpha_\pm, \alpha_z) = f_-(\alpha_\pm, -\alpha_z) = \frac{2\alpha_- \sinh(\Gamma\theta)}{2\Gamma\cosh(\Gamma\theta) + \alpha_z\sinh(\Gamma\theta)}, \tag{11.92}$$

$$\phi_z(\alpha_\pm, \alpha_z) = f_z(\alpha_\pm, -\alpha_z) = -2\ln\left[\cosh(\Gamma\theta) + \frac{\alpha_z}{2\Gamma}\sinh(\Gamma\theta)\right]. \tag{11.93}$$

特殊情况下，令 $\theta = 1$，$\alpha_z = 0$ 及 $\alpha_+ = -\alpha_-^* = \xi$，则 $\Gamma = \mathrm{i}|\xi|$，上式可以简化为

$$f_+ = \tau, \quad f_z = \ln(1 + |\tau|^2), \quad f_- = -\tau^*, \tag{11.94}$$

其中

$$\xi = \frac{\theta}{2}\mathrm{e}^{-\mathrm{i}\phi}, \qquad \tau = \mathrm{e}^{-\mathrm{i}\phi}\tan\frac{\theta}{2}, \tag{11.95}$$

从而得到算符的展开等式为

$$\mathrm{e}^{\xi\hat{S}_+ - \xi^*\hat{S}_-} = \mathrm{e}^{\tau\hat{S}_+}\mathrm{e}^{\ln(1+|\tau|^2)\hat{S}_z}\mathrm{e}^{-\tau^*\hat{S}_-} \tag{11.96}$$

$$= \mathrm{e}^{-\tau^*\hat{S}_+}\mathrm{e}^{\ln(1+|\tau|^2)\hat{S}_z}\mathrm{e}^{\tau\hat{S}_-}. \tag{11.97}$$

11.2.3 $su(1,1)$ 代数及其拆解关系

在压缩相干态的处理中，我们经常会遇到下面的对易关系

$$[\hat{K}_1, \hat{K}_2] = -\mathrm{i}\hat{K}_0, \quad [\hat{K}_2, \hat{K}_0] = \mathrm{i}\hat{K}_1, \quad [\hat{K}_0, \hat{K}_1] = \mathrm{i}\hat{K}_2. \tag{11.98}$$

如果我们引入升降算符 $\hat{K}_\pm$

$$\hat{K}_\pm = \hat{K}_1 \pm \mathrm{i}\hat{K}_2, \quad \hat{K}_+ = (\hat{K}_-)^\dagger, \tag{11.99}$$

则上述对易关系也可以表示为

$$[\hat{K}_0, \hat{K}_\pm] = \pm\hat{K}_\pm, \quad [\hat{K}_-, \hat{K}_+] = 2\hat{K}_0. \tag{11.100}$$

需要注意的是，对比角动量对易关系 (11.89) 和 (11.90)，上式最后一项少了一个负号。满足上述对易关系的李代数称为 $su(1,1)$ 李代数 [3,6,7]。容易验证，$su(1,1)$ 李代数算符满足下列变换关系

$$\mathrm{e}^{-\mathrm{i}\theta\hat{K}_2}\hat{K}_0\mathrm{e}^{\mathrm{i}\theta\hat{K}_2} = \hat{K}_0\cosh\theta + \hat{K}_1\sinh\theta, \tag{11.101a}$$

$$\mathrm{e}^{-\mathrm{i}\theta\hat{K}_2}\hat{K}_1\mathrm{e}^{\mathrm{i}\theta\hat{K}_2} = \hat{K}_0\sinh\theta + \hat{K}_1\cosh\theta, \tag{11.101b}$$

$$\hat{K}_\pm(\theta) \equiv \mathrm{e}^{-\mathrm{i}\theta\hat{K}_0}\hat{K}_\pm\mathrm{e}^{\mathrm{i}\theta\hat{K}_0} = \mathrm{e}^{\mp\mathrm{i}\theta}\hat{K}_\pm, \tag{11.101c}$$

$$\hat{K}_0(\theta) \equiv \mathrm{e}^{-\mathrm{i}\theta\hat{K}_+}\hat{K}_0\mathrm{e}^{\mathrm{i}\theta\hat{K}_+} = \hat{K}_0 + \mathrm{i}\theta\hat{K}_+, \tag{11.101d}$$

$$\hat{K}_-(\theta) \equiv \mathrm{e}^{-\mathrm{i}\theta\hat{K}_+}\hat{K}_-\mathrm{e}^{\mathrm{i}\theta\hat{K}_+} = \hat{K}_- + 2\mathrm{i}\theta\hat{K}_0 - \theta^2\hat{K}_+. \tag{11.101e}$$

上述最后三个方程可以分别通过求解下列方程获得

$$\frac{\mathrm{d}}{\mathrm{d}\theta}\hat{K}_\pm(\theta) = \mp\mathrm{i}\hat{K}_\pm(\theta), \tag{11.102a}$$

$$\frac{\mathrm{d}}{\mathrm{d}\theta}\hat{K}_0(\theta) = \mathrm{i}\hat{K}_+(\theta), \tag{11.102b}$$

$$\frac{\mathrm{d}}{\mathrm{d}\theta}\hat{K}_-(\theta) = 2\mathrm{i}\hat{K}_0(\theta). \tag{11.102c}$$

类比于 $su(2)$ 代数中的总角动量算符，$su(1,1)$ 李代数对应的系统不变量为

$$\hat{C}_2 = \hat{K}_0^2 - \hat{K}_1^2 - \hat{K}_2^2 = \hat{K}_0^2 - \frac{1}{2}(\hat{K}_+\hat{K}_- + \hat{K}_-\hat{K}_+), \tag{11.103}$$

$$[\hat{C}_2, \hat{K}_i] = 0. \tag{11.104}$$

由此，我们也可以定义算符 $\hat{C}_2$ 和 $\hat{K}_0$ 的共同本征态。需要注意的是，由于 $su(1,1)$ 李代数对应的李群是非紧致的，对应的本征态也有很多种不同的定义方法。常见的形式可以表示成 [3,6]

$$\hat{C}_2|k,n\rangle = k(k-1)|k,n\rangle, \tag{11.105}$$

$$\hat{K}_0|k,n\rangle = (k+n)|k,n\rangle, \tag{11.106}$$

$$\hat{K}_-|k,n\rangle = \sqrt{n(n+2k-1)}|k,n-1\rangle, \tag{11.107}$$

$$\hat{K}_+|k,n\rangle = \sqrt{(n+1)(n+2k)}|k,n+1\rangle. \tag{11.108}$$

这里 $k > 0$ 取为正数，n 为整数，取值为 $n = 0,1,2,\cdots$。利用算符的升降关系，我们可以把所有的 $|k,n\rangle$ 态表示成

$$|k,n\rangle = \sqrt{\frac{\Gamma(2k)}{n!\Gamma(2k+n)}}(\hat{K}_+)^n|k,0\rangle. \tag{11.109}$$

$su(1,1)$ 算符代数的拆解关系可以写为

$$\mathrm{e}^{\theta(\alpha_+\hat{K}_+ + \alpha_0\hat{K}_0 + \alpha_-\hat{K}_-)} = \mathrm{e}^{\phi_+(\theta)\hat{K}_+}\mathrm{e}^{\phi_0(\theta)\hat{K}_0}\mathrm{e}^{\phi_-(\theta)\hat{K}_-}. \tag{11.110}$$

利用前面介绍的方法，可以写出系数 $\phi_{\pm,0}$ 满足的方程为

$$\dot{\phi}_+ - \phi_+\dot{\phi}_0 - \phi_+^2\dot{\phi}_-\mathrm{e}^{-\phi_0} = \alpha_+, \tag{11.111}$$

$$\dot{\phi}_0 - 2\phi_+\dot{\phi}_-\mathrm{e}^{-\phi_0} = \alpha_0, \tag{11.112}$$

$$\dot{\phi}_-\mathrm{e}^{-\phi_0} = \alpha_-. \tag{11.113}$$

将 (11.112)、(11.113) 两式代入式 (11.111) 中，即可得到 ϕ_+ 满足的方程为

$$\dot{\phi}_+ - \alpha_0\phi_+ - \alpha_-\phi_+^2 - \alpha_+ = 0, \tag{11.114}$$

由此得到方程的解为

$$\phi_+ = \frac{2\alpha_+\sinh(\Gamma_2\theta)}{2\Gamma_2\cosh(\Gamma_2\theta) - \alpha_0\sinh(\Gamma_2\theta)}, \tag{11.115}$$

$$\phi_- = \frac{2\alpha_- \sinh(\Gamma_2\theta)}{2\Gamma_2 \cosh(\Gamma_2\theta) - \alpha_0 \sinh(\Gamma_2\theta)}, \tag{11.116}$$

$$\phi_0 = -2\ln\left[\cosh(\Gamma_2\theta) - \frac{\alpha_z}{2\Gamma_2}\sinh(\Gamma_2\theta)\right], \tag{11.117}$$

$$\Gamma^2 = \frac{\alpha_0^2}{4} - \alpha_+\alpha_-. \tag{11.118}$$

可以验证，对于单模压缩态，上述算符的具体形式可以表示为

$$\hat{K}_+ = \frac{a^{\dagger 2}}{2}, \quad \hat{K}_- = \frac{a^2}{2}, \quad \hat{K}_z = \frac{1}{2}\left(a^\dagger a + \frac{1}{2}\right), \tag{11.119}$$

$$C_2 = -\frac{3}{16}. \tag{11.120}$$

对应的算符本征态可以用粒子数态

$$|m\rangle = \frac{(a^\dagger)^m}{\sqrt{m!}}|0\rangle \tag{11.121}$$

来表示，并且，m 为偶数和奇数的状态分别构成不同的子空间，对应不同的本征态集合。当 m 取偶数时，$\hat{C}_2$ 对应的不变量参数为 $k = 1/4$；当 m 取奇数时，不变量参数为 $k = 3/4$。

对于双模式压缩态，也可以定义相应的 $su(1,1)$ 代数为

$$\hat{K}_+ = a^\dagger b^\dagger, \quad \hat{K}_- = ba, \quad \hat{K}_z = \frac{1}{2}(a^\dagger a + b^\dagger b + 1), \tag{11.122}$$

$$\hat{C}_2 = \frac{1}{4}(a^\dagger a - b^\dagger b)^2 - \frac{1}{4}. \tag{11.123}$$

同样，如果用双模的粒子数本征态 $|m_a, m_b\rangle$ 表示上述算符的本征态，则对于固定的 m_0，状态 $|m + m_0, m\rangle$ 即可以构成一组本征基，对应的不变量参数 k 的取值为

$$k = \frac{|m_0| + 1}{2}. \tag{11.124}$$

此外，$su(1,1)$ 代数还可以有 2×2 的简单矩阵表示。利用泡利矩阵，可以把生成元映射成

$$K_0 \to \sigma_z/2, \qquad K_1 \to \mathrm{i}\sigma_x/2, \qquad K_2 \to \mathrm{i}\sigma_y/2. \tag{11.125}$$

容易验证，上述表示满足对易关系 (11.98)。$su(1,1)$ 代数的非紧致性使得上述映射中包含虚数因子 i。2×2 矩阵的简单性质可以方便我们理解 $su(1,1)$ 代数相关的各种变换关系。

11.3　$su(2)$ 代数表示形式

在量子光学中，最常见到的是两能级原子与光场的耦合。两能级的原子可以对应于自旋为 1/2 的量子系统，用自旋算符或泡利算符描述是比较方便的。这里就相关的知识点作一简单介绍 [3,6,8]。

两能级系统中，自旋算符 $\hat{S}$ 由其三个分量表示：$\hat{S}_x, \hat{S}_y, \hat{S}_z$。在三维空间中，这分别对应了空间角动量在三个垂直方向 e_x, e_y, e_z 上的投影 (后面我们会看到，$SU(2)$ 群与三维空间的旋转群存在对应关系)。令 $\hbar = 1$，则 $\hat{S}_x, \hat{S}_y, \hat{S}_z$ 可以由简单的矩阵表示为

$$\hat{S}_x = \frac{1}{2} \begin{pmatrix} 0 & 1 \\ 1 & 0 \end{pmatrix} = \frac{1}{2}\sigma_x, \tag{11.126}$$

$$\hat{S}_y = \frac{1}{2} \begin{pmatrix} 0 & -i \\ i & 0 \end{pmatrix} = \frac{1}{2}\sigma_y, \tag{11.127}$$

$$\hat{S}_z = \frac{1}{2} \begin{pmatrix} 1 & 0 \\ 0 & -1 \end{pmatrix} = \frac{1}{2}\sigma_z, \tag{11.128}$$

并且满足对易关系

$$[\hat{S}_x, \hat{S}_y] = i\hat{S}_z, \qquad [\hat{S}_y, \hat{S}_z] = i\hat{S}_x, \qquad [\hat{S}_z, \hat{S}_x] = i\hat{S}_y. \tag{11.129}$$

也可以定义自旋的升降算符

$$\hat{S}_\pm = \hat{S}_x \pm i\hat{S}_y, \quad \hat{S}_+ = \hat{S}_-^\dagger, \tag{11.130}$$

相应的对易关系为

$$[\hat{S}_+, \hat{S}_-] = 2\hat{S}_z, \quad [\hat{S}_z, \hat{S}_\pm] = \pm\hat{S}_\pm. \tag{11.131}$$

对于两能级系统，$\hat{S}_{x,y,z}$ 彼此还满足反对易关系

$$\hat{S}_a\hat{S}_b + \hat{S}_b\hat{S}_a = 0, \qquad a \neq b \in \{x, y, z\}. \tag{11.132}$$

此外，自旋算符 $\hat{S}$ 各分量之间还满足其他非常有用的形式，这里罗列如下：

$$\hat{S}_{x,y,z}^2 = \frac{1}{4}, \quad \hat{S}_i\hat{S}_j = \frac{1}{4}\delta_{ij} + \frac{i}{2}\epsilon_{ijk}\hat{S}_k. \tag{11.133}$$

$$\hat{S}_+\hat{S}_- = \frac{1}{2} + \hat{S}_z, \quad \hat{S}_-\hat{S}_+ = \frac{1}{2} - \hat{S}_z, \quad \hat{S}_+\hat{S}_- + \hat{S}_-\hat{S}_+ = I. \tag{11.134}$$

$$\hat{S}_\pm^2 = 0, \quad \hat{S}_+\hat{S}_z = -\frac{1}{2}\hat{S}_+, \quad \hat{S}_z\hat{S}_+ = \frac{1}{2}\hat{S}_+. \tag{11.135}$$

给定一个方向矢量 $\boldsymbol{a} = (a_x, a_y, a_z)$，我们可以定义沿该方向上的自旋算符为

$$\hat{S}_a = \boldsymbol{a} \cdot \hat{\boldsymbol{S}} = a_x\hat{S}_x + a_y\hat{S}_y + a_z\hat{S}_z. \tag{11.136}$$

相应的指数算符满足关系

$$\mathrm{e}^{\mathrm{i}\phi\boldsymbol{a}\cdot\hat{\boldsymbol{S}}} = \mathrm{e}^{\mathrm{i}\frac{\phi}{2}\boldsymbol{a}\cdot\boldsymbol{\sigma}} = \cos\frac{\phi}{2} + \mathrm{i}\sin\frac{\phi}{2}\boldsymbol{a}\cdot\boldsymbol{\sigma} \tag{11.137}$$

两不同方向上的自旋算符满足对易关系

$$\begin{aligned}
[\hat{S}_a, \hat{S}_b] &= (a_xb_y - a_yb_x)[\hat{S}_x, \hat{S}_y] + (a_yb_z - a_zb_y)[\hat{S}_y, \hat{S}_z] + (a_zb_x - a_xb_z)[\hat{S}_z, \hat{S}_x] \\
&= \mathrm{i}(\boldsymbol{a} \times \boldsymbol{b}) \cdot \hat{\boldsymbol{S}}. \tag{11.138}
\end{aligned}$$

11.3.1 自旋算符的相似变换

在两能级系统的求解中，经常需要对自旋算符作相似变换[3,6]。对于一个给定了方向的自旋算符 $\hat{S}_a = \boldsymbol{a} \cdot \hat{\boldsymbol{S}}$，令其沿另一方向 $\boldsymbol{n}$ 旋转 θ 角后的算符为 $\hat{S}_a(\theta)$，其形式为

$$\hat{S}_a(\theta) = \mathrm{e}^{-\mathrm{i}\theta\boldsymbol{n}\cdot\hat{\boldsymbol{S}}}(\boldsymbol{a} \cdot \hat{\boldsymbol{S}})\mathrm{e}^{\mathrm{i}\theta\boldsymbol{n}\cdot\hat{\boldsymbol{S}}}, \qquad \boldsymbol{n} \cdot \boldsymbol{n} = 1. \tag{11.139}$$

上式两边对 θ 求微商得

$$\frac{\mathrm{d}}{\mathrm{d}\theta}\hat{S}_a(\theta) = \mathrm{e}^{-\mathrm{i}\theta\boldsymbol{n}\cdot\hat{\boldsymbol{S}}}[\boldsymbol{a} \cdot \hat{\boldsymbol{S}}, \boldsymbol{n} \cdot \hat{\boldsymbol{S}}]\mathrm{e}^{\mathrm{i}\theta\boldsymbol{n}\cdot\hat{\boldsymbol{S}}} = (\boldsymbol{n} \times \boldsymbol{a}) \cdot \hat{\boldsymbol{S}}(\theta) \tag{11.140}$$

其中 $\hat{\boldsymbol{S}}(\theta) = \mathrm{e}^{-\mathrm{i}\theta\boldsymbol{n}\cdot\hat{\boldsymbol{S}}}\hat{\boldsymbol{S}}\mathrm{e}^{\mathrm{i}\theta\boldsymbol{n}\cdot\hat{\boldsymbol{S}}}$。对上式再一次进行微分运算后得到

$$\frac{\mathrm{d}}{\mathrm{d}\theta}[(\boldsymbol{n} \times \boldsymbol{a}) \cdot \hat{\boldsymbol{S}}(\theta)] = \mathrm{e}^{-\mathrm{i}\theta\boldsymbol{n}\cdot\hat{\boldsymbol{S}}}[\boldsymbol{n} \times (\boldsymbol{n} \times \boldsymbol{a})] \cdot \hat{\boldsymbol{S}}\mathrm{e}^{\mathrm{i}\theta\boldsymbol{n}\cdot\hat{\boldsymbol{S}}} \tag{11.141}$$

$$= -\hat{S}_a(\theta) + (\boldsymbol{n} \cdot \boldsymbol{a})(\boldsymbol{n} \cdot \hat{\boldsymbol{S}}). \tag{11.142}$$

这里利用了矢量关系

$$\boldsymbol{n} \times (\boldsymbol{n} \times \boldsymbol{a}) = (\boldsymbol{n} \cdot \boldsymbol{a})\boldsymbol{n} - (\boldsymbol{n} \cdot \boldsymbol{n})\boldsymbol{a} = (\boldsymbol{n} \cdot \boldsymbol{a})\boldsymbol{n} - \boldsymbol{a}. \tag{11.143}$$

由于 $\hat{S}_n(\theta) = \mathrm{e}^{-\mathrm{i}\theta\boldsymbol{n}\cdot\hat{\boldsymbol{S}}}(\boldsymbol{n} \cdot \hat{\boldsymbol{S}})\mathrm{e}^{\mathrm{i}\theta\boldsymbol{n}\cdot\hat{\boldsymbol{S}}} = \boldsymbol{n} \cdot \hat{\boldsymbol{S}} = \hat{S}_n$，所以 $\hat{S}_n$ 不依赖于参数 θ。联合求解方程 (11.140) 和 (11.142) 后即可得到 $\hat{S}_a(\theta)$ 具体形式为

$$\hat{S}_a(\theta) = \mathrm{e}^{-\mathrm{i}\theta\boldsymbol{n}\cdot\hat{\boldsymbol{S}}}(\boldsymbol{a} \cdot \hat{\boldsymbol{S}})\mathrm{e}^{\mathrm{i}\theta\boldsymbol{n}\cdot\hat{\boldsymbol{S}}}$$

$$= \cos\theta(\boldsymbol{a}\cdot\hat{\boldsymbol{S}}) + \sin\theta(\boldsymbol{n}\times\boldsymbol{a})\cdot\hat{\boldsymbol{S}} + (1-\cos\theta)(\boldsymbol{n}\cdot\boldsymbol{a})(\boldsymbol{n}\cdot\hat{\boldsymbol{S}}). \tag{11.144}$$

方程 (11.144) 及其推导方法包含了处理自旋相似变换所需的所有信息，由此可以得出不同条件的算符变换关系。

(1) 当 $\boldsymbol{n}\cdot\boldsymbol{a}=0$ 时，方程 (11.144) 简化为

$$\mathrm{e}^{-\mathrm{i}\theta\boldsymbol{n}\cdot\hat{\boldsymbol{S}}}(\boldsymbol{a}\cdot\hat{\boldsymbol{S}})\mathrm{e}^{\mathrm{i}\theta\boldsymbol{n}\cdot\hat{\boldsymbol{S}}} = \cos\theta(\boldsymbol{a}\cdot\hat{\boldsymbol{S}}) + \sin\theta(\boldsymbol{n}\times\boldsymbol{a})\cdot\hat{\boldsymbol{S}}. \tag{11.145}$$

(2) 当 $\boldsymbol{n}\cdot\hat{\boldsymbol{S}}=\hat{S}_z$ 时，有

$$\mathrm{e}^{-\mathrm{i}\theta\hat{S}_z}\hat{S}_x\mathrm{e}^{\mathrm{i}\theta\hat{S}_z} = \cos\theta\hat{S}_x + \sin\theta\hat{S}_y, \tag{11.146}$$

$$\mathrm{e}^{-\mathrm{i}\theta\hat{S}_z}\hat{S}_y\mathrm{e}^{\mathrm{i}\theta\hat{S}_z} = \cos\theta\hat{S}_y - \sin\theta\hat{S}_x, \tag{11.147}$$

$$\mathrm{e}^{-\mathrm{i}\theta\hat{S}_z}\hat{S}_\pm\mathrm{e}^{\mathrm{i}\theta\hat{S}_z} = \mathrm{e}^{\mp\mathrm{i}\theta}\hat{S}_\pm. \tag{11.148}$$

(3) 对于 $\boldsymbol{n}=\boldsymbol{e}_x+\mathrm{i}\boldsymbol{e}_y$ 取复数矢量的情况，我们可以重复上面的推导，求得

$$\frac{\mathrm{d}}{\mathrm{d}\theta}\left(\mathrm{e}^{-\mathrm{i}\theta\hat{S}_+}\hat{S}_z\mathrm{e}^{\mathrm{i}\theta\hat{S}_+}\right) = \mathrm{e}^{-\mathrm{i}\theta\hat{S}_+}[\hat{S}_z,\mathrm{i}\hat{S}_+]\mathrm{e}^{\mathrm{i}\theta\hat{S}_+} = \mathrm{i}\hat{S}_+, \tag{11.149}$$

从而可得变换等式

$$\mathrm{e}^{-\mathrm{i}\theta\hat{S}_+}\hat{S}_z\mathrm{e}^{\mathrm{i}\theta\hat{S}_+} = \hat{S}_z + \mathrm{i}\theta\hat{S}_+. \tag{11.150}$$

同理，利用微分方程

$$\frac{\mathrm{d}}{\mathrm{d}\theta}\left(\mathrm{e}^{-\mathrm{i}\theta\hat{S}_+}\hat{S}_-\mathrm{e}^{\mathrm{i}\theta\hat{S}_+}\right) = \mathrm{e}^{-\mathrm{i}\theta\hat{S}_+}(-2\mathrm{i}\hat{S}_z)\mathrm{e}^{\mathrm{i}\theta\hat{S}_+} = -2\mathrm{i}\hat{S}_z + 2\theta\hat{S}_+, \tag{11.151}$$

我们也可得到变换关系

$$\mathrm{e}^{-\mathrm{i}\theta\hat{S}_+}\hat{S}_-\mathrm{e}^{\mathrm{i}\theta\hat{S}_+} = \hat{S}_- - 2\mathrm{i}\theta\hat{S}_z + \theta^2\hat{S}_+. \tag{11.152}$$

11.3.2　$su(2)$ 代数的玻色化表示

前面的讨论中，我们集中给出了两能级系统中自旋算符的变换关系。它实际上对应了 $su(2)$ 角动量代数的最简单的矩阵表示。实际应用中，对于多个原子组成的复合系统，我们也可以定义其集体的自旋算符

$$\hat{J}_x = \sum_{i=1}^{N}\hat{S}_x, \quad \hat{J}_y = \sum_{i=1}^{N}\hat{S}_y, \quad \hat{J}_z = \sum_{i=1}^{N}\hat{S}_z. \tag{11.153}$$

易见，此时的总自旋算符仍满足 $su(2)$ 角动量代数的对易关系

$$[\hat{J}_x,\hat{J}_y] = \mathrm{i}\hat{J}_z, \quad [\hat{J}_y,\hat{J}_z] = \mathrm{i}\hat{J}_x, \quad [\hat{J}_z,\hat{J}_x] = \mathrm{i}\hat{J}_y. \tag{11.154}$$

$$\hat{J}_{\pm} = \hat{J}_x \pm \mathrm{i}\hat{J}_y, \tag{11.155}$$

$$\hat{J}^2 = \hat{J}_x^2 + \hat{J}_y^2 + \hat{J}_z^2 = \hat{J}_z^2 + \frac{1}{2}(\hat{J}_+\hat{J}_- + \hat{J}_-\hat{J}_+). \tag{11.156}$$

对于这样的多粒子系统，自旋算符的表示矩阵不再是简单的二维矩阵，而是可以为任意正整数维度。我们可以通过适当的变换，用玻色子的产生、湮灭算符 $a^\dagger$、a 来重新表示这些自旋角动量算符，从而可以方便问题的讨论。实际应用中，比较常见的是下面两种表示方法。

(1) Holstein-Primakoff 变换。这种变换的特点是用单模玻色场来表示自旋算符。假定玻色子的总粒子数为 N，则整个表示空间的维数为 $(N+1)$-维，对应 $(N+1)$ 个粒子数状态 $|0\rangle, |1\rangle, \cdots, |N\rangle$。变换关系的具体形式为

$$\tilde{J}_z = a^\dagger a - \frac{N}{2}, \tag{11.157a}$$

$$\tilde{J}_+ = a^\dagger\sqrt{N - a^\dagger a}, \tag{11.157b}$$

$$\tilde{J}_- = \sqrt{N - a^\dagger a}\,a. \tag{11.157c}$$

$$\tilde{J}^2 = \tilde{J}_z^2 + \frac{1}{2}(\tilde{J}_+\tilde{J}_- + \tilde{J}_-\tilde{J}_+) = \frac{N}{2}\left(\frac{N}{2}+1\right). \tag{11.157d}$$

可以验证，上述定义的算符满足角动量对易关系。由于因子 $\sqrt{N - a^\dagger a}$ 的存在，表示空间在 $\tilde{J}_{\pm,z}$ 的作用下是封闭的

$$\tilde{J}_z|k\rangle = (k - \frac{N}{2})|k\rangle, \tag{11.158a}$$

$$\tilde{J}_-|k\rangle = \sqrt{N - a^\dagger a}\,a|k\rangle = \sqrt{(N-k)k}\,|k-1\rangle, \tag{11.158b}$$

$$\tilde{J}_+|k\rangle = a^\dagger\sqrt{N - a^\dagger a}\,|k\rangle = \sqrt{(N-k)(k+1)}\,|k+1\rangle, \tag{11.158c}$$

$$\tilde{J}_-|0\rangle = 0, \qquad \tilde{J}_+|N\rangle = 0. \tag{11.158d}$$

当用 $|J, J_z\rangle$ 表示本征态时，它们与粒子数态 $|k\rangle$ 之间的对应关系为

$$|k\rangle \Leftrightarrow |\frac{N}{2}, k - \frac{N}{2}\rangle. \tag{11.159}$$

(2) Schwinger 表示。我们也可以引入两种不同的玻色算符 $a^\dagger$、a 和 $b^\dagger$、b，其对易关系满足

$$[a, a^\dagger] = [b, b^\dagger] = 1, \quad [a, b] = [a, b^\dagger] = [a^\dagger, b] = [a^\dagger, b^\dagger] = 0. \tag{11.160}$$

此时，角动量算符可以表示为

$$\tilde{J}_z = \frac{1}{2}(a^\dagger a - b^\dagger b), \qquad \tilde{J}_+ = a^\dagger b, \qquad \tilde{J}_- = b^\dagger a. \tag{11.161}$$

此外，系统还存在总粒子数算符 $\hat{N} = a^\dagger a + b^\dagger b$，和上述所有算符对易，是系统的守恒量。表示空间的状态可以用两玻色子的联合粒子数态来表示

$$|n_a, n_b\rangle = \frac{a^{\dagger n_a} b^{\dagger n_b}}{n_a! n_b!}|0,0\rangle, \quad a|0,0\rangle = b|0,0\rangle = 0. \tag{11.162}$$

容易验证

$$\hat{N}|n_a, n_b\rangle = (n_a + n_b)|n_a, n_b\rangle, \tag{11.163}$$

$$\tilde{J}_z|n_a, n_b\rangle = \frac{1}{2}(n_a - n_b)|n_a, n_b\rangle, \tag{11.164}$$

$$\tilde{J}_+|n_a, n_b\rangle = \sqrt{(n_a+1)n_b}|n_a+1, n_b-1\rangle, \tag{11.165}$$

$$\tilde{J}_-|n_a, n_b\rangle = \sqrt{n_a(n_b+1)}|n_a-1, n_b+1\rangle. \tag{11.166}$$

当用 $|J, J_z\rangle$ 表示本征态时，它们与粒子数态 $|k\rangle$ 之间的对应关系为

$$|n_a, n_b\rangle \Leftrightarrow |\frac{N}{2}, \frac{n_a - n_b}{2}\rangle. \tag{11.167}$$

11.3.3　$su(2)$ 代数和 $SU(2)$ 群

$su(2)$ 代数的指数算符可以构成幺正群。在二维情况下，对应到特殊幺正群 $SU(2)$。$SU(2)$ 群元素的矩阵形式一般写为

$$g = \begin{pmatrix} a & -b^* \\ b & a^* \end{pmatrix}, \qquad gg^\dagger = g^\dagger g = I \quad \text{且} \quad \mathrm{Det}(g) = 1. \tag{11.168}$$

其中 $|a|^2 + |b|^2 = 1$，以满足幺正性和行列式等于 1 的条件。令 $a = w + \mathrm{i}z$，$b = \mathrm{i}(x+\mathrm{i}y) = -y+\mathrm{i}x$，则任意一个群元素都对应于四维空间的坐标点 (w, x, y, z)。由于 $w^2 + x^2 + y^2 + z^2 = 1$，这些点在四维空间中构成一个三维球面 S^3。所以，$SU(2)$ 群元素与 S^3 球面之间有一一对应的关系。

由 $su(2)$ 代数中的算子可以很容易构造出 $SU(2)$ 群中的元素。例如，常见的欧拉参数化方法是把群元素 g 用欧拉角 (α, β, γ) 表示为

$$g(\alpha, \beta, \gamma) = \mathrm{e}^{-\mathrm{i}\alpha S_z}\mathrm{e}^{-\mathrm{i}\beta S_y}\mathrm{e}^{-\mathrm{i}\gamma S_z} \tag{11.169}$$

$$= \begin{pmatrix} \mathrm{e}^{-\mathrm{i}\alpha/2} & 0 \\ 0 & \mathrm{e}^{\mathrm{i}\alpha/2} \end{pmatrix} \begin{pmatrix} \cos(\beta/2) & -\sin(\beta/2) \\ \sin(\beta/2) & \cos(\beta/2) \end{pmatrix} \begin{pmatrix} \mathrm{e}^{-\mathrm{i}\gamma/2} & 0 \\ 0 & \mathrm{e}^{\mathrm{i}\gamma/2} \end{pmatrix}$$

$$= \begin{pmatrix} \mathrm{e}^{-\mathrm{i}\alpha/2}\cos(\beta/2)\mathrm{e}^{-\mathrm{i}\gamma/2} & -\mathrm{e}^{-\mathrm{i}\alpha/2}\sin(\beta/2)\mathrm{e}^{\mathrm{i}\gamma/2} \\ \mathrm{e}^{\mathrm{i}\alpha/2}\sin(\beta/2)\mathrm{e}^{-\mathrm{i}\gamma/2} & \mathrm{e}^{\mathrm{i}\alpha/2}\cos(\beta/2)\mathrm{e}^{\mathrm{i}\gamma/2} \end{pmatrix} \tag{11.170}$$

$$= \begin{pmatrix} a & -b^* \\ b & a^* \end{pmatrix}, \tag{11.171}$$

从而有

$$a = \mathrm{e}^{-\mathrm{i}\alpha/2}\cos(\beta/2)\mathrm{e}^{-\mathrm{i}\gamma/2}, \quad b = \mathrm{e}^{\mathrm{i}\alpha/2}\sin(\beta/2)\mathrm{e}^{-\mathrm{i}\gamma/2}. \tag{11.172}$$

参数的取值范围为

$$\alpha \in [0, 2\pi], \quad \beta \in [0, \pi], \quad \gamma \in [0, 4\pi]. \tag{11.173}$$

注意: 由于系数 1/2 的关系, 参数 γ 的取值区间为 $[0, 4\pi)$ 时, 才能把所有的群元素取完。后面会看到, 若我们把参数 γ 限定在区间 $[0, 2\pi)$, 就可以与三维空间中的转动一一对应, 此时 γ 和 $\gamma + 2\pi$ 均对应同一个空间转动。

$SU(2)$ 群元素的欧拉参数化表示与三维空间中的欧拉转动之间有着密切的联系[8]。在三维空间中, 假定初始坐标轴为 $(\hat{x}_1, \hat{x}_2, \hat{x}_3)$, 欧拉转动的方法分成三步, 如图 11.1所示: 首先以 $\hat{x}_3$ 为转动轴逆时针旋转角度 α, 此时坐标轴变为 $(\hat{x}'_1, \hat{x}'_2, \hat{x}'_3)$; 然后再以 $\hat{x}'_2$ 为转动轴逆时针旋转角度 β, 此时坐标轴变为 $(\hat{x}''_1, \hat{x}''_2, \hat{x}''_3)$; 最后再以 $\hat{x}''_3$ 为转动轴逆时针旋转角度 γ, 得到最终的坐标轴记为 $\hat{e}_1, \hat{e}_2, \hat{e}_3$。

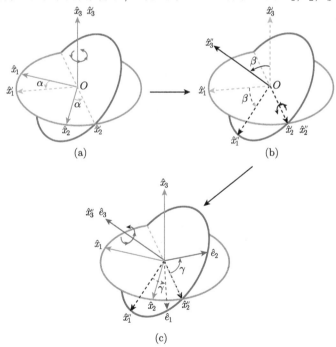

图 11.1 坐标系转动以及相应的欧拉角示意图。$(\hat{x}_1, \hat{x}_2, \hat{x}_3)$ 为初始坐标轴, $(\hat{e}_1, \hat{e}_2, \hat{e}_3)$ 为末态坐标轴, (α, β, γ) 为转动对应的欧拉角

三维空间的转动一般可以表示为

$$R(\alpha,\beta,\gamma) = R_{\hat{x}_3''}(\gamma)R_{\hat{x}_2'}(\beta)R_{\hat{x}_3}(\alpha). \tag{11.174}$$

利用等式

$$R_{\hat{x}_2'}(\beta) = R_{\hat{x}_3}(\alpha)R_{\hat{x}_2}(\beta)R_{\hat{x}_3}(-\alpha),$$
$$R_{\hat{x}_3''}(\gamma) = R_{\hat{x}_2'}(\beta)R_{\hat{x}_3'}(\gamma)R_{\hat{x}_2'}(-\beta), \tag{11.175}$$

我们可以把转动算符均写到原始的固定参考系中，从而有

$$R(\alpha,\beta,\gamma) = R_{\hat{x}_3''}(\gamma)R_{\hat{x}_2'}(\beta)R_{\hat{x}_3}(\alpha) = R_{\hat{x}_3}(\alpha)R_{\hat{x}_2}(\beta)R_{\hat{x}_3}(\gamma). \tag{11.176}$$

相对于动态坐标系，此时转动参数的次序由 (γ,β,α) 变到 (α,β,γ)，对应的取值范围为

$$\alpha \in [0,2\pi), \quad \beta \in [0,\pi), \quad \gamma \in [0,2\pi). \tag{11.177}$$

形式上，算符 $R_{\boldsymbol{n}}(\psi)$ 可以具体写为

$$R_{\boldsymbol{n}}(\psi) = \mathrm{e}^{-\mathrm{i}\psi J_{\boldsymbol{n}}}. \tag{11.178}$$

当 $\boldsymbol{n}$ 分别取 $\hat{x}_1$，$\hat{x}_2$，$\hat{x}_3$ 时，$J_{\boldsymbol{n}}$ 的矩阵形式为

$$J_{\hat{x}_1} = \begin{bmatrix} 0 & 0 & 0 \\ 0 & 0 & -\mathrm{i} \\ 0 & \mathrm{i} & 0 \end{bmatrix}, \quad J_{\hat{x}_2} = \begin{bmatrix} 0 & 0 & \mathrm{i} \\ 0 & 0 & 0 \\ -\mathrm{i} & 0 & 0 \end{bmatrix}, \quad J_{\hat{x}_3} = \begin{bmatrix} 0 & -\mathrm{i} & 0 \\ \mathrm{i} & 0 & 0 \\ 0 & 0 & 0 \end{bmatrix}, \tag{11.179}$$

从而有

$$R(\alpha,\beta,\gamma)\,(\hat{x}_1,\hat{x}_2,\hat{x}_3) = (\hat{e}_1,\hat{e}_2,\hat{e}_3) \tag{11.180}$$

实际上，利用 $SU(2)$ 群元素 $g(\alpha,\beta,\gamma)$ 的参数化表示，我们可以很容易得出初始坐标轴 $(\hat{x}_1,\hat{x}_2,\hat{x}_3)$ 和转动结束后坐标轴 $\hat{e}_1,\hat{e}_2,\hat{e}_3$ 之间的关系。令

$$|\uparrow\rangle = \begin{pmatrix} 1 \\ 0 \end{pmatrix}, \quad |\downarrow\rangle = \begin{pmatrix} 0 \\ 1 \end{pmatrix}, \tag{11.181}$$

$$|\xi\rangle = \begin{pmatrix} a \\ b \end{pmatrix}, \quad |\xi^\perp\rangle = \begin{pmatrix} -b^* \\ a^* \end{pmatrix} = \mathrm{i}\sigma_y \mathcal{K}|\xi\rangle, \tag{11.182}$$

其中，$\mathcal{K}$ 表示取复共轭运算。可以看到，上述两组态之间可以通过 $g(\alpha, \beta, \gamma)$ 相联系

$$g(\alpha, \beta, \gamma)|\uparrow\rangle - |\xi\rangle, \quad g(\alpha, \beta, \gamma)|\downarrow\rangle = |\xi^\perp\rangle. \tag{11.183}$$

利用前面的代数关系，容易验证下面的关系成立[8]

$$|\uparrow\rangle\langle\uparrow| = \begin{pmatrix} 1 & 0 \\ 0 & 0 \end{pmatrix} = \frac{1}{2}(1 + \sigma_3) = \frac{1}{2}(1 + \hat{x}_z \cdot \boldsymbol{\sigma}), \tag{11.184}$$

$$|\uparrow\rangle\langle\downarrow| = \begin{pmatrix} 0 & 1 \\ 0 & 0 \end{pmatrix} = \frac{1}{2}(\sigma_x + \sigma_y) = \frac{1}{2}(\hat{x}_1 + i\hat{x}_2) \cdot \boldsymbol{\sigma}, \tag{11.185}$$

$$|\xi\rangle\langle\xi| = \begin{pmatrix} |a|^2 & ab^* \\ ba^* & |b|^2 \end{pmatrix} = \frac{1}{2}(1 + \hat{e}_3 \cdot \boldsymbol{\sigma}), \tag{11.186}$$

$$|\xi\rangle\langle\xi^\perp| = \begin{pmatrix} -ab & a^2 \\ -b^2 & ba \end{pmatrix} = \frac{1}{2}(\hat{e}_1 + i\hat{e}_2) \cdot \boldsymbol{\sigma}. \tag{11.187}$$

由此可得到转动后的坐标轴在原始坐标系中的分量为

$$\hat{e}_3 = \langle\xi|\boldsymbol{\sigma}|\xi\rangle = \begin{bmatrix} ab^* + a^*b \\ i(ab^* - a^*b) \\ |a|^2 - |b|^2 \end{bmatrix} = \begin{bmatrix} \sin\beta\cos\alpha \\ \sin\beta\sin\alpha \\ \cos\beta \end{bmatrix},$$

$$\hat{e}_1 + i\hat{e}_2 = \langle\xi^\perp|\boldsymbol{\sigma}|\xi\rangle = \begin{bmatrix} a^2 - b^2 \\ i(a^2 + b^2) \\ -2ab \end{bmatrix} = \begin{bmatrix} (\cos\beta\cos\alpha - i\sin\alpha)e^{-i\gamma} \\ (\cos\beta\sin\alpha + i\cos\alpha)e^{-i\gamma} \\ -\sin\beta e^{-i\gamma} \end{bmatrix}.$$

可以看到，对于 γ 及 $\gamma + 2\pi$，上式给出的转动后最终的坐标方向是一样的。所以群 $SU(2)$ 与三维空间转动之间存在着 $2 \to 1$ 的对应关系，即两个 $SU(2)$ 群元素 $\{g(\alpha, \beta, \gamma), -g(\alpha, \beta, \gamma)\}$ 均对应到同一个三维空间转动。

除了欧拉角参数刻画 $SU(2)$ 群元素外，有时候我们也可以把 g 表示成沿空间某特定转动轴的转动操作，其具体形式为

$$g = e^{-i\varphi(\mathbf{n} \cdot \mathbf{S})} = \cos\frac{\varphi}{2}I - i\sin\frac{\varphi}{2}(n_x\sigma_x + n_y\sigma_y + n_z\sigma_z), \tag{11.188}$$

其中，$\boldsymbol{n} = (n_x, n_y, n_z) = (\sin\theta\cos\phi, \sin\theta\sin\phi, \cos\phi)$ 为转动轴的单位方向矢量，φ 为转动角度。又因为当 $a = w + iz$，$b = i(x + iy) = -y + ix$ 时，g 也可以表示为

$$g = \begin{pmatrix} w + iz & y + ix \\ -y + ix & w - iz \end{pmatrix} = wI + i(x\sigma_x + y\sigma_y + z\sigma_z), \tag{11.189}$$

从而有对应关系

$$\cos\frac{\varphi}{2} = w, \quad \sin\frac{\varphi}{2} = \sqrt{1-w^2}, \tag{11.190}$$

$$x = -n_x\sin\frac{\varphi}{2}, \quad y = -n_y\sin\frac{\varphi}{2}, \quad z = -n_z\sin\frac{\varphi}{2}. \tag{11.191}$$

11.4　博戈留波夫变换

对于二次型的哈密顿量，我们可以采用博戈留波夫变换 (Bogoliubov transformation) 的方式把它写成对角化的形式，这样可以大大方便问题的分析和求解 [9,10]。该变换最早是被博戈留波夫 (N. N. Bogoliubov，1909 ~ 1992) 采用来处理弱相互作用玻色气体中的超流问题，由于它的普适性，所以在不同的物理领域均有重要的应用。博戈留波夫变换适用于玻色子系统和费米子系统。这里主要以玻色系统为例，来说明变换的方法及性质。

对于单模式的二次型哈密顿量 ($\hbar = 1$)

$$\hat{H}_1 = \omega(a^\dagger a + aa^\dagger) + \lambda(a^\dagger a^\dagger + aa), \tag{11.192}$$

其中算符 a 满足玻色对易关系

$$[a,a^\dagger] = 1, \quad [a,a] = [a^\dagger,a^\dagger] = 0. \tag{11.193}$$

我们希望找到某个复合的玻色算符 $\hat{\alpha}$ 和 $\hat{\alpha}^\dagger$，使得在新模式下 $\hat{H}_1$ 是对角形式。$\hat{\alpha}$、$\hat{\alpha}^\dagger$ 与 a、$a^\dagger$ 的关系通过下列变换联系

$$\begin{pmatrix} \hat{\alpha} \\ \hat{\alpha}^\dagger \end{pmatrix} = \begin{pmatrix} u & v \\ v^* & u^* \end{pmatrix} \begin{pmatrix} a \\ a^\dagger \end{pmatrix}. \tag{11.194}$$

为了满足对易关系

$$[\hat{\alpha},\hat{\alpha}^\dagger] = 1, \quad [\hat{\alpha},\hat{\alpha}] = [\hat{\alpha}^\dagger,\hat{\alpha}^\dagger] = 0, \tag{11.195}$$

变换的系数应满足

$$|u|^2 - |v|^2 = 1. \tag{11.196}$$

通常也可以将 u、v 参数化为

$$u = \cosh r, \qquad v = \mathrm{e}^{\mathrm{i}\theta}\sinh r. \tag{11.197}$$

对于压缩态，参数 r 对应涨落压缩的程度，θ 对应压缩的方向。同样我们也可以写出逆变换为

$$\begin{pmatrix} a \\ a^\dagger \end{pmatrix} = \begin{pmatrix} u^* & -v \\ -v^* & u \end{pmatrix} \begin{pmatrix} \hat{\alpha} \\ \hat{\alpha}^\dagger \end{pmatrix}, \tag{11.198}$$

将上述变换代入 $\hat{H}_1$，并利用等式

$$\begin{aligned} a^\dagger a + a a^\dagger &= (u\hat{\alpha}^\dagger - v^*\hat{\alpha})(u^*\hat{\alpha} - v\hat{\alpha}^\dagger) + (u^*\hat{\alpha} - v\hat{\alpha}^\dagger)(u\hat{\alpha}^\dagger - v^*\hat{\alpha}) \\ &= (|u|^2 + |v|^2)(\hat{\alpha}^\dagger\hat{\alpha} + \hat{\alpha}\hat{\alpha}^\dagger) - 2(uv\hat{\alpha}^{\dagger 2} + u^*v^*\hat{\alpha}^2), \tag{11.199} \end{aligned}$$

$$\begin{aligned} a^{\dagger 2} + a^2 &= (u^2 + v^2)\hat{\alpha}^{\dagger 2} + (u^{*2} + v^{*2})\hat{\alpha}^2 \\ &\quad - (uv + u^*v^*)(\hat{\alpha}^\dagger\hat{\alpha} + \hat{\alpha}\hat{\alpha}^\dagger), \tag{11.200} \end{aligned}$$

即可得到

$$\begin{aligned} \hat{H}_1 &= \left[\omega(|u|^2 + |v|^2) - \lambda(uv + u^*v^*) \right] (\hat{\alpha}^\dagger\hat{\alpha} + \hat{\alpha}\hat{\alpha}^\dagger) \\ &\quad - \left\{ [2\omega uv - \lambda(u^2 + v^2)]\hat{\alpha}^{\dagger 2} + h.c. \right\}. \tag{11.201} \end{aligned}$$

为对角化 $\hat{H}_1$，我们令 $\hat{\alpha}^{\dagger 2}$ 和 $\hat{\alpha}^2$ 对应项的系数为零，从而有

$$2\omega uv - \lambda(u^2 + v^2) = 0, \tag{11.202}$$

求解即可得到

$$\theta = 0, \qquad \tanh(2r) = \frac{\lambda}{\omega}, \qquad \cosh(2r) = \frac{\omega}{\epsilon}, \tag{11.203}$$

$$u = \cosh r = \pm\sqrt{\frac{\cosh(2r) + 1}{2}} = \pm\sqrt{\frac{\omega}{2\epsilon} + \frac{1}{2}}, \tag{11.204}$$

$$v = \sinh r = \pm\sqrt{\frac{\cosh(2r) - 1}{2}} = \pm\sqrt{\frac{\omega}{2\epsilon} - \frac{1}{2}}. \tag{11.205}$$

其中 $\epsilon = \sqrt{\omega^2 - \lambda^2}$。从而 $\hat{H}_1$ 对角化为

$$\hat{H}_1 = \epsilon(\hat{\alpha}^\dagger\hat{\alpha} + \hat{\alpha}\hat{\alpha}^\dagger). \tag{11.206}$$

容易看到，当 $\omega = 0$ 时，无法找到合适的参数 r 满足方程 (11.203)，所以对应的博戈留波夫变换不存在。此时系统对应的演化即为压缩变换。

对于双模式情况

$$\hat{H}_2 = \omega(a^\dagger a + b^\dagger b) + \lambda(a^\dagger b^\dagger + ba), \tag{11.207}$$

对应的博戈留波夫变换形式为

$$
\begin{cases} \hat{\alpha}_1 = u a_1 + v a_2^\dagger, \\ \hat{\alpha}_2 = u a_2 + v a_1^\dagger, \end{cases} \Longleftrightarrow \begin{cases} a_1 = u^* \hat{\alpha}_1 - v \hat{\alpha}_2^\dagger, \\ a_2 = u^* \hat{\alpha}_2 - v \hat{\alpha}_1^\dagger, \end{cases} \tag{11.208}
$$

利用等式

$$
\begin{aligned}
a_1^\dagger a_1 + a_2^\dagger a_2 &= (|u|^2 + |v|^2)(\hat{\alpha}_1^\dagger \hat{\alpha}_1 + \hat{\alpha}_2 \hat{\alpha}_2^\dagger) - 1 \\
&\quad - 2(uv\hat{\alpha}_1^\dagger \hat{\alpha}_2^\dagger + u^* v^* \hat{\alpha}_2 \hat{\alpha}_1),
\end{aligned} \tag{11.209}
$$

$$
\begin{aligned}
a_1^\dagger a_2^\dagger + a_2 a_1 &= (u^2 + v^2)\hat{\alpha}_1^\dagger \hat{\alpha}_2^\dagger + (u^{*2} + v^{*2})\hat{\alpha}_2 \hat{\alpha}_1 \\
&\quad - (uv^* + u^* v)(\hat{\alpha}_1^\dagger \hat{\alpha}_1 + \hat{\alpha}_2 \hat{\alpha}_2^\dagger),
\end{aligned} \tag{11.210}
$$

即可得到

$$
\hat{H}_2 = \epsilon(\hat{\alpha}_1^\dagger \hat{\alpha}_1 + \hat{\alpha}_2 \hat{\alpha}_2^\dagger) - \omega. \tag{11.211}
$$

对于更一般的二次型哈密顿量

$$
\hat{H} = \sum_{i,j} A_{ij} a_i^\dagger a_j + \frac{1}{2} \sum_{ij} (B_{ij} a_i^\dagger a_j^\dagger + h.c.), \tag{11.212}
$$

其中系数矩阵满足条件 $A = A^\dagger$ 及 $B = B^{\mathrm{T}}$。定义算符矢量

$$
\hat{\alpha} = \begin{pmatrix} \vec{a} \\ \vec{a}^\dagger \end{pmatrix} = (a_1, a_2, \cdots, a_1^\dagger, a_2^\dagger, \cdots)^{\mathrm{T}}, \tag{11.213}
$$

就可以把 $\hat{H}$ 写成

$$
\hat{H} = \frac{1}{2} \hat{\alpha}^\dagger M \hat{\alpha} - \frac{1}{2} \mathrm{Tr} A, \tag{11.214}
$$

其中矩阵 $\boldsymbol{M}$ 的分块形式为

$$
\boldsymbol{M} = \begin{pmatrix} A & B \\ B^* & A^* \end{pmatrix}. \tag{11.215}
$$

假定存在正则变换 T，使得变换后的算符为

$$
\hat{\beta} = \begin{pmatrix} \vec{b} \\ \vec{b}^\dagger \end{pmatrix} = T \begin{pmatrix} \vec{a} \\ \vec{a}^\dagger \end{pmatrix}, \tag{11.216}
$$

则对易关系要求下面的等式成立

$$
\begin{pmatrix} [\vec{b}, \vec{b^\dagger}] & [\vec{b}, \vec{b}] \\ [\vec{b^\dagger}, \vec{b^\dagger}] & [\vec{b^\dagger}, \vec{b}] \end{pmatrix} = T \cdot \begin{pmatrix} [\vec{a}, \vec{a^\dagger}] & [\vec{a}, \vec{a}] \\ [\vec{a^\dagger}, \vec{a^\dagger}] & [\vec{a^\dagger}, \vec{a}] \end{pmatrix} \cdot T^\dagger, \tag{11.217}
$$

同时考虑到算符矢量的对称性

$$
\hat{\alpha}^T = \hat{\alpha}^\dagger \cdot X \quad \text{和} \quad \hat{\beta}^T = \hat{\beta}^\dagger \cdot X, \tag{11.218}
$$

即可得到 T 满足的约束条件为

$$
Z = T \cdot Z \cdot T^\dagger \quad \text{和} \quad T^* = X \cdot T \cdot X, \tag{11.219}
$$

其中

$$
Z = \begin{pmatrix} I & 0 \\ 0 & -I \end{pmatrix}, \quad X = \begin{pmatrix} 0 & I \\ I & 0 \end{pmatrix}. \tag{11.220}
$$

将上述变换代入哈密顿量 $\hat{H}$ 中可得

$$
\hat{H} = \frac{1}{2}\hat{\beta}^\dagger ZTZMT^{-1}\hat{\beta} - \frac{1}{2}\mathrm{Tr}A. \tag{11.221}
$$

当矩阵 $ZTZMT^{-1}$ 是对角矩阵时, $TZMT^{-1}$ 亦为对角矩阵, 所以对角化哈密顿 $\hat{H}$ 即等价于对矩阵 ZM 作相似对角变换。

11.5 动力学方法推导有效哈密顿量

在第四章中, 我们介绍了利用正则变换的方法得出系统的有效哈密顿量, 从而简化问题的讨论。除了这种方法外, 对于简单的量子光学系统, 我们也可以通过考察系统动力学演化的方法推导系统的有效相互作用。相比正则变换, 这种方法的推导过程有时候较为烦琐, 但是物理意义更为清晰, 对理解系统的相互作用细节更有借鉴意义。这里还是以大失谐的 J-C 模型为例, 来说明这一方法的具体求解过程[11]。

为方便说明, 我们取相互作用表象中的系统哈密顿量为

$$
\hat{H}_{\mathrm{I}}(t) = \hbar\lambda(\hat{\sigma}_+ a \mathrm{e}^{\mathrm{i}\Delta t} + a^\dagger \hat{\sigma}_- \mathrm{e}^{-\mathrm{i}\Delta t}). \tag{11.222}
$$

这里 $\Delta = \omega_0 - \omega$ 为光场与原子能级耦合的失谐量 (ω_0 为原子能级间距, ω 为光场频率), λ 为耦合强度。在大失谐近似下, 我们要求 $\Delta \gg \lambda$。

由于 $\hat{H}_{\mathrm{I}}(t)$ 含时，系统的波函数演化可以表示为

$$|\psi(t)\rangle = U(t)|\psi(0)\rangle = \mathcal{T}\left[\exp\left(-\frac{\mathrm{i}}{\hbar}\int_0^t \mathrm{d}t'\hat{H}_{\mathrm{I}}(t')\right)\right]|\psi(0)\rangle, \qquad (11.223)$$

其中 $\mathcal{T}$ 为编时算符。对 $U(t)$ 作微扰展开后形式为

$$\mathcal{T}\left[\exp\left(-\frac{\mathrm{i}}{\hbar}\int_0^t \mathrm{d}t'\hat{H}_{\mathrm{I}}(t')\right)\right]$$

$$= \mathcal{T}\left[1 - \frac{\mathrm{i}}{\hbar}\int_0^t \mathrm{d}t'\hat{H}_{\mathrm{I}}(t') - \frac{1}{2\hbar^2}\int_0^t \mathrm{d}t'\int_0^t \mathrm{d}t''\hat{H}_{\mathrm{I}}(t')\hat{H}_I(t'') + \cdots\right]$$

$$= 1 - \frac{\mathrm{i}}{\hbar}\int_0^t \mathrm{d}t'\hat{H}_{\mathrm{I}}(t') - \frac{1}{\hbar^2}\int_0^t \mathrm{d}t'\hat{H}_{\mathrm{I}}(t')\int_0^{t'} \mathrm{d}t''\hat{H}_{\mathrm{I}}(t'') + \cdots. \qquad (11.224)$$

上式中，我们利用了编时算符 $\mathcal{T}$ 的下列关系

$$\mathcal{T}\left[\int_0^t \mathrm{d}t'\int_0^t \mathrm{d}t''\hat{H}_{\mathrm{I}}(t')\hat{H}_{\mathrm{I}}(t'')\right] = 2\int_0^t \mathrm{d}t'\hat{H}_{\mathrm{I}}(t')\int_0^{t'} \mathrm{d}t''\hat{H}_{\mathrm{I}}(t''). \qquad (11.225)$$

对于方程 (11.224) 中的一阶项，积分后结果为

$$\int_0^t \mathrm{d}t'\hat{H}_{\mathrm{I}}(t') = \hbar\lambda\left[\hat{\sigma}_+ a\left(\frac{\mathrm{e}^{\mathrm{i}\Delta t'}}{\mathrm{i}\Delta}\right)\Big|_0^t - a^\dagger\hat{\sigma}_-\left(\frac{\mathrm{e}^{-\mathrm{i}\Delta t'}}{\mathrm{i}\Delta}\right)\Big|_0^t\right]$$

$$= \frac{\hbar\lambda}{\mathrm{i}\Delta}\left[\hat{\sigma}_+ a(\mathrm{e}^{\mathrm{i}\Delta t} - 1) - a^\dagger\hat{\sigma}_-(\mathrm{e}^{-\mathrm{i}\Delta t} - 1)\right]. \qquad (11.226)$$

将这一结果代入方程 (11.224) 的二阶项中，我们就可以得到

$$\int_0^t \mathrm{d}t' H_{\mathrm{I}}(t')\int_0^{t'} \mathrm{d}t'' H_{\mathrm{I}}(t'')$$

$$= \frac{\hbar^2\lambda^2}{\mathrm{i}\Delta}\int_0^t \mathrm{d}t'(\hat{\sigma}_+ a\mathrm{e}^{\mathrm{i}\Delta t'} + a^\dagger\hat{\sigma}_-\mathrm{e}^{-\mathrm{i}\Delta t'})\left[\hat{\sigma}_+ a(\mathrm{e}^{\mathrm{i}\Delta t'} - 1) - a^\dagger\hat{\sigma}_-(\mathrm{e}^{-\mathrm{i}\Delta t'} - 1)\right]$$

$$= \frac{\hbar^2\lambda^2}{\mathrm{i}\Delta}\int_0^t \mathrm{d}t'\left[\hat{\sigma}_+\hat{\sigma}_- aa^\dagger(\mathrm{e}^{\mathrm{i}\Delta t'} - 1) - \hat{\sigma}_-\hat{\sigma}_+ a^\dagger a(\mathrm{e}^{-\mathrm{i}\Delta t'} - 1)\right]. \qquad (11.227)$$

可以看到，上式的积分因子中所有含时振荡项 ($\mathrm{e}^{\mathrm{i}\Delta t'}$ 和 $\mathrm{e}^{-\mathrm{i}\Delta t'}$) 在积分后平均结果近似为零，这正对应于旋转波近似；另一方面，上式积分因子中还包含了不含时的项，这些项在积分后结果会正比于演化时间 t，具体形式为

$$\int_0^t \mathrm{d}t'\hat{H}_{\mathrm{I}}(t')\int_0^{t'} \mathrm{d}t''\hat{H}_{\mathrm{I}}(t'') \simeq \mathrm{i}\frac{\hbar^2\lambda^2}{\Delta}\left[\hat{\sigma}_+ a, a^\dagger\hat{\sigma}_-\right]t, \qquad (11.228)$$

这样，在二阶近似下，$U(t)$ 的形式可以写成

$$U(t) \simeq 1 - \frac{\lambda}{\Delta} \left[\hat{\sigma}_+ a(e^{i\Delta t} - 1) - a^\dagger \hat{\sigma}_- (e^{-i\Delta t} - 1) \right]$$

$$-i\frac{\lambda^2 t}{\Delta} \left[\hat{\sigma}_+ a, a^\dagger \hat{\sigma}_- \right]. \tag{11.229}$$

当系统的平均激发数 $\langle \hat{\sigma}_+ \hat{\sigma}_- a^\dagger a \rangle^{1/2} \ll 1$ 时，上式中的 λ 的一阶项可以忽略，从而近似有

$$U(t) \simeq 1 - i\hat{H}_e t/\hbar \simeq \exp(-i\hat{H}_e t/\hbar), \tag{11.230}$$

对应的有效哈密顿量为

$$\hat{H}_e = \hbar \frac{\lambda^2}{\Delta} \left[\hat{\sigma}_+ a, a^\dagger \hat{\sigma}_- \right] = \hbar \frac{\lambda^2}{\Delta} (\hat{\sigma}_+ \hat{\sigma}_- + a^\dagger a \hat{\sigma}_z). \tag{11.231}$$

此结果与第四章的公式 (4.170) 完全一致。

11.6 常用数学公式

(1) 狄拉克函数 δ 的定义为

$$\delta(x) = \frac{1}{2\pi} \int_{-\infty}^{\infty} e^{ikx} dk, \qquad \int_{-\infty}^{\infty} dx \delta(x) F(x) = F(0).$$

在复平面内，δ 函数也可以写成

$$\delta(\alpha)\delta(\alpha^*) = \frac{1}{\pi^2} \int d^2 z e^{i(\alpha z + \alpha^* z^*)}, \tag{11.232}$$

这里 $d^2 z = dRe(z)dIm(z)$，其中 $Re(z)$ 和 $Im(z)$ 分别为 z 的实部和虚部。由此可得复平面上傅里叶变换关系

$$\widetilde{F}(\alpha, \alpha^*) = \frac{1}{\pi^2} \int d^2 z F(z, z^*) e^{i(\alpha z + \alpha^* z^*)}, \tag{11.233}$$

$$F(z, z^*) = \int d^2 \alpha \widetilde{F}(\alpha, \alpha^*) e^{-i(\alpha z + \alpha^* z^*)}. \tag{11.234}$$

$$\int_0^\infty e^{\pm ikx} dk = \pi \delta(x) \pm i\mathcal{P} \cdot \frac{1}{x}, \tag{11.235}$$

其中 $\mathcal{P}\cdot$ 表示函数的柯西主值积分

$$\mathcal{P} \cdot \int dx \frac{1}{x} F(x) = \lim_{\epsilon \to 0} \left[\int_{-\infty}^{-\epsilon} + \int_{\epsilon}^{\infty} \right] dx \frac{1}{x} F(x). \tag{11.236}$$

$$\lim_{\epsilon \to 0} \frac{1}{x \pm i\epsilon} = \mathcal{P} \cdot \frac{1}{x} \mp i\pi\delta(x), \tag{11.237}$$

$$\frac{\mathrm{d}}{\mathrm{d}x}\delta(x-y) = -\frac{\mathrm{d}}{\mathrm{d}y}\delta(x-y), \tag{11.238}$$

$$\frac{1}{2}\lim_{\gamma \to \infty} \gamma \exp(-\gamma|\tau|) = \delta(\tau), \tag{11.239}$$

$$\lim_{a \to 0} \frac{1}{a\sqrt{\pi}} \exp(-x^2/a^2) = \delta(x). \tag{11.240}$$

(2) Γ 函数的定义为

$$\Gamma(z) = \int_0^\infty \mathrm{e}^{-x} x^{z-1} \mathrm{d}x, \quad \mathrm{Re}(z) > 0. \tag{11.241}$$

$$\Gamma(z+1) = z\Gamma(z). \tag{11.242}$$

如果 $z = n \geqslant 0$ 为整数，则有简化关系

$$\Gamma(n+1) = n!, \qquad \frac{1}{\Gamma(-n)} \to 0. \tag{11.243}$$

$$\Gamma(\frac{1}{2}) = \sqrt{\pi}. \tag{11.244}$$

$$\Gamma(z)\Gamma(1-z) = \frac{\pi}{\sin(\pi z)}. \tag{11.245}$$

$$\Gamma(2z) = \frac{2^{2z-1}}{\sqrt{\pi}}\Gamma(z)\Gamma(z+\frac{1}{2}). \tag{11.246}$$

$$B(\alpha, \beta) = \int_0^1 x^{\alpha-1}(1-x)^{\beta-1}\mathrm{d}x, \quad \mathrm{Re}(\alpha) > 0, \mathrm{Re}(\beta) > 0. \tag{11.247}$$

$$B(\alpha, \beta) = \frac{\Gamma(\alpha)\Gamma(\beta)}{\Gamma(\alpha+\beta)}, \qquad \text{当 } (\alpha, \beta) = (m, n) \text{ 为整数时.} \tag{11.248}$$

$$B(m+1, n+1) = \frac{m!n!}{(m+n+1)!}. \tag{11.249}$$

(3) 高斯积分

$$\int_{-\infty}^\infty \mathrm{d}x\mathrm{e}^{-\alpha x^2 + \beta x} = \sqrt{\frac{\pi}{\alpha}}\mathrm{e}^{\beta^2/4\alpha}, \quad \mathrm{Re}(\alpha) > 0. \tag{11.250}$$

$$\int_{-\infty}^\infty \mathrm{d}x x^{2m}\mathrm{e}^{-\alpha x^2} = \frac{1}{\sqrt{\alpha^{2m+1}}}\Gamma(m+\frac{1}{2}), \quad \mathrm{Re}(\alpha) > 0. \tag{11.251}$$

(4) 复平面积分。对于复变量 $z = x + \mathrm{i}y = \sqrt{r}\mathrm{e}^{\mathrm{i}\theta}$，定义积分符号为

$$\int \mathrm{d}^2 z = \int_{-\infty}^{\infty} \mathrm{d}x \int_{-\infty}^{\infty} \mathrm{d}y = \frac{1}{2} \int_0^{\infty} \mathrm{d}r \int_0^{2\pi} \mathrm{d}\theta, \tag{11.252}$$

则有下面的积分关系成立

$$\int \mathrm{d}^2 z z^m z^{*n} \exp(-a|z|^2) = \pi \frac{m!}{a^{m+1}} \delta_{m,n}, \tag{11.253}$$

$$\int \mathrm{d}^2 z \exp(-|z|^2 + t^* z) f(z^*) = \pi f(t^*), \tag{11.254}$$

$$\int \mathrm{d}^2 z \exp(-|z|^2 + t^* z) z^m f(z^*) = \pi \frac{\partial^m}{\partial t^{*m}} f(t^*), \tag{11.255}$$

$$\int \mathrm{d}^2 z \exp(-a|z|^2 + b_1 z + b_2 z^*) = \frac{\pi}{a} \exp\left(\frac{b_1 b_2}{a}\right). \tag{11.256}$$

11.7 维 纳 过 程

在随机微分方程中，维纳过程扮演了重要的角色，它为方程的演化提供了涨落起伏。历史上，数学家维纳 (N. Wiener, 1894~1964) 在这方面做了许多重要的研究，故该过程以他的名字命名。这里以一维为例，介绍维纳过程的定义 [4, 12, 13]。

形式上，维纳过程可以看作是下面 Fokker-Planck 方程的解

$$\frac{\partial P(w_t, t | w_0, 0)}{\partial t} = \frac{1}{2} \frac{\partial^2}{\partial w_t^2} P(w_t, t | w_0, 0), \tag{11.257}$$

这里 $P(w_t, t | w_0, 0)$ 描述了随机变量 $W(t)$ 的条件概率分布，w_t 为随机变量 $W(t)$ 在 t 时刻的取值，初始值为 ω_0。可以看到，上述方程对应的漂移系数为 0，扩散系数为 1，所以它对应于某种特殊的布朗运动。对于初始的 δ 类型的条件分布函数

$$P(w_t, t = 0 | w_0, 0) = \delta(w_t - w_0), \tag{11.258}$$

我们可以引入特征函数 $\phi(s, t)$ 来求解方程

$$\phi(s, t) = \int \mathrm{d}w_t P(w_t, t | w_0, 0) \exp(\mathrm{i}st). \tag{11.259}$$

容易验证，$\phi(s, t)$ 满足下列微分方程

$$\frac{\partial \phi}{\partial t} = -\frac{1}{2} s^2 \phi, \tag{11.260}$$

从而可以解得

$$\phi(s,t) = \phi(s,0) \exp\left(-\frac{1}{2}s^2 t\right) = \exp\left(-\frac{1}{2}s^2 t\right). \tag{11.261}$$

上式中最后一步用到了初始条件 $\phi(s,0) = 1$。通过傅里叶逆变换，我们就可以求得

$$P(w_t, t = 0 | w_0, 0) = \frac{1}{\sqrt{2\pi t}} \exp\left[-\frac{1}{2}\frac{(w_t - w_0)^2}{t}\right]. \tag{11.262}$$

这是一个典型的高斯分布函数。相应随机变量 $W(t)$ 的平均值和方差为

$$\langle W(t) \rangle = w_0, \tag{11.263}$$

$$\langle [W(t) - w_0]^2 \rangle = t. \tag{11.264}$$

维纳过程有许多基本的性质，这里简单说明如下.

(1) 尽管随机变量 $W(t)$ 的平均值为零，但是 $W(t)$ 的平方平均却随着时间呈线性增长。如果 $W(t)$ 对应布朗粒子的位置，则粒子的路径是非常不规则且不可预期的。

(2) 维纳过程对应扩散过程，随机样本的路径是连续的但不可微。以布朗粒子为例，在没有漂移项时，粒子的运动极端不规则。如果 $W(t)$ 为粒子的位置，则对应的速度近乎无穷大，所以 $W(t)$ 不是一个可微的函数。

(3) 维纳过程是一个马尔可夫过程，它在各个时间段内的增量是彼此独立的。具体地，我们可以考察特定的时间点 $t_0 = 0$, t_1, $\cdots$, t_n 上的随机变量取值 w_0, w_1, $\cdots$, w_n。令 $\Delta t_i = t_i - t_{i-1}$，则利用条件概率

$$P(w_i, t_i | w_{i-1}, t_{i-1}) = \frac{1}{\sqrt{2\pi \Delta t_i}} \exp\left[-\frac{1}{2}\frac{(w_i - w_{i-1})^2}{\Delta t_i}\right], \tag{11.265}$$

可以把随机变量 $\{w_0, w_1, \cdots, w_n\}$ 的联合概率写成

$$\begin{aligned}
P(w_0, 0; w_1, t_1; \cdots; w_n, t_n) &= \prod_{i=1}^{n} P(w_i, t_i | w_{i-1}, t_{i-1}) P(w_0, 0) \\
&= \prod_{i=1}^{n} \frac{1}{\sqrt{2\pi \Delta t_i}} \exp\left[-\frac{1}{2}\frac{(w_i - w_{i-1})^2}{\Delta t_i}\right] P(w_0, 0).
\end{aligned} \tag{11.266}$$

如果把每个时间段内的随机增量定义为 $\Delta W_i = W(t_i) - W(t_{i-1})$，上述表达式就可以重写为增量 $\Delta w_i = w_i - w_{i-1}$ 的分布

$$P(w_0; \Delta w_1; \cdots; \Delta w_n) = \prod_{i=1}^{n} \frac{1}{\sqrt{2\pi \Delta t_i}} \exp\left[-\frac{1}{2}\frac{(\Delta w_i)^2}{\Delta t_i}\right] P(w_0, 0). \tag{11.267}$$

上式表明，不同增量 Δw_i 满足的分布函数是彼此独立的。

(4) 不同时刻随机变量 $W(t)$ 和 $W(s)$ 的关联定义为

$$\langle [W(t) - w_0][W(s) - w_0] \rangle = \iint \mathrm{d}w_1 \mathrm{d}w_2 (w_1 - w_0)(w_2 - w_0) P(w_1, t; w_2, s | w_0, 0).$$

若假定 $t > s$，则有

$$
\begin{aligned}
\langle [W(t) - w_0][W(s) - w_0] \rangle &= \langle [W(t) - W(s) + W(s) - w_0][W(s) - w_0] \rangle \\
&= \langle [W(t) - W(s)][W(s) - w_0] \rangle + \langle [W(s) - w_0]^2 \rangle \\
&= \langle [W(s) - w_0]^2 \rangle \\
&= s.
\end{aligned}
\tag{11.268}
$$

上述等式中，我们利用了增量 $[W(t) - W(s)]$ 与 $[W(s) - w_0]$ 的独立性，从而有

$$\langle [W(t) - W(s)][W(s) - w_0] \rangle = \langle [W(t) - W(s)] \rangle \langle [W(s) - w_0] \rangle = 0.$$

综合各种情况，即可以得到等式

$$\langle [W(t) - w_0][W(s) - w_0] \rangle = \min(t, s).
\tag{11.269}$$

11.8 Ito 微积分替换规则

随机微积分中，替换规则可以大大简化分析计算的过程。这里我们简单说明这一规则的含义和成立的原因 [4,12,13]。考察 Ito 型随机积分

$$\int_{t_0}^{t} [\mathrm{d}W(t')]^{2+N} G(t') \equiv \mathop{\text{ms-lim}}_{n \to \infty} \sum_{i=1}^{n} G(t_{i-1})[W(t_i) - W(t_{i-1})]^{2+N}, \quad (11.270)$$

这里 $G(t)$ 表示任一非预测的随机函数。$G(t)$ 非预测表示 $G(t)$ 在 t 时刻的取值不依赖于未来时刻的随机增量 $W(s) - W(t)$ $(s > t)$。替换规则

$$\mathrm{d}W(t)^2 = \mathrm{d}t, \quad \mathrm{d}W(t)^{2+N} = 0,
\tag{11.271}$$

表明下面的等式成立

$$\int_{t_0}^{t} [\mathrm{d}W(t')]^{2+N} G(t') = \begin{cases} \int_{t_0}^{t} \mathrm{d}t' G(t') & N = 0, \\ 0, & N > 0. \end{cases}
\tag{11.272}$$

利用高斯分布函数的定义，可以很容易证明上述等式成立。令 $G_{i-1} = G(t_{i-1})$，$\Delta W_i = W(t_i) - W(t_{i-1})$，及 $\Delta t_i = t_i - t_{i-1}$。当 $N = 2$ 时，为求得

随机积分 (11.270) 的结果，我们定义 Ito 型求和

$$I = \lim_{n \to \infty} \langle \Big[\sum_{i=1}^{n} G(t_{i-1})(\Delta W_i^2 - \Delta t_i) \Big]^2 \rangle, \tag{11.273}$$

将上式展开有

$$I = \lim_{n \to \infty} \langle \Big[\sum_{i=1}^{n} (G_{i-1})^2 (\Delta W_i^2 - \Delta t_i)^2$$
$$+ \sum_{i>j} 2 G_{i-1} G_{j-1} (\Delta W_i^2 - \Delta t_i)(\Delta W_j^2 - \Delta t_j) \rangle.$$

由函数 $G(t)$ 和 $W(t)$ 的定义可知，上式右边第一项中 $(G_{i-1})^2$ 与 $(\Delta W_i^2 - \Delta t_i)^2$ 是相互独立的，而第二项中 $2 G_{i-1} G_{j-1} (\Delta W_i^2 - \Delta t_i)$ 和 $(\Delta W_j^2 - \Delta t_j)$ 也是相互独立的。利用高斯分布函数的性质，可以很容易得到下面的等式

$$\langle \Delta W_i^2 \rangle = \Delta t_i,$$
$$\langle (\Delta W_i^2 - \Delta t_i)^2 \rangle = 2 \Delta t_i^2, \tag{11.274}$$

代入 I 的表达式中即可以求得

$$I = 2 \lim_{n \to \infty} \Big[\sum_{i=1}^{n} \langle (G_{i-1})^2 \rangle \Delta t_i^2 \Big]. \tag{11.275}$$

当 $\langle (G_{i-1})^2 \rangle$ 有界时，上述求和正比于 $(\Delta t)^2$，故在极限情况下的结果为零。从而可以得出

$$\int_{t_0}^{t} [\mathrm{d}W(t')]^2 G(t') = \underset{n \to \infty}{\mathrm{ms\text{-}lim}} \sum_{i=1}^{n} G_{i-1} \Delta W_i^2$$
$$= \underset{n \to \infty}{\mathrm{ms\text{-}lim}} \sum_{i=1}^{n} G_{i-1} \Delta t_i$$
$$= \int_{t_0}^{t} \mathrm{d}t' G(t'). \tag{11.276}$$

采用同样的方法，并依据高斯函数的积分公式，我们就可以得到下列积分关系

$$\int_{t_0}^{t} [\mathrm{d}W(t')]^{2+N} G(t') = 0, \tag{11.277}$$

$$\int_{t_0}^{t} \mathrm{d}t' \mathrm{d}W(t') G(t') = \underset{n \to \infty}{\mathrm{ms\text{-}lim}} \sum G_{i-1} \Delta W_i \Delta t_i = 0. \tag{11.278}$$

在求解随机过程对应的物理量中，$\mathrm{d}W(t)$ 一般会与积分号一起出现。利用上述结果我们可以把求解过程简化为替代关系 (11.271)。同时上述等式也表明，随机增量 $\mathrm{d}W(t)$ 近似正比于 $(\mathrm{d}t)^{1/2}$，所以在被积函数中所有比 $\mathrm{d}t$ 更小的高阶小量对积分结果没有贡献，从而可以剔除。

利用这些积分替换规则，可以很容易验证 Ito 积分的下列特性。

(1) 多项式积分公式。

$$\int_{t_0}^{t} W(t')^n \mathrm{d}W(t') = \frac{1}{n+1}\left[W(t)^{n+1} - W(t_0)^{n+1}\right] - \frac{n}{2}\int_{t_0}^{t} W(t')^{n-1}\mathrm{d}t'.$$
(11.279)

这是因为

$$\mathrm{d}[W(t)]^n = [W(t) + \mathrm{d}W(t)]^n - W(t)^n = \sum_{i=1}^{n}\binom{n}{i}W(t)^{n-i}\mathrm{d}W(t)^i$$

$$= nW(t)^{n-1}\mathrm{d}W(t) + \frac{n(n-1)}{2}W(t)^{n-2}\mathrm{d}t.$$
(11.280)

利用上式结果对积分等式 (11.279) 的被积函数进行替换，即可得证。

(2) Ito 微分规则。对于任一随机变量的函数 $f[W(t),t]$，其微分形式可以写为

$$\mathrm{d}f[W(t),t] = \frac{\partial f}{\partial t}\mathrm{d}t + \frac{1}{2}\frac{\partial^2 f}{\partial t^2}(\mathrm{d}t)^2 + \frac{\partial f}{\partial W}\mathrm{d}W(t) + \frac{1}{2}\frac{\partial^2 f}{\partial W^2}[\mathrm{d}W(t)]^2$$

$$+ \frac{\partial^2 f}{\partial t \partial W}\mathrm{d}t\mathrm{d}W(t) + \cdots.$$
(11.281)

利用替换规则，我们即可得到

$$\mathrm{d}f[W(t),t] = \left(\frac{\partial f}{\partial t} + \frac{1}{2}\frac{\partial^2 f}{\partial W^2}\right)\mathrm{d}t + \frac{\partial f}{\partial W}\mathrm{d}W(t).$$
(11.282)

(3) 若 $G(t)$ 和 $H(t)$ 均为连续且不可预知的函数，则有下列关系成立

$$\langle \int_{t_0}^{t} G(t')\mathrm{d}W(t') \int_{t_0}^{t} H(t')\mathrm{d}W(t') \rangle = \int_{t_0}^{t} \mathrm{d}t' \langle G(t')H(t')\rangle.$$
(11.283)

这一等式可以通过下列求和过程来说明

$$\langle \sum_i G_{i-1}\Delta W_i \sum_j H_{j-1}\Delta W_j \rangle = \langle \sum_i G_{i-1}H_{i-1}(\Delta W_i)^2 \rangle$$

$$+ \langle \sum_{i>j}(G_{i-1}H_{j-1} + G_{j-1}H_{i-1})\Delta W_i\Delta W_j \rangle.$$

可以看到，在上式右边第二项中，由于 $j < i$，随机增量 ΔW_i 与其他部分是不相关的。利用 $\langle \Delta W_i \rangle = 0$，可知这一项求和结果贡献为零。再考虑到 $\langle \Delta W_i^2 \rangle = \Delta t_i$，即可得知上述积分等式成立。

参 考 文 献

[1] 郭光灿. 量子光学. 北京: 高等教育出版社，1990.

[2] Agarwal G S. Quantum Optics. Cambridge: Cambridge University Press, 2012.

[3] Puri R R. Mathematical Methods of Quantum Optics (Chapter 2, 3, and 5). Berlin: Springer Science & Business Media, 2001.

[4] Gardiner C, Zoller P. Quantum Noise: A handbook of Markovian and Non-Markovian Quantum Stochastic Methods with Applications to Quantum Optics (Chapter 4 and 5). Berlin: Springer Science & Business Media, 2004.

[5] Gardiner C W. Handbook of Stochastic Methods for Physics (Chapter 4): Chemistry and the Natural Sciences. Berlin Heidelberg: Springer-Verlag, 1985.

[6] Klimov A B, Chumakov S M. A Group-Theoretical Approach to Quantum Optics: Models of Atom-Field Interactions. New Jersey: John Wiley & Sons, 2009.

[7] Novaes M. Some basics of $su(1,1)$. Revista Brasileira de Ensino de Física, 2004, 26: 351-357.

[8] Tisza L. Applied Geometric Algebra (Chapter 5). MIT OpenCourseWare, MIT Department of Physics, 2020.

[9] Blaizot J P, Ripka G. Quantum Theory of Finite Systems. Cambridge: MIT Press, 1985.

[10] Bogoliubov N N, Bogoliubov jr N N. An Introduction to Quantum Statistical Mechanics. New York: Gordon and Breach, 1992.

[11] Gerry C C, Knight P L. Introductory Quantum Optics. Cambridge: Cambridge University Press, 2005.

[12] Carmichael H J. Statistical Methods in Quantum Optics 1:Master Equations and Fokker-Planck Equations. Berlin Heidelberg: Springer-Verlag, 1999.

[13] Jacobs K. Stochastic Processes for Physicists: Understanding Noisy Systems. Cambridge: Cambridge University Press, 2010.

索 引